普通高等学校"双一流"建设能源与动力专业精品教材

U0224799

生物质热化学转化原理及高效利用技术

汪一　江龙　徐俊　主编

熊哲　苏胜　胡松　向军　副主编

华中科技大学出版社

中国·武汉

内 容 简 介

本书为普通高等学校"双一流"建设能源与动力专业精品教材。本书详细阐述了生物质能及其热转化过程中的基本原理、反应装置和工艺流程等,集成了现今生物质能转化领域的最新理论、工艺及应用实例。全书共分为9章,主要内容包括绪论、生物质预处理技术、生物质热解原理与技术、生物油的性质与应用、生物质水热转化技术、生物质气化技术、生物质燃烧理论与技术、生物质热转化系统分析计算方法与实例,以及生物质热转化过程研究分析表征方法。

本书是生物质能源的通识类教材,兼顾各专业方向,旨在帮助学生了解生物质能源热化学利用的概貌,重点学习生物质热转化原理、主要工艺技术及设备,并通过工程案例了解生物质热化学转化的主要应用。本书兼具基础性、通识性及科学性,可以作为高等学校新能源科学与工程、热能工程等专业的主干课教材,可供能源相关专业本科生及研究生阅读,也可供能源工程、环境工程、化学工程等领域科研人员、工程技术人员和管理人员等参考。

图书在版编目(CIP)数据

生物质热化学转化原理及高效利用技术/汪一,江龙,徐俊主编.—武汉:华中科技大学出版社,2021.12
ISBN 978-7-5680-1680-3

Ⅰ.①生… Ⅱ.①汪… ②江… ③徐… Ⅲ.①生物能源-热化学-转化-高等学校-教材 Ⅳ.①TK6

中国版本图书馆 CIP 数据核字(2021)第 258475 号

生物质热化学转化原理及高效利用技术　　　　　　　　　汪一　江龙　徐俊　主　编
Shengwuzhi Rehuaxue Zhuanhua Yuanli ji Gaoxiao Liyong Jishu

策划编辑:余伯仲
责任编辑:罗　雪
封面设计:廖亚萍
责任监印:周治超
出版发行:华中科技大学出版社(中国·武汉)　　　　电话:(027)81321913
　　　　　武汉市东湖新技术开发区华工科技园　　　　邮编:430223
录　　排:华中科技大学惠友文印中心
印　　刷:武汉开心印刷有限公司
开　　本:787mm×1092mm　1/16
印　　张:28.75
字　　数:730千字
版　　次:2021年12月第1版第1次印刷
定　　价:89.80元

前　　言

生物质能源作为仅次于煤炭、石油、天然气的第四大能源,也是碳替代、碳循环发展潜力最大的可再生能源。它直接或间接地来源于绿色植物的光合作用,可转化为常规的固态、液态和气态燃料,是一种环境友好、分布广泛、总量丰富、应用潜力巨大的可再生能源,同时也是唯一可再生碳源。国家主席习近平在 2020 年 9 月 22 日召开的联合国大会上表示:"中国将提高国家自主贡献力度,采取更加有力的政策和措施,二氧化碳排放力争于 2030 年前达到峰值,争取在 2060 年前实现碳中和。"因此,在"2030 碳达峰、2060 碳中和"的背景下,作为"碳中和"能源的生物质能将会发挥重要的作用,相关产业也将迎来重大发展机遇期。

目前,对生物质能的利用手段主要为热化学与生物化学方式。热化学方式主要包括燃烧、热解、气化;生物化学方式主要为厌氧发酵。通过上述方式,生物质能可以以固体成型燃料、生物油(热解油)、生物质炭(热解炭)、气化气、发酵沼气燃料等形式存在,具备非常广阔的应用前景。本书针对生物质资源热化学转化利用方式,重点介绍热化学转化过程中所涉及的反应原理、反应装置、工艺流程以及常见技术问题等。同时,编者总结了部分生物质利用领域最新的研究成果,可供读者进一步深入了解此领域热点研究方向和最新成果进展,希望对从事相关科研工作的读者有所启发。

本书共分 9 章,分别为绪论、生物质预处理技术、生物质热解原理与技术、生物油的性质与应用、生物质水热转化技术、生物质气化技术、生物质燃烧理论与技术、生物质热转化系统分析计算方法与实例,以及生物质热转化过程研究分析表征方法。本书由华中科技大学汪一、江龙、徐俊任主编,熊哲、苏胜、胡松、向军任副主编。编者均为国内高校从事生物质能研究的一线科研教学人员,有着多年的理论知识积累和丰富的实践经验。本书第 1 章由汪一、江龙、向军撰写;第 2 章由汪一、徐俊、胡松撰写;第 3 章由汪一、徐俊、熊哲撰写;第 4 章由汪一、江龙、熊哲撰写;第 5 章由江龙、徐俊、陈文撰写;第 6 章由江龙、徐俊、何立模、陈文撰写;第 7 章由徐俊、江龙、许凯、苏胜撰写;第 8 章由徐俊、江龙、韩亨达撰写;第 9 章由徐俊、江龙、汪一撰写。全书由汪一、江龙、徐俊统稿。华中科技大学能源与动力工程学院研究生邓伟、汪雪棚、郭俊豪、马立群、方舟、刘佳、杜宽、莫文禹、黄德馨、张雅妮、徐龙飞、刘佳薇、陈德志、王鑫、钟毓秀、柳顺等参与了文字和图表处理等工作。

编者期望并努力将本书打造为学习生物质热化学转化原理与技术的入门读物,为相关专业学生及科研人员快速了解生物质能利用现状提供帮助。在当下"碳达峰、碳中和"的大背景下,生物质能利用领域发展势头更加迅猛,相关研究成果日新月异。因此,本书也难以对整个领域进行面面俱到的阐述。同时,限于编者水平与时间,书中难免存在疏漏或不妥之处,敬请读者批评指正,以便在后续版本中加以改进和完善。

编　者

2021 年 6 月

目　　录

第 1 章

绪论

能源即能量资源,是人类生存、发展的基础,但随着经济的快速发展,化石能源消耗量持续增加,人类正面临着日益严重的能源短缺和环境破坏问题,全球气候变暖已成为国际关注的热点。当今的能源主要来自于矿物燃料,包括煤炭、石油、天然气等。一方面,矿物能源的应用推动了社会发展,但其却在日益消耗,如世界石油探明储量和煤炭探明储量分别约为2446亿t和10696亿t(截至2019年年底)。按当前的技术水平和开采量计算,石油可开采49.9年,煤炭可开采131.6年。另一方面,由于化石能源的过度使用已引起了日益严重的环境问题,如全球气候变暖、臭氧层破坏、生态圈失衡、有害物质排放、酸雨等自然灾害,因此,开发和寻找新的可替代能源已成为人类社会亟待解决的重大问题之一。生物质能源是未来最重要的可替代能源之一,人们期望其在从化石燃料到可替代能源的过渡以及使全球能源系统向碳中和发展过程中发挥重要作用。

1.1 能源基本概念

凡是自然界存在的、通过科学技术手段能转换成各种形式能量(热能、机械能、电能、化学能等)的物质资源都称为能源。其中:自然界原来就存在,即没有经过加工或转换的能源统称为一次能源,如煤炭、石油、天然气、水能、太阳能、风能、生物质能、核能、地热能等;由一次能源经过加工或转换而得到的人工能源称为二次能源,如重质燃料油、煤气、热力、电能等。

在我们所生活的地球上,一次能源来源于三个方面。第一个方面是来自地球以外天体中的太阳辐射能。这一能量来源的30%以短波辐射的形式直接反射和散射到宇宙空间,其余70%被大气、海洋、陆地、生物等接收;这70%中的47%左右直接转变成热能,再以长波辐射的形式离开地球,其余约23%成为一次能源的来源。作为一次能源的太阳辐射能,一部分使地表的水蒸发成为蒸汽上升至高空,遇到冷空气凝结成雨雪又降落到地面而形成河流,河流水落差形成的势能就是水能;一部分照射大气层导致各处由于气温不同产生气压差而形成风能,或照射海洋使海水产生温差且密度不同而形成海流;还有一部分被植物通过光合作用吸收而生成生物质能,这些植物若长久沉积在地下,就形成化石燃料,如煤炭、石油、天然气等。因此,人类和动物由食物中取得的能量都来自于太阳的辐射能。

第二个方面是来自地球本身的能量,诸如地热能、火山能、地震能以及核燃料(铀、钍、钚)等。这方面的能源目前可以利用的主要是地下热水、地下蒸汽、热岩等地热能,以及地壳和海洋中蕴藏的各种核燃料。这类能源目前尚未得到大范围应用,但其应用前景非常可观,据估计,此类能源总量为全部已探明煤炭能量的一亿多倍,如海水中每克重氢(氘)在聚变反

应中可释放出 9.3×10^4 kW·h 的能量。

第三个方面是地球和其他天体相互作用而产生的能量。如在天体运动中,因太阳和月亮对地球表面的水的吸引力作用而产生的潮汐能就属于这类能源。

一次能源可以根据它们是否能够再生而分为可再生能源和不可再生能源。可再生能源是指能够重复产生的自然能源,它可供人类长期使用而不会枯竭,如太阳能、风能、水能、海洋能、潮汐能、地热能和生物质能等。不可再生能源是指那些不能重复产生的自然能源,这些能源消耗一些就少一些,在短期内不会重复产生并且最终会枯竭,如煤炭、石油、天然气、核燃料等。

能源按其性质可以分为燃料能源和非燃料能源。燃料能源有化石燃料(煤炭、石油、天然气等)、生物燃料(柴草、木材、沼气、有机废弃物等)、化工燃料(丙烷、甲醇、乙醇、废旧塑料制品等)和核燃料(铀、钍、钚等)四类。非燃料能源多数具有机械能,如风能、水能、潮汐能、波浪能等,有的含有热能,如地热能和太阳能等。

能源按其使用情况可分为常规能源和新能源。常规能源是指在现阶段科学技术的水平下已被广泛使用,而且利用技术比较成熟的能源,如煤炭、石油、天然气、水能等。那些虽然早已被利用或已引起人们重视,但尚未被广泛利用或在利用技术方面尚待完善或正在研究中的能源,都称为新能源。随着科学技术的发展,新能源因利用技术日益完善而逐渐被广泛采用,新能源也就成为常规能源。在现阶段,核能、太阳能、风能、地热能、生物质能、海洋能等都被列为新能源。

能源按其对环境保护的影响程度又可分为洁净能源和非洁净能源。一般而言,可再生能源如太阳能、风能、水能、海洋能、潮汐能、地热能和生物质能等都属于洁净能源,而不可再生能源如煤炭、石油、天然气、核燃料等都属于非洁净能源。

值得注意的是,建立上述能源分类方法的目的是从不同属性区分各种能源形式,并指导人们更好地对其加以转化利用。每种能源形式都有其自身特点,同类能源中的不同能源可能也存在较大差异。因此,我们需要根据实际情况,客观认识并运用好能源分类方法。

1.2　我国能源结构分析

我国正处于经济转型的新时期,经济总量呈现持续增长的趋势,能源作为经济增长背后的推动力,在新的历史时期,正面临着前所未有的挑战,能源的变革时代即将到来。从总体上来看,我国能源资源在发展过程中存在着一系列问题,能源资源发展与人们的日常生活及社会生产之间的矛盾日益凸显。另外,在全球变暖的当下,传统的能源格局悄然改变,能源资源的变革也蓬勃兴起。因此,我国能源转型任重道远,也势必推动我国经济进入一个新的常态。以习近平总书记为中心的党中央高度重视能源资源变革,强调立足我国能源的现状,大力推进能源产业发展,为全面推进我国经济进步、建成小康社会提供支持。

我国能源结构的特点是以煤炭为主,多样化发展,受自给率约束。如图 1-1 所示,横向对比 2018 年中国、美国、日本、欧盟和全球平均一次能源需求结构,可见:①从化石能源的合计份额来看,中国与全球平均水平相当(85%),美国略低(84%),日本较高(88%),欧盟较低(仅 75%)。②化石能源具体包括石油、天然气、煤炭,由于我国的化石资源禀赋一直是"富煤、缺油、少气",因此我国化石能源大幅偏重于煤炭,直到 2018 年煤炭在我国一次能源中的需求占比仍然高达 58%,而石油和天然气仅分别占 20% 和 7%。从全球平均水平来看,石油、天然气、煤炭的占比更加均衡,分别为 34%、24%、27%;美国、欧盟的化石能源都更加依赖于石油和天然气,而煤炭占比仅分别为 14%、13%。③低碳能源包括核电、水电、可再生能源。中国的低碳能源以水电为主,水电份额(为 9%)高于美国、日本、欧盟的水平(分别为 3%、4%、5%);但中国的核能份额仅为 2%,大幅低于美国、欧盟(分别为 8%、11%),日本在福岛核事故后核电份额大幅下降,目前也仅为 2%;可再生能源方面,欧盟和日本的份额较高(分别为 9%、6%),美国为 5%,中国和全球平均水平一致(均为 4%)。

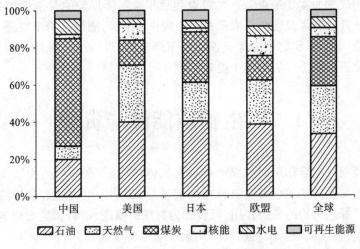

图 1-1　2018 年平均一次能源需求结构对比

从一次能源结构变化来看,我国在能源结构的多样性方面已经得到一定改善,尤其是 2010 年以来化石能源的份额从 92% 下降到 85%,其中煤炭份额更是从 70% 下降到 58%。政策方面,2017 年 1 月印发的《能源发展"十三五"规划》和 2017 年 4 月印发的《能源生产和消费革命战略(2016—2030)》中,对能源消费总量、能源结构、单位能耗、能源自给率等方面均提出了发展目标,如表 1-1 所示。

表 1-1　能源领域相关政策目标

目　标	2015 年	2020 年	2030 年	2050 年
能源消费总量	43 亿 t 标准煤	49.8 亿 t 标准煤	60 亿 t 标准煤以内	保持稳定
煤炭占比	64%	57.6%	—	—
非化石能源占比	12%	24.3%	—	超过 50%
天然气占比	5.9%	8.1%	15%	—
单位 GDP[a] 能耗	—	—	达世界平均水平	达世界先进水平
能源自给率	84%	80% 以上	保持较高水平	保持较高水平

[a] GDP:国内生产总值。

从全球一次能源结构历史变化来看,能源结构也呈现出多样化的趋势,其中低碳能源的份额逐渐上升(尤其是风电、光伏等可再生能源份额上升),而化石能源当中的天然气份额也呈现上升趋势。

主要国家和地区当中,美国自页岩油(气)革命后,成为石油输出国家之一,能源消费结构中的油气份额也继续增加,煤炭份额近年来快速减少。日本则由于福岛核事故导致能源结构发生重大改变,核能份额大幅减少,而化石能源份额逆向增加,煤炭份额也因此出现回升。欧盟的能源结构多样化程度则更加领先,非化石能源份额已经达到 25%。

从美国、日本、欧盟等国家及地区能源结构的历史变化中可以看出,能源结构呈现多元化发展趋势,同时技术进步、核泄漏等特殊事件,也可能会影响能源结构的发展。

值得关注的是,我国在《能源生产和消费革命战略(2016—2030)》等政策中提出了能源自给率的目标,要求 2020 年后能源自给率保持在 80% 以上。我国的能源自给率从 2000 年起自 100% 持续下降,到 2020 年已经下降到 80.7%,其间甚至曾降至 78.4%,因此能源自给率成为能源结构改变的重要约束条件。考虑到近年来国际形势的复杂性增加,能源安全的重要性也随之上升。若煤炭在化石能源中的比例快速下降,能源自给率将进一步下降,进而影响到能源安全。因此,我们认为煤炭份额的下降速度可以放缓,并且核能、太阳能、风能、生物质能等非化石能源份额需要逐步提升。

1.3　生物质能源与资源

生物质是指通过光合作用而形成的各种有机体,包括所有的动植物和微生物。生物质能是太阳能以化学能形式储存在生物质中的能量形式,是以生物质为载体的能量。它直接或间接地来源于绿色植物的光合作用,可转化为常规的固态、液态和气态燃料,取之不尽,用之不竭,是一种可再生能源。生物质能的原始能量来源于太阳,所以从广义上讲,生物质能是太阳能的一种表现形式。

1.3.1　生物质的组成与结构

瑞典博物学家林奈(Carolus Linnaeus,1707—1778)在 18 世纪提出,生物可分为动物和植物。自然界植物是经过长时间进化发展而来的,种类繁多,形态各异。迄今为止,已知的植物有 50 多万种,它们的形态、结构、生活习性以及对环境的适应性各不相同,千差万别。根据植物在进化过程中所形成的特点,通常将地球上的植物分成高等植物和低等植物两大类。

低等植物的植物体是单细胞或多细胞的叶状体,有的分枝,有的不分枝,一般没有根、茎、叶等器官的分化,没有中柱。它们只能用分裂的方式和孢子来传宗接代,生殖器官也是单细胞的,合子(精子与卵结合而成)发育成新植物体不经过胚的阶段。根据营养方式,低等植物可分为藻类植物、菌类植物和地衣植物。

高等植物的形态和结构比低等植物的复杂许多。高等植物大多有根、茎、叶的分化,有中柱,生殖器官是多细胞的,合子发育成新植物体经过胚的阶段。根据营养器官分化程度和生殖器官不同,高等植物分为苔藓植物、蕨类植物和种子植物三大类。

藻类植物、菌类植物、地衣植物、苔藓植物和蕨类植物的孢子比较显著,植物在生活过程中能产生孢子,用孢子繁殖,完成生活周期,因此这几类植物统称为孢子植物。孢子植物也称为隐花植物,即它们一生中从不开花,好像把花隐藏了起来一样。

种子植物也称为显花植物或有花植物,即它们一生中要开花,可分为裸子植物和被子植物两类。裸子植物比较低级,它的突出特征是种子裸露,没有被果皮包被,它的受精已脱离了水的限制。被子植物在植物界的发展中后来居上,成为最高等的类型,它的最大特点是出现了花和果实,而且种子被保护在果实中,胚珠由子房包被着。被子植物是绿色开花植物。

生物质的种类和蕴藏量都是极其丰富的,科学家曾经估计全球生物物种有 150 万种。随着科学研究的深入,这一数字已经上升到 3000 万～5000 万,热带雨林的生物多样性最为丰富,那里生活着全世界半数以上的物种。

1.3.1.1　光合作用

地球上的生物按照碳素营养方式不同,可分为异养生物和自养生物两大类。

异养生物只能以现成的有机化合物为营养源,如动物、许多微生物和少数植物;自养生物能够以无机碳化物为营养源,如绝大多数植物和少数微生物。自养生物中,有的利用无机物氧化获得能量合成有机物,如硝化细菌、硫细菌等;还有的通过光合作用将无机物合成为有机物,如绿色植物(包括孢子植物和种子植物)。植物通过光合作用将太阳能转化为化学能并储存有机物,也为其他直接或间接依靠植物生存的生物提供有机物和能量。

光合作用是绿色植物通过叶绿体,利用太阳能,把二氧化碳和水合成为储存能量的有机物,并且释放出氧气的过程。植物生物质是在叶绿素和水的存在下,通过太阳的能量将大气中的二氧化碳转化为碳水化合物而形成的。动物通过食用植物或其他生物物种来生长。植物通过光合作用吸收太阳能(见图 1-2)。在特定波长的阳光照射下,绿色植物分解水以获得电子和质子,并利用它们和二氧化碳生成葡萄糖,释放氧气。该过程可表示为

$$CO_2 + H_2O + h\nu \longrightarrow \{CH_2O\} + O_2$$

其中:$h\nu$ 是来自太阳的能量;$\{CH_2O\}$ 是光合作用产物的基本形式,葡萄糖为 $C_6H_{12}O_6$。

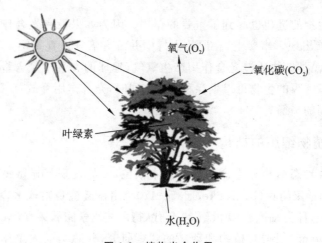

图 1-2　植物光合作用

从光合作用的全过程来看,其可分成两个阶段(见图 1-3)。一个是有光能才能进行化学反应的阶段,叫作光反应阶段。光反应阶段的化学反应在叶绿体内基粒的囊状结构上进行,首先将水分子分解成氧(O)和氢(H),释放出氧气;然后在光照下将二磷酸腺苷(ADP)和无机磷合成为三磷酸腺苷(ATP),将光能转化为活泼化学能储存在 ATP 的高能磷酸键中。另一个是没有光能也可进行化学反应的阶段,叫作暗反应阶段。暗反应阶段的化学反应在叶绿体内的基质中进行,首先是二氧化碳的固定,即二氧化碳与五碳化合物结合,形成三碳化合物;其中一些三碳化合物接受 ATP 释放的能量,被氢还原,再经过一系列复杂的变化,形成糖类,ATP 中活跃的化学能转变为糖类等有机物中稳定的化学能。这个循环过程是由美

国生物学家卡尔文（M. Calvin）等人发现的，又称卡尔文循环。

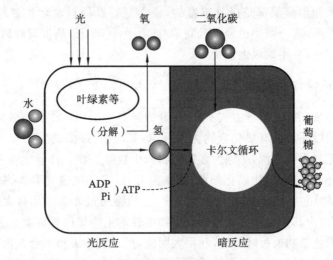

图 1-3　光合作用机制示意图

　　光合作用将太阳能转化为化学能并储存于有机物，这是植物赖以生长的主要物质来源和全部能量来源，也是其他直接或间接依靠植物生存的生物的有机物和能量来源。而且，埋藏在地层中的煤炭、石油和天然气等常规能源也是古代植物通过光合作用形成的有机物演变而来的。从物质转变和能量转变的过程来看，光合作用是地球生命活动中最基本的物质代谢和能量代谢方式。

　　光合作用对生物的进化也起到了重要的作用。因为如果没有光合作用，地球上有氧呼吸的生物就不可能出现。事实上，在原始大气中并没有氧气。直到距今 20 亿～30 亿年以前，地球上的一种藻类植物通过光合作用产生氧气，地球的大气中氧含量才逐渐增加，从而使地球上进行有氧呼吸的生物得以生存和进化。同时，光合作用释放氧气，维持了大气中氧气和二氧化碳之间的平衡。

1.3.1.2　植物细胞的结构

　　细胞是生物体形态结构和生命活动的基本单位，它的发现与显微镜的发明密切相关。1665 年，英国物理学家胡克（R. Hooke，1635—1703）用显微镜观察软木，看到其中有许多蜂窝状的小室，就把它称为细胞。19 世纪 30 年代，德国植物学家施莱登（M. Schleiden）和动物学家施旺（T. Schwann）根据对植物和动物的观察研究，并总结前人工作，正式提出细胞学说，即"一切动物和植物都是由细胞组成的"。

　　植物细胞形状多样，有球状体、多面体、纺锤形和柱状体等。植物细胞体积一般很小，最小的球菌细胞直径只有 $0.5~\mu m$，在种子植物中，一般细胞直径为 $10\sim100~\mu m$。

　　不同植物的形态千差万别，组成植物体的细胞形态各异，功能亦各不相同，它们的组成却有许多共同点。典型植物细胞包括细胞壁、原生质体及细胞后含物三个基本部分（见图1-4）。原生质体主要包括膜系统、细胞核、细胞质及细胞器等，是以蛋白质与核酸为主的复合物。它是细胞各类代谢活动进行的主要场所，是细胞最重要的组成部分。

　　细胞质是原生质体的基本组成成分，为半透明、半流动的基质。细胞核是细胞生命活动的控制中心，有一定结构，可分为核膜、核液、核仁和染色质四部分。细胞器是细胞中具有一

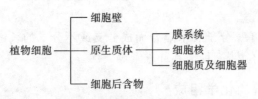

图 1-4　植物细胞的基本结构

定形态结构、组成和特定功能的微器官,包括质体、液泡、线粒体、内质网、核糖体、微管、高尔基体、溶酶体、微体等。其中质体分为白色体、叶绿体和有色体。叶绿体是含有绿色色素(主要为叶绿素 a、b)的质体,为绿色植物进行光合作用的场所。

1.3.1.3　原生质体的化学组成

原生质体中含有多种化学元素,主要有 C、H、N、O、P、S、Ca、K、Cl、Mg、Fe、Mn、Cu、Zn 和 Mo 等。其中,C、H、N 和 O 四种元素占 90% 以上,是构成各类有机化合物的主要成分。其他元素的含量较少或很少,但也非常重要。各种元素或以原子通过各种不同形式的化学键相互结合而形成各种化合物,或以离子形式存在于植物体内。

组成植物细胞的化合物分为无机化合物和有机化合物两大类。无机化合物包括水和无机盐,其分子量较小。生命是离不开水的,最初原始生命就是从原始海洋起源的,植物体中生命活动旺盛的细胞含水量高达 85%[①] 以上。细胞中的无机盐通常以离子状态存在,如 Na^+、K^+、Mg^{2+} 及 Cl^- 等。也有金属离子与一些无机物的阴离子或有机物的阴离子结合而成盐。有些盐是难溶盐类,如草酸钙。

有机化合物是含 C 和 H 等元素的化合物,包括糖类、蛋白质、脂质、维生素和核酸等。不同植物、不同细胞中各类化合物含量和组成差别较大,此种差异也反映在核酸和蛋白质上。

糖类是由 C、H 和 O 元素组成的一大类中性化合物,包括蔗糖、淀粉、葡萄糖、糖原、纤维素和戊聚糖等,主要来源于植物(如谷物、蔬菜、水果和豆类等),为生命代谢活动提供能量,是自然界存在最多、分布最广的一类重要有机化合物。绿色植物光合作用的主要产物是糖类,植物体内有机物运输形式也是糖。

糖类的分子中 H 和 O 的比例通常为 2∶1,与水分子中的比例一致,可用通式 $C_m(H_2O)_n$ 来表示,因此糖类亦称为碳水化合物。后来人们发现有些化合物按其构造和性质应属于糖类,可是它们的组成并不符合 $C_m(H_2O)_n$ 通式,故碳水化合物这个名称并不确切,但因已经使用了很长的时间,所以沿用至今。

糖类根据其能否被水解及水解产物的情况可分为以下三类。

(1)单糖:分子式为 $(CH_2O)_n$,其中 n 是碳原子的数目,通常不小于 3。单糖按碳原子的数目命名。丙糖为三碳糖,如甘油糖;戊糖为五碳糖,最重要的戊糖有核糖、脱氧核糖和核酮糖,常见的戊糖还有木糖和阿拉伯糖,是半纤维素的组成成分;己糖是六碳糖,包括葡萄糖、果糖、半乳糖和甘露糖等,各种六碳糖的分子式都是 $C_6H_{12}O_6$,但结构式各不相同,为同分异构体。

---

① 本书中,含水量均用质量分数表示。此外,本书中物质含量、浓度、产率等,若无特殊说明,均用质量分数表示。

（2）寡糖：由少数（2～6 个）单糖缩合而成，水解后生成两分子单糖。常见的寡糖有蔗糖、麦芽糖和纤维二糖等。

（3）多糖：由多分子单糖分子脱水缩合而成分支或不分支的长链分子，能水解生成许多单糖分子。常见的多糖有淀粉、糖原和纤维素等。

1.3.1.4 细胞壁的化学组成

细胞壁是原生质体生命活动的产物，是植物细胞周围没有生命的部分，具有一定的韧性，可分为胞间层、初生壁和次生壁三层。胞间层存在于细胞壁最外面，是相邻两个细胞共用的薄层，由亲水性果胶类物质组成，它能使相邻细胞粘连在一起。在植物细胞生长过程中，由原生质体分泌的纤维素、半纤维素和少量果胶质存在于胞间层内侧，形成初生壁。细胞壁停止生长后，在初生壁的内侧逐渐一层层地积累一些纤维素、半纤维素和少量木质素等物质，形成次生壁，使细胞壁加厚。由此可见，细胞壁主要由纤维素、半纤维素和木质素等构成。

1）纤维素

纤维素是世界上含量最丰富的有机化合物，是植物细胞壁的主要成分，构成了植物支撑组织的基础。棉花几乎全部是由纤维素所组成的（占 98%），亚麻中约含 80% 纤维素，木材中纤维素平均含量约为 50%。

纤维素的结构单位是 D-葡萄糖，是无分支的链状分子，结构单位之间以糖苷键结合而成长链，见图 1-5。经 X 射线测定，纤维素分子的链与链之间借助于分子间的氢键形成绳索状结构，绳索状结构具有一定机械强度和韧性，在植物体内起着支撑作用。

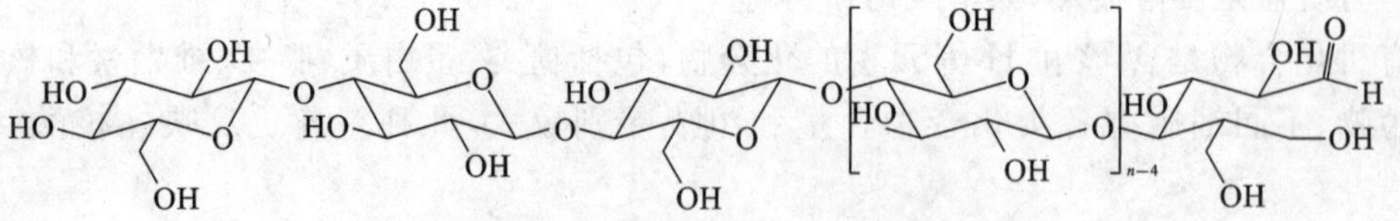

| 非还原性端基 | 纤维二糖基本单元 | 无水葡萄糖单元 | 还原性端基 |

图 1-5　纤维素结构示意图

纤维素是白色物质，不溶于水，无还原性。纤维素比较难水解，一般需要在浓酸中或用稀酸在加压下进行。在水解过程中可以得到纤维四糖、纤维三糖、纤维二糖，最终产物是 D-葡萄糖。

2）半纤维素

半纤维素是由多种糖单元组成的一类多糖，其主链由木聚糖、半乳聚糖或甘露糖组成，在其支链上带有阿拉伯糖或半乳糖。半纤维素大量存在于植物的木质化部分，如秸秆、种皮、坚果壳及玉米穗等，其含量依植物种类、部位和老幼程度而有所不同。

半纤维素与纤维素的主要区别为：半纤维素由不同的糖单元聚合而成，分子链短且带有支链，见图 1-6。半纤维素中某些成分是可溶的，在谷类中可溶的半纤维素称为戊聚糖，大部分则具有不可溶性。

3）木质素

木质素是一类复杂的有机化合物，存在于植物细胞壁中。它在植物界的含量仅次于纤维素含量，广泛地分布于高等植物中，是裸子植物和被子植物所特有的化学成分。木材中木

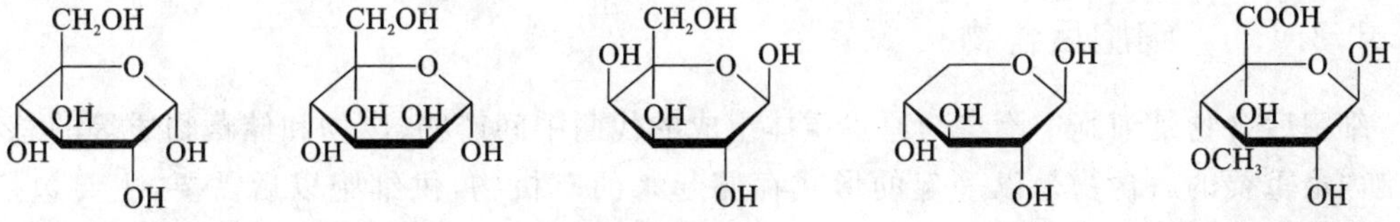

(a) D-葡萄糖　　(b) 甘露糖　　(c) 半乳糖　　(d) 木糖　　(e) 葡萄糖醛酸

图 1-6 半纤维素主要结构

质素含量为 $20\% \sim 40\%$，禾本科植物中木质素含量为 $15\% \sim 25\%$。

木质素是苯基类丙烷聚合物，具有复杂三维结构，其二维结构示意图见图 1-7。

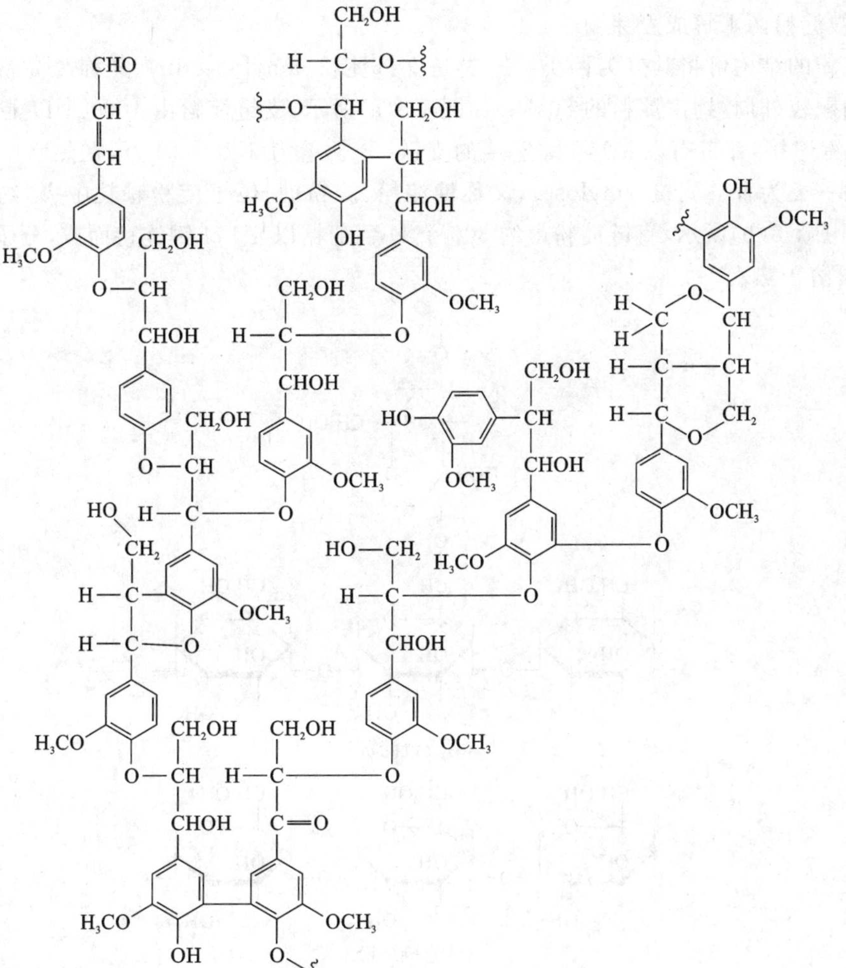

图 1-7 木质素二维结构示意图

从化学结构上看，该二维结构既具有酚的特征，又具有糖的特征，形成的聚合物结构十分复杂。另外，木质素存在于细胞壁中，很难与纤维素分离。

由于环境影响、生理功能不同，细胞壁常常沉积其他物质，发生物理化学性质的变化，如木质化、木栓化、角质化、黏质化及矿质化。其中，木质化是指细胞产生的木质素由于沉积而变得坚硬牢固，增强了植物支持重力的能力，树干内部的木质细胞即木质化结果。

1.3.1.5 细胞后含物

细胞后含物是细胞中不参与原生质体组成的代谢中间产物、废物和储藏物质等的总称。细胞内最重要的后含物是以一定的形式存储起来的有机物，供细胞以后需要，主要包括淀粉、脂类和蛋白质等。

1）淀粉

淀粉是 D-葡萄糖分子聚合而成的化合物，通式为 $(C_6H_{10}O_5)_n$，是细胞中碳水化合物最普遍的储藏形式，也是植物体内储藏的营养物质。它在细胞中以颗粒状态存在，通常为白色颗粒状粉末，不溶于冷水、乙醇及有机溶剂，在热水中形成胶体溶液，可被稀酸水解成葡萄糖，也可被淀粉酶水解成麦芽糖。

按淀粉的结构可将其分为两类。一类是支链淀粉（amylopectin），又称胶淀粉、淀粉精，位于淀粉颗粒外周，约占淀粉的 80%。如图 1-8（a）所示，支链淀粉由 1000 个以上 D-葡萄糖以 α-1,4 键连接，并带有以 α-1,6 键连接的支链，分子量为 5 万～10 万，在热水中膨胀成黏胶状。另一类为直链淀粉（amylose），又称糖淀粉、淀粉糖，位于淀粉颗粒中央，约占淀粉的 20%。如图 1-8（b）所示，直链淀粉由约 300 个 D-葡萄糖以 α-1,4 键连接而成，分子量为 1 万～5 万，可溶于热水。

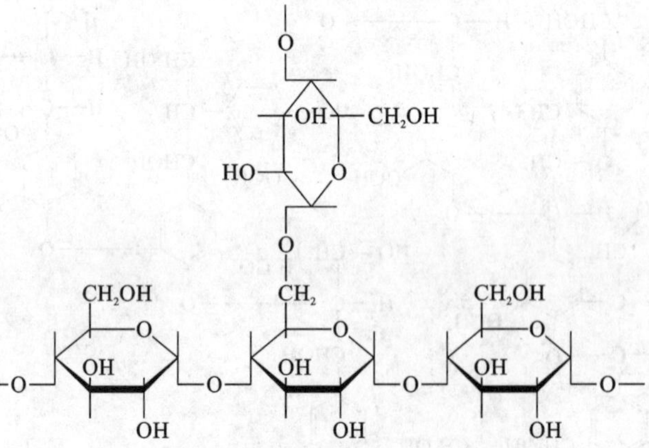

(a) 支链淀粉

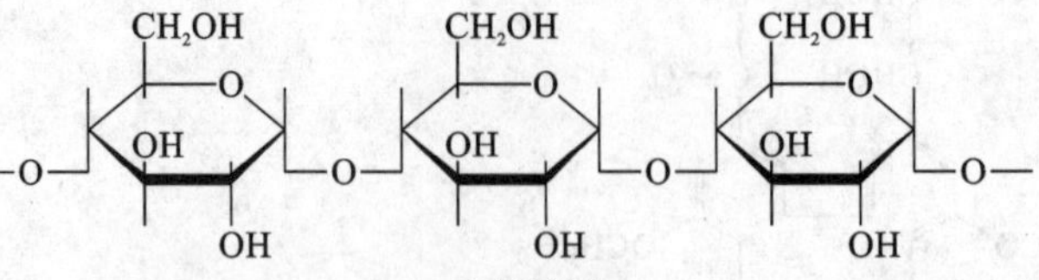

(b) 直链淀粉

图 1-8 淀粉的结构

2）脂类

脂类是不溶于水而溶于非极性溶剂（如乙醇、氯仿和苯）的一大类有机化合物。脂类主要组成元素是 C、H 和 O，其中 C 和 H 含量很高，有的脂类还含有 P 和 N。脂类分为中性脂肪、磷脂、类固醇和萜类等。中性脂肪的化学组成是甘油和三分子高级脂肪酸，故又称甘油三酯。脂肪酸按结构式不同分为饱和脂肪酸和不饱和脂肪酸，大多数不饱和脂肪酸存在于植物油中。

脂类是细胞中能量含量最大而体积最小的储藏物质,在常温下呈液态的称为油,呈固态的称为脂。植物种子会储存脂肪于子叶或胚乳中以供自身使用,是植物油的主要来源。

3）蛋白质

蛋白质是构成细胞质的重要物质,占细胞总干重的 60% 以上。蛋白质由许多氨基酸组成,分子量很大,由 5000 到百万数量级。氨基酸主要由 C、H 和 O 三种元素组成,另外还有 N 和 S。构成蛋白质的氨基酸有 20 种。植物可以合成各种不同的氨基酸,但人类和其他动物则不能合成所有种类的氨基酸。

细胞中的储藏蛋白质以多种形式存在于细胞壁中,呈固体状态,生理活性较稳定,可分为结晶的和无定形的,与原生质体中呈胶体状态的生命蛋白质在性质上是不同的。例如:禾谷类植物的籽粒,其胚乳外层细胞(糊粉层)的糊粉粒是蛋白质储积形成的;蓖麻、油桐胚乳细胞的糊粉粒是一团蛋白质,包含一个至几个拟晶体和球体的颗粒;而在马铃薯块茎外围的薄壁细胞中,储藏的结晶蛋白质与淀粉颗粒共存于一个细胞内。

1.3.1.6　植物的组织和器官

在个体发育中,具有相同来源的细胞(由一个或一群有分裂能力的细胞分裂而来)分裂、生长与分化形成的细胞群称为组织。种子植物的组织结构是植物界最为复杂的,按照它的发育特点,可分为分生组织和成熟组织两大类。其中,成熟组织按照它的功能,可分为营养组织、保护组织、输导组织、机械组织及分泌组织等。

不同组织按一定规律构成了器官,种子植物的六大器官是根、茎、叶、花、果实和种子,分别具有一定的形态结构和生理功能。其中根、茎、叶与植物营养物质的吸收、合成、运输和储藏有关,称为营养器官;而花、果实、种子与植物产生后代密切相关,称为繁殖器官。

根是种子植物的营养器官,一般生长在土壤之中。由于土壤中环境条件相对稳定,因此根是植物体中比较保守的器官。许多植物的根在长期发展过程中,形态及功能发生了变化。例如,储藏根的主要功能是储藏大量营养物质,如胡萝卜、萝卜、甜菜、人参及甘薯等。

茎一般生长在地面上(也有些生长于地下或水中),是连接叶和根的轴状结构。双子叶植物的茎分为初生结构和次生结构,初生结构分为表皮、皮层和维管柱三个部分,次生结构包括维管形成层与木栓形成层两类。在木本植物的茎中,次生木质部是次生结构的主要部分,也是木材的来源。

被子植物开花受精后,子房发育形成果实。果实由果皮和种子组成,果皮包藏着种子,既起到保护种子的作用,又有助于种子的传播。果皮可分为外果皮、中果皮和内果皮。果实的种类繁多,是植物分类的重要依据。

种子是种子植物特有的结构。不同植物种子的形状、大小和颜色等存在着明显差异,形状有圆形、椭圆形、心形和肾形等;质量从不足微克到几千克不等。种子的基本结构是一致的,一般由胚、胚乳和种皮三部分组成,有些种子具有外胚乳或假种皮。胚乳是种子中营养物质储藏的场所,主要由糖类、脂类和蛋白质组成。这些化合物在种子中的相对含量随植物种类不同变化很大。在禾本科植物如小麦和玉米中,淀粉含量较高,可占干重的 70% ~ 80%,而在豆类植物如豌豆和菜豆中大约只有 50%;油菜和荠菜种子中含有 40% 的脂类和 30% 的蛋白质,而大豆中含有 20% 的脂类和 40% 的蛋白质;有些种子因储藏了较多可溶性糖而具有甜味。在柿胚乳细胞中,营养物质以半纤维素的形式储藏在胚乳的细胞壁中。

1.3.2　生物质能的分类

对于生物质能如何分类,有着不同的标准。例如,依据是否能大规模代替常规化石能源,而将其分为传统生物质能和现代生物质能。广义地讲,传统生物质能指在发展中国家小规模应用的生物质能,主要包括农村生活用能,如薪柴、秸秆、稻草、稻壳及其他农业生产的废弃物和畜禽粪便等;现代生物质能是指可以大规模应用的生物质能,包括现代林业生产的废弃物、甘蔗渣和城市固体废物等。依据来源的不同,可以将适合于能源利用的生物质分为林业资源、农业资源、生活污水和工业有机废水、城市固体废物和藻类等几大类。

1)林业资源

林业资源是指森林生长和林业生产过程提供的生物质能源,包括薪炭林,在森林抚育和间伐作业中的零散木材,残留的树枝、树叶和木屑等;木材采运和加工过程中的枝丫、锯末、木屑、梢头、板皮和截头等;林业副产品的废弃物,如果壳和果核等;灌木林平茬复壮的剩余物;木本油料作物。

2)农业资源

农业资源包括农业作物(包括能源作物);农业生产过程中的废弃物,如农作物收获时残留在农田内的农作物秸秆(玉米秸、麦秸、稻草、豆秸和棉秆等);农业加工业的废弃物,如农业生产过程中剩余的稻壳等;能源植物,泛指各种用以提供能源的植物,通常包括草本能源作物、油料作物、制取碳氢化合物的植物和水生植物等几类;畜禽粪便等。

3)生活污水和工业有机废水

生活污水主要由城镇居民生活、商业和服务业的各种排水组成,如冷却水、洗浴排水、盥洗排水、洗衣排水、厨房排水、粪便污水等。工业有机废水主要是酿酒、制糖、食品制造、制药、造纸及屠宰等行业生产过程中排出的废水等,其中都富含有机物。

4)城市固体废物

城市固体废物主要由城镇居民生活垃圾,商业、服务业垃圾和少量建筑业垃圾等固体废物构成。其组成比较复杂,受当地居民的平均生活水平、能源消费结构、城镇建设、自然条件、传统习惯以及季节变化等因素影响。

5)藻类

藻类包括数种不同类以光合作用产生能量的生物,其中有属于真核细胞的藻类,也有属于原核细胞的藻类,涵盖了原核生物界、原生生物界和植物界。它们一般被认为是简单的植物,并且一些藻类与比较高等的植物有关。藻类与细菌和原生动物的不同之处是藻类产生能量的方式是光合自营性的。

1.4　碳中和背景下生物质能源的重要性

1.4.1　碳中和的概念与实现方法

碳是生命物质中的主要元素之一,是有机质的重要组成部分,并以 CO_2、有机物和无机物的形式贮存于地球的大气圈、陆地生态圈、海洋圈和岩石圈中。碳元素通过碳固定和碳释放的方式,在地球的大气圈、陆地生态圈、海洋圈和岩石圈中进行循环。碳固定是指植物的

光合作用吸收 CO_2、海水溶解大气中的 CO_2、干旱区盐碱土吸收 CO_2、含碳元素岩石的形成，以及利用人工技术将 CO_2 转化为化学品或燃料等。碳释放主要指植物和动物的呼吸作用、化石燃料的消耗、岩石圈中含碳元素岩石的分解等。

自人类进入工业化时代以来，化石燃料消耗急剧增加，岩石圈中化石能源的碳释放到大气圈中，导致大气圈中 CO_2 的浓度不断增加，地球的碳循环平衡被破坏。因此，碳中和的主要目的是降低大气圈中碳含量，逐步恢复绿色地球碳循环平衡，保护人类赖以生存的生态环境。

联合国政府间气候变化专门委员会（IPCC）发布的《全球升温 1.5 ℃ 特别报告》指出，碳中和是指一个组织在一年内的 CO_2 排放通过 CO_2 消除技术达到平衡，亦可称为净零 CO_2 排放。碳中和的首要任务是到 21 世纪末将全球气候变暖控制在 1.5 ℃，这不仅是控制气候变化的措施，也是人类保护生态环境的根本措施，有助于保护生物多样性和生态系统。截至 2021 年，全球已有 28 个国家实现或承诺实现碳中和目标。在 2020 年第七十五届联合国大会上，中国正式提出："将提高国家自主贡献力度，采取更加有力的政策和措施，二氧化碳排放力争于 2030 年前达到峰值，争取在 2060 年前实现碳中和。"碳中和意味着一个以化石能源为主要能源的时代即将结束，一个向非化石能源过渡的时代已经走来。作为碳排放大国和煤电大国，中国承诺实现碳中和，无疑为提振全球气候行动信心、提升碳中和行动影响力做出了重要贡献。

减少碳排放、实现碳中和的主要途径可以分为碳替代、碳减排、碳封存、碳循环四种。碳替代主要包括用电替代、用热替代和用氢替代等。用电替代是利用风电、光电、生物质发电等"绿色电源"替代火电，用热替代是指利用"绿色热源"替代化石燃料供热，用氢替代是指用"绿色氢燃料"替代传统化石燃料。碳减排主要包括节约能源和提高能效。碳封存是指将大型火力发电厂、炼钢厂、化工厂等产生的 CO_2 收集后，利用技术手段长时间将其与大气隔离封存。碳循环包括人工碳转化和生物碳汇。人工碳转化是指利用化学或生物手段将 CO_2 转化为有用的化学品或燃料，包括 CO_2 合成甲醇、CO_2 电催化还原制备 CO 或轻烃产品等。生物碳汇是指植物通过光合作用将大气中的 CO_2 吸收并固定在植被与土壤中，减少大气中 CO_2 浓度。整体上，随着新能源技术逐渐发展成熟，"绿色能源"碳替代将成为碳中和进程中的中坚力量，预计到 2050 年，贡献率占全球碳中和的 47%，碳减排、碳封存和碳循环贡献率分别占 21%、15% 和 17%。

1.4.2　生物质能源的重要性

生物质能源作为仅次于煤炭、石油、天然气的第四大能源，也是碳替代、碳循环发展潜力最大的可再生能源。2020 年，我国 CO_2 的排放量达 100 亿 t，占全球碳排放的 29%。在此背景之下，加大生物质能源的开发利用力度，既可以缓解中国能源资源短缺，改善能源消费结构，又可以促进碳中和，建设绿色、环境友好型社会。

2020 年我国能源消费总量为 49.8 亿 t 标准煤，占全球一次能源消费总量的 23.6%，其中化石能源占 85%，绝大多数份额都是煤炭。而煤炭是所有化石燃料中燃烧后 CO_2 排放量最大的一种。在中国石油、天然气等其他化石能源资源短缺的大背景下，开发利用生物质能源，对于优化能源结构、维护中国能源安全、促进农村和农业发展、实现碳中和目标具有十分重要的意义。

中国是一个农业大国，生物质能源非常丰富，具有开发利用生物质能源的良好条件。我国生物质资源主要来自于废弃物资源：以最大限度优先利用废弃物资源，促进资源综合利用和环境保护；合理开发边际土地资源，不占用耕地，不破坏森林草地和自然生态环境。通过废弃生物质资源利用，将原本自然降解的生物质作为能源燃料来使用，替代自然降解，不但可以减少化石能源的使用，减少 CO_2 的排放，而且可以减少生物质自然降解的甲烷排放，事半功倍地应对气候变暖趋势。以现有碳循环的基本规律测算，每吨生物质燃烧替代自然降解，可以实现减少 21.014 t CO_2 排放当量的碳中和目标。发展生物质能源作为发展可再生能源的重要一环，对中国调整能源结构、实现碳中和目标都是十分必要而且十分重要的。因此，为了实现碳中和目标，国家将加紧推动能源体系转型，促进生物质等低碳、可再生能源大力发展。

此外，生物质能源是一种清洁的绿色能源，不仅可以大大减少温室气体，还可以有效减少有害气体的排放量。以生物燃料乙醇为例，添加了乙醇的汽油氧含量增加，使得 CO 与碳氢化合物燃烧更为充分，可以明显减少汽车尾气里的这两种有害物质；再以生物柴油为例，其硫含量较低，燃烧后产生的 SO_2 和硫化物排放可减少 30％以上。此外，生物柴油不含芳香族烷烃成分，对环境及人类身体健康的影响大大低于石油类柴油的影响。当前中国的环境污染问题有目共睹，雾霾等污染问题已上升为社会焦点问题。供暖、工业燃煤、汽车尾气等众多因素带来的大气污染和水污染问题，已经受到人们越来越多的重视。其中大气污染最主要的三个来源就是燃料燃烧、工业生产和交通运输。燃料燃烧和交通运输方面的污染就与传统的化石能源消耗密切相关。而对于臭氧层破坏、酸雨以及温室效应等这些由大气污染引起的环境问题，大家也并不陌生。因此加快生物质能源的发展也与中国环境减压的目标相吻合。

1.5　生物质能转化利用技术概述

生物质能转化技术主要包括热化学法、生化法、化学法和物理化学法等（见图 1-9）。生物质能可转化为热量或电力、固体燃料（木炭或成型燃料）、液体燃料（生物柴油、生物油、甲醇、乙醇和植物油等）和气体燃料（氢气、生物质燃气和沼气等）。

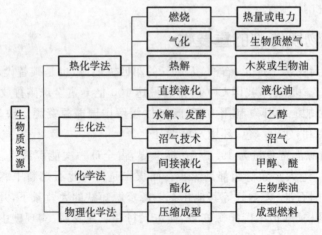

图 1-9　生物质能主要转化技术

生物质燃烧技术是传统的能源转化技术。生物质燃烧所产生的能量可应用于炊事、室内取暖、工业过程、区域供暖、发电及热电联产等领域。炊事方式是最原始的利用方式,主要应用于农村地区,效率最低,一般在 15%～20%。人们通过改进现有炉灶,以提高燃烧效率及热利用率。室内取暖主要应用于室内加温,此外还有装饰及调节室内气氛等作用。工业过程和区域供暖主要采用机械燃烧方式,适用于大规模生物质利用,效率较高;配以汽轮机、蒸汽机、燃气轮机或斯特林发动机等设备,可用于发电及热电联产。

物理化学法中的压缩成型是指利用木质素充当黏合剂将农业和林业生产的废弃物压缩为成型燃料,提高其能源密度,是生物质预处理的一种方式。生物质压缩成型的设备一般分为辊挤压成型设备、螺旋挤压式设备和活塞冲压式设备。将松散的秸秆、树枝和木屑等农林废弃物挤压成固体燃料,其能源密度相当于中等烟煤,可明显改善燃烧特性。生物质成型燃料应用在林业资源丰富的地区、木材加工业、农作物秸秆资源量大的区域和活性炭生产行业等。

热化学法包括热解、气化和直接液化。热解是指在隔绝空气或通入少量空气的条件下,利用热能切断生物质大分子中的化学键,使之转化为低分子物质的热化学反应。热解的产物包括醋酸、甲醇、木焦油抗聚剂、木馏油和木炭等产品。其中,快速热解是一种尽可能获得液体燃料的热解方法,其产物在常温下具有一定的稳定性,在存储、运输和热利用等方面具有一定的优势。气化是以氧气(空气、富氧气体或纯氧)、水蒸气或氢气等作为气化剂,在高温的条件下通过热化学反应将生物质中可燃部分转化为可燃气(主要为一氧化碳、氢气和甲烷等)的热化学反应。气化可将生物质转换为高品质的气态燃料,可直接作为锅炉燃料或应用于发电,产生所需的热量或电力,或作为合成气进行间接液化以生产甲醇、二甲醚等液体燃料或化工产品。

液化是通过一系列化学加工过程把固体生物质转化成液体燃料的清洁利用技术。根据化学加工过程中的不同技术路线,液化可分为直接液化和间接液化。直接液化是使固体生物质在高压和一定温度下与氢气发生反应(加氢反应),将其直接转化为液体燃料的热化学反应过程。与热解相比,直接液化可以生产出物理稳定性和化学稳定性都更好的液体产品。间接液化是指将由生物质气化得到的合成气($CO+H_2$),经催化合成为液体燃料(甲醇、二甲醚等)。合成气是指由不同比例的 CO 和 H_2 组成的气体混合物。生产合成气的原料包括煤炭、石油、天然气、泥炭、木材、农作物秸秆及城市固体废物等。生物质间接液化主要有两个技术路线,一个是美孚公司的合成气—甲醇—汽油工艺,另一个是费-托合成工艺。

生化法是依靠微生物或酶的作用,对生物质进行生物转化,生产出如乙醇、氢气、甲烷等液体或气体燃料。该方法主要用于处理农业生产和加工过程中产生的生物质,如农作物秸秆、畜禽粪便、生活污水、工业有机废水和其他农业废弃物等。

化学法中的酯化是指将植物油与甲醇或乙醇在催化剂和 230～250 ℃温度下进行酯化反应,生成生物柴油,并获得副产物——甘油。生物柴油可单独使用以替代柴油,又可以一定比例(2%～30%)与柴油混合使用。生物柴油除了为公交车、卡车等柴油机车提供替代燃料外,又可为海洋运输业、采矿业、发电厂等行业中利用非移动式内燃机的装备提供燃料。

1.6 生物质能发展现状与趋势

生物质能对全球能源供应量远高于其他可再生能源。从 2010 年开始,生物质能利用率以每年2%的速度增长,且生物质能在全球总的一次能耗中始终占10%左右。

1.6.1　国内外生物质能发展现状

美国是当今生物质能产业发展得最成功的国家。目前,生物质能是美国国内储量最大的可再生能源。美国在开发利用生物质能方面处于世界领先地位,主要生物质能利用形式包括生物乙醇、生物柴油、生物电能以及工业过程利用等,大规模种植的能源作物主要是大豆、玉米和向日葵。美国前总统奥巴马曾对美国农业部长下达总统令,要求农业部大力加快在生物燃料产业的投资和生产,在美国建立永久的生物燃料产业,扩建生物燃料基础设施,利用这个产业为美国加快发展农村经济提供机会。

巴西是世界上生物质能源生产及利用的先驱,全球规模最大的生物质能源项目普罗阿克尔(Proalcool)于1975年在巴西建立。巴西是当今世界上利用生物质生产乙醇且规模化开发生物质能最好的国家之一,是全球第一大生物乙醇生产国和出口国。巴西不仅是目前世界上唯一不使用纯汽油作汽车燃料的国家(该国乙醇产量的97%都用作燃料),而且也是世界上最早通过立法手段强制推广乙醇汽油的国家。燃料乙醇成为了巴西的支柱产业,有利于巴西保证能源安全、促进经济发展和增加就业。

欧盟各成员国生物质燃料产业的发展进度,基本呈现三大类:①第一大类是以德国、瑞典、法国为代表的已成功启动生物燃料产业的国家;②第二大类包括捷克、波兰、斯洛伐克等国家,这些国家在早期引入生物质燃料产业以支持农业发展,并取得了一定的成功,但是这些国家政府的支持政策均在实施过程中出现一定的波动,导致市场对该行业缺乏足够的信心与投资兴趣,影响了该行业的发展;③第三大类主要包括荷兰、马耳他等国家,这些国家在发展生物质燃料的问题上仍处于谨慎观望、小步慢走的阶段。

目前,中国生物质能的主要转换技术是热解技术、生物质能气化和生物质发电。总体而言,中国的技术水平仍相对比较滞后,要进一步发展生物质能源产业,就要力争突破技术瓶颈,尤其是第二代生物燃料和部分新生物化学品研发。为进一步完善我国生物质能产业体系,需加强生物质能源应用,促进生物质能源技术研究,着力推进产业改造升级。

1.6.2　我国生物质能的发展趋势

我国生物质资源丰富,能源化利用潜力大。全国可作为能源利用的农作物秸秆及农产品加工剩余物、林业剩余物和能源作物、生活垃圾与有机废弃物等生物质资源总量每年约为4.6亿t标准煤。截至2020年,生物质能利用量约5800万t标准煤,其中生物质成型燃料年利用量为3000万t,年发电量达900亿kW·h。生物质发电和液体燃料产业已形成一定规模,生物质成型燃料、生物天然气等产业已起步,呈现良好发展势头。预计到2050年,生物质年发电量将达到1100亿kW·h,尤其秸秆发电和垃圾发电量更会迅猛增长,将分别达到300亿kW·h和460亿kW·h;2025年后,生物质供给量也将开始急剧增长,至2050年预计可达到6.5亿J。

从国家能源发展战略上考虑,国家要不断加大对生物质能源产业的支持力度,以产业化促进规模化,加快生物质能源的商业化进程,迅速提高生物质能源在能源结构中的比例。近年来,国家相关部门采取了一系列的政策措施以推动生物质能源行业的发展,如表1-2所示。

表 1-2 截至 2020 年生物质能领域相关政策

发布时间	政策名称	主要内容
2012 年 12 月	生物质能发展"十二五"规划	到 2015 年,生物质能年利用量超过 5000 万 t 标准煤
2013 年 5 月	全国林业生物质能源发展规划(2011—2020 年)	到 2020 年,建成能源林 1678 万 ha[a],林业生物质年利用量超过 2000 万 t 标准煤。建成林业生物质能种植、生产、加工转换和应用的产业体系,培养壮大一批实力较强的企业
2014 年 6 月	能源发展战略行动计划(2014—2020 年)	加强先进生物质能技术攻关和示范,重点发展新一代非粮燃料乙醇和生物柴油,超前部署微藻制油技术研发和示范
2016 年 10 月	生物质能发展"十三五"规划	在农林资源丰富区域,统筹原料收集及负荷,推进生物质直燃发电全面转向热电联产;在经济较为发达地区合理布局生活垃圾焚烧发电项目,加快西部地区垃圾焚烧发电发展;在秸秆、畜禽养殖废弃物资源比较丰富的乡镇,因地制宜推进沼气发电项目建设
2017 年 12 月	关于促进生物质能供热发展的指导意见	到 2020 年,生物质热电联产装机容量超过 1200 万 kW,生物质成型燃料年利用量约 3000 万 t,生物质燃气年利用量约 100 亿 m³,生物质能供热合计折合供暖面积约 10 亿 m²,年直接替代燃煤约 3000 万 t。形成以生物质能供热为特色的 200 个县城、1000 个乡镇,以及一批中小工业园区。大力发展县域农林生物质热电联产,稳步发展城镇生活垃圾焚烧热电联产,加快常规生物质发电项目供热改造,推进小火电生物质热电联产,建设区域综合清洁能源系统,加快生物质热电联产技术进步等
2019 年 12 月	关于促进生物天然气产业化发展的指导意见	加快生物天然气产业化发展,实现生物天然气工业化商业化可持续发展,形成绿色低碳清洁可再生燃气新型工业,将生物天然气纳入国家能源体系
2020 年 9 月	完善生物质发电项目建设运行的实施方案	进一步完善生物质发电项目建设运行管理,合理安排 2020 年中央新增生物质发电补贴资金,全面落实各项支持政策,推动产业技术进步,提升项目运行管理水平,逐步形成有效的生物质发电市场化运行机制,促进生物质发电行业持续健康发展

[a] 1 ha = 10^4 m²。

从资源和发展潜力来看,生物质能整体仍有待发展,目前尚存在以下问题。

(1)分布式商业化开发利用经验不足。受制于我国农业生产方式,农林生物质原料难以实现大规模收集,一些年利用量超过 10 万 t 的项目,原料收集困难。畜禽粪便收集缺乏专用设备,能源无害化处理难度较大。亟须探索就近收集、就近转化、就近消费的生物质能分布式商业化开发利用模式。

(2)专业化市场化程度低,技术水平有待提高。生物天然气和生物质成型燃料仍处于发展初期,受限于农村市场,专业化程度不高,大型企业主体较少,市场体系不完善,尚未成功开拓高价值商业化市场。纤维素乙醇关键技术及工程化尚未突破,亟待开发高效混合原料发酵装置、大型低排放生物质锅炉等现代化专用设备,提高生物天然气和成型燃料工程化水平。

(3)标准体系不健全。尚未建立生物天然气、生物质成型燃料工业化标准体系,缺乏设备、产品、工程技术标准和规范。尚未出台生物质锅炉和生物天然气工程专用的污染物排放标准。生物质能检测认证体系建设滞后,制约了产业专业化规范化发展。缺乏对产品和质量的技术监督。

(4)政策不完善。生物质能开发利用涉及原料收集、加工转化、能源产品消费、伴生品处理等诸多环节,政策分散,难以形成合力。尚未建立生物质能产品优先利用机制,缺乏补贴政策支持。

因此,未来我国生物质能源基本发展方向主要如下。

(1)农村能源。进一步推广实用技术,充分发挥生物质能作为农村补充能源的作用,为农村提供清洁的能源,改善农村生活环境,提高人民生活条件。

(2)工业化应用。促进成熟技术的产业化,提高生物质能利用的比重,提高生物质能在能源领域的地位,为生物质能今后的大规模应用奠定工业基础。

(3)技术前沿与新技术。提高生物质能的利用价值,实现生物质能多途径利用,大力开发高品位生物质能转化的新技术,建立工业性试验示范工程,为未来大规模利用生物质能提供技术支撑和技术储备。

(4)基础理论研究。对于生物质能技术研究中存在且必须加以解决的重大科学理论问题,应予以足够的重视,加大研究力度,为生物质能新技术或新工艺研究提供理论依据。

(5)资源发展。研究、培育并开发速生且高产的能源植物品种,利用山地、荒地、沙漠、湖泊和近海地区发展能源农场、林场或养殖场,建立生物质资源发展基地,提供可工业化利用的糖类、淀粉、木质或油类等生物质资源。

(6)政策扶持。由于生物质能的现代化利用尚处于发展初期,与其他能源建设相比,需要政府给予更多的支持和相应的扶持政策,包括:提高认识,加强领导;制定优惠政策,增加资金投入;应用高新技术,做好试验示范;加强产业建设,提高经济效益;随着企业的发展,必须建立相应的服务体系,并要不断提高服务质量;提高业务素质,壮大技术队伍。

思 考 题

1. 什么是生物质能?相对于化石能源,生物质能有何特点?
2. 生物质的主要成分是什么?各成分有何特点?
3. 生物质能源的传统利用形式主要是直接燃烧,这有何缺点?如何解决?
4. 生物质能利用技术主要包括哪些?各有何特点?
5. 生物质热化学转化技术有哪些?各技术的特点是什么?
6. 生物质液体燃料有何优点?
7. 我国大力开发利用生物质能源,有何意义?
8. 为什么说发展生物质能源对减少碳排放是有利的?

本章参考文献

[1]　日本能源学会.生物质和生物质能源手册[M].史仲平,华兆哲,译.北京:化学工业出

版社,2007.

[2] BASU P. 生物质气化与热解:实用设计与理论 [M]. 吴晋沪,译. 北京:科学出版社,2011.

[3] 吴创之,马隆龙. 生物质能现代化利用技术 [M]. 北京:化学工业出版社,2003.

[4] SCHWARTZ R C,JUO A S R,MCINNES K J. Estimating parameters for a dual-porosity model to describe non-equilibrium,reactive transport in a fine-textured soil[J]. Journal of Hydrology,2000,229 (3-4):149-167.

[5] DEMIRBAS A. Energy balance,energy sources,energy policy,future developments and energy investments in Turkey[J]. Energy Conversion and Management,2001,42 (10):1239-1258.

[6] 张建安,刘德华. 生物质能源利用技术 [M]. 北京:化学工业出版社,2009.

[7] 刘荣厚,牛卫生,张大雷. 生物质热化学转化技术 [M]. 北京:化学工业出版社,2005.

[8] BARATELLI F,GIUDICI M,VASSENA C. Single and dual-domain models to evaluate the effects of preferential flow paths in alluvial sediments [J]. Transport in Porous Media,2011,87 (2): 465-484.

[9] LEWIS W K,GILLILAND E R,REED W A. Reaction of methane with copper oxide in a fluidized bed[J]. Journal of Industrial and Engineering Chemistry,2002,41 (6): 1227-1237.

[10] ACOSTA J A,JANSEN B,KALBITZ K,et al. Salinity increases mobility of heavy metals insoils [J]. Chemosphere,2011,85 (8):1318-1324.

[11] 袁振宏,吴创之,马隆龙. 生物质能利用原理与技术 [M]. 北京:化学工业出版社,2016.

[12] ROUT S,RAVI P M,KUMAR A,et al. Study on speciation and salinity-induced mobility of uranium from soil[J]. Environmental Earth Sciences,2015,74 (3):2273-2281.

[13] HANSON B,HOPMANS J W,SIMUNEK J. Leaching with subsurface drip irrigation under saline, shallow groundwater conditions[J]. Vadose Zone Journal,2008,7 (2):810-818.

[14] 李海滨,袁振宏,马晓茜. 现代生物质能利用技术 [M]. 北京:化学工业出版社,2011.

[15] 李为民,王龙耀,许娟. 现代能源化工技术 [M]. 北京:化学工业出版社,2011.

[16] TOKUDA G,WATANABE H,LO N. Does correlation of cellulase gene expression and cellulolytic activity in the gut of termite suggest synergistic collaboration of cellulases? [J]. Gene,2007,401 (1-2):131-134.

[17] 张迪茜. 生物质能源研究进展及应用前景 [D]. 北京:北京理工大学,2015.

[18] HUBER G W,SHABAKER J W,DUMESIC J A. Raney Ni-Sn catalyst for H_2 production from biomass derived hydrocarbons[J]. Science,2003,34 (40):2075-2077.

[19] MANESS P C,HUANG J,SMOLINSKI S,et al. Energy generation from the CO oxidation hydrogen production pathway in rubrivivax gelatinosus[J]. Applied and Environmental Microbiology,2005,71(6):2870-2874.

[20] 21 世纪可再生能源政策网络. 2016 年全球可再生能源现状报告 [R]. 巴黎:21 世纪

可再生能源政策网络,2016.

[21] 国家可再生能源中心.中国可再生能源产业发展报告 2015 [R].北京:国家可再生能源中心,2015.

[22] 国家发展和改革委员会能源研究所,能源基金会.中国 2050 高比例可再生能源发展情景暨路径研究 [R].北京:国家发展和改革委员会能源研究所,2015.

生物质预处理技术

2.1 生物质预处理的必要性

据统计,全球通过光合作用积累的木质生物质资源每年大概有 1.0×10^{12} t,我国可开发利用的木质纤维素资源每年约有 6 亿 t。木质纤维素生物质作为地球上最丰富的生物质资源,是生产生物能源、生物基化学品、生物基高分子材料的理想原材料。木质纤维素生物质的化学组分主要有纤维素、木质素和半纤维素等,视木质纤维素的产地和来源不同,其可能含有少量品种繁多的其他有机物和微量无机物质。生物质的种类差异、产地变化以及植物细胞发育阶段的不同都会影响其组成(见表 2-1)。

表 2-1　重要的木质纤维素原料的组成

木质纤维素原料	纤维素/(%)	半纤维素/(%)	木质素/(%)	木质纤维素原料	纤维素/(%)	半纤维素/(%)	木质素/(%)
硬木	40～46	25～27	22～25	稻秸秆	34～36	25～27	7～9
软木	46～50	20～23	27～28	甘蔗渣	37～39	23～25	19～21
玉米秸秆	35～37	24～26	18～20	草	25～40	35～50	10～30
玉米芯	34～36	36～38	9～11	叶子	15～20	80～85	0
麦秸秆	34～36	28～30	15～17				

常见的木质纤维素生物质资源主要来源包括木材、稻草秸秆、玉米秸秆及麦秸秆等农林废弃物。据统计,我国每年产生秸秆 6.5 亿～7 亿 t,焚烧量约达 1.5 亿 t,传统的处理方式造成了很大的资源浪费与环境污染。在化石资源日益匮乏的严峻形势下,木质纤维素将成为未来新一代生物及化工产业的最理想的替代原料。我国为促进林业生物质能的发展,使其替代部分化石能源,依据《可再生能源法》和《可再生能源发展"十二五"规划》,制定了《全国林业生物质能源发展规划(2011—2020 年)》。其中,把林业生物质能领域的科技自主创新,特别是能源植物的选育栽培和加工利用技术作为国家自主创新体系的重点之一。木质纤维素细胞壁结构的复杂性决定了其组分难以有效分离或直接通过化学与生物方法转化。生物质预处理技术的发展(见图 2-1)是使木质纤维素生物质资源成为生物能源、生物基化学品和生物基材料的通用原料的关键。

木质纤维素中包含了五碳糖、六碳糖及芳香类化合物等多种结构单元,这种结构组分的化学多样性为利用木质纤维素生产不同的化学产品提供了可能。要实现这一可能,首先需要利用有效的预处理技术打破纤维素、半纤维素及木质素之间牢固的相互作用,实现木质纤

图 2-1　生物质预处理技术的发展

维素各组分的分级分离,然后再根据各组分的物理性质和化学特性分别进行有针对性的转化利用。普遍认为,木质纤维素生物质中,半纤维素和木质素通过共价键连接成网络结构,紧紧地围绕在高度结晶的纤维素束的周围,形成致密的三维网状复合体。其结构和成分十分复杂。纤维素的结构排列十分紧密,使其不溶于水,并且能够抵抗解聚。木质素具有网状结构,起着类似黏合剂的作用,支撑着纤维素骨架和半纤维素。预处理的原理是最大限度地分离或尽可能多地去除木质素和分离半纤维素,打破生物质中纤维素的结晶区,降低结晶度,增加生物质表面积,进而提高酶的可及度。图 2-2 所示为预处理需要达到的基本效果。

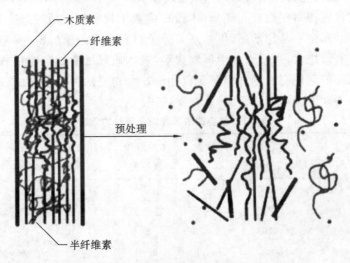

图 2-2　生物质预处理需要达到的基本效果

预处理的主要目的是利用合理的成本达到有效分离碳水化合物和木质素的目的,以保证在纤维素和半纤维素酶解或水解后能有最优的产糖率,并尽量避免产生可能影响后续生物化学转化过程中应用的生物酶的抑制物和防止碳水化合物降解。目前,各国研究人员已经开发了多种生物质预处理的工艺,如酸水解法、蒸汽爆破法及热水抽提法等。但是,由于木质纤维素稳固的结构特性,经济有效地实现木质纤维素材料的分级分离仍然还比较困难。例如,在以玉米秸秆为起始原料通过生物化学途径生产燃料乙醇的工艺中,仅原料的预处理成本就占总生产成本的 19%。生物质原料的预处理是制约生物炼制发展的瓶颈问题之一,因此目前亟待开发经济有效的预处理技术或工艺。不同的预处理工艺中,有效的预处理必须满足以下要求:①增加可接近的纤维素表面积;②破坏木质素屏障和纤维素结晶度以允许适当的酶攻击;③限制对酶或发酵微生物有抑制作用的有毒降解产物的形成;④减少糖成分(纤维素和半纤维素)的损失;⑤最小化资本和运营成本。广泛的预处理方案已经用于水解,其中一些已经发展到可以称之为技术的水平。

木质纤维素的预处理技术归纳起来可以分为物理法、化学法、物理化学法和生物法等

（常用方法见表 2-2）。物理方法主要利用削片和粉碎等机械手段将物料处理成细小颗粒,增大物料的比表面积,减少纤维素的结晶区。木质纤维素在进行其他预处理前一般都需要先进行机械破碎。化学方法主要以酸、碱、臭氧或离子液体等作为物料的预处理剂,破坏纤维素的结晶区,打破木质素与纤维素的连接,同时使半纤维素或木质素溶解。化学方法预处理效果好,一般能够显著提高木质纤维素的酶水解效果,然而传统的化学处理方法存在试剂回收困难、腐蚀性大、毒性大或环境污染等问题。为了克服传统工艺的缺陷,一些物理化学方法(如蒸汽爆破、氨纤维爆破、高温液态水处理、湿式氧化等方法)得到了相应的发展,表现出较好的应用前景。生物法利用白腐真菌或褐腐真菌等木质素降解菌株来处理木质纤维素,具有条件温和、设备成本低等优点,然而预处理时间过长,效率不高,限制了其工业化应用。预处理的方法众多,可以根据实际情况选用一种方法或几种方法。

表 2-2　常用生物质预处理方法分类

预处理类别	预处理能耗基本特征		预处理基本效果	预处理类别	预处理能耗基本特征		预处理基本效果
	能量来源	采取方式			能量来源	采取方式	
生物预处理	微生物	真菌	降低纤维素和半纤维素聚合度,以及去除木质素	化学预处理	碱	石灰	降低纤维素的结晶度和聚合度;部分或完全移除半纤维素;脱木质素
		放线菌				氢氧化钠	
						碳酸钠	
						液氮	
						亚硫酸氨	
						联氨	
物理预处理	研磨	球磨	减小颗粒尺寸(大小),降低纤维素的结晶度和聚合度;增大孔径和表面积;软化并部分解聚木质素;部分水解半纤维素		气体	二氧化氯	
		与胶体混磨				二氧化氮	
		锤磨			氧化剂	过氧化氢	
		压磨				臭氧	
	电磁辐射	电子束				湿法氧化	
		γ 射线			纤维素溶剂	Cadoxen(镉乙二胺)	
		微波				氯化锂/二甲基乙酰胺	
	水热裂解	液态热水				DMSO(二甲基亚砜)	
	气爆	高压蒸汽			木质素提取	联氨	
	其他机械能	扩张				乙醇-水二元溶剂	
		挤出、喷出				苯-水二元溶剂	
化学预处理	酸	碳酸	降低纤维素的结晶度和聚合度;部分或完全移除半纤维素;脱木质素			乙二醇	
		氢氯酸				丁醇-水二元溶剂	
		氢氟酸				膨胀剂	
		硝酸				离子液体	
		过乙酸					
		磷酸					
		硫酸					
		二氧化硫					

生物质预处理是生物质热解前的加工环节,会对生物质的特性(包括颗粒度、水分含量、挥发分含量和灰分含量等)产生影响,从而改变生物质热解过程及其产物的分布与性质(如较细的颗粒度和较低的灰分含量有利于提高生物油的产率,降低水分和挥发分含量则有利于提高生物油的品质)。预处理也是有效控制热解产物特性的方法之一。探索适合、有效,特别是能够改变生物质内在结构、提高热解效率及热解产物品质和产量的预处理技术具有重要意义。

2.2　生物质物理预处理原理与技术

2.2.1　生物质物理预处理原理

生物质和废料的物理外观千差万别。通常,生物质中含有大量的水,在收集过程中,以相对较大的颗粒形式存在。生物质的形态具有广谱性,即具有坚韧的纤维状结构,也可具有黏性糊状结构。

本节详细讨论的大多数能量转换过程需要小颗粒物供给反应堆,大颗粒物因为有限的停留时间而阻碍了燃料的供给和转换范围。因此,通常需要减小颗粒尺寸。此外,生物质通常是相对湿润的,典型的含水量在30%～60%,在大多数工艺中,这是不可接受的。因为去除水分是一个大量吸热的过程,所以除了需要水热的生物质处理工艺外,生物质高水分含量通常大幅降低其处理加工工艺效率。通常,由于肥料的使用以及降雨和收获特性随时间而改变,生物质的灰分含量变化很大,这可能会影响其处理,特别是在热化学转化过程中。

鉴于上述考虑,生物质的物理预处理至关重要。在实际生产中,生物质加工过程中遇到的许多问题都可以追溯到物理预处理不当、优化不良等问题。物理预处理用于达到以下目的:

①提高储存能力;

②减少有害物质的含量,例如去除坚硬的石头和黏附的土壤,但也减少灰分(例如碱盐);

③减小尺寸;

④降低含水量;

⑤增加(体积)能量密度;

⑥进料均匀或智能混合;

⑦根据特定进料系统定制原料。

物理预处理是使用机械能和电磁辐射能以及不使用除水以外的化学试剂处理生物质的一类预处理方式的总称。事实上,不论是传统意义上的生物质利用,还是现代意义上的生物质开发利用,以获取高附加值的能源和材料,采用机械能的预处理法都一直存在,所有生物质从收割、入库到改变其尺寸大小,所用方法都可以归结为采用机械能的物理预处理或与之相关联的方法。通过破坏原料的物理结构来降低纤维素的结晶度和增加其与纤维素酶、其他生物或化学试剂的接触面积。

生物质中水分含量变化较大,生物质具有松散、能量密度低(特别是以体积计算的能量密度)及分散等特点。为了便于对生物质进行收集以及采用自动上料机构,需要对生物质进行预处理,以满足不同燃烧系统的具体要求,并增加生物质的能源密度,减少收集、运输和存储的成本。

2.2.1.1 生物质的干燥

生物质水分含量变化范围较大,影响因素包括燃料的种类、当地的气候状况、收获的时间和预处理方式等。如在收获季节,农作物秸秆的初始含水量较高,玉米秸秆的含水量通常都在 50% 以上,长时间的储存非常容易引起秸秆变质。尤其是在东北地区,玉米收获后由于气候原因,玉米秸秆水分很难蒸发,因此,干燥问题就成为生物质大规模工业利用的关键。

干燥通常指利用热能使物料中的湿分汽化,并将产生的蒸汽排除的过程,其本质是将秸秆中的水分从固相转移到气相的过程。以秸秆干燥为例,其中的固相即为被干燥的秸秆,气相为干燥介质。干燥技术的机理涉及传热学、传质学、流体力学、工程热力学、物料学、机械等学科,该领域是一个典型的多学科交叉技术领域。例如,农作物秸秆具有如下干燥特性:

(1)农作物秸秆的收获时间比较集中,不能久存,且数量较多。粉碎后的秸秆易产生大量的粉尘,为了减少废气中的粉尘含量,干燥所用的热气流流速不能太大。

(2)秸秆挥发分含量较高,易分解,干燥过程中自身温度不能超过 150 ℃,且干品易燃。在正常大气条件下,玉米秸秆的平衡含水量低于 10%,可满足能源化工要求,因此干燥后的最终含水量可略高于所要求的含水量。

(3)生物质的形态各异(如农作物秸秆的自然长度一般为 60～90 cm),在使用前需进行适当的粉碎处理,以适应连续进料的工作方式。

影响秸秆干燥的主要因素有以下两点:

(1)热能 在原料的干燥过程中,必须提供充足的热能使原料中的水分蒸发。在自然界中,热能来自太阳能。在干燥设备内,热能主要来源于电能、机械能等。

(2)介质 在原料的干燥过程中,必须具有能够把产生的水分带走的因子,即介质。自然界中干燥且流动的空气(风力)即为干燥介质,在干燥设备内,干燥的热空气、蒸气等为干燥介质。为了将原料中蒸发出来的水分带走,还必须配备抽风设备。

对于生物质固体成型技术,原料的含水量是关键。若含水量过高,在加工过程中,原料温度升高,体积突然膨胀,易产生爆炸,造成事故;若含水量过低,分子间的范德华力降低,致使原料难以成型。因此,秸秆固体成型原料需要经过干燥处理,严格控制原料的含水量,通过干燥加工作业,使原料的含水量减少到成型所要求的范围内。生产试验结果表明,较理想的含水量为 10%～18%。

2.2.1.2 粉碎原理与方法

粉碎是利用机械的方法克服固体物料内部的凝聚力而将其分裂的一种工艺,即用机械力将物料由大块破碎成小块。粉碎常用的方法有击碎、磨碎、压碎与锯切等,具体如下。

(1)击碎 利用安装在粉碎室内的许多高速回转锤片对原料的撞击而使原料破碎。利用这种方法的设备中,锤片式粉碎机和齿爪式粉碎机应用最为广泛。

(2)磨碎 利用两个磨盘上带齿槽的坚硬表面,对原料进行切削和摩擦,从而使原料破碎。利用正压力压榨原料粒,并且两磨盘有相对运动,因而对原料有摩擦作用。工作面可做成圆盘形或圆锥形。该方法仅用于加工干燥而不含油的原料。它可以将原料磨碎成各种粒度的成品,但含有大量的粉末,原料温度也较高。钢磨的制造成本较低,所需动力较小,但成品中含铁量偏高,目前应用较少。

(3)压碎　两个表面光滑的压辊,以相同的速度相对转动,被加工的原料在压力和工作表面摩擦力的作用下而破碎。该方法不能充分地粉碎原料,应用较少。

(4)锯切　利用两个表面有齿而转速不同的对辊锯切原料。工作面上有锐利的切削角的对辊,特别适用于制作面粉、粉碎谷物原料和颗粒碎料,并可获得各种不同粒度的产品,产生的粉末也很少,但不适宜用来粉碎含油和湿度大于 18% 的物料,有时候会堵塞,使原料发热。采用这种方法的粉碎机称为对辊粉碎机或滚式磨。

在选择物料的粉碎方法时,首先要考虑物料的物理力学性能。对于特别坚硬的物料,击碎和压碎方法很有效;对于韧性物料,研磨为好;对于脆性物料,以锯切、裂劈为宜;对于含纤维多的物料,以盘式磨为好。

2.2.2　生物质物理预处理技术

预处理包括去除化学和物理障碍,使天然的难降解生物质变得容易水解,这是木质纤维素预处理的关键步骤。这种效果是通过溶解半纤维素或木质素以增加纤维素表面的面积来实现的。

利用生物质预处理技术将木质纤维素解聚为可发酵糖的研究已有 200 年的历史。有几种预处理方法可以用来增加纤维素-半纤维素-木质素结合的敏感性,从而改善水解效果,其目的是在最低限度地降解为抑制性化合物的情况下得到较高的产糖率。Zhang 和 Lynd 认为,在燃料市场竞争激烈的情况下,预处理是二次加工生产乙醇最紧迫的优先事项之一。

特定原料预处理工艺的选择取决于几个因素,其中一些因素与酶解步骤直接相关,如糖的释放方式和酶的使用。因此,底物的组成、预处理的类型、用于水解的酶的用量和效率的组合对生物质的消化率有很大的影响。生物质物理预处理方法主要包括减小尺寸、减湿方法以及压实技术。

2.2.2.1　减小尺寸

生物质物理预处理方法之一是减小尺寸,用于修正生物质原料的粒度分布,以获得更大比例的更细的尺寸,以符合物流和转化技术的要求。粒径减小使得可用比表面积增加,纤维素结晶度和纤维素聚合度降低,通常也会导致产品更密集。这些效应要求在后续的处理步骤中改善传热和传质特性,从而减少生物质消化的处理时间和提高水解的产量。对于非常不均匀的生物质,减小尺寸是复杂的也是重要的。与煤和大多数矿物质不同的是,生物质通常具有纤维性和韧性,只有非常少的部分在粉碎力的作用下分解。这些材料中的大多数会变形、拉伸,或者仅仅是被压缩,因此需要通过剪切、撕裂和切割来减小尺寸。另一个复杂的情况可能是,一旦磨碎,生物质颗粒往往会粘在一起。

物理预处理方法,如研磨和蒸汽处理,将减小颗粒尺寸,从而增加酶攻击的可用表面积。研磨是一种用于生物质预处理的粒度减小技术,可提高反应性,且不会释放任何废水。通过切割和铣削,样品的尺寸初步减小。超细粉末通过筛子收集,筛子的选择取决于最终要求的粒径大小。研磨的影响包括孔隙率、聚合度、表面积和结晶度的改变。蒸汽处理会使晶体复合体松散,并在增加表面积的同时去除戊糖。然而,该工艺的缺点是,水蒸气处理可能产生某些纤维素酶抑制剂,这些抑制剂会干扰纤维素酶底物的酶解。研磨等机械加工降低了纤维素纤维的尺寸和结晶度,并导致长分子链的断裂。纤维素纤维的尺寸在断裂后通常为 10 ~30 mm,在研磨后通常为 0.2~2 mm。

木质纤维素原料的粒度是影响总转化率的一个重要因素,通常是越小越好。因此,木质纤维素通常在预处理和酶解之前被磨碎成小颗粒。然而,将木质纤维素粉碎成小块是一个能源密集型过程,无疑会增加转化过程的成本。

机械精炼广泛应用于制浆造纸工业,通过制造外部纤维化和内部分层来提高产品的最终使用性能。该技术可直接应用于生化转化过程。通过实施机械精炼技术,可以克服生物质难降解的问题;此外,还可以降低化学和热预处理的严重性,以实现相同水平的碳水化合物转化,从而降低预处理成本。

减小粒径的缺点是所需的能量可能会很大,这取决于所针对的粒径。此外,草本生物质的形态和含有的二氧化硅(硬)会导致广泛的机械磨损。此外,粒度减小常常导致颗粒大小的重新分布,并产生相对较细的颗粒。

减小生物质颗粒尺寸的主要技术有分块、粉碎、挤压、破碎和研磨。

1. 分块

分块是大的生物质部分在收获后利用时的重要工序,例如对砍伐后的树木,利用分块器将其缩小到 50~250 mm 的粗尺寸范围。

2. 粉碎

将原料用振动磨、辊筒磨和球磨等粉碎,可以破坏木质素和纤维素、半纤维素的结合层,降低三者的聚合度,改变纤维素的结晶构造。最终颗粒的尺寸取决于粉碎的方式,经过切碎和球磨,颗粒尺寸分别减小至 10~30 mm 和 0.2~2 mm。粉碎处理一般认为是预处理的第一步,不仅可提高水解糖化率和反应性能,而且有利于纤维素酶在酶解过程中发挥更大作用。粉碎处理提高糖化率的程度有限,且能耗较高,占工艺过程总能耗的 50%~60%,为克服能耗高的问题,通常采用湿法碾磨。Silva 等研究比较了甘蔗渣湿法碾磨和球磨预处理的效果,在优化条件下,球磨预处理后的甘蔗渣水解产生葡萄糖和木糖的产率分别为 78.7% 和 76.1%,湿法碾磨预处理后的甘蔗渣水解产生葡萄糖和木糖的产率分别为 49.3% 和 36.7%。

简易的粉碎处理的优点是操作方便,成本低廉,可提高生物质原料的利用率,但这种方法具有一定的局限性,因而并不适合所有材料的处理。

粉碎是农作物秸秆能源化利用,尤其是固体燃料成型前对原料的基本处理中最重要的工序之一。粉碎质量好坏直接影响成品质量、产量、电耗和成本等。粉碎工艺流程主要包括粉碎、输送、调质等,按原料粉碎次数可分为一次粉碎工艺和二次粉碎工艺。

1)一次粉碎工艺

一次粉碎就是用粉碎机将原料一次粉碎成可供成型用的粉料。该工艺简单,设备少,是最普通、最常用的一种工艺。其优点是:因粉碎单一品种物料,粉碎机工作负荷满,稳定,具有良好的利用特性和最佳的粉碎效率。

该工艺在粉碎工序之后,配备配料仓,它不但在生产过程中起缓冲作用,而且可以提供时间以维修粉碎前的工艺设备(含粉碎机),不会影响生产,能使所有设备发挥最大潜力。

该工艺使得粉碎机操作容易,管理方便。如粉碎是按单一品种原料进行的,物料流动性好,不易结拱,容易将给料量控制在较稳定的范围内,管理工作也较简单。一次粉碎工艺的主要缺点是成品粒度不均,电耗较高。

2)二次粉碎工艺

二次粉碎工艺是在第一次粉碎后,将粉碎物料进行筛分,对粗粒再进行一次粉碎的工艺。该工艺的成品粒度一致,产量高,能耗也不高。其不足是要增加分级筛、提升机、粉碎机等,使建厂投资增加。二次粉碎工艺又可分为单一循环粉碎工艺、阶段二次粉碎工艺和组合粉碎工艺。

(1)单一循环粉碎工艺。

单一循环粉碎工艺是用一台粉碎机将原料粉碎后进行筛分,将筛出的粗粒再送回粉碎机进行粉碎的工艺。试验表明,该工艺与一次粉碎工艺比较,粉碎电耗节省 $30\% \sim 40\%$,粉碎机单产提高 $30\% \sim 60\%$。因粉碎机采用大筛孔的筛片,减少重复过度粉碎,故产量高,电耗小,设备投资也较少。

(2)阶段二次粉碎工艺。

经第一台粉碎机粉碎的物料进入筛孔孔径分别为 4 mm、3.15 mm、2.5 mm 的多层分级筛,筛出的符合粒度要求的物料进入输送设备,其余的筛上物全部进入第二台粉碎机进行第二次粉碎,粉碎后全部进入输送设备。这种工艺称为阶段二次粉碎工艺。

(3)组合粉碎工艺。

组合粉碎工艺指用对辊粉碎机进行第一次粉碎,经分级筛后,筛上物进入锤片式粉碎机进行第二次粉碎。第二次粉碎采用锤片式粉碎机,原因是对辊粉碎机对纤维含量高的物料如秸秆等粉碎效果不好,而锤片式粉碎机很容易粉碎这些物料。因对辊粉碎机具有粉碎时间短、温升低、产量大和能耗低的特点,故它与锤片式粉碎机配合使用能取得很好的效果。

在农作物秸秆成型过程中,粒度小的原料容易成型,粒度大的原料较难成型。在相同的压力下,原料的粒径越小,其变形率越大,越容易变形,例如在颗粒成型过程中,如果原料的粒径过大,则原料必须在成型机内碾碎以后才能进入成型孔,导致成型机能耗增大,产量降低。

秸秆等生物质原料大多具有细长纤维结构,表皮有蜡质层,含水量略高时韧性较大,如果直接用锤片式粉碎机粉碎,则能耗大,生产率低。因此,在玉米秸秆成型工艺中,原料进入锤片式粉碎机前,首先进行粗粉碎,然后进行细粉碎。也就是说,选用二次粉碎中的组合粉碎工艺,用秸秆揉搓机进行第一次揉搓粉碎,可将细长的纤维物料加工成为略短的物料,最大尺寸小于 15 mm,这时的物料能够用于加工块状燃料,如果要加工颗粒燃料,物料将被输送至锤片式粉碎机进行第二次粉碎。该工艺可达到粒度均匀、能耗降低的效果。

一般粗加工的生物质原料要求含水量在 $15\% \sim 20\%$,兼顾适用性和经济性,粗加工设计在连续喂料系统配备一台揉搓机和一台水滴粉碎机,在调节喂料系统配备一台牧草粉碎机。各粉碎机主要性能参数见表 2-3。

表 2-3 各粉碎机主要性能参数

性 能 参 数	揉 搓 机	牧草粉碎机	水滴粉碎机
型号	SFSC720	SFSP68×108	SFSP72×75C
转速/(r/min)	1480	1480	1480
电动机功率/kW	30	75	75
产量/(t/h)	2	2	3.5
筛板直径/mm	—	100	5

3）锤片式粉碎机

锤片式粉碎机工作时，原料从给料口进入粉碎室，粉碎室由装有锤片的安装固定在主轴上的转子以及转子外围安装的齿板或筛片组成。电动机与转子一般采用直连传动。物料进入锤片和筛片的间隙中，在悬空状态下被以一定线速度运转的锤片强烈打击，成为若干碎粒。物料在锤片运动的圆形轨迹的切线方向撞击在筛片或齿板上，部分碎粒穿过筛孔，排出机外，为合格物料；不合格的物料回弹，再受锤片打击，如此往复达到粉碎目的。目前，锤片式粉碎机有多种类别，按进料方向可分为切向喂入式、轴向喂入式和径向（顶部）喂入式三种；按某些部件的变异分类可分为水滴形粉碎室式粉碎机和无筛式粉碎机。

（1）切向喂入式粉碎机。

该机型是一种通用型粉碎机，由切线方向喂入物料，在上机体上安有齿板，故筛片包角一般为180°。可以粉碎谷粒、油饼粒、秸秆等各种物料，常附有卸料用的集料筒和风机，广泛用于农村及小型物料粉碎加工企业中。

（2）轴向喂入式粉碎机。

该机型多为自吸喂入式（转子内安装的四个叶片起风机作用），转子周围有包角为360°的筛片（环筛或水滴形筛）。若这类粉碎机在进料斗与机壳衔接处装有动刀和定刀，则秸秆物料进入粉碎室前先被切成碎段，以利于加工。

（3）径向（顶部）喂入式粉碎机。

该机型的优点是整个机体左右对称，转子可正反转工作。当锤片一侧磨损后，可改变进料口的进料导向机构，以改变物料喂料方向，同时改变转子旋转方向，不需要停车拆卸即可实现锤片倒换；筛片包角较大（约300°），有利于出料；进出料口可与外界隔绝，便于自动控制生产过程。该机型多用于大、中型物料粉碎厂。缺点是只能用于粒料的粉碎。

（4）水滴形粉碎室式粉碎机。

水滴形粉碎室可以破坏影响筛理能力的环流层，从而提高粉碎效率，降低能耗。水滴形粉碎室按结构不同又有全筛式和部分齿板式之分。部分齿板式有270°包角的筛片，其余的上部直线部分为齿板。水滴形粉碎室式粉碎机生产能力为3～4 t/h，具有内藏式转子结构、水滴形安装形式、粉碎室振动、物料出筛畅通、消耗配件少等优点。上部采用叶轮式喂料器喂料，通过主机电流的反馈控制可实现喂料量的自动控制。转子为真空熔焊硬质合金锤片，采用对称平衡排列，每副可承受重量可达900～1000 t。粉碎室下部中央设有底槽，可经受锤片打击拽引的料层重新翻动分层、打击粉碎，可提高粉碎机的过筛能力和产量。电动机和粉碎机安装于同一底座上。底座下安装有万能减振垫。

水滴形粉碎室式粉碎机的主要特点：①水滴形粉碎室可破坏物料的环流层，提高粉碎效率；②底部的底槽有再粉碎作用；③采用双孔筛配置，在同一筛片上的不同部位有不同的筛孔直径，有利于及时出料；④门盖上有调风板，便于清理筛片，叶轮式喂料器上的调风板可调节喂料进风量；⑤有快启式检修门，维修方便，锁紧快速可靠；⑥有快启式压筛机构，更换筛片快速，压紧可靠；⑦底座用厚钢板焊接，整体刚性好，振动小，噪声低；⑧采用自控叶轮式喂料器，可实现喂料的自动控制，使粉碎机在额定负荷下作业。

4）其他机具

除锤片式粉碎机外，目前，可用于农作物秸秆粗加工的其他机具还包括铡草机、秸秆揉搓机和秸秆揉切机等。

(1)铡草机。

国内市场广泛使用的铡草机无论是圆盘式还是滚筒式,多为 20 世纪 50 年代定型产品。以常用的圆盘式铡草机为例,其工作原理是:秸秆物料喂入工作室以后,由旋转的动刀盘配合固定底刀将秸秆切成碎段。这类加工机具机型简单,功耗低,生产率较高。但是经铡草机铡切的秸秆多为 2~8 cm 长的节或段,秸秆茎节未被破碎,在一定程度上会影响细粉碎机的作业效率。

(2)秸秆揉搓机。

秸秆揉搓机是我国于 20 世纪 80 年代末自行研制的一种机型,其核心部件是高速旋转的转盘上的锤片。作业时,高速旋转的转盘带动锤片不断撞击由径向喂入的秸秆,同时机器凹板上装有变高度齿板和定刀,斜齿呈螺旋走向,对秸秆进行搓擦和粉碎。经过揉搓后的物料茎节结构被破碎。这种揉搓机存在的主要问题是适应性差,不适用于高湿或韧性大的物料。

(3)秸秆揉切机。

秸秆揉切机是中国农业大学自行研制的一种机型,其核心部件是动刀和组合定刀。工作时,秸秆物料一进入工作室,首先受到高速旋转的动刀片的无支承切割,落到动刀与定刀之间的秸秆,以及受动刀旋转所产生的离心力作用而被甩到定刀处的秸秆,都将受到动、定刀的铡切。与此同时,切断的秸秆及一部分尚未切断的秸秆在动、定刀之间,以及动刀与工作室侧壁之间碰撞,从而产生揉搓,使秸秆碎裂。与其他机型相比,揉切机的给料能力和生产效率均有提高;适用于青、干玉米秸,稻草,麦秸以及多种青绿物料的揉切加工;轴向喂入设计使其对高湿、韧性大的难加工物料(如芦苇、荆条等)也有很强的适应性。

5)粉碎机的评定与选用

(1)选择合适的类型。

选型时首先应考虑所购进的粉碎机是粉碎何种原料的。粉碎谷物饲料为主的,可选择顶部进料的锤片式粉碎机;粉碎糠麸谷麦类饲料为主的,可选择爪式粉碎机;若是要求通用性好,如以粉碎谷物为主,兼顾秸秆,可选择切向进料锤片式粉碎机;如用于预混合饲料的前处理,要求产品粉碎的粒径很小又可根据需要进行调节的,应选用特种无筛式粉碎机等。

粉碎机的规格主要以转子直径 D 和粉碎室宽度 B 来表示。锤片转子直径应从 GB 321标准给出的优先数基本系列 RS、R10 和 R20 中选取,必要时也可按 R40 优先数系列选取。表 2-4 所列转子直径是从 R20 优先数系列中选取的,考虑了在满足基本要求的前提下便于粉碎机与异步电动机直连;粉碎室宽度则是从 R40 优先数系列中选取的。

表 2-4　锤片式粉碎机系列规格

参　　数	锤片转子直径			
	560 mm		1120 mm	
粉碎室宽度/mm	300	400	300	400
配用功率/kW	17、22	30、37	55、75	110
锤片速度/(m/s)	80~90	—	80~90	—
度电产量/[kg/(kW·h)]	≥160		≥160	

系列的选取还应考虑到实际生产的需要,目前的系列,通过粉碎室宽度及配套功率的改变,基本上可满足 2.5 t/h、5 t/h、10 t/h 粉碎规模的需要。当产量更大时,可配备两台粉

碎机。

（2）选择合适的生产率。

在农作物秸秆能源化利用过程中，粉碎工段中的粉碎机作为主机，其生产率应与成套设备的生产率配套或稍有富余。

一般粉碎机的说明书和铭牌上，都载有粉碎机的额定生产能力（kg/h）。但是选择时要注意以下几点：①所载额定生产能力，一般是以粉碎玉米，含水量为储存安全水分（约 13%）和 $\phi1.2$ mm 孔径筛片状态下的台时产量为准，因为玉米是常用的谷物饲料，低于 1.2 mm 孔径的筛片是常用的筛片，此时生产能力小，这就考虑了生产中较普遍又较困难的状态；②选定粉碎机的生产能力略大于实际需要的生产能力，以保证在锤片磨损、风道漏风等引起粉碎机的生产能力下降时，饲料的连续生产供应不受影响。

（3）选择合适的排料方式。

秸秆粉碎机粉碎后成品通过排料装置输出有 3 种方式：自重落料、负压吸送和机械输送。小型秸秆粉碎机单机多采用自重落料方式以简化结构。中型秸秆粉碎机大多带有负压吸送装置，优点是可以吸走成品的水分，降低成品的湿度从而利于储存，提高粉碎效率 10%～15%，降低粉碎室的扬尘度。需要根据日产量以及粉碎需求等多方面因素选择排料方式及相应的粉碎机。

（4）合理使用粉碎机。

合理使用粉碎机包括很多方面，如正确安装、操作、维护、更换易损零部件等。

①安装。锤片式粉碎机应安装在地下室或一楼单独隔声房间里，并打好混凝土基础，中、大型粉碎机应安有匹配的减振器；对辊式粉碎机应该在基础上铺以 20 mm 厚的木板或 10～20 mm 厚的胶皮，以减少振动的噪声，使粉碎机工作平稳。

②使用。注意粉碎机的负荷。因为粉碎机对供料量很敏感，所以要经常注意粉碎机的负荷电流，否则调节喂入量，最好采用调频自选供料量。

③及时调头或更换锤片和筛片。锤片磨损后应该及时调头或更换，不可过度磨损才调换，否则磨损不均易引起粉碎机转子不平衡而产生大的振动；筛片也易磨损，也应该及时更换，应使有毛刺的一面朝里，光滑的一面朝外，并将筛道贴严，防止漏料。

3. 挤压

挤压处理是一种热物理处理方式，先将材料送入挤压机，之后在驱动螺杆作用下沿滚筒输送。在挤压过程中，物料经历混合、加热、剪切，其纤维素、半纤维素和木质素的物理化学性质发生变化，从而增加酶对纤维素的可及度，最终提高糖的回收率。各种木质纤维素，包括稻壳、柳枝、玉米秸秆、小麦秸秆等都可以采用挤压的方式预处理。影响挤压预处理效果的参数包括：预处理时间、压力，生物质颗粒尺寸，滚筒温度，螺杆构型及速度。Karunanithy 和 Muthukumarappan 的研究表明通过调整玉米秸秆挤压预处理的条件，可以提高糖的回收率，通过优化挤压预处理条件，葡萄糖及木糖的回收率比未预处理时提高 2 倍。挤压预处理过程中的热效应会导致单糖的热分解，但可以通过与其他预处理过程联用来克服。Zhang 等研究比较了玉米秸秆的挤压预处理及碱辅助挤压预处理的效果，结果表明，在最优条件下，挤压预处理后，葡萄糖、木糖的回收率分别达到 48.8% 和 24.9%，碱辅助挤压预处理后，葡萄糖、木糖的回收率则能分别达到 86.8% 和 50.5%。

挤压处理的优点包括：高速剪切、快速混合、短暂的停留时间、温和的滚筒温度、不产生糠醛及 5-羟甲基糠醛、无须清洗、过程易于调整、容易放大，最重要的是可以连续处理。挤压过程采用温和的温度可以防止发酵抑制剂的产生，降低单糖降解率。Yoo 等对黄豆皮进行挤压预处理，酶解葡萄糖的产率达到 94.8%。

4. 破碎

对于较硬和较脆的材料，可利用其不变形特性（即这些材料受力时会断裂而不是弯曲）来减小尺寸。适用于处理这类材料的破碎机是颚式破碎机，也可以使用辊磨机和锤磨机。

5. 研磨

通过研磨可以改变木质纤维素固有的超微结构和结晶度，从而使其更容易被酶降解。在酶水解之前，甚至在用稀酸、蒸汽或氨进行其他预处理之前，应对一些木质纤维素废料进行研磨和粒度还原。在制粉工艺中，胶体磨、纤维磨和溶剂磨仅适用于湿物料，而挤出机、辊式磨、低温磨和锤式磨通常用于干物料。球磨机可用于干、湿物料。通过降低木质纤维素的粒径和结晶度，可以提高木质纤维素对酶解的敏感性，从而改善木质纤维素的酶解性能。

许多不同类型的磨坊可以用来把生物质磨成最细的颗粒级。在传统做法中，用谷物（小麦）生产面粉的磨坊一般用人工（如研钵和杵）、动物（马磨坊）、风力（风车）或水（水车）驱动。在工业规模的煤加工中，通常采用球磨机，水平或稍微倾斜的旋转容器中填充了大约 30% 的球，这些球通过摩擦和滚动冲击来研磨材料。

表 2-5 概述了用于生物质研磨的不同技术。

表 2-5　用于生物质研磨的不同技术

研磨技术	主要研磨力	优　点	缺　点
球磨	剪切力 压力	结构简单；操作容易；成本低廉	研磨至小粒径时效率较低； 能耗较高
振动磨 （如带有振动的球磨）	剪切力 压力	能更有效地降低结晶度；对比球磨具有更小出口颗粒粒径	比球磨机更贵； 特定能源消耗较多
刀磨	剪切力	广泛适用于硬质生物质；较低的特定能源消耗（对比于锤磨）	仅限于相对较干的生物质（含水量<15%）
锤磨	压力	由于是标准件，因此较为便宜（但仍贵于球磨）；操作容易	较高的能耗（特别是相对于刀磨）
两辊磨	压力 少量剪切力	结构简单，操作容易	出口颗粒尺寸仅能到中等粒径分布
盘磨/湿盘磨	剪切力	由于是湿流程，因此不需要干燥；出口颗粒粒径较小	研磨过程中较高的特定能源消耗
高剪切空化磨	空化力 剪切力	对精细研磨有非常高的效率	需要减小上游设备尺寸；仅适用于小颗粒

可磨性指数可以用来评价给料的研磨难易程度。工业上通常使用哈氏可磨性指数（HGI）。在现有的生物质与煤混燃锅炉中，磨煤机会用于直接研磨生物质。因此，对于给定的磨煤机、给定的转速和功率，需要知道磨煤机能研磨多少生物质。HGI 给出了参照于标准煤进行研磨的相对难易程度。HGI 越高，磨煤机出力需求越低，出口粒径越小，表明给料更容易研磨。对煤块而言，标准质量（50 克）的煤在给定的时间内被研磨，将所得产品过筛，获得粒径在 75 μm 以下的煤粉量；再将该数量与某些特定标准进行比较，便可得到 HGI。HGI 测量仪的工作原理与磨煤机的工作原理相同，用 HGI 测量仪测得的 HGI 参数可以对生物质的可研磨性进行相对的评估。Bridgeman 指出，对于生物质而言，应该使用标准体积而不是标准质量的样品来比较其与煤的研磨难易程度。因此，等效的 HGI 被用来定义生物质的研磨容易度。

通常，大多数设备的能量需求随着含水量的增加、最终粒径的减小以及转速的增加而增加。西特霍夫表明，随着粒径的减小，能量消耗显著增加。图 2-3 所示为生物质筛分粒径对比磨能的影响。

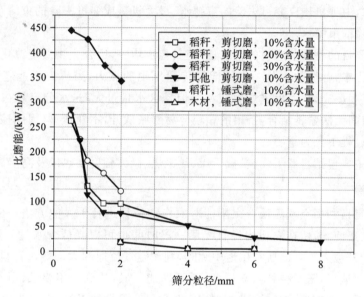

图 2-3　生物质筛分粒径对比磨能的影响

含水量对能耗也有显著影响，因为含水量较高的材料更为坚硬，如对于含水量为 30％ 的稻草，筛孔尺寸为 2 mm 时，其能量需求超过其热值的 8％。通过铣削减小尺寸所需的能量通常可以表示为

$$E = C \int_1^2 \frac{dL}{L^n}$$

式中：E 为比能耗（kJ/kg）；C 为常数；dL 为差异尺寸（无量纲）；L 为筛孔尺寸（mm）。不同学者提出了不同的模型：Bond 假设 n 的值为 3/2；Rittinger 假设铣削过程基本上是剪切的，因此能量需求与新表面的生成成正比，$n=2$；Kick 假设能量需求只与材料的公共维度有关，因此 $n=1$。

上述三种模型得出以下能耗方程：

$$\text{Bond：} E = C_B \left(\frac{1}{\sqrt{L_2}} \right)$$

$$\text{Rittinger}: E = C_R \left(\frac{1}{L_2} - \frac{1}{L_1} \right)$$

$$\text{Kick}: E = C_K \ln \left(\frac{L_2}{L_1} \right)$$

2.2.2.2　减湿方法

生物质在能源生产系统的大多数应用过程中,或多或少都需要干燥。例如,对于流化床燃烧,约60%的含水量仍然会导致可接受的低热量损失。相比之下,在木质颗粒的生产中,含水量必须降低到10%～15%;所需降低含水量的差异也决定了生物质可以使用哪些脱水技术。

通过不同的技术可以降低不同类型生物质的含水量,如自然干燥、机械干燥和热干燥等。干燥过程可以分批或连续进行。水的去除程度取决于水与生物质的结合方式。对于非常潮湿的生物质污泥,Colin 和 Gazbar 根据水分在机械脱水过程中的行为将其分为不同的类别,即自由水、中等机械应变可去除的束缚水、最大机械应变可去除的束缚水,以及最终机械应变不可去除的束缚水。

干燥的主要目的是调节原料的含水量,使其稳定均一,适合生物质能源化利用。如在秸秆固体成型过程中,合适的水分一方面能够传递压辊的压力,另一方面能起到润滑剂的作用,辅助粒子互相填充,从而促进原料成型。但是含水量过大时,水分容易在颗粒之间形成隔离层,使得层间无法紧密结合,挤出的颗粒容易膨胀散开,不能成型,因此控制合适的原料含水量在加工过程中尤为重要。

减湿方法主要包括自然干燥、机械干燥、热干燥、微波辐射加热以及高能离子辐射。

1. 自然干燥

自然干燥是指利用空气流通或太阳能对农作物秸秆进行干燥的方法。例如,将农作物秸秆在打捆、收集前,遗留在农田内经日光晒一段时间也可以降低含水量。如图 2-4 所示,玉米收获后,秸秆被人工砍倒后在田地中晾晒,利用空气流通和太阳能进行自然干燥。一般在华北一年两熟地区,玉米秸秆收获后 3～5 天即能干燥,达到利用要求;但在东北地区,由于农作物收获后温度较低,有时会有雨雪,因此不宜采用自然干燥。又如,将锯好的木材搁置成垛,垛底离地 500～700 mm,中间留有空隙,便于空气流通,带走水分,可将木材含水量从 50% 降低到 40%。

太阳能干燥技术已较为成熟,完全可以用太阳能温室配备以翻抛设备对秸秆进行除湿。一般秸秆的干燥,要求温度水平较低,大约在 40～70 ℃,这正好与太阳能利用领域中的低温利用相适应,与传统干燥工艺相比,可以大量节省常规能源,降低固定投资,提高经济效益。

降低含水量最直接的方法是露天干燥。选择在天气条件良好的情况下进行农业收割可以最大化地利用干燥新鲜的空气降低生物质的含水量。露天干燥最好在生物质被运输之前完成,这样可以大幅降低运输成本。相对而言,露天干燥过程较为缓慢,但最终的结果主要取决于生物质初始含水量和干燥时间。在收获后,秸秆和整个谷类植物的含水量仍然可能高达 40%,如果天气条件良好,在田间干燥两三天后,含水量可以低于 20%。有时,收获季节的选择对于获得最低含水量至关重要,例如,芒草最好在春季采收,因为冬季过后,只有茎秆仍然挺立,没有叶子和非木质的顶部,因此含水量约为 20%。

图 2-4　收获后的玉米秸秆自然晒干

图 2-5 为用于秸秆干燥的太阳能干燥棚示意图,其包括棚顶卷帘小车装置、拨料装置、送风装置等,同时地面上装有刮板系统。液压系统能够带动刮板,将物料从南面向北面慢慢移动,干燥好的物料将被堆积在最北面,然后通过输送带直接输送到喂料口。送风装置中设置有进气孔、隔板和出气孔,棚外通风管内设置着出气阀门,地下通风管内设置着进气阀门,以保证通风。该太阳能干燥棚不耗能,无污染,烘晒农作物不受天气变化影响,结构简单,成本低,易于推广。

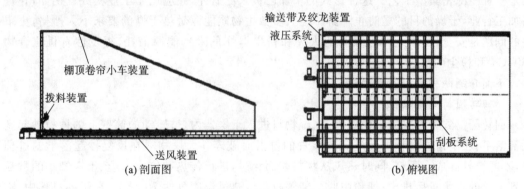

(a) 剖面图　　　　　　　　　　　　(b) 俯视图

图 2-5　用于秸秆干燥的太阳能干燥棚示意图

自然干燥不需要额外能源,是一种比较经济的干燥方式,但自然干燥易受自然气候的制约,尤其是在恶劣天气(如阴天、暴风雨)条件下,有可能适得其反,而且劳动强度大、效率低。

2. 机械干燥

实际上,生物质在燃烧之前是否需要干燥并没有一定的要求,主要考虑燃料价格、系统功率和燃烧技术等相关因素。机械干燥适用于可压缩生物质,可以通过多种方式实现。但机械干燥过程本身会消耗大量的能量,并对设备有较高的维护要求。机械干燥可以成批或连续进行。在这里,我们只考虑(大规模)连续操作。

在螺旋压力机中,生物质通过直径呈锥形递减的壳体或"腔室"长度递减的螺杆缓慢压缩,生物质体积减小,压力增加,水被抽走。但螺旋压力机只能脱出含水量较少的物质,所以更适合用于处理像纤维一样的生物质,而不是含水量相对较大的污泥。例如,它可以用来从草中挤出汁液,汁液不仅含有水分,还含有潜在的有用的化学营养物质。

其他类型的机械压力机包括带式压力机、V形压力机、环式压力机和鼓式压力机。带式压力机将湿生物质容纳在两个可渗透带之间,通过这两个可渗透带在滚筒上和滚筒下的移动将水分挤出。鼓式压力机包括穿孔鼓,其内部有一个可旋转的压辊,用于将物料压到鼓上。鼓式压力机已被广泛应用于生物质领域。

辊压机是机械脱水的另一种设备,在某种程度上,它类似于螺旋压力机。然而,在辊压机中,压力的增加是通过两个圆柱形的辊来实现的,其中一个或两个是由电动机驱动的。圆柱形的辊之间有一个小的间隙,生物质通过这个间隙运输,同时将水挤出。辊压机的优点是压力设定相对准确,能耗相对较低,设备相对简单,生产成本低。但辊压机也有一些缺点:用辊压机对长茎的生物质进行脱水不是很困难,但是用辊压机对草等纤维类物质进行脱水是一个相当有挑战性的任务。这个问题可以通过倾斜轧辊和使用垂直安装的供应系统来解决,这样可以利用重力流动来脱水;或者可以在滚筒的前面放置一台压机,以确保生物质进入系统。

3. 热干燥

热干燥是利用一定的干燥设备和热源,对农作物秸秆进行干燥的方法。常规的热干燥可以采用回转圆筒式干燥机、立式气流干燥机、流化床干燥机和箱式干燥器等干燥设备,热源一般采用热烟气或水蒸气。热干燥不受气候条件影响,并可缩短干燥时间,但成本较高,一般应用于高附加值的生物质烘干过程。与其他生物质预处理技术相比,利用废热进行干燥是一种能源密集型工艺。这种形式的干燥已被广泛研究,并应用于工业实践。例如,在食品加工行业,干燥的目的是防止降解。但大多数生物质能源对热干燥的要求不太严格,更重要的问题是安全(含氧气体干燥时的火灾和粉尘爆炸危险)、能源消耗、挥发性有机化合物(VOCs)和粉尘的排放。

下面介绍两种常用的干燥机。

1)回转圆筒式干燥机

回转圆筒式干燥机的工作原理:高湿物料进入干燥器内,被转动的筒壁上的抄板抄起到顶部落下,在下落的过程中经过破碎装置的打击而破碎。大块物料在反复抄起落下的过程中,不断被打碎成小颗粒,同时热风从物料表面穿过,进行传热和传质,直至干燥细小的颗粒达到要求的含水量后排出;细粉由收尘装置收集。热风温度可达700 ℃。在干燥过程中,物料在带有倾斜度的抄板和热气流的作用下,可调控地运动至干燥机另一段星形卸料阀,并排出成品。

干燥机是一个与水平方向略成倾角的圆筒,主要由回转体、扬料板、传动装置、支撑装置及密封圈等部件组成。物料从较高的一端加入,与高温热烟气并流进入筒体,随着筒体转动,物料运行到较低一端;在圆筒内壁上的抄板把物料抄起又撒下,使物料与气流的接触表面增大,以提高干燥速率并促进物料前行。干燥后的产品从底端下部收集。

回转圆筒式干燥机的特点:机械化程度高,生产能力较大;流体通过筒体时阻力小,功耗低;对物料特性的适应性比较强;操作稳定,操作费用较低,产品干燥的均匀性好;设备比较复杂,体积庞大,一次性投资多,占地面积大等。

2)流化床干燥机

流化床干燥机是20世纪60年代发展起来的一种干燥机,适用于各种粉粒状物料的干燥,目前在化工、轻工、医药、食品以及建材工业等领域广泛应用。由于干燥过程中固体颗粒悬浮于干燥介质中,因此热流体与被干燥的固体接触面积很大,又由于物料剧烈搅动,大大地减小了气膜阻力,因此干燥强度大。流化床干燥机密封性能好,传动机械不接触物料,不会有杂质混入,对要求纯洁度高的制药、食品等工业来说十分重要。

流化床干燥机的原理是振动电动机产生激振力使机器振动,物料在给定方向的激振力的作用下跳跃前进,同时从床底输入热风使物料处于流化状态,物料颗粒与热风充分接触,进行剧烈的传热传质过程,此时热效率最高。上腔处于微负压状态,湿空气由引风机引出,干料由排料口排出,从而达到理想的干燥效果。若床底送入冷风或湿空气,则可达到冷却、增湿的目的。其主要特点是振动使物料易达流化状态,增大了有效传热系数,故热效率高;床层温度分布均匀,无局部过热现象;流化均匀,无死角及吹穿现象;振动起输送作用,也有利于节约能量,比一般干燥装置可节能 30%～60%。

在瑞典、丹麦等北欧国家,生物质固体成型燃料采用锯末挤压而成,锯末含水量为 50%～53%,因此在颗粒成型前需要干燥。位于乌尔里瑟港的兰特曼恩谷物制品有限公司颗粒燃料厂年产颗粒燃料约 7.5 万 t,在厂内有一个大的供热系统,提供蒸汽用于干燥锯末。首先锯末通过传输系统从原料场输送到粗粉碎车间,然后再通过螺旋进入回转圆筒式烘干设备,锯末的含水量能够从 50% 以上降低到 10% 左右,但用于供热锅炉的燃料是原木,每年需要 10 万 m³,因此也会增加生产成本。

图 2-6 所示为利用尾气余热作为热源的生物质干燥系统。

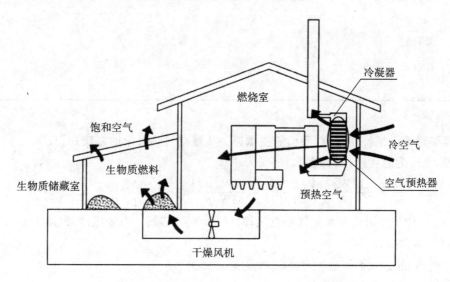

图 2-6　利用尾气余热作为热源的生物质干燥系统

现有的干燥技术可以用不同的方法来分类。直接干燥和间接干燥之间有一个重要的区别:直接干燥是通过与湿生物质直接接触的热空气、蒸汽或烟气进行的;间接干燥可以防止这种接触,热量是通过套管传导的。

直接对流烘干机可分为以下几种类型:带式输送机、闪蒸(气流)干燥机、流化床干燥机、转鼓式干燥机、喷雾式干燥机。间接传导烘干机可分为以下几种类型:滚筒干燥机、蒸汽套转鼓干燥机、蒸汽管转鼓干燥机、托盘式干燥机。

干燥机的选择取决于生物质原料的物理形态(粒度分布和形态)、材料的热敏感性、所需的生产能力、调节比以及干燥前后的操作。表 2-6 可作为干燥机类型选择的参考。

表 2-6　干燥机类型的选择

			原料性质						
		t/min	液体（泥浆）	液体（糨糊）	固体（块状）	固体（粉末）	固体（颗粒）	固体（小球）	固体（纤维）
干燥机类型	带式输送机	10～60				×ᵃ	×	×	×
	闪蒸干燥机	0～0.1			×	×	×		
	流化床	10～60	×	×		×	×	×	
	转鼓式	10～60			×	×	×		×
	喷雾式	0.1～0.5	×	×					
		10～60			×	×	×	×	×
	滚筒	0.1～0.5							
	蒸汽套转鼓	10～60	×	×					
	蒸汽管转鼓	10～60			×	×	×	×	×
	托盘式	60～360（一批）			×	×	×		×

ᵃ 表中"×"表示不选用。

在详细讨论干燥特性之前，我们需要掌握一些湿空气热力学的基础知识。

湿度，也称为湿度比，用 ω 表示，定义为

$$\omega = \frac{m_w}{m_a} = \frac{(MW_w p_w V/R_u T)}{(MW_a p_a V/R_u T)} = \frac{MW_w p_w}{MW_a p_a} \approx 0.622 \frac{p_w}{p_a} = 0.622 \frac{p_w}{p - p_w}$$

式中：脚标 w 和 a 分别代表水蒸气和空气；MW 为摩尔质量；p 为分压；V 为体积；T 为温度；R_u 为理想气体常数。

当空气饱和时，我们提到饱和空气的湿度 ω^{sat}。

相对湿度（百分数）定义为

$$\phi = \frac{p_w}{p_w^{sat}} \times 100$$

式中：脚标 sat 代表饱和状态。

当气流用于从湿物质（表面）蒸发水时，只要空气没有完全被水饱和（在其露点处），就会发生蒸发。蒸发导致水的温度下降，并使气体向湿表面供热的驱动力增大。湿球温度 T_{wb} 可以在平衡状态下达到。传热速率表示为

$$\dot{Q} = hA(T - T_{wb})$$

式中：$\dot{Q}$ 表示热流；h 表示换热系数；A 表示换热面积；T 和 T_{wb} 分别表示气体温度和湿球温度。

蒸发率表示为

$$\varphi_{m,w} = kA \frac{MW_w(p_w^{sat} - p_w)}{R_u T} \approx kA \frac{MW_a}{R_u T}\{(\overline{p - p_w})(\omega^{sat} - \omega)\} \approx kA\rho_a(\omega^{sat} - \omega)$$

式中:脚标 w、a、sat 分别代表水蒸气、空气、饱和状态;MW、p、V、T、ρ、A 分别为摩尔质量、分压、体积、温度、密度和换热面积;R_u 为理想气体常数;k 为与气体性质相关的常数。

相应的热流为

$$\dot{Q} = kA\rho_a(\omega^{sat} - \omega)h_{fg}$$

式中:h_{fg} 为潜热。

传热速率和给出的热流在平衡状态下必然相等,故有

$$T - T_{wb} = (\omega^{sat} - \omega)\frac{k\rho_a h_{fg}}{h}$$

因此,T_{wb} 实际上只依赖于周围环境的温度和空气的湿度。

Chilton 和 Colburn 将湍流条件下的热质传递和“固定壁”传递进行类比,得出了 h/k 的表达式:

$$\frac{Nu}{RePr^{0.33}} = \frac{Sh}{ReSc^{0.33}} \Leftrightarrow \frac{h}{k} = \frac{\lambda}{D}\left(\frac{Pr}{Sc}\right)^{0.33} = \rho c_p \left(\frac{Sc}{Pr}\right)^{0.67} = \rho c_p Le^{0.67}$$

式中:Nu、Re、Pr、Sc、Sh、Le 分别为努塞尔数、雷诺数、普朗特数、施密特数、舍伍德数和路易斯数,它们均为换热准则数;λ、c_p、D 分别为导热系数、热容和特征尺寸。

干燥过程可以描述为发生在干燥固体颗粒上和干燥固体颗粒内部的一系列水分传输现象。不同生物材料的干燥通常包含两个或两个以上不同的阶段。干燥初期,主要是去除表面的游离水分,因而其干燥速率几乎恒定,此干燥阶段称为恒速期,物料含水量从初始值降低至临界值 w_c。为了进一步干燥,毛细管或间隙中的结合水会扩散到表面,使表面变得潮湿,这一阶段称为第一个下降速率周期。在此阶段,含水量从 w_c 下降到一个较低的值,但高于平衡含水量 w_e,整个过程是物质依赖性的。在进一步的干燥过程中,干燥颗粒内部的水分传输过程不再使表面湿润,此过程不再那么依赖于外部条件,而是依赖于内部的分子扩散过程,干燥速率取决于燃料的特性。最后的干燥阶段称为第二次沉降阶段,该阶段一直持续到含水量达到 w_e,然后驱动力为零。

图 2-7 为一些颗粒状物料干燥速率的示意图,图中 1-2、Ⅰ-Ⅱ 为恒速期,2-3 为第一个下降速率周期。该图展示了不同的干燥特性。

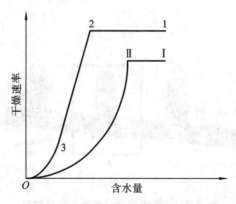

图 2-7　一些颗粒状物料干燥速率的示意图

4. 微波辐射加热

微波辐射加热是利用电磁场加热材料的方法。微波是频率在 300 MHz～300 GHz 的电磁波。被加热介质物料中的水分子为极性分子,在快速变化的高频电磁场作用下,其极性取向会随着外电场的改变而变化。高速运动的分子之间会出现摩擦效应,将微波场能转变为介质内能,提高原材料温度,产生膨化、热化等多种物理化学反应,如此通过微波加热实现对木质纤维素的预处理。与传统加热方式相比,微波辐射加热方式具有易操作、无污染和热效率高等特点。

在 20 世纪 80 年代,微波辐射加热方式就被应用到了木质生物质预处理过程中。与传统的加热技术(如加热板加热)相比,微波辐射加热具有以下优点:显著缩短了反应时间;使产物形成更迅速;降低了反应活化能。通过微波辐射加热方式,可以实现间歇式生物质预处理和连续式生物质预处理。经微波预处理后,纤维素的可及度、反应能力和基质浓度得到提高,从而可获得较高浓度的糖化液,缩短处理时间。

Ma 等人优化了微波预处理稻草的工艺条件。结果表明,微波辐射加热是提高稻草消化率的有效预处理方法。化学成分分析进一步证实,微波预处理可以破坏硅化蜡质表面,分解木质素-半纤维素复合物,部分去除硅和木质素,使纤维素的表面积增大,更易与纤维素酶接触。

Saha 等人研究发现,经过微波在 200 ℃下的预处理,小麦秸秆的酶水解单糖产量有较大幅度的提高,为后续的发酵工艺奠定了基础。连续式微波预处理具有操作简单、预处理效率高、可连续生产等特点,具有较好的商业化应用前景。图 2-8 是连续式微波预处理系统示意图,含有木质纤维素、催化剂和溶剂的浆料(生物质混合物)流经一个金属管,该混合物在金属管部分的 T 形连接点处被 6.45 GHz 的微波辐射。根据生物质混合物的体积、流动速率、微波输出和预处理时间等的不同,微波辐射部分的单元(图中黑色方框所示)可以拆卸,单元的数量可调节。图 2-9 所示是一个连续式微波预处理系统的原型。其微波辐射部分有 3 个单元。每个单元连有一个 5 kW 的微波发生器,可以在每个单元处独立控制微波的功率。该系统还能在线监控预处理过程中的温度,通过系统的微波功率自动调节,实现对整个预处理过程反应条件的控制。实验结果显示,利用微波辐射加热方式对木质纤维素生物质原料进行预处理,可部分降解半纤维素和木质素,从而提高植物纤维的酶水解效率和酶可及度。

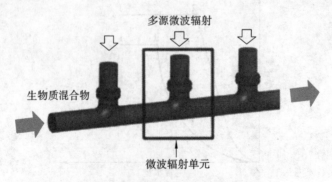

图 2-8　连续式微波预处理系统示意图

微波辐射和温度控制部分

微波发生器

图 2-9　连续式微波预处理系统

5. 高能离子辐射

利用高能离子（如离子束、γ 射线、X 射线等）辐射对木质纤维素原料进行预处理，可提高原料的吸湿性及降低原料的聚合度和结晶度，这些都有利于纤维素的酶水解，可以减少因大量使用化工药品而造成的废水、环境污染等。Yang 等人使用钴-60 预处理小麦秸秆，以不同的剂量进行辐射，辐射之后发现小麦秸秆质量减轻，结构被破坏，酶水解的糖产量明显增加。但由于辐射处理的成本高，因此目前还很难用于大规模生产。

γ 射线、电子束和微波辐射能促进木质纤维素的酶解。将辐射和其他方法如酸处理相结合，可以进一步促进纤维素降解为葡萄糖。木质纤维素材料中的纤维素组分可通过辐射降解为易碎纤维、低分子量低聚糖甚至纤维二糖，这可能是由于在木质素存在的情况下，辐射使纤维素链的糖苷键优先解离。但是高强度的辐射会导致低聚糖分解和葡萄糖环结构。

2.2.2.3　压实技术

原料生物质的缺点是其低体积密度和由此产生的低体积能量密度。因此，为了降低运输、储存和搬运成本，显著改善其燃料特性，生物质通常被压缩。在食品、饲料、制药等工业部门，压实（或致密化）技术已经应用了很长一段时间。在介绍压实技术之前，我们首先讨论一些密度的定义。

生物质堆的表观密度 ρ_{app}（也称为堆积密度）在数值上等于形成生物质堆的所有颗粒的质量除以生物质堆的总体积。生物质堆包含大量的空隙，不被颗粒占据。其表观密度可由孔隙率 ε 与颗粒密度 ρ_p 表示为

$$\rho_{app} = \rho_p(1-\varepsilon)$$

颗粒密度与真实材料密度 ρ_{true} 和颗粒所具有的孔隙率 χ（其值较小）相关：

$$\rho_p = \rho_{true}(1-\chi)$$

含有密度为 ρ_f 的流体（例如水分）的湿颗粒的密度 ρ_w 可表示为

$$\rho_w = \rho_p + \chi\rho_f$$

为了增大生物质的表观密度，可使用两种技术，即压缩成型和造粒成型。

Tumuluru 等人提供了所有致密化技术的综述。但对于固体生物能源载体的生产，上述两种技术最为突出。生物质表观密度增大带来的显著优点如下：

（1）能量密度增大；

（2）简化生物质处理（储存和物流）；

（3）更容易控制给料；

（4）可实现较低的吸水率；

（5）压榨生物质可与添加剂相结合，以改善下游工艺；

（6）释放的灰尘更少；

（7）增加稳定性，防止生物腐烂；

（8）可以创建客户定制的产品。

1. 压缩成型

图 2-10 所示为型煤压缩成型设备示意图。螺旋压力机（顶部）和活塞压力机型煤通常是在细长的压力机中通过柱塞或螺杆挤压生物质制成的。挤压过程释放的物质被切割成形状良好的块体，即型煤。由于型煤主要应用于国内能源供应，在工业上应用较少，因此本书不作详细介绍。

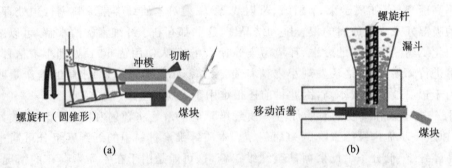

图 2-10 型煤压缩成型设备示意图

2. 造粒成型

造粒成型技术于 1880 年引进我国，目的是生产牛饲料；自那之后，它越来越多地转用于能源市场的燃料生产，而现在，用于生物燃料生产的造粒是一项大规模的商业活动。造粒燃料已成为家庭和工业燃烧中相当常见的燃料类型。2019 年，全球造粒燃料市场价值为104.91 亿美元，预计 2025 年市场总规模将达到 236.04 亿美元，复合年均增长率为 14.47%。2019 年，欧洲在全球木颗粒市场占有主要份额。根据美国农业部对外农业局的全球农业信息网络资料，欧盟（EU）2018 年消耗了约 2735 万 t 造粒燃料，高于 2017 年的 2415 万 t。2018 年，英国以消费量 800 万 t 成为欧盟区域造粒燃料的主要消费国，其次是意大利（375万 t）、丹麦（350 万 t）、德国（219 万 t）和瑞典（178.5 万 t）。

造粒过程的主要目的是增大生物质的能量密度，并实现相当小的比体积，以便造粒生物质的储存、运输，以及转化为热能、动力或化学品。整个过程包括预处理（减浆、干燥）、造粒和后处理（冷却、包装）。在造粒的主要加工阶段，生物质通过造粒机压制，形成颗粒。图2-11 所示为造粒机的工作原理。

通常，造粒工艺生产的颗粒直径为 6~8 mm，但也生产直径较大的颗粒，从 3 mm 到 50mm 不等。该工艺要求原料由直径小于 8 mm 的小颗粒组成，含水量低于 15%，而活塞压力机可以处理含水量高达 20% 的原料。造粒是在最高温度为 150 ℃ 左右的情况下进行的，因为木质素在 100 ℃ 时开始软化，然后作为纤维素黏合剂，使原料熔合成颗粒。原料的含水量是一个重要的参数，因为生物质太湿或太干都会导致造粒所需的压力显著增加。

新鲜生物质的含水量一般为 50%，但在造粒之前，含水量需要降低到 15%，最终产品的含水量为 10%。由于在此过程中没有发生明显的挥发，因此总质量损失是由水分蒸发造成

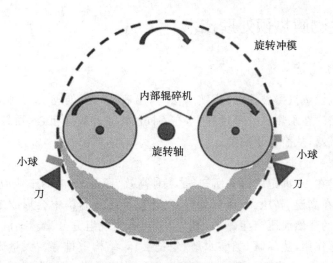

图 2-11　造粒机的工作原理

的。造粒通常具有 94％的效率（即 94％的初始能量仍保留在造粒产品中），考虑到工艺能耗，计算的净效率约为 87％。

2.2.2.4　物理预处理步骤

在前文中，我们讨论了相当广泛的物理预处理技术。并非所有情况下都需要使用这些技术，这取决于生物质的质量特性，以及后续章节中描述的预期下游能量转换过程，包括其预处理要求。最后一个问题是预处理步骤的顺序。通常，在收获之后会由某种类型的存储来创建缓冲区，因为直接的下游处理通常是不可能的。然而，考虑到细菌和真菌的活性，储存对含水量有限制，因此通常在储存生物质之前先将其干燥至含水量 20％～25％。通常，干燥之前会进行减小尺寸步骤，以加强干燥过程。筛分在尺寸减小后进行（考虑到下游加工需要时）。减湿，有时用来改善生物质的燃烧特性，通常是在干燥后进行热化学转化。经过充分的干燥步骤后，再进行压实，以获得稳定的产品。

2.3　生物质热预处理原理与技术

2.3.1　生物质热预处理原理

与化石燃料相比，生物质原料是一种劣质燃料。它的能量密度通常较低，因具有亲水性而热值较低；同时，易受生物降解影响从而导致储存问题；此外生物质通常具有韧性和纤维性，而且是高度异构的，这导致在缩小尺寸时消耗更多能量。这些特性阻碍了生物质原料的物流（搬运、运输和储存）和大规模最终使用（燃烧、气化和化学处理）。生物质的热预处理主要是为了解决其中的一些问题。生物质热预处理主要通过加热手段对生物质进行处理，处理过程中发生复杂的物理化学反应。生物质热预处理通常使用较温和的化学条件，而避免在更极端的操作条件下进行。热预处理技术主要包括水热法、氨纤维爆破、超临界二氧化碳爆破、超声波法、烘焙和热解。

2.3.2　生物质热预处理技术

2.3.2.1　水热法

水热法主要包含蒸汽爆破法、热压缩水法、高温液态水预处理法、亚临界水预处理法和超临界水预处理法。在水热预处理过程中,在不同的温度和高压下,木质纤维素生物质的超微结构被降解并暴露,从而易于酶解。

1)蒸汽爆破法

蒸汽爆破法早在 19 世纪就为人所知,是一种高效、环保、经济的工业应用方法。蒸汽爆破预处理的原理:在高温、高压、水蒸气条件下,木质纤维素结构中会形成爆破腔,达到软化润胀的目的,之后的骤然泄压产生爆破,破坏其结构,实现组分分离。蒸汽爆破预处理主要通过以下几方面起作用:热降解、类酸水解、氢键破坏、结构重排等。大量研究表明,蒸汽爆破预处理技术对木质纤维素改性预处理有着明显效果,在各个领域中得到广泛应用。

利用过热蒸汽加热木质纤维素,然后突然降压,使材料经历爆炸性减压。在蒸汽爆破过程中使用高压和高温(160～260 ℃),持续 30 s～20 min,这将促进半纤维素降解和木质素转化,增大纤维素水解的潜力。影响蒸汽爆破预处理的因素有停留时间、温度、粒度、物料和水分。蒸汽爆破可用酸催化剂(如硫酸或二氧化硫)浸渍来辅助。如果不使用浸渍剂,则通过自水解来催化该过程。半纤维素释放的醋酸和糖醛酸,以及糖降解产生的甲酸和乙酰丙酸,能够促进酸化,并能抑制下游生化过程。蒸汽爆破法的能源成本相对适中,满足预处理工艺的所有要求。

蒸汽爆破技术经历了间歇式和连续式两个阶段。间歇式蒸汽爆破设备由于构造简单而使用较多。对植物纤维的改性预处理技术经过几十年的发展,目前已被不同国家的学者用于不同植物纤维原料的预处理。荷兰学者 Williams 所用的蒸煮爆破器主要由一个容积为 3 L 左右、两端装有球阀的钢制圆筒组成,其爆破压力最高可达 10 MPa。能够进行间歇式蒸汽爆破预处理的原材料包括杨木、阔叶木、摔木、云杉、花旗松等,这些原材料结构致密,需要高压力才能使纤维解离。但间歇式蒸汽爆破预处理在设备的安全性、噪声等问题上未取得突破性进展。国内一些研究机构设计制造的间歇式蒸汽爆破设备主要由爆破罐和接收器两部分组成。季英超等研究稳压时间对大麻韧皮纤维闪爆脱胶效果的影响,发现在压力与温度不变的条件下,适当延长稳压时间,有利于提高大麻纤维的分裂度,改善胶质的去除效果。

间歇式蒸汽爆破预处理设备不能实现持续工作,效率不高,不利于工业化生产。因此,国内外先后开发了连续式蒸汽爆破预处理设备,其特点是物料连续不断地投入爆破设备中,经过爆破设备处理后从出口处排出,爆破设备中的物料一直保持恒定,整个过程是连续不断的。从 20 世纪 70 年代开始,一些连续式蒸汽爆破技术及其设备陆续出现,比如 20 世纪 80 年代加拿大 Stake Technology 公司开发了连续式蒸汽爆破工艺及相关设备,并获得许多专利,产品在技术上较成熟,但设备较为昂贵。

蒸汽爆破法已用于不同领域且可预处理不同原料,但此方法的主要缺点是成本较高,整个过程的消耗量较大。传统上,蒸汽爆破装置都是单通道释放蒸汽,北京天地禾源生物科技开发有限公司联合清华大学等单位开发了多通道蒸汽闪爆装置(见图 2-12)。多通道设计可以使预处理后的蒸汽能更快、更均衡地以闪爆的形式迅速释放,完成木质素、纤维素、半纤维素等组织及糖链的分段分离,取得了很好的组分预处理分离效果。

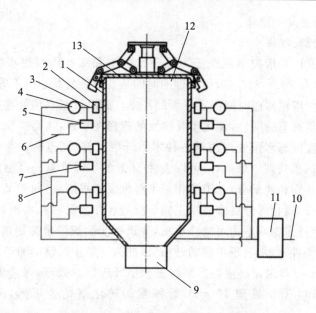

图 2-12　多通道蒸汽闪爆装置示意图

1—压力罐；2—过滤装置；3—汽爆排气管；4—阀门；5—截门；6—压力空气管路；7—调压阀；

8—进蒸汽管路；9—排料阀门；10—聚气管；11—余热回收装置；12—进料口；13—密封盖

　　木质纤维素生物质经蒸汽爆破后被有效地分离为纤维素、半纤维素、木质素。其中，纤维素可以作为纸张、功能纤维、燃料酒精、饲料酵母的制造原材料。半纤维素可通过水解和氢化而转化为糠醛、木糖醇。木质素易与传统高分子单体形成复合材料，如木质素酚醛树脂、环氧树脂等，从而提高木质素的附加值。生物质经蒸汽爆破分级后的综合利用见图2-13。

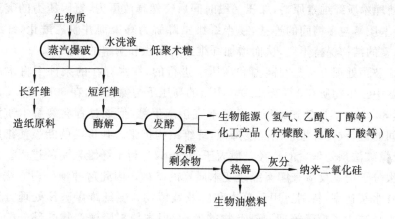

图 2-13　生物质经蒸汽爆破分级后的综合利用

2）热压缩水法

　　热压缩水法从几十年前开始成为木质纤维素材料的预处理方法之一。加压水可以渗透到生物质中，水合纤维素，去除半纤维素和部分木质素。这种工艺的主要优点是不需要添加化学物质，也不需要耐腐蚀材料来进行水解。此外，与酸或碱预处理相比，该工艺对中和产生的水解产物的化学品的需求要低得多，并且产生的抑制产物的数量也更少。半纤维素溶解为可溶性低聚糖，可从不溶性纤维素和木质素组分中分离出来。由于纤维素的可及表面积增大,因此水解酶更易于糖化。

3)高温液态水预处理法

高温液态水预处理是指控制系统压力高于水的饱和蒸气压而使水在高温下维持在液态,体系的温度控制在 150～240 ℃,预处理的时间从几分钟到几小时不等,其中温度决定了糖的类型(五碳糖、六碳糖),而时间决定了糖的产率。高温液态水预处理机理是利用高温下水在达到其亚临界状态下的酸性,催化半纤维素的选择性水解,从而实现木质纤维素三维凝聚态结构解离。高温液态水预处理法对各种木质纤维素材料(包括甘蔗渣、玉米秸秆、小麦秸秆、向日葵秆等)的预处理效果很好,可以去除 80% 的半纤维素。高温液态水预处理后获得的浆料包括液相和固相两部分,其中液相是半纤维素的水溶液,固相又包括不溶于水的纤维素和木质素两部分,固相部分更容易发生酶解反应。在高温液态水预处理过程中,酰氧键断裂产生有机酸,促进多糖水解为可溶性单糖,并进一步生成少量抑制剂(糠醛、5-羟甲基糠醛)。此外,在高温条件下,水表现出酸的性质,因此为了防止抑制剂的产生,反应体系的 pH 值控制为 4～7。Laser 等采用高温液态水对玉米秸秆进行预处理,保持体系的 pH 值不变,改变操作条件;在 190 ℃下处理 15 min,纤维素的转化率高达 90%,同时只产生少量抑制剂。

高温液态水预处理法不需要添加任何化学试剂,反应周期短,反应可控性强,环境友好。与其他预处理相比,高温液态水预处理法所需的装置费用低,仅产生少量的抑制剂,同时保持高产糖率。高温液态水预处理法的主要缺点是需要较高的温度(＞180 ℃)才能达到理想的半纤维素去除效果,过程能耗大,同时需要消耗大量的水。

2.3.2.2 氨纤维爆破

氨纤维爆破是结合了蒸汽爆破法与碱处理法的一种预处理方法,它是指在高温高压下的液态氨中处理木质纤维素原料,保压一段时间后突然释放压力,氨因压力的突然降低而迅速蒸发,打断木质素与多糖间的连接,使半纤维素降解为寡聚糖并脱乙酰化,纤维素的结晶度降低,木质素的结构保持不变,从而增加纤维素表面积和酶解的可及度。

氨纤维爆破预处理方法是在高温和高压下进行的,在水存在的条件下将木质纤维素生物质暴露于氨中。生物质在 1.72～2.06 MPa 的高压下与氨接触,在 60～120 ℃的中温条件下,通常持续 30 min,然后快速减压。虽然不直接产生糖,但该过程会裂解木质素与纤维素和复合物之间的键,致使纤维素结晶度降低,纤维结构扩张。共价键的断裂使细胞壁产生新孔,经氨纤维爆破法预处理后的孔径一般大于 10 nm,有利于纤维素酶的进入。它还可以通过与木质素大分子的氨反应来解聚或改变木质素的结构。因此这种预处理方法可在低酶条件下获得最佳水解速率,特别适用于草本和农业残留物。氨纤维爆破预处理方法的主要优点是最大限度地减少了糖降解抑制副产物的形成,但木质素降解产物的部分酚类碎片仍可能残留在纤维素表面。因此,用水清洗以去除这些抑制成分是有必要的。然而,氨纤维爆破预处理方法对木质素含量较低的生物质更有效,且对半纤维素的溶解作用不显著。此外,氨必须在预处理后回收,以降低成本,保护环境。

与蒸汽爆破法相比,氨纤维爆破由于氨的沸点低,只能得到固体产物,并且这个过程不直接产生糖类。预处理过程对木质素的去除效果不明显,但预处理后纤维素及半纤维素的转化率能达到 90%,其中预处理温度、湿度、氨的用量及停留时间对单糖产率有很大影响。氨纤维爆破预处理过程对各种纤维类生物质(包括小麦秸秆、稻壳、柳枝、玉米秸秆、杨木等)

具有很好的效果,但对于高木质素含量的生物质的预处理效果不佳。许多研究者在探索不同木质素原料采用氨纤维爆破预处理方法的最佳条件。Li 等研究发现,饲料及甜高粱经氨纤维爆破预处理生产乙醇的最佳条件为:氨和生物质的投料比为 2∶1,湿度为 120%,在 140 ℃下处理 5 min。Balan 等确立了杨木和玉米秸秆采用氨纤维爆破预处理的最佳条件:氨和生物质的投料比为 2∶1,湿度为 233%,温度为 180 ℃。

用氨对木质纤维素预处理的方法之一是精氨预处理,将天然的结晶纤维素由 I_β 型转变为纤维素 III_I 型,提高酶解速率。这个预处理过程可提取 45% 的木质素,并且能保持木质素的结构不发生变化,分离出的木质素可以作为生物炼制中的可再生原材料,用于高附加值产品的生产。

木质纤维素经氨纤维爆破预处理后结构被破坏,纤维素的结晶度降低,纤维素酶的可及度提高。氨纤维爆破预处理的主要优点是还原糖产率高、单糖不发生降解、不产生抑制物;缺点是预处理过程中使用了大量的氨,提高了整个过程的成本,氨的回收循环利用和所造成的环境污染是目前该法面临的主要问题。

2.3.2.3　超临界二氧化碳爆破

超临界二氧化碳爆破预处理的原理与氨纤维爆破及蒸汽爆破的原理类似,二氧化碳分子与水分子、氨分子都可以渗入木质纤维素材料的孔隙中。超临界二氧化碳爆破预处理的温度比蒸汽爆破的低,其成本比氨纤维爆破的低,另外二氧化碳还是一种无毒、不能燃烧的气体,因此超临界二氧化碳爆破预处理是一种较为理想的预处理方法。超临界流体是指超过临界温度和临界压力状态的流体,既具有气体的黏度小、扩散系数大的特点,又具有液体的密度大的特点。超临界二氧化碳爆破预处理具有酸处理的优点,二氧化碳溶于水后形成碳酸,催化半纤维素的水解,与其他酸相比,碳酸对设备的腐蚀性小。预处理结束后,降低压力就能释放二氧化碳,同时破坏木质纤维素的结构,增加酶的接触面积。超临界二氧化碳爆破预处理的优点在于二氧化碳价格低,不产生副产物,也不需要回收,可以在较低温度下处理,能处理固形物;其缺点是产生超临界二氧化碳的装置价格较高,这是限制其大规模应用的主要因素。Zheng 最早在 1995 年采用超临界二氧化碳对木质纤维素材料进行预处理,增大体系压力有利于二氧化碳渗入木质纤维素的小孔中,提高葡萄糖产率。

超临界二氧化碳爆破是一种有趣的预处理方法,它可以在较低的温度下进行。超临界二氧化碳在木质纤维素生物质中扩散,随后产生的爆炸能够破坏纤维素和半纤维素之间的联系,破坏生物质细胞壁致使生物质降解,从而为水解酶提供更大的表面积。与其他预处理方法相比,这一方法的产糖率显著提高。

2.3.2.4　超声波法

超声波法指的是超声波热物理预处理方法,是一种较好的预处理方法,高强度的超声波使纤维素结构松弛,从而增强酶的降解。研究表明,采用超声波(10 W,5~10 min)对木屑进行预处理,得到了 61% 的葡萄糖回收率,为预处理策略的选择提供了依据。

2.3.2.5　烘焙

烘焙是一种温和的生物质热处理和精制工艺,在缺氧大气中将生物质加热到 200~350 ℃并保持适当的时间,非常类似于烘焙咖啡豆的过程。在加热温度范围的低端(200~230

℃),由于生物质性质的变化相对有限,烘焙类似于强干燥。当温度高于 230 ℃时,烘焙会导致脱挥发分和热降解反应,这些反应类似于热解的第一阶段,在处理过程中,由于活性半纤维素部分的快速分解,氧从材料中的损失比碳更快,使得处理过的材料的质量减少约 30%,但其能量含量仅减少约 10%。因此,经过烘焙的生物质是性质介于生物质和木炭之间的一种优良的固体能量载体,具有更高的能量值;同时,经过烘焙的生物质具有更优的耐水性、易碎性和可磨性,可进行致密化处理,以获得更高的体能密度。

烘焙作为一种生物质预处理方法,特别适合在生物质转化系统的供应链早期使用,以最大限度地提高物流、处理和系统效益。烘焙过程能够大大降低生物质加工、仓储、运输等的成本,增强生物质贮存特性,减少与灰分相关的使用问题。在现有的化石燃料工厂中,烘焙将有助于燃料的替代。同时,与其他热化学转化途径相比,烘焙需要的转化温度最低,这使得它是一种能耗较低的能源密集型转化过程。

2.3.2.6　热解

热解也被用于木质纤维素材料的预处理。当材料在超过 300 ℃ 的温度下处理时,纤维素迅速分解产生气体产物和残炭;当使用较低的温度时,分解大大减少。热解是指纤维素在相对较高的温度下解聚为 H_2、CO 和生物质炭,在高温下预处理可以破坏木质素与半纤维素或木质素与纤维素之间的连接键。

快速热解是一种高温过程,在没有空气的情况下,原料被迅速加热,蒸发并冷凝成一种黑色的流动液体,其热值约为传统燃料油的一半。虽然它与传统的用于制炭的热解工艺有关,但快速热解是一种更先进的工艺,可以精细控制,以获得较高的液体产率。Yang 等人在不同热解条件下得到的稻壳挥发物中,鉴定出 81 种化合物,主要是芳香族化合物(38.60%)和醚类化合物(6.53%)。

2.4　生物质化学预处理原理与技术

2.4.1　生物质化学预处理原理

一般情况下,化学预处理过程会选择性地降解生物质组分,但反应条件相对苛刻,这可能对下游生物质处理造成不利影响,在生物糖化方案中并不理想。化学预处理因使用的有机或无机化合物不同,以及导致细胞壁结构和化学修饰的机制不同而分为不同方法。通常采用的包括酸预处理、碱预处理、臭氧分解、过氧化物氧化脱木质素、有机溶剂法等。除此之外,它们的组合效应也被认为是合适的。然而,在预处理过程中使用各种化学物质是一个主要的缺点,影响了木质纤维素生物转化的整体经济性。

在酶水解之前,大多数木质纤维素底物需要进行某种预处理,以提高基质的可获得性,从而实现高效水解和生物燃料生产。预处理可较好地去除木质素,从而增大纤维素的表面积和基质孔隙率。特别是木质素的去除对底物酶解的速率和程度有很大的影响。化学预处理是比较有前景的生物质预处理方法,其目的是选择性降解生物质组分。

与物理预处理不同,化学预处理的明显特征是使用工业化学品作为预处理的主要作用剂来达到需要的预处理效果。一般来讲,化学预处理使用的化学品可以分为酸、碱、氧化气体、氧化剂、纤维素溶剂和木质素提取物等几大类。使用纤维素溶剂或者木质素提取物的预处理方式,因对离子液体的研究而受到广泛的关注。化学预处理可破坏纤维素的结晶结构和细胞壁中半纤维素与木质素两者间的共价键,以及木质素与纤维素的连接,从而增大木质纤维素的消化率。

2.4.2　生物质化学预处理技术

2.4.2.1　酸预处理

酸预处理是目前工业上应用最广泛的化学预处理方法,浓酸和稀酸均被用于预处理研究。预处理过程中酸催化长链碳水化合物分解为短链低聚物,然后将其分解为单体糖。在生物质中,具有无定形结构的半纤维素与纤维素和木质素相比更容易被酸水解,而半纤维素主要由木聚糖组成,因此酸预处理的主要产物是木糖。酸预处理的主要目的是溶解生物质中的半纤维素部分,使纤维素更容易被酶利用。此外,酸的浓度也会对预处理效果产生影响,当预处理过程中使用浓酸时,纤维素也会随之降解,在这种情况下,预处理和水解在一个步骤进行。虽然浓酸对纤维素具有较强的水解能力,但它具有毒性、腐蚀性、危险性,因此需要使用耐腐蚀反应器,这使得预处理过程非常昂贵。除上述缺点外,酸预处理还需要一个额外步骤来中和生物质预处理的末端,并消除形成的抑制剂。该步骤增加了工艺成本,还使物流环节中增加了液体。

酸预处理的优点是酸不经预处理就能穿透木质素,酸水解速度比酶水解速度快;但它的主要缺点之一是会导致设备的腐蚀问题。当选择稀酸(2%～5%)水解时,需要在高温条件下进行,以达到良好的纤维素转化率。在这种情况下,高温加快了木质纤维素生物质衍生糖的分解速度,导致有毒化合物的形成,从而进一步降低了可发酵糖的产量。乙酸由半纤维素的乙酰基释放,糠醛和 5-羟甲基糠醛分别由木糖和葡萄糖降解形成。此外,这些醛的后续降解导致甲酸和乙酰丙酸的形成。木质素降解产生酚类化合物,如香草酸、香兰素、丁香酸或丁香醛,这取决于生物质中木质素的类型。这些对在随后的步骤中使用水解产物微生物来说是有毒的抑制剂化合物。去除这些抑制剂需要几个解毒步骤。主要的解毒方法有蒸发、活性炭处理、膜过滤、离子交换树脂处理和生物处理。

用过酸对木质纤维素进行预处理,可以将木质素转化为可溶产物,但是使用过酸存在易爆及成本高的问题。除了无机酸,有机酸如马来酸及富马酸,同样具有很好的预处理效果。研究发现,用马来酸或富马酸对小麦秸秆进行预处理,水解效果类似于硫酸的预处理效果。

2.4.2.2　碱预处理

碱预处理也是目前广泛应用的化学预处理方法,主要用于去除生物质中的木质素,从而增加生物质中未覆盖的纤维素,同时增大纤维素孔隙率,降低纤维素聚合度和结晶度,这增加了酶反应位点数量,从而提高了纤维素的消化率。因此,木质纤维素生物质的碱预处理成为生物燃料生产过程的关键技术。此外,经过碱预处理后,生物质的拉伸强度和尺寸稳定性也得到提高。

碱预处理的效果取决于生物质中木质素的含量。与许多其他预处理技术相比,碱预处理可以在较低的温度和压力下达到较好的效果,但它需要较长的时间,以小时或天为数量级。与酸预处理相比,碱预处理导致生物质中半纤维素的溶解更少,形成的抑制化合物更少，并可以在更低的温度下操作；然而，需要中和工艺结束时形成的污泥。NaOH、Ca(OH)$_2$、NH$_4$OH和KOH是广泛应用的碱性预处理剂。其中，对NaOH的研究是最多的。NaOH可以作为催化剂，裂解半纤维素与木质素之间的酯键、醚键和木质素分子中碳碳键。Ca(OH)$_2$(生石灰)被证明是有效且较便宜的一种预处理剂。

Wan等用NaOH对大豆秸秆进行预处理，葡萄糖的产率达到64.55%，木糖的去除率达到46.37%；另外，用0.75%的NaOH对百慕大草预处理15 min，总还原糖的产率达到71%，葡萄糖和木聚糖的转化率分别达到90.43%和65.11%。王海松等巧妙地结合碱预处理技术和双螺杆挤出机的特点，开发了连续式双螺旋挤出碱预处理技术及装置。

2.4.2.3 过氧化物氧化脱木质素

研究表明，氧化剂可以作用于木质素的芳香环，在不影响碳水化合物分解的情况下，可以实现生物质脱木质素的效果，目前用于生物质脱木质素研究较多的氧化剂有过氧化氢和臭氧，生物质中木质素的降解可以在过氧化氢存在的条件下被催化。例如，用过氧化氢预处理甘蔗渣，可显著提高甘蔗渣对酶解的敏感性。在30 ℃条件下，50%左右的木质素和大部分半纤维素在8 h内被2%的过氧化氢溶解，随后在45 ℃下纤维素酶糖化24 h，纤维素产糖率达到95%。因此过氧化氢氧化脱木质素是非常有潜力的生物质预处理方法。

臭氧是一种强氧化剂，具有很高的脱木质素效率。臭氧预处理是降低木质纤维素废料中木质素含量的一种方法。尽管臭氧可以降解许多木质纤维素材料（如麦秸、稻草、甘蔗渣、花生、松树、棉花秸秆、锯末等）中的木质素和半纤维素，但其降解主要局限于木质素。在此过程中，半纤维素受到轻微影响，但纤维素不受影响。臭氧预处理的优点是反应在常温常压下进行；能有效去除木质素；臭氧预处理可提高生物质的体外酶消化率，与其他化学预处理方法不同的是，它产生的阻碍酶解的抑制化合物浓度较低；不产生影响下游工序的有毒残留物；此外，预处理后的臭氧可以通过使用催化床或提高温度来分解，以减少环境污染。臭氧预处理的一个缺点是处理过程需要大量的臭氧，这会使处理过程变得昂贵，使工艺成本增加。此外，臭氧的某些特性，例如高反应性、易燃等，也限制了这种方法的使用。

2.4.2.4 有机溶剂法

用有机溶剂进行预处理的历史已超过100年。早在1893年，Klaso就用乙醇和盐酸对木材进行处理，分离木质素和碳水化合物；1918年，Pauly用甲酸和乙酸对木材进行脱木质素处理。自20世纪70年代起，在有机溶剂制浆过程中就使用到各种有机溶剂，包括醇类、苯酚、丙酮、丙酸、二氧六环、胺、酯、甲醛及氯乙醇等。与传统亚硫酸制浆过程相比，该过程对原材料的利用率更高，并且不存在空气和水污染问题。对有机溶剂制浆过程进行调整，并将其用于木质纤维素的预处理，可以获得可水解的纤维素和高纯木质素。

木质素和半纤维素的内部连接键在有机溶剂预处理过程中被切断，形成纤维素、半纤维素和木质素三部分，这个预处理过程中有两个重要的分离过程，如图2-14所示。第一个分离过程是指在高温高压下用有机溶剂处理木质纤维素一段时间，大部分木质素和半纤维素降解成小分子量的片段，溶解在有机溶剂中，分离出的纤维素经糖化、发酵，能高效地转化为乙醇；第二个分离过程是指将富含木质素的液体经过稀释、干燥、沉淀，回收有机溶剂，分离得到木糖和高纯度的木质素。在有机溶剂预处理过程中，加入酸催化剂可以提高木质素脱除率，降低预处理温度，可用的酸催化剂包括无机酸（盐酸、硫酸、磷酸）和有机酸（草酸、乙酰

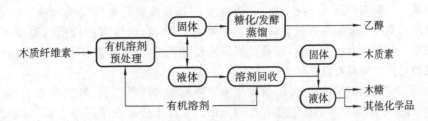

图 2-14　有机溶剂预处理流程

水杨酸、水杨酸)。

　　乙醇由于价格低,无毒,能与水以任意比例互溶,沸点低,易回收,因此被广泛用于木质纤维素的有机溶剂预处理过程中。表 2-7 总结了用乙醇对各种木质纤维素材料进行预处理的结果,通常情况下乙醇溶剂预处理在高温(>190 ℃)下进行较长时间(>60 min)。Park等研究了不同温度下酸性催化剂(H_2SO_4)、碱性催化剂(NaOH)、中性催化剂($MgCl_2$)对乙醇预处理油松的影响,其中 H_2SO_4 即使在低温下催化效果也是最好的,但预处理后残留样品少,糖的降解程度高;$MgCl_2$ 需要消耗较多能量,但酶的消化率最大能达到 60%;用 1% 的NaOH 进行预处理,对酶的消化率没有影响,当用 2% 的 NaOH 预处理后,酶的消化率能提高 80%。

表 2-7　乙醇对木质纤维素预处理结果

原 材 料	醇 溶 剂	预处理条件	结　果
小麦秸秆	60%乙醇	固含量 10%,200 ℃,60 min	木质素产率 50%
桉树	50%乙醇	固含量 10%,200 ℃,60 min	木质素含量从 32%下降到 11%
芦苇	70%乙醇	1% NaOH,60 ℃,360 min	水解产葡萄糖 40 g/L,木糖 3.6 g/L
小麦秸秆	50%乙醇 0.02~2 mol/L H_2SO_4	固含量 5%,83~196 ℃, 10~180 min	溶解 96%木质素
混合软木	40~60%乙醇 H_2SO_4,pH 2~3.4	固含量 10%~15%, 185~198 ℃,30~60 min	木质素残余 6.4%, 酶解葡萄糖产率大于 90%
杨树	25%~75%乙醇 0.83%~1.67% H_2SO_4	固含量 10%,155~205 ℃, 26~94 min	纤维素收率 88%,水解效率 82%
油松	48%~82%乙醇 0.76%~1.44% H_2SO_4	固含量 10%,153~187 ℃, 43~77 min	纤维素收率 88%,水解效率 82%

　　有机溶剂法是一种很有前景的预处理方法,在木质纤维素预处理中得到了广泛的关注和应用。在预处理过程中,使用有机溶剂或有机水溶液与无机酸催化剂(HCl 或 H_2SO_4)的混合物来打破木质素和半纤维素的内部键,从而溶解和去除木质素和部分半纤维素,但对纤维素部分影响很小。预处理过程导致的生物质选择性溶解也使得可用于酶解的表面积增加。预处理过程中常用的有机溶剂有甲醇、乙醇、丙酮、乙二醇、三甘醇和四氢糠醇。其他有机酸,如草酸、乙酰水杨酸和水杨酸,也可以作为催化剂。在 140~220 ℃的温度范围内,用这些有机溶剂处理木质纤维素材料会导致木质素分解成碎片,这些碎片在溶剂系统中很容易溶解,由此产生了三个分离的部分:干木质素、半纤维素水溶液和相对纯的纤维素部分。从经济角度上,低分子量溶剂因成本较低而受到青睐。例如,最常用的有机溶剂是乙醇,其低成本、易回收、低沸点的特性使其比其他产品更易于使用。有机溶剂法最大的优点之一是

易回收该工艺的副产品——纯木质素,进而生产具有重要商业价值的木质素产品。有机溶剂预处理通常在200 ℃左右进行,如果使用酸性催化剂,则可以在较低的温度下进行;但处理后的溶剂必须从系统中去除,以避免抑制酶解和发酵,并应将其回收以降低操作成本。

有机溶剂预处理具有以下优点:

(1)有机溶剂预处理可以分离出仅发生少量降解的高纯纤维素,纤维素在有机溶剂中不溶解,而半纤维素和木质素则溶解在有机溶剂中。去除木质素及半纤维素后,可以增大纤维素表面积,提高水解时酶的可及度并增大发酵产物乙醇的产率。经有机溶剂预处理后的纤维素的糖化效率高于酸预处理的,其温和的温度、压力及中性条件可以减少碳水化合物降解生成的不必要的糠醛和5-羟甲基糠醛。

(2)经有机溶剂预处理后可以获得高质量的木质素,用于高附加值产品的生产。高质量的木质素不含磺酸,分子量分布窄,具有良好的防水性能,其应用是作为特殊的黏合剂及树脂用于涂料、建筑、胶合板,以及用作混凝土中的增塑剂等。

(3)与传统预处理技术相比,有机溶剂预处理可以高效地分离出半纤维素,在含高浓度酸有机溶剂预处理过程中,溶剂化的半纤维素可以转化为生物乙醇及其他高附加值化学品,包括糠醛和木糖醇。

另外,在酶解之前分离出木质素可以提高酶解效率,降低酶的用量,从而降低成本。但是使用的有机溶剂具有一定的可燃性,沸点低,操作不慎容易爆炸燃烧,在工业生产上非常难以管理。

2.4.2.5　离子液体预处理

另一种木质纤维素分离技术是离子液体预处理。离子液体是由有机和无机的阴离子和阳离子形成的有机盐,低温(通常远低于100 ℃)下以液体形式存在,它们在相对较低的温度下熔化,并且具有较低的蒸气压。它们的热稳定性一般很好,具有低挥发性,不可燃。离子液体是一种独特的化学介质,也是一种环境友好的绿色溶剂,因此备受关注。研究表明,离子液体可以破坏木质纤维素组分之间的非共价相互作用,可选择性地溶解木质生物质中的某些成分,而不会导致显著降解。一些用于处理木质纤维素的离子液体有阴离子氯化物、甲酸盐、醋酸盐或烷基磷酸盐,以及能与纤维素和其他碳水化合物形成强氢键的分子。2007年,谢海波等把离子液体成功地拓展到了木质纤维素的溶解,发现天然木质纤维素的溶解与离子液体结构及木质纤维素生物质的种类、物理尺寸等有很大的关系。常用的可以溶解纤维素及木质纤维素生物质的离子液体结构见图2-15。

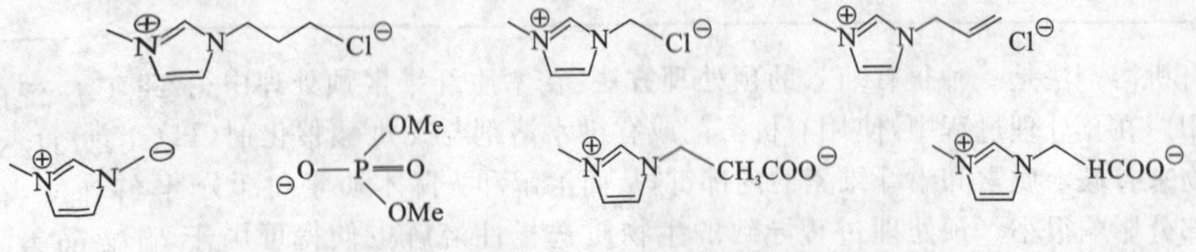

图 2-15　常用的可以溶解纤维素与木质纤维素的离子液体结构

此外,为了得到有效的预处理结果,离子液体需要较高的离子电荷。使用离子液体的优点之一是可以在温和的操作条件下进行预处理,因此预处理过程不需要太多的能量,同时离子液体易于回收。

一直以来,考虑到木质纤维素复杂的三维凝聚态结构,其溶解一直被认为是不可能的。研究证明,木质纤维素在离子液体中的溶解,伴随着木质素的部分降解以及各组分之间及组分内部氢键网络的破坏与重构,各组分上的官能团及化学键完全暴露于溶液中。和非均相预处理技术相比,溶解后的木质纤维素更容易接受外部试剂的进攻,离子液体预处理为研究均相体系中木质纤维素材料的组分分离、结构调控提供了新的高效研发手段。基于离子液体的均相预处理平台,通过化学工程、催化化学、有机化学、高分子化学等多学科交叉融合,成为生物质化工与生物材料研究领域的热点。其具体研究思路如图 2-16 所示。

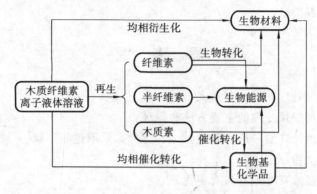

图 2-16　离子液体预处理技术具体研究思路

　　传统上,由于天然木质纤维素不能被全溶解,因此其改性都是表面改性。谢海波等基于天然木质纤维素生物质在离子液体中的全溶解,首次实现了木质纤维素生物质中羟基的全乙酰化化学改性。研究结果显示,其改性取代度高于 95%,改性材料具有与传统改性淀粉类似的多孔结构,在后续聚苯乙烯、聚丙烯复合材料的制备中,表现出了很好的界面相容性。

　　Zhao 等将木材溶解在 1-烯丙基-3-甲基咪唑氯盐中,经反复冻融(−20~20 ℃)后用水再生得到水凝胶,之后用丙酮及液态二氧化碳进行交换,最后用超临界二氧化碳干燥,获得木质纤维素气凝胶材料,制备过程如图 2-17 所示。这种木质纤维素气凝胶材料具有开放的

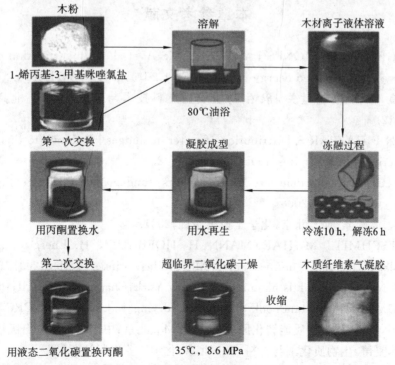

图 2-17　木质纤维素气凝胶制备过程

三维纤维结构,并且通过调整冻融的次数可以转变为片状纤维骨架。冻融循环的频率会影响气凝胶的强度、比表面积、结晶度及热稳定性。

离子液体用于木质纤维素资源的溶解预处理与加工,从最初的咪唑盐离子液体,逐渐发展到了离子液体与传统有机溶剂混合的电解质体系,以及可逆离子液体体系。随着技术的发展,溶解预处理效率显著提高,总体预处理成本逐渐下降;但是有效回收离子液体、降低成本等难题仍需着力解决。

思 考 题

1. 简述生物质预处理的目的和意义。

2. 简述生物质物理预处理的主要方法和原理。

3. 生物质物理预处理的一般步骤是什么? 为什么采取这些步骤?

4. 简要描述一次粉碎工艺和二次粉碎工艺。

5. 生物质研磨技术有哪些? 各有何优缺点?

6. 生物质减湿方法主要有哪几类? 简要描述热干燥及其过程。

7. 什么是生物质的表观密度? 为什么要对生物质进行压缩成型?

8. 生物质热预处理技术主要有哪几类?

9. 简要描述氨纤维爆破、蒸汽爆破和超临界二氧化碳爆破三种方法的异同点。

10. 简要描述生物质化学预处理的主要原理。

11. 生物质化学预处理方法主要有哪几类?

12. 简要描述生物质有机溶剂预处理方法的流程和该方法的优缺点。

本章参考文献

[1] BRIDGEMAN T G,JONES J M,WILLIAMS A,et al. An investigation of the grindability of two torrefied energy crops[J]. Fuel,2010,89(12):3911-3918.

[2] 张百良,李保谦,杨世关,等. 生物质成型燃料技术与工程化[M]. 北京:科学出版社,2012.

[3] COLIN F,GAZBAR S. Distribution of water in sludges in relation to their mechanical dewatering[J]. Water Res,1995,29(8):2000-2005.

[4] MERKUS H G. Particle size measurements:fundamentals, practices, quality[M]. Dordrecht:Springer,2008.

[5] 蒋挺大. 木质素[M]. 北京:化学工业出版社,2001.

[6] KALTSCHMITT M, HARTMANN H, HOFBAUER H. Energie aus biomasse: grundlagen,techniken und verfahren[M]. Berlin:Springer-Verlag,2001.

[7] MASON J S. Bulk solids handling[M]. New York:Chapman and Hall,1988.

[8] MUJUMDAR A S. Handbook of industrial drying[M]. New York:CRC Press,2006.

[9] 陈汉平,杨世关. 生物质能转化原理与技术[M]. 北京:中国水利水电出版社,2018.

[10] 黄进,夏涛. 生物质化工与材料[M]. 北京:化学工业出版社,2017.

[11] ZHANG W,LIANG M,LU C. Morphological and structural development of hard-

wood cellulose during mechanochemical pretreatment in solid state through pan-milling[J]. Cellulose,2007,14:447-456.

[12] TUMULURU J S,WRIGHT C T,HESS J R,et al. A review of biomass densification systems to develop uniform feedstock commodities for bioenergy application [J]. Biofuels,Bioproduct and Biorefining,2011,5(6):683-707.

[13] SPLIETHOFF H. Power generation from solid fuels[M]. Heidelberg:Springer-Verlag,2010.

[14] 田宜水,姚向军.生物质能资源清洁转化利用技术[M].2 版.北京:化学工业出版社,2014.

[15] YANG C,SHEN Z,YU G,et al. Effect and aftereffect of γ radiation pretreatment on enzymatic hydrolysis of wheat straw [J]. Bioresource Technology, 2008, 99: 6240-6245.

[16] WILLIAMS B A,POEL A,BOER H,et al. The use of cumulative gas production to determine the effect of steam explosion on the fermentability of two substrates with different cell wall quality[J]. Journal of the Science of Food and Agriculture,1995, 69:33-39.

[17] LASER M,SCHULMAN D,ALLEN S,et al. A comparison of liquid hot water and steam pretreatments of sugar cane bagasse for bioconversion to ethanol[J]. Bioresource Technology,2002,81:33-44.

[18] LI B,BALAN V,YUAN Y,et al. Process optimization to convert forage and sweet sorghum bagasse to ethanol based on ammonia fiber expansion (AFEX) pretreatment[J]. Bioresource Technology,2010,101:1285-1292.

[19] ZHENG Y,LIN H M,WEN J,et al. Supercritical carbon dioxide explosion as a pretreatment for cellulose hydrolysis[J]. Biotechnology Letters,1995,17:845-850.

[20] PARK N,KIM H,KOO B,et al. Organosolv pretreatment with various catalysts for enhancing enzymatic hydrolysis of pitch pine (pinus rigida)[J]. Bioresource Technology,2010,101:7046-7053.

生物质热解原理与技术

"热解(pyrolysis)"一词来源于希腊语，"pyro"是指火，"lysis"是指破碎或分解。生物质热解是指在没有氧化剂或只提供有限氧的条件下，通过热化学反应将生物质大分子分解成小分子物质的过程。生物质热解技术由于操作灵活、技术功能多样以及可适应多种原料等诸多优点，已经越来越成为人们关注的焦点。事实上，热解技术应用于木炭生产已有数千年的历史，但在近半个世纪才发展出快速热解液化技术，这种液化技术在约 500 ℃ 的中等温度下进行，挥发分停留时间非常短(少于 2 s)。快速热解技术之所以会引起人们的广泛关注，是因为生物质通过快速热解可以产生生物油质量分数高达 75% 的液体产物，具有多种用途。中速热解和慢速热解的主要产物是固体焦，副产物为液体和气体，如何最大限度地提高固体焦产品的价值越来越受到人们的重视。20 世纪 50 年代以来，热解也被用于处理废弃物，并减小残留物对环境的危害，此类过程通常以缓慢热解作为核心技术。

3.1　生物质热解原理

生物质热解过程如图 3-1 所示。在热解过程中，生物质的热分解涉及复杂的传热和传质过程。这个过程极为复杂，包括热量传递、物质扩散等物理过程，以及生物质大分子化学键断裂、分子内(间)脱水、官能团重组等化学过程，物理过程和化学过程均以热量为主要媒介相互作用。在热量传递、物质扩散等物理过程中，热量首先传递到颗粒表面，再由表面传到颗粒内部。同时，当挥发分离开生物质颗粒时，还将穿越周围的气相组分，在这里进一步裂化分解，称为二次裂解反应。生物质热解过程最终形成生物油、不可冷凝气体和生物质炭。生物质炭是生物质热解的固体产物。相对于农产品或森林残留物完全燃烧将碳释放至大气，生物质炭提供了一种替代的碳封存方法。生物质炭可以在土壤中以稳定的固体状态保留数百年。由于其对碳封存的重要性越来越大，因此许多机构正在对此进行更深入的研究。

在生物质热解过程中，半纤维素、纤维素和木质素发生了脱水、解聚、脱羧、异构化、芳构化、炭化等一系列复杂的化学反应。脱羧开始于 250 ℃，释放出二氧化碳并留下以脂肪族或芳香族结构为主的焦炭。半纤维素在 220~315 ℃ 范围内开始分解，接着是 315~400 ℃ 范围内的纤维素分解，而木质素在 100~900 ℃ 范围内均会分解。在热解过程中，这些组分首先分解成它们的单体单元，这些单体单元进一步分解为挥发性产物，如一氧化碳、二氧化碳、可冷凝气体(液体)等。

一般来说，生物质热解分为三个步骤：①自由水分蒸发；②一次反应(焦炭的形成、解聚和裂解)；③二次反应(挥发分的裂解和解聚)。

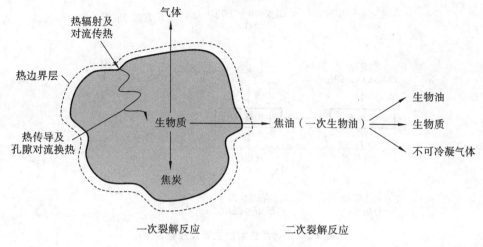

图 3-1　生物质热解过程

①自由水分蒸发。

生物质中游离水分(水蒸气)的去除是以脱水的形式完成的。当温度超过 100 ℃时,水分开始大量挥发,并在焦中留下无定形碳。

②一次反应。

在热解开始时,生物质中的化学键被破坏,导致挥发分释放和重组反应。此阶段的反应过程主要包括焦炭的形成、解聚和裂解。

焦炭的形成:生物质转化为固体残渣,是苯环的形成和重排形成稳定的多环结构所致。不可冷凝的气体的释放发生在重组反应过程中。

解聚:生物质的解聚是指聚合物中化学链断裂形成单体,导致链聚合度降低,产生挥发分。这些挥发分经常以液体形式被回收。解聚反应主要发生在 250~500 ℃。

裂解:裂解指的是生物质中聚合物单体单元内键的破坏,这些单体单元转化为不可冷凝的气体和其他化合物。这种类型的环/键断裂通常发生在 600 ℃以上。

③二次反应。

解聚或裂解过程中生成的挥发性化合物在热解反应器运行温度下不稳定,可能进一步发生二次反应。这些反应发生在气相之间或气相和固相之间,包括裂解和再聚合反应。在裂解反应中,挥发分化学键断裂,形成分子量较低的组分。在再聚合反应中,挥发分重新组合形成高分子量的组分,如多环芳烃。此外,当挥发分在固体残渣的孔隙内发生聚合时,会促进额外的固体形成,如二次焦炭。图 3-2 展示了生物质热解的主要反应途径。

热解与裂解、脱挥发分、炭化、干馏、破坏性蒸馏等过程具有一定的相似性,但与气化过程不同。气化过程涉及与外部气化介质的化学反应,并且相比于气化温度 800~1000 ℃和炭化温度 200~300 ℃,生物质的热解通常在 300~650 ℃的温度范围内进行。

生物质热解过程中,会发生一系列的化学和物理变化,前者包括复杂的化学反应(一级、二级等)网络,后者包括能量传递和物质传递等。综合国内外热解机理的研究结论,可从以下四个角度对热解机理进行分析。

(1)从物质、能量传递的角度分析。

生物质热解时,热量首先传递到生物质颗粒表面,并由表面传递到颗粒内部。热解过程由外向内逐层进行,生物质颗粒被加热后迅速分解成焦炭和挥发分。其中,挥发分由可冷凝

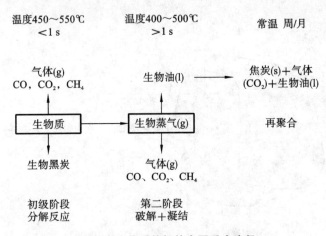

图 3-2　生物质热解的主要反应途径

气体和不可冷凝气体组成,可冷凝气体经快速冷凝得到生物油。

　　一次裂解反应生成了生物质炭、一次生物油和不可冷凝气体(一次气体)。多孔生物质颗粒内部的挥发分进一步热解,称为二次裂解反应,最终形成生物油、不可冷凝气体和生物质炭,如图 3-3 所示。反应器内的温度越高且气态产物的停留时间越长,则二次裂解反应越为剧烈。为了得到高产率的生物油,需快速送走一次热解产生的气态产物,以抑制二次裂解反应的发生。

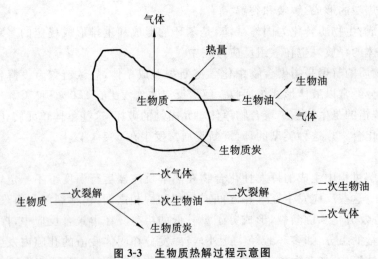

图 3-3　生物质热解过程示意图

　　(2)从反应进程的角度分析。

　　生物质的热解过程可分为以下三个阶段。

　　①脱水阶段(室温～100 ℃):本阶段受热仅发生物理变化,主要是失去水分。

　　②裂解阶段(100～380 ℃):本阶段生物质在缺氧条件下受热分解,并且随着温度升高,各种挥发分相继析出,生物质原料损失大部分质量。

　　③炭化阶段(>400 ℃):本阶段分解过程非常缓慢,产生的质量损失比裂解阶段的小得多,该阶段通常被认为是 C—C 键和 C—H 键进一步断裂的过程。

　　(3)从生物质组成成分角度分析。

　　生物质由纤维素、半纤维素和木质素三种主要成分,以及一些可溶于极性或弱极性溶剂的提取物组成。生物质的三种主要组成成分常被假设为独立发生热解。纤维素和半纤维素主要产生挥发性物质,而木质素主要分解为生物质炭。由于纤维素是多数生物质最主要的组成物,也是相对最简单的生物质组成物,因此被广泛用作生物质热解基础研究的原料。受到广泛认可的纤维素热解反应途径是按图 3-4 所示的竞争模式进行的。

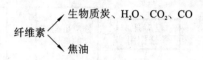

图 3-4　纤维素热解反应途径模式

众多研究者对图 3-4 中所示的基本模式进行了详细的论述。1965 年,Kilzer 提出了一个概念性框架,之后被广泛采用,其热解途径如图 3-5 所示。

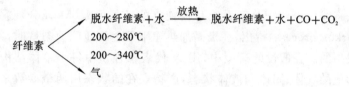

图 3-5　纤维素热解途径(Kilzer)

图 3-5 中,纤维素热解反应进行时,低加热速率倾向于延长纤维素在较低温度(200～280 ℃)下反应的时间,热解结果以减少焦油为代价增加了生物质炭的生成。近些年来,一些研究者相继提出了与二次裂解反应有关的生物质热解途径,但基本上都是以 Shafizadeh 提出的反应机理为基础,Shafizadeh 提出的热解反应途径如图 3-6 所示。

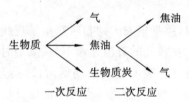

图 3-6　生物质热解反应途径(Shafizadeh)

纤维素的分解是一个复杂的多阶段过程,研究人员已提出大量模型来解释它。Broido-Shafizadeh 模型是其中最著名的模型,至少可定性应用于大多数生物质。

图 3-7 是 Broido-Shafizadeh 模型示意图。根据该模型,热解过程涉及中间预反应(反应Ⅰ);然后是两个相互竞争的一次反应,即反应Ⅱ脱水(在低温和低加热速率下占优势)和反应Ⅲ解聚(主要在高加热速率下进行)。

反应Ⅱ通过一系列步骤进行脱水、脱羧和炭化,以生成生物质炭和不可冷凝气体,例如二氧化碳、一氧化碳。在低于 300 ℃ 的低温和较慢的加热速率条件下,它是主要反应。

反应Ⅲ涉及解聚和断裂,形成包括焦油和可冷凝气体的蒸气。左旋葡聚糖是该反应的重要中间产物。在高于 300 ℃ 的较高温度和较快的加热速率条件下,它是主要反应。

(4)从线性分子链分解的角度分析。

随着微观化学和计算技术的发展,现代热解机理研究可利用蒙特卡洛(Monte-carlo)模型来描述反应过程,而实际反应按化学方程式进行。蒙特卡洛法(Monte-carlo method)即应用数学算子进行一系列统计实验以解决实际问题的方法,该方法既考虑了时间和样品空间,

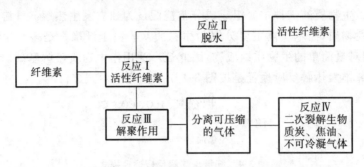

图 3-7　Broido-Shafizadeh 模型示意图

也考虑了物理空间(聚合物长度),用线形链结构代替三维空间结构,可用于解释生物质热解反应过程。

蒙特卡洛法将线形聚合物分解看成是由独立的马尔可夫(Markov)链分解组成的。马尔可夫过程(Markov process)指出,在极高加热速率下生物质闪速裂解时,线形聚合物链结构分解是随机发生的。在假设的模型中,用 N 代表聚合物中每个单体结构的结合个数,用链长度代表所形成的气体、固体和液体状态,产物存在的状态用两个参数来描述,即保持固相状态最小的链长度(N_s^-)和保持气相状态最大的链长度(N_g^+),介于 N_g^+ 和 N_s^- 之间的部分则为液体状态。

3.1.1　生物质热解过程与产物

3.1.1.1　生物质热解过程

热解过程最初是吸热过程,质量损失大约与吸热量呈现线性关系。在高加热速率下,整个过程都保持这种特性不变。在较低的升温速率下,从某个时刻开始炭化放热,热解不再吸热,并导致热中性。然而,没有证据表明在热解初始阶段,高升温速率和低升温速率下反应会沿着不同的热力学路径进行。当然,仅此一点并不能保证反应机理没有发生改变,但也没有其他证据表明反应机理会随升温速率的改变而改变。人们认为,随着热解反应的进行,生物质残炭(半焦)活性降低,并形成稳定的化学结构。因此,活化能随着生物质转化率的提高而增加。热解反应一般包括如下过程:

①热源传来的热量提高燃料内部温度;

②在较高的温度下,一次反应开始,释放出挥发分并形成焦炭;

③热的挥发分向较冷固体流动,并向较冷的未热解燃料传递热量;

④一些挥发分在燃料较冷的部分冷凝,然后发生二次反应,产生焦油;

⑤自催化二次热解反应开始,与一次热解反应相互竞争;

⑥还可能进一步发生热分解、重整、水-气转换反应、自由基聚合和脱水等,这个过程与气体停留时间、温度、压力相关。

热解过程中生物质内碳氢化合物都可转化为能源。通过控制反应条件(主要是加热速率、反应气氛、最终温度和反应时间),可得到不同的产物分布。根据热解过程的温度变化和产物情况等特征,可以将热解过程分为不同阶段。下面简要介绍了木材以及秸秆热解过程的不同阶段。

通常木材的热解过程分为如下四个阶段。

　　(1)干燥阶段:温度为 120～150 ℃,热解速度非常缓慢,过程主要是生物质所含水分依靠外部供给的热量蒸发。

　　(2)预炭化阶段:温度为 150～275 ℃,热分解反应比较明显,化学组分开始发生变化,其中不稳定组分(如半纤维素)分解生成 CO_2、CO 和少量醋酸等物质。

　　上述两个阶段需要外界提供热量以保持温度,为吸热反应阶段。

　　(3)炭化阶段:温度为 275～450 ℃,生物质热分解十分剧烈,生产大量的热分解产物,这一阶段放出大量反应热,为放热反应阶段。

　　(4)煅烧阶段:温度为 450～500 ℃,依靠外部供给热量进行木炭的煅烧,通过排除残留在木炭中的挥发分,可提高木炭中固定碳含量。

　　应当指出的是,以上四个阶段的界限难以明确划分。此外,由于各个反应装置中生物质受热的情况不同,因此不同位置的木材甚至大块木材的内部和外部,也可能处于不同的热解阶段。

3.1.1.2　生物质热解产物

　　热解涉及将复杂大分子分解成小分子,其产物分为如下三大类:

　　(1)液体(焦油、重烃和水);

　　(2)固体(主要是炭或碳);

　　(3)气体(例如 CO_2、H_2O、CO、C_2H_2、C_2H_4、C_2H_6、C_6H_6)。

　　这些产物的相对产量取决于几个因素,包括加热速率和最终温度。注意,不能将热解产物与燃料的"挥发分"混淆,这需要通过工业分析确定。在工业分析中,液体和气体产物通常被归为挥发分,而固体产物为固定碳。由于热解产率取决于许多运行因素,因此测定燃料的挥发分需要使用测试规范中规定的标准条件。

1. 液体

　　生物质热解的液体产物,被称为焦油、生物油或生物原油,是一种棕黑色液体,是含大量氧和水的复杂碳氢化合物的混合物。生物油性质不稳定,若存放温度较高或时间过长,会发生"老化"现象,即生物油成分变化导致含水量和黏度增加。生物质原料干基的低位发热量(LHV)为 19.5～21 MJ/kg,其液体产物的低位发热量在 13～18 MJ/kg。生物油的 pH 值在 2～3 之间,具有一定的腐蚀性,密度为 1.2×10^3 kg/m³左右,比石油燃料的密度(0.8×10^3 kg/m³左右)高。

　　生物油在元素组成上和生物质原料较为接近,主要包括 C、O、H,少量的 N,一些微量元素如 S 和金属元素,其中 C、H、O 等元素的含量随水分含量的不同而变化很大;生物油中的金属元素主要来自于生物质原料中的灰分,且随固体颗粒含量的增加而增加,另外也可能来自从热解反应器、冷凝器以及生物油存储容器等析出的金属(主要是 Fe)。生物油和化石燃油的最大区别在于生物油中的高氧含量(45%～60%),这也导致了两者在理化特性方面的巨大差异。

　　在典型的热解过程中,生物质会迅速升温,然后立即降温以"冻结"热解中间产物。快速降温很重要,因为它可以防止挥发分进一步降解、解聚或发生其他反应。生物油是一种微乳液,其连续相是纤维素和半纤维素分解产生的水溶液和木质素分解的小分子,不连续相主要由热解木质素大分子组成。生物油中通常含有未充分热解的纤维素、半纤维素和木质素聚合物的分子碎片,生物油的分子量可能超过 500 Da。

源自于不同生物质原料的生物油在化学组成上表现出一定的共性,但具体的化学组分及其含量则受到多种因素的影响。到目前为止,国内外各科研机构针对由不同农林生物质原料制备的生物油进行了大量的化学组成分析,被检测出的物质已超过400种,有很多物质在大多数的生物油中都存在,也有部分物质仅在某种特定的生物油中存在。然而,即使综合利用现有的各种分析方法,也还是很难对生物油的所有组分进行精确测定。

2. 固体

生物质炭是热解的固体产物,主要成分是碳(约85%),同时包含少量氧和氢。生物质炭的低位发热量约为32 MJ/kg,大大高于生物质原料或其液体产物的。由于生物质是碳中性的,生物质炭的燃烧比煤更环保。生物质炭具有多孔、表面积大的特点,因此,它在吸附化学物质和碳储存等非燃料利用方面有着广泛的应用。

3. 气体

生物质的一次分解产生可冷凝气体和不可冷凝气体。可冷凝气体是由较重的分子组成的,冷却后冷凝为生物油。不可冷凝气体混合物包含较低分子量的气体,如二氧化碳、一氧化碳、甲烷、乙烷和乙烯,称为一次气体。在较高的温度下(见图3-8),通过热解气的二次裂解可产生额外的不可冷凝气体,这些气体称为二次气体。因此,最终的不可冷凝气体产物是一次和二次气体的混合物。一次气体的低位发热量通常为11 MJ/Nm³,而二次裂解后形成的裂解气的低位发热量要高得多,为20 MJ/Nm³。表3-1给出了热解气体的低位发热量范围,并将其与生物油、生物质原料和化石燃料的低位发热量进行了比较。

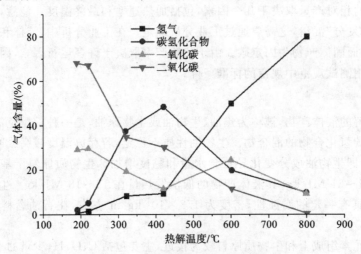

图3-8　木材干馏过程气体的释放

表3-1　几种燃料的低位发热量比较

燃料	石油焦	烟煤	木屑	生物油	热解气	生物焦
单位	MJ/kg	MJ/kg	MJ/kg(干燥基)	MJ/kg	MJ/Nm³	MJ/kg
低位发热量	约29.8	约26.4	约20.5	13~18	11~20	20~25

3.1.2　影响生物质热解过程的主要因素

影响热解速率、产物分布和质量的因素很多,这些因素可以概括为反应器类型、热解反应参数(温度、升温速率、生物质颗粒大小、载气流量等)和生物质物理化学性质等几大类。

在此,我们讨论热解反应参数以及生物质组成对热解产物分布的影响。

3.1.2.1　热解反应参数

优化反应条件可以提高三种热解产物的收率。热解反应参数对产品收率的影响总结如下。

1. 热解温度

在生物质热解过程中,热解温度是最重要的影响因素,它对热解产物的分布、组成和品质有着很大的影响。

从现有相关文献可知,热解温度对产品收率起着关键作用。加热为生物质的分解提供能量,随着温度的变化,生物质呈现出不同阶段的变化和不同类型的热解(见图 3-9),从而影响最终产物的分布。我们知道,当分子的温度超过沸点时,就会形成蒸气,因此,随着反应器温度的升高,生物质中不同分子转化为气相的可能性增加。在热解过程中,反应器内部与原料的温差为生物质的分解和破碎提供了传热驱动力。随着反应器温度升高,温差增大,生物质的分解速率也增大。一般来说,低温(300～500 ℃)、低加热速率和较长固相停留时间的慢速热解技术主要用于最大限度地增加生物质炭的产量,根据原料的不同,生物质炭的产率最高可达 70%;中温(500～700 ℃)、极高的加热速率和极短的气相停留时间的快速热解技术主要用于增加液体的产量,根据原料的不同,生物油的产率最高可达 80%;同样是极高加热速率的快速热解,若温度高于 700 ℃,则主要以气体产物为主,根据原料的不同,气体产率最高可达 80%。从现有相关文献中可以观察到:随着热解温度的升高,生物油产率提高,在500～550 ℃达到最大值,然后降低;生物质炭的产率在 350 ℃左右达到最大值,并且随着温度的升高而降低;气体产品产量随着温度的升高而不断增加,最高产量出现在较高温度时。

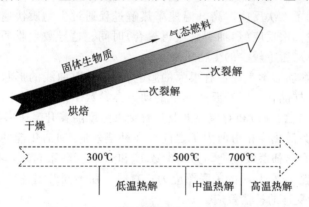

图 3-9　生物质热解随温度变化阶段示意图

关于热解温度对生物质快速热解三态产物产率的影响,不同的研究机构采用不同类型的热解反应器、不同的原料进行了大量的研究,得到了类似的结论:对于给定的物料和气相停留时间,生物油、生物质炭和不可冷凝气体的产率仅由热解温度决定,随着热解温度的提高,生物质炭的产率将降低,不可冷凝气体产率将提高,而生物油的产率则有一个明显的极值点,通常当热解温度为 500～550 ℃时,生物油的产率达到最大值。

除产率外,对于生物油的应用而言更为重要的是生物油的品质,而这是由生物油的化学组成所决定的。已有不少学者从生物油的具体化学组成出发,揭示热解温度对生物油品质的影响。总的来说,热解温度对生物油的物质种类没有太大的影响,但对各物质的含量有很大的影响,而这也直接决定了生物油的品质。

随着温度的升高,生物油、生物质炭和气体产物的特性是由以下因素决定的。在热解过程中,生物质发生了不同类型的反应(一次反应和二次反应),生成的热解气进一步经历了不同的二次反应。冷却后,可冷凝化合物转化为生物油。不可冷凝分子为气态产物。二次反应产生不可冷凝的分子,有助于增加气体产物产量。在较低温度下,一次反应占主导地位,随着反应温度的升高,可冷凝气体生成量增加,从而导致更高的生物油产量。然而,随着反应温度进一步升高,二次反应也随之加剧,当二次反应占优势时,原先可冷凝气体会进一步裂解,生成更多的不可冷凝气体(小分子气体),导致生物油产量下降。存在这样一个温度,在该温度下热解液体产物最多,从而生物油产量最大。随着温度的升高,如上所述,挥发分产量更高。因此,剩余生物质(生物质炭)减少。生物质炭的产率总是随着温度和升温速率的升高而降低,这是挥发分增加和生物质炭在较高温度下的二次分解所导致的。生物质炭在较高温度下二次分解产生不可冷凝气体,这有助于提高气体产品的产量。生物油的组成随温度变化显著。生物油是多种化合物的混合物,这些化合物主要是烷烃、烯烃、羧酸、芳香族、脂肪族和芳香族腈以及多环芳烃(PAHs)。

2. 升温速率

升温速率是热解过程中的一个重要参数,描述了物料被加热到待定温度(或设定的反应温度)的快慢。提高升温速率,热解反应途径和反应速率都会发生改变,从而导致固相、液相和气相产物都有很大的改变,具体来说,气相和液相产物的产率将会提高,而固相产物生物质炭的产率则会降低。在高升温速率下,当反应温度高于 650 ℃时,一次裂解产物会发生较为严重的二次裂解和重整反应,从而导致气体产率较高,而液体产率则较低。一般来说,需要对一次热解气进行快速冷却,以减少二次反应的可能性,二次反应会降低液体产量并对产物质量产生负面影响,而缓慢加热有利于提高生物质炭产量。高升温速率热解降低了传热传质的局限性,控制了二次反应。高升温速率热解过程通过生物质快速吸热分解产生更多的挥发分,从而减少二次反应(焦油裂解或再聚合)时间。这导致生物质分解快速去除高分子生物质炭和挥发分,留下较少的生物质炭。

升温速率对热解动力学参数也有很大的影响,由于热重曲线的形状与热解过程的升温速率有关,因此同一样品在不同升温速率下的动力学参数不同(见表 3-2)。可以看出,起始温度、DTG(微商热重法)峰值和对应温度及热解结束温度随着升温速率的增加,有上升的趋势。许多研究者认为活化能和指前因子之间存在补偿效应,即活化能的减小往往伴随着指前因子的增大。动力学补偿效应把动力学参数 E_a 和 A 相互联系起来,同一样品在不同升温速率下得到的活化能 E_a 和 $\ln A$ 的关联图应为一直线。在不同升温速率下,纤维素的活化能 E_a 和指前因子 A 有良好的补偿效应。

表 3-2　不同升温速率下纤维素热解的动力学参数

升温速率 /(℃ · min⁻¹)	T_i /℃	T_{max} /℃	T_f /℃	E_a /(kJ · mol⁻¹)	A/s
0.1	230	257	280	203.50	9.0×10^{14}
0.5	250	280	300	216.58	1.4×10^{16}
1	260	290	310	232.75	3.6×10^{17}
5	280	310	330	217.32	9.0×10^{15}
10	315	355	390	207.68	9.8×10^{13}

注:T_i 表示起始温度;T_{max} 表示 DTG 峰值和对应温度;T_f 表示热解结束温度;E_a 表示活化能;A 表示指前因子。

3. 停留时间

产物在反应器中的停留时间也很重要。在生物质热解过程中,会先后发生一系列的反应,如固体颗粒的逐级热解、一次裂解挥发分的二次裂解等,停留时间对热解反应程度有着很大的影响。停留时间在生物质热解反应中有固相停留时间和气相停留时间之分。在给定的温度和升温速率下,固相停留时间越长,热解产物中的固相产物就越少,气相产物就越多。气相停留时间一般并不影响生物质的一次裂解反应过程,而只影响液体产物中的生物油的二次裂解反应进程。当生物质热解产物中的一次产物进入围绕生物质颗粒的气相中,生物油就会发生进一步的裂解反应。在缓慢的加热过程中,产物在反应器中缓慢或逐渐地释放挥发分,使得生物质炭颗粒和挥发分之间发生二次反应,形成二次生物质炭。在高温反应器中,气相停留时间越长,生物油的二次裂解反应就越剧烈,二次裂解反应增强,释放出 H_2、CH_4、CO 等气体,导致液态产物迅速减少,气体产物增加。所以,为获得最大生物油产量,应缩短气相停留时间,使挥发分迅速离开反应器,降低生物油二次裂解的概率。

4. 生物质种类及其性质

不同生物质原料的组成和组分含量不同,因此热解反应特性、产物组成和含量也存在差异。对于常规的木质纤维素类生物质原料,其中的硬木、软木和禾本科生物质,在半纤维素和木质素组成结构方面差别很大,对热解产物的化学组成具有显著影响。硬木热解形成的生物油中,同时含有大量的愈创木酚与紫丁香酚,而软木热解形成的生物油中,仅以愈创木酚为主。此外,硬木热解形成的生物油中的乙酸含量一般都高于软木热解所形成的生物油中的乙酸含量。除了常规的木质纤维素类生物质原料,近年来,各种非木质纤维素生物质原料,如藻类、污泥等也广泛用于热解液化,所形成的生物油的化学组成与常规生物油有着显著的差别。由此可知,为了获得高产优质的生物油,选择合适的生物质或对生物质进行一定改性后再热解是一项重要的工作。原料的性质对热解过程也有着重要影响,主要表现在颗粒结构、颗粒大小和颗粒形状等三个方面。

(1)颗粒结构。一般而言,生物质具有多孔非均匀相结构,沿不同的纹理方向,渗透性有较大区别,从而导致颗粒内部不同方向的压力梯度和传质阻力存在较大的差别。生物质热解时挥发分应该是沿纹理方向释放的,渗透性差会延长一次裂解气体的停留时间,使得二次裂解反应的可能性增大,从而提高了生物质炭和不可冷凝气体的产率。

(2)颗粒大小。生物质颗粒的高比表面积增加了传热量,较小的颗粒比较大的颗粒具有更大的比表面积,因此当较小颗粒的生物质用于热解时,传热量更多。由于这一原因,当颗粒尺寸较小时,生物质热解会产生更少的生物质炭和更多的气体产物。随着颗粒尺寸的增加,传热量减少,挥发分产量降低,从而使更多的生物质炭生成和更少的气体生成。此外,较大粒径的生物质会导致颗粒内部温度梯度较高;因此,与较小粒径的生物质相比,颗粒不会整体达到相同温度。大颗粒生物质需要较高活化能,与粒径较小的原料相比,产生的生物质炭更多,气化产物变得更易冷凝。这可能是由于颗粒大小变化而生物油产量没有显著变化。需要说明的是,在实际热解过程中,如果粒径过小,生物质颗粒也可能极易被吹走而发生热解不完全的现象。

(3)颗粒形状。颗粒形状会影响颗粒的升温速率,进而影响热解过程。Bridgewater 等的研究发现球状颗粒有最小的比表面积,从而导致其相对其他非球状颗粒而言有较小的传热传质速率以及较长的转化时间。Blasi 等研究了颗粒形状对热解三态产物的影响,发现采用粉状颗粒的热解液体产率最高,采用块状颗粒的热解生物质炭和气体产率最高。

5. 吹扫气流量

热解过程的反应环境会影响热解产物的性质和组成。热解气与周围固体的相互作用,导致二次裂解反应,形成生物质炭。快速传质有助于减少这些反应,例如真空热解、快速净化热解气和快速冷却热解气。惰性气体如氮气、氩气和水蒸气可用于快速吹扫热解气。在大多数研究中,氮气(N_2)由于成本低而被广泛使用。在热解过程中,生物质首先生成挥发性气体,这些气体由反应器中的惰性气体(如 N_2)吹出,冷凝后形成生物油。未冷凝的蒸气与吹扫气一起形成气态产物。在较小的 N_2 流量下,挥发分在热反应区的停留时间较长,从而限制了更多热解气的形成,并产生了更多的生物质炭。然而,在较大的 N_2 流量下,挥发分在热反应区的停留时间缩短,从而产生更多的热解气,导致较低的生物质炭率和较高的气体产率。

停留时间较长时,高温反应区的挥发分裂解或部分氧化转化为较小分子,并通过再聚合、再凝聚等反应产生更多的气体产物和较大分子。发生二次反应的多少取决于挥发分停留时间和反应温度。停留时间缩短,减少了再聚合反应的发生。此外,如果停留时间过短,再聚合反应发生较少,则生物油产量较低。因此,随着 N_2 流量增大,一开始生物油产量增加是因为更多挥发分的冷凝和聚合;然而,在 N_2 流量增大到一定值后,生物油的产量随着再聚合反应减少而降低。

6. 压力

压力也会对生物质的热解产生影响,尤其是对二次裂解反应影响较大。压力越低越有利于液体产物的生成,原因是压力的大小能够影响气相停留时间,从而影响可冷凝气体的裂解。原料与高温反应壁面之间的接触压力是影响热解的另一种压力形式。接触加压式热解反应如烧蚀式热解,可以得到很高产率的液体和气体产物。因为接触压力越高,一次裂解气体就能越快逸出固体颗粒,如果迅速地逸出并冷凝,就可以获得高产率的液体。

7. 催化剂

热解过程中选用合适的催化剂可以有选择地控制物料的反应进程,如热解过程中合适的催化剂的应用可以促进生成 CO_2 的反应,将生物质中的氧以 CO_2 的形式脱除,使生物油中的含氧量减少,提高生物油的热值和稳定性。

8. 反应气氛

木材在通常条件下慢速热解得到的产品,除木炭外,产量都是比较低的。为了提高其他产品的产量,研究者采用了多种反应气氛,并进行了大量的基础性研究工作。例如,为了获得均匀组成和提高醋酸产量,用 $250\sim270$ ℃过热蒸汽处理云杉木屑和木片,总得酸率约为 8%。

9. 灰分

有学者研究了添加有机盐或灰分对热解过程的影响,并且发现它们可以提高生物质炭产率并减少可燃性气体,这可能是由于盐的加入降低了热量传递速率。如 Shafizadeh 等已经对在纤维素热解过程中加入碱性或酸性物质进行了多次试验,发现酸性物质如 $FeCl_3$ 和 $CaCl_2$ 对脱水和缩合反应有很大的影响,提高了左旋葡聚糖、呋喃衍生物和生物质炭的产率,碱性物质如 Na_2CO_3 和 $NaOH$ 促进了分裂和歧化反应,提高了乙二醛、乙醛、小分子羰基物质和生物质炭的产率。因此,如果要制备液体燃料,无机物要越少越好,因为它们都会提高生物质炭产率。

10. 含水量

Kelbon 研究了含水量、颗粒粒径对颗粒温度的影响,试验所用的原料的含水量分别为 10%、60% 和 110%,升温速率分别为 2.4 cal/(cm² · s) 和 6 cal/(cm² · s)[①],木粒厚度分别为 0.5 cm、1.0 cm 和 1.5 cm。结果表明,含水量增大使得热解反应开始发生的时间延后,最多可延后 150 s,从而影响了颗粒的温度变化规律,颗粒开始的升温速率降低,在某一特定时间内的破碎率降低,最大可达 20%。这一切都是由于颗粒的加热过程被颗粒中水分的蒸发过程所阻碍,颗粒因此在较低的温度下发生热解反应。其他学者如 Milne 和 Evans 等也研究发现,水分的存在推迟了热解反应的发生。

Manistis 和 Buekebs 分别用干燥的原料和含水量为 10% 的原料进行了热解研究,发现含水原料的热解气体中比干燥原料的热解气体中多了 10% 的水分。由此他们认为,采用干燥的原料得到的热解气体中的水分来源于热解过程本身,热解液体产物中可能存在三种不同来源的水:原料本身的水分、流化载气中的水蒸气以及热解过程中产生的水。水分的存在对液体的理化特性都有影响,并可能会导致在液体萃取过程中出现油相和水相分离的现象。原料有适当的含水量,可以提高液体产率,而能否达到最大的液体产率则还取决于与含水量相适应的颗粒粒径和升温速率。

液体水相部分一般含有乙酸、苯酚等水溶性有机物。这对其处理和使用提出了很大的挑战。Kelbon 采用含水量为 7%～10% 的原料进行试验,发现液体产物中甲醇和乙酸的含量有所增加,液体产物是均一的单相流体,在室温下比较稳定,当加热到 100 ℃ 以上时会出现分解。

3.1.2.2　生物质组成

生物质的组成,特别是其碳氢比对热解产物的产率有重要影响。木质纤维素生物质的三种主要成分都有其最佳的分解温度范围。对某些生物质的热重分析表明,生物质三组分热解分别开始于以下温度范围:半纤维素,150～350 ℃;纤维素,275～350 ℃;木质素,250～500 ℃。

生物质各个组分的热解过程不同,对产物的贡献也不同。例如,纤维素和半纤维素是木质纤维素生物质中挥发分的主要来源。其中,纤维素是可冷凝气体的主要来源,而半纤维素产生的不可冷凝气体比纤维素产生的生物油多,木质素由于其芳香族化合物含量多、降解缓慢而对生物质炭的产量有很大贡献。

纤维素主要在 300～400 ℃ 的狭窄温度范围内分解。在没有任何催化剂的情况下,纯纤维素主要裂解成单体左旋葡聚糖,超过 500 ℃ 时,左旋葡聚糖蒸发,几乎没有生物质炭形成,因此纤维素热解主要对气体和生物油产量有贡献。半纤维素是木材中最不易降解的成分,这可能是因为它缺乏结晶性。它在 200～300 ℃ 温度范围内分解。

与纤维素不同,木质素分解的温度范围更大,分解速率在 350～450 ℃ 时最大。木质素热解比纤维素热解产生更多的芳烃和生物质炭,在 400 ℃ 下缓慢升温时,产生约 40% 的生物

---

① 1 cal≈4.186 J。

质炭。木质素对液体产率(约 35%)有一定贡献,液体产物中含有水性组分和生物油。它通过乙醚的裂解和碳—碳化学键的形成产生酚类物质。木质素热解的气态产物仅为其质量的10%左右。

3.2　热解反应类别及特性

热解是在没有氧气的情况下发生的热分解,它也是燃烧和气化的第一步。较低的反应温度和较长的反应时间有利于生物质炭的产生,高温和较长的反应时间增大了生物质转化为气体的速度,而中温和较短的反应时间有利于液体生产。热解通常有三相产物,但可以通过调整工艺参数在很大范围内改变产物比例。表 3-3 和图 3-10 所示为不同热解模式获得的产物,表明通过改变工艺条件可实现相当大的灵活性。快速热解液化是目前人们特别感兴趣的一种方法,因为液体可以方便地储存和运输,并可用于供能、生产化学品或作为燃料。

表 3-3　木材在不同热解方式下的典型产率(木材干燥基)

热解方式	条　件	液　体	固　体	气　体
快速	约 500 ℃,热蒸汽停留时间短,约 1 s	75%	12%	13%
中等	约 500 ℃,热蒸汽停留时间 10~30 s	50%	25%	25%
缓慢干燥	约 290 ℃,固体停留时间 30 min	—	80%	20%
缓慢炭化	约 400 ℃,蒸汽停留时间长,几天	30%	35%	35%
气化	750~900 ℃	5%	10%	85%

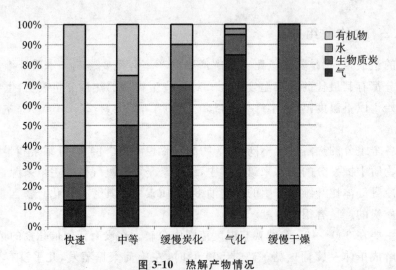

图 3-10　热解产物情况

热解速率对产物分布有重要影响。几个世纪前发展起来的用于制炭取暖的缓慢热解,反应时间在数小时甚至数天。相比之下,快速热解既能快速加热原料,又能使产品冷却,反应时间通常以秒为单位,目的是生产生物油。尽管生物油最初被用于取暖或发电,但它后来逐渐被用作生产生物燃料、生物基化学品和氢燃料的中间产物。

热解的固体产物被称为生物质炭,主要由碳组成,但也含有来自生物质的灰分。生物质炭占快速热解产物的 12%～15%,可用作锅炉燃料,但更有趣的应用包括土壤改良剂、固碳剂和活性炭。快速热解产生的不可冷凝气体占产物的 13%～25%,是一氧化碳、氢气、二氧化碳及各种有机化合物的混合物。

3.2.1　慢速热解

慢速热解又称为干馏工艺,炭化就是一个缓慢的热解过程,其主要目的是生产木炭或焦。慢速热解是最古老的热解形式,已应用了几千年。此过程中,生物质在没有氧气的情况下被缓慢加热到相对较低的温度(约 400 ℃)。这一过程持续较长时间,在古代,这一过程持续几天,以最大限度地促进焦的形成。充足的炭化时间将可冷凝气体转化为焦和不可冷凝气体。图 3-11 是一个典型的木材缓慢热解制炭蜂窝炉示意图,在这个炉子中,大型原木被堆砌起来,并被黏土墙覆盖。它允许存在一定量的氧气用于木材的部分燃烧。底部的小火提供炭化所需的热量。火势基本上停留在密封良好的封闭室内。

慢速热解技术目前仍在全世界被广泛使用,用于生产木炭;高容量连续反应器(如 Lambiotte 和 Lurgi)仍用于生产巴西的炼钢木炭、澳大利亚的硅以及欧洲的专用木炭。进料尺寸和形状很重要,特别是在移动床反应器中。可利用热空气直接加热(如在兰博特窑中)或间接加热(如在回转窑中),通常利用副产品气体和热解气燃烧提供能量。

木炭大多呈块状,颗粒和粉尘较少,这取决于热解工艺、原料和处理程度。近年来,碳吸附和用于土壤调理的生物质炭研究成为热点。焦可回收生物质中的钾,为土壤微生物生长提供基础,改善

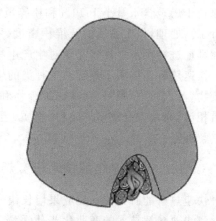

图 3-11　木材缓慢热解制炭蜂窝炉示意图

土壤质地。热解气体和液体很少被收集或处理。2002 年前后法国 Usine Lambiotte 木炭公司的财务数据显示:重要的特种化学品产量占原料的0.056%,收入占总收入的35%以上;化工销售收入占总收入的62%;而木炭收入占 31.5%。这是一个很好的例证,说明在生物炼制环境下的综合加工能最大限度地提高效益。但是同样需要认识到,处理掉无法作为有价值产品回收的产物或副产物,往往要付出一定的代价,而且在生产木炭的情况下,常常要通过焚烧来处理。

3.2.2　快速热解

3.2.2.1　快速热解简介

快速热解是指将磨细的生物质原料放在快速热解装置中,严格控制加热速率(一般为 10～200 ℃/s)和反应温度(控制在 500 ℃左右),生物质原料在缺氧的情况下,被快速加热到较高温度,从而引发大分子的分解,产生小分子气体和可冷凝挥发分以及少量焦炭产物。与慢速热解相比,快速热解的传热过程发生在极短的时间内,强烈的热效应直接产生热解产物,再迅速淬冷,通常在 0.5 s 内急冷至 350 ℃以下,最大限度地增加了液态产物。生物油热值约为传统燃料油的一半。以低灰分生物质为原料,可获得较高的液体产率。干生物质的液

体产量可达 75%。生物油可以进一步提质或提炼，用于生产热能、电能及运输燃料和化学品。当热解温度在 450~550 ℃时，将生物质颗粒快速加热产生的可冷凝气体快速冷却，可获得最大的液体产量。

用于获取较高液体产率的快速热解过程的基本特征如下：

(1)原料为粒径小于 5 mm 的小颗粒，确保高加热速率和挥发分快速析出；

(2)进料含水量小于 10%，因为原料中的水和热解反应产生的水会一起进入液体产物；

(3)精确控制热解温度，约为 500 ℃，以最大限度地提高液体产量；

(4)缩短热蒸气停留时间，通常短于 2 s，以减少二次反应；

(5)快速去除产物焦以减少可冷凝气体裂解。

由于液体的快速热解发生在几秒钟或更短时间内，因此传热、传质、相变及化学反应动力学都扮演着重要的角色。关键问题是使反应的生物质颗粒达到最佳工艺温度，实现这一目标的一种方法是使用小颗粒，另一种方法是将热量快速地传递到接触的颗粒表面。生物质原料干燥至含水量小于 10%和粉碎至粒径小于 3 mm 是快速热解成功的重要步骤。尽管进行了预处理，但生物质的低堆积密度、不规则颗粒形状和黏性/黏附性，可能导致桥接、堵塞和其他进料困难。许多文章对生产生物油的快速热解进行了综合评述。

快速热解还被用于热解其他种类的生物质原料，如藻类和各种混合废弃物，包括城市固体废物、污水污泥、肥料、食品加工废物和制造业的有机副产品。这些原料与木质纤维素生物质相比，通常含有较多的淀粉、脂质、蛋白质及灰分。替代原料的成分复杂性增大了它们的热解难度。

3.2.2.2　快速热解技术研究新进展

快速热解的研究和开发成果增长快速，但目前尚未成功转化为商业化应用技术，许多因素导致快速热解技术的商业化步伐缓慢。在 21 世纪的前十年，石油价格急剧上涨，而后的十年，石油价格急剧下跌，这降低了先进生物燃料的经济性。许多市场未能根据化石燃料的碳排放合理分配成本，也削弱了低碳燃料的商业化动力。2005 年，《美国能源安全法》发起的商业化努力领先于先进生物燃料最新技术，与热解及其他先进生物燃料技术相关的关键科学问题和工程挑战尚未得到解决。然而，快速热解技术自 2005 年以来发生了很大变化。本小节介绍了快速热解科学技术的最新进展。

1. 快速热解化学反应

纤维素是地球上含量最丰富的聚合物，也是木质纤维素生物质能的主要载体。20 世纪初，学者们便开始了纤维素热解的研究。尽管学者们普遍认为左旋葡聚糖是纤维素快速热解的主要产物，但其形成机理及在二次产物生成中的作用仍存在争议。有报道称，纤维素的热解过程是通过一种液体中间产物来进行的，由此产生挥发性产物，纤维素热解涉及多相反应，包括固-液、液-液、液-气和气-气反应，并且反应中间体可能只存在 1 s。

木质素是木质纤维素生物质中最复杂、最难热解的组分。木质素在解聚前便熔化，其热解的液体产物包括挥发分单体和分子量达 2500 Da 的非挥发酚聚合物。这些酚类化合物具有极强的反应性，通常在挥发前冷凝脱水形成生物质炭和轻质气体。木质素的这些特性会导致反应器结块和冷凝器堵塞。由于热解产物的固有反应特性，在生物质热解过程中可能会发生二次反应，导致生物油产率和品质降低。

自由基在热解过程中的作用多年来一直是人们猜测的话题。活泼分子短暂存在时间是研究这一问题的挑战之一。利用电子顺磁共振等分析技术可对热解过程自由基化学反应进行研究。研究发现,自由基参与了多种反应,特别是木质素的解聚反应。

2. 催化快速热解

尽管快速热解得到的生物油可提质成为碳氢化合物燃料,但生物油原料目前与传统炼油厂的加工工艺不兼容,挑战之一是生物油的元素组成更接近生物质。生物油的一些化学和物理性质,如它的高含氧量、高酸度及较差的热稳定性阻碍了它在炼油厂的加工。为了提高生物油品质,近年来,研究主要集中在冷凝形成生物油之前的热解挥发分催化改性,被称为催化快速热解。其目的是对生物油进行脱氧,以生产适合作为混合燃料的碳氢化合物。在现有催化剂中,廉价的沸石尤其具有吸引力,因为它们能够在不添加氢的情况下进行生物油脱氧。

催化剂的低碳转化效率和过量结焦是催化快速热解技术进一步发展的两大障碍。鉴于生物质具有低氢特性,催化裂解的液体产物在脱水过程中会变得更加缺氢。为了提高热解过程的碳转化效率和生物油品质,有学者提出在热解过程中加入氢气和一氧化碳等活性气体的方法,一些涉及活性气体的快速热解技术因此得到了发展。其中一种新的工艺是尾气循环热解(TGRP),它将热解气体循环,用于生物质流态化。在还原气氛下,采用 TGRP 进行生物油脱氧提质研究,然而,其具体机理尚不清楚。另一种是美国燃气技术研究院(GTI)开发的 IH^2 工艺,该工艺将生物质的加氢热解与热解气加氢紧密耦合,生产汽油和柴油。

目前还没有成功的商业项目来估算快速热解燃料和化学品的成本,只能基于有限的产量数据和成熟的工艺原理进行技术经济分析,评估生物质快速热解与其他燃料和化学途径(包括生物质生化处理和常规炼油)相比的经济可行性。

在质量守恒基础上,任何液化过程都可以用

$$生物质 \longrightarrow 固体残渣 + 液体(有机物 + 水) + 永久性气体$$

来描述。固体残渣是含碳化合物以及存在于原料中的灰分。永久性气体通常是二氧化碳、一氧化碳、甲烷和氢气。水分进入液体产物中,并且包含反应所产生的。有机物是多组分的混合物,主要为含氧碳氢化合物。在热解反应器中,这些有机物主要以气体和气溶胶的形式存在,而在冷凝后,它们与水一起作为液体被收集,其中包含各种颗粒碎片。在水热液化和溶剂分解过程中,绝大多数有机物仍处于液相状态。液化工厂的主要操作步骤是:

(1)预处理(干燥、切割等);

(2)反应器反应;

(3)制热系统制热;

(4)反应器传热;

(5)液体回收和收集;

(6)固体残渣的去除和利用;

(7)气体回收和利用。

液化过程如图 3-12 所示。

许多研究者建议利用工艺产生的焦炭和气体来提供工艺所需的能量,这样就不需要额外的能量了。在一些水热液化和溶剂分解过程中,液体反应器中的废水被循环利用。液体有机产品的产率通常在 40% ~ 65% 之间变化。

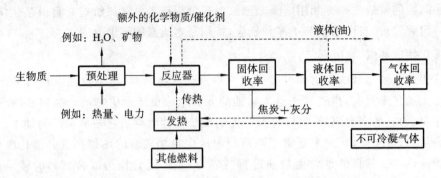

图 3-12　液化过程

图 3-13　热解油(左)和松木屑(右)

3.2.2.3　快速热解油

图 3-13 所示为热解油,及生产所用的松木屑。图中左边量筒中的热解油是由直径约 1 mm 的松木碎片制成的,这些碎片在 500 ℃的流化床中转化,这是典型的快速热解条件。两个量筒含有相同的能量,表明经过热解过程,单位体积能量含量显著增加。热解油是一种棕色的、自由流动的液体,通常含有大量的水。

如表 3-4 所示,显然,热解油的元素组成与木材相似,表明这种生物油是液化的生物质。根据原料、水分含量和所采用的冷凝方法,该液体含水量为 5％～35％。较高浓度的水会导致相分离,从而形成水相和油相。与原料相比,水热液化倾向于产生含氧量较少的液体。在表 3-4 中,还列出了重质燃油(化石燃料)的性质,以供比较。

表 3-4　松木快速热解油、水热液化油和重质燃油的元素组成和特性

组成及特性	松　　木	热　解　油	水热液化油	重　　油
C/(wt％ db)	46.6	50～64	65～82	85
H/(wt％ db)	6.3	5～7	6～9	11
O/(wt％ db)	47.0	35～40	6～20	1
含水量/(wt％ ar)	9	5～35	3～6	0.1
低位发热量(LHV)/(MJ·kg^{-1})	17～19	16～19	25～35	40
黏度(20 ℃)/cP	—	40～150	～10^4	180
密度/(kg·m^{-3})	570	1150～1250	1050～1150	900

注:db 表示干燥基;ar 表示空气干燥基(空干基);wt％表示质量百分数;cP 为动力黏度单位,1 cP=10^{-3} Pa·s。

3.2.3　水热液化和溶剂分解

水热液化和溶剂分解与常规热解的主要区别在于,反应物不像常规热解那样暴露在蒸气/气相中,而是溶解和稀释于生物质颗粒内外的溶剂中。溶剂是否参与一次反应还没有定

论。水在一次反应中起到的作用可能是提供用于催化和参与水解反应的 OH⁻ 和 H⁺。溶剂可以是水或有机溶剂,如醇、酸或液化产物本身。典型的反应器温度在 250～400 ℃ 之间,压力为 100～250 bar①(水/溶剂的蒸气压)。有机溶剂相较于水的一个优点是它们可以有较低的蒸气压,从而使反应器压力较低。

图 3-14 描述了定容毛细管反应器中木屑的水热液化过程,可见反应产物溶于水。反应器冷却脱水后,产物存在两相:油相和水相。在相同的温度下,水热液化产生的焦炭比热解的少。这可以归因于焦前体的快速稀释(进入溶剂)。此外,在水热液化条件下,会发生更多的脱羧反应,生成含氧量较低但分子量较高的油(见表 3-5)。

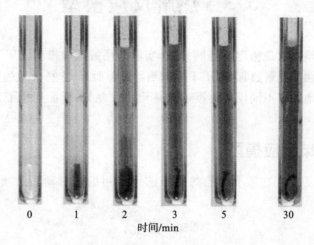

0　　1　　2　　3　　5　　30

时间/min

图 3-14　木屑的水热液化过程(3 min,温度约 340 ℃,压力约 150 bar)

表 3-5　含水量为 10% 的木材在 530 ℃ 下热解的质量和能量平衡

热　　解	产量/(kg·kg⁻¹)	低位发热量/(MJ·kg⁻¹)
木材	—	16.5
焦炭	0.16	30
油	0.65	16.5
气体	0.19	5

3.2.4　闪速热解

在闪速热解过程中,生物质被迅速加热,但没有快速热解温度高,温度范围相对适中,为 450～600 ℃。可冷凝和不可冷凝气体在 30～1500 ms 的短暂停留之后离开热解反应器。冷却后,可冷凝气体形成液体燃料,称为生物油。这样的操作增加了液体产量,同时减少了固体产量。闪速热解的生物油产率可达 70%～75%,当加热速率较低(50 ℃/min)时,生物油产率范围为 40%～60%。

3.2.5　超快速热解

超快速热解是指以极快速率将生物质加热到高于快速热解的温度,由于反应器温度不

---

① 压力单位,1 bar＝10⁵ Pa。

是很高(约 650 ℃),因此可以获得高达 90% 的液体产率。此方法中,固体热载体加热生物质流,导致非常高的加热速率。热解反应后,初级产物迅速冷却。气固分离器将固体热载体从气体产品中分离出来,并送回混合器,之后在单独的燃烧室中加热。精确控制短暂的停留时间是超快速热解的一个重要操作。为了最大限度地提高气体产品收率,气体的热解温度为 1000 ℃ 左右,液体的热解温度为 650 ℃ 左右。值得注意的是,快速热解、闪速热解和超快速热解之间的界限往往很模糊。

3.3　热解反应模型

热解动力学的核心就是构建合理的、切合实际的热解反应模型。不同的热解反应模型可以很好地描述不同的热解过程;对于不同的热解过程而言,选择合适的热解模型也是至关重要的。为了更好地理解不同反应模型的具体形式及差异,下面列举了几种应用比较广泛的热解反应模型。

3.3.1　简单反应模型

简单反应模型是在生物质非等温热解反应中常用的热解动力学模型,其数学方程式如下:

$$\frac{d\alpha}{dt} = Kf(\alpha) \tag{3-1}$$

$$K = A\exp(\frac{-E}{RT}) \tag{3-2}$$

式中:α 为生物质的转换率;t 为时间,s;K 为阿伦尼乌斯常数;A 为指前因子;E 为反应活化能,kJ/mol;R 为摩尔气体常数,8.314 J/(mol·K);T 为反应温度,K。

函数 $f(\alpha)$ 与反应机理有关,对于简单反应,一般可表达为

$$f(\alpha) = (1-\alpha)^n \tag{3-3}$$

式中:n 为反应级数($n = 0, 0.5, 1, 2, \cdots$)。则式(3-1)可表示为

$$\frac{d\alpha}{dt} = A\exp(\frac{-E}{RT})(1-\alpha)^n \tag{3-4}$$

由热重分析仪测得的典型热重曲线如图 3-15 所示。

根据热重曲线,α 可表示为

$$\alpha = \frac{w_0 - w}{w_0 - w_\infty} \tag{3-5}$$

式中:w_0、w、w_∞ 分别表示生物质样品初始质量、t 时刻质量、最终剩余质量,单位为 kg。

对于固体生物质热解,试验研究表明一次反应($n=1$)机理是最适合、可行的反应机理,因而认为二次反应在生物质样品内部被抑制。鉴于此,简单反应模型需假设表面反应速率远高于样品内部反应速率,为了更准确地描述反应行为,还需要对一些物理或化学因素进行假设。简单反应模型可较好地预测生物质在热解过程中的失重过程,广为应用,但是这种模型无法描述生物质热解过程中的生物油和气体产物比例。

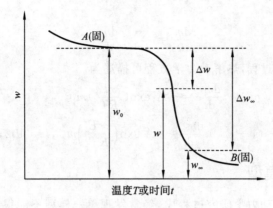

图 3-15　典型热重曲线

3.3.2　独立平行多反应模型

如果样品中含有两种以上化学组分,且各种组分在热解过程中独立裂解,并无相互作用,这样,对各种组分 i 可以定义独立转化率 α_i,其动力学方程如下:

$$\frac{\mathrm{d}\alpha_i}{\mathrm{d}t} = A_i \exp(\frac{-E_i}{RT})(1-\alpha_i)^{n_i} \tag{3-6}$$

式中:A_i、E_i、α_i、n_i 分别表示组分 i 热解反应的动力学参数。

则总的热解动力学方程可写为

$$-\frac{\mathrm{d}m}{\mathrm{d}t} = \sum c_i \frac{\mathrm{d}\alpha_i}{\mathrm{d}t} \tag{3-7}$$

式中:c_i 表示组分 i 在生物质热解过程中释放挥发分的相对质量。

此外,该模型也可用于描述单组分样品在有催化剂条件下的热解反应规律,前提是假设样品一部分与催化剂接触并有催化效应,而另一部分不与催化剂接触。整个热解过程需利用独立的方程分别描述非催化部分的热解和与催化剂接触部分的热解。

3.3.3　竞争反应模型

如果生物质样品在一定条件下以两种或多种反应方式相互竞争,进行裂解,则它的热解动力学方程可描述为

$$\frac{\mathrm{d}\alpha_i}{\mathrm{d}t} = \sum A_i \exp(\frac{-E_i}{RT})(1-\alpha_i)^{n_i} \tag{3-8}$$

式中:A_i、E_i、n_i 分别表示第 i 个分反应的动力学参数。

式(3-8)可改写为

$$-\frac{\mathrm{d}m}{\mathrm{d}t} = \sum c_i A_i \exp(\frac{-E_i}{RT})(1-\alpha_i)^{n_i} \tag{3-9}$$

由于不同分反应的焦炭产量不同,因此转化率 α_i 与生物质质量 m 的关系比单一反应的复杂得多。

3.3.4　连续反应模型

对于连续反应,转化率 α_i 不能准确地描述中间产物,因此引入变量 m_i 表示参与反应的物质质量。如果假设 c_i 是 i 类物质释放的挥发分对原生物质样品总挥发分的贡献,则生物质热

解的总失重速率为

$$\frac{\mathrm{d}m}{\mathrm{d}t} = \sum c_i \frac{\mathrm{d}m_i}{\mathrm{d}t} \tag{3-10}$$

对于各类热解反应过程,热解动力学方程可描述为

$$\frac{\mathrm{d}m_1}{\mathrm{d}t} = -A_1 \exp\left(\frac{-E_1}{RT}\right) m_1^{n_1} \tag{3-11}$$

$$\frac{\mathrm{d}m_i}{\mathrm{d}t} = -(1-c_{i-1})\frac{\mathrm{d}m_{i-1}}{\mathrm{d}t} - A_i \exp\left(\frac{-E_i}{RT}\right) m_i^{n_i}, i = 1,2,3,\cdots \tag{3-12}$$

3.3.5　组合模型

在生物质热解反应动力学研究过程中,经常发现单一模型不能很好地解释热解反应特征,因此常采用组合模型对热解动力学进行描述。

组合模型是指在各种生物质样品热解动力学模拟计算过程中,采用两种或多种上述动力学模型组合,从而较准确地预测和描述热解反应过程。研究表明,在目前生物质热解动力学计算中,经常需要联用独立平行多反应模型和连续反应模型。

3.4　热解技术的应用

根据热解速率的不同,可将热解技术分为热解液化和热解炭化两类。

3.4.1　热解液化技术

生物质热解液化指的是生物质在隔绝氧气或有限氧供给的情况下受热后裂解为生物油、生物质炭及不可冷凝气体的过程。热解液化过程中,生物质中的有机高聚物分子会迅速断裂为短链分子。为了得到更多的液体产物,热解过程需要采用适中的裂解温度(500 ℃)、较高的升温速率($10^4 \sim 10^5$ ℃/s)以及较短的气相停留时间(一般小于 2 s)。气体产率会随着温度和气相停留时间的增加而提高,而较低的温度和较低的升温速率又会导致生物质的炭化,使固体生物质炭的产率提高,所以热解过程的工艺参数对生物油的制备有很大影响。

3.4.1.1　生物油特性

生物油的基本物理性质包括密度、含水量、pH 值、总酸值、黏度、总热值、分子量、元素组成(C、H、O、N、S)、灰分和固体含量、热敏性、燃烧特性(闪点、倾点、着火特性)等。以往的分析结果表明,许多常用的物理分析技术都适用于生物油,如旋转黏度法、毛细管电泳等,至今仍被广泛使用。

生物油中水分主要来源于生物质的固有水分和热解过程中脱水等反应。生物油的含水量是影响其黏度、极性、后续反应活性等理化性质的重要因素,通常用化学滴定法测定,例如采用卡尔·费歇尔滴定法,并且采用 ASTM D 1744 标准。生物油的含水量一般在 10%～37%。对于升温速率为 15 ℃/min 的缓慢热解,针叶木热解的生物油含水量可达 50%,硬木热解的生物油含水量可达 57%,小麦壳热解的生物油含水量可达 80% 以上。

用 pH 计可以方便地测定生物油的 pH 值。据报道,木质纤维素原料生物油的 pH 值较低,一般在 2.0～3.7 之间,这是由于生物油含有一定量的羧酸和酚类化合物。分析得出,生

物油的羧酸质量含量在 1.0%～23.4% 之间。实验还发现,生物油的 pH 值随热解温度升高而升高。而在真空热解过程中,水相从生物油中分离,降低了酸的含量。在储存、运输和随后的燃烧过程中,pH 值过低会导致严重的腐蚀问题。

总酸值(酸值或酸度)是通过氢氧化钾(KOH)滴定生物油来确定的,用中和每克生物油所需的 KOH(mg)表示,可采用一些标准方法,如 ASTM D 974 和 DIN51558(用于矿物油、生物柴油)。据报道,软木树皮的生物油总酸值为 35 mg KOH/g,而橡木树皮和橡木的生物油总酸值为 120 mg KOH/g。

生物油的黏度可用 ASTM D 445-88 标准给出的方法测定。根据原料和热解条件,40 ℃时生物油的黏度范围为 25～1000 mm^2/s,而柴油的黏度范围为 1.3～4.1 mm^2/s。

生物油中的某些化合物具有很高的活性,导致生物油在长期储存后会变质。室温环境条件下生物油的聚合称为老化。生物油的黏度会随着存放时间延长而增大,这是由于有大分子化合物形成,并且大分子化合物会随着温度升高、氧气增加和紫外线照射而加速生成。Diebold 发现,生物油老化过程中发生的化学反应主要包括酸和醇之间的酯化反应、酸和烯烃之间的酯化反应、醛和水形成水合络合物、醛和醇形成半缩醛或缩醛化合物、醛的自缩合反应、醛和酚类化合物的聚合、含硫有机物的聚合、其他不饱和化合物的聚合、空气氧化。

在这些反应中,有些是可逆反应,可通过改变反应条件来改变生物油的成分,而一些生成聚合物的反应是不可逆的。据报道,在室内储存 6 个月后,生物油的黏度增加了 43.8%。老化速度取决于原料组成和热解条件,然而最重要的影响因素是温度,因为它影响化学反应的速率指数。例如,硬木热解油在室温下储存一年,或在 60 ℃条件下储存一周,或在 80 ℃条件下储存一天之后,黏度翻了一倍。研究发现热过滤杨树热解油的日老化率为 $2.317 \times 10^{13} \exp(-9659\ T^{-1})$。此外,恶劣的储存条件会导致生物油的含水量和分子量增加,而后导致相分离,产生低黏度富水上层和厚焦油底层。在其他研究中,不同的储存条件下,无论是在 80 ℃条件下储存一周还是在室温下储存一年,分子量增加相同。

生物油的热值为 13～27 MJ/kg,仅是碳氢燃料的 30%～50%,且主要受含水量影响。虽然水分降低了生物油的热值,但也降低了黏度,增强了生物油在发动机中的雾化效果。一般来说,与稻草、木材或农业残渣等原料相比,富含脂肪的原料生产的生物油具有更高的热值。例如,红花籽和菜籽饼生产的生物油热值分别为 41.0 MJ/kg 和 36.4 MJ/kg,最高产率分别为 44% 和 60%。

生物油含有大量的碳和氧,分别为 35%～63% 和 29%～58%,而氢、硫和氮的含量分别为 6%～7%、0.02%～0.3% 和 0.1%～1%。对于许多木质纤维素原料,生物油的化学组成可表示为 $CH_{1.3}O_{0.47}$,或者包括氮在内的 $CH_{1.38}O_{0.37}N_{0.002}$。生物油的灰分含量通常为 0.04%～0.5%,因此在进一步加工之前需要过滤。

生物油的分子量可以用凝胶渗透色谱法(GPC)测定,其范围在 370～1000 g·mol^{-1}。通过增大裂解程度可以优化生物油的分子量分布,从而改善燃烧过程的气化特性。

生物油的倾点可使用 ASTM D 97 原油标准手动法或 ASTM D 5949 自动法进行测定。生物油的倾点在 -36～-9 ℃之间,与轻燃料油或重燃料油不同。生物油的闪点在 50～100 ℃之间。与柴油相比,生物油含水量更高,着火延迟更大,燃烧速率更低。此外,低聚物由于分子量大,很难被点燃。在柴油机试验中,平均分子量较低的生物油具有较高的燃烧速率和较小的着火延迟,低含水量和低分子量的生物油具有较好的燃烧性能。

3.4.1.2　生物油的物理提质

生物油的高含氧量、高固含量、高黏度和化学不稳定性是影响其燃料质量的最重要因素，因此有必要对其进行提质。

1. 过滤

通过热解气过滤技术可将生物油的灰分质量含量降低到 0.01％以下，碱及碱土金属含量小于 10 ppm[①]，远低于仅使用旋风分离器生产的生物油，因此热解气过滤是一种生产品质更高、含碳量更低产品的方法。然而，生物质炭具有催化活性，有可能破坏热解气，使生物油的产率降低达 20％，同时会降低生物油黏度，并降低液体产品的平均分子量。

对原始生物油和热过滤油进行柴油机试验，结果表明由于热过滤油的平均分子量较低，因此其燃烧速率大幅度提高，点火延迟较低。热油-气体过滤技术尚未经过长期实验操作进行优化，美国国家可再生能源实验室（NREL）、芬兰国家技术研究中心（VTT）和英国阿斯顿（Aston）大学在这方面做了一些工作。

受限于生物油的物理化学性质，液体过滤非常困难，粒径小于 5 μm 的极小颗粒通常需要非常高的压降和自清洁过滤器。

2. 溶剂添加

极性溶剂用于生物油的均质和降黏已有多年的历史。溶剂的加入，特别是甲醇的加入，对生物油的稳定性有显著的影响。Diebold 和 Czernik 发现，含 10％甲醇的生物油的黏度增长率（老化）几乎是不含添加剂的生物油的 20 倍。

3. 乳化剂

生物油不能与烃类燃料混溶，但可以借助表面活性剂与柴油乳化。CANMET 公司开发了一种在柴油中添加 5％～30％生物油的稳定微乳液。意大利佛罗伦萨大学一直在研究 5％～95％生物油的柴油乳液，以制备运输燃料或发动机燃料，可以直接在发动机上使用而不需要对发动机进行双燃料改造。使用柴油乳液与单独使用生物油或柴油相比，缺点之一是发动机中观察到的腐蚀或侵蚀程度明显更高。这种方法的另一个缺点是表面活性剂成本和乳化所需的能量较高。

3.4.1.3　生物油催化提质

1. 生物油提质

将生物油提质为柴油、汽油、煤油、甲烷和液化石油气等常规运输燃料需要进行完全脱氧和精炼，这可以通过对生物油进行整体催化裂解或分离操作来实现。此外，生物油还应该通过提质获得与炼油厂流程兼容的产品，以便常规炼油工厂利用。Huber 和 Corma 对这一领域进行了充分的研究，并分析了通过裂解和加氢处理进行提质而使产品油适用于炼油厂的情况，主要方法有：加氢处理；催化热解气裂解；气化为合成气，然后合成碳氢化合物或醇类。

2. 加氢处理

加氢处理可使生物油通过与氢发生催化反应将氧脱除，以水的形式排出。该过程所需

---

① ppm：百万分之一。

条件通常为高压(高达 20 MPa)和较高的热解温度(400 ℃),需要供氢或含有氢源。目前大多数的研究都集中在条件恶劣的多步反应过程上。生物油全加氢处理产生的石脑油状产品,需要进一步精炼才能得到常规运输燃料,这一反应步骤预计将在传统炼油厂利用现有工艺进行。石脑油状产品的典型产率按质量计约为 25%,按能源计算约为 55%(不包括提供的氢气),若将消耗的氢包括在内,按能源计算产率降低至 15% 左右。这个过程可通过以下反应来描述:

$$C_1H_{1.32}O_{0.43} + 0.77H_2 \longrightarrow CH_2 + 0.43H_2O$$

加氢处理的一个关键问题是需要消耗氢。由于氢气需求量很大,反应过程中需要持续提供,很少有炼油厂有富余的氢气,因此必须制备氢气。制备氢气的方法有很多,例如:生物质气化,将 CO 和水转化为 H_2,然后去除 CO_2;利用生物油或相分离产生的水相制备氢气;或者通过电解水生成氢气。由于储存和运输成本很高,因此从外部来源供应氢气不太可行。氢气的必要纯度尚不清楚,但加氢处理反应器中可能会发生一些共转移,从而不需要专用的转移反应器。

3. 合成燃料气化

生产生物油或生物油-焦浆,再通过费-托合成转化为醇类,将其输送到气化与合成碳氢化合物燃料的中央处理厂,这一方法也引起研究人员的广泛兴趣。虽然热解、运输和额外生物油气化过程的能量损失很小,但远超过商业规模气化和运输燃料合成所能弥补的经济损失。

虽然将生物质大规模引入综合炼化厂仍有许多重大困难需要克服,但 10 万 t/a 或 12 t/h 的分散式快速热解装置被证明是可行的,并且已经接近商业化。在氧气气化剂加压气化炉(如德士古或壳牌系统的气化炉)中进行生物油气化也是可行的,其优点是在加压条件下生物油比固体生物质更容易气化,且成本更低,而且在这种条件下气化质量也可能更高。目前,世界各地广泛运行的天然气和液体燃料工厂,以 50000～200000 t/d 的速度合成运输燃料。西门子已成功地对生物油和生物油-焦浆进行了氧气气化剂的加压气化试验。

4. 其他方法和途径

人们对各种方法、催化剂进行了研究,有些是组合或集成的过程,有些是在新应用中使用传统化学方法。这里必须强调最大化产率、最小化副反应尤其是最小化残留的重要性,因为这些反应必须以较高的效率和较低的处理成本进行。主要的方法如下:

(1)超临界乙醇中的酸裂解;

(2)水相重整+脱水+加氢;

(3)共混;

(4)二元离子液体 $[C_6mim][H_2SO_4]$;

(5)蒸气裂解;

(6)液体生物油酯化;

(7)双功能铂催化剂上的加氢酯化;

(8)反应蒸馏;

(9)酸性催化 $40SiO_2/TiO_2\text{-}SO_4^{2-}$;

(10)固体碱催化 $30K_2CO_3/Al_2O_3\text{-}NaOH$;

(11)加水蒸气重整;

（12）氧化锌、氧化镁和锌铝及镁铝混合氧化物催化。

3.4.1.4　生物油的应用

生物质是一种分布广泛的资源，需要收获、收集并运输到转化设施。生物质的堆积密度较低，可低至 50 kg/m³，这意味着运输成本高，需要的车辆数量也多，从而对环境造成重大影响。在生物质来源或附近通过快速热解将其转化为液体，可以降低运输成本，减小对环境的影响，因为液体密度约为 1.2 kg/L，几乎是低密度作物和残渣的 10 倍。由于液体可以泵送，处理和运输成本降低可达87%。这就产生了这样的概念：生物质在年产5万~25万 t 液体的小型分布式快速热解装置中产生液体产品，再被输送至集中处理装置。也可以考虑将副产品焦与生物油混合制成油浆，以提高产品能量密度，但热解过程消耗的能量需额外来源提供。

快速热解作为预处理步骤，对生物质液化成本和性能影响的分析结果如表 3-6 所示。采用分布式快速热解，并将液体产品输送至集中气化、合成装置，既有技术上的优势，也有经济上的劣势。

表 3-6　影响及成本分析

使用液体生物油的影响	资本成本	性能	生产成本
运输	低	高	低
碱金属	低	高	低
处理	低	无	低
液体供给气化炉（特别是加压）	低	高	低
降低气体净化的需求	低	高	低
快速热解	高	低	高
额外的处理步骤降低了效率	高	低	高

1. 生物油燃烧

生物油具备替代燃料油如柴油的潜质，可应用于锅炉、熔炉燃烧和发电机、涡轮发电，比直接燃烧生物质更加高效、清洁。近年来，人们对生物油的应用有了一些新的认识，包括：

（1）认识到快速热解作为一种生物质处理方法的潜力，生物油可成为一种有效的能量载体，对生物油作为第二代生物燃料的前景更感兴趣；

（2）进一步认识到快速热解和生物油应用的潜力，提出了可制备更广泛的产品的多种工艺路线，有助于生物炼制概念的发展；

（3）大大提高对生物油提质的兴趣，使生物油足以用来供热、发电，以及满足更广的应用需求。

图 3-16 所示为生物油应用的可能性。

锅炉和窑炉等热力设备对燃料的要求比较低，开发生物油作为锅炉和窑炉燃料的燃烧技术难度相对较小，能在短时间内实现。在欧洲，通过对生物油燃烧供热、发电和热电联供三种应用方式的应用前景的研究发现，燃烧供热是最具竞争力的。很多研究机构都开展了生物油的雾化燃烧试验，如加拿大科罗拉多大学，美国 RedArrow 公司、桑迪亚（Sandia）国家实验室、NREL，以及 VTT 等。研究内容包括生物油燃烧特性、燃烧技术的改进以及污染物的控制等。随着生物质热解液化技术以及生物油雾化燃烧技术的逐渐成熟，污染物的排放

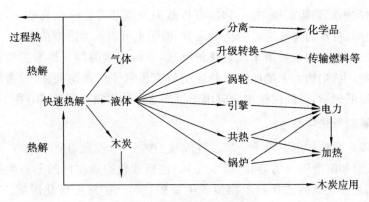

图 3-16　生物油应用的可能性

将会是一个重要的问题。由于生物油基本不含 S,所以需要考虑的燃烧污染物主要是 CO、NO_x 和固体颗粒物。由于各个研究单位使用的生物油性质各不相同,因此污染物的排放也不尽相同。然而大量的试验结果都表明,采用性质较好的生物油,在合适的燃烧条件下,各种污染物的排放都完全能够符合各个国家的排放标准。

柴油发动机具有热效率高、经济性能好、燃料适用性广等优点,特别是中型、低速柴油发动机甚至可以使用质量较差的燃料。虽然在柴油发动机中生物油一旦被点燃就可以实现稳定燃烧,但生物油的腐蚀性、含较多固体杂质和炭化沉积等特性对柴油发动机的喷嘴、排气阀等部件有较大的损坏作用,致使柴油发动机很难长期稳定运转。一些研究机构和柴油发动机企业已经开始联手开发以生物油为燃料的柴油发动机系统,并进行大规模生物油燃烧试验,以解决生物油燃烧的一些关键技术问题。在今后的研究中,通过对现有中速至低速柴油发动机的结构和材质进行必要的改动,并配合生物油的精制改性,可望实现生物油的柴油发动机应用。

燃气轮机一般以石油馏分或天然气为燃料,如果对燃气轮机的结构进行一定的改进,完全可以应用各种低品位的燃料包括生物油。加拿大 OrendaAerospace 公司将生物油应用于燃气轮机的研究,选用了一种能够燃用低品位燃料的 OGT2500 型燃气轮机(2.5 MW),对供油系统和雾化喷嘴等部件的结构进行了改进以适应生物油的性质,并在所有的高温部件上都涂上了防护层以防止高温下碱金属引起的腐蚀作用。燃烧试验结果表明,经柴油点火之后,生物油可以单独稳定地燃烧,其燃烧特性和柴油燃烧特性基本相同,CO 和固体颗粒物的排放高于柴油的,但 NO_x 的排放仅为柴油的一半,SO_2 基本检测不到。

2. 提炼化学品

生物油中虽然含有很多种高附加值的化学品,但绝大多数物质的含量都很低,而且目前生物油的分析和分离技术还远远没有达到成熟的地步。因此,现阶段大部分针对生物油的提取研究,都是为了分离提取含特定官能团的某一大类组分,这也是生物油最有可能实现商业化的化工应用。根据生物油中各种化学类别组分的含量以及提取的难易程度,目前最成功的提取研究主要有:分离生物油水相部分作为熏液使用;提取酚类物质用于制备酚醛树脂。

将通过传统的木材慢速热解得到的液体产物(如炭化产物木醋液等)作为熏液以及从中提取食品添加剂是一项早有研究的技术。熏液所包含的化学组分可以分为三类:有机酸类物质、羰基类物质和酚类物质。其中酚类物质是主要的食品调味料;羰基类物质起到染色作用;有机酸类物质则起到防腐作用。同时,有机酸类和羰基类物质也具有一定的调味作用。生物油水相部分具备作为熏液所需的化学组分,因而也可以作为熏液使用。

生物油中的酚类物质主要由木质素热解形成,包括少量的挥发性酚类物质和大量的不可挥发性低聚物。从生物油中提取酚类物质的研究得到了广泛的关注,因为酚类物质可以直接用于制备酚醛树脂,酚醛树脂主要应用于生产定向结构刨花板(OSB)和胶合板等。

3. 催化裂解制备化学品

生物油在催化剂的作用下可进一步裂解成较小的分子,在此过程中实现不同的目的(如低聚物的裂解、醛和酸类组分的转化、脱氧等)。包括催化裂解在内的所有生物油化学精制技术,其核心都是催化剂的选择与生物油或生物质热解气的深度催化脱氧。自 20 世纪 90 年代开始,传统沸石类分子筛(如 HZSM-5、HY 等)被广泛用于催化裂解,显示出了高效的脱氧特性,可以得到以芳香烃为主的液态烃类产物;但同时也存在较多的问题,包括烃类产物的产率较低、反应器内碳沉积反应严重、催化剂极易因发生碳沉积反应而失活、失活的催化剂再生较为困难等。

4. 制备合成气

合成气是一种以 CO 和 H_2 为主的混合气体,可以合成甲醇、二甲醚、汽油等高品位的液体燃料。与生物质直接气化制取合成气相比,生物油气化制备合成气具有多方面的优势:①直接气化气体中 H_2 含量较低,并且含有较多的焦油和甲烷,需要进行复杂的催化重整,另外如果气化过程中引入了氮气,产物气体就会被稀释;②生物油容易存储和运输,便于分散式热解液化后再将生物油集中气化合成制取高品位的液体燃料,而直接将生物质气化再合成液体燃料,规模不易扩大;③对生物油气化反应器可以建立起统一的规范,而生物质气化反应器随原料不同需要有不同的设计;④生物油加压气化较容易实现,而生物质加压气化则非常困难。

5. 制备氢气

制备氢气工艺的主要过程是:首先将生物质快速热解得到生物油,随后将生物油或其中含水组分用蒸汽催化重整或水煤气转化的方法制氢,而生物油中的木质素组分可以用来生产酚醛树脂、燃料添加剂和黏合剂等产品。由于生物质快速热解液化技术已发展到接近商业化的水平,因此用生物油制氢与气化制氢相比具有以下优势:①生物油较固体生物质便于运输,这样热解制油和催化重整制氢过程不一定在同一个地方实现,可以根据原料产地和处理规模灵活搭配;②可以同时从生物油中获取高附加值的副产品,这显著提高了整个工艺过程的经济性。

3.4.2　热解炭化技术

生物质热解炭化是最为古老的生物质热解技术,在我国已有两千多年的悠久应用历史。根据在热解过程中是否引入 O_2,生物质热解炭化技术可以分为烧炭(有限供氧)和干馏(无氧)两类。生物质在不同的热解条件下,或多或少都会生成一定量的炭产物,而要想获得高产率的生物质炭,一般需要较低的反应温度(300~400 ℃)、缓慢的升温速率以及较长的固相停留时间。在常规的生物质热解炭化过程中,除了生物质炭这一主产物之外,还有三种副产物,分别是可燃气、醋液和焦油。

生物质在缓慢加热过程中的热解炭化,一般可以分为三个阶段,具体如下。

（1）干燥阶段（小于 150 ℃）。生物质原料在炭化反应器内吸收热量，水分蒸发逸出，生物质内部化学组成几乎没有变化。

（2）挥发热解阶段（150～300 ℃）。出现明显的热分解反应，生物质大分子化学键发生断裂与重排，形成并释放出有机挥发分，包括 H_2O、CO_2、CO、乙酸等；在 O_2 存在的情况下，还会发生少量的静态渗透式扩散燃烧，燃烧释放的热量可提供生物质大分子分解所需热量。

（3）全面炭化阶段（大于 300 ℃）。物料在该阶段发生剧烈的分解反应，产生较多的焦油、乙酸等液体产物以及甲烷、乙烯等可燃气体，随着大部分挥发分的分离析出，最终剩下的固体产物就是由碳和灰分所组成的生物质炭。

3.4.2.1　生物质炭

生物质炭具有高度芳香化的化学结构，主要包含 C—C、C—H 等芳香化官能团，以及一定量的脂肪族和氧化态碳结构物质。生物质炭的元素组成与其原料以及热解反应条件密切相关。表 3-7 所示为 7 种不同的生物质炭的组成及热值。由表可知，木材类以及竹材类原料由于灰分含量比较低，因此所制备的木炭或竹炭的灰分含量也较低，而且热值较高。表 3-8 所示为不同热解温度下所得棕榈炭的元素分析，由表可知，随着热解终温不断升高，炭中的碳含量呈上升趋势，而氧、氢、硫含量呈下降趋势，氮含量则变化较小，当热解终温达到 1000 ℃时，炭中的氢与硫含量几乎为零。

表 3-7　7 种不同的生物质炭的组成与热值

生 物 质 炭	挥发分/（%）	灰分/（%）	固定碳/（%）	热值/（MJ/kg）
油茶外果皮炭	15.02	9.73	75.25	28.50
山核桃外果皮炭	20.13	21.48	58.39	20.41
杉木屑炭	16.38	3.63	80.00	30.31
松木屑炭	12.46	3.27	84.27	30.76
稻秆炭	14.17	34.16	51.67	17.68
板栗外果皮炭	14.85	9.66	75.49	16.13
竹炭	11.92	5.22	82.86	29.14

表 3-8　不同热解温度下所得棕榈炭的元素分析

元素组成	热 解 终 温							
（干燥基）	300 ℃	400 ℃	500 ℃	600 ℃	700 ℃	800 ℃	900 ℃	1000 ℃
[C]/（%）	67.38	75.63	75.09	76.81	76.91	77.34	78.39	79.08
[H]/（%）	3.63	2.96	2.01	1.46	0.88	0.67	0.44	0.30
[N]/（%）	1.97	2.43	2.63	2.32	2.25	2.14	2.05	1.99
[S]/（%）	0.48	0.43	0.34	0.22	0.13	0.10	0.05	0.03
[O][a]/（%）	25.56	18.55	19.94	19.21	19.84	19.76	19.08	18.60

[a][O]由差减法计算。

3.4.2.2　生物质炭性质

生物质炭一般呈碱性，其表面丰富的含氧基团使表面呈现出疏水性和对酸碱的缓冲能力。生物质炭含有大量复杂的孔隙结构,不同生物质原料所制备的生物质炭的形貌有着较大的差别。生物质炭具有很好的稳定性,在土壤和沉积物中可以存在数千年之久。这是由于生物质炭具有高度芳香化的化学结构,可以有效对抗化学分解,而且生物质炭在土壤中常以团聚体形式存在,受到矿物的物理保护。

3.4.2.3　生物质炭应用

1. 在农业领域的应用

生物质炭可作为一种土壤改良剂加入土壤中,改善土壤的性质,提高土壤的肥力,增加营养物质的植物可利用性,进而提高农作物的产量。生物质炭一般呈碱性,世界上约30%的土地为酸性,不利于植物生长,因此向土壤中施加生物质炭,可以提高土壤的 pH 值。生物质炭含有大量大小不一的孔隙。其中的大孔隙可以增加土壤的透气性和田间持水率,同时也为微生物提供生存和繁殖的场所;小孔隙则可以起到对一些分子的吸附和转移作用。当将生物质炭加入土壤后,其丰富的孔隙结构会改变土壤中水分渗滤路径和速度,显著提高土壤的田间持水率,从而改善土壤对养分的固定能力。生物质炭还可以吸附土壤中的农药,其对杀虫剂的吸附能力约是土壤本身的 2000 倍,而且生物质炭还可增强土壤中微生物的活性,进一步增强对污染物的降解能力。

2. 在环境领域的应用

(1)对有毒有害物质的吸附作用。生物质炭具有非常复杂的微孔结构,比表面积较大,稳定性较高,且表面含有很多活性基团,非常适合作为一种低成本的高效吸附剂,用于吸收多种污染物质。

(2)对温室气体的减排作用。生物质经热解炭化转变为生物质炭后,其中的碳以苯环等较复杂的形式存在,非常稳定,这就使得环境中的碳循环被分离出来一部分,称为"碳负"过程。生物质炭的这种固碳方式,比其他固碳方式(如植树造林),能更长时间地对碳进行固定。

3. 在冶金领域的应用

自古生物质炭(主要是木炭)就用于冶炼铁矿石,木炭与焦炭熔炼的生铁,即使化学组成相同,其结构与机械性质仍不相同。在多数采用焦炭作为还原剂的高炉中,温度与鼓风压力都较高,而木炭对氧化铁的还原过程可在较低的温度下进行。因此,木炭冶炼的生铁一般具有有细粒结构、铸件紧密、没有裂纹、杂质少等优点,适合用于生产优质钢。生物质炭也可作为表面助溶剂用于有色金属的生产。当有色金属熔融时,表面助溶剂在熔融金属表面形成保护层,使金属与气体介质分开,即可减少熔融金属的飞溅损失,又可降低熔融物中气体的饱和度。此外,生物质炭还广泛用于结晶硅、硅钙合金等的生产。

4. 在复合材料领域的应用

生物质炭可以作为载体制备多种催化剂,例如利用生物质炭制备的固体酸催化剂,具有价格低廉、稳定性好、活性高、易回收、重复性好等优点,可用于催化废油脂中高级脂肪酸与甲醇的反应。竹炭可作为电磁波屏蔽材料、食品除臭剂、保鲜材料、建筑物和家居的保温材料、调湿剂和空气清新剂等的原材料。

3.5　热解反应器

虽然早在 1875 年就开始了快速热解研究,但直至 20 世纪 80 年代,快速热解技术才在生物油生产方面取得了重大进展。国内外科研机构研究了各种热解反应器,目的是在几秒钟内将生物质加热到超过 400 ℃以制备生物油。北美及欧洲已经建成了一系列生物质热解装置,生物质热解液化炭化技术已经进入商业示范应用阶段。在生物质热解的各种工艺中,反应器的类型及其加热方式的选择在很大程度上决定了产物的最终分布,是各种技术路线的关键环节。综合来看,国内外现有的热解反应器,主要可以分为热解液化反应器和热解炭化反应器两类。热解液化反应器包括鼓泡流化床、循环流化床、旋转锥反应器、烧蚀反应器、真空移动床以及喷动床;热解炭化反应器包括窑式炭化炉和固定床式热解炭化炉。表 3-9总结了一些快速热解反应器的特点。

表 3-9　一些快速热解反应器特点

反应器类型	发展现状	最大产率(质量)/(%)	复杂性	进料尺寸规格	惰性气氛需求	反应器尺寸	放大性
鼓泡流化床	商业	75	中	高	高	中	容易
循环流化床	商业	70	高	高	高	中	容易
旋转锥反应器	商业	70	高	高	低	低	容易
螺旋反应器	试点	60	中	中	低	低	中等
携带流反应器	实验室	60	中	高	高	中	容易
烧蚀反应器	实验室	75	高	低	低	低	困难

图 3-17 描述了从生物质原料到液体产品的概念性快速热解过程。每个工艺步骤都有几个甚至许多替代方案,如反应器和液体收集,但基本原理是相似的。

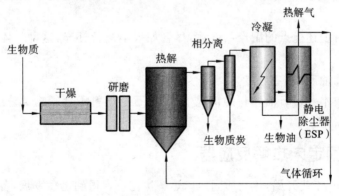

图 3-17　概念性快速热解过程

快速热解过程的核心是热解反应器,尽管它可能只占热解系统总投资成本的 10%~15%,快速热解过程的其余部分还包括生物质收集、储存和处理,生物质干燥和研磨,产品收集、储存以及提质(或相关)。现在人们越来越重视改进液体收集系统和提高液体质量,但大多数研究都集中在开发和测试各种原料的不同反应器配置。

快速热解技术的发展面临着许多技术挑战，其中最重要的是反应器传热问题。商业反应器的传热是一个重要的设计要点，副产品焦炭通常在空气中燃烧，释放能量。焦炭通常包含原料中25%的能量，驱动该过程大约需要使用焦炭的50%～75%的能量。气体副产物能量仅占进料能量的5%左右，不足以支撑热解。图3-18总结了提供必要热量的主要方法，详细如下：

（1）通过反应器适当位置的传热表面（图中的1和2）传递热量；

（2）加热流化床或循环流化床反应器的流态化气体（图中的3），尽管过高的气体温度可能会输入过多热量，导致局部过热和液体产量降低，或者需要非常高的气体流量，导致流动不稳定，但局部加热效果通常是令人满意的，并且有利于提高能源效率；

（3）在反应器中移除和重新加热床料（图中的4），如大多数循环流化床和运输床反应器；

（4）添加一些空气（图中的5），尽管这会产生局部热点，并增加液体裂解，产生焦油。

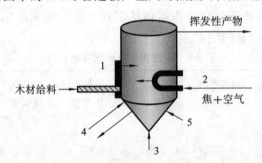

图 3-18　为快速热解提供工艺热的方法
1—热壁面；2—热管道；3—热的流化气；4—循环的热沙；5—空气补充

热解反应器的设计和优化对于工业应用来说是最重要的，并且随着工厂规模扩大将引起越来越多的关注。通过副产品焦炭、气体或新鲜生物质提供热解工艺所需能量的方法有很多种，包括：

（1）燃用新鲜生物质而不是焦炭，特别是在焦炭市场利润丰厚的地方；

（2）副产品焦炭的气化和生成气体的燃烧，以便控制和避免焦炭燃烧室中的碱金属问题；

（3）使用具有上述优点的副产品气体，尽管如果不进行补充，这种气体不可能提供充足的能量；

（4）使用生物油产品；

（5）在以低成本获得石油燃料的情况下，使用石油燃料不会影响工艺或产品，而且副产品具有足够高的价值。

3.5.1　固定床热解反应器

从20世纪70年代开始，生物质固定床热解炭化技术得到迅猛发展，各种炭化炉炉型结构大量出现。生物质固定床式热解炭化反应设备的优点是运动部件少，制造简单，成本低，操作方便，可通过改变烟道和排烟口位置及处理顶部密封结构来影响气流流动从而达到热解反应稳定、得炭率高的目的，更适合用于小规模制炭。间歇运行的固定床热解是最古老的热解类型，用于生物质热分解的热量可以由外部提供，也可以由蜂窝炉（见图3-11）中进行的有限燃烧来提供。当炭留存在反应器中时，由于体积膨胀，产物可能从热解反应器中流出。

在一些设计中,吹扫气用于从反应器中有效去除气体产物,该气体必须是惰性且无氧的。这种类型热解的主要产物是炭,这是由于加热速率慢且产物在热解区中的停留时间长。固定床热解反应炉包括外加热式固定床热解炭化炉、内燃式固定床热解炭化炉、再流通气体加热式固定床炭化炉。

(1)外加热式固定床热解炭化炉包含加热炉和热解炉两部分,由外加热炉体向热解炉体提供热解所需热量。加热炉多采用管式炉,其最大优点是温度控制方便、精确,可提高生物质能源利用率,改进热解产品质量,缺点是需消耗其他形式的能源。由于外加热式固定床热解炭化炉的热量是由外及里传递,使炉膛温度始终低于炉壁温度,因此其对炉壁耐热材料要求较高,且通过炉壁表面上的热传导不能保证不同形状和粒径的原料受热均匀。

(2)内燃式固定床热解炭化炉的热解方式类似于传统的窑式炭化炉,需在炉内点燃生物质燃料,依靠燃料自身燃烧所提供的热量维持热解。内燃式炭化炉与外热式的最大区别是热量传递方式的不同,外热式的为热传导,而内燃式炭化炉的是热传导、热对流、热辐射三种传递方式的组合。因此,内燃式固定床热解炭化炉热解过程不消耗任何外加热量,反应本身和原料干燥均利用生物质自身产热,热效率较高,但生物质物料消耗较大,且为了维持热解的缺氧环境,燃烧不充分,升温较缓慢,热解终温不易控制。

(3)再流通气体加热式固定床炭化炉是一种新型热解炭化设备,其突出特点是可以高效利用部分生物质物料本身燃烧所产生的热量来干燥、热解、炭化其余生物质。国内出现的再流通气体加热式固定床炭化炉,其热解多利用固体燃料层燃技术,采用气化、炭化双炉筒纵向布置,炉筒下部为炉膛,炉膛内布置水冷壁,炉膛两侧为对流烟道。为保障烟气的流通,防止窑内熄火,避免炭化过程中断,这种炉型要在烟道上安装引风机和鼓风机。由于气化炉本身产生的高温燃气温度可达 600~1000 ℃,能充分满足炭化反应需要,因此利用这种炉型进行生物质热解炭化时燃料利用率更高,更适用于挥发分高的生物质炭化。该炭化炉型按照气化室部分产出的加热气体流向分为上吸式和下吸式两种。

3.5.2　鼓泡流化床热解反应器

鼓泡流化床具有结构简单、操作简单、温度控制好、对高密度固体生物质颗粒传热效率高等优点。流化床热解反应器具有良好且一致的性能,在进料干燥的基础上,木材的液体产率通常为 70%~75%。由于不同传热方法的限制,必须仔细考虑大规模运行时床层的传热。要获得较高的生物质加热速率,需要使用粒径小于 3 mm 的小颗粒生物质,而颗粒加热速率通常决定了反应速率。

副产品焦炭通常约占产品质量的 15%,但约占生物质原料能量的 25%。它可以在反应过程中通过燃烧提供系统所需热量,也可以被分离、提取出来,在这种情况下,需要使用替代燃料供应热量。根据反应器的结构和流化气体速度,大部分焦炭的大小和形状与生物质相当。新鲜的焦炭是可自燃的,也就是说,当它暴露在空气中时会自燃,因此需要小心处理和储存。随着时间的推移,这种性质会随着焦炭表面活性中心的氧化而减弱。

图 3-19 所示为使用静电除尘器进行气溶胶聚合、收集的鼓泡流化床热解反应器,展示了大多数商业过程中的气溶胶分离过程。

图 3-20 所示为典型的鼓泡流化床热解反应器。破碎的生物质(粒径 2~6 mm)被送入鼓泡流化床中。床料被惰性气体如再循环烟气所流化。惰性固体床料(通常使用沙子)的剧烈混合可良好而均匀地控制温度。它还可以向生物质原料传递许多热量。固体在反应器中

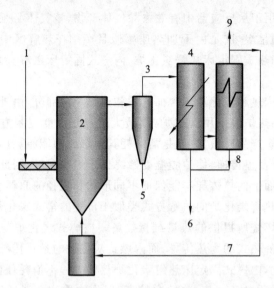

图 3-19　带静电除尘器的鼓泡流化床热解反应器

1—经干燥和尺寸预处理的生物质；2—流化床反应器；3—旋风分离器；
4—急冷器；5—焦炭；6—生物油；7—气体循环；8—静电除尘器；9—出口

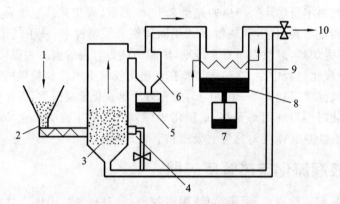

图 3-20　典型的鼓泡流化床热解反应器

1—生物质；2—螺旋给料器；3—热解炉；4—气体燃烧器；5—焦炭收集器；
6—旋风分离器；7—生物油存储；8—油；9—气体冷凝器；10—不可冷凝气体

的停留时间明显长于气体。热解所需的热量可通过燃烧一部分气体产物来提供，或者通过在单独的燃烧室中燃烧固体焦炭并将该热量传递至固体床料来提供。床料中的焦炭可起到蒸气催化裂化的作用，使用单级或多级旋风分离器可从气体产物中分离出夹带的炭颗粒。鼓泡流化床热解反应器的一个优点是其规模可以做得很大。

　　与其他类型反应器相比，鼓泡流化床通常易于构造和设计。鼓泡流化床热解反应器具有较大的储热能力、较好的温度控制能力、出色的传热特性以及较好的气固混合特性。在其热解炉中，蒸气和固体的停留时间由流化气体的流速控制。在热解反应期间，由于焦炭在快速热解反应温度下充当有效的裂解催化剂，因此快速有效地将焦炭分离出来很重要，这通常利用一个或多个旋风分离器来实现。使床料流化所需的大量惰性气体会导致可冷凝蒸气分压非常低，因此需要设计高效运行的热交换器和液体收集系统。

　　使用鼓泡流化床热解反应器可实现颗粒快速加热，其中热气被向上输送，穿过生物质颗粒。当气体速度达到最小流态化速度时,床料将悬浮并表现出与流体相似的特性,其出色的混合和传热特性为热解反应创造了理想的环境,在鼓泡流化床热解反应器中大约 90% 的热传递直接发生在生物质固体之间。鼓泡流化床热解反应器需要使用冷凝器对蒸气进行快速冷却,以使生物油产量最大化,并获得相当高的液体产率,最高可达 70%。鼓泡流化床热解反应器的缺点是产物中含有许多颗粒和焦油。像大多数快速热解技术一样,该过程还需要原料精细研磨,以提供足够大的表面积,用于热传递和反应。加拿大的 Dynamotive 公司将鼓泡流化床快速热解技术商业化,日产量为 200 t/d。

3.5.3　流化床反应器

流化床反应器利用反应器底部的常规沸腾床物料燃烧获得的热量加热沙子,加热的沙子随着高温气体进入反应器与生物质混合并传递热量给生物质,生物质获得热量后发生热解反应,如图 3-21 所示。流化床反应器设备小巧,具有较高的传热速率和一致的床层温度,气相停留时间短,可防止热解蒸气的二次裂解,有利于提高生物油产量。Manuel 等研究了在流化床反应器中澳洲小桉树的热解情况,结果表明温度在 470～475 ℃时生物油可以达到最大产率,进料颗粒的大小会影响生物油的含氧量。刘荣厚等以榆木木屑为原料,在自制的流化床反应器上进行了快速热解主要工艺参数优化试验,对产生的生物油成分的气相色谱-质谱(GC-MS)分析表明,最优工艺参数组合为热解温度 500 ℃、气相停留时间 0.8 s、物料粒径 0.180 mm,此时生物油最大产率为 46.3%。

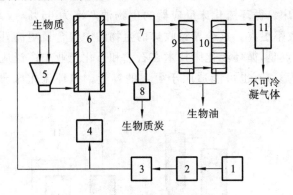

图 3-21　流化床反应器的热解过程

1—空气压缩机;2—贫氧气体发生器;3—气体缓冲罐;4—加热炉;5—料仓;6—流化床反应器;
7—旋风分离器;8—集炭箱;9—热水冷凝器;10—冷水冷凝器;11—过滤器

图 3-22 为循环流化床(CFB)反应器的示意图。在各种反应器中,流化床由于具有良好的传热传质特性、操作简单、易于放大等优点,因此在快速热解反应中受到了广泛关注。循环流化床由提供热解反应所需热量的燃烧室和发生热解反应的流化床两部分组成,利用底部沸腾床内热解副产品焦炭燃烧产生的热量来加热沙子。热沙子随着燃烧生成的高温气体向上穿过循环流化床进入反应器,与生物质原料混合并向生物质传递热量。生物质获得能量后发生热解,生成焦炭和热解蒸气。热解蒸气离开循环流化床反应器后,产物中的焦炭和夹带的沙子经过旋风分离器分离,固体颗粒返回燃烧室。循环流化床反应器的优点在于设备结构的整合降低了反应器的制备成本和热量损失,缺点在于结构整合增加了运行操作的复杂性。

循环流化床和输送床反应器具有鼓泡流化床的许多特征,固体的停留时间几乎与气体

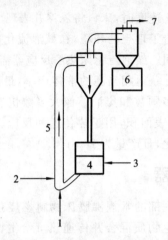

图 3-22　循环流化床(CFB)反应器示意图
1—高温气体；2—生物质；3—热量；4—沙；5—沙和生物质；6—焦炭；7—裂解气

的停留时间相同，而且由于气体速度更高，固体更易被吸引。此类热解反应器的工作原理与鼓泡流化床的基本相同，除了床料在包括旋流器和密封件的外部回路内不断循环。循环流化床能够使用固体介质实现颗粒快速加热，并通过热气流输送颗粒。循环流化床有几种不同的组成和设计，但是通常都包括一个热解反应器、一个分离装置(例如旋风分离器)和一个再生器。燃烧器用于将蒸气产物与固体分离，并通过燃烧焦炭来加热固体颗粒。重新加热的固体颗粒返回流化床。循环流化床反应器的生物油产率为 65%～70%，由于在反应器内停留时间较短，因此收率更高。这会导致收集的生物油中焦含量更高，除非使用更有效的焦去除方法。另一个优点是，循环流化床技术在石油和石化工业中广泛应用于大容量系统，因此，即使流体运行更为复杂，也可能适用于更大的容量。循环流化床典型布局如图 3-23 和图 3-24 所示。

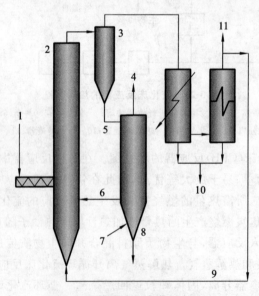

图 3-23　循环流化床典型布局一
1—预处理的生物质；2—热解器；3—旋风分离器；4—燃料气体；5—沙子和焦炭；
6—热沙子；7—空气；8—燃烧器；9—气体循环；10—生物油；11—气体出口

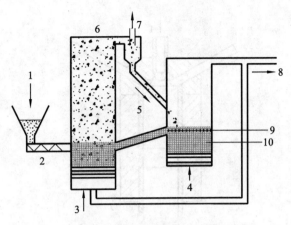

图 3-24　循环流化床典型布局二
1—生物质；2—螺旋给料器；3—流化气；4—空气；5—固体和焦炭；
6—热解器；7—挥发性产物；8—烟气；9—回料控制阀；10—燃烧器

　　循环流化床反应所需的热量通常来自于二次焦炭燃烧室的热沙再循环，二次焦炭燃烧室可以是鼓泡流化床，也可以是循环流化床。在这方面，该工艺与双流化床气化炉相似，只是反应器（热解器）温度低得多，第二个反应器中密集的焦炭燃烧需要仔细控制，以确保温度、热流和固体流量符合工艺和进料要求。传热是竖管内传导和对流的加和。所有的焦炭在二次反应器中燃烧以重新加热循环沙，因此除非使用替代热源，否则没有焦炭出口。如果把焦炭分离处理，它将是一种细粉。

　　该技术同样具有与鼓泡流化床反应相同的缺点，要求送入床内的生物质颗粒最大直径不超过 6 mm，并且裂解产物会受到焦炭颗粒污染，反应过程需要仔细控制以维持热解反应器中温度正常。

　　循环流化床的提升管在一种称为快速床的特殊流动状态下运行，它也能很好地控制温度，并在装置整个高度上令床料均匀混合。气体和固体以一定程度的内部回流，向上移动到反应器中，使生物质颗粒的平均停留时间比气体的长，但是差异并不像鼓泡流化床中那样大。循环流化床中的表观气体速度明显高于鼓泡流化床中的。高速且出色的混合使循环流化床中的生物质热解转化率较高。

　　据报道，木质纤维素生物质快速热解的生物油产率为 $60\%\sim75\%$。一家加拿大公司 Ensyn Technologies Inc. 自 20 世纪 80 年代初开始开发并商业化基于循环流化床技术的快速热解（RTP）工艺。该公司还在美国威斯康星州建有处理量分别为 50 t/d 和 70 t/d 的生物质热解工厂，专门生产食品添加剂等产品。几个生物质快速热解装置已投入商业运营，日处理能力从 1 t 到 200 t 不等。另外，芬兰的 Fortum 公司建有容量为 500 kg/h 的循环流化床热解装置。

3.5.4　闪速热解反应器

　　高加热速率和热解区短停留时间是热解得到高液体产率的两个关键要求。闪速热解反应器示意图如图 3-25 所示，它提供了极短的混合时间（$10\sim20$ ms）、反应器内停留时间（$70\sim200$ ms）和冷却时间（20 ms）。将高于反应器温度 100 ℃ 的氮气以非常高的速度注入反应器中，并进入生物质流。反应器还可使用像沙子一样的蓄热固体，该固体在外部被加热并通

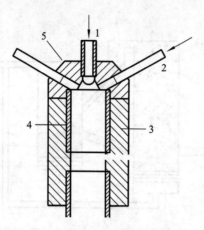

图 3-25　闪速热解反应器示意图

1—生物质;2—加热固体载体;3—反应器;4—惰性铝;5—反应器顶部

过多个喷嘴射入生物质流中。反应器中的这种高速冲击导致异常高的加热速率。因此,生物质在几毫秒内被加热到热解温度。热解产物从底部离开反应器,并立即冷却以抑制二次反应或油蒸气二次裂解。因此,该方法能够使热解过程中的液体产率最大化。

加拿大公司 Ensyn Technologies Inc. 开发了一种商业热解流程,将生物质引入容器中,并通过高温的床料射流将生物质迅速加热至 500 ℃,然后在几秒钟内冷却。加热速率约为1000 ℃/s,反应器内停留时间为百分之几毫秒至最大值 5 s,木材的液体产率高达83%。

3.5.5　烧蚀热解反应器

烧蚀热解在概念上与其他快速热解方法有很大的不同。在所有其他方法中,反应速率受生物质颗粒的传热速率限制,这就是需要小颗粒物料的原因。烧蚀热解的反应方式类似于在煎锅中融化黄油,将黄油向下压并在热的锅面上移动,可以显著提高融化速度,故在烧蚀热解过程中,在压力作用下木材与反应器壁接触,热量从热反应器壁转移到"熔化"木材。当木材被移开时,熔化层蒸发成一种与流化床反应器所得类似的产物。

烧蚀热解反应器的很多研究工作均由美国国家可再生能源实验室(NREL)和法国国家科研中心烧蚀反应器化学工程实验室(CNRS)完成。两家机构对压力、运动和温度之间的关系进行了广泛研究。NREL 开发了烧蚀涡流反应器,在该反应器中,生物质被加速到超音速,以获得加热圆柱内部的高切向压力。未反应的颗粒被循环利用,气体和焦粉末轴向离开反应器,再被收集。在干法进料情况下,通常获得 60%~65% 的液体产率。通过外界提供高压,生物质颗粒以相对于反应器较高的速率(大于 1.2 m/s)移动并热解,生物质是由叶片压入金属表面的,此反应器不受物料颗粒大小和传热速率的影响,但受加热速率的制约,其热解工艺流程如图 3-26 所示。

当木材被机械地移开时,残余油膜既为连续的生物质颗粒提供润滑,又迅速蒸发,产生热解蒸气,以便与其他过程产物一样被收集。在热反应器表面上有一种由焦沉积而成的纹路。木材对热表面的压力、木材与热交换表面的相对速度及反应器表面温度对反应速率有很大影响。烧蚀热解的主要特征如下:

(1)通过离心力或机械力,颗粒在热反应器壁面受到高压;

(2)原料颗粒与反应器壁之间有高速相对运动;

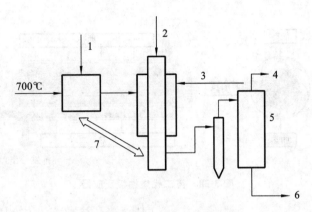

图 3-26　烧蚀反应器热解工艺流程

1—生物质；2—旋转反应器；3—圆筒状加热管；4—气体；5—液体收集装置；6—液体；7—固体循环回路

（3）反应堆壁温低于 600 ℃。

由于反应速率不受生物质颗粒传热的限制，因此可以使用较大的颗粒。原则上，可以加工的颗粒尺寸没有上限。但事实上，反应过程受到反应器供热速率限制，而不是像其他反应器那样，受生物质吸热速率限制。烧蚀热解不需要惰性气体，因此设备更小，反应系统更密集。此外，由于没有流化气体，可冷凝气体的分压大大增加，因此收集效率更高，设备也更小。但是，由于控制了工艺表面积，因此结垢特性较差；反应器采用机械驱动，也更为复杂。

英国阿斯顿大学开发了烧蚀板反应器，如图 3-27 所示。它包括一个旋转叶片反应器，其中压力和运动是机械推动的，摆脱了对载气的需要。干原料的液体产量通常为 70%～75%。第二代烧蚀板反应器已建成并投入使用，且获得了专利，如图 3-28 所示。

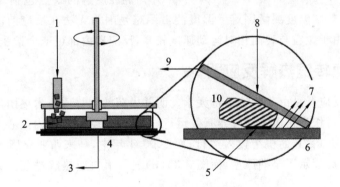

图 3-27　英国阿斯顿大学开发的烧蚀板反应器

1—木片；2—可变角旋转叶片；3—挥发分和焦进入旋风分离器及产品收集；4—加热器；
5—木材和加热盘间的油膜；6—旋转叶片侧视图；7—蒸发的液体；8—加压；9—移动；10—木头

另一种反应器装置是德国的机械驱动 PyTec 工艺装置。该公司建立并测试了一个实验室级装置，该装置将木棒液压送入旋转的电加热圆锥体，热解液收集系统与上述其他系统类似。其他装置包括现已废弃的城堡首都螺旋管和旋风反应器。

如图 3-29 所示，烧蚀热解反应过程中，在生物质颗粒和热反应器壁之间形成高压，允许热量不受抑制地从反应器壁传递到生物质，从而导致液体产物像压在热锅上的冷冻黄油一样，从生物质中融化。滑动到反应器壁上的生物质留下了液膜，该液膜蒸发后立即离开热解区，形成生物质与反应器壁之间的分界面。由于高传热速度和短气体停留时间，据报道，液

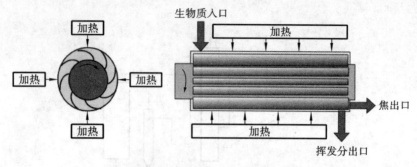

图 3-28　第二代烧蚀板反应器

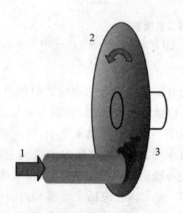

图 3-29　烧蚀热解反应过程

1—施加于木材上的压力；2—旋转盘；3—液态生物油

体产率高达 80%。生物质和反应器壁之间的压力是通过机械方式或离心力产生的。

为了提高液体产率,烧蚀热解反应过程必须同时具有高热流量和产物收集能力。尽管气体停留时间相对较长,但液体的产率仍高达 80%,有证据表明,在挥发分析出过程中,液体裂化生成的生物油通常比其他快速热解的要轻,这种设计的优点是不需要载气,并可接受较大的进料量。加热的圆盘与生物质紧密接触可使木炭形成时便从生物质中脱离,并直接加热未反应的生物质。

烧蚀热解的缺点包括难以有效地加热旋转盘本身,以及热解温度测量困难。温度测量困难是因为无法在反应前沿放置诸如热电偶之类的设备。由于颗粒与表面相对运动速度较高,反应器内部可能会遭受过度磨损。

3.5.6　旋转锥热解反应器

旋转锥热解反应器是由荷兰特温特大学发明并由荷兰生物质技术集团(BTG)开发的一种较新的反应器,可作为输送床反应器有效运行,但其输送受旋转锥内离心力而非气体的影响。最初,一台 250 kg/h 的机组投入运行;而 2005 年年中,马来西亚启用了 50 t/d 的扩大型机组。图 3-30(a)展示了早期原型,而图 3-30(b)展示了快速热解过程。旋转锥热解反应器的主要特点是:

(1)离心力(10 Hz)驱动热沙和生物质在旋转加热锥中上升;

(2)可冷凝气体按常规方法收集和处理;

(3)焦和沙粒落入圆锥体周围的流化床中,然后被提升到一个单独的流化床燃烧室中,在此焦燃烧以加热沙粒,然后再被抛回到旋转圆锥体中;

(4)焦在二次鼓泡流化床燃烧室中燃烧,热沙被再循环到热解炉中;

(5)热解反应器对载气的要求远低于流化床和输送床系统,但焦燃烧和沙输送需要用气;

(6)需要三个子系统复杂集成运行,分别是旋转锥热解炉、沙回收提升管和鼓泡流化床焦炭燃烧室;

(7)干原料的液体产量通常为 60%～70%。

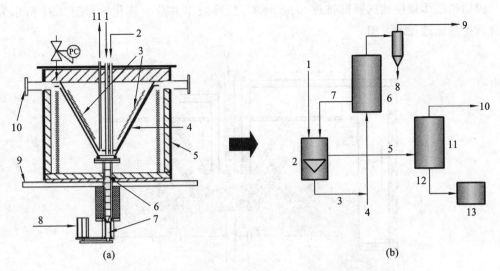

图 3-30　旋转锥热解反应器早期原型及快速热解过程

(a)1—锯末；2—沙；3—加热器；4—旋转锥；5—304 不锈钢套管；6—曲拐轴；
7—底轴；8—驱动电动机；9—支撑板；10—防爆膜；11—热解气和蒸气
(b)1—生物质；2—反应器；3—沙和焦炭；4—空气；5—蒸气；6—焦炭燃烧器；
7—热沙；8—灰分；9—烟气；10—气体；11—冷凝器；12—生物油；13—生物油储存器

　　旋转锥热解反应器最初的开发目的是消除载气的需求，同时保持与流化床反应器类似的高吞吐量和快速传热特点。生物质不使用惰性气体流化，而是与旋转锥内的固体传热介质机械混合。之后，旋转锥热解反应器由荷兰生物质技术集团(BTG)商业化，建造了多个日处理能力高达 120 t 的反应器。螺旋反应器具有生物质与固体传热介质机械混合特性，由加拿大 ABRI-Tech 和卡尔斯鲁厄理工学院(KIT)共同开发。中等规模的双螺杆螺旋反应器(日处理能力为 12 t)目前在 KIT 运行。其他类型的反应器，包括夹带流反应器、真空移动床反应器、烧蚀反应器和微波热解反应器，仍处于技术发展的相对早期阶段。

　　经预处理的生物质颗粒混合预热的热载体沙子，进入反应器旋转锥底部，旋转锥旋转，并带动生物质颗粒和热载体的混合物沿着炽热的锥壁螺旋上升，过程中生物质被迅速加热并裂解为挥发分(热解蒸气)，经过导出管进入旋风分离器，分离炭后通过冷凝器，凝结为生物油。旋转锥热解反应器结构紧凑，而且有很高的固体传输能力，其转锥内部是分开的，以减小转锥内的气体容积，缩短反应器内气相停留时间，并抑制生物油的裂化反应，保证快速热解反应有效进行。在此过程中，生物质颗粒与过量的蓄热固体颗粒一起送入旋转锥(转速为 360~960 r/min)底部。离心力将颗粒推向热壁，并沿着壁螺旋上升。由于充分混合，生物质被快速(5000 K/s)加热，并在圆锥体的小环形腔内热解。含有生物油蒸气的气体通过另一个管子离开，而固体焦炭和沙子则溢出旋转锥上边缘进入围绕它的流化床中，如图 3-30 所示。随后液体产物冷凝；焦炭在流化床中燃烧，这种燃烧有助于加热圆锥体以及回收圆锥体中的固体，从而为热解提供热量。没有载气是该方法的一个优点，但是系统的结构比较复杂。

　　旋转锥技术与流化床技术的不同之处在于，它使用离心力以向上或向下的方向将生物质颗粒和产物在反应器内螺旋输送。热量由与生物质混合的固体热载体进行传递，热解后将热载体与产物分离并回收。一种特殊的旋转锥反应器在圆锥体底部设置流化床，重新加热的固体热载体颗粒被送回圆锥体,向上传输,最终溢出并落回流化床。图 3-31 所示为一般旋转锥热解过程示意图。

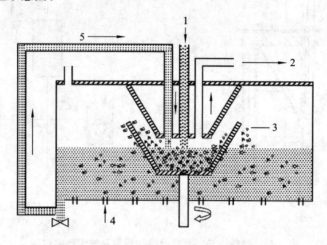

图 3-31　一般旋转锥热解过程示意图
1—生物质;2—热解挥发分;3—焦炭;4—空气;5—热的固体

与鼓泡流化床和循环流化床相比,旋转锥热解反应器的一个缺点是固体热载体颗粒与生物质原料间的传热效率较低,原因是反应器中固体密度较低,并且生产规模较小,对原料粒度要求高(要求粒径小于 200 μm)。

3.5.7　真空热解反应器

真空热解并不是一种真正的快速热解,因为固体生物质传热速度比前面描述的各类热解反应速度要慢得多。但其气体停留时间具有可比性,液体产物具有一些相似特性。通常,干原料的真空热解液体产率为 35%～50%,焦炭产率高于快速热解系统,由于蒸气可从反应区中快速去除,因此副反应降至最少。真空热解过程复杂且设备昂贵,成本较高,因为高真空(8～40 kPa)需要使用非常大的容器和管道,并且成品油中还会混有较多的水。该方法的优点在于,真空热解产物可很快移出反应器,从而降低了挥发分的裂化和重整,减小了热解蒸气二次反应的概率。与大多数快速热解反应相比,它可以处理更大的颗粒,并且由于气体速度较低,液体产品中的焦炭更少,而且不需要载气。这项基本技术是在拉瓦尔大学使用多炉膛炉开发的,但后来是基于专门设计的水平移动床实现的。研究采用 50 kg/h 的设备,该技术通过 Pyrovac 仪器放大为 3.5 t/h,该装置于 2001 年在加拿大运行。该过程运行在 450 ℃和 100 kPa 条件下。

如图 3-32 所示,真空热解反应器包括许多堆叠的加热圆形板。物料进入反应器后,被送到两个水平的金属板,金属板被混合的熔盐加热。熔盐由燃烧不可冷凝气体的炉子加热,并利用电子感应加热器来准确控制反应器温度并使之保持稳定。利用真空泵维持真空,从而降低气体产品的沸点,避免了不利的化学反应。顶板温度约为 200 ℃,而底板温度约为 400 ℃。物料由顶板进入,通过刮刀落入连续的下板之中。生物质在板上移动时历经干燥和热解过程。该热解器不需要载气,当生物质到达最低的塔板时,仅剩下焦炭。尽管生物质加热速率相对较慢,但是蒸气在热解区中的停留时间短,故热解过程液体产率相对适中,而焦炭产率较高。

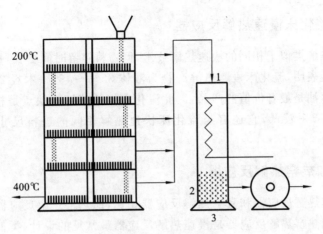

图 3-32　真空热解反应器
1—挥发分；2—液体；3—冷凝器

3.5.8　其他热解反应器

3.5.8.1　双螺杆热解反应器

　　双螺杆热解反应器中设有的两个偏置螺杆来流化物料，并通过反应器运输生物质颗粒。螺杆以相同的方向旋转，并相互缠结，以驱动螺纹中的颗粒。将蓄热载体（如沙子）与进料在反应器入口处混合，提供热解所需的热量。双螺杆热解反应器如图 3-33 所示，实验表明，该反应器能够生产 53%～78% 的液体产物、12%～34% 的焦炭和 8%～20% 的气体，同时避免了使用载气。

　　与流化床类似，双螺杆设计的缺点包括需要较小的粒径，颗粒的特征长度即体积与表面积之比必须小于 0.5 mm，相当于球形颗粒直径小于 2 mm，并且液体产品还可能含有高浓度的颗粒和焦油。

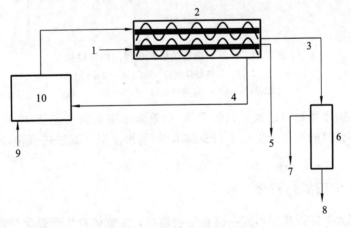

图 3-33　双螺杆热解反应器
1—生物质；2—双螺杆热解反应器；3,7—气体；4—沙子；5—焦炭；6—冷凝器；8—生物油；9—空气；10—燃烧器

3.5.8.2　流化床慢速热解反应器

流化床慢速热解类似于相同的快速热解技术,但物料停留时间更长,从而允许更大比例的木炭生产。实验表明,流化床慢速热解产物为液体 35%~45%、木炭 20%~25% 和气体 30%~35%。热解油是最有价值的产品,因此流化床慢速热解的缺点是相较于快速热解流化床工艺,热解油产率较低,它还有与流化床快速热解相同的进料尺寸限制和产品质量问题。

3.5.8.3　加热窑热解反应器

与流化床慢速热解反应器和真空热解反应器相比,加热窑热解反应器的特点是物料停留时间长得多。加热窑热解反应器是慢速热解反应器最常见的设计,类似于传统木炭生产的土窑热解炉。反应器可以在内部进行加热,例如通过燃烧气体产物进行加热,也可以在外部进行加热,这通常需要围绕窑炉布置加热套。图 3-34 所示为外部加热窑热解反应器的热解过程。一部分窑以间歇模式运行,可能不需要任何搅拌;其他的则是连续运行,通常需要某种机械运输。加热窑有几种不同的混合和透孔方法,包括旋转或倾斜窑炉,以及使用内部传送带或清扫器。所有类型均有简单、经济的设计,尤其是固定式加热窑,活动部件很少。产品的产率与物料停留时间和温度等因素有关。

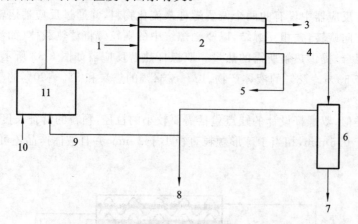

图 3-34　外部加热窑热解反应器的热解过程

1—生物质;2,11—气体燃烧室;3—废气;4—气体;5—焦炭;
6—冷凝器;7—油;8—富裕煤气;9—气体加热;10—空气

加热窑热解的主要缺陷是该工艺效率低,如果未采用正确工艺条件(如窑温、生物质进料速率和物料停留时间),将产生很少的油和木炭;如果使用外部加热机构,则该工艺的传热特性往往较差。

3.5.8.4　太阳能热解器

光合作用将太阳能以化学形式存储在生物质中。生物燃料生产是化学形式的太阳能利用手段。但热解是吸热过程,它的工作温度需要外部输入能量才能达到 400~650 ℃(热解的最佳工作温度)。通常我们使用化石燃料来提供能量,但更加绿色的方法是使用太阳能来提供热解过程所需要的热量。在生物质上的集中太阳辐射(见图 3-35)可以将其迅速加热到所需的热解温度,而反应器仍保持较低的温度,从而降低了二次分解速率。在不同类型的太

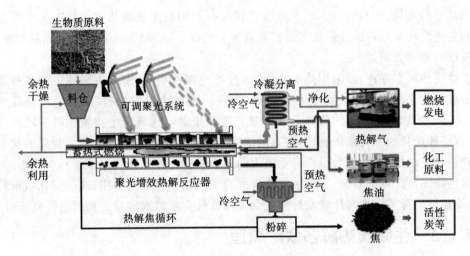

图 3-35　太阳能热解器

阳能集中器中,抛物线型最适合管式反应器。一些实验指出,生物质的液体产率随粒径减小而提高。

3.5.8.5　螺旋窑反应器

螺旋窑反应器通过机械移动生物质,使其通过热反应器,包括螺旋和奥古斯反应器。可使用循环的热沙加热,也可以使用热载体(如钢或陶瓷球)加热,或者采用外部加热。机械驱动反应器很难实现与流化床和循环流化床相当的极短停留时间,热解气停留时间可以在 5~30 s 之间,具体取决于反应器的设计和尺寸。螺旋反应器和奥古斯反应器也可被开发为中间热解设备。

螺杆反应器特别适用于处理进料困难或不均匀进料问题。液体产率低于流化床的,这是因为停留时间较长及与副产物炭接触而被分解。焦产率较高。KIT 提出了用液体生产焦浆的概念,以便最大限度地提高液体产物能源效率,但这需要一种替代能源来为该工艺提供热量。

3.5.8.6　夹带流反应器

气流床快速热解技术在原理上是一种简单的技术,但大多数情况下并没有如人们所希望的那样成功,主要是因为热气和固体颗粒之间具有传热差,需要较高气流量才能实现充分传热,而这需要较大尺寸的设备,并且低分压可冷凝气体收集困难。其液体产率通常低于流化床和循环流化床系统的液体产率。

夹带流反应器是由乔治亚理工学院开发的,并由比利时英杰明(Egmin)公司进行了扩展。但该设备未投入使用,也没有任何进一步开发计划,可能是在实现从气态热载体到固体生物质良好传热方面遇到了困难。据报道,干原料的液体产量高达 $50\%\sim60\%$。

3.6　生物质热解多联产技术与应用

目前对于生物质热解的相关研究更多的是关注其中单一产品的最优利用,而对其他产物缺乏足够的重视。与之相比,基于热解产物综合利用的生物质热解多联产工艺无论是在技术的先进性还是过程的经济性方面都具有显著的优势,是现阶段我国生物炼制规模化、产业化发展的重要方向。

生物质热解多联产,即采用热解方法,通过各种调控手段,使得生物油中的各种高附加值成分或相关平台化合物得到最大化富集,为进一步精炼提供原料,同时生产高品位的焦炭,满足进一步加工为高附加值产品的需求。进一步深入地研究生物质热解多联产过程机理,实现多种产物的综合最优利用,将有助于建立比较完整的基于热解的生物质转化和产物控制理论和方法体系,从而为形成有竞争力的生物质利用技术和产品提供科学依据,对于推动我国生物炼制产业的发展、实现生物质资源的规模化和高值化利用、减少对化石资源的依赖,以及建设资源节约型与环境友好型社会等均具有重要的现实意义和理论研究价值。

3.6.1　生物质热解多联产原理

生物质热解多联产过程可以分为三个主要阶段:①主要发生脱水解聚、糖苷键断裂等反应,形成 H_2O、CO_2、脂肪链酸、酯、醚、呋喃等产物,焦炭中的三组分聚合物网络由于木质素苯环的残留和脂肪链的缩合成环而转变为三维苯环网络;②主要发生脱支链、脱羧基、脱醚键、气固交互等反应,形成 CH_4、CO、酚类、含氮化合物等产物,焦炭中的三维苯环网络则通过苯环支链的缩合成环和苯环间醚键脱除聚合等过程转变为二维稠环结构;③主要发生脱氢缩聚和气固交互反应,形成氢气、稠环化合物,焦炭中的二维稠环结构通过稠环间缩聚、层片间脱醚键过程转为石墨微晶结构。热解多联产原理示意图如图 3-36 所示。

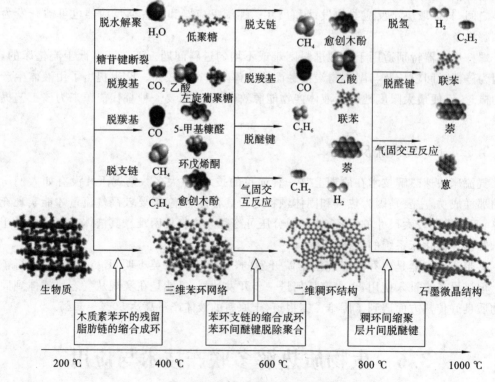

图 3-36　热解多联产原理示意图

在 250～350 ℃之间,三组分聚合物结构依次通过多种羟基的脱除、糖链解构而使苯环富集度大幅提升,转变为木质素中间体;在 350～450 ℃之间,木质素中间体内不饱和脂肪支链与已有苯环缩合成 1～4 个单层苯环或稠环结构,这些苯环排列方向非常紊乱,从而构成三维苯环网络结构;然后在 450～650 ℃之间,再经由甲基/亚甲基、羰基、芳香醚键的脱除反应,稠环结构碳环数量不断增加而形成单一平面尺寸较大的二维稠环平面结构;温度高于 650 ℃后,二维稠环平面结构则通过内部脱氢缩聚、不同平面间的脱醚键反应在平面法线方向上增加堆栈层数目,从而逐步向石墨微晶结构发展。

3.6.2　生物质热解多联产产物特性

生物质经过预处理后,得到含水量较低的成型棒,直径一般为 60～80 mm,长度为 500～800 mm。然后,将成型棒依次堆码在特制铁筐中,成型棒间距 5～10 mm,保证挥发分稳定释放,减少系统阻力。用起重装置等相关设备将铁筐放入干馏釜,封装釜盖,保证密封性能。启动点火装置,干馏釜受热升温。前 2～3 h 主要为生物质脱水阶段,温度低于 250 ℃,大分子连接键开始断裂,部分 CO_2 和 CO 释出,类似烘焙,此阶段产生的气体不收集,引入加热炉中燃烧,有利于提高燃气及液体产物品质。而后 3～4 h 为主要的产气阶段,温度为 300～600 ℃,生物质内部大分子中糖苷键大幅断裂,官能团迅速减少,出现脱羟基、脱羰基、脱羧基、脱甲氧基等,产生 CO_2、CO、CH_4、H_2 和小分子碳氢化合物气体产物,以及大量的液体产物。最后 2～3 h 为炭化阶段,生物质内部出现脱氢缩聚,生成 3～5 环的芳香化合物,无定形碳逐渐有序化,产生少量燃气及液体油。生物质热解完成后,焦炭在密封干馏釜内冷却至 60～80 ℃后取出。

干馏釜内部生物质热解释放的挥发分依次进入热交换塔、冷凝塔、洗涤塔、脱酸洗涤塔、气液分离器、过滤塔,实现液体产物与燃气的分离。热交换塔和洗涤塔是以木醋液为介质的直接混合换热器,冷凝塔是介质为水的间接换热器。经热交换塔和冷凝塔及洗涤塔冷却的液体产物进入油水分离器,根据二者密度差,分离得到焦油和木醋液。脱酸洗涤塔主要喷洒碱性液体,消除气体产物中的 H_2S 等酸性气体。而后,燃气进入气液分离器,在离心力及惯性力的作用下,进一步脱除燃气中的液体成分。最终气体在过滤塔中进一步去除杂质,经排气输送机送入储气柜。

经过热解多联产技术的转化,1 t 秸秆原料可产 230～310 m³ 燃气、250～300 kg 焦炭,以及 50 kg 左右木焦油和 250 kg 木醋液。供气站每一釜原料热解完成后,通过称量焦炭和划取储气柜基线,分别核算气固产物产率;液体产物集中装箱时,计算期间原料消耗量和液体产物产量,得到液体产物产率。图 3-37 所示为不同秸秆原料干馏热解状况下的三态产物产率分布。

与单一气化技术相比,热解多联产技术转化过程中没有空气进入,减少了大量惰性的 N_2,并且主要以高热值的 H_2、CH_4 为主(H_2 体积分数可达 25%,CH_4 体积分数可达 18%),因此燃气低位发热量一般为 8～12 MJ/m³。表 3-10 给出了检测的生物质燃气特性,表明燃气基本达到了国家人工煤气的标准,可作为优质民用燃气。

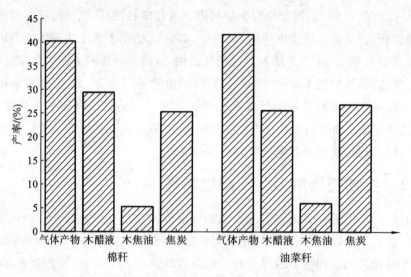

图 3-37　不同秸秆原料干馏热解状况下的三态产物产率分布

表 3-10　生物质燃气特性

项　　目	国家人工煤气标准	供气站燃气特性
低位发热量/(kJ·m⁻³)	>4600	11706
CO 体积分数/(%)	<20	17.6
O₂ 体积分数/(%)	<1	0.8
酸性气体含量/(mg·m⁻³)	<20	16
焦油及灰尘含量/(mg·m⁻³)	<50	14.6

生物质炭的产率一般为 25%～30%，热解过程中易于挥发的氢、氧等元素将大部分进入热解气中，而大部分碳元素则留在生物质炭中。由于物料在高温条件下停留时间比较长，挥发分有充足的时间析出，因此生物质炭的性质接近无烟煤性质。

生物质炭孔隙结构发达，比表面积大，拥有超强的吸附能力，可以制备成高效吸附剂、土壤改良剂，是一种优质的工业原料。一些学者研究了生物质炭对有机污染物的吸附作用及其吸附机理，发现生物质炭的吸附能力与其比表面积大小和有机污染物极性匹配有关。生物质炭加入土壤中，可以增加土壤保湿性，稳定土壤 pH 值，改变土壤微生物群落结构，减少温室气体排放，增加作物产量。

表 3-11 中所列出的是热解多联产技术液体产物（木醋液和木焦油）的 GC-MS 测试结果。木焦油为沥青状液体，产率一般为 4.5%～7%，是供气站液态产物中的重质组分，含有大量大分子物质，比如 2 个碳环以上的多环芳烃（如蒽、萘）等，此外还有一些 10 个碳原子的脂肪链烃。已有加工厂利用化学方法将木焦油转化为生物柴油，具有较好的应用前景。同时，木焦油中含有大量酚类物质，可以部分替代苯酚合成酚醛树脂胶黏剂，降低生产成本。但是木焦油的产量较少，离产业规模化应用还有较大差距。木醋液为液体产物的轻质组分，含水量超过 85%，有机组分中以乙酸为主，含有少量苯酚。木醋液广泛应用于农林业生产，可以促进植物生长、消菌除臭、堆肥、防止病虫害等。此外，木醋液可与白云石制作低成本环保型融雪剂，有利于解决道路雨雪冰冻问题。

表 3-11　木醋液和木焦油的 GC-MS 结果

类　别	化　合　物	液体产物(相对含量)/(%)	
		木焦油	木醋液
酸酮	乙酸	1.47	75.58
	4-羟基-3-甲氧基苯甲酸	6.45	
	3,5--二甲氧基-4-羟基苯乙酸	2.65	
	4-羟基-3,5-二甲氧基苯基乙酮	1.08	
醇酚	4-羟基-3-甲氧基苯乙醇	1	
	3-羟基苯乙醇		2.89
	苯酚	3.61	10.91
	2-甲基苯酚	2.27	
	4-甲基苯酚	2.73	
	2-甲氧基苯酚	4.93	2.33
	2,4-二甲基苯酚	2.19	
	4-乙基苯酚	8.99	
	2,6-二甲氧基苯酚	11.39	5.76
	2-甲氧基-4-甲基苯酚	2.16	
	3-乙基苯酚	2.56	
	2-乙基-6-甲基苯酚	1.44	
	4-乙基-2-甲氧基苯酚	5.1	
	2-甲氧基-4-乙烯基苯酚	1.6	
	2-甲氧基-4-丙基苯酚	1.37	
	2,6-二甲氧基-4-丙烯基苯酚	1.25	
含氮化合物	2,6-二甲氧基-2-丙烯基苯酚	5.31	
	3,4-二甲基苯胺	2.89	
	4-甲氧基苯基-2-2羟基亚氮基-乙酰胺	1.26	
	4-丙基联苯	3	

3.6.3　生物质热解多联产技术应用

　　生物质气、固、液热解多联产技术工艺流程如图 3-38 所示,其系统流程如图 3-39 所示。首先应将生物质进行粉碎、干燥和热挤压成型预处理,将成型原料装入干馏釜中;然后在隔绝空气的还原性气氛中,成型原料吸收从干馏釜外部传入的热量,进而实现干馏热解并生成生物质炭。热解过程中释放的挥发分经过净化装置的冷却、除尘、脱焦、过滤和除酸后,产出清洁优质燃气、木焦油和木醋液。优质燃气进入储气柜,经燃气输配系统送达用户;木焦油和木醋液则装桶入库待后续的集中销售或深加工。干馏釜内的生物质炭则通过自然冷却后取出,包装后进入销售环节,可以用于生产燃料、土壤改良剂、肥料缓释载体及 CO_2 封存剂。

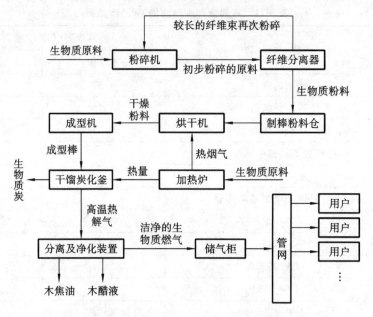

图 3-38　生物质气、固、液热解多联产技术工艺流程

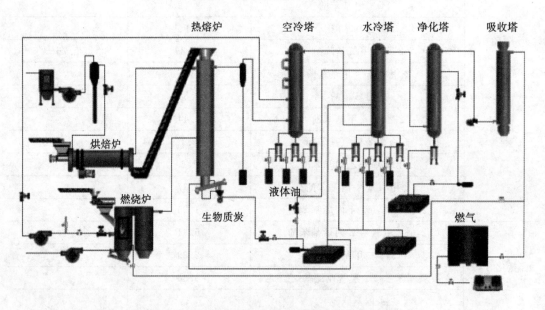

图 3-39　生物质气、固、液热解多联产技术系统流程

集中供气示范站的设计规模为 1000～1500 户,农户日均用气为 1.5 m³,因此供气站每日产气量为 1500～2250 m³。基于农村的需求,气、固、液热解多联产当前为间断式生产,升温时间为 8～10 h,生物质炭冷却时间一般为 48 h;因此要保证每日的供气规模,固定床干馏釜一般为可装载 5 t 物料的大钢罐,并且每个供气站需配置 3 个或 4 个干馏釜以保证供气连续性。

3.6.4　生物质热解多联产技术经济性分析

采用热解多联产技术的湖北省天门市杨林办集中供气站年销售收入如下:年生产生物质燃气 54.75 万 m³,燃气销售单价为 1.2 元/m³,年收入 65.7 万元;年生产生物质炭 547.5

t,售价 3200 元/t,年收入 175.2 万元;年生产木焦油 91.25 t,售价 2000 元/t,年销售收入 18.25 万元;全年收入总计 259.15 万元。供气站年运行成本如下:年需生物质 2555 t,田间收购价平均为 200 元/t(包括人力和运输费用,平均运输距离约为 35 km,平均运输费用为 50 元/t),年原料费计 51.1 万元;供气站工人为 13 名,每人每年工资福利平均为 2.4 万元,全年人工成本为 31.2 万元;供气站全年耗电 52.56 万 kW·h,作为民生工程原本可享受 0.7 元/(kW·h)的补贴电价,但是由于天门市电力供应紧张,补贴措施难以到位,一直支付 1.2~1.6 元/(kW·h)的浮动商业电价,全年电费翻倍而达到 73.58 万元;其他运行成本包括 31.82 万元的折旧费、4.76 万元的销售费、7.14 万元的管理费和 1.8 万元的修理费,其中折旧费按 20 年使用期折算,销售费、管理费和修理费按供气站现有运营情况计算;因此项目全年运行成本为 201.40 万元。综上所述,天门市杨林办集中供气示范工程全年净收入为 57.75 万元。可见虽然运行期间该热解多联产系统可以保持不亏损,但是盈利相对较少,对进一步吸引投资业主会有不利影响。其中耗电过高是固定床干馏釜热解多联产技术的主要缺陷之一,70% 的电量用于固体成型棒的制备过程,因此有效降低成型棒的制备耗电量,是进一步提升经济效益的主要途径之一。另外,在耗电量难以迅速降低的现实技术条件下,0.7 元/(kW·h)的政策性补贴电价实施到位,即国家电网让出一部分利润,是快速提升生物质热解多联产供气站经济效益的有效途径,这对保护业主的投资积极性至关重要。

通过分析可见,该示范工程在现有规模和生物质运输距离条件下,有微利;但是人工成本和用电成本的大幅上升,使项目运行成本提高,致使年净收入下降,项目投资回收期大幅延长,利润降低。提升气、固、液热解多联产技术的经济效益,短期手段是尽量保证民生补贴电价政策落实到位。另外,还需加快优化成型技术,降低成型过程中的能耗;同时,研究发展先进高效的生物质热解气、固、液热解多联产技术,也是提高系统经济性和适用性的必要选择。

思　考　题

1. 生物质热解一般经历哪几个过程? 主要产物有哪些?
2. 影响生物质热解的主要因素有哪些? 分别有何影响?
3. 分别举例说明生物质热解液化和热解炭化设备的工作原理。
4. 简述生物油的主要性质和用途。
5. 简述生物质炭的主要性质和用途。
6. 简述生物质气化技术的原理。
7. 生物质气化技术有哪些类型?
8. 生物质气化与热解的主要区别与联系是什么?

本章参考文献

[1]　DHYANI V,BHASKAR T. A comprehensive review on the pyrolysis of lignocellulosic biomass[J]. Renewable Energy,2017,129:695-716.

[2]　COLLARD F X,BLIN J. A review on pyrolysis of biomass constituents:mechanisms and composition of the products obtained from the conversion of cellulose,hemicellu-

loses and lignin[J]. Renewable and Sustainable Energy Reviews,2014,38:594-608.

[3]　JAHIRUL M I, RASUL M G, CHOWDHURY A A, et al. Biofuels production through biomass pyrolysis—a technological review [J]. Energies, 2012, 5 (12): 4952-5001.

[4]　BRADBURY A G W, SAKAI Y, SHAFIZADEH F. A kinetic model for pyrolysis of cellulose[J]. Journal of Applied Polymer Science,1979,23 (11),3271-3280.

[5]　GOLDSTEIN I S. Organic chemicals from biomass[M]. Florida:CRC Press,2018.

[6]　TRAN D Q,RAI C. A kinetic model for pyrolysis of Douglas fir bark [J]. Fuel,1978, 57(5):293-298.

[7]　PISKORZ J,SCOTT D S,RADLEIN D. Composition of oils obtained by fast pyrolysis of different woods[M]//Pyrolysis Oils from Biomass. ACS Publications,1988.

[8]　BASU P. Biomass gasification,pyrolysis and torrefaction:practical design and theory [M]. Cambridge:Academic Press,2018.

[9]　DIEBOLD J P, BRIDGWATER A V. Overview of fast pyrolysis of biomass for the production of liquid fuels[M]//Developments in Thermochemical Biomass Conversion. Dordrecht:Springer,1997:5-23.

[10]　BEIS S H,ONAY Ö,KOCKAR Ö M. Fixed-bed pyrolysis of safflower seed:influence of pyrolysis parameters on product yields and compositions[J]. Renewable Energy,2002,26(1):21-32.

[11]　SAIKIA R,CHUTIA R S,KATAKI R,et al. Perennial grass (Arundo donax L.) as a feedstock for thermo-chemical conversion to energy and materials. [J]. Bioresource Technology,2015,188:265-272.

[12]　MOHAN D,PITTMAN C U,STEELE P H. Pyrolysis of wood/biomass for bio-oil: a critical review[J]. Energy & fuels,2006,20(3):848-889.

[13]　BRIDGWATER A V. Fast pyrolysis of biomass for energy and fuels[M]//Thermochemical Conversion of Biomass to Liquid Fuels and Chemicals. RSC Energy and Environment Series,2010:146-191.

[14]　ZHANG Y,BROWN T R ,HU G ,et al. Techno-economic analysis of monosaccharide production via fast pyrolysis of lignocellulose[J]. Bioresource Technology, 2013,127:358-365.

[15]　SWAAIJ W V. Biomass power for the world:transformations to effective use[M]. Florida:CRC Press,2015.

[16]　BRIDGWATER A V. Review of fast pyrolysis of biomass and product upgrading [J]. Biomass and Bioenergy,2012,38:68-94.

[17]　PUIG-ARNAVAT M,BRUNO J C,CORONAS A. Review and analysis of biomass gasification models[J]. Renewable and Sustainable Energy Reviews,2010,14(9): 2841-2851.

[18]　ZHANG J,CHOI Y S,YOO C G,et al. Cellulose-Hemicellulose and Cellulose-Lignin interactions during fast pyrolysis[J]. ACS Sustainable Chemistry & Engineering, 2015,3(2):293-301.

[19] PATWARDHAN P R, SATRIO J A, BROWN R C, et al. Influence of inorganic salts on the primary pyrolysis products of cellulose[J]. Bioresource Technology, 2010,101(12):4646-4655.

[20] METTLER M S, VLACHOS D G, DAUENHAUER P J. Top ten fundamental challenges of biomass pyrolysis for biofuels[J]. Energy & Environmental Science,2012, 5(7):7797-7809.

[21] KIM K H, BAI X, CADY S, et al. Quantitative investigation of free radicals in bio-oil and their potential role in condensed-phase polymerization[J]. Chemsuschem, 2015,8(5):894-900.

[22] BHRLE C, CUSTODIS V, JESCHKE G, et al. Insitu observation of radicals and molecular products during lignin pyrolysis[J]. Chemsuschem,2014,7(7):2022-2029.

[23] DAMODARAN A. Investment valuation: tools and techniques for determining the value of any asset[M]. New York:John Wiley & Sons,2012.

[24] MURUGAPPAN K, MUKARAKATE C, BUDHI S, et al. Supported molybdenum oxides as effective catalysts for the catalytic fast pyrolysis of lignocellulosic biomass [J]. Green Chemistry,2016,18(20):5548-5557.

[25] BROWN T R. A critical analysis of thermochemical cellulosic biorefinery capital cost estimates[J]. Biofuels Bioproducts & Biorefining,2015,9(4):412-421.

[26] TABATABAEI M, SOLTANIAN S, AGHBASHLO M, et al. Fast pyrolysis of biomass:advances in science and technology:a book review[J]. Journal of Cleaner Production,2019.

[27] WRIGHT M M, DAUGAARD D E, SATRIO J A, et al. Techno-economic analysis of biomass fast pyrolysis to transportation fuels[J]. Fuel,2010,89:S2-S10.

[28] BROWN T R. A techno-economic review of thermochemical cellulosic biofuel pathways[J]. Bioresource Technology,2015,178:166-176.

[29] DIEBOLD J P. A review of the chemical and physical mechanisms of the storage stability of fast pyrolysis bio-oils[R]. National Renewable Energy Laboratory,2000.

[30] BA T, CHAALA A, GARCIA-PEREZ M, et al. Colloidal properties of bio-oils obtained by vacuum pyrolysis of softwood bark. storage stability[J]. Energy & Fuels, 2004,18(5):188-201.

[31] OASMAA A, LEPPAEMAEKI E, KOPONEN P, et al. Physical characterisation of biomass-based pyrolysis liquids application of standard fuel oil analyses[J]. Vtt Publications,1997(306):X-46.

[32] DIEBOLD J P, CZERNIK S. Additives to lower and stabilize the viscosity of pyrolysis oils during storage[J]. Energy & Fuels,1997,11(5):1081-1091.

[33] BOUCHER M E, et al. Bio-oils obtained by vacuum pyrolysis of softwood bark as a liquid fuel for gas turbines. Part II:Stability and ageing of bio-oil and its blends with methanol and a pyrolytic aqueous phase[J]. Biomass and Bioenergy, 2000,19(5): 351-361.

[34] ÖZCIMEN D, KARAOSMANOGLU F. Production and characterization of bio-oil

and biochar from rapeseed cake[J]. Renewable Energy,2004,29(5):779-787.

[35] BEIS S H,ONAY Ö,KOCKAR Ö M. Fixed-bed pyrolysis of safflower seed:influence of pyrolysis parameters on product yields and compositions[J]. Renewable Energy,2002,26(1):21-32.

[36] BRIDGWATER A V. Catalysis in thermal biomass conversion[J]. Applied Catalysis A:General,1994,116(1-2):5-47.

[37] VOLKMANN D,REUTHER C,JUST T. Refractories for gasification reactors—a gasification technology supplier's point of view[J]. Refractories Applications & News,2004,9(5):11-16.

[38] CZERNIK S,BRIDGWATER A V. Overview of applications of biomass fast pyrolysis oil[J]. Energy & Fuels,2004,18(2):590-598.

[39] BRIDGWATER A V. Principles and practice of biomass fast pyrolysis processes for liquids[J]. Journal of Analytical & Applied Pyrolysis,1999,51(1-2):3-22.

[40] LEDE J,PANAGOPOULOS J,LI H Z,et al. Fast pyrolysis of wood:direct measurement and study of ablation rate[J]. Fuel,1985,64(11):1514-1520.

[41] PEACOCKE G,BRIDGWATER A V. Ablative plate pyrolysis of biomass for liquids [J]. Biomass and Bioenergy,1994,7(1-6):147-154.

[42] BRIDGWATER A V. Review of fast pyrolysis of biomass and product upgrading [J]. Biomass & Bioenergy,2012,38:68-94.

[43] DAHMEN N,DINJUS E,KOLB T,et al. State of the art of the bioliq process for synthetic biofuels production[J]. Environmental Progress & Sustainable Energy, 2012,31(2):176-181.

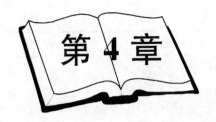

第4章

生物油的性质与应用

4.1 生物油物理化学性质

生物油是由农作物、城市垃圾、农林副产品等生物质原料经热解过程制成的液体燃料。当生物质原料在无氧情况下被加热时,会生成不同比例的热解液(生物油)、热解炭(生物质炭)和不可冷凝气体(合成气)。由此产生的生物油是有机化合物和水的复杂、独特的混合物,且与原始生物质的元素组成非常相似。生物油可以直接在燃油锅炉和透平中进行燃烧利用,也可进一步加工为柴油或汽油而作为动力燃料,具备代替化石燃料的潜力。此外,还能从生物油中提取具有商业价值的化工产品。

如前所述,生物质主要包含木质素、纤维素和半纤维素三大组分。因此,生物油可被认为是由这三组分通过解聚和热裂解所得到的,主要由一些分子量较大的有机物组成,是组分复杂的混合物,其物理化学性质取决于生物质原料的种类、生物质热解过程和产物分离过程等因素。不同条件下制备的生物油的物理化学特性总体上类似,其差异主要取决于原料和制备方法。生物油与常规石油在性质上有所不同,常见生物质原料制备的生物油和燃料油的物理化学性质见表 4-1。

表 4-1　生物质生物油和燃料油的物理化学性质

组成及性质		松木油	橡树油	杨树油	硬木油	2号油	6号油
元素组成 /(%)	碳	56.3	55.6	59.3	58.8	87.3	87.7
	氢	6.5	5.0	6.6	9.7	12.0	10.3
	氧(差值)	36.9	39.2	33.8	31.2	0.0	1.2
	氮	0.3	0.1	0.2	0.2	<0.01	0.5
	硫	—	0.0	0.00	0.04	0.1	0.8
工业分析	灰分/(%)	0.05	0.05	<0.001	0.07	<0.001	0.07
	水分/(%)	18.5	16.1	27.2	18.1	0.0	2.3
	挥发物/(%)	66.0	69.8	67.4	—	99.8	94.1
	固定碳(差值)/(%)	15.5	14.1	5.4	—	0.1	3.6
	动力黏度(331 K)/cP	44	115	11	58	2.6	—
	密度(331 K)/(kg/m³)	1210	1230	—	1170	860	950

组成及性质		松木油	橡树油	杨树油	硬木油	2 号油	6 号油
热解产率 /（%）	油	58.6	55.3	41.0	—	—	—
	水分	13.4	10.4	14.6	—	—	—
	焦	19.6	12.2	16.4	—	—	—
	气	13.9	12.4	21.7	—	—	—

4.1.1　物理性质

生物油是可自由流动、高氧、稠密、高黏性、高极性的液体，含有大量含氧化合物，与其他石油化工液体燃料不相溶。根据初始原料和热解的方式，受液体中微碳和化学成分的影响，生物油颜色从深红棕色到深绿色和黑色均有。经过热气过滤后的生物油中没有焦颗粒，呈现出更加半透明的红棕色外观。高氮含量会使液体呈现深绿色。例如，来自木材的生物油通常为黑色到深红棕色的液体，密度约为 $1200~kg/m^3$，高于传统燃料油的密度，亦明显高于原始生物质的密度。生物油的含水量通常为 $15\%\sim30\%$，含有的水不能通过蒸馏等常规方法去除。生物油含水量超过一定范围时会发生相分离。生物油的高位发热量（HHV）一般低于 $27~MJ/kg$（而传统燃料油的为 $43\sim46~MJ/kg$）。木材热解得到的生物油和重质燃料油性质的比较见表 4-2。

表 4-2　松木快速热解油、水热液化油和重质燃料油的性质比较

组成及性质	松 木 油	热 解 油	水热液化油	重质燃料油
碳（db）/（%）	46.6	$50\sim64$	$65\sim82$	85
氢（db）/（%）	6.3	$5\sim7$	$6\sim9$	11
氧（db）/（%）	47.0	$35\sim40$	$6\sim20$	1
含水量（ar）/（%）	9	$5\sim35$	$3\sim6$	0.1
低位发热量/（MJ/kg）	$17\sim19$	$16\sim19$	$25\sim35$	40
动力黏度（20 ℃）/cP	—	$40\sim150$	约 10^4	180
密度/（kg/m³）	570[a]	$1150\sim1250$	$1050\sim1150$	900

[a] 数据来自 Kersten and Carcia-Perez（2013）和 Knezevic（2009）。

生物油有许多特性（见表 4-3），需要在各种热能、动力或生物燃料的应用中进行考虑。生物油具有高黏性、酸性、相对不稳定性、腐蚀性和化学复杂性，且具有一种独特的烟味。由于生物油中水和氧含量较高，因此生物油的热值低于常规石油燃料的热值。并且由于生物油中存在低分子量的醛和酸，它具有独特的辛辣和烟雾味，长时间接触会刺激眼睛。生物油的基本物理性质包括密度、含水量、pH 值、总酸值、黏度、总热值、分子量、元素组成（C、H、O、N、S）、灰分和固体含量、热敏性、燃烧特性（闪点、倾点、着火特性）。生物油的元素组成与木材元素组成相似。以往的分析结果表明，有许多常用的物理分析技术也适用于生物油性质检测，如旋转黏度法、毛细管电泳法等。

生物油可被视为一种微乳液，具有纤维素分解全部产物的连续相水溶液，通过氢键等机制使热解木质素大分子保持相对稳定。生物油出现老化和不稳定现象被认为是这种微乳液破裂的结果。

表 4-3　生物油的特性

特　性	影　响	解决方法	对热和能量的重要性	对生物油的重要性
悬浮焦	腐蚀;设备堵塞,燃烧过程高 CO 排放	蒸气过滤;液体过滤提质焦油;提质应用	高	严重堵塞催化剂
碱金属	催化剂中毒;固体在燃烧侵蚀和腐蚀熔渣过程中形成沉积;对汽轮机造成伤害	原料预处理除灰;热蒸气过滤;工艺油;改质应用	高浓度导致沉积,但大多数碱金属会进入焦油中,所以不一定会成为问题	高催化剂中毒
均质性	相分离,部分相分离、分层;混合不良,搬运、储存、加工不一致	修改或更改流程;修改或更改原料;将原料改为低木质素;加入助溶剂;控制水分	非常高	非常高
微量污染物,如硫、氯	催化剂中毒	包括合适的洁净过程	低	高
低 pH	容器和管道腐蚀	认真选择材料,如聚丙烯或者不锈钢	低	低
温度敏感性	液体不可逆分为两相(>100 ℃);部分相分离(>60 ℃)	最好在没有空气的室温下储存液体	如果得以控制则低	中等
材料不相容性	密封件和垫圈的损坏	认真选择材料	低	低
高黏度	高压降;增加设备费用;泵送成本高;部分相分离	小心加热到 50 ℃,快速线性加热到 80 ℃,加水,加助溶剂	雾化低	低
老化	从第二反应例如冷凝中缓慢增加黏度;部分相分离	不要长期储存,避免直接接触空气,加水,加助溶剂	低	低
水分	对黏度和稳定性有复杂影响;水分增加降低热值、密度、稳定性,增加 pH	以 25% 的浓度来混溶进行优化;对应用流程进行优化;脱水很困难	只要被控制,就低	取决于催化剂

1. 含水量和含氧量

　　生物油中含量最高的物质为水。生物油中的水分来源主要是原料中水分和热解过程中生物质发生缩合或缩聚反应所生成的水分。生物油的含水量一方面取决于生物质原料的干燥程度,另一方面也受到热解条件、操作方式、储存过程中生物油内部的脱水反应等因素的影响。由于生物质原料常在风干或低于水的沸点的条件下进行干燥,一般只能去除生物质中的外在水,生物质中的内在水分和热解过程生成的水分最后都留在生物油中,因此生物油中正常的水分含量为15%~25%。研究发现,在15 ℃/min的升温速率下缓慢热解时,针叶木热解的生物油含水量可达50%,硬木热解的生物油含水量可达57%,小麦壳热解的生物油含水量可达80%以上。生物油中水分的测量方法有卡尔·费歇尔滴定法、甲苯夹带蒸馏法、气相色谱法和共沸蒸馏法等多种,其中卡尔·费歇尔滴定法最为快捷方便。

当生物油中的水分含量过高时,生物油可以被分离为两相:水相和重质有机相。生物油的水组分不易分离。在大约100 ℃或更高的温度下蒸发或蒸馏将导致生物油发生显著且潜在有害的物理和化学变化,油会迅速反应,最终产生固体残渣,因此生物油中水分含量高是很难避免的,即使是干生物质原料的热解生物油。低温干燥无法成功去除水,因为水和有机成分之间存在复杂的关系,其中部分水以化学结合的形式存在,例如水化物。

生物油的含水量是影响其黏度、极性及后续反应活性等理化性质的重要参数。高含水量对生物油的应用造成很多影响,其中不利的影响如下。第一,低热值。一般生物油的热值为16~18 MJ/kg,不超过19 MJ/kg,仅为柴油的2/5(柴油热值为40~42 MJ/kg);过高的含水量会降低生物油能量密度,降低油的火焰温度,导致点火困难,在预热油时,可能导致油过早蒸发,从而导致喷油困难。第二,稳定性变差。过多的水分容易使生物油的水相和油相发生分离,影响其稳定性。第三,点火困难且燃烧速率和火焰温度降低。水蒸气蒸发需要消耗大量的气化潜热,并且水蒸气也会稀释可燃挥发分的浓度,使得生物油应用于内燃机时,着火延迟期明显长于汽油、柴油等燃料。第四,烟炱排放增多。由于水分的存在使得生物油燃烧速率降低,因此生物油中以及燃烧过程中生成的一些固体颗粒就难以燃尽。此外,水会使油变得更具腐蚀性。

另外,水分的存在也会给生物油的应用带来一些有利的影响。第一,降低黏度,从而有利于生物油的雾化。但生物油相分离很可能发生在含水量大于20%的情况下,此时需使用昂贵的乳化剂抑制相分离。第二,减少NO_x的排放。燃烧过程产生的NO_x主要有三种类型,即热力型NO_x、燃料型NO_x和快速型NO_x,其中温度对NO_x的形成有着非常重要的影响,水分的存在一方面降低了燃烧温度,另一方面也使得温度场较为均匀,均有利于减少NO_x的生成。

2. 含氧量

生物质原料中大部分的氧被转移到生物油中,通常生物油的含氧量为35%~60%。生物油中几乎所有的有机组分都含氧,这也是生物油与石油等化石燃料性质不同的主要原因。生物油是高含氧量的有机混合物,含有大量的水、酚类、酯类、酮类、醛类、呋喃类、酸类、醇类等。这些含氧物质导致生物油具有较强的极性,与非极性的石油燃料不互溶,这显然不利于生物油作为燃料进行应用。并且,高含氧量也会导致生物油热值低、有腐蚀性,并且稳定性差。生物油的高含氧量主要是由所采用的生物质原料中的氧含量决定的。由于含氧量高,生物油的能量含量低于大多数化石燃料,其热值约为重质热油等石油衍生燃料的一半;但生物油中微量金属和硫含量较少,这使其成为一种极具吸引力的低污染排放燃料。此外,高产量和高浓度的含氧碳氢化合物,包括芳香族化合物,使生物油生产大量可替代生物石油和生物柴油成为一条有希望的途径。

3. 酸性与腐蚀性

生物油是一种酸性液体,含有大量的有机酸,其中主要为甲酸和乙酸。生物油中的酸和水分是生物油具有腐蚀性的主要原因。另外,除了小分子羧酸,生物油的重质组分中也含有一定量的有机酸。其酸含量可用 pH 值或酸度来表示,酸度是中和 1 g 生物油所需的 KOH 的毫克数。生物质热解产生的生物油 pH 值介于 2.0~4.0 之间,酸度为 50~100 mg KOH/g。据报道,软木树皮生物油的总酸度为 35 mg KOH/g,而橡木树皮和橡木生物油的总酸度为 120 mg KOH/g。研究还发现,随着热解温度升高,生物油的 pH 值也升高。

生物油对钢铁或铝等金属材料有一定的腐蚀作用。另外,随着温度和生物油中水分含量的增加,其腐蚀性会加强。但一般情况下,生物油不会腐蚀不锈钢。如果要将生物油用作车用燃料,则需对其进行精制。强酸性使生物油腐蚀性很强,高温下腐蚀性更强,因此对容器的抗腐蚀性要求很高。为了避免生物油的腐蚀性带来不利影响,应采用由聚丙烯或耐酸不锈钢材料制作的容器存放生物油。

4. 黏度

使用 ASTM D 445-88 方法可测量生物油的黏度。生物油的运动黏度随水分、原料、热解工艺和生物油的组成不同而不同,其变化范围很大,从 25~1000 m^2/s(在 40 ℃下测量)或更大,取决于原料、生物油的含水量和生物油的老化程度。生物油一旦作为热解液体被收集,就不能再完全蒸发。如果加热到 100 ℃以上以除去水或蒸馏较轻的部分,它会迅速反应并形成固体残渣。

生物油的动力黏度会随着时间的推移而增大,温度升高、与氧气接触和紫外线照射都会加速黏度变化。在恒温浴中,由紫檀和杉木得到的生物油的动力黏度分别为 70~350 mPa·s 和 10~70 mPa·s,由稻草得到的生物油因含水量高而具有较低的动力黏度,为 5~10 mPa·s。NREL 的研究表明,添加甲醇后,生物油的黏度降低,稳定性较好。Boucher 等为了将生物油用作燃气轮机燃料,研究了生物油添加甲醇后性能的变化,发现添加甲醇使生物油热值稍有降低,同时减小了生物油的黏度和密度,增强了生物油的稳定性。该方法的缺点是添加甲醇后,生物油的闪点降低了。总的来说,生物油的黏度较大,在雾化之前需要预热以降低其黏度。与所有液体燃料一样,生物油的黏度随温度升高而迅速下降,但由于生物油稳定性差,加热到一定温度就会变性,因此黏度随温度继续升高反而增大。中国科技大学测得的生物油的变性温度约为 80 ℃,在 80 ℃以前生物油特性符合牛顿流体特性,且黏度的对数和温度的倒数成线性关系。

生物油的黏度是含氧量的直接函数,高含氧量会产生高黏度。因此,只有高度提质的生物油才适用于对低黏度要求较高的产品,如涡轮机。在相对较低的含氧量(约 10%)下,成品油密度接近 1 kg/m^3。含氧量在 10%~15% 之间时,密度在 1 kg/m^3 左右。目前,还没有一种生物油的标准,因此需要对生物油关键特性包括密度、黏度、表面张力和热值进行定义以促进生物油标准化;另外,生物油中焦和灰分含量也对生物油品质有重要影响,应予以考虑。

此外,温度高于 100 ℃或暴露在空气中(通过氧化)会导致生物油聚合或变质,这会对生物油的物理性质(如黏度)产生不利影响,并且生物油会随着类似沥青物质的沉积而发生相分离。通过加热生物油以降低泵送或雾化的黏度的方法需要仔细考虑并经过彻底测试。单独暴露在空气中导致老化的速度比温度升高导致老化的速度慢。密封保存生物油被认为会导致压力大幅度增加,因此需要进行一些最小程度的通风,以避免压力积聚,但应尽量减少使生物油暴露在氧气中。据报道,生物油以这种方式储存长达两年以保持一种可用的形式没有问题。

5. 稳定性

由于生物油是生物质热解产生的挥发分迅速冷凝得到的,因此生物油并非处于热力学平衡状态。高活性含氧官能团、低摩尔氢碳比、酸性环境和催化活性碱金属的存在,导致了生物油的不稳定性。生物油的不稳定性主要表现在三个方面:①储存过程中黏度增大;②挥发性组分的挥发;③在空气中会被氧化。生物油中的组分在储存过程中会发生缓慢的聚合反应,这个过程称为老化。生物油中活性有机组分会通过缩合和聚合形成较大的分子,这些分子导致生物油的化学组成和物理性质发生变化,如平均分子量和黏度的增大。生物质热分解蒸气冷却成液体后,老化效应立即开始,在储存的最初几个月内迅速进行,并随着时间的延长逐渐减缓。因为老化是一个放热的过程,所以初始生物油的热量也最高,随着时间的推移逐渐降低。温度对老化速率有显著影响,老化反应随着温度的升高而加快(见图 4-1),因此建议在温和温度下储存生物油。生物油的发热与生物油的化学成分和物理性质的变化有关。碱金属催化老化反应,可能导致含水量增加、产生易相分离的产物。羧酸在 90 ℃ 以下不引起老化反应,但它们为酸催化反应提供了合适的环境。另外,羧酸、酚类化合物也有助于生物油这些反应的发生。甲酸比乙酸更能催化聚合反应。

生物油中的醛类物质是最不稳定的组分,极易发生聚合反应。此外,生物油中的有机酸可以促进生物油组分间的聚合反应。空气中的氧气也会氧化生物油,生成更多的酸和活性氧化物,可以催化不饱和物质的聚合反应。老化反应会显著改变生物油的性质。例如,老化反应会增大生物油的水分含量、黏度、分子量,并导致生物油分层和热值降低。当温度超过 90 ℃ 时,生物油中一些组分就会聚合形成焦炭。

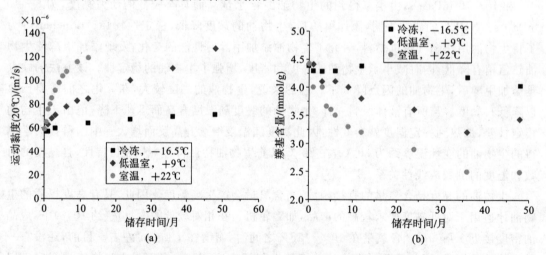

图 4-1　同一松树生物油(含水量 24%)在不同储存温度下运动黏度和羧基含量(湿基)随时间的变化

6. 热值

生物油的低位发热量通常为 $14\sim18$ MJ/kg,一般只是常规碳氢燃料的 $40\%\sim45\%$。当用干生物质或低水分生物质生产生物油时,其热值通常略高于生物质原料的热值,范围为 $20\sim25$ MJ/kg。生物油低位发热量低的原因主要是水分和氧含量高。不同生物质制备的生物油低位发热量的区别主要由生物油中的水分含量决定。生物油的高位发热量(HHV)低于

27 MJ/kg(而传统石油燃料油的高位发热量为 43～46 MJ/kg)。相对于稻草、木材和农业废弃物,油料作物热解生成的生物油的热值比较高。

通过在固定床反应器内进行快速热解,Beis 等得到了热值为 41 MJ/kg 的红花籽热解生物油,收率为 59.7%;Ozcimen 等制得的油菜籽热解生物油热值可达 36.4 MJ/kg,但收率并不高。以木材和农业废弃物为原料生产的生物油的热值一般在 20 MJ/kg 左右。

7. 密度

生物质热解得到的生物油为棕黑色液体,流动性比较好,有浓烈的刺激性气味。将生物质热解液化生成粗生物油,使密度由原来生物质材料的 0.2 g/cm³ 左右上升到 1.2 g/cm³ 左右,能量密度提高数倍,使其运输和使用更方便。生物质原料和热解条件的变化会使生物油密度发生改变,当热解温度升高时,密度略有增加。另外环境温度的变化和存放方式的不同也会使生物油密度发生相应的改变。生物油密度约为 1.2 g/cm³,而轻质燃料油的密度约为 0.85 g/cm³。这意味着生物油的重量约占燃料油能量含量的 42%,体积约占燃料油能量含量的 61%。这对锅炉、发动机中泵和雾化器等设备的设计和规范具有指导意义。

8. 分子量

对于许多木质纤维素原料,生物油的化学成分可以用 $CH_{1.3}O_{0.47}$ 表示,或者用包括氮在内的 $CH_{1.38}O_{0.37}N_{0.002}$ 表示,生物油的灰分含量一般在 0.04%～0.5%,因此,在进一步加工之前需要对生物油进行过滤。生物油的分子量可用 GPC 测定,其范围为 370～1000 g/mol。通过提高裂解程度,可以优化生物油的分子量分布,从而使燃烧过程中的特性得到改善。

9. 倾点与闪点

生物油闪点与其水分和挥发分含量密切相关,由于生物油水分含量较多,因此生物油的闪点一般小于 70 ℃或大于 100 ℃。而在 70～100 ℃,生物油水分大量蒸发,很难检测到闪点。生物油的倾点可以用原油的标准手动方法 ASTM D 97 或自动方法 ASTM D 5949 来测定。生物油的倾点在 −36～−9 ℃。与柴油相比,生物油较高的含水量增加了其点火延迟,降低了燃烧速率。此外,低聚物因分子量高而很难点燃。在柴油发动机试验中发现,平均分子量较低的生物油具有较高的燃烧速率和较低的着火延迟。低含水量、低分子量的生物油具有较好的燃烧性能。

10. 固体颗粒

生物油中的固体颗粒主要是炭粉和灰分,灰分中含有一定的金属元素如 Na、K、Ca 等。颗粒的粒径一般为 1～200 μm。颗粒含量随原料粒径及其均匀度、热解过程及热解产物的分离和收集等因素变化而变化,一般热解过程中采用的旋风分离器对粒径在 10 μm 以上的固体颗粒的分离效率可达 90%,而对粒径在 10 μm 以下的颗粒的分离效率明显下降,如果没有进一步的过滤系统,相当一部分的固体颗粒会进入生物油中,最高含量可达 0.3%。另外,生物质热解过程使得原料中的金属元素都浓缩到灰分中,因此,生物油固体颗粒中的金属含量是生物质原料的 6～7 倍,这些固体颗粒以及金属元素对污染物的生成以及内燃机等的腐蚀都有一定的影响。

4.1.2　化学性质

生物油由分子量各异的数百种化合物组成,这些化合物主要来自于纤维素、半纤维素及木质素的解聚和裂解反应,以及热分解中间产物之间的交互反应。生物油中主要化学组分为水、不溶于水的木质素衍生物、醇类、醛类、羧酸、酮类、碳水化合物、糠醛和大量芳香化合物(见图 4-2),如苯酚衍生物和芳香烃,其氢碳摩尔比通常高于 1.5。这些组分反应性强,甚至在生物油常温存储过程中即会发生聚合反应,导致生物油平均分子量增大,且黏度增大。研究生物油的性质,对进一步高效利用生物油具有重要意义。因此,解析与定量检测生物油中的这些组分,特别是未知的高分子量组分,十分必要。

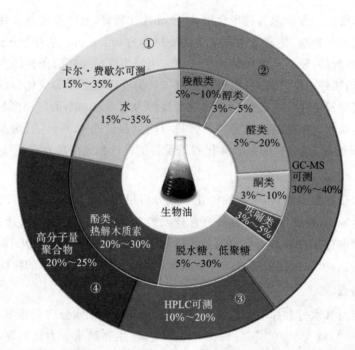

① 卡尔·费歇尔可测组分:水

② GC-MS可测组分:羧酸、醇、醛、酮、呋喃、小分子糖类等

③ HPLC(高效液相色谱法)可测组分:糖类、酚类、低聚物等

④ 高分子量聚合物:如热解木质素。分子量大,结构复杂,表征难度大,需要利用UV(紫外可见光谱法)、NMR(核磁共振)、FTICR-MS(傅里叶变换离子回旋共振质谱法)等表征手段综合分析,是生物油全组分解析的关键。

图 4-2　生物油常规化学组分及其检测表征方法

生物油中含有许多活性物质,这些物质导致了生物油的特性。从元素组成上看,生物油所含的元素与原料生物质相似。虽然生物油具有原油的外观,但它不与石油衍生燃料混溶,而可与甲醇、乙醇、丙酮等极性溶剂混溶。生物油中含量仅次于水的化合物,是羟基乙醛(高达 10%),其次是乙酸(高达 5%)和甲酸(高达 3%),它们将生物油的 pH 值降低到 2~3。生物油在许多地方都有其用途,包括在锅炉中用作燃料,为柴油发动机提供动力。尽管以甲醇和费-托燃料的形式利用生物油作为运输燃料是可行的,但在这方面还需要更多的研究。生物油的另一个优点是它可以用于提取一些化学产品。生物油的应用概况如图 4-3 所示。

生物油组分包括有机组分和无机组分。热解产生的生物油的有机组分如表 4-4 所示。许多有机组分可以被分离出来用作特殊化学品。生物油中的无机化合物与负离子有关,与有机酸有关,与各种酶化合物有关。生物油中存在的无机物包括钙、硅、钾、铁、铝、钠、硫、磷、镁、镍、铬、锌、锂、钛、锰、钡、钒、氯等。

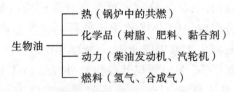

图 4-3　生物油的应用概况

表 4-4　生物油的有机组分

类　别	有 机 组 分
酸	甲酸、乙酸、丙酸、己酸、苯甲酸等
酯类	甲酸甲酯、丙酸甲酯、丁内酯、甲基正丁酸酯、天鹅绒内酯等
醇类	甲醇、乙醇、2-丙烯-1 醇、异丁醇等
酮类	丙酮、2-丁酮、2-戊酮、2-环戊酮、2,3-戊二酮、2-己酮、环己酮等
醛类	甲醛、乙醛、2-丁烯醛、戊醛、乙二醛等
酚类	苯酚、甲基代苯酚
烯烃	2-甲基丙烯、二甲基环戊烯、α-蒎烯等
芳烃	苯、甲苯、二甲苯、萘、菲、芴、1,2-苯并菲等
氮化合物	氨、甲胺、吡啶、甲基吡啶等
呋喃	呋喃、2-甲基呋喃、2-呋喃酮、糠醛、糠醇等
愈创木酚	2-甲氧基苯酚、4-甲基愈创木酚、乙基愈创木酚、丁香酚等
丁香	甲基丁香醇、4-乙基丁香醇、丙基丁香醇等
糖	左旋葡聚糖、葡萄糖、果糖、D-木糖、D-阿拉伯糖等
其他氧化物	羟基乙醛、羟基丙酮、二甲基缩醛、缩醛甲基环戊烯酮等

　　生物油的组成在很大程度上取决于生物质原料、工艺条件和生物油的处理方法。生物油中的化合物涵盖了大范围的分子量、沸点和官能团。分析技术的限制给油中化合物的鉴定和定量带来了困难。例如，普通的气相层析-质谱联用（GC-MS）方法只能鉴别沸点低于 250 ℃的化合物，因此，生物油的组分通常以集总的形式呈现，并通过多种分析和溶剂分馏技术的组合来确定。由松木生产的典型生物油的化学成分如表 4-5 所示。

表 4-5　松木生物油的化学成分(20 ℃凝结)

化 学 成 分	质量含量/（%）
提取物	0.2
水	30
轻质馏分,正常沸点<154 ℃	10
中质馏分,正常沸点 154～300 ℃	9
糖	10
水不溶物	16
不明有机物	30

目前，针对生物油的表征分析尚无确定的标准。许多研究人员采用了多种分析方法及分析仪器研究生物油的成分组成。GC-MS常用于分析鉴定生物油中的可挥发性组分（受制于进样口温度），然而难以检测生物油中的非挥发性的组分，只有30%～40%的生物油组分可以被GC-MS检测到。除了GC-MS，傅里叶变换红外光谱（FT-IR）、核磁共振（NMR）、高效液相色谱（HPLC）、凝胶渗透色谱（GPC）、紫外荧光光谱（UV-F）也常用于生物油的定性（或半定量）分析，但这些表征手段只能获得被测样品的整体信息，无法解析生物油中的化学成分。另外，10%～20%的生物油组分可以被HPLC检测到。然而，仍有20%～25%的生物油组分是高分子物质，难以被常规的检测手段或仪器检测到。这些大分子组分通常可以通过添加额外的水对生物油进行分离获得。已有大量研究通过多种分析方法对这些大分子组分进行表征。研究结果表明，这部分组分包含由木质素降解得到的多种低聚物，但其具体成分仍不清晰。木质素衍生低聚物是生物油的一个重要组成部分，通常它对生物油的物理化学特性有许多负面影响，例如增大黏度、降低稳定性等。另外，生物油热处理过程中存在的许多运行问题也通常是由木质素衍生低聚物导致的。例如，由于木质素衍生低聚物的燃尽时间长，其不完全燃烧会生成碳烟和大量NO_x。

生物油中的糖来源于半纤维素和纤维素，并以脱水形式存在。除单糖外，生物油中还含有大量的低聚糖。不溶于水的部分，即用冷水稀释生物油后得到的固体残渣，通常被称为热解木质素。普遍认为，这种残渣主要存在于木质素衍生的大分子中，因此富含芳烃。目前的分析技术无法鉴定生物油中相对较大的有机物，该部分不溶于水，沸点相对较高。有研究者认为，这一部分主要由交联低聚糖组成。提取物可从生物油的顶层获取，其来源于有机非细胞壁化合物，如脂肪、蜡和蛋白质，它们具有较低的含氧量。

不同实验室对相同油样的分析仍存在显著差异，因此，需要仔细解释文献中报告的绝对值。生物油中的化合物含有活性官能团，这些官能团通过进一步聚合反应，生成水、较重的化合物，最终生成焦炭。这种现象可发生在低温条件下，例如，在储存期间的室温下发生聚合反应，称为老化；在加热时聚合更快，例如，在蒸馏时，生物油组分间会聚合形成黏稠状物质，并进一步形成焦炭状固体产物，称为结焦。典型的生物油是单相混合物，但在高含水量下，生物油的相分离会影响其进一步加工。在储存过程中，由于老化，单相生物油也可能发生相分离。

一般来说，生物油含有低聚木质素的部分，在含有大量水的情况下容易自发沉淀。来自各种官能团的大量氧会导致生物油的热不稳定性。此外，还存在一定数量的低聚物，其分子量在900～2500，主要来源于木质素的热解。木质生物油通常由70%～80%水溶性（ws）纤维素和半纤维素衍生含氧化合物组成，主要是醛、酮、羧酸和碳水化合物衍生糖。新鲜生物油的水不溶性（wis）部分的有机部分大多是木质素衍生的低聚物。

半纤维素降解为低分子量酸是生物油呈酸性的主要原因。生物油还含有许多其他含氧官能团，如醛、酮、酚、醚和醇。这些官能团对缩合反应具有敏感性，它们被认为是导致生物油化学和热不稳定性的主要原因。生物油老化的特点是相分离，黏度增大，分子量增加，酸度变化，含水量增加。这些变化归因于生物油中多种含氧物质，如酸、酯、醇、酮、醛、糖、呋喃、酚和高分子量物质的存在。在较长时间内、相对低温（如37 ℃持续56 d）下发生的变化与在较短时间内、较高温度（如90 ℃持续6 h）下发生的变化相似。将密封样品置于80 ℃的烘箱中24 h，对生物油进行加速老化，并利用该烘箱对生物油老化进行综合评估，发现了一些重要的老化反应，包括糖的分解和缩合形成腐殖酸、糠醛和酮的羟醛缩合、酸催化的木质素缩合、自由基引发的木质素缩合和酚-乙醇醛的偶联。通过核磁共振研究，发现了脂肪酸 C—O 键、芳香 C—H 键的数量减少，脂肪族 C—C 键、芳香族 C—C 键和 C—O 键增加，缩合反应导致分子量增大，黏度增大，相分离均匀。在另一项使用桦木生物油的研究中，在 80 ℃ 下老化导致与烯烃、醛和羟基相关的碳含量降低，这表明发生了醛和酮缩合、酚醛反应、糖转化为腐殖酸、醇醚化、羧酸和醇酯化等反应。为了稳定生物油的储存和加工，需要减缓这些反应。

4.2　生物油物理化学性质的影响因素

4.2.1　反应条件的影响

4.2.1.1　温度的影响

温度是热解过程中最重要的参数之一，为生物质的分解提供所需的热量。从现有研究可知，热解温度对产品收率起着关键作用。我们知道，当分子的温度超过其沸点时，就会形成蒸气。在热解过程中，反应器内部与原料之间的温差为生物质的分解和破碎提供了传热的驱动力。随着反应器温度的升高，这种温差增大，因此生物质的分解速率增大。从现有相关文献中可知，随着热解温度的升高，生物油产率提高，在 500～550 ℃ 达到最大值，然后降低。生物质炭的产率在 350 ℃ 左右达到最大值，且随着温度的升高而降低。热解气体的产量随着温度的升高而不断增加，最大产量出现在高温条件下。

随着热解温度的升高，生物油、生物质炭和气体产物的特性是由以下反应过程决定的。在热解过程中，生物质发生了不同类型的反应（一次反应和二次反应）和挥发，生成的挥发分进一步经历了不同的二次反应。冷凝时，可冷凝的化合物产生生物油，不可冷凝分子产生气态产物。二次反应有助于通过产生不可冷凝的分子来增加气体产物的产量。在较低温度下，一次反应占主导地位，随着反应温度的升高，挥发分的生成量增加。因此，挥发分的冷凝增加，从而导致更高的生物油产量。然而，随着温度的升高，二次反应的发生率也随之增加。因此，在一定的温度范围内，当二次反应占优时，生物油产量下降。存在一个温度，在该温度下产生的挥发分最适合冷凝成液体产品，从而获得最高的生物油产量。

生物质炭的产率总是随着温度和升温速率的增加而降低，这是由于挥发分的显著释放或生物质炭在较高温度下的二次分解。生物质炭在较高温度下的二次分解产生不可冷凝气体，这有助于提高气体产品的产量。随着温度的升高，气体产物的产率提高，这是因为在较高温度下，热解挥发分发生二次裂解反应，生物质炭发生二次分解，从而导致气体产物的产率总体上提高。生物油的组成随温度变化显著，生物油是多种化合物的混合物，这些化合物主要是烷烃、烯烃、羧酸、芳香族、脂肪族和芳香族腈以及多环芳烃（PAHs）。

图 4-4 所示为不同原料四种主要产物的温度依赖关系。大多数生物质原料的试验结果相似，生物油最大产率出现在 480～520 ℃，具体温度则取决于原料。例如，生物质的灰分含量较高时，生物油最大产率出现在这个温度范围的低端，生物质在干原料基础上的最大液体产量往往在 55%～60%。生物油是通过快速冷凝形成的，因此是"冻结"半纤维素、纤维素和木质素的快速降解的中间产物。生物油中含有许多高反应性的物质，这是造成其性质特殊

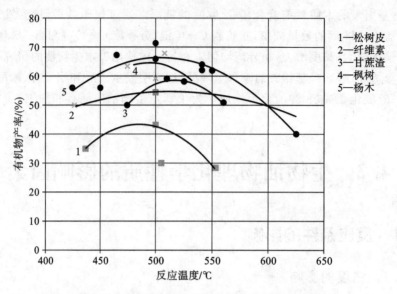

图 4-4　不同原料四种主要产物的温度依赖关系

的原因。

较高的温度（>650 ℃）倾向于产生更多的气体。缓慢的升温速率往往会产生更多的生物质炭，从而使液体产量下降。缓慢热解有利于生物质炭的形成，因此被用于木炭生产。此外，由于二次反应占优势，因此较慢的冷却速度会产生更多的气体，进而降低液体产量。

4.2.1.2　停留时间的影响

快速热解的挥发分停留时间通常为 2 s 或更短。快速加热和淬冷可使二次反应最小化，从而获得最高的液体产量，有助于对热解技术进行更有利的技术经济评估。

4.2.1.3　升温速率的影响

升温速率是热解过程中的一个重要参数。热解过程中，需要对一次挥发分进行快速加热和冷却，以尽量减少二次反应的可能性，二次反应会降低生物油产量并对其质量产生负面影响。生物质快速热解降低了传热传质的局限性，控制了二次反应的发生。高升温速率下，生物质快速吸热分解产生更多的挥发分，从而缩短了二次反应（生物油裂解或再聚合）所需的时间。

闪速热解过程中的生物油是一种低黏度的深棕色流动流体，含水量高达 15% 或 20%，但除非使用非常湿的原料，否则生物油通常不会发生相分离。在缓慢的热解过程中，生物油是一种厚的黑色焦油液体，含水量高达 20%，黏度从与汽油相当到与重质燃料油相当不等。

4.2.1.4　气流量的影响

热解过程的反应环境会影响热解产物的性质和组成。热解挥发分与周围固体之间的相互作用，导致二次放热反应，从而形成焦炭。支持快速传质的热解条件有助于减少这些反应，例如真空热解、快速净化热解挥发分和快速冷却热挥发分。惰性气体如氮气（N_2）、氩气和水蒸气可用于快速吹扫热裂解挥发分。在大多数研究中，N_2 由于成本低而被广泛使用。在热解过程中，生物质首先形成挥发分，这些挥发分由反应器中的惰性气体（如 N_2）吹扫排出,冷凝后生成生物油。未冷凝的挥发分与载气一起形成气态产物。在较低的 N_2 流量下,挥发分在热反应区的停留时间较长,从而产生更多的焦炭。然而,在较高的 N_2 流量下,挥发分在热反应区的停留时间缩短,从而导致较低的焦炭产率和较高的生物油产率。

在较长的停留时间下,反应器高温区的挥发分通过裂解或部分氧化转化为较小的分子,并通过再聚合、再凝聚等产生更多的气体产物和较大的分子。这些二次反应的相对影响取决于挥发分停留时间。短的停留时间减少了再聚合反应的影响。此外,如果停留时间太短,再聚合反应可能不太明显,从而导致生物油的产量较低。因此,随着 N_2 流量的增加,最初生物油的产量增加是因为形成更多的挥发分,它们冷凝和聚合;然而,在 N_2 流量达到一定值后,生物油的产率随着再聚合反应的贡献减少而降低。

4.2.2　生物质原料的影响

4.2.2.1　生物质粒径大小的影响

生物质是一种不良热导体,因此在某些热解炉中,沙子被用作快速传热的介质。在间歇式热解炉中,没有沙子作为传热介质,热量从热解炉壁表面通过生物质表面传递给生物质。因此,生物质颗粒的高比表面积提高了传热速率。较小的颗粒比较大的颗粒具有更大的比表面积,因此当较小颗粒的生物质用于热解时,传热速率更高。由于这一原因,当生物质颗粒尺寸较小时,在热解过程中会形成更多的挥发分,会产生更少的焦炭和更多的气体。随着颗粒尺寸的增加,传热速率降低,升温速率降低,从而产生更多的焦炭和更少的气体。此外,较大颗粒的生物质会导致颗粒内部温度梯度高;因此,与较小颗粒的生物质相比,颗粒整体不会达到相同的温度。大颗粒生物质热解也需要较高活化能。由于这些原因,与较小粒径的原料相比,大颗粒生物质热解有更多的焦炭形成,气态产物相对更易冷凝,生物油产量没有显著变化。

4.2.2.2　无机含量及组成的影响

生物质中含有非常活跃的催化剂成分,即组成灰分的碱金属。其中最活跃的是钾,其次是钠。生物质中的灰分会导致挥发分的二次裂解,降低液体产量。灰分可以通过作物选择和收获期管理进行控制,但不能完全消除。热解前清洗生物质可降低灰分含量,但清洗的不利影响是半纤维素和纤维素通过水解损失,从而降低液体产量。

生物质中的矿物质和其他无机化合物是在收获过程中从土壤中提取的植物养分或污染物。通常,这些无机化合物富集在焦炭中。生物油中可保留约 1% 的无机物,起始生物质中灰分的含量与生物油产率和生物油短链酸含量呈负相关关系。灰分也会导致反应器降解。因此,从生物质中去除无机物的方法已经实施。有报道称生物油相分离对原料灰分含量有依赖性,更多的灰分会导致生物油发生相分离。

4.2.2.3　生物质含水量的影响

快速热解装置使用的生物质原料的含水量通常限制在 10% 及以下,从而导致生物油的含水量在 25%~30% 之间。干热法是在 200~280 ℃ 的温度范围内对生物质进行热预处理的方法,可降低原料的初始含水量和含氧量。经热处理后的生物质热解所得生物油产品的酸和水含量均降低,而含水量降低导致液体产品的热值升高。

4.2.2.4　生物质组成的影响

木质纤维素类生物质的复杂性使生成的生物油产品成分非常复杂。糖类生成的主要反应是解聚和脱水为左旋葡聚糖，然后进一步脱水，C—O 键和 C—C 键断裂。对于半纤维素，其来源决定了它的反应性，硬木的木聚糖比软木的葡甘聚糖更具反应性。与纤维素类似，木聚糖解聚和重组形成 1,4-脱水-D-木吡喃糖，进一步分解成更小的化合物，如酸和呋喃。对于木质素，自由基催化解聚是主要的热解途径。生物油中的酚类、丁香醇和愈创木酚主要归因于木质素的热解。因此，聚合物含量不同的各种原料也将生成具有不同组成的生物油。通过比较木质生物质、秸秆、壳类（花生壳、稻壳、玉米芯、菜荚）和藻类四种生物质，研究人员发现木质生物质产生的酚类物质较多，秸秆产生的酮类物质较多，壳类产生的呋喃类物质较多，藻类产生的脂肪酸较多。

4.3　生物油的直接应用

4.3.1　燃烧

生物油可以作为锅炉、柴油发动机和燃气轮机的燃料，这比直接燃烧生物质要高效、清洁得多。

生物油是可燃的，但不易燃。由于生物油中含有大量的不可挥发和不可燃成分，因此需要大量的能量来点火，一旦点火，它就会以稳定的自持火焰燃烧。有研究人员在美国桑地亚进行了单液滴生物油燃烧的广泛实验室研究。这项研究显示了生物油燃烧的独特多步骤过程，包括以下阶段：

(1)点火；

(2)静态燃烧；

(3)液滴微爆炸；

(4)雾滴碎片的破坏性烟熏燃烧(亮黄色)；

(5)微珠颗粒的形成与燃尽。

在相同的条件下，传统化石燃料油从着火到燃尽只表现出静止的、发黑的燃烧火焰。在相同条件下，生物油的燃烧时间与化石燃料油的燃烧时间相当，生物油的绝热火焰温度在 1400~1700 ℃ 之间，相对较高，而传统化石燃料油的绝热火焰温度在 1900~2000 ℃ 之间。这是由于生物油的化学计量空燃比明显较低(约为 7，而传统化石燃料油的为 14)。

锅炉和窑炉等热力设备对燃料的要求比较低，开发生物油作为锅炉和窑炉燃料的燃烧技术难度相对较小，能在短时间内实现。通过对生物油燃烧供热、发电和热电联供三种应用方式在欧洲应用前景的研究发现，燃烧供热是最具竞争力的。在许多应用中，生物油可以替代燃料油或柴油，用于锅炉、熔炉、发动机和发电涡轮机。

生物油最有价值的应用之一是作为一种可再生的运输燃料。未来，即使随着电动汽车的进一步发展，重型运输和航空业对液体燃料的需求仍将很大，生物油非常适合填补这个市场缺口。

不同的生物油在燃烧特性和排放方面存在明显的差异，黏度、水和固体含量较高的劣质生物油表现出明显较差的性能。随着生物质热解液化技术以及生物油雾化燃烧技术的逐渐成熟,污染物的排放将会是一个重要的问题。由于生物油基本不含 S,所以需要考虑的燃烧污染物主要是 CO、NO_x 和固体颗粒物。就目前而言,由于各个研究单位使用的生物油性质各不相同,因此污染物的排放也不尽相同。然而大量的实验结果都表明,采用性质较好的生物油,在合适的燃烧条件下,各种污染物的排放都完全能够符合各个国家的排放标准。除颗粒物外,生物油污染物排放量普遍低于燃烧重质燃料油的污染物排放量。生物油的高效燃烧强烈依赖于对生物油的适当处理(最佳预热到 501 ℃,并通过压缩空气雾化)及生物油自身的品质。例如,较高的含水量导致烟气中的 NO_x 较低,但颗粒物排放量较高。当生物油具有一致的特性,排放水平较低,且燃烧过程经济可行时,生物油也可作为一种合适的锅炉燃料。

在专用锅炉中直接燃烧生物油已有一定的经验。威斯康星州(美国)红箭公司拥有的商业运营的 5 MW 工业锅炉,是唯一一个经常使用生物油来产生热量的商业系统,该系统已经运行了近二十年。该厂使用旋流燃烧器,采用的燃料是不同的副产物混合物、生物油的水不溶性组分(热解木质素)、食用香料厂的煤焦和煤气。

在直接燃烧生物油的过程中,与生物油接触的燃烧器和锅炉需要进行调整,以应对产品的腐蚀性、颗粒含量和黏性。生物油的运动黏度为 $18\times10^{-6}\sim25\times10^{-6}$ m^2/s,与燃料油相似。注射前加热可降低黏度,但不得加热至 90 ℃ 以上,以避免化学分解。与乙醇混合也可以降低黏度。80%生物油和 20%乙醇的混合物具有与喷气燃料相似的燃烧性能。这种燃料具有合理的燃烧热量以及低硫、氮和灰分含量。

生物油在柴油发动机中也成功地进行了燃烧试验,在发动机参数和排放方面,生物油的性能与柴油的性能相似。柴油发动机具有热效率高、经济性能好、燃料适用性广等优点,特别是中型、低速柴油发动机甚至可以使用质量较差的燃料。虽然在柴油发动机中生物油一旦被点燃可以实现稳定燃烧,但生物油的腐蚀性、含较多固体杂质和碳沉积对柴油发动机的喷嘴、排气阀等部件有较大的损坏作用,导致柴油发动机很难长期稳定运转。因此,一些研究机构和柴油发动机企业联手开发以生物油为燃料的柴油发动机系统,并进行大规模生物油燃烧试验,以解决生物油燃烧的一些关键技术问题。在今后的研究中,通过对现有中速至低速柴油发动机的结构和材质进行必要的改动,并配合生物油的精制改性,可望实现生物油的柴油发动机应用。生物油的热值约为柴油的 59%,但由于生物油的成本较低,因此其当量能耗仍较低。生物油的主要问题是污染物,如碱、灰分、焦和焦油。总之,在商业化、大规模的应用中,以有吸引力的价格提供稳定且质量更好的生物油是必要的。通过优化储存、泵送、过滤、雾化和燃烧器/锅炉设计,以提高系统性能和减少排放的技术,只需要对现有设备进行相对较小的改造。

燃气轮机一般以石油馏分或天然气为燃料,如果对燃气轮机的结构进行一定的改进,完全可以使其应用各种低品位的燃料包括生物油。加拿大 OrendaAerospace 公司将生物油应用于燃气轮机的研究,选用了一种能够燃用低品位燃料的 OGT2500 型燃气轮机(2.5 MW),对供油系统和雾化喷嘴等部件的结构进行了改进以适应生物油的性质,并在所有的高温部件上都涂上了防护层以防止高温下碱金属引起的腐蚀作用。燃烧试验结果表明,经柴油点火之后,生物油可以单独稳定地燃烧,其燃烧特性和柴油燃烧时基本相同,CO 和固体颗粒的排放高于柴油,但 NO_x 的排放仅为柴油的一半,SO_2 基本检测不到。

生物油也可用于共燃应用。共燃具有较大的吸引力,因为它能够实现较大规模的应用,并减少与产品质量和清洁相关的问题。目前通常的做法是在煤炭中混合大约为总能源需求的 5% 的生物油。已经在进行的共燃的例子包括美国威斯康星州 Manitowac 的一个 20 MW 弗雷德燃煤发电站和荷兰 Harculo 的一个 50 MW 联合循环天然气厂。对生物油燃烧的大规模调查表明，生物油是清洁的，对锅炉运行或排放水平没有不利影响。此外，Yang 等人还研究了将富含钙的生物油直接注入燃煤电厂燃烧后部分，用于烟气脱硫。

4.3.2　气化

生物油只是一种初级的液体燃料，如果将其气化转化为 H_2、CO、CO_2、CH_4、C_2、C_3 化合物等合成原料气，再合成高品位的燃料如甲醇、二甲醚等，就能实现广泛的应用。生物质气化也能得到 CO、H_2 等燃气，但与生物质直接气化制取合成气相比，将生物质先快速热解为生物油，再由生物油气化制备合成气，具有多方面的优势。

研究人员在无外部供氧的情况下对生物油水相部分进行了气化试验，气化气中氧气含量为零，H_2、CO、CO_2、CH_4 的体积含量分别为 31.5%、37.73%、9.38%、16.92%，生物油中氢氧的转化率为 85%，而碳的转化率只有 55%，说明生物油气化仍需外部提供少量氧气作为气化剂。

S. Panigrahi 等在常压和氮气氛围下对生物油进行气化试验，研究了氮气流量、气化温度对产气的影响，在生物油进油量为 4.5～5.5 g/h、氮气流量为 30 mL/min、温度从 650 ℃升至 800 ℃时，生物油的转化率从 57% 升至 83%。调节不同的气体流量和气化温度，可以得到不同的产物产率。S. Panigrahi 等还考察了不同的气氛对气体的影响，在 N_2 中添加 CO_2 后生物油转化率略有下降，添加 H_2 后生物油转化率基本没有变化，两种气氛下气体中 H_2、CO 的含量相比于纯氮气气氛下的都显著增加，纯水蒸气气氛下生物油转化率为 67%～81%。

在欧洲引起广泛关注的一个概念是分散生产生物油和生物油焦浆，以将其输送到中央处理厂，并通过费-托合成将其气化并合成为碳氢燃料，如图 4-5 所示。虽然由于热解能量效率较低，运输能量和额外的生物油气化阶段产生的能量损失很小，但这一损失超过了商业规模处理厂的气化和运输燃料合成所能实现的经济效益，此技术仍有很多障碍需要克服。目前，10 万 t/y 或 12 t/h 的分散式快速热解装置是可行的，接近商业化。基于德士古或壳牌系统，在加压气化炉中进行生物油气化也是可行的，其优点是在高压下实现液体进料比固体生物质进料更容易，并且在这种条件下的气化气质量可能更高。

从在世界各地广泛运行的天然气合成液体燃料的工厂来看，以 50000～200000 t/d 的速度进行燃料合成也是可以实现的。合成的碳氢化合物包括柴油、汽油、煤油和甲烷（合成天然气 SNG）。这些液体燃料在所有比例上都与传统燃料完全兼容，但要干净得多。至少在中期内，由于容易被市场同化，这些可能是生物燃料的选择。同样重要的是，消费者对运输燃料有信心，传统的合成碳氢化合物燃料可能对消费者的阻力最小，特别是因为现有的炼油厂通常都有既定和明确的质量要求。

4.3.3　化学品制备

目前，在生物质快速热解得到的生物油中，经鉴别出的有机物已经超过 300 种，包括有机酸、醇、醛、醚、酚等各个类别，其中含有多种特殊的高附加值的化学品。相对于加工化石燃料，从生物质中生产化学品可能更简单也更具吸引力。人们越来越关注回收单个化合物

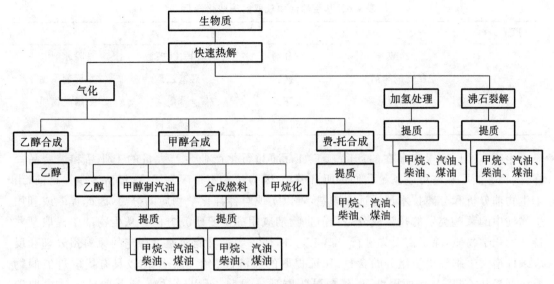

图 4-5　将生物油提质为生物燃料和化学品的途径

或一系列化学品的可能性。与燃料相比,特殊化学品的潜在价值要高得多,这使得即使是小浓度的回收也是有意义的。因此,生物油作为一种化工原料正得到越来越多的关注。生物油中虽然含有很多种高附加值的化学品,但绝大多数物质的含量都很低,而且目前生物油的分析和分离技术还远远没有达到成熟的地步。因此,现阶段大部分针对生物油的提取研究,都是为了分离提取含特定官能团的某一大类组分,这也是生物油最有可能实现商业化的化工应用。根据生物油中各种化学类别组分的含量以及提取的难易程度,目前最成功的提取研究主要有:分离生物油水相部分作为熏液使用;提取酚类物质用于制备酚醛树脂。

　　乙酸、乙酰乙酸、葡萄糖(或左旋葡聚糖)和酚类等化学物质可以通过对生物油或其馏分的进一步加工生产,也可以直接从生物油中提取。分离技术将在生物油化工生产中发挥重要作用。在生物质热解过程中,提高对更容易用于生产燃料和化学品的化合物的选择性,将增加热解过程的经济性。可以通过生物质的脱盐增加对脱水糖的选择性,生物质脱盐可以在热解之前使用反应过程中产生的酸来完成。热解技术可能成为热化学与生物技术相结合的技术之一。利用新的实验和理论工具对热解反应进行更为详细的研究,有可能大幅度提高脱水糖的产量,从而使这些糖的生产和发酵在技术上可行,有望开发出能够直接发酵产生脱水糖的新型高效微生物。

　　几个世纪以来,木材生物油是甲醇、乙酸、松节油、焦油等化学物质的主要来源。目前,这些化合物中的大多数可以以较低的成本从化石燃料原料中得到。虽然在木材快速热解所得生物油中发现了 300 多种化合物,但它们的浓度通常太低,无法考虑分离和回收。因此,迄今为止,从整个生物油或其主要的、相对容易分离的部分产品生产化学品的技术最为发达。目前,从生物油中获取的一些化学品见表 4-6。与燃料和能源产品相比,化学品的附加值要高得多,因此更具有商业吸引力。分离或回收这些化学品需要综合考虑市场、价值、成本和工艺。第一步是评估具有最高浓度的成分,因为加工将更容易,成本更低。然而,这可能不是最好的策略,需要仔细考虑资本和运营成本、产品价值以及残渣或废物的利用或处置。由此就提出了一个生物炼制的概念,在这个概念中,燃料和化学品的最佳组合被生产出来,这将在下面讨论。

表 4-6　从生物油中获取的一些化学品

原　料	产　　物			
生物油	乙酸	黏合剂	富钙生物油	除冰剂
	食物调味剂	氢气	羟基乙酸	左旋葡聚糖
	左旋葡萄糖酮	麦芽糖	苯酚	多酚类物质
	防腐剂	树脂	缓释肥料	糖

　　生物炼油厂有很多潜在的产品。正如石油和石化产业生产大量的工业品和消费品一样，生物炼油厂最终可以满足我们的所有需求，因为技术不是限制因素，经济才是。目前，由于生物油分析和分离技术还远远未成熟，难以实现对各种化学物质的分离，因此提取或利用生物油中的某些类别的化学成分是目前生物油应用的主要研究方向。从生物油中提取某些特殊的化学物质，除了需要先进行分离工艺外，还需要尽可能地通过特定的原料预处理和反应条件增大生物油中该组分的含量，保证提取的经济性。生物油中比较具有提取价值的物质包括羟基乙醛、左旋葡聚糖、低聚糖酐等物质。目前，可以通过液-液萃取的方法提取酚类，通过酯化的方法提取羧酸；利用生物油中的羰基和氨水、尿素或其他含氨基物质反应制备无毒害的氨基肥料，这个过程也可通过在生物质原料中添加含氮物质而实现，这种氨基肥料对地下水的污染比矿物肥料小；生物油中的酚类物质有杀虫功效，可作为木材防腐剂，酚类物质同样可以用作制备酚醛树脂的原料。通过加水可以将生物油分离为水相和油相两部分，水相中的多种物质都可以用作食品调料；生物油水相部分还可用于制备羧酸钙盐，用作路面除冰剂；生物油的油相部分可以用来制备酚醛树脂。

　　利用生物油作为可再生化学品的来源，是生物炼油厂提高工艺经济性所必需的，因为生物油在燃料生产和提质工艺等方面具有更大的价值，这对整个潜在的工艺经济性具有重大影响。自 2010 年以来，研究者对阐明生物质热解产生生物油的反应机理，以提高生物油中高附加值化学品的收率进行了综述。其中，溶剂分离在寻求化学回收和纯化的过程中经常被使用。可使用有机溶剂、水或两者综合进行生物油液-液萃取，还可以利用超临界二氧化碳萃取；三辛胺或离子液体等可以选择性地提取生物油中的有机酸；还可以添加盐以促进生物油相分离。生物油分馏也可直接制备目标化学品，如左旋葡聚糖或酚类化合物。催化快速热解生物质可生成含有单木酚的生物油自发水相，该水相可转化为生物聚合物前驱体。

　　生物油中分离的各种化学物质有许多应用，如表 4-7 所示。左旋葡聚糖是生物油的主要成分，具有生产聚合物、食品添加剂、医药、农药、表面活性剂、生物乙醇等的潜力，通过相分离可以将其从生物油中分离出来。乙醇在燃料链上的应用已得到充分的证实。糠醛因其独特的溶解芳香族和不饱和油的能力而有着广泛的应用前景，被用作润滑油的溶剂、杀菌剂和除草剂；它也用于产生呋喃、甲基呋喃、乙酰呋喃、糠胺和糠酸。目前，糠醛主要市场是氢化形成四氢呋喃，这是一种比糠醛本身更重要的溶剂。乙酸是世界上最常见的化学物质之一，在食品和药品中有广泛的应用，它还用作醋酸乙烯单体、醋酸酐和醋酸酯生产过程中的酸剂和原料。甲酸作为动物原料的防腐剂和抗菌剂有着初步的应用；它也用于纺织品染色、皮革鞣制和电镀。羟基乙醛可用于强化香肠肠衣，并用作食品中的褐变剂。从生物油中去除甲酸和乙酸等酸性组分对回收产品有积极影响，因为在提供可销售的化学产品的同时，它还去除了生物油中对金属存在腐蚀作用和其他不稳定的物质。

表 4-7　生物油中化学物质的应用

生物油中的化学物质	应　　用
左旋葡聚糖	食品添加剂、药品
乙醇	生物燃料
糠醛	药品、农药
乙酸	特殊化学品
甲酸	防腐剂、消毒剂
羟基乙酸	香水、医药中间体

　　加拿大拉瓦尔大学的研究人员通过真空热解装置从木材中得到有价值的生物油,得到的产物在两个冷凝系统中可分为有机相和水相,分离是在反应器出口通过复杂的回收方法实现的,涉及热解单元的压力和冷凝器冷却水的温度,随后用溶剂色谱法对油样进行顺序洗脱。研究表明,可在不同的组分中回收酚类和低分子量羧酸两类化合物。大量存在的酚类、丁香酚和愈创木酚在医药上有应用;羟甲基焦酮、香兰素和异丁香酚可在食品工业中用作调味剂;含氧杂环化合物如糠醛在涂料工业中有应用。

　　美国太阳能研究所(SERI)报告了生物油根据溶解性和反应性的差异进行分馏,得到适合于生产酚醛树脂的产品。本方案涉及胶合板制造用的酚醛胶黏剂的制造。胶合板残渣经热解后可产生约 25% 的焦和 25% 的油,后者可满足工厂对酚类物质的需求。此提质过程不需要分离和隔离单个组分,取得了非常有前景的结果。用水清洗热解冷凝液,分离水溶性组分。水不溶性物质溶解在乙酸乙酯中,然后用碳酸氢钠水溶液洗涤,以去除水溶性钠盐中的强有机酸。残留在乙酸乙酯溶液中的有机物质由酚类和中性化合物组成,它们可以通过蒸发溶剂来回收。如有需要,可用氢氧化钠在水相中形成可溶的酚酸钠,用酸中和改性酚,再用乙酸乙酯萃取,蒸发溶剂,从中性物中分离酚类物质。初步的酚醛胶黏剂配方研究工作证实,需要从酚类/中性组分中去除有机和酸性组分,但中性组分不需要进一步纯化就可以使用。这一结果消除了额外的工艺成本,提高了黏合材料的产量。在配方中,发现酚类/中性组分不仅可以代替苯酚,还可以部分代替甲醛。酚醛黏合剂的另一个潜在应用是用木纤维、薄片或木片制造重组复合产品。对该工艺进行的经济评估表明,生产酚类/中性组分部分的成本与生产酚的成本非常具有竞争力。

　　加拿大滑铁卢大学的快速热解工艺可最大限度地提高液体产量及其脱水糖(主要是左旋葡聚糖)产量。这项研究是利用典型的农业废料小麦糠进行的。表 4-8 给出了未处理原料和经 5% 硫酸处理的原料在 500 ℃下的热解试验结果。用硫酸预处理小麦糠,可使 70% 以上的纤维素转化为可发酵的糖,使左旋葡聚糖的产量显著增加。纤维素单体裂解产物,如羟基乙醛的产率也大幅度下降,而且焦产率较低。据称,酸对这一过程有两个关键影响:首先,它去除了碱和碱土金属元素,这些金属元素明显地催化了裂解和炭化反应,而不是解聚反应,并抑制了左旋葡聚糖的生成;其次,对脱水糖的释放有积极的催化作用。

表 4-8　小麦糠在 500 ℃ 下的热解试验结果

产　　物	气候产量（质量分数）/（%）	
	未经处理的小麦糠	在室温下经 5% 硫酸处理的小麦糠
燃气	14.1	12.2
焦	27.6	16.4
水	11.1	8.4
有机物	47.9	59.6
总量	100.7[a]	96.6
左旋葡聚糖	1.2	14.7
其他糖	0.8	8.8
羟基乙酸	3.2	未检测到
纤维素转化为糖（葡萄糖当量）	7.3	70.8

[a] 测试存在误差。

图宾根大学报道了一种将生物质（大豆、羽扇豆和橄榄渣）转化为石油化工产品和燃油的热催化转化工艺。这一工艺被设计成直接从植物、种子或农业废料中生产脂肪酸混合物。在硅基催化剂作用下，这些物质的脂类和磷脂在 280～320 ℃ 下转化为 C_{12}～C_{18} 脂肪酸。在这些条件下，生物质的纤维素和木质素成分转化为可以用作活性炭的焦。脂肪酸和活性炭的价值都是燃料的五倍。除了脂肪酸外，还可以得到相当于柴油的燃料。通过此工艺，从 100 kg 的油菜种子中可提取出 20 kg 脂肪酸、15 kg 柴油和 30 kg 活性炭。

化学过程工程研究所（CPERI）通过催化转化酚类组分，对生物油进行改质以制备甲基芳醚（MAE）。此前，美国能源部开展了煤液化物中酚类物质的研究。酚类物质用氢氧化钠水溶液萃取，然后与硫酸二甲酯反应得到 MAE 产品。在各种广泛的实验室和汽车试验中，研究者证明，当 MAE 混合物与商用汽油混合时，它在辛烷值、经济性、油耗、发动机磨损、废气排放和驾驶性能方面与商用汽油相当或更优。表 4-9 给出了基础汽油和基础汽油与 MAE 混合油的辛烷值比较，其中 MAE 的体积分数分别为 5%、10% 和 15%。从表中可以看出，MAE 是很有前途的辛烷值改进剂。

表 4-9　基础汽油和基础汽油与 MAE 混合油的辛烷值比较

汽　　油	辛　烷　值
基础汽油	93.2
基础汽油＋5% MAE	93.8
基础汽油＋10% MAE	95.4
基础汽油＋15% MAE	96.3

4.3.4　制备合成气

合成气是一种以 CO 和 H_2 为主的混合气体，可以合成甲醇、二甲醚、汽油等高品位的液体燃料。与生物质直接气化制取合成气相比，生物油气化制备合成气具有多方面的优势：

（1）直接气化气体中 H_2 含量较低，并且含有较多的焦油和甲烷，需要进行复杂的催化重

整,另外如果气化过程中引入了氮气,产物气体就会被稀释;

(2)生物油容易存储和运输,便于分散式热解液化,再将生物油集中气化合成制取高品位的液体燃料,而直接将生物质气化再合成液体燃料,规模不易扩大;

(3)生物油气化反应器可以建立起统一的规范,而生物质气化反应器随原料不同需要有不同的设计;

(4)生物油加压气化较为容易实现,而生物质加压气化则非常困难;

(5)生物油气化气中成分较为单一,而生物质气化气中含有一定的固体颗粒和焦油,需要除尘脱焦后才能使用,且生物质气化气的组成受反应条件的限制,如为防止反应器内灰分熔融结渣,反应温度不易过高,从而使燃气中 H_2 含量较少,采用空气气化会引入过量的 N_2 废气,从而稀释原料气的浓度,降低合成反应中催化剂的作用效果,而采用其他气化剂又会大大增加原料气的生产成本。

4.3.5　制备氢气

制备氢气工艺的主要过程是:首先将生物质快速热解生产生物油,随后将生物油或其中含水组分用蒸汽催化重整/水煤气转化的方法制氢,而生物油中的木质素组分可以用来生产酚醛树脂、燃料添加剂和黏合剂等产品。由于生物质快速热解液化技术已发展到接近商业化的水平,用生物油制氢与气化制氢相比具有以下优势:

(1)生物油较固体生物质便于运输,这样热解制油和催化重整制氢过程不一定在同一个地方实现,可以根据原料产地和处理规模灵活搭配;

(2)可以同时从生物油中获取高附加值的副产品,这显著提高了整个工艺过程的经济性。

4.4　生物油物理提质技术

4.4.1　物理过滤

生物油在贮存过程中含有的无机物和焦对其聚合有催化作用。为了减缓生物油的老化,人们提出了过滤去除焦的方法。热气过滤可将生物油的灰分含量降低到 0.01% 以下,碱金属和碱土金属(AAEM)含量降低到 10 ppm 以下,远低于仅使用旋风分离器的系统中制备的生物油的灰分和 AAEM 含量。热气过滤提供了一种品质更高、含焦量更低的生物油产品,但焦积聚在过滤表面,使蒸气破裂,导致生物油产量减少了 10%～20%,且生物油产品的黏度和平均分子量降低。由于生物油的物理化学性质,液体过滤到小于 5 mm 的极低粒径非常困难,通常需要非常高的压降和自清洁过滤器。在柴油发动机上进行的原始生物油和热气过滤油的试验表明,由于热气过滤油的平均分子量较低,燃烧速率大幅度提高,点火延迟较低,但热气过滤尚未在长期工艺操作中得到证实。

IEA(国际能源署)循环评估报告表明,经过加速老化试验后,与未经过滤的样品相比,经过冷凝相过滤的生物油的总体黏度更低(大约低 30%)。此外,在快速热解过程中发现,热气过滤降低了生物油中的 AAEM 以及总固体含量,导致在加速老化试验中黏度增长率降低为未经过滤的 1/10。总之,热气过滤比冷凝相过滤能更有效地降低老化过程中的生物油黏度增长率。

4.4.2　溶剂添加

4.4.2.1　醇类添加

添加溶剂，特别是醇类，是一种减缓生物油老化的方法。在测试的几种醇（甲醇、乙醇和异丙醇）中，甲醇是最有效的。醇可以稀释活性物质，特别是疏水性高分子量木质素衍生部分，但对完全防止生物油老化无效。Oasmma 等指出添加剂对生物油的稳定性有所改善的原因如下：①物理稀释；②浓度稀释或改变生物油的微观结构；③添加剂和生物油成分之间发生化学反应从而抑制老化反应。

在试验过程中，发现添加 2％的醇对生物油稳定性的改善基本没有作用，添加 5％的醇后，生物油在开始的 3～4 个月中老化速率降低，但经过 6～7 个月后老化状况和不添加醇类的生物油达到一样，添加 10％的醇后生物油的稳定性能维持较长的时间，其中油相部分在 1 年内都没有明显的变化。另外，醇类改善了生物油的溶解能力，能将一些由木质素裂解物和树皮等原料制取的生物油中的非极性提取物溶回生物油中。

4.4.2.2　乳化

乳化是一种简单的生物油处理技术。生物油不能与烃类燃料混溶，但可以借助表面活性剂与柴油乳化。用 5％～30％的生物油可在柴油中制备稳定的微乳液。意大利佛罗伦萨大学一直在研究 5％～95％生物柴油的乳化液，以制造运输燃料或发动机燃料，而这种燃料不需要对发动机进行改装，即可实现双燃料运行。但是，这被认为是一种短期使用的方法，因为这一过程不经济，而且这一技术会产生发动机腐蚀问题，且燃料热值和十六烷值也不理想。在发动机或燃烧器中使用此类燃料的经验有限，但与单独使用生物油或柴油相比，在发动机应用中此类燃料后腐蚀/侵蚀程度明显更高。这种方法的另一个缺点是表面活性剂的成本和乳化能耗高。极性溶剂用于生物油的均质和降黏已有多年的历史。溶剂的加入，特别是甲醇的加入，对生物油的稳定性有显著的影响。研究发现，含有 10％甲醇的生物油的黏度增长率几乎是不含添加剂的生物油的 1/20。

4.4.2.3　溶剂萃取

液-液萃取（LLE）又称为溶剂萃取，它根据溶质在两种溶剂中的溶解度不同，将化学物质从一种溶液中分离到另一种溶液中。溶剂萃取过程涉及三种成分：溶质、稀释剂和萃取剂。溶解在稀释剂中的溶质从稀释剂中提取并溶解到另一种溶剂，即萃取剂中。

对萃取剂的要求如下：萃取剂对溶质应具有特定的选择性，以便大多数理想的溶质能从稀释剂中溶解在萃取剂中，反之亦然。对于不理想的化合物，在溶剂萃取后溶质应易于从萃取剂中分离。萃取剂应具有目标溶质的高溶解度和稀释剂的低溶解度，搅拌后萃取剂液滴快速聚集并应具有高界面张力。将溶剂萃取工艺应用于生物油时需要考虑多种因素。选择最佳的萃取剂是液相色谱分离设计成功的关键。随着新型萃取工艺的发展，溶剂萃取在生物炼制领域的应用将具有广阔的前景。用于生物油提取的溶剂包括水、乙酸乙酯、石蜡、醚、酮和碱性溶液。近年来，一些特殊的溶剂如超临界 CO_2 也被广泛使用。通过选择合适的溶剂来提取所需产物，可以实现生物油的良好分离。

　　用不同极性的溶剂提取生物油的研究不多。研究人员研究了不同极性的 9 种溶剂对柳木水热液化粗生物油的选择性提取。9 种溶剂的生物油提取率由高到低依次为:四氢呋喃(THF)＞甲苯＞乙酸乙酯(EAC)＞丙酮＞乙醚＞二氯甲烷＞甲醇＞石油醚＞正己烷。以正己烷、乙酸乙酯和四氢呋喃的提取率为基础,采用高效溶剂组合,将生物油分为轻油(质量分数 26.1%)、中重油(质量分数 54.2%)和重油(质量分数 19.7%)三部分进行多步提取。用气相层析与质谱联用、傅里叶变换红外光谱、核磁共振氢谱和热重分析对这些组分进行表征,结果表明,轻质油中含有酚类、环戊烯酮等多种有价值的化学物质,中重油由木质素分解生成的芳香低聚物组成,有望部分替代石油沥青黏合剂;而分离得到的重油富含烷烃。

　　除了单溶剂萃取法外,还可采用多步顺序溶剂萃取法,先用四氢呋喃,然后用乙酸乙酯,最后用正己烷。溶剂极性不同,得油率差别很大。以四氢呋喃为萃取溶剂,可获得最高的油提取率(45%)。甲苯对生物油的提取率也较高。乙酸乙酯、丙酮、二氯甲烷、乙醚和甲醇可提取近 30% 的生物油,正己烷的提取率仅为 8.27%。生物油的提取率不随溶剂极性呈线性变化,但上下波动。因此,溶剂萃取法不仅可以被认为是一种有效的利用低聚物分离高价值化学物质的方法,而且是一种很有前途的从生物油中分离不同化学组分的方法。

　　根据表 4-10,酮类和酚类化合物更容易被高极性溶剂(如 THF、EAC、丙酮和甲醇)萃取。酮类和酚类是极性化合物,它们的萃取效率随着萃取溶剂极性的增加而提高,这符合相似相溶原理。Garcia Perez 等报道了一种将生物油分为不同化学族的溶剂萃取方案,以由软木和硬木制备的真空生物油为基础,首先用 200 mL 甲苯提取 7 g 生物油。此操作是为了分离一些干扰重质化合物沉淀的木材提取物衍生化合物。残留在甲苯可溶部分悬浮液中的蜡状物质用 Whatman N1 42 过滤器分离(这种过滤器可用于所有过滤)。甲苯不溶性组分在200 mL 甲醇中溶解并过滤,以去除焦、非极性含蜡材料和其他非常重的低聚物。在旋转蒸发器中除去滤液中的溶剂,并称量干残渣。该残留物再次溶解在甲醇中(每 1 g 残留物中含有 5 mL 甲醇)。在搅拌过程中,将 10 g 甲醇-油混合物逐滴加入 300 mL 冰冷蒸馏水中,通过过滤去除水不溶性组分。固体残渣用蒸馏水洗涤 1 h,然后用二氯甲烷(CH_2Cl_2)进一步提取,直至滤液无色。过滤器中残留的固体在 105 ℃下干燥过夜。在分离漏斗中用 300 mL二乙醚进一步提取水溶性部分。在 40 ℃ 的旋转蒸发器中蒸发二乙醚可溶和 CH_2Cl_2 可溶部分。在溶剂去除过程中也去除低摩尔质量的化合物。这些损失被称为挥发性化合物。

表 4-10　用不同极性溶剂萃取主要化学组分

化 学 族	各种溶剂的相对萃取率/(%)								
	PE	HEX	TL	Ether	DCM	THF	EAC	DMK	MeOH[a]
酮类	50.2	40.2	50.4	59.5	85.0	100.0	89.4	94.5	94.1
酚类	68.2	45.8	51.9	65.9	70.9	91.4	88.9	90.1	100.0
烷氧基酚类	80.9	67.5	72.4	59.0	83.3	100.0	90.1	99.2	89.8
吲哚酮	59.8	43.3	29.4	34.5	50.6	74.7	100.0	92.6	90.3
吲哚	100.0	76.9	50.3	34.2	34.2	56.2	60.1	61.9	55.7
酯类	100.0	50.0	31.0	35.1	48.0	36.2	18.3	45.4	45.7
脂肪酸	100.0	30.4	24.2	35.4	54.6	23.0	19.2	26.8	27.6
烷烃	100.0	55.1	70.5	71.3	60.1	74.2	44.7	30.9	6.2

[a]PE:石油醚(沸点 60～90 ℃);HEX:正乙烷;TL:甲苯;Ether:乙醚;DCM:二氯甲烷;THF:四氢呋喃;EAC:乙酸乙酯;DMK:二甲基酮(丙酮);MeOH:甲醇。

己烷的溶剂性质与二氧化碳相似。尽管正己烷是一种非极性溶剂，但生物油中的许多极性物质在其中微溶，最终可以被提取出来。在 40% 负荷下，正己烷提取物的产率为41.4%；在 80% 负荷下，正己烷提取物的产率为 56.2%。结果表明，较高的含油量（80%）使正己烷提取物的产率较高。

由于生物油几乎与丙酮完全混溶，故丙酮可用于萃取正己烷萃取后的残渣。丙酮抽提物在 40% 负荷下的收率为 53.7%，在 80% 负荷下的收率为 40.1%，溶剂抽提物的总回收率分别为 94.8%（40% 负荷）和 96.3%（80% 负荷）。结果表明，丙酮能有效地提取正己烷不能提取的组分。

许多基于溶剂的萃取方法首先将生物油分离成水溶性和水不溶性组分，然后用有机溶剂萃取。在生物质快速热解技术的早期发展阶段，人们发现一种简单的水提取技术足以将均质的单相生物油分馏成富水相和贫水相。在随后的步骤中用二乙醚处理水溶性部分。黄色的水溶性组分占生物油的很大一部分，一般为 60%～80%。以蒸发残渣形式测定的二乙醚可溶解物占生物油的 4%～8%，残留物为亮黄色非黏性液体。二乙醚溶液含有木质素和多糖的低分子量降解产物。只有一小部分二乙醚不溶性组分被气相色谱洗脱，主要为左旋葡聚糖和纤维素。水不溶性组分含有未经气相色谱洗脱的高分子化合物。通过进一步将水不溶性组分分离为二氯甲烷可溶组分（低分子量木质素）和二氯甲烷不溶性组分（高分子量木质素）。

按图 4-6 所示顺序进行溶剂萃取，得到的富含纤维的硬木（HWRF）和软木树皮残渣（SWBR）生物油的成分列于表 4-11 中。SWBR 的上层主要由可溶于甲苯的化合物（质量分数为 79.0%）组成。这一部分被归为木材提取物衍生化合物。根据水不溶性组分在 CH_2Cl_2 中的溶解度，将其分为两个子组分，即 CH_2Cl_2 可溶物和 CH_2Cl_2 不溶物。CH_2Cl_2 可溶物是 SWBR 底层的重要组成部分，质量分数为 12.54%，在 HWRF 底层为 13.7%。该部分富含低摩尔质量的热解木质素。Sipiläet 等人将 CH_2Cl_2 不溶物称为高摩尔质量热解木质素。溶剂萃取得到的组分显然是混合物。生物油被描述为由八个大组分组成的混合物。

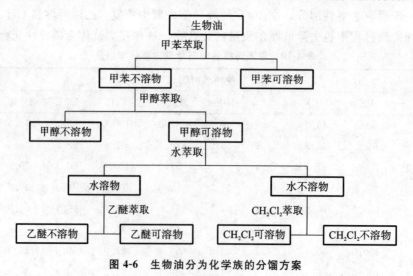

图 4-6　生物油分为化学族的分馏方案

表 4-11　使用不同溶剂对生物油进行分馏的组分

组　分	SWBR(运行:H-67)		HWRF(运行:G823-830)
	上层/(%)	底层/(%)	底层/(%)
水	3.50	14.60	13.00
甲苯可溶物	78.95	1.29	7.76
甲醇不溶物	0.99	2.09	0.36
水溶性	6.04	41.26	46.85
乙醚可溶物	0.74	7.94	4.78
乙醚不溶物	5.30	33.32	42.07
水不溶性	8.65	25.51	20.86
CH_2Cl_2可溶物	6.74	12.54	13.70
CH_2Cl_2不溶物	2.18	12.97	7.16
挥发损失(差额)	1.87	15.25	11.17

　　研究人员针对针叶木材生物油的水相提取工艺参数进行了研究,以获得高浓度的左旋葡聚糖,用于后续的葡萄糖水解和乙醇发酵。通过对水油比、温度和接触时间的优化选择,得到了一种含有高达 87 g/L 的左旋葡聚糖的水相,生物油的产率为 7.8%。Vitasari 等人研究了水萃取参数(水油比和搅拌速度)对乙醇醛、乙酸、丙酮、糠醛、呋喃酮、左旋葡聚糖、丁香醇和愈创木酚等生物油组分产率的影响,结论是搅拌速度决定了达到平衡的时间,但不影响平衡成分。化合物的分布系数和萃取率取决于其极性、溶解度、水油比和生物油的性质。他们发现,水萃取对于回收 80%～90% 的极性化合物和在进一步分离之前降低生物油的复杂性非常有用。基于他们的发现,研究人员开发了一种在生物油基生物炼油厂中合成生物基乙酸、乙醇醛和丙酮的工艺设计,并且讨论了旨在回收纯度大于99%的所有乙酸和乙醇醛的工艺设计,包括三次萃取、三次蒸馏和五效闪蒸步骤(见图 4-7)。

　　一些研究人员报道了从生物油中提取酚类的许多实际问题,如酚类在两相中的重新分布和有机相之间的沉淀。Chum 等人开发了一个重要的提取方案,以生物油为原料,以 1:1(质量比)的比例将生物油(1 kg)溶解在乙酸乙酯中,制备酚醛树脂,然后通过滤纸对油进行真空过滤以除去焦。该方案分为两个阶段:富含有机物的乙酸乙酯可溶(顶部)阶段和乙酸乙酯不可溶(底部)阶段。热解过程中形成的水大部分都存在于乙酸乙酯不可溶相中。用水冲洗油的乙酸乙酯可溶部分,去除剩余的水溶性产物。用 NaHCO₃ 水溶液(5%,10×200 mL)萃取乙酸乙酯可溶相,保留碱性水层分离含酚类和中性(P/N)组分的酸性有机组分。提取过程中,酚类和中性组分的收率约为锯末快速热解生物油的 30%,约为树皮快速热解生物油的 50%。酚类/中性(P/N)组分的分子量为 100～800 g/mol,该部分还含有许多醛基化合物。这是有利的,因为树脂配方所需的甲醛较少。乙酸乙酯从乙酸乙酯提取层蒸发。由于乙酸乙酯在蒸发之前没有干燥,因此水在蒸馏过程中形成共沸物。

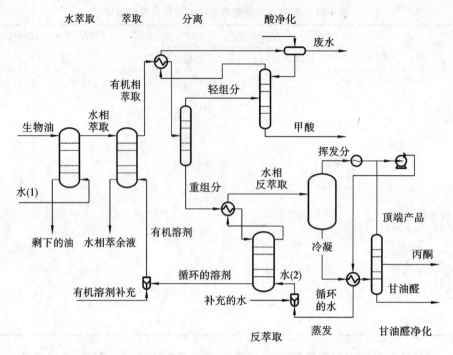

图 4-7　醋酸、乙醛、乙醇醛分离一体化设计工艺方案

4.4.3　组分分离

目前,还没有合适的技术来完全检测并表征生物油的组成,而且生物油中某些化合物的浓度很低,难以检测。生物油的预分离可以简化生物油的组成,富集一些适合于某些表征技术的化合物,有利于后续生物油的改性和化学提取。生物油的分离技术主要有膜分离、离心分离、萃取、柱层析、蒸馏、分步冷凝等。

4.4.3.1　热解木质素提取

生物质热裂解淬冷后得到的生物油通常是均匀的,通常含水量可达30%。生物油很容易分成两部分:水溶性部分和较重的热解木质素部分。向生物油中加入更多的水可以分离热解木质素组分,其中大部分由与木质素类似的酚类聚合物组成,但分子量较小。热解木质素是高分子量化合物,很难进行表征,特别是在气相色谱分析中,高分子量化合物很难蒸发,很容易沉积在气相色谱柱中。首先将生物油分为水相和有机相,往往有助于生物油的分析。水溶性化合物,如羧酸、酮类、醛类、单酚类化合物和糖,容易溶解在生物油的水相中。有机相中主要为分子量较高和极性较小的化合物,如热解木质素,它们的水溶性较差。在持续剧烈搅拌下将生物油滴入水中有利于提取热解木质素,可获得占生物油总质量13.5%~27.7%的热解木质素。

热解木质素的含氧量较低,是一种比水溶性木质素更好的液体燃料原料。Wang 等人探索了从生物油的水不溶相中多步分离单酚和热解木质素的方法。他们采用酸碱溶液和有机溶剂相结合的方法进行分离。碱性溶液中总酚的相对含量为94.3%,愈创木酚的相对含量为48.3%。

向生物油中添加少量盐(生物油总质量的3%)或溶液(生物油总质量的10%)可导致快

速相分离(顶部相总质量的 40%~80%,底部相总质量的 20%~60%)。这两相的比例取决于盐的添加量及其用量。一些极性相似的化合物集中在不同的相态,如上层的乙酸、醇和其他水溶性化合物,底层的木质素热解化合物。上层含水量高,醋酸和水溶性化合物含量高,密度和黏度低,热值低,可蒸馏物质含量高(高达 65%);底层含水量低,木质素衍生化合物含量高,黏度和热值高,可蒸馏物质含量低(< 10%)。盐的性质和用量对两相物化性质和组分组成有影响。加入清水(质量为生物油的 10%)可导致底相含量极低(5%)。水盐溶液的加入破坏了氢键,增强了水相的极性,导致木质素胶束的团聚和分离。

4.4.3.2　薄膜分离和离心分离

我们知道,生物油中含有不同大小的焦颗粒。疏水性的焦颗粒被生物油中的有机化合物所包围。薄膜分离技术可以根据薄膜的渗透选择性来分离、纯化、浓缩和精制化合物。薄膜可在室温下使用,成分损失小,无相变和化学变化,选择性好,非常适用于分离热敏物质。它们还可用于去除生物油中的固体颗粒。用微米级薄膜可以去除大分子和固体颗粒。采用 0.5 μm 的薄膜过滤时,大部分焦颗粒被排除,生物油中的灰分含量下降约 60%,同时保留了生物油的化学成分。离心分离常用于将生物油分离为水相和有机相。尽管当含水量较低时,生物油是均匀的,但在离心分离过程中会发生分层。

4.4.3.3　提取和柱层析

采用溶剂萃取法可以得到生物油中极性和结构相似的化合物。根据极性分布,调整不同溶剂的比例,进一步分离提取组分。用这种方法可以得到更多的纯化化合物。Ma 等人首次采用不同极性的溶剂提取家禽粪便热解生物油,发现中低极性组分的黏度下降,正己烷抽提物主要成分为油酸和甾醇,甲苯抽提物中含有十八酸和亚麻酸,氯仿抽提物中含有左旋葡聚糖和 1,4-脱水木糖,甲醇可溶物中含有左旋葡聚糖、1,4-脱水木糖和葡萄糖;在随后的色谱分析中,得到了高纯度愈创木酚、丁香醇、左旋葡聚糖、木糖、葡萄糖、亚油酸等化合物,大大简化了生物油的组成。

由于热解木质素的非均质性和萃取过程中的高耗水性,将水萃取与有机溶剂或酸碱溶剂萃取相结合,可以进一步分离出具有不同活性的热解木质素,便于进一步分析。水与其他低沸点有机溶剂相结合,可以实现化合物的高效分离。低极性有机溶剂,包括正己烷、环己烷、石油醚和甲苯,常用于提取低极性的烃类和苯系物;二氯甲烷、乙醚、乙酸乙酯等中等极性有机溶剂对单酚类化合物有较好的萃取效果;甲醇、乙醇、四氢呋喃等极性强的溶剂具有完全溶解生物油的能力。

Oasmaa 等利用正己烷提取生物油并得到 5.5% 的可溶性物质。随后,水萃取产生水溶性相和水不溶性相。用二氯甲烷和乙醚进一步提取水溶性相。结果表明,二氯甲烷和乙醚抽提物中含有 50% 的醛、25% 的酮和 25% 的木质素降解产物。水不溶性相主要为热解木质素,占生物油的 20%。二氯甲烷由于对酚类化合物具有较高的选择性,特别是与其他预分离方法结合时,常被用于生物油抽提物中。利用酸碱溶剂控制 pH 值,可以对酚类化合物进行详细的定量或半定量分析。将 pH 值控制与二氯甲烷萃取相结合,得到酚类化合物含量为94.33%。结果表明,以二氯甲烷为萃取溶剂,在高 pH 值下,分离组分的愈创木酚类化合物的含量达到 48.27%。

超临界流体萃取由于能够通过调节压力和温度来调节其溶解能力,从而实现对化合物的选择性萃取而备受关注。在 45 ℃和 25 MPa 条件下,三种萃取物中主要聚集低分子量的含氧苯类化合物、碳氢化合物和脂肪酸。在 30 MPa 下萃取得到的组分中,十六酸(44%)和含氧苯类化合物(16%)比在 25 MPa 下得到的组分多。因此,有价值的化合物,如呋喃、吡喃和苯化合物,可以在高浓度的无水萃取阶段富集。在随后的研究中,发现在 10 MPa 和 25 MPa 条件下得到的油馏分含有更多的呋喃、吡喃和苯化合物,而在 30 MPa 条件下得到的油馏分含有更多的高分子量脂肪酸和醇。研究人员将超临界 CO_2 萃取、液态 CO_2 萃取和溶剂萃取的生物油进行对比,发现超临界 CO_2 萃取和液态 CO_2 萃取的组分相似。酸、酮、呋喃、酯等无苯环化合物在 CO_2 萃取馏分中有较好的富集效果,而生物油中几乎所有的芳香族化合物都可以用正己烷萃取。

与传统的萃取和色谱法相比,超临界萃取法具有较高的萃取率,对低极性化合物有较好的选择性,而残渣组分中保留了高极性的水和有机物。柱层析法根据固定相上不同的吸附容量来分离物质。其萃取原理与溶剂萃取相似,对医药、食品、天然产物和石油化工产品的分离具有重要作用。柱层析法可以分离出结构或性质相似的化合物。影响该分离方法的因素很多,包括吸附剂、样品、淋洗液、分离分析条件等。常用的吸附剂有硅胶、氧化铝(中性、酸性、碱性)、活性炭、大孔树脂、离子交换树脂和十八烷基硅烷(C18)。在选择吸附剂和分离条件时,应考虑目标化合物的特性。色谱分离通常通过选择不同的溶剂或溶剂调配体系来实现生物油的粗、精分离。溶剂类型从低极性溶剂如烷烃到高极性溶剂如醇和水均有。用不同溶剂在硅胶上洗脱生物油样品,可得到 5 种组分,总回收率达 98.35%。从一维和二维气相色谱的表征结果发现:丙酮和甲醇主要洗脱极性化合物,如糖、酮和酚类化合物,产率很高;甲苯和二氯甲烷洗脱中低极性化合物,如烃类和醇类,产率较低;少量非极性脂肪烃(3.5%)被戊烷洗脱。由于柱层析法和溶剂萃取法的原理相似,因此它们经常结合应用以获得高分辨率的样品成分。

固相微萃取是生物油的另一种预处理方法。生物油样品首先吸附在某些吸附剂上,然后用溶剂或高温解吸。之后,样品可直接导入气相色谱、气相色谱-质谱和液相色谱等检测设备。该方法只需少量原料,不需要萃取过程,适用于挥发性和非挥发性物质的分析,重现性好。它能有效地初步分离生物油,便于后续检测。固相微萃取的关键是在石英纤维(吸附剂)上选择吸附目标化合物的涂层。为了防止不相关化合物和溶剂的吸附,应选择具有类似极性目标化合物的涂层。

4.4.3.4　蒸馏

由于生物油化合物的沸点跨度很宽,蒸馏被认为是一种在分析之前分离生物油组分的策略,就像在石化工业中那样。然而,与石油不同的是,生物油对热很敏感,因此在传统的蒸馏方法中,温度的选择非常重要。蒸馏曲线在常压下呈"S"形,可分为低温沸腾段和高温沸腾段。低温沸腾段去除了水,有效地提高了有机物的浓度。在 150 ℃时,曲线突然进入高温沸腾区,开始发生聚合反应,并观察到结焦现象。建议将生物油在 240 ℃以上加热后的残焦与生物质共热解,以提高生物油收率。所得低分子量化合物的回收率可达 80%以上,包括乙酸、丙酸和糠醛,但蒸馏馏分中新发现的化合物也表明蒸馏过程中发生了化学反应,不利于进一步的表征和鉴定。通过减压蒸馏可以在较低的温度下分离生物油,降低化合物的沸点。在这种情况下,聚合反应以及高分子量化合物的形成受到一定程度的抑制。

与常压蒸馏法相似,减压蒸馏法在低温蒸馏馏分中检测到苯衍生物(约 20%)和其他含氧化合物(约 18%)。然而,中温蒸馏组分与常压蒸馏组分有很大的不同,其中酚类化合物较多。

分子蒸馏是根据化学物质平均自由程长度的差异来实现分离的。分子运动的平均自由程长度主要与环境压力、温度和有效分子直径有关。在一定的温度和压力下,当液体混合物被加热时,具有足够能量的分子可以从液体表面逸出。当相应的平均自由程长度大于冷却面与加热面之间的距离时,低分子量化合物会不断地从液体表面逸出,然后在冷却面上凝结。高分子量化合物的平均自由程比冷却面和加热面之间的距离短,因此它们不能到达冷却面,而只能返回液相。这样就实现了不同分子的有效分离。

分子蒸馏装置结构独特,具有真空度高、操作温度低、加热时间短、分离度高、产品收率高等一系列优点。该方法适用于沸点高、热稳定性差的生物油的分离和表征。通过改变温度、压力和分离级数,分子蒸馏可以实现生物油组分的精细划分。结果表明,与传统蒸馏相比,分子蒸馏在低温、高真空度下可获得较高的馏出物收率。分子蒸馏技术实验结果表明,低分子量化合物具有较强的挥发性和高反应性,酸、酮和一些单酚类化合物由于分子自由程长,主要富集在轻馏分中,而糖和热解木质素等高分子量化合物则富集在重馏分中,重馏分几乎不含水。由于分子自由程长度不仅与化合物分子的直径有关,而且还与相应的环境有关,因此提高蒸发温度和降低蒸发压力可以进一步富集轻馏分中的高分子量化合物,轻馏分可以用气相色谱更好地表征,而重馏分需要进一步分离才能除去高分子量热解木质素,然后再分别表征。利用液相色谱(LC)和核磁共振(NMR)方法可以对热解木质素中的糖类进行鉴定,分子蒸馏法是最有前途的生物油分离方法之一,因为它能在保持生物油原有特性的前提下实现高效分离。

分馏也被认为是稳定生物油的物理手段之一。通过控制热解后的冷凝温度,可以选择性地回收可冷凝蒸气的特定组分。通过将第一阶段的温度从 345 ℃降低到 102 ℃,并将最后阶段的温度控制到 18 ℃,水和酸在最后阶段被浓缩,而木质素衍生的油和糖基化合物大部分在第一和第二阶段被回收。研究人员比较了将洗涤器/冷凝器温度从 36 ℃调整到 66 ℃在液体回收过程中进行分馏和使用 25% 含水量而不是 10% 含水量的原料通过自发相分离进行分馏。通过控制洗涤器温度,生物油的含水量从 24% 下降到 7%,伴随着轻挥发性化合物的损失、酸度的降低和黏度的增大。木质素和糖衍生的部分之间的分馏是通过自发相分离模式实现的,这种分离模式是由原料中初始含水量的增加引起的。

4.4.3.5　冷凝

由于生物油各组分的冷凝温度不同,可以通过分步冷凝来富集冷凝温度相近的物质。分步冷凝主要有两种方式。一种是控制冷却液温度的回热直接冷凝;另一种是对不溶解生物油的液体进行温度控制的淬冷,然后通过蒸馏获取生物油,此外静电捕集还可以收集气溶胶形式的生物油。在实验室中,还可以采用干冰或液氮制取生物油。Pollard 等人开发了一种多级冷凝系统,用于收集生物油的不同组分。在设计的五级收集装置中,冷凝温度从 85 ℃降低到 18 ℃,同时还有两级静电除尘器(ESP)捕集装置。生物油的含水量在前四个阶段仅降低到 6%～15%,而在最后一个阶段则高达 63.3%。在高温缩合阶段可收集到左旋葡聚糖、5-羟甲基糠醛、烷基酚、愈创木酚、丁香基和苯二醇,而在低温缩合阶段可富集乙酸、糠醛和小分子量酮等水溶性物质。

4.5　生物油化学提质技术

　　木质纤维素类生物质热解产生的生物油,其品质随转化过程的程度不同而变化。生物油的化学提质技术主要有三种,高压催化加氢处理和常压沸石提质是以生产燃料为主要目的的炼油工艺,采用适当的物化方法生产和回收高附加值化学品是第三种提质方案。提质路线的选择取决于所需的最终产品,以及生物油的特性和价值。此外,应仔细选择提质方法,使获得的产品价值超过转换成本。

　　催化是生物油转化为提质产品的新兴技术。从生物油中生产高附加值化学品的方法有很多,其基础均是仔细选择实验条件、各种物理化学方法的应用以及使用合适的催化剂。然而,由于生物油中化学混合物的复杂性,产品的利用受到限制。生物油的燃料品质明显低于石油燃料品质。人们对生物油的改性也进行了一些研究。表 4-12 列出了用于生物油提质的技术,并介绍了每种技术的优缺点。

表 4-12　生物油提质技术及其优缺点

提质技术	工艺条件	优　　点	缺　　点
加氢处理	温度:约 500 ℃ 压力:低 化学品:H_2/CO 催化剂:HZSM-5 COMO、Ni-Mo	可商业化	高焦化(8%~25%) 获得的燃料质量较差
加氢裂化	温度:>350 ℃ 压力:100~2000 psi[a] 化学品:H_2/CO 催化剂:Ni/Al_2O_3-TiO_2	制造更多的轻产品	需要复杂设备 反应器堵塞 催化剂失活
蒸汽重整	温度:800~900 ℃ 催化剂:Ni	产生氢气作为燃料	复杂 需要稳定、可靠、全面开发的反应器
超临界流体	化学品:乙醇、丙酮、乙酸乙酯、甘油	高产油量 燃油质量好(低含氧量、低黏度)	溶剂很贵
酯化	化学品:乙醇 催化剂:固体酸/碱	简单 溶剂便宜 减小生物油黏度	需要溶剂 添加溶剂的机制还未完全弄明白
乳化	化学品:表面活化剂	简单 腐蚀性小	生产需要高能量

[a] 1 psi≈6895 Pa。

4.5.1　催化裂解

催化裂解是指在催化剂的作用下将生物质快速热解得到的有机蒸气进一步裂解成较小的分子,其中的氧元素以 H_2O、CO 和 CO_2 的形式除去。与催化加氢所需的高压和供氢溶剂的苛刻反应条件不同,催化裂解可以在常压条件下进行,不需要还原性气体。

催化裂解最初也是用于生物油的精制加工的,是用于制取高品质生物油的一个有效手段,但还需要寻求生物油产率和品质提升程度间的最优关系,并进一步降低催化裂解的生产成本以及解决催化剂的失活问题。Ana G. Gayubo 等研究了 HZSM-5 催化剂在不同的反应条件下的失活特性,指出催化剂的失活有两种形式——由碳沉积反应引起的可逆失活和由脱铝作用引起的催化剂酸性减弱的不可逆失活,其中可逆失活影响催化裂解反应的持续时间,不可逆失活影响催化剂的使用寿命。

J. U Adjayc 考察了催化生物油生产烃类的过程,使用 HZSM-5 和硅铝作为催化剂,实验发现使用 HZSM-5 时,得到了质量分数为 27.9%(以未催化的生物油质量为基准)的烃类产品,使用硅铝催化剂时获得了 13.2% 的烃类产品。并且,经过 HZSM-5 催化的生物油包含更多的芳香烃,而经过硅铝催化的生物油包含更多的脂肪烃。芳香烃产品主要有甲苯、二甲苯、三甲苯,脂肪烃主要含己院、戊烷、环戊院、环丙烯。

M. I. Nokkosmaki 等在流化床反应器中使用 ZnO 催化剂直接催化裂解生物油有机蒸气,发现 ZnO 是一种性质温和的催化剂,对生物油产率的降低以及油相组分的影响都不大,主要是降解了水不溶醚溶组分(糖类),但由此制取的生物油稳定性却得到了很大的提高。将没有经过 ZnO 催化的生物油和经过 ZnO 催化的生物油在 80 ℃ 的条件下加热 24 h,结果表明没有经过催化的生物油黏度增加了 129%,经过催化的生物油黏度只增加了 55%。

将 H_2SO_4 和 $ZnCl_2$ 等特殊化合物浸渍到生物质颗粒中以控制一次反应,并在反应器中使用多相催化剂来指导二次反应是近年来研究的热点,Dickerson 和 Soria 列出并回顾了其发展情况。研究人员以提高生物油的热值和降低生物油的酸度为目的,对热解蒸气中的选择性氧脱除进行了研究。脱氧反应是由酸催化的,研究最多的是固体酸,如沸石和黏土。针对化学品生产,研究人员使用改性 ZSM-5 沸石作催化剂时芳烃的产率约为 20%(碳基)。所有报道的催化控制多相反应的结果表明,低产率、过量的结焦和水的生成仍然是需要注意的问题。

分子筛裂解过程以二氧化碳的形式排出氧,可用如下方程式表示:

$$0.99\,C_1H_{1.33}O_{0.43} + 0.26\,O_2 \longrightarrow 0.65\,CH_{1.2} + 0.34\,CO_2 + 0.27\,H_2O$$

分子筛裂解可以在裂解过程中的液体或蒸气上进行操作,或与裂解过程紧密耦合,也可以分离以提升液体或重新聚合液体。沸石催化剂 HZSM-5 或 ZSM-5 对生物油的改性效果最好,因为这些催化剂能提供较高的液体产品和丙烯产率。这些液体易结焦、总酸值高以及产生水和二氧化碳等不良副产品是挑战所在。

许多最新的研究将催化剂与热解结合起来。在热解过程中添加催化剂可产生稳定性提高、含氧量降低的热解液体,目的是进一步生产生物燃料产品。所用催化剂与水热改性催化剂相似。需要克服的催化反应器问题主要来自硫和氯对催化剂的中毒以及反应器内的结焦。酸性沸石催化剂上的催化蒸气裂解通过同时脱水-脱羧除氧,在 450 ℃ 和大气压下产生大部分芳香烃。氧以二氧化碳或一氧化碳的形式从二次氧化反应器中排出,以烧掉沉积在催化剂上的焦炭,类似于传统的燃料炉中的催化裂解过程。低氢碳比对碳氢化合物的产率有一个相对较低的限制。粗芳烃产品将被送至传统炼化厂进行再加工。紧密耦合蒸气裂解的主要特点是不需要氢,并且能够在常压下工作。尽管沸石结焦问题在原则上可以通过传统的流体催化裂解装置克服,该装置通过焦炭的氧化持续再生催化剂,但催化剂失活仍然是一个令人关注的问题。使用沸石时分子大小和形状的控制不力以及形成有害碳氢化合物的倾向,仍然引起一些关注。目前,这种方法加工成本很高,因此产品与化石燃料相比不具竞争力。这种方法只在基础研究层面上进行了研究,需要进行更多的开发。

除用于催化快速热解外,沸石催化剂还可用于非催化裂解生物油。与催化快速热解的化学性质类似,沸石裂解也会将氧以 CO_2、CO 和 H_2O 形式排出。催化剂失活和碳损失对焦炭和焦油的形成而言是主要的弊端。相关研究考察了在间歇式反应器中,在 400 ℃ 温度下,在微孔或中孔 ZSM-5 沸石上对纳皮尔草热解生物油的有机相进行提质,以生产脱氧环烯烃、环烷烃、单芳香烃和多环芳烃。利用 ZSM-5 催化剂在 400 ℃ 下处理甲醇抽提生物油中的富酚组分,制备芳烃,与催化裂解装置中的炼油中间体共处理生物油,是另一种有前途的沸石催化剂改质生物油的方法。其主要优势在于,大多数炼油厂都配备了催化裂解装置,不需要额外的氢或能量输入就可用于联合处理。生物油中的生物碳最终可能成为燃料、焦炭、气体、二氧化碳或一氧化碳。与单独裂解减压柴油(VGO)相比,生物油的共同处理往往会形成更多的焦炭、一氧化碳、二氧化碳、气体和水,因为生物油具有不稳定性和高氧含量(HOC),与减压柴油共处理催化快速热解生物油或加氢快速热解生物油提高了加工稳定性和碳效率。到目前为止,大多数研究工作采用 5%～20% 混合水平的生物油。

4.5.2　催化加氢

氢可用于将生物质转化为燃料,与化石原料转化为燃料相比,这需要更高水平的加氢脱氧。加氢处理是一种新兴的快速热解和水热液化技术,可以将生物质转化为与石油相溶的产品。加氢处理是指去除硫、氮、氧和金属杂原子,以及芳烃结构的催化反应。加氢处理也可指烯烃或其他不饱和物质的加氢。生物油加氢改质的步骤包括生物油的提纯、生物油的化学改性、杂原子的去除、长烃链的断裂和分离。加氢处理是在高压固定床反应器中进行的,随着进料量的增加,反应条件通常会变得越来越恶劣。与较重的进料一起使用的反应器是滴流床,在滴流床中,液态油滴流通过催化剂床,氢在气相中浓缩。浆态反应器也被用于重质原料。

生物质快速热解制备的生物油含氧量高。含氧基团的反应性导致生物油的稳定性差。因此有必要对生物油的脱氧作用进行研究。加氢脱氧的主要目的是通过去除水中的束缚氧来提高生物油的热值。生物油的加氢除氧是在多相催化剂、一定氢压(7～20 MPa)或存在供氢溶剂的条件下,对生物油进行加氢处理,使其中的氧元素以水的形式脱除,从而从生物油中去除含氧官能团(羧基和羟基)的方法。加氢处理被认为是使生物油满足锅炉质量规范的关键工艺。加氢处理通常在高压(高达 20 MPa)、中温(高达 400 ℃)下进行,并且需要氢气供应。全加氢处理产生一种类似于石脑油的产品,需要通过重整来生产传统的运输燃料。加氢处理反应可用下式描述:

$$CH_{1.32}O_{0.43} + 0.77\,H_2 \longrightarrow CH_2 + 0.43\,H_2O$$

催化加氢工艺分两个不同的阶段进行:第一阶段在相对较低的温度(525～575 K)下进行,目的是稳定生物油;第二阶段在较高的温度(575～675 K)下进行,以使中间产物脱氧。氢脱氧通过与氢反应形成水和正构烷烃从甘油三酯或游离脂肪酸中除去氧,脱羧作用除去生物质羧基中的氧以形成二氧化碳和较短的正构烷烃。原始生物油和提质生物油的性质见表 4-13,从表中可以看出,原始生物油和提质生物油的性质有很大的不同。

表 4-13　原始生物油和提质生物油的性质

性　　质		原始生物油	提质生物油
密度/(kg/L)		1.12	0.93
元素分析 /(%)	碳	50.4	87.7
	氢	6.9	8.9
	氧	41.8	3.0
	氮	0.9	0.4
高位发热量/(MJ/kg)		21.3	41.4

高压液化产物的催化加氢处理在高质量汽油(C5～C225 沸程)的收率方面显示出良好的效果,但需要较长的停留时间。热解产物不适合直接进行这种加工,因为它们的热稳定性太差,在通常条件下会形成固体残渣。然而,通过不太剧烈的加氢处理,生物油性质可以稳定,并适合于碳氢化合物的催化加氢处理。此外,在评估加氢处理的经济性时必须考虑的一个因素是,该过程是在高压(13～17 MPa)下进行的,需要消耗大量的氢。

催化加氢过程中的主要挑战是高碳沉积导致的催化剂结垢,使催化剂的使用寿命缩短至 200 h。沸石是一种很有前途的催化剂。沸石裂解可用于 HZSM-5 等催化剂的除氧。由于脱氧反应不需要氢气,所以可以在大气压下完成。此外,生产的生物油含氢量低,导致氢碳比低,由此可以推断,沸石上生产的生物油品位较低,热值比原油低近 25%。

研究人员还从不同来源讨论了生物油生产、提质和商业化领域的进展。由于分子筛脱氧不能生产出与原油竞争的等级合格的生物油,因此加氢脱氧似乎是生物油改质的最佳途径。催化剂的合成可以促进一些技术的进步。尽管生物油的应用前景广阔,但要成为一种能够与原油竞争的成品油,其完全商业化还有很长的路要走。

加氢处理过程常用的催化剂是氧化铝或铝硅酸盐负载的硫化 CoMo 或 NiMo。这些催化剂在高含水环境下的不稳定性以及催化剂中硫的析出是使用过程中出现的主要问题。其他合适的催化剂,如 Ru/C、Pd/C、Pt/SiO_2/Al_2O_3、氮化钒和钌也用于加氢处理。该工艺操作条件温和,但生物油收率相对较低。此外,这一过程产生大量的焦炭、煤焦和焦油,导致催化剂失活和反应器堵塞。

在先前的工作中,研究人员对运行条件进行了优化,并筛选出了不同类型的催化剂,从 HDS(高效底泥循环回流)工艺中常用的硫化催化剂(NiMo/Al_2O_3、CoMo/Al_2O_3)到基于贵金属催化剂(Ru/Al_2O_3)的新型非硫化催化剂,以获得最高产率的类烃液体产品。Zhang 等研究了钼酸钴催化剂存在下生物油的加氢脱氧(HDO)机理,主要的氢脱氧反应为 $-(CH_2O)+H_2 \rightarrow -(CH_2)+H_2O$,这是化学提质的重要途径。式中的反应类似于典型的炼油厂加氢反应,如加氢脱硫和加氢脱氮。一般来说,大多数的加氢脱氧研究都是利用现有的加氢脱硫催化剂(NiMo 和 CoMo 在合适的载体上)进行的。这类催化剂需要使用合适的硫源活化,这是使用生物油等几乎不含硫的资源时的一个主要缺点。

Williams 和 Nugranad 研究了热解生物油和催化热解生物油之间的差异。结果表明,催化裂解降低了生物油的收率,随着催化剂上焦炭的生成,生物油中氧含量降低。生物油中的氧在较低的温度下被催化剂转化为水,在较高的温度下主要转化为一氧化碳和二氧化碳。

催化后生物油的分子量分布降低,并随着催化温度的升高而进一步降低。催化所得生物油中的单环多环芳烃含量明显增加。随着催化温度的升高,芳香族和多环芳烃的含量增加。催化剂失活一直是生物油改性中的一个难题,通常认为是活性催化剂上的碳沉积所致;然而,Pindoria 等人发现催化剂失活主要是挥发性组分堵塞活性中心的结果,而不是碳沉积的结果。该领域的研究主要集中在两段水热工艺的优化、氢耗的降低和替代催化剂的开发,而不是传统加氢工艺催化剂的改性。正在研究的催化剂包括钯/碳(用于氢化处理)、镍/钼、钌/碳(用于氢化脱氧)、液相钌和双功能非硫化物镍-铜催化剂。

研究发现,来自不同原料和反应器的生物油在加氢处理后是相似的,贵金属催化剂比传统催化剂具有更好的脱氧性能,催化剂的重复使用会随着固体含量的增加而降低液体产率和氢碳比,提质后的生物油中有机酸、酮和醚的含量较低,酚、芳烃和烷烃的含量增加。新开发的催化剂降低了生物油的氧含量,但黏度的增加有限。木质素部分不导致残渣的形成,而是形成酚类和烷烃。生物油的糖类组分具有很强的反应性,Butler 等人开发的催化剂基于以氧化铝或铝硅酸盐为载体的硫化钴钼(CoMo)或镍钼催化剂,其条件类似于石油脱硫。催化剂的使用问题包括高含水量下催化剂载体不稳定,以及因生物油中的硫浓度较低而需要不断的催化剂再活化以从催化剂中剥离硫。

近年来,贵金属催化剂在较不敏感的载体上得到了广泛的关注。在所有的加氢处理过程中,都需要大量的氢来氢化有机组分并去除水中的氧。氢气可以通过气化额外的生物质来提供。为此,原料中需要大约 80% 的剩余生物质,这大大降低了工艺的效率。如果只有生物油的有机部分在分相后进行加氢处理,则可以通过水蒸气重整水相来产生所需的氢。如果生物油在一段时间内未被处理,则自然会发生有机相和水相的相分离,或者通过加水很容易实现相分离。水相含有 80%～95% 的水。

4.5.2.1　低温加氢

对生物油加氢处理的研究表明,直接加热会导致生物油形成堵塞。氢气和活性催化剂很快就被包裹在含碳的沉积物中,随着温度的升高,缩合和聚合反应会造成堵塞。Hu 等人通过在间歇反应器中使用由糖、酸、醛、酮、呋喃和酚组成的替代混合物,研究了这些化合物对生物油缩合和再聚合反应的贡献。在 190 ℃ 温度下进行的实验中,发现葡萄糖分解成含有羟基、羰基或 π 键共轭的反应性化合物,这些化合物反过来对聚合反应有促进作用。羧酸对聚合反应有催化作用,而含羰基的酚类化合物,如香兰素,则易发生聚合反应。酚类物质也参与了酸催化的与含羰基分子的缩合反应。由于这些化合物通常存在于生物油中,因此研究者提出了通过温和的加氢处理来稳定其聚合倾向的催化方法,以减少更多的活性羰基和共轭烯烃物质,从而稳定生物油。与在加氢处理温度(350 ℃ 或更高)下热稳定的石油馏分不同,生物油需要进行温和的加氢预处理,以将反应性高的物质(如醛)转化为反应性较低的物质。

在生物油加氢处理时,发现首先使用低温硫化物催化剂(170 ℃ Ru/C 或 250 ℃ CoMo/Al$_2$O$_3$),随后使用高温硫化物加氢处理催化剂(400 ℃ CoMo/Al$_2$O$_3$)的两步加氢处理工艺足以在大约 90 h 内几乎完全使生物油脱氧。这两步工艺最初是在 20 世纪 80 年代获得专利的。超过 90 h 后,过量的碳沉积污染在反应器界面形成一个塞子,床温从 200 ℃ 过渡到 350 ℃。这表明生物油中反应性强的物质的快速热聚合,导致其通过低温催化剂无法转化为更稳定的物质。少于 100 h 的处理时间不足以使该工艺在技术上或经济上可行。间歇系统中的反应研究表明,在超过 250 ℃的温度下,热聚合速度较快,导致在 Ru/C 催化剂存在下的氢消耗降低,并形成顽拗性物质,阻碍进一步加氢处理。在 Pd/C 存在和 10 MPa 压力下的批量试验表明,温度从 150 ℃提高到 300 ℃时,焦炭产率升高。因此,考虑使用还原贵金属催化剂来稳定催化剂。

利用间歇反应器与 Ru/C 和 Pd/C 催化剂在 150～300 ℃下对模型化合物进行加氢的研究表明,Ru/C 催化剂是两者之间更为活跃的催化剂。两种催化剂均能在低温(低于 200 ℃)下转化糠醛和愈创木酚。然而,Pd/C 催化剂需要 300 ℃的温度来转化醋酸。另一项研究证实了在 160 ℃下用钌可高选择性地将乙酸转化为乙醇。因此,在硫化 Ru/C 和促进硫化 Mo 催化剂的两步工艺之前,采用还原 Ru/C 的额外氢化步骤,以使生物油组分在 140 ℃下进一步稳定。Ru 金属催化剂在 70～100 ℃和 4～14 MPa 的加氢条件下处理生物油,在老化试验中提高了生物油的稳定性。

在 140 ℃时,在非硫化 Ru/C 催化剂存在下观察到有限的生物油脱氧,含水量略有增加。额外的稳定步骤(即三床系统)使硫化钼基深度加氢处理催化剂床累计连续运行超过 1440 h,比之前报道的 100 h 有显著改善。在间歇反应器中使用生物油在非硫化 Ru/C 催化剂存在下反应 4 h,进行官能团分析,结果表明,在较低温度(125～150 ℃)下通过氢化反应,羰基显著减少,但在较高温度下,羰基增加,缩合反应之后,发生了脱水反应。另一项利用 120～160 ℃之间的 Ru/TiO₂ 催化剂的研究表明,该催化剂在不同温度下具有不同程度的氢化生物油的能力。一个加氢反应序列被提出:糖转化为糖醇,酮和醛转化为醇,烯烃和芳香烃加氢,最后羧酸转化为醇。大约 50%的氢消耗归因于糖、醛和酮中羰基的氢化。在分批研究中也观察到醛的易加氢作用。图 4-8 显示了加氢过程中几种组分(官能团)的氢选择性。间歇式反应器实验与连续生物油稳定试验中,催化剂失活后羰基的重现符合良好。

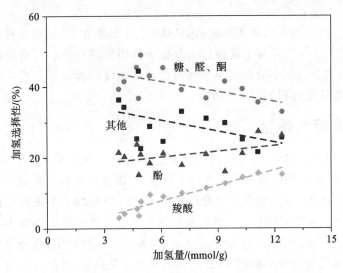

图 4-8　不同加氢量下生物油中几种组分的氢选择性

为了解决稳定生物油的技术经济成本问题,催化剂和工艺开发仍然是必要的。钌是一种相对昂贵的贵金属催化剂。需要一种活性催化剂,能够在不利于热聚合的低温下氢化反应性生物油物质,同时以较低的成本可用,或者能够比 Ru/C 使用长得多的时间。此外,三层结构带来了与经济运行不兼容的重大资本成本。对低温 Ru 稳定的生物油(可在高温下直接加工)的羰基含量设定质量标准,可以消除第二 Ru/C 床,提高工艺经济性。然而,这需要低温 Ru/TiO₂ 催化剂具有足够的稳定性,以维持较长时间的活性。在长时间的流动中,随着羰基的重新出现,观察到催化剂失活的迹象,表明催化剂的稳健性需要显著提高。在稳定化反应中,催化剂失活的方式可能不同,例如:①生物油组分竞争性热聚合导致的碳污染和催化剂沉积;②硫和其他无机化合物等生物油污染物导致的催化剂中毒。对废弃的稳定化催化剂的氮物理吸附分析表明,除硫和钙浓度增加外,催化剂的微孔完全丧失,孔体积减小93%。对硫化钌催化剂的分析表明,由于生物油组分的缩合,存在碳沉积。硫中毒被认为是降低催化剂活性的主要方式,随着活性催化剂受到硫的毒害,与竞争热聚合反应相比,生物油活性组分的加氢速率变慢,从而增加了催化剂的碳污染。

4.5.2.2　深度加氢处理

在通过稳定化或催化快速热解使生物油达到目标质量后,生物油有望提质到足以通过高温、深度加氢处理连续加工。深度加氢处理的目的是从生物油中除去氧,用于生产碳氢化合物,以产生燃料或化学品。这一过程通常发生在 400 ℃左右,使用各种催化剂,需要氢气供应,与传统炼油厂的加氢处理工艺非常相似,以利用专有技术和现有工艺及基础设施。在这个提质步骤中,各种反应同时发生。这些反应大致分为氢化使 C—C 键饱和、通过氢化脱氧(HDO)除氧、脱羰基和脱羧以及通过氢化裂解、裂解和异构化而碎裂。氧可以通过 HDO 从生物油中排出生成水,脱羧生成二氧化碳,或脱羰基生成一氧化碳。近年来研究者对HDO 进行了广泛的研究,现有的大量报道都是关于催化剂的评价或利用模型化合物进行机理和动力学研究。炼油厂常用的传统钼基硫化物催化剂已广泛应用于生物油深度加氢处理,具有良好的除氧性能。非硫化物催化剂,包括贵金属催化剂和还原态、碳化物、氮化物或磷化物形式的廉价金属,也已进行了试验,主要用于模型化合物研究,实际生物油加氢处理的例子有限。

目前加氢工艺还添加了二级催化剂功能,如沸石上的酸性中心,以获得脱水或烷基化反应的双功能催化剂,这些催化剂主要通过模型化合物研究进行评估。利用各种加氢处理催化剂和运行条件,多个研究小组对实际生物油进行了连续深度加氢处理。生物油深度加氢处理过程中的主要反应过程如图 4-9 所示。

4.5.3　水蒸气重整

水蒸气重整过程的目标是将生物油转化为更易挥发、辛烷值更高的产品,代表各种反应(如裂解、异构化和脱氢)的综合效应。在这个过程中,碳氢化合物在高温下与水蒸气反应转化为合成气(CO+H₂)。工业镍催化剂在生物油水蒸气重整加工中表现出良好的活性。美国国家可再生能源实验室(NREL)在固定床和流化床反应器中对生物油水蒸气重整制氢及其反应机理进行了广泛的研究。生物油的水溶性(碳水化合物衍生)部分可以通过水蒸气重整加工成氢气。氢气是一种清洁能源,在化学工业中至关重要,因此越来越多的人开始关注生物油的水相组分的重整。

生物油在水蒸气催化重整过程中,先与水反应生成一氧化碳和氢气:

$$CH_nO_m + (1-m)H_2O \longrightarrow (1+n/2-m)H_2 + CO \quad \Delta H > 0$$

生成的一氧化碳随后与水发生水煤气变换反应产生二氧化碳和氢气:

$$CO + H_2O \Longrightarrow H_2 + CO_2 \quad \Delta H = -41.1 \text{ kJ/mol}$$

这两步反应的总方程式为

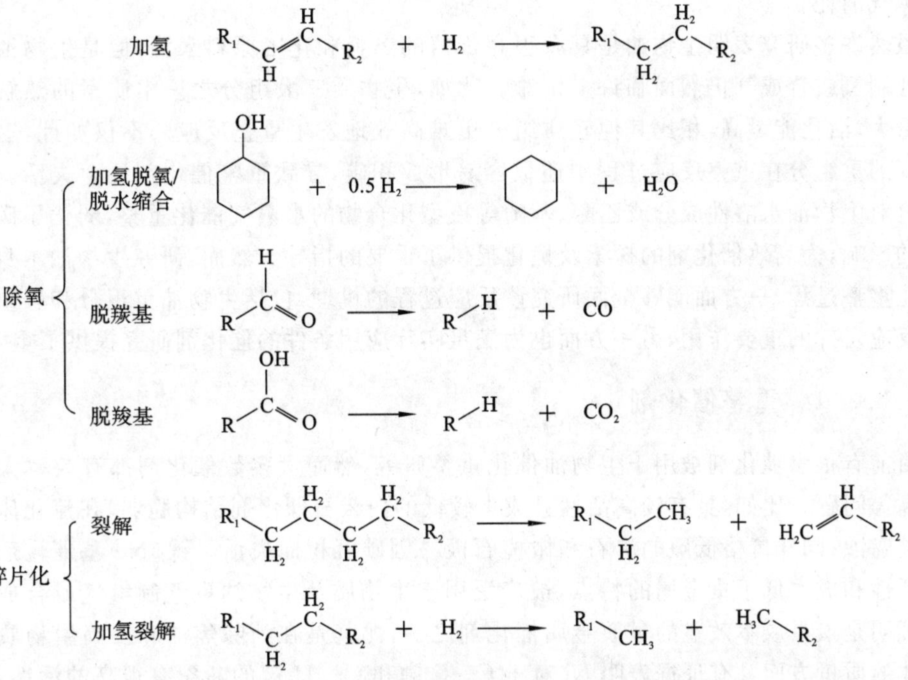

加氢　　$R_1-\overset{\text{H}}{\underset{}{C}}=\overset{}{\underset{}{C}}-R_2 + H_2 \longrightarrow R_1-\overset{\text{H}_2}{\underset{}{C}}-\overset{}{\underset{}{C}}-R_2$

除氧
- 加氢脱氧/脱水缩合　　环己醇 + $0.5H_2 \longrightarrow$ 环己烷 + H_2O
- 脱羰基　　$R-\overset{\text{H}}{\underset{}{C}}=O \longrightarrow R-H + CO$
- 脱羧基　　$R-\overset{\text{OH}}{\underset{}{C}}=O \longrightarrow R-H + CO_2$

碎片化
- 裂解　　$R_1-\overset{\text{H}_2}{\underset{}{C}}-\overset{\text{H}_2}{\underset{}{C}}-R_2 \longrightarrow R_1-\overset{\text{H}_2}{\underset{}{C}}-CH_3 + H_2C=R_2$
- 加氢裂解　　$R_1-\overset{\text{H}_2}{\underset{}{C}}-R_2 + H_2 \longrightarrow R_1-CH_3 + H_3C-R_2$

图 4-9　生物油深度加氢处理过程中的主要反应过程

$$CH_nO_m + (2-m)H_2O \longrightarrow (2+n/2-m)H_2 + CO_2 \quad \Delta H > 0$$

另外,由于水蒸气催化重整生物油是吸热过程,因此设置较高反应温度有利于提高正向转化率。而在高温下会伴随发生生物油的热裂解反应:

$$CH_nO_m \longrightarrow CH_xO_y + gas(H_2,H_2O,CO,CO_2,CH_4,\cdots) + coke \quad \Delta H > 0$$

以及一氧化碳歧化反应,即 Boudouard(鲍多尔德)反应:

$$2CO \Longleftrightarrow C + CO_2 \quad \Delta H = -172 \text{ kJ/mol}$$

其中热裂解反应的气态产物之间也会相互转化,比较典型的有甲烷水蒸气重整反应:

$$CH_4 + H_2O \Longleftrightarrow 3H_2 + CO \quad \Delta H = 206.2 \text{ kJ/mol}$$

由于生物油组分复杂,因此目前仍难以全面掌握生物油水蒸气催化重整的反应过程和机理。但对此展开研究对工程实践中促进正向反应、提高氢气产率有着重要指导意义。学界普遍认为,生物油水蒸气催化重整过程可以分为裂解和重整两步。首先,生物油热裂解为低分子氧化物、一氧化碳、二氧化碳、甲烷等初级产物及副产物焦炭。热解阶段形成的焦炭及其进一步发展而成的焦炭可以分为无定形碳和石墨型碳。其中,无定形碳是造成催化剂失活的主要积碳类型。石墨型碳具有一定的热稳定性,层状碳纳米管是典型的石墨碳结构。

研究表明,大部分快速热解制得的生物油 pH 小于 7,具有一定的酸性,而催化剂载体的酸性中心容易使 C—O 键、C—C 键断裂,促进热解反应的进行,生成低分子氧化物。另一方面,酸性中心也会促进聚合反应发生,生成大分子低聚物。这些低聚物首先在载体的酸性中心周围形成,然后逐渐向活性中心扩散,直至将催化剂活性中心覆盖而导致催化剂失活。

随后初级产物与水蒸气以及生物油自带的水分进行水蒸气重整反应和水煤气变换反应。由于催化剂对水蒸气的吸收能力较强,催化剂表面低分子氧化物与水蒸气反应产生氢气和一氧化碳,同时催化剂载体提供氧原子与焦炭反应产生二氧化碳,从而消耗催化剂表面积碳,提高氢气产率。但部分纳米尺度的纤维状碳可能正好存在于催化剂孔道中,因此难以被水蒸气消耗。

虽然许多研究表明生物油是具有很高价值的燃料和化工原料来源,但是生物油高效而经济地制氢或合成气仍然面临许多困难。比如,生物质三大组分之一木质素的热解衍生物分子量大,活化能量高,相比其他轻质组分更难高效地发生重整反应。不仅如此,这些来自木质素的重组分在重整反应过程中还很容易形成积碳,导致重整催化剂迅速失活。大量研究通过对生物油水溶性成分或乙醇、苯酚等模型化合物的水蒸气催化重整,弱化了碳沉积等问题的影响,为高效催化剂的探索及优化提供了重要的指导。然而,研究生物油本身的水蒸气催化重整过程,一方面能够全面研究该反应过程的机理,包括生物油重组分和轻重组分间交互反应发挥的重要作用,另一方面也为满足实际应用条件的催化剂研究提供了重要指导。

4.5.3.1　重整催化剂

目前有很多催化剂被用于生物油催化重整研究,然而大多数催化剂都有效率太低或成本太高等问题。比如,具有较高活性且成本较低的白云石催化剂结构脆弱,在流化床反应器中易被腐蚀;同样价格低廉的沸石和橄榄石极易因碳沉积而失活。镍(Ni)基催化剂由于具有高活性和成本低于贵金属的特点,被广泛用于生物质及生物油重整制氢气或合成气。它已被证明是最具成本效益的过渡金属催化剂之一,尤其是在消除焦油和提高生物质气化产物气体的质量方面。有证据表明 Ni 对 C—C 键和 O—H 键的断裂有很高的活性,这有助于氢原子在其表面吸附形成氢气。Ni 被证实是对 C—C 键断裂效果最迅速的第八族金属。然而,Ni 基催化剂在工业应用上具有成本高和难再生的缺点。各种报告指出,这些催化剂在气化中被用作主要催化剂时会因碳结垢、烧结和形态变化而快速失活。

在众多催化重整催化剂中,生物质或煤热解产生的焦炭或者焦载铁催化剂综合了较好的活性和经济性。富含碱金属和碱土金属的热解焦能在 900 ℃以上的高温下有效抑制热解焦油的生成。热解焦孔径、比表面积等方面的特性使其具有一定的重整催化活性。失活的热解焦可以直接被气化为二氧化碳和氢气而不需要反复再生。负载具有催化活性的金属还能进一步提高热解焦的活性。作为载体,热解焦能够将活性位点分散至纳米级。负载 Ni 可以获得较高的生物油转化率,但 Ni 在反应中会迅速失活,并且在处理过程中会对环境造成较大污染。铁(Fe)来源广泛,廉价易得,且对环境无害,可以用作生物油重整的催化剂。有研究表明,Fe 和 Fe_2O_3 能够促进生物油重整反应和水煤气变换反应。Nordgreen 等人用金属 Fe 作为催化剂在流化床上进行焦油重整。然而,Fe 在无氢气的环境下很容易发生碳沉积反应而失活。Min 等研究了焦载铁和钛铁矿催化剂对生物油水蒸气催化重整的效果。结果显示,焦载铁催化剂表现出了高于钛铁矿和酸化焦催化剂的催化活性。Shen 等使用谷壳热解焦作为催化剂或载体催化重整焦油,发现生物质焦作为中间还原剂,能够还原负载的金属氧化物和二氧化碳;另外,生物质焦能够吸附金属离子和焦油在其表面发生催化重整反应;生物质焦还能利用反应余热再生或直接转化成合成气。

4.5.3.2　镍基催化剂

镍基催化剂已被广泛应用于各种化学反应过程,它已被证明是最具成本效益的过渡金属催化剂之一,尤其是在消除焦油和提高生物质气化产物气体的质量方面。然而,镍基催化剂在气化中被用作主要催化剂时会因碳结垢、烧结和形态变化而快速失活。催化剂表面的焦炭沉积导致催化剂失活,是生物质气化和热解的主要问题。

催化剂改性是目前催化剂优化方法研究中的重点之一。镍基催化剂的改性方法可以分为如下两种。

第一种是在镍基催化剂中引入 Fe、Mo、Co、Ce、Sn 等活性金属,形成双金属或多金属催化剂。Ni-Fe 催化剂在生物油水蒸气催化重整中表现出良好的抗积碳能力和稳定性。Ni-Fe 催化剂在制备过程中形成的 Ni-Fe 合金可有效抑制 Ni 颗粒团聚,缓解积碳失活的问题。另一些研究表明,Pt 的添加对 Ni 催化剂表面积碳有很好的抑制作用。助剂 Co 增大了镍基催化剂表面积,提高了 Ni 的分散性,因此提升了其催化活性,并且抑制了表面积碳。Ca 具有很强的催化活性和抗积碳能力,能够降低催化剂载体酸性。碱性的 CaO 有很好的二氧化碳吸收效果。因此,添加 Ca 改性的镍基催化剂能够通过吸收二氧化碳影响气态组分平衡,对氢气选择性有显著提升。另外,Ca 能够抑制石墨型碳的形成,提高催化剂稳定性。有研究指出 Ca 的添加提升了催化剂对水的吸附能力,使充足的—OH 基团吸附在 Ni 催化剂表面,促进 C—C 键的断裂,进而提升了碳转化率。碱土金属 Ca 的添加还促进了水碳间的反应,抑制了焦油中小分子的聚合,并促进了大分子的分解。

第二种是在氧化物载体中引入另一种氧化物作为助剂。γ-Al_2O_3 因其价格低廉、热稳定性好、比表面积大的特点被广泛用作催化剂载体。然而,γ-Al_2O_3 酸性较强,容易导致碳沉积,造成催化剂失活。为了中和其酸性,可以添加碱金属或碱土金属氧化物,也可以添加 Ce(铈)、La(镧)等能够抑制积碳生成的稀有金属氧化物。CeO_2 具有很强的储存/释放活性氧的能力,在金属氧化物载体中添加 CeO_2 能提升催化剂的抗积碳能力,增强催化重整稳定性。CeO_2 与 Al_2O_3 在制备过程中形成的 $CeAlO_3$ 能够抑制积碳前驱体生成。La 在提升金属颗粒稳定性、防止烧结等方面有显著效果。La_2O_3 在催化重整过程中与二氧化碳形成的 $La_2O_2CO_3$ 有助于减少催化剂表面碳沉积。在 Ni/Al_2O_3 催化剂中添加 La_2O_3 能够提升氢气产率及选择性,促进表面水的吸附,进而抑制催化剂失活。

4.5.3.3　工艺条件优化

生物油水蒸气催化重整过程的工艺条件包括进料的水蒸气与碳元素的摩尔质量比、空速、反应温度等,采用适宜的工艺条件可以获得较高的氢气产率和碳转化率。水蒸气和生物油碳元素的摩尔质量比(简称水碳比,用 S/C 表示)是生物油催化重整的重要参数之一。如图 4-10 所示,增加水碳比能提升生物油转化率。同时,较高的水蒸气分压能够促进水蒸气对积碳的气化作用,抑制含氧化合物热分解,从而减少积碳生成。研究表明,S/C 从 1 升高到 6 在不同重整温度下均能够有效提升氢气产率,同时降低固定碳产率。由于被促进的水煤气变换反应更易在低温下进行,因此随着 S/C 升高,氢气产率的最大值向低温偏移。在最佳重整温度(600～700 ℃),S/C＝4 被认为是最佳水碳比,因为当 S/C 继续增大,氢气产率几乎没有增加。由于水煤气变换反应被正向促进,一氧化碳产率随着 S/C 增大呈现先增大后减小的趋势,当 S/C 为 1 时一氧化碳产率达到最大。

质量空速(WHSV)表示每小时进料的质量与装填的催化剂质量的比值,气体体积空速(GHSV)表示每小时进料的气体体积与装填的催化剂体积的比值,是生物油水蒸气催化重整中的重要影响因素。氢气和一氧化碳产率在较低质量空速下更大,这是由于低质量空速意味着长停留时间,反应物分子有更多机会在催化剂表面发生反应。催化剂在低质量空速下显示出更好的稳定性。当质量空速从 1 增加到 4,氢气和二氧化碳在气态产物中的比例都逐渐减小,而一氧化碳和甲烷比例逐渐增大。在高质量空速下,反应后期催化剂由于表面碳

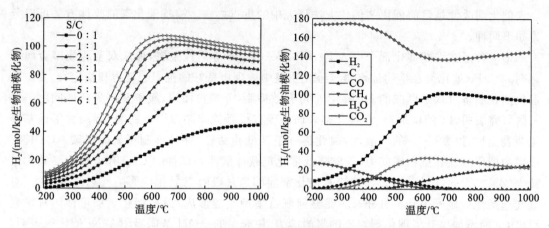

图 4-10　不同 S/C 和反应温度对生物油催化重整氢气产率影响的模拟结果

沉积而活性持续下降。

反应温度是催化重整过程中最重要的影响因素之一(见图 4-10)。它不仅会影响重整过程中各基元反应的平衡移动,还会影响镍基催化剂活性。由于生物油重整反应是吸热反应,提高重整温度能够提高生物油碳转化率与一氧化碳和氢气产率,重整温度在 600~800 ℃才有可能达到最佳的重整效果。温度升高使碳稳定性下降,使固定碳产率降低、二氧化碳产率升高。另一方面,温度升高使水煤气变换反应向正向偏移,氢气和二氧化碳产率降低,而这两者影响着二氧化碳的产率平衡。随着温度升高,甲烷水蒸气重整反应向正向偏移,甲烷产率降低。

4.5.4　酯化

生物油与低分子量醇的酯化反应是提高生物油品质的有效途径。在过去的几年中,人们做了大量的工作来提高生物油的酯化率。Zhang 采用固体酸碱催化剂在常压下对生物油进行酯化反应,发现生物油的酸度、密度、热值和贮存稳定性都有显著提高。催化酯化是指在生物油中加入醇类物质,在催化剂的作用下发生酯化等反应,将生物油中含羧基等的组分转化为酯类物质。由于羧酸的酯化,生物油 pH 值提高,腐蚀性下降。酯化过程中会产生水,而且酯化产物对水的溶解性也较差,通过选择合适的反应条件和反应体系,水会从有机相中分离出来,这样获得的有机相的含水量和含氧量都较低,热值较高。催化酯化技术的难点在于开发合适的催化剂,选择合适的反应条件加快酯化速率,以及实现多余的水和有机相的分离。

近年来,研究者对生物油与各种醇的催化反应进行了探索,许多研究中,醇通常直接与生物油混合作为溶剂和试剂,甲醇、乙醇和正丁醇受到了大部分关注。虽然许多反应在酸催化剂与醇试剂的存在下发生,但主要反应是与羧酸生成酯,与醛(缩醛化)或酮(缩酮化)的羰基反应生成醚。酯化作用显著淡化了生物油的黄褐色特征。通过将高活性醛和酮分别转化为缩醛或缩酮,生物油的稳定性也得到改善,其他特性如黏度也得到了改善。酸性催化剂最常用,阳离子交换树脂如 ZrO_2 或者 SiO_2 和沸石已被用作酸性催化剂,采用了具有酸位和金属位的双功能加氢催化剂。生物油酯化反应的一个重要挑战是醇的回收。由于酯化反应、缩醛反应和缩酮反应是平衡受限的,所以通常使用过量的乙醇。为了经济上的可行性,很可能需要在连续过程中回收醇。由于聚合和重质组分吸附的抑制,催化剂失活也是一个挑战。

包括沸石在内的一些催化剂可以通过氧化处理再生以除去焦炭,但这种方法对于最高操作温度较低、氧化稳定性较差的催化剂如离子交换树脂是不可行的。需要使用与强酸性阳离子交换树脂相类似的酸位密度催化剂,以适应高温操作。即使是像这样的高温阳离子交换树脂,其温度也限制在 190 ℃左右。高温应用也需要水热稳定的催化剂。沸石可以通过氧化处理加以利用和再生,但缺乏固体阳离子交换树脂的位密度,水热稳定性较差。

Zhang 等筛选得到了催化活性最好的固体酸催化剂 40% TiO_2/SO_2-SO,利用此固体酸和溶剂在一定条件下进行试验,生物油的热值提高了 50.7%,运动黏度降低到原来的 10%,密度降低了 22.6%;且该方法显著提高了生物油的储存稳定性,在 5 ℃下保存 8 个月黏度变化不大。徐莹等制备并筛选了对酯化反应活性较高的 K_2CO_3/γ-Al_2O_3-NaOH 催化剂,对生物油催化酯化改质进行研究。结果表明,经催化酯化改质后,不仅生物油运动黏度显著降低、流动性增强、稳定性提高、pH 值提高、热值提高,而且改质后的生物油中酸类物质含量减少、酯类物质含量增加,挥发性和难挥发性的有机羧酸转化为酯,大大优化了生物油的组成,降低了生物油的腐蚀性。酯化反应将羧基转变为酯基,不仅提高了生物油的 pH 值,降低了生物油的腐蚀性,而且固体酸碱催化剂反应后容易与体系分离,一般还能够再生使用,因此是生物油精制改性十分有效的方法。

4.5.5　超临界流体法

超临界流体能够溶解通常不溶于溶剂的气相或液相材料,从而促进液化/气化反应。超临界流体具有提高生物油收率和质量的能力,在生产高热值、低黏度的生物油方面显示出巨大的潜力。水是水热处理中最廉价、最常用的超临界流体,但利用水作为生物质液化溶剂存在以下缺点:①水不溶性油产品收率较低;②生物油黏度大、含氧量高。为了提高生物油的质量和收率,采用了乙醇、丁醇、丙酮、甲醇等有机溶剂。尽管超临界流体对生物油的改性过程是环境友好的,只需要相对较低的温度,而且对生物油的质量和收率都有显著的影响,但是有机溶剂成本高,该工艺在大范围内不具有经济可行性。

超临界流体,特别是 CO_2,广泛应用于提取天然物质,如精油、草药、抗氧化剂等材料。用超临界流体萃取和分离生物油的方法越来越多,重要性越来越高。相较于昂贵的有机溶剂,CO_2 被证明是一种很好的超临界萃取介质,可以在较低的压力(7.38 MPa)和温度(31.1 ℃)下萃取生物油中的热敏组分。超临界状态下的 CO_2($scCO_2$)表现为极低极化率的烃类溶剂。如前所述,热解液体是几百种化合物的复杂混合物,其中许多是低浓度的。单组分分离在技术上可行,但在经济上没有吸引力。裂解液中含有的大多数化合物在性质上是极性的,其中许多化合物在 $scCO_2$ 或液态 CO_2 中的溶解度相对较低。因此,$scCO_2$ 萃取包括容易获得的溶质的萃取和溶解度低的溶质的萃取。表 4-14 展示了弗朗西斯测定的某些化学物质与液态 CO_2 的互溶性。

表 4-14　某些化学物质与液态 CO_2 的互溶性

化　合　物	x^a	y^b
甲酸	M^c	M
乙酸	M	M
丙酮	M	M
2-丁酮	M	M

化 合 物	x^{a}	y^{b}
甲醇	M	M
异丙醇	M	M
乙烯乙二醇	7	0.2
甲酸乙酯	M	M
乙酸乙酯	M	M
乙醛	M	M
苯	M	M
苯酚	3	3
邻甲酚	30	2
间甲酚	20	4
对甲酚	30	2
丁香酚	38	10
水	6	0.104

[a] 液态 CO_2 在某物质中的溶解性；[b] 某物质在液态 CO_2 中的溶解性；[c] 互溶。

Patel 采用 $scCO_2$ 萃取法对从生物油中分离富酚油进行了可行性研究，以甘蔗渣和腰果壳提取的生物油为原料，在 120～300 bar 的压力范围内进行了 $scCO_2$ 萃取，温度范围为 30～60 ℃，$scCO_2$ 质量流量为 0.7～1.2 kg/h。研究结果表明，从腰果壳生物油中提取了一种含酚量较高的油脂，其酚类化合物的含量约为 72%，总得油率为 15%。在提取物中观察到较高浓度的腰果酚（86%）和大约 5% 的酚。通过超临界流体萃取得到的油不含任何酸性和醇成分。这是因为二氧化碳是非极性的，因此酸和醇等极性物质在超临界二氧化碳中的溶解度可以忽略不计。

Naik 等人研究小麦、木屑和小麦混合制备的生物油的 $scCO_2$ 分馏，所得 $scCO_2$ 萃取物酸性较低，不含水分，热值较高（约 40 kJ/kg）。萃取表现出一定的选择性：低压有利于呋喃类、吡喃类和含氧苯类的萃取，高压有利于脂肪酸和高分子量醇的萃取。

Feng 和 Meier 研究了不同含水量的慢速热解和快速热解生物油中 $scCO_2$ 萃取有机组分的挥发度和溶解度的竞争效应。热解生物油吸附在硅胶上，并在商用 $scCO_2$ 萃取系统（德国柏林 HDT Sigmar Mothes）中进行萃取。萃取器容积为 640 mL，长度为 750 mm，内径为 33 mm。在样品制备过程中，分两种负载情况：40 g 生物油吸附在 100 g 二氧化硅（40% 负载）上，80 g 生物油吸附在 100 g 二氧化硅（80% 负载）上。生物油和二氧化硅在玻璃烧杯中用玻璃棒混合。完全吸附后，将样品转移到不锈钢网制成的篮子中，并放入提取器中。在泵送之前，对来自气缸的二氧化碳进行冷却，以保持液体状态，经膜泵加压后，先进入预热器达到超临界状态，再经过萃取器。抽气压力设定为 20 MPa，由背压调节器自动控制。萃取温度与预热器和针阀前的所有管道温度一起设置为 50 ℃。为了避免针阀中形成干冰（焦耳-汤姆孙效应），将针阀的温度提高到 200 ℃。总提取时间为 6 h。将二氧化碳流速设置为 500 g/h，并由膜泵控制。提取液在室温下收集于玻璃瓶中，每 1 h 取样一次，观察提取液质量和 1 h 内二氧化碳消耗量，以评价提取工艺。所收集的提取物呈透明的红色，由于含有大量挥发性化合物,有刺鼻的气味,是透明的油状液体,与原始热解液体相比黏度较低。抽提物中未发现炭或固体,这是其比热解油更稳定的原因。热解木质素残留在残渣中。通过目测确定提取物中没有进一步的相分离。提取物在室温下储存几天后颜色变暗,表明化合物可能与光和空气发生反应。当样品储存在黑暗和寒冷的环境中时,这个过程会减慢。值得注意的是,较高的二氧化碳流速会导致提取液可溶解更多化合物。

根据 GC 鉴定生物油化合物,慢速热解生物油、scCO$_2$ 萃取物和液态 CO$_2$ 萃取物的化学基团相似,但不同于正己烷和丙酮萃取物。结果表明,scCO$_2$ 萃取物和液态 CO$_2$ 萃取物均有效地富集了最丰富的基团(酮)。与液态 CO$_2$ 萃取物相比,scCO$_2$ 萃取物中愈创木酚的含量较高,说明 scCO$_2$ 比液态 CO$_2$ 具有更好的溶解性。非芳香族化合物如酮类、酸类、呋喃类、酯类、吡喃类和乙酸酯类可以有效地富集在 scCO$_2$ 和液态 CO$_2$ 萃取物中。芳烃几乎全部用正己烷萃取。

Cheng 等人提出了一种用于快速热解生物油选择性分馏的三步超临界 CO$_2$ 萃取法。通过对萃取参数的优化,将油脂、半纤维素、木质素和缩合芳烃富集到三个不同的组分中。采用超临界流体加速萃取系统对生物油进行超临界 CO$_2$ 萃取。将 1 g 生物油与 8 g 硅藻土均匀混合在 25 mL 不锈钢提取池中。提取物被收集在甲醇中,以尽量减少挥发性化合物的损失。整个萃取过程在三种不同的条件下连续进行,分为三个步骤。第一步以纯 scCO$_2$ 为萃取溶剂,在 10 MPa 下持续 5 min;第二步以 90% scCO$_2$ 和 10% 甲醇为萃取溶剂,在 20 MPa 下持续 25 min;第三步以 75% scCO$_2$ 和 25% 甲醇为萃取溶剂,在 30 MPa 下持续 40 min。萃取温度保持在 50 ℃,总溶剂流速为 1.0 mL/min。三种提取物的得率分别为 13.4%、24.8% 和 32.9%。计算生物油的含水量(26.9%)时,scCO$_2$ 的总收率应为 98%。结果表明,适当优化提取工艺参数,可将热解生物油粗提成复合型特异性组分。结果表明,scCO$_2$ 萃取在生物油预处理方面有潜力,可满足燃料生产和精细化工生产的需要。

思　考　题

1. 生物油相对于生物质的优势体现在哪几个方面?
2. 生物油利用技术包括几种? 分别是什么?
3. 生物油的主要成分及性质分别有哪些?
4. 导致生物油热利用过程结焦的主要原因是什么?
5. 对生物油利用产业面临的主要困难进行分析,并提出主要的解决思路。
6. 生物质热解制备生物油过程中,影响生物油特性的主要因素有哪些?
7. 生物油与石油的异同有哪些?

本章参考文献

[1] SHADANGI K P,MOHANTY K. Production and characterization of pyrolytic oil by catalytic pyrolysis of Niger seed[J]. Fuel,2014,126:109-115.

[2] MEIER D,et al. State-of-the-art of fast pyrolysis in IEA bioenergy member countries [J]. Renewable and Sustainable Energy Reviews,2013,20:619-641.

[3] ADAM J,et al. In situ catalytic upgrading of biomass derived fast pyrolysis vapours in

a fixed bed reactor using mesoporous materials[J]. Microporous and Mesoporous Materials,2006,96(1-3):93-101.

[4] BOATENG A A. Pyrolysis oil—overview of characteristic and utilization[J]. Sun Grant Bioweb,2014.

[5] MOHAN D,PITTMAN C U,STEELE P H. Pyrolysis of wood/biomass for bio-oil:a critical review[J]. Energy & Fuels,2006,20(3):848-889.

[6] GOYAL H B,SEAL D,SAXENAR C . Bio-fuels from thermochemical conversion of renewable resources:a review[J]. Renewable & Sustainable Energy Reviews,2008,12 (2):504-517.

[7] KERSTEN S,GARCIA-PEREZ M. Recent developments in fast pyrolysis of lignocellulosic materials[J]. Current Opinion in Biotechnology,2013,24(3):414-420.

[8] OASMAA A,MEIER D. Norms and standards for fast pyrolysis liquids[J]. Journal of Analytical & Applied Pyrolysis,2005,73(2):323-334.

[9] ELLIOTT D C,OASMAA A,MEIER D,et al. Results of the IEA round robin on viscosity and aging of fast pyrolysis bio-oils:long-term tests and repeatability[J]. Energy & Fuels,2012,26:7362-7366.

[10] ENCINAR J M,GONZÁLEZ F. Fixed-bed pyrolysis of Cynara cardunculus L. product yields and compositions[J]. Fuel Processing Technology,2000,68(3):209-222.

[11] YANG X,JIAN Z,ZHU X. Decomposition and Calcination Characteristics of Calcium-Enriched Bio-oil[J]. Energy & Fuels,2008,22(4):2598-2603.

[12] OUDENHOVEN S,WESTERHOF R,ALDENKAMP N,et al. Demineralization of wood using wood-derived acid:towards a selective pyrolysis process for fuel and chemicals production[J]. Journal of Analytical & Applied Pyrolysis, 2013, 103: 112-118.

[13] OASMAA A,KUOPPALA E,SELIN J F,et al. Fast pyrolysis of forestry residue and pine. 4. improvement of the product quality by solvent addition[J]. Energy & Fuels,2004,18(5):1578-1583.

[14] ZHU L, LI K, ZHANG Y, et al. Upgrading the storage properties of bio-oil by adding a compound additive[J]. Energy & Fuels,2017,31(6):6221-6227.

[15] DICKERSON T,SORIA J. Catalytic fast pyrolysis:a review[J]. Energies, 2013, 6 (1):514-538.

[16] BRIDGWATER A V. Review of fast pyrolysis of biomass and product upgrading [J]. Biomass & Bioenergy,2012,38:68-94.

[17] JACOBSON K,MAHERIA K C,DALAI A K. Bio-oil valorization:a review[J]. Renewable and Sustainable Energy Reviews,2013,23:91-106.

[18] ZHENG J L,WEI Q. Improving the quality of fast pyrolysis bio-oil by reduced pressure distillation[J]. Biomass and Bioenergy,2011,35(5):1804-1810.

[19] SHEU Y. Kinetic studies of upgrading pine pyrolytic oil by hydrotreatment[J]. Fuel Processing Technology,1985,19:31-50.

[20] RAMANATHAN S,OYAMA S T. New catalysts for hydroprocessing:transition

metal carbides and nitrides[J]. The Journal of Chemical Physics, 1995, 99(44): 16365-16372.

[21] CENTENO A, MAGGI R, DELMON B. Use of noble metals in hydrodeoxygenation reactions[J]. Studies in Surface Science & Catalysis, 1999, 127(4):77-84.

[22] ZHANG S P, YAN Y J, REN Z W, et al. Study of hydrodeoxygenation of bio-oil from the fast pyrolysis of biomass[J]. Energy Sources, 2003, 25(1):57-65.

[23] WILLIAMS P T, NUGRANAD N. Comparison of products from the pyrolysis and catalytic pyrolysis of rice husks[J]. Energy, 2000, 25(6):493-513.

[24] PINDORIA R V, LIM J Y, HAWKES J E, et al. Structural characterization of biomass pyrolysis tars/oils from eucalyptus wood waste: effect of H_2 pressure and sample configuration[J]. Fuel, 1997, 76(11):1013-1023.

[25] ADJAYE J D, BAKHSHI N N. Production of hydrocarbons by catalytic upgrading of a fast pyrolysis bio-oil. Part I: conversion over various catalysts[J]. Fuel Processing Technology, 1995, 45(3):161-183.

[26] HU X, WANG Y, MOURANT D, et al. Polymerization on heating up of bio-oil: a model compound study[J]. AIChE Journal, 2013, 59(3):888-900.

[27] WANG H, LEE S J, OLARTE M V, et al. Bio-oil stabilization by hydrogenation over reduced metal catalysts at low temperatures[J]. ACS Sustainable Chemistry & Engineering, 2016, 4(10):5533-5545.

[28] FRENCH R J, BLACK S K, MYERS M, et al. Hydrotreating the organic fraction of biomass pyrolysis oil to a refinery intermediate[J]. energy & fuels, 2015, 29(12): 7985-7992.

[29] FRENCH R J, STUNKEL J, BALDWIN R M. Mild hydrotreating of bio-oil: effect of reaction severity and fate of oxygenated species[J]. Energy & fuels, 2011, 25(7): 3266-3274.

[30] WANG D, CZERNIK S, CHORNET E. Production of hydrogen from biomass by catalytic steam reforming of fast pyrolysis oils[J]. Energy & Fuels, 1998, 12(1):19-24.

[31] ZHANG Q, CHANG J, WANG T J, et al. Upgrading bio-oil over different solid catalysts[J]. Energy & Fuels, 2006, 20(6):2717-2720.

[32] HU X, RICHARD G, MOURANT D, et al. Upgrading of bio-oil via acid-catalyzed reactions in alcohols—a mini review[J]. Fuel processing technology, 2017, 155:2-19.

[33] CIDDOR L, BENNETT J A, HUNNS J A, et al. Catalytic upgrading of bio-oils by esterification[J]. Journal of Chemical Technology & Biotechnology, 2015, 90(5): 780-795.

第 5 章

生物质水热转化技术

生物质水热转化是在一定的反应温度及反应压力下,使一定比例的生物质与水在反应容器中充分接触,反应生成气、固、液三相产物的热化学反应过程。生物质水热转化技术由于对生物质原料的含水量没有严格的限制,免去了反应前对生物质干燥处理的步骤,因此成为生物质转化和资源化利用领域的热点。根据不同的工况参数,生物质可在水热处理后得到不同的目标产物产率,由此将生物质水热转化技术分为水热液化、水热气化和水热炭化三大类。水热液化通常在 $280\sim370$ ℃和 $10\sim25$ MPa的反应条件下进行,以水为反应介质,将生物质直接转化为液体产物。水热气化是指利用较高温液态水(温度为 $400\sim700$ ℃,压力为 $16\sim35$ MPa)来处理生物质以制备可燃气体,该过程既可在亚临界水中进行,也可以在超临界水中进行。水热炭化是指生物质原料在水溶液中进行热化学反应,在一定温度($150\sim$ 250 ℃)和较低压力($2\sim10$ MPa)下转化为固相产物的过程。本章主要介绍生物质水热液化和水热气化技术。

5.1 生物质水热转化技术简介

水是生命体的必需物质,也是植物类生物质的主要组成部分。木质纤维素类生物质的水分含量范围为 $10\%\sim60\%$,而水生生物质如微藻类、水葫芦等的水分含量则更高。因此,生物质的传统热化学转化过程必须考虑水分的预处理。传统的一些生物质高值化利用工艺如气化、直接燃烧和快速热解等对原料的干燥度有较高的要求,否则转化系统的热效率会受到很大的影响。在天气情况比较好的时候,可以通过日光干燥来去除水分,除此之外就需要额外提供热量来干燥物料,此过程会降低整个过程生产的净能值。为避免生物质原料的干燥预处理步骤,科研人员研发了用于生物质高值化处理的水热工艺。水热处理在水介质中对生物质进行加热和加压,其过程类似于远古时期动植物转化为原油和天然气储层的自然过程。

水热处理是一种涉及高温高压水的技术。高温水(HTW)是指低于其临界温度和压力(374.29 ℃, 22.089 MPa)时的液态水,而在此温度和压力以上水就变成高度可压缩的流体,称为超临界水(SCW)。生物质水热处理的一个重要优势是水可以作为溶剂、反应物甚至催化剂或催化剂前驱体。虽然许多生物质化合物(如木质素、纤维素)在一般环境条件下不溶于水,但大多数可轻易溶解在高温水或超临界水中。这些可溶性成分随后会被水解,从而导致生物大分子的裂解。电离形式和天然形式状态下的水都有助于催化水解及其他裂解反应。

水热处理可以在一定的温度和压力范围内进行,以产生所需的固体、液体和气体产物。

在较温和的工况(250～350 ℃,40～165 bar)下,生物大分子在水热液化过程中水解并反应生成黏稠的生物原油。如果使用合适的催化剂,可以通过低温水热气化将这些原始碎片转化为可燃气体(主要是甲烷)。在更高的超临界温度下,即使不添加催化剂,原始碎片也会进一步分解,形成永久小分子气体,该过程称为超临界水气化(SCWG)。了解水热过程中发生的这些基本化学反应过程对于合理设计和优化水热设备非常重要。

湿生物质的水热处理具有独特的优势。水热处理免除了原料脱水和干燥的步骤。例如,含水量超过 30% 的生物质超临界水热气化所需的能量少于干燥过程所需能量。这主要是因为水热处理避免了水分子从液相到气相变化带来的能量损失。将 25 ℃ 的液态水加热到 300 ℃ 所需的焓变大约是使水蒸发(即干燥生物质)所需的焓变的一半。此外,水热处理可实现综合能量回收,因为热反应器出口热流可用于预热环境温度的进料流。相比之下,传统生物质转化工艺的干燥过程温度较低,使得从工艺流中回收能量更加困难。

水热过程的能源效率通常很高。据报道,一种商业规模的水热液化工艺——水热提质(hydrothermal upgrading,HTU),其热效率可达 75%,仅输入原料能量的 2% 即可满足其工艺能量需求。水热气化工艺的能源效率通常在 45%～70% 之间。Ro 等人的研究结论表明,当粪便原料的固体含量超过 2% 并且有适当的热回收处理时,其水热气化净能量为正值。玉米淀粉超临界水热气化(745 ℃,280 bar)过程的总能源效率达 76%,当采用适当的热集成技术时,每输入 1.0 J 的未回收热量或功,生成的可燃气体中会产生 4.5 J 的能量。在鸡粪水热气化的相关研究中,使用含量为 15% 的固体原料时工艺的能量效率高达 70%。整个过程的能源效率在很大程度上取决于原料的能量含量、原料的负荷以及热回收效率。提高能源效率的最有效方法是增加原料负荷,这意味着处理每单位的生物质需要加热的水更少。但是,在较高的生物质负荷下,超临界水气化的总产气量可能会较低(见图 5-1),这就需要建立流程优化所需的详细模型。通常认为,固体含量达到 15%～20% 或更高时才能实现实际的经济效益。

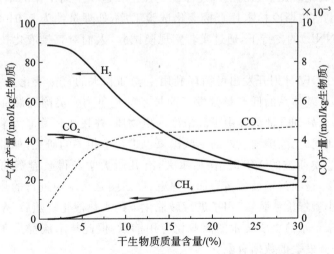

图 5-1　木屑($CH_{1.35}O_{0.617}$)水热气化的计算平衡产气率随干生物质
质量含量的变化关系(温度为 600 ℃,压力为 250 bar)

由于进料流是液体或浆液,可以通过管道泵进行运输和加压,因此涉及高压部分的运行成本并不高。在化学加工业中,即使是销售价格适中的化工产品(如 NH_3),也经常用到高温高压工艺。当然,在生物质转化过程中涉及水和高压条件,固体处理问题就显得尤为重要,需要精心设计泵和挤压机加压泥浆。另外,生物质中的无机成分可能在超临界水中沉淀,进而导致反应器堵塞和催化剂失活,因此还需在整个工艺流程中及时回收残余固体。

5.1.1　生物质水热转化技术历史沿革

自 20 世纪 70 年代中期第一次中东石油禁运以来,生物质水热处理一直是一个活跃的研究课题。生物质水热液化和气化技术也就是从那时开始快速发展的。生物质直接液化是 20 世纪 70 年代至 80 年代用于水热液化的通用术语。生物质直接液化技术起源于对煤的液化,人类对煤进行加氢液化的研究经历了很长的历史。1869 年,M. Berthelot 最早用活化氢进行了煤的加氢研究。1913 年,Bergius 在高温高压、加氢的条件下将煤或煤焦油液化生产液体燃料,并申请授权了世界上第一个将煤直接液化的专利。1921 年,德国采用 Bergius 法建造了煤炭处理量为 5 t/d 的工业试验装置,促进了煤直接液化技术的工业化进程。这项技术在当时的德国被广泛研究,极大地推动了煤直接液化技术的发展。1939 年,第二次世界大战爆发后,共计 12 套直接液化系统装置在德国建成并投产,其油产量达 423 万 t/a,为当时的德国解决了 50% 的装甲车和汽车的油耗以及 2/3 的航空燃料需求。20 世纪 50 年代开始,中东地区大量廉价石油得以开发利用,加之第二次世界大战带来的全球社会经济的严重破坏,煤直接液化技术逐渐丧失了竞争力和继续发展的必要性。在这段时间里,大多数国家对煤直接液化技术的研究开发基本上处于停滞状态。

20 世纪 60 年代后期,人们开始了对生物质直接液化技术的探索研究。此后,研究者们对生物质液化进行了大量的基础性研究工作。在美国,早期的工艺发展始于匹兹堡能源研究中心(Pittsburgh Energy Research Center, PERC),其生物质液化工艺基于为褐煤开发的煤液化技术,即一氧化碳蒸汽工艺。该工艺的核心是在一氧化碳气氛下进行碱催化还原,以水煤气变换反应为基础,从而产生“新生”的氢与有机基质反应。对比试验表明,在碱水溶液存在的情况下,一氧化碳比单独的氢气还原性更强。在这项早期工作的基础上,俄勒冈州的奥尔巴尼建造了道格拉斯冷杉木片直接液化试验工厂,处理量约为 0.91 t/d。在太平洋西北国家实验室(PNNL)的支持下,通过实验室规模试验,人们对直接液化技术工艺参数有了进一步的了解。

美国能源部(DOE)计划开发出可循环利用生物油和水的直接液化技术,并在奥尔巴尼工厂进行了示范,水基体系的低产量激发了此技术的竞争力。美国能源部还支持进一步开发挤压式给料机,以处理含油载体中更高浓度的生物质,并在亚利桑那大学的技术研发部门进行了试验。与此同时,除美国以外的一些国家也进行了相关的研究,如瑞典斯德哥尔摩的皇家研究所和芬兰埃斯波的 VTT。在加拿大,有几所大学获得政府资助研究水热液化技术。在多伦多大学,这项技术被命名为加氢热解,以表明是在水中进行的热解。萨斯喀彻温大学开发了一种小型螺旋钻装置,用于进行碱催化下的水热液化。随后,壳牌(Shell)公司的一项研究成果带来了水热提质技术的商业化应用前景,但此技术流程是在较小的试验规模上实现的,并且公开发表的数据有限。

研究者们在水热气化方面初步探索研究了催化剂的作用。在麻省理工学院(MIT)进行的早期试验是基于有效气化所需的超临界水条件进行的,如果不在超临界水条件下,水热气化就会产生大量的焦炭。然而,PNNL 后来的研究表明,在催化剂活性足够的情况下,生物质原料可以在压力比超临界更低的高温加压水中完成气化。PNNL 在此方面最重要的工作就是证明了镍金属是水热气化的高活性催化剂,但长期稳定运行存在局限性,以及钌金属在该反应体系下的优异催化性能。随后,日本以及瑞士保罗谢勒研究所(Paul Scherrer Institute,PSI)的后续研究证实了亚临界水热条件下的催化气化可行性。

超临界水一直用作水热气化的介质。尽管 Modell 在麻省理工学院的工作已转移到超临界水氧化方面,但麻省理工学院与 PSI 在气化领域又有新的合作研究。德国卡尔斯鲁厄(Karlsruhe)实验室还在实验室规模和试验工厂的运行中研究了超临界水的气化作用。夏威夷(Hawaii)大学开发了在超临界水条件下使用碳催化剂进行气化的工艺流程。荷兰特温特(Twente)大学也在超临界水气化领域开展持续研究。

Kruse 等人在 500 ℃和 30～50 MPa 条件下,采用连续管流式反应装置对纤维素的水热气化过程开展了研究,结果表明纤维素的水热气化过程如图 5-2 所示。气化温度较低(<20 ℃)时,纤维素水解生成葡萄糖/果糖等物质;反应温度逐渐升高(200～250 ℃)后,葡萄糖/果糖的 C—C 键受热断裂,解聚生成酸、糠醛和酚等;温度超过 300 ℃后,酸和醛类化合物反应生成 8%左右的气体(主要是 CO_2 和少量的 CO),酚类物质脱氧芳香化后生成约 60%的焦油和 15%的非糖类水溶性产物。毛肖岸等人同样通过连续管流式装置,研究了纤维素超临界水热气化过程特性,结果表明在 550 ℃和 20～35 MPa 下停留 1 min 时,可获得较高的气化率。当压力达到 35 MPa、温度高于 550 ℃时,氢气的产率可达 53.8%。

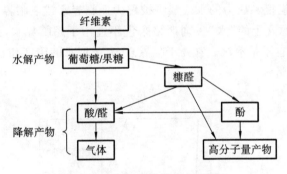

图 5-2 纤维素水热气化过程

但是,生物质的类别繁杂,不同类别生物质之间成分差异巨大,因此其水热转化反应过程以及产物特性也有明显的不同。纤维素、半纤维素以及木质素是植物生物质的三大主要组分。关宇等人在 450 ℃、27.5 MPa 的反应条件下,通过间歇式反应釜分别对纤维素、半纤维素和木质素进行水热气化试验研究,研究结果显示纤维素的气化活性最强,半纤维素次之,木质素则最难以气化;同时气体产物中的 CH_4 和 H_2 产量与木质素含量直接相关,木质素含量越高,CH_4 和 H_2 的产量就越大。吕友军等人在 650 ℃、25 MPa 的反应条件下,通过连续管流式反应装置对七种典型农林废弃物的水热气化特性进行了分析研究,发现麦秸秆、玉米芯、高粱秸秆气化效果较好,气化率达到了 95.8%,而玉米秸秆的气化效果较差,气化率仅为 59%。这主要是因为生物质中纤维素、半纤维素、木质素含量不同。纤维素和半纤维素是糖类化合物,易于降解生成大量的气态产物;而木质素结构较复杂,主要由苯基丙烷类结构单元通过 C—C 键和醚键连接形成三维高分子化合物,而且含有多种活性官能团,在水热气化过程中很难被分解为气体产物,需要添加适当的催化剂来促进芳香化合物的开环,使得木质素快速分解形成大量的氢气。

灰分对生物质水热气化特性也有一定的影响。Yanik 采用容积为 1 L 的翻转式反应釜在 500 ℃下比较了烟秆、玉米秆、棉秆、葵花秆等的水热气化特性,烟秆和葵花秆中三组分含量相似,但是二者的气体产率分别为 24.7% 和 59.2%,气体组分也有明显不同,而且烟秆气化气中 CH_4 和 CO_2 的含量明显高于葵花秆的,这主要与生物质原来的物化结构以及无机矿物质组分的不同有关。D'Jesús 采用连续式反应系统在 600 ℃ 和 25 MPa 的反应条件下,研究无机矿物质($KHCO_3$)添加剂对生物质模型化合物(玉米淀粉溶液)水热气化的作用。研究发现,钾离子的添加对模型化合物的气化有明显的催化作用,随着 $KHCO_3$ 的加入,生物质气化气体产率从 82% 增加到 92%。这主要是因为钾离子的注入,一方面影响自由基反应,加快 C—C 键的断裂;另一方面对气水重整反应($CO + H_2O \longrightarrow CO_2 + H_2$)进行催化,CO 与 KOH 反应生成 HCOOK,与水进一步反应生成大量的 H_2 和 CO_2。此外,还有研究者认为,金属反应器壁面所含金属元素(如 Ni、Fe、Cr)对水热气化有明显的催化作用,促进了气体的生成。

5.1.2　生物质水热转化技术原理

5.1.2.1　水的性质

高于临界温度(374.29 ℃)和压力(22.089 MPa)状态下的水被称为超临界水(SCW),如图 5-3 所示。低于此温度和压力的水或蒸汽被称为亚临界水或亚临界蒸汽。除了以化学式 H_2O 表达以外,传统意义上的"水"一词严格来说不适用于超临界水,因为在临界温度以上的超临界水既不是水也不是蒸汽。它处于临界态,有类似水的密度和水蒸气的黏度,扩散系数比液体水大一个数量级。

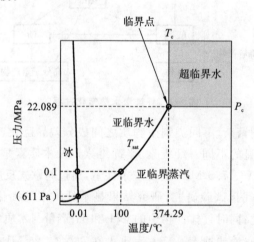

图 5-3　显示超临界区域的水相图

如图 5-3 所示,温度越高,水呈液相所需的压力或饱和压力越高。在临界点以上,分离两相的线消失,表明液相和气相之间的分隔消失。此时的温度和压力分别称为临界温度和临界压力。超过此压力和温度,水达到超临界状态,被称为超临界水。下面简要讨论水的三种不同状态。

(1)亚临界水($T < T_{sat}$;$P < P_c$)。

当压力低于临界值 P_c(22.089 MPa),且温度低于临界值 T_c(374.29 ℃)时,流体称为亚临界流体。如图 5-3 左下方所示,温度低于饱和值 T_{sat}(压力 P 下的饱和温度)的水就被称为亚临界水。

（2）亚临界蒸汽（$T>T_{sat}$；$P<P_c$）。

低于临界压力的水被加热时，密度会下降，焓值会增加。当温度升高到刚好超过饱和值 T_{sat} 时，其密度和焓的变化非常剧烈。温度高于饱和值但低于临界值的流体（H_2O）称为亚临界蒸汽。图 5-3 所示的饱和线下方区域便属于该状态。值得注意的是，即使温度超过临界值 T_c，只要压力低于临界压力 P_c，这种情况下的流体也被称为亚临界蒸汽。

（3）超临界水（$T>T_c$；$P>P_c$）。

当压力高于其临界压力 P_c 时，水会经历从类液体状态到类蒸汽状态的连续转变。在图 5-3 所示的右上方框中显示了蒸汽状的超临界状态。与亚临界阶段不同，从类液体到类蒸汽的转变不需要汽化热。在临界压力以上，没有将液相和气相分离的饱和温度。但存在一个称为准临界温度的温度，该温度对应着不同的压力（$>P_c$），超过此温度压力时，类液体转变为类蒸汽。准临界温度下流体的特点是流体比热急剧上升。准临界温度取决于水的压力。可通过以下经验公式在 1% 的精确度内进行估算：

$$T^* = (P^*)^F$$
$$F = 0.1248 + 0.1424 P^* - 0.0026 (P^*)^2$$
$$T^* = \frac{T_{sc}}{T_c}; P^* = \frac{P}{P_c}$$

式中：P_c（22.089 MPa）为水的临界压力；T_c（374.29 ℃）为水的临界温度；T_{sc} 为压力 P 下的准临界温度（$P>P_c$）。

1. 超临界水的特殊性质

临界点标志着水的热物理性质发生了显著变化，从图 5-4 中可以看出，在 22.089 MPa 时临界温度下的介电常数快速下降。表 5-1 将亚临界水和蒸汽的性质与超临界水的性质进行了比较，结果显示超临界水的性质介于亚临界压力下的液态水和气态水之间。例如，在临界温度附近比热急剧上升（从低于 5 kJ/(kg·K) 到高于 90 kJ/(kg·K)），然后在接近临界压力时急剧下降（见图 5-4）。高于临界压力的水的热导率从 400 ℃时的 0.330 W/(m·K) 下降到 425 ℃时的 0.176 W/(m·K)。尽管当温度高于临界值时黏度有所增加，但分子黏度的降低十分显著。高于临界点时，由于水失去了氢键，它的溶剂性质会发生巨大的变化。水的介电常数从环境条件下的 80 左右下降到临界点的 10 左右（见图 5-4 和图 5-5），这使得水从环境条件下的极性溶剂转变为超临界条件下的非极性溶剂。

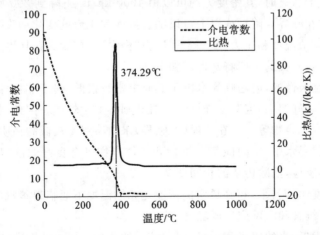

图 5-4　水在其临界压力以上的比热显示其"伪临界"温度下的峰值

表 5-1　超临界水和亚临界水和蒸汽的性质

性　　质	亚临界水	超临界水	亚临界蒸汽
温度/℃	25	400	150
压力/MPa	0.1	30	0.1
密度/(kg/m³)	>997	358	0.52
动力黏度(μ)/(kg/(m·s))	890.8×10⁻⁶	43.83×10⁻⁶	14.19×10⁻⁶
小颗粒的扩散率/(m²/s)	约 1.0×10⁻⁹	约 1.0×10⁻⁸	约 1.0×10⁻⁵
相对介电常数	78.46	5.91	1.0
导热系数(λ)/(W/(m·k))	607×10⁻³	330×10⁻³	28.8×10⁻³
普朗特数($Pr=c_p\mu/\lambda$)	6.13	3.33	0.97

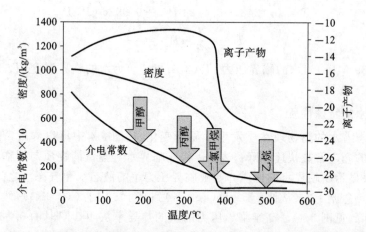

图 5-5　240 bar 时水物理性质的温度依赖性(给出了典型有机溶剂在室温下的介电常数)

在亚临界压力下,当水的温度超过其饱和温度时,密度会减小一个数量级,但是超临界水在其准临界温度范围内的密度变化要小得多。例如,在 25 MPa 压力下,当水从类液体的状态变化至类蒸汽的状态时,其密度大约可以由 1000 kg/m³ 下降到 200 kg/m³(见图 5-6)。

水的溶剂性质在临界点附近或以上可以随着温度和压力的变化而发生很大的变化。因此,我们可以通过调节温度和压力,在一定程度上"操纵"和控制其在临界点附近的性质。

超临界水与气化有关的一些特殊性质如下。

(1)亚临界水是极性的,而超临界水由于其介电常数很低,属于非极性的,这使其成为非极性有机化合物的良好溶剂,但对于强极性无机盐则溶解性较差。因此,超临界水可以作为气体、木质素和碳水化合物等一些在普通(亚临界)水中溶解度较低的物质的溶剂。

(2)在液态超临界水中,中间固态有机物和气体产物具有良好的混溶性,可以在气化过程中进行单相化学反应,消除传质的相间壁垒。

(3)在特定温度($>T_c$)下,超临界水的密度比相同温度下亚临界蒸汽的密度更高。这一特性有利于推动纤维素和水反应生成氢气。

(4)在临界点附近,水的离子积([H⁺][OH⁻]约为 10⁻¹¹(mol/L)²)比环境条件下的亚临界状态的离子积(约 10⁻¹⁴(mol/L)²)更大。由于[H⁺]和[OH⁻]浓度较高,这时水可以成

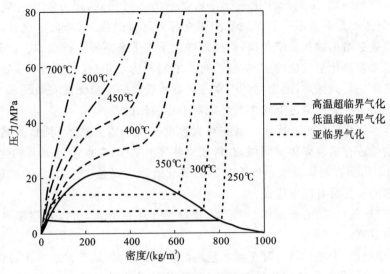

图 5-6　水的压力-温度-密度图

为酸或碱催化的有机反应的有效介质。但高于临界点时,水中的离子浓度迅速下降(24 MPa 时约为 $10^{-24} (mol/L)^2$),水成为离子反应的不良介质。

(5)大多数离子物质(例如无机盐)可溶于亚临界水,但在典型的超临界水条件下几乎不溶。当温度升高超过临界点时,水的密度以及离子积降低。因此,在高于临界点的较高温度下,高可溶性的普通盐(如 NaCl)也会变得不溶。超临界水的这种溶解度可调特性,使得在超临界水气化炉中可相对容易地从产品混合物中分离盐和气体。

(6)气体(例如氧气和二氧化碳)在超临界水中具有高度的可混溶性,可以与有机分子发生均相反应,从而进行氧化或气化。这一特性使超临界水成为通过超临界水氧化技术处置有害化学废物的理想介质。

(7)超临界水具有优良的传输特性。其密度低于亚临界水的密度,但远高于亚临界蒸汽的密度。这与低黏度、低表面张力(水的表面张力从 25 ℃、1 个大气压时的 7.2×10^{-2} N/m 降低到超临界状态时的接近 0)以及高扩散性等其他特性的变化趋势一样,极大地增强了超临界水良好的传输特性,从而使其易于进入生物质的孔隙中进行有效、快速的反应。

(8)氢键减少是超临界水的另一个重要特征。高温高压破坏了水分子的氢键网络。

2. 超临界水气化技术较之常规热气化技术的优势

以下是通过生物质生产能源或化学原料的两条主要途径:

①生物法　直接生物光解、间接生物光解、生物反应、光发酵和暗发酵是五个主要的生物工艺。

②热化学法　燃烧、热解、液化和气化是四个主要的热化学工艺。

热化学转化过程相对较快,几分钟甚至几秒钟就可完成,而依赖酶促反应的生物过程则需要较长的时间,依据反应过程,其反应时间从几小时到几天不等。因此,热化学转化是大规模、高强度处置生物质生产能源或化学原料的首选技术路线。

气化可以在空气、氧气、亚临界蒸汽或者接近或高于临界点的水中进行。本章所讨论的气化主要是指生物质在接近或高于临界点时产生能量和化学物质的水热气化。

焦油和焦炭的形成,是常规热气化技术面临的主要问题。焦油会在下游设备上凝结,导致设备堵塞和腐蚀问题,由此给气化系统造成严重的运行问题,还可能聚合成更复杂的结构,这对于制氢来说是非常不利的。残余焦炭会导致能量的损耗,降低系统整体气化效率,同时过多的残碳会增加除灰系统负荷,给尾部净化系统带来额外运行成本。此外,生物质含水量较高也是常规热化学气化的主要挑战,过高的物料含水量(超过 70%)导致热化学转化技术的经济性无法得到保障,因为物料中水分蒸发所吸收的能量无法有效回收(即汽化潜热损失),而且此部分损失能量占据整个气化能耗不小的比例。

而超临界水气化(SCWG)技术可以在很大程度上克服以上技术问题,尤其是对于含水量较高的生物质或有机废弃物。例如,在常规水蒸气重整中,含水量为 80% 的生物质的热气化效率仅为 10%,而在超临界水蒸气中的水热气化效率可高达 70%。总的来说,临界点附近或超临界水的气化具有以下优点:

(1)焦油产量低,焦油的前驱体(如苯酚)完全溶于超临界水,可以在超临界水气化过程中进行有效的重整;

(2)无须预处理(干燥)原料,对于含水量高的生物质原料,超临界水气化的热效率更高;

(3)超临界水气化的气体产物易于与焦油(如果有)和焦炭分离;

(4)超临界水气化可以一步生产 CO 含量低的富氢气体,从而无须在下游安装额外的变换反应器;

(5)SCWG 反应过程为高压过程,气体产物压力同样为高压,不需要(或大大减少)气体增压后处理过程,有利于气体产物的大规模存储和运输;二氧化碳在高压水中的溶解度较大,容易进行碳捕集和分离;

(6)超临界水气化中碳转化率高,焦化率低,与常规技术相比,其气化残碳量较小;

(7)杂原子(如 S、N 和卤素等)会赋存于水相中,几乎不会生成气态产物,从而避免了后续昂贵的气体净化处理过程;同时,不溶于超临界水的无机杂质也很容易分离去除。

5.1.2.2　水热液化

生物质水热液化是指在亚临界水条件(温度为 280～380°C,压力为 7～30 MPa,停留时间为 10～60 min)下,通过热分解生物质样品来产生高能量密度的有机液体生物油的过程。其反应过程如图 5-7 所示。

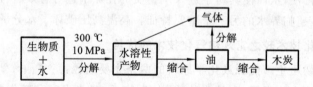

图 5-7　水热液化反应过程

水热液化中液态产物生物油的组分和特性与常规热解产生的生物油类似,其主要由轻质组分和重质组分两部分组成。轻质组分可溶于水,主要包括有机酸、醛、酚类和醇类等物质,呈黄褐色,发热量较低(19～25 MJ/kg)。重质组分主要为木质素衍生物类产物,可在水热液化后对溶剂进行萃取获得,发热量较高(30～35 MJ/kg)。生物油中已发现的化合物超过 400 种,其具体组成成分取决于原料以及反应条件。通常,将含水量约 80% 的原料置于亚临界温度(250～350 ℃)下,会生成疏水性生物油,且与原料(含氧量约 40%)相比,生成的生物油含氧量大幅降低(10%～18%)。这种生物油可直接替代液体燃料油,并且还可通过加氢提质技术产生生物原油(bio-crude oil),然后通过常规石油炼化技术产生汽油、煤油、柴油等可再生运输燃料。脱羧、加氢脱氧等氧脱除流程对于确保燃料品质至关重要,因为与分子量相似的碳氢化合物相比,含氧碳氢化合物的能量更低,而熔点、沸点和黏度则更高。与热解相比,水热液化在较低的温度条件下进行,产生的生物油具有较低的含氧量、较少的水分和较高的发热量。除了木材等传统木质纤维素原料外,水热液化研究也涉及了其他的可再生生物质原料,例如柳枝稷、各类草本植物、稻草、玉米芯等农林废弃物、二次纸浆/造纸污泥以及动物粪便等。

表 5-2 中列出了生物质水热液化和快速热解液化生产的生物油的水分、元素、热值和黏度等物化特性。可以看到,生物质水热液化得到的生物油的品质明显优于快速热解液化得到的生物油,这主要是因为传统热解生物油中含有大量亲水性有机化合物(如有机酸、酮、醇等),造成生物油含水量较高、热值较低。由此可见,水热液化得到的生物油更适于做液体燃料。

表 5-2 水热液化和快速热解液化生物油特性比较

比 较 内 容		水 热 液 化	快 速 热 解 液 化
水分/(%)		5	25
元素分析 (干燥基)/(%)	C	77	58
	H	8	6
	O	12	36
热值/(MJ·kg^{-1})		35.7	22.6
黏度/(mPa·s)		15000(61 ℃)	59(40 ℃)

1. 工艺条件影响

生物油的成分组成和产量受到升温速率、反应时间、温度、生物质粒径、生物质负载量(固体百分比)、催化剂和液化气氛(惰性气体(N_2 或 Ar)或还原性气体(CO、H_2))等工艺参数的影响。升温速率会影响产物生成,这是因为大部分液化研究工作是在间歇式反应器或简单的连续流动系统中完成的,反应器加热时间通常在几分钟左右,当升温速率较快(140 ℃/min)时,生物油的产量也会相应有所增加。升温速率对产物生成以及工艺经济性的影响值得深入关注和研究。

2. 液化化学组成

生物质在水热液化过程中的化学组分演化受到广泛的关注和研究,理解水热液化的基本化学反应路径对控制产物生成、设计优化反应器以及提高工艺的整体性能均有重要意义。然而,目前我们对生物质水热液化的机理仍未完全了解。在本章中,我们简要地叙述亚临界水热条件下生物质水热液化的最新进展,同时主要关注生物质组分演化涉及的复杂的化学反应过程。

高温水(high-temperature water)中的主要化学反应包括水解、热解、单体和小分子的分解,以及通过键断裂、脱水和脱羧而发生的分子间和分子内重整。生物大分子水解为水溶性低聚物和单体,这些水溶性低聚物和单体会进一步降解、再聚合,或者其官能团被还原。可通过控制生产生物油的工艺条件来优化转化率和获得特定产物(例如用于生产生物乙醇的葡萄糖),并且必须是特定的原料,以阐明不同生物聚合物的分解速率。木质纤维素由于原料的丰富性和相对较低的成本,通常作为原料直接生产液体燃料(即生物油)或作为可发酵糖类用于生产生物乙醇。一般来说,这些原料在刚被获取时的含水量在 60%～80%,烘干后含有 30%～50% 的纤维素、15%～30% 的半纤维素和 20%～35% 的木质素。此外,还存在一些有机物(如萜烯、丹宁、蜡、脂肪酸和蛋白质)和无机矿物(如灰分),它们可能也会在液化过程中起作用。

1)纤维素

纤维素是一种均聚物,通常包含 100～3000 个通过 β(1,4)键连接的葡萄糖残基,具有氢键键合产生的低表面积晶体形式,在标准条件下不溶于水,但在 302 ℃时部分溶于亚临界水,在 330 ℃时完全溶解。溶解和水解是一个快速的逐步反应过程。首先,纤维素与水以非均相的方式解聚成低聚糖扩散到纤维素表面,接着低聚糖分别水解并分解为单糖和热解产物,最后单糖可能还会进一步分解。纤维素分解(2%固体,25 MPa,320～400 ℃,0.05～10.0 s)的主要产物包括水性低聚物、单体(葡萄糖和果糖)、葡萄糖的水性分解产物和低分子量酸(见图 5-8)。335 ℃时,约 65% 的纤维素会在 4.8 s 内转化为低聚物和单体。

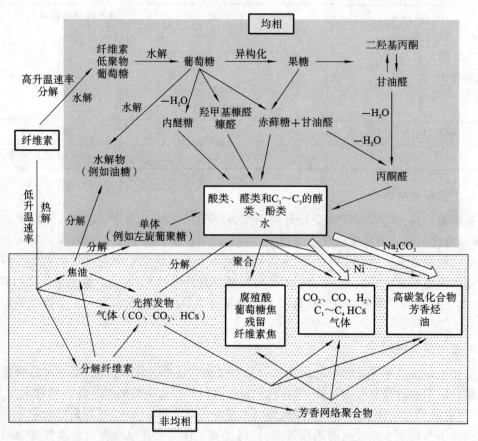

图 5-8　均相和非均相环境中纤维素在超临界水中分解的反应网络

在几种催化剂(最常见的是碱式碳酸盐,例如 Na_2CO_3)存在和不存在情况下,纤维素制生物油的研究结果表明,加入 Na_2CO_3 后,生物油产量增加,焦炭产量减少,这可能是由于 Na_2CO_3 与 H_2O 和 CO 反应生成了甲酸钠,甲酸钠是一种可以转移到油相中的氢的来源。接近均相条件的反应工况(更快的升温速率,接近临界点的反应温度)也提高了油产量。同时,研究还发现了杂环含氮碱(如异喹啉)的催化作用,它们通过像碱金属一样形成盐类物质(例如甲酸盐)或与氢结合成供氢体来有效地为油相供氢。

2)半纤维素

半纤维素含量占生物质的 20%～40%。半纤维素是由多种单糖聚合而成的杂聚物,这些单糖包括木糖、葡萄糖、甘露糖、乳糖。不同的生物质中,半纤维素的组成差异也很大:草本植物的半纤维素主要含有木聚糖,而木本植物的半纤维素主要含有甘露聚糖、葡萄聚糖、乳聚糖。由于支链较多,并且结构规整性差,因此半纤维素的结晶度比纤维素的结晶度差。在 180 ℃以上,半纤维素很容易水解,而且不管是酸还是碱,都能催化半纤维素的水解反应。Mok 等研究发现,在温度 230 ℃、压力 34.5 MPa 的条件下反应 2 min 时,多种木本植物和草本植物的半纤维素的水解率接近 100%。研究发现,由半纤维素水解得到的糖及一些聚合体的产率为 65%～82%,这说明部分半纤维素分解产物以气体形式释放。

正如纤维素的水解过程一样,半纤维素水解过程中,也存在单糖的分解反应。Sasaki 等对 D-木糖在亚临界和超临界水中的分解反应进行研究,发现逆醇醛缩合是 D-木糖分解的主要反应,而在超临界水中发生的脱水反应很少;主要的分解产物包括乙醇醛、甘油醛、二羟基丙酮。

3)木糖

木糖在高温条件下通过脱水、脱羧基、脱乙酰基、脱甲氧基生成多种小分子化合物。Choi 等研究后发现,将木聚糖在 132 ℃条件下用质量分数为 2% 的硫酸溶液处理 40 min,木聚糖即可完全水解成木糖。Demirbas 研究了木聚糖的高温降解过程,发现其主要产物是水、甲醇、甲酸、乙酸、羟基丙酮、1-羟基-2-丁酮和丙酸。

4)木质素

木质素是一种非晶态的酚类生物聚合物,用于维持植物细胞壁的强度和硬度。它由一系列不规则排列的羟基和甲氧基取代的苯基丙烷单元组成,主要通过醚键连接。木质素的结构和预处理对产率和产物成分有显著影响。在 374.29 ℃和 22.089 MPa 条件下,将不同来源的木质素(5%～6% 含水量)在水中液化 10 min,可获得产率为 32%～79% 的液体产物。产物的主要成分包括愈创木酚、脱氢松香酸甲酯、乙基和甲基取代酚。愈创木酚进一步水解为邻苯二酚,这也是目前研究木质素液化普遍使用的模型化合物。有科研人员提出,木质素的降解开始于产生水溶性碎片的快速反应,然后这些化合物重新缓慢聚合并凝结成固体残渣(即酚焦)(见图 5-9)。使用金刚石压腔(DACs)观察水/苯酚和木质素系统的原位相行为的实验结果表明,木质素的首步降解主要是类似纤维素水解的一个非均相反应。对多年生植物木质素的研究发现,较高的升温速率(140 ℃/min)可以减少水相中发生的副反应,从而减少了固体残留物的形成,其在 374.29 ℃下停留 1 min(总停留时间为 4 min)可获得82.1% 的最大液体产率。此外,各种催化剂(0.1% 硫酸、1% 硫酸、1% 氢氧化钠、固体超强酸 $SO_4^{2-}/ZrO_2-Al_2O_3$ 以及固体碱 $CaO-ZrO_2$)均未显示出显著提高液体产率的作用。

5)脂类

油脂类物质的水解在油脂化学工业中已司空见惯。植物油在 270～280 ℃的水中水解速度很快(15～20 min),饱和脂肪酸(FA)不会降解,但由于异构化(顺式至反式)和降解,多不饱和脂肪酸的数量显著减少。液化生物油的产量往往随原料中脂质含量的增加而增加。

研究表明,液化(350 ℃,1 h)富脂的海洋原料(脂质含量大约为 30%)获得的生物油中含有来自水解甘油三酸酯的脂肪酸。理想情况下,如果长链脂肪酸能够在高温水中稳定并脱除羧基,那么由生物质制备的生物油(如由大豆、油菜籽、麻风树、藻类制备的生物油)就可

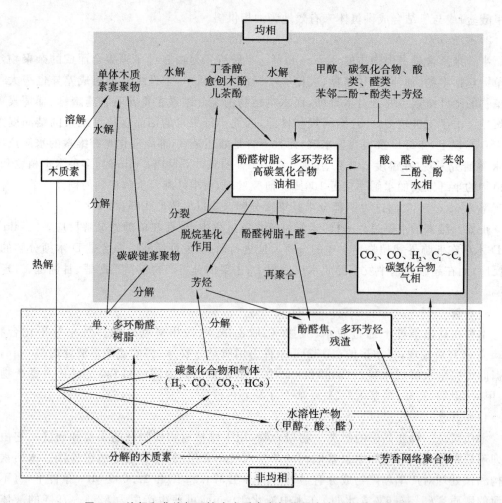

图 5-9　均相和非均相环境中木质素在超临界水中分解的反应网络

以用来制造类石油的长链碳氢化合物。硬脂酸($C_{17}H_{35}COOH$)在 400 ℃超临界水(密度为 0.17 g/cm³)中反应 30 min,转化率仅为 2%,主要产物为 C_{16} 烯烃(见图 5-10)。加入碱金属氢氧化物可提高反应的转化率(NaOH 为 13%,KOH 为 32%),主要液体产物为 C_{17} 烷烃。金属氧化物存在时,转化率显著提高,加入 CeO_2、Y_2O_3 和 ZrO_2 后,转化率分别提高到 30%、62% 和 68%,主要产物为 C_{16} 烯烃。

6)废弃物

长期以来,人们一直尝试将动物和人类的排泄物通过水热液化技术转化为燃料,以减少与废物处理相关的环境和经济成本。例如,伊利诺伊(Illinois)大学就对猪粪的液化进行了深入的研究。随着反应时间从 30 min 延长到 120 min,水热液化(285 ℃,$P_{CO}=690$ kPa)获得的生物油产量从 10% 提高到 60%。反应温度较低时(240~280 ℃,10~120 min,初始 N_2 压力为 0.7 MPa),相应生物油的产量在 33% 左右,这主要是肥料中非纤维素成分(例如脂质和蛋白质)脱羧的结果。

7)水生原料

作为适宜进行水热处理的原料,浮萍、大型藻类和微藻等水生类生物质受到广泛研究,人们对将水生生物质转化为运输燃料的兴趣显著增加。随着技术的发展,有望获得较高单

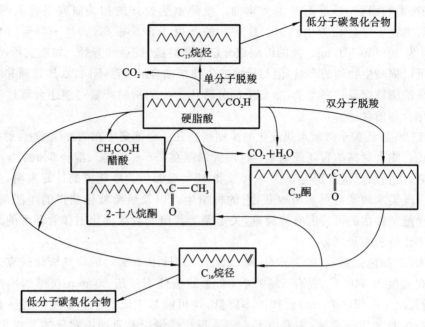

图 5-10　含和不含添加剂的超临界水中硬脂酸的转化

位面积产率的生物质原料以及相应较高的生物油产量,从烟气中回收二氧化碳的可能性提高,并有能力利用微咸水、盐或废水代替淡水在废弃或非生产性土地上进行耕种。从技术和经济的角度来看,收集、脱水和提取甘油三酯是传统微藻生物燃料生产中最困难的三个步骤。例如,在从海藻油合成生物柴油的过程中,仅取油这一步骤就占用了高达 90% 的所需能源,并且原料收集是能源和成本密集型过程。在已知的各种转化过程中,水热液化具有避免生物质脱水、实现生物油高效生产的显著优势。但是,水生原料中的高氮含量对生物油的提质也提出了挑战。如 Patil 等人提出的,直接通过低温液化的方法生产生物柴油的发展前景尚不明晰且充满挑战。

在水热液化浮萍(90% 水分、35% 蛋白质、12% 纤维素、14% 半纤维素、3% 木质素和16.5% 灰分)的过程中,生物油首先在 260 ℃ 下出现,其产量随温度的升高而增加,在 340 ℃ 时增加到 30%,此后生物油裂解加剧而导致产率下降。初级生物油通常由饱和化合物、芳香族化合物、树脂和沥青等成分组成。340 ℃ 下液化所得的生物油中主要含有沥青(54%)、树脂(44%)以及少量的饱和油(1%)和芳香化合物(0.8%),因此最适合用作重油或待提质的原料油。

大型藻类很容易获取,两个主要途径是:富营养化的水体和藻类废水处理系统的产物。大多数大型藻类缺乏纤维素和木质素,其热值低于陆地生物质,灰分含量高于陆地生物质。在热解过程中,大型藻类中含有的金属表现出的催化作用有待进一步研究。水热液化新鲜收获的大型藻类(chaetomorpha linum)时,生物油在 250~395 ℃、1 h 反应条件下的产量为2%~8%。全生命周期评价表明,水热液化是这种可再生原料的最佳应用技术之一。

微藻是生长在淡水和海洋环境中的单细胞光合生物。由于藻类密度很少达到 0.5~2 g/L(干重)以上,因此以生产燃料为目的人工培育微藻时,如何开发收集微藻的技术以提高可利用的能量密度将会是一项重大挑战。微藻脱水后,浆液中的含水量通常为 80%~90%,表明其非常适合水热液化处理。温度升高至 250~350 ℃ 时,该浆液中的生物质会分解形成各种氨基酸、糖和脂肪酸,进而产生生物油。微藻水热处理的相关研究报告表明,30%～60%的藻类生物质可转化为生物油。这些油的杂原子含量很高(10%～20%的O、6%的N),发热量为30～50 MJ/kg。油的组成成分包括脂肪酸、烷烃和芳烃。如前文所述,富含脂质的原料可以提高生物油的产量,但与传统的生物柴油合成方法不同,水热处理并不要求藻类具有很高的脂质含量。事实上,非脂质部分转化为生物油的产量可能还会超过藻类中的原始碳氢化合物的含量。

20世纪90年代关于微藻水热液化的早期研究几乎全部集中在两种绿藻上:耐盐杜氏盐藻和碳氢化合物含量高的布朗葡萄藻。这两种绿藻在250～350 ℃、混合5%的Na_2CO_3的条件下液化时,生物油产量分别为30%～40%和55%～65%。净能值的计算表明,由于布朗葡萄藻的营养需求较低且更容易收获,它的种植生产以及后续液化获得的净能量值最高。但是这些净能量评估的可信度有待商榷,关于藻类养殖和后续液化工作对环境的总体影响还有许多工作待进一步完善。

多年来,对绿色微囊藻(95%水分,46%C、7.3%H、9.5%N)的水热液化研究工作也在进行中。在温度为340 ℃、混合5%的Na_2CO_3的条件下反应30 min获得的油产率最高(33%),延长反应时间(60 min)后产油率降低,这可能是生成的生物油发生进一步降解所致。生成的生物油属于重油,主要由C_{17}～C_{18}正构烷烃以及重油中常见的芳香化合物(如萘、二苯并噻吩、菲)组成。其元素组成为62%C、8%H、8%N、2%S,发热量为31 MJ/kg。剩余的氮元素残留在水相中(约1000 mg/L)。

Jena和Das在不同固体浓度(10%和20%)、催化剂类型(NiO和Na_2CO_3)、催化剂添加量(0和5%)和停留时间(30 min和60 min)的条件下,同时考虑单一藻类(螺旋藻)和混合藻类(来自含有废水的露天池塘)两者不同的反应情况,扩展了先前关于微藻液化的研究工作。反应的温度为350 ℃,压力大约为20 MPa,由于主要用明矾收集,混合藻类的灰分含量(约22.5%)高于螺旋藻的灰分含量(6.6%),但蛋白质含量(约54.5%)和脂质含量(约65.4%)低于螺旋藻中的蛋白质含量(约6.7%)和脂质含量(约13.1%)。在有催化剂和无催化剂的反应中,混合藻类的生物油产量都明显较低,这可能是因为原料中蛋白质和脂质组分含量较少。加入Na_2CO_3可提高生物油产量,而加入NiO后,生物油的产量有所降低,但气体产物中C元素含量增加。

在非催化条件下,较高的有机物含量导致在反应60 min后得到的生物油的产量较低(37%～48%),而有催化剂存在时的情况正好相反。生物油呈碱性(pH约为9.3),含水量和含氮量分别为5%～9%和6.5%,发热量为30～36 MJ/kg。有趣的是,高效液相色谱仪的分析结果表明,液相中的主要产物为乙醇(含量为25 g/kg藻类),此外还检测到了甲酸盐(含量为15 g/kg藻类)和琥珀酸盐(微量)。

Yu等人对固体含量20%的藻类进行液化,研究了反应条件的影响。当反应温度从200 ℃升高至300 ℃时,蛋白核小球藻(74%蛋白质,<0.1%粗脂肪)的生物油产量相应从24%增加到35%。高温也显著降低了生物油的黏度(甲苯不溶值减小),提升了油质。在较低温度下,初始N_2压力对生物油产量没有明显影响。

本小节的主要内容总结如下:

(1)液化的主要原料是木质纤维素、水生生物(微藻和大型藻类)和废弃物(动物和人类排泄物);

(2)生物油产量取决于原料组成,较高的脂质和蛋白质含量可提高生物油产量;

(3)生物油的产量通常随温度的升高而增加,350 ℃左右达到最高,温度进一步升高时气体产量增加,生物油产量减少;

(4)较慢的升温速率和较长的停留时间通常会增加副反应(如二次聚合)的发生,从而增加残渣的形成,降低生物油的产量;

(5)碱盐(如 Na_2CO_3)可催化反应以提升生物油产量,减少亚临界温度下的固体残余物的形成;

(6)生物油中的氮含量取决于原料中氮的含量,这影响着生物油提质和后续氮氧化物排放;

(7)还原性气体(H_2 和 CO)可以提高生物油的产量以及品质。

5.1.2.3　水热气化

水热气化是指生物质与超临界水在温度为 400～700 ℃、压力为 16.5～35 MPa 的条件下,热分解生成以 CH_4、H_2、CO_2 和 CO 为主的气体产物和少量的液态产物。气体产物经过进一步的催化转化成为以 CH_4、H_2 和 CO_2 为主的混合气体(见图 5-11)。此合成气体再经过干燥、CO_2 脱除以及压缩后可用于天然气或燃料电池的制备,进而实现从生物质到氢气等高品位洁净能源的转化。液态产物主要由酚类化合物、有机酸、糠醛、羟甲基糠醛以及少量醇类物质等组成,脱盐净化处理可以分离轻质生物油和无机矿物,轻质油进一步提质处理后实现再利用,无机矿物则可作为氮磷钾肥料使用。

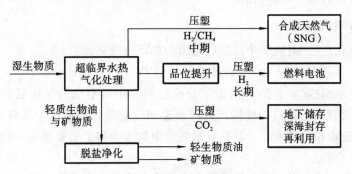

图 5-11　生物质超临界水热气化系统流程图

湿生物质在低温(300～400 ℃)下气化时,气体产物主要是 CH_4,在高温(600～700 ℃)下气化时,气体产物主要是 H_2。水热气化技术相较传统的气化技术而言具有明显的优势,相较于生物甲烷化工艺(即厌氧消化法)能更快地将湿有机物转化为燃料气。水热气化是一种高效、经济的生物质及其废弃物处理技术。废弃生物质(20％固体肥料或木材)低温水热气化为合成天然气(SNG)的生命周期分析表明,原料能源含量的 60％～70％ 都转化为合成天然气。化肥副产物使得温室气体(GHG)排放量减少了 $0.6\ kg_{eq}CO_2/MJ\ SNG$,占总有益影响的 97％。水热气化的主要环境影响来自于处理气体产物时从 CH_4 中分离出的 CO_2。

水热气化技术的概念最早由 Modell 于 1985 年提出,当时他在超临界水中对木屑进行处理。此后,人们通过研究不同原料、反应条件和催化剂对产品组成成分和产率的影响等,不断发展这项技术。目前,生物质水热气化技术主要有间歇式、连续式和流化床三种工艺形式。其中,间歇式工艺最为简单,容易操作,但反应过程升温速率低,反应机理复杂,适合产量低的小规模生产。连续式水热气化系统的原料混合均匀,且反应时间短,适合产业化发展,但容易发生堵塞和结渣问题。采用流化床对生物质进行水热气化可以得到较高的气体转化率,同时焦油含量相对较低,但该工艺所需成本高,系统设备复杂、较难操作。截至目前,全世界有三套中试规模的试验厂,分别为德国 VERENA、荷兰 Twente 大学的连续式装置以及美国 PNL 研究的移动式超临界水热气化反应装置(见表 5-3)。生物质水热气化技术可以制取气体燃料和高附加值化学品,具有适应性强、收率高和无污染等优点,是一项极具应用价值和开发前景的新能源转化及利用技术。

表 5-3　水热气化技术中试研究装置

参　　数	德国 VEREGNA	荷兰 Twente 大学	美国 PNL
生产规模/(kg/h)	100	30	10
最高温度/℃	700	650	350
最大压力/MPa	35	30	24

尽管如此,限于苛刻的反应条件,仍不易进行反应路径及详细的反应动力学规律的研究,生物质的复杂结构也导致难以将超临界水气化的化学过程简化为具有明确步骤的反应路径网络。水热气化技术目前仍处于试验研究阶段。此外,这一领域的研究倾向实际工程应用,着重于最大化气体产量,而不是阐明和表征构成基本化学反应的机理。在本小节中,所述内容将涉及这一部分的化学原理的讨论,包括已知的反应途径、催化作用以及不同工艺条件对产品组成成分和产率的影响。

1. 气相反应和动力学

超临界水气化产生 H_2 的整个过程可总结为如下的吸热反应:

$$C_xH_yO_z+(2x-z)H_2O \longrightarrow xCO_2+(2x-z+y/2)H_2$$

生物质的元素组成(x、y 和 z)决定了反应达到平衡时形成的气体混合物的具体成分。通常情况下,H 含量高的原料的气体产物产量也相应较高。水在整个反应过程中不仅是反应介质,也是反应物和氢的来源。超临界水气化中的水参与了水解反应,有助于将生物质原料分解为中间化合物。

最近,非催化的超临界水气化纤维素和木质素转化的动力学模型结果,增进了人们对于超临界水气化过程的主要中间反应的了解。该模型包括水解、蒸汽重整、热分解、水煤气变化(WGS)和甲烷化等 11 个反应。由于原料成分的复杂性,没有单独跟踪反应的每一个中间产物,而是将它们视为一个单一的伪组分。尽管该模型预测的生物量负荷和水密度下的气体产量与其结构中使用的不同,但长时间的模拟得出的平衡预测与热力学计算结果相符。

在这个模型中,生物质衍生的中间化合物参与蒸汽重整生成合成气,即 CO 和 H_2 的混合物,可表示为

$$C_xH_yO_z+(x-z)H_2O \longrightarrow xCO+(x-z+y/2)H_2$$

这种吸热反应是产生氢气的主力军,在气化几乎没有发生的短时间内尤为明显。合成气参与了两个重要的可逆放热气相反应,即水煤气变换和甲烷化,分别表示为

$$CO+H_2O \Longleftrightarrow CO_2+H_2$$

$$CO+3H_2 \Longleftrightarrow CH_4+H_2O$$

这些气体会发生相互转化,特别是水煤气变换,在大多数产品气体已经释放后的长时间反应中占主导地位。

　　热解反应也有助于水热气化过程进行,特别是在高温条件下。热解使得生物质中间化合物中的键直接裂解,从而形成 H_2、CH_4、CO 和 CO_2 气体以及焦炭和焦油。固体产物的产生意味着有效气体产物的损失,因此是非目标产物。而水热气化的优点之一便是会抑制焦炭的形成(除了慢速升温的情况)。Resende 模型表明,H_2 主要是通过短时间的蒸汽重整和长时间的水煤气变换反应产生的,而 CO_2、CO 和 CH_4 主要是通过水热热解反应从中间反应产物中形成的。这种类型的建模分析可以作为日后研究其他原料和其他反应条件的基础。

　　为了消除金属反应器壁可能参与催化的影响,科研人员开始尝试使用石英毛细管反应器研究几种生物质模型化合物的超临界水气化:苯酚和愈创木酚(木质素模型化合物),甘氨酸以及甲醇。这些研究考察了温度、水的密度、反应物负载量以及镍丝催化剂对液相和气相反应产物产量和反应动力学的影响。温度为 600 ℃ 和 700 ℃ 下苯酚的快速气化实验表明,在加入镍丝催化剂后水煤气变换反应速率有所提升,H_2 产量比无催化剂情况下明显增加。甘氨酸的实验中生成了焦炭,虽然镍丝催化剂的存在并未促进气化反应完全完成,但它确实通过水煤气变换反应增加了 H_2 和 CO_2 的生成。值得注意的是,没有添加镍丝催化剂的情况下,甲醇不会接近完全气化,反应的主要气体产物为 H_2。目前,关于苯酚超临界水热气化的研究已经确定了气化过程中形成的 30 多种不同的反应中间体(见图 5-12)。

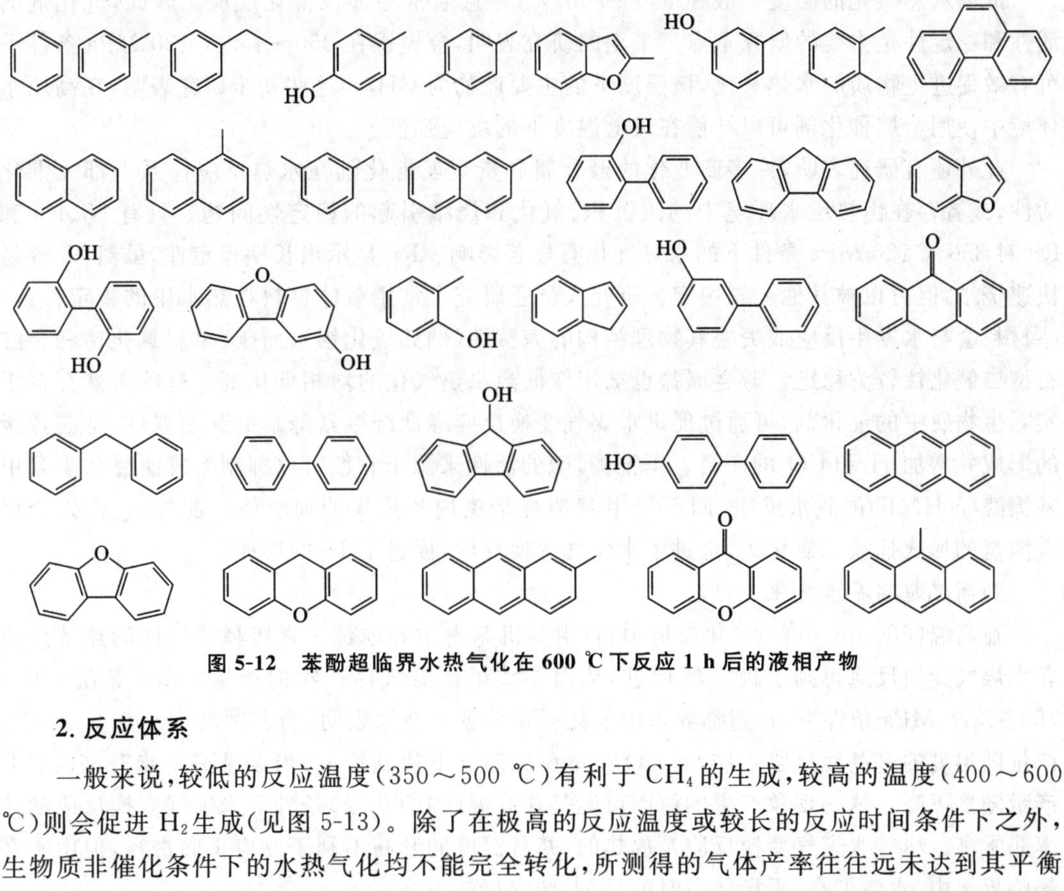

图 5-12　苯酚超临界水热气化在 600 ℃ 下反应 1 h 后的液相产物

2. 反应体系

　　一般来说,较低的反应温度(350~500 ℃)有利于 CH_4 的生成,较高的温度(400~600 ℃)则会促进 H_2 生成(见图 5-13)。除了在极高的反应温度或较长的反应时间条件下之外,生物质非催化条件下的水热气化均不能完全转化,所测得的气体产率往往远未达到其平衡值。因此,催化一直是提高气体产率的研究重点。由于各工艺技术的产物产量和催化要求不同,因此低温(近临界水或超临界水)催化气化制备富 CH_4 气体与高温超临界水气化制备富 H_2 气体之间存在区别。

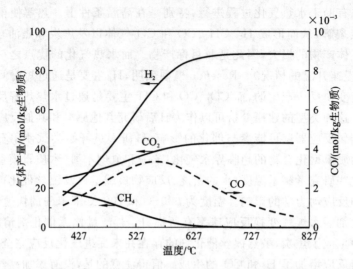

图 5-13　木屑($CH_{1.35}O_{0.617}$)水热气化平衡气体产率随温度的变化(干生物质浓度为 5%,压力为 250 bar)

1)低温催化气化

低温水热气化的温度一般在 350~500 ℃,并且通常会涉及催化反应。因此,催化剂的活性和稳定性是主要的研究重点。早期的研究表明,金属镍在 350~450 ℃、20 MPa 条件下可有效促进生物质的水热气化,该温度下的主要产物为 CH_4。这些初步研究表明,在高压水环境中使用金属催化剂可以补偿在较低温度下的反应强度。

此外还有研究表明,许多商业化的碱金属和贵金属催化剂在水热反应体系下都无催化活性,或者存在由热压水环境中的碳沉积、氧化和烧结引起的稳定性问题。只有 Ni、Ru 和 Rh 对 350 ℃、20 MPa 条件下的水热气化有显著影响。Ru 显示出长期稳定性,虽然 Ni 容易快速烧结,但可以被其他金属稳定。研究人员还研究了常用载体材料在热水中的稳定性:一些材料会与水发生反应或失去其物理结构的完整性(例如氧化铝),而碳、单斜氧化锆和金红石型二氧化钛较为稳定。碱金属盐也被用作低温水热气化的均相催化剂。这些天然存在于实际生物质中的催化剂,可通过促进水煤气变换反应降低纤维素降解的起始温度,抑制焦炭的形成并增加 H_2 和 CO_2 的产量。据推测,碱的活性来源于它们可以抑制生成糠醛和 5-羟甲基糠醛(5-HMF)的脱水反应,而 5-羟甲基糠醛是焦油和焦炭的前驱体。此外,它们以金属碳酸盐的形式捕获二氧化碳,推进了水煤气变换反应,促进了 H_2 的形成。

2)高温超临界水气化

在高温(500~800 ℃)气化反应中,自由基机制占主导地位。直接释放气体的热解反应和水煤气变换反应得到了极大的促进,从而导致了富氢气体产物的产生。Lee 等在 480~750 ℃、28 MPa 条件下,在超临界水中气化了葡萄糖。结果表明,当温度高于 660 ℃ 时,H_2 产量随温度的升高而急剧增加,而 CO 产量在此温度下达到峰值;当温度进一步升高时,CO 产量随之下降。这一现象产生的原因可能是在高温(约 700 ℃)条件下水煤气变换反应的速率非常高。尽管水煤气变换反应是放热的,并且温度的升高不利于反应正向进行,但由于在超临界水中,水浓度高,平衡状态时的总 H_2 产率仍然很高。

由于降解和失活,通常在超临界水气化时应避免使用多相金属催化剂,但活性炭和碱已被用作催化剂来辅助高温气化。在 600 ℃、34.5 MPa 条件下用活性炭在超临界水中气化葡萄糖,气化效率接近 100%。使用更复杂的生物质原料进行类似实验,反应速率会降低,需要更高的温度(650～715 ℃)才能实现高转化率,但两种情况都在数小时后观察到活性炭失活现象。值得注意的是,活性炭催化剂可以从生物质超临界水气化产生的灰分中分离回收。在大规模连续工艺中,必须回收催化剂并去除灰分。均相碱催化剂也已被用于改善高温气化过程,在 600～700 ℃、20～40 MPa 条件下,KOH 作为催化剂通过加速水煤气变换反应提高了 H_2 和 CO_2 的产率,同时降低了 CO 的产率。此外,碳水化合物、芳烃、甘氨酸和生物质材料在 550～600 ℃、25 MPa 条件下通过添加 KOH 和 K_2CO_3 可完全气化为富氢气体产物。

研究者们用 Ni 和活性炭作为非均相催化剂在超临界水中气化葡萄糖。采用扫描电子显微镜(SEM)对催化剂进行了表征,结果表明,Ni/活性炭复合催化剂具有良好的催化活性,但其在低温下会沉积焦炭并发生 Ni 结晶,进而导致孔径增大及表面积减小,抑制了催化活性。在超临界水中气化葡萄糖时,为了减少传质限制,一般首选具有中等孔径(2～50 nm)的催化剂。

Resende 等人报道了木质素和纤维素在超临界水中的非催化气化。在石英反应器中进行分批反应以避免催化壁效应。实验系统地研究了不同工艺参数对气化产物产率和气体组成组分的影响。表观活化能的实验结果表明 H_2 和 CO_2 通过不同的途径形成,但对于木质素和纤维素原料,这些反应途径都是相似的。

3. 水热气化化学组成

生物质原料的化学组成复杂,且因来源而异。因此,为了解其水热气化时的化学过程,通常选择结构上与生物质成分相似的模型化合物进行研究。与液化研究一样,通常选择纤维素和木质素作为生物质模型化合物。生物质的衍生物也很常用。当纤维素和半纤维素水解时,会形成葡萄糖、木糖和其他单糖。当木质素在水热条件下分解时,会生成苯酚和芳香族化合物。以往关于简单模型化合物的研究大多是探索性的,很少关注液相和反应路径中中间产物的特性和产率。

1)纤维素

如液化部分所述,纤维素和半纤维素中的糖苷键在高温水溶液中会很快水解。生物大分子单体会形成生物油(在低温下)或被气化(在高温下)。研究者们提出了适用于不同温度范围的反应方案。在接近 300 ℃ 时,葡萄糖和低聚糖的反应比纤维素水解反应快得多,使得这些水解产物的产率很低。低温气化时,除非使用催化剂,否则大多数情况下会生成焦炭。然而,在临界点以上,纤维素水解速率跃升超过一个数量级,并且超过了葡萄糖的分解速率,导致水解产物在液相中积聚。此外,如前所述,由于主要的反应机理从离子转变为自由基,因此在较高的温度下有利于气体的生成。

2)木质素

木质素在水热环境中分解形成低分子量的酚类化合物,如丁香醇、愈创木酚和儿茶酚。消除反应会同时产生甲醛,甲醛又随即与这些烷基酚发生缩合反应。甲醛作为交联剂,使得烷基酚聚合形成更高分子量的化合物。简而言之,未添加催化剂的情况下,水热气化木质素会生成大量的焦炭,因而气体产率低。Ru 和 Rh 与铝和碳载体一起被证明是在 500 ℃、0.3 g/cm^3 条件下气化烷基酚的有效催化剂,而 Pt 和 Pd 则无明显催化效果。然而,不少贵金属能抑制焦炭的形成。在 500 ℃、0.35 g/cm^3 条件下的木质素实验中,ZrO_2 和 NaOH 通过抑制焦炭的形成,分别使 H_2 产率提高了 2 倍和 4 倍。在 400 ℃、密度为 0.33 g/cm^3 的水中气化木质素,加入 NaOH 和 Ni 催化剂后观察到了部分焦炭的生成,此时 H_2 产率仍高于未添加催化剂的情况。添加 Ru 催化剂后,无焦炭生成且 CH_4 产率很高。

　　3)蛋白质

　　研究发现含蛋白质生物质的气化率低于预期值。分别使用葡萄糖、丙氨酸和 $KHCO_3$ 作为纤维素、蛋白质和天然盐的模型化合物进行实验,证实氨基酸的存在会显著降低气体产量并提高溶解的有机碳的含量。如前所述,蛋白质和碳水化合物降解形成的杂环的含氮化合物作为自由基清除剂,限制了气体形成过程中十分重要的自由基链式反应。碱金属盐的存在则可消除这种抑制作用。

　　4)模型化合物之间的相互作用

　　为了理解水热气化的机理,我们不仅需要研究单个原料组分的反应途径,还需要研究各组分之间的相互作用。Yoshida 等人研究了纤维素、木聚糖和木质素(代表陆地生物质的三个主要成分)混合物的水热气化过程,并确定它们不是作为单个组分的降解反应的总和。纤维素和半纤维素混合物产生的气体组成和产量类似于每个单独组分的期望值的加权平均值,表明这两个组分的行为是累加的,不存在明显的相互作用。但是,将木质素引入纤维素或半纤维素的混合物中会大大抑制 H_2 的产生。研究表明,纤维素和木聚糖降解的中间产物会与木质素发生反应,可能是通过氢化作用提供了 H 原子,导致了 H_2 的减少。但这些过程包含的具体化学反应尚不明晰。

　　5)水生原料

　　亚临界温度下催化水热气化生产富甲烷气体燃料的方法除用于木质纤维素外,还将用于大型藻类和微藻,目前有报道正在开展中试规模试验。同时,研究者还初步探索了此方法处置农场废弃物的可行性。Minowa 和 Sawayama 在铝硅氧化物催化剂上添加了 50% 的镍,并将收集的小球藻(87%水分,7%N,6%灰分,49%C)在 350 ℃、18 MPa 条件下反应了大约 1 h。较高的催化剂添加量使得气体转化率显著增加(在 0.5 g 催化剂/g 湿藻条件下,最大转化率为 70%),且气体中 CH_4 的比例也有所增加。尽管水相中回收的营养物(例如N)可以再循环用于藻类的持续生长,但由于催化剂(Ni)的污染,其适用性仍存在疑问。尽管尚未研究,但液化的水相产物也可发生相似类型的养分循环。

　　已有科研人员对微藻的超临界水气化进行了研究,他们尝试在催化反应之前,在适当pH 范围的超临界水中以盐的形式沉淀 N、S 和 P,以减少催化剂的损耗。在概念性工艺设计中,首先用泵将脱水藻浆(约 20%固体)加压至约 30 MPa,并预热至 300～350 ℃,然后从流体中不断去除持续沉淀下来的盐,接着流体流至 400 ℃ 左右的水热甲烷化反应器。连续流动过程通过甲烷燃烧或热回收来满足热量需求,实现热自给自足。用活性椰子炭(Ru/C)和氧化锆上的钌(Ru/ZrO_2)进行了无盐沉淀的间歇实验,取得了良好的效果。液化产物是由原料的特定组成决定的,而与液化不同,迄今为止,几乎没有证据表明气体产物甲烷的产量取决于藻类的特定组成成分(例如高脂类)。

5.2　水热液化

　　化石燃料是能源和化工原料的基石。由于工业化和城市化程度的提高,有人提出,未来的石油生产可能无法满足人类需求,从而使全球经济发展难以为继。为满足未来的能源需求,太阳能、风能、水力发电和(生物)可再生能源等替代能源的研究愈发得到重视。2008

年,政府间气候变化专门委员会(Intergovernmental Panel on Climate Change)预测可再生能源占一次能源总产量(492 EJ)的 12.9%。生物质(10.2%)是可再生能源的最大贡献者。与其他形式的替代能源或可再生能源相比,生物燃料是唯一能够生产下游化学品、产品以及能源的可再生能源类型,因此人们仿照传统炼油厂建立了生物炼油厂。

20 世纪的有机化工制造业以石油炼制为基础,而 21 世纪的新型有机工业则可能以生物质炼制为基础。现在,人们越来越积极地寻求可再生能源,生物质能作为一种可再生的碳源,在可预见的未来的新能源组合中必定会占有一席之地。与功能有限的石油原料相比,生物质既可作为燃料又可用于生产化学品。生物油的有效氢碳比在 1～2.3 之间,接近原油的比例。这个比例意味着其能量密度高,非常适合作为液体燃料。除此之外,商用化学品的 H/C 值范围更广,与生物质的 H/C 值更加匹配。

用生物质来生产化学品而不是燃料,可部分或完全避免利用生物质生产燃料时面临的最大挑战之一——脱氧。生物质比化石原料更易产生富氧的化学物质(如乙二醇、乙酸和丙烯酸)。由于碳水化合物原料具有低挥发性和高反应性,一般需通过液相技术进行处理,而碳水化合物通常是亲水的,其液相处理一般在水相或两相条件下进行。水热液化是生物质尤其是高水分生物质高效利用的一种非常具有前景的技术工艺。生物质的水热液化(也称为直接液化)指的是生物质在高温高压的水环境中经过充分的时间分解固体生物高聚物结构,主要使其变为液体组分的热化学过程。该工艺旨在提供一种无须干燥处理湿生物质原料的方法,并通过保持液态水处理介质来获得离子反应条件。科研人员使用了多种通用词汇来描述这一过程,包括水热转化、水热分解、水热降解和水热提质。转化过程和产物(固体、液体和气体)的性质取决于所采用的反应温度。低于 200 ℃左右时的主要反应产物是固体炭,该过程被称为水热炭化过程。温度在 200～350 ℃之间时,主要生成液态产物,该过程被称为水热液化过程。高于 350 ℃时以气体产物为主。值得注意的是,根据所用生物质和所用催化剂的性质,实际情况可能会与上述分类有所偏差。典型的水热处理条件是温度为 250～374 ℃,压力为 4～22 MPa。这样的温度足以使生物高聚物热解,而此压力也足够维持液态水处理状态。

20 世纪 80 年代,Shell 研究机构对生物质水热的研究是水热液化技术工艺的基础。水热液化过程中的化学反应与水的溶剂性质、反应温度和反应压力有关。温度和压力参数可以根据要求进行调整,但溶剂的物理性质是一定的,并且取决于温度和压力。因此,温度和压力可以直接(活化能、反应平衡)和间接(溶剂性质)地影响反应过程。这些参数可分为化学参数和物理参数。

水热液化技术工艺最大的一个示范项目在俄勒冈州奥尔巴尼的生物质液化实验工厂(1 t/d),最终共生产了 52 桶油(1 桶约 117 L)。其余的大部分开发工作都是在实验室中进行的,使用间歇和连续进料系统。

水热液化有几种不同的发展模式。

(1)奥尔巴尼工厂的最初设计基于匹兹堡能源研究中心(PERC)的研究,因此采用了 PERC 工艺。图 5-14 展示了经过一些修改后的 PERC 工艺流程,消除了原来的刮板式预热器,并引入了一个燃烧管式预热器,同时用简单的立管反应器代替了搅拌釜式反应器。它成功运行了 35 天,在线利用率达 68%,需要同时添加合成气形式的还原性气体(60%CO-40% H_2 合成气)和碱性催化剂(木材质量的 10%)。尽管将蒽油(煤焦油馏出物)用作启动浆液介质,但一部分产品油的循环使用可以弥补道格拉斯冷杉木片中 7.5% 干燥木粉的进料浆液,

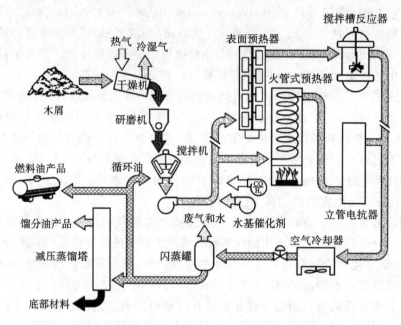

图 5-14　PERC 工艺流程示意图

并随着时间推移置换蒽油。木材平均进给量为 38.4 lb/h(约 17.4 kg/h),约为最初设计能力(1 t/d)的 42%。油产率为木材原料的 53%。在后期的长时间运行中,共生产了 30 桶成品油,其中木质油占 90% 以上。

(2)奥尔巴尼工厂示范技术的升级技术使用了道格拉斯冷杉木粉加酸进行预水解,从而在水中形成了 18% 的木浆(12% 的木固体)。如图 5-15 所示,这个概念是在劳伦斯伯克利实验室(Lawrence Berkeley Laboratory)提出的,因此也称为 LBL 工艺。在奥尔巴尼工厂的 LBL 工艺简短宣传介绍中,成品油和水均未回收。在示范中添加了还原性气体(60% CO-40% H_2 合成气)和碱催化剂(碳酸钠含量为 13%,用于酸中和以及作为催化剂)。该过程在 45 天内以约 45% 的在线利用率运行,产品分解率约为 22%(来自木材进料),副产物含水部分含约 2% 的有机碳。运营期间共生产了 5 桶原油。

(3)在水热提质(HTU)系统进行了第三次水热液化的实质性示范技术升级。如图 5-16 所示,该系统在 19 天的实验期内以洋葱废料为原料。机组前 2 天的在线利用率为 100%,紧接着 3 天的在线利用率为 75%,接下来 4 天的在线利用率为约 60%,紧接着 8 天的在线利用率有所下降,最后 2 天的在线利用率为 60%。19 天在线利用率为总容量因子的 66%。加工处理了总质量为 15.2 t 的湿生物质原料,约占设计能力(100 kg/h)的 33%。实验总共从 1.6 t 干重的原料中获取了 38% 的生物油以及 31% 的合成气。运行期间生产了约 3.5 桶油产品。实验中没有添加还原性气体和碱催化剂,也未加入循环水装置。

碳水化合物(纤维素和半纤维素)的水热液化产物通常是水溶性碳氢化合物的混合物,包括乙酸、甲酸、乳酸、乙酰丙酸、5-羟甲基-2-糠醛和 2-糠醛等。木质素水热液化是一种有效回收富含酚类化合物生物油的技术工艺。芳香醛和酚类化合物都是重要的化学中间体。热压缩的有机溶剂与水的混合溶液有利于木质素转化为液体产物。但如何降低成本、对溶剂进行有效回收利用是水热液化工艺亟待解决的问题。

虽然采用水热技术转化生物质相比于其他热化学转化方法更具优势,但事实上,水热技

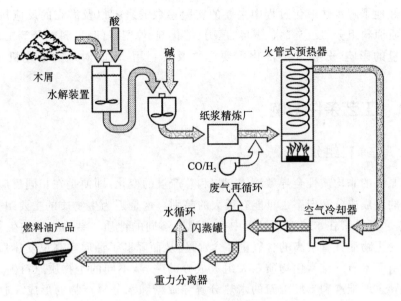

图 5-15　LBL 工艺示意图

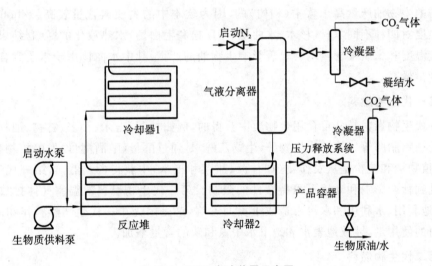

图 5-16　HTU 中试装置示意图

术目前尚未广泛商业化。一部分原因是热转化时所需的高压条件,需要设计特殊的反应器和分离器,此外,建立大规模工厂所需的成本也是一大挑战。要使水热转化技术能够得到进一步的试验并最终推广应用,还有一些其他的阻碍商业化的关键问题同样需要解决。例如,水热液化技术工艺需要处理固体含量在 15％以上的杂质多且组分各异的原料,因此必须设计在高温高压下的进料和热回收系统。高压进料一直是工艺流程中存在的一大挑战,也是小型工厂面临的一个主要问题。使用非均相催化剂时,催化剂必须坚固稳定,不会因结焦而失活。使用均相催化剂时,则应在反应结束后将其有效回收以便再次使用。反应过程中的另一个重要现象即金属壁面参与反应进程的催化作用,此现象或许在实验室规模的反应中并不明显,但扩大系统规模后,壁面效应可能会造成严重的问题。在转化方法上,为了将原料转化为所需产品,需要有效的传热传质。水热液化技术在有效利用生物质、生产高价值的碳氢化合物方面具有巨大潜力。

为了更好地了解水热液化过程中主要的实验参数的影响以及潜在的反应机理,本节重点讨论生物质原料组分、反应气氛、温度、压力、催化剂、停留时间、进料粒径等工艺参数对产物组成和质量的影响,分析水热液化主要产物及其利用,同时对水热液化机理进行初步研究。

5.2.1　工艺条件影响

5.2.1.1　原料组分

生物质原料的非均质性会导致液体产物和总产量的变化,即便是在相同反应条件下,所获液体产物的组成成分和产率也可能有很大的差别。这是因为生物质的主要组分——木质素、半纤维素和纤维素在水热液化过程中会表现出不同的性质。结构松散的生物质原料水热液化获得的生物油具有较高的含氧量和含水量,从而降低了油质和高位发热量,且黏度一般也较低。由于木质纤维素生物质三大组成成分的差异,不同的生物质原料生产的生物油组分也有差异。纤维素和半纤维素的水热分解导致糖和水分解产物的形成。通常来说,纤维素和半纤维素含量较高的生物质生物油的产量相应较高。Bhaskar 等人从硬木(樱桃)样品中获得的生物油产量高于软木(柏树)的,因为软木中的木质素含量较高。Zhong 和 Wei 研究了温度对四种不同木材(杉木、水曲柳、马尾松和毛白杨)水热液化的影响,结果表明,木材的反应温度和木质素含量均会显著影响生物油的产量,其中水曲柳由于木质素含量较低,其重油产量最高。

1. 第一代生物燃料

第一代生物燃料是从可食用生物质中获得的,例如甘蔗、玉米、小麦、谷物、油籽、植物油和提炼的动物脂肪等。第一代生物醇(生物乙醇)是通过酵母(酿酒酵母)发酵植物糖和淀粉生产的,植物糖和淀粉是从农作物(如甘蔗、甜菜和玉米)中获得的。然而,第一代生物燃料的发展受到社会影响和环境不可持续性的限制。第一代生物燃料对温室气体排放、生物多样性、土地利用、水利用和水污染造成了负面影响,这是因为第一代生物燃料作物的种植会增加肥料的使用量,导致地表水和地下水中氮和磷的含量增加。

2. 第二代生物燃料

木质纤维素生物质是地球上最丰富的植物材料,由于每单位面积土地的产量较高,且成本低于淀粉和蔗糖基材料,因此可获得的数量要多得多。据估计,美国由木质纤维素原料转化生成的生物燃料足以替代 30% 的液体运输燃料。木质纤维素生物质可从多种来源获得,包括农业和林业残留物、城市废物(如有机废物和造纸废物)以及专门的生物燃料作物。

木质纤维素生物质是一种复合材料,纤维素、半纤维素和木质素这三种生物聚合物约占干物质的 90%。纤维素是木质纤维素中最大的单组分,其含量在 35%～50% 之间,变化较大。纤维素是一种仅由葡萄糖单元组成的线性聚合物,吡喃葡萄糖基单体通过 β-1-4 糖苷键连接。线性构象使得许多纤维素链可以堆积成结晶原纤维。通常认为,这些薄片主要通过范德华力进行相互作用,这对纤维素纤维的稳定化起了重要作用。纤维素在木质纤维素聚合物中具有最高的聚合度。一根聚合物链中的葡萄糖基单元数可以达到 10000 甚至更高。分子间的氢键以及疏水性的平坦顶表面和底表面使薄片之间能够产生范德华相互作用,从而使纤维素丝束紧密有序地堆积,并使纤维素不溶于水和大多数溶剂。

半纤维素是一组多糖,约占生物质质量的 25%。半纤维素是较低分子量的碳水化合物聚合物,由己糖(葡萄糖、甘露糖、半乳糖等)和戊糖(木糖和阿拉伯糖)组成,可以分支并且具有诸如乙酰基和甲基的官能团。半纤维素被认为是非共价结合到纤维素原纤维的表面上,并且其被疏水基团(如乙酰基和甲基)取代增强了半纤维素对木质素的亲和力,有助于三种主要木质纤维素聚合物之间的内聚。由于其非晶体性质,半纤维素比纤维素更容易解聚。

木质素是一种不溶于水的芳香族聚合物,在植物生长停止后成为复合材料的一部分。与未成熟植物组织的全碳水化合物细胞壁相比,它具有防水性、结构增强性以及对生物和物理攻击的抵抗力。它是一种三维聚合物,由三种单体组成:松柏醇,芥子醇和对香豆醇。木质素中存在多种键,最常见的是 β-O-4 醚键。所有亚基间键中约有 50% 属于这种类型。β-O-4 醚键使得聚合物线性延伸。其余 C—O 和 C—C 键数量较少,木质化过程中会出现分支。木质素结皮被认为是生物质高效解构的主要障碍之一。

半纤维素和木质素不仅缠结,而且是共价交联的。在禾本科植物中,这些木质素-碳水化合物复合物含有阿魏酸。阿魏酸最初通过酯键与半纤维素(阿拉伯木聚糖)结合,它还可以使半纤维素链二聚。木质素-碳水化合物复合物的交联程度与细胞壁硬度相关。在软木和硬木中,木质素和碳水化合物之间存在直接的络合物。一般认为这些络合物是在木质化过程中,由碳水化合物的羟基与生长中的木质素聚合物链中的亲电甲酮中间体反应形成的。

木质纤维素的结构超出了生物聚合物组装成复合材料的范围。这种超微结构的形成原因如下:植物合成木质纤维素,作为包围其细胞的壁,以加强植物的结构,因此具有多孔性和轻质性;木本组织中的细胞是细长的,大部分沿轴向定向,通过壁上的小孔(凹坑和穿孔板)相互连接,使木材成为各向异性的材料。木质纤维素生物质主要有三种类型:软木、硬木和草。每种类型均是未来生物精炼原料的适宜材料。木质纤维素生物质不同类型之间的不同化学组成(如木质素组成)、各组分含量及结构差异(如细胞壁厚度和孔径)都会影响它们的解构能力。因此,每种木质纤维素解构方法的效果都应在多种类型原料上进行评估。

3. 第三代生物燃料

基于藻类物质(微藻类和大型藻类)和蓝细菌的生物燃料越来越受到人们的关注,它们可以用来生产碳水化合物、蛋白质、植物油(脂质)以及生物柴油和氢气。除生物燃料外,藻类前体还可生产多种产品。藻类生物燃料生产的几个特点引起了全世界研究人员和企业家的重点关注,包括:①高生产率;②非食品类原料资源;③使用其他非生产性非耕地;④利用多种水源(淡水、苦咸水、盐水、海洋、生产生活废水);⑤可生产生物燃料和有价值的副产品;⑥对二氧化碳和其他营养废物流的潜在回收利用。木质纤维素和藻类生物质的比较见表 5-4。

表 5-4　木质纤维素和藻类生物质的比较

生　物　质	木质纤维素生物质	藻类生物质
比较	主要由纤维素、半纤维素和木质素组成	主要由蛋白质、脂质、非纤维素碳水化合物组成,缺乏木质素的结构成分
	主要包含纤维素 I_β(单斜晶型)	藻类细胞含有纤维素 I_α(三斜晶型)
	依靠淡水	在盐水、微咸水和废水中生长
	具有特定功能的多细胞专用细胞	单细胞微生物

5.2.1.2　反应气氛

水热液化通常在惰性气氛或还原性气氛（例如 CO 和 H_2）下进行。还原性气体通常会提高液化油的收率并提高产品的氢碳比。使用还原性气体氢气进行水热液化时，增大氢气压力，生物质液化的焦炭产量会显著降低。然而，采用还原性气体液化会导致生产成本的增加。

Appell 等人对水热液化技术的早期探索工作，是对非氢气气氛条件下将煤液化为低硫油的拓展研究。在 350～400 ℃温度条件下，各种纤维素原料（例如木材废料、城市废弃物、污水污泥）在 H_2O+CO 气氛中液化成苯溶性油的速率比单独在 H_2 气氛中液化更快。对于碳酸钠能提高生物油产量，一种解释是 CO 与碱盐反应生成了碱甲酸盐，碱甲酸盐能将 H 作为氢离子转移到基质上，也可能是 CO 与羟基和/或羧基反应生成 CO_2，从而脱除 O。还有一种解释是 CO 会阻止由纤维素脱水形成的不饱和物质的聚合，从而阻碍了固体焦炭的生成。实验室中关于水热液化的研究通常都是在非还原性气氛下进行的。Yokoyama 等人研发了一套新的生物质液化系统，该系统没有选择 CO 或 H_2 等还原性气体，而是在高压惰性气氛中使用碳酸钠等作为催化剂对生物质进行液化。日本的研究团队利用间歇反应器，以氦气（He）作为载气，在 250～400 ℃下对多种木屑以及发酵残渣水热液化，实验使用碱金属碳酸盐作为催化剂。300 ℃发酵残渣液化的产油率为 50%，其中 C_5 占 5%，发热量约为 35 MJ/kg。

5.2.1.3　温度

反应温度是影响生物质液化的重要因素之一。在适当的范围内提升温度可促进液化反应的进行，随着温度的升高，生物质破碎程度增加，温度对生物油产量的协同效应增大。当温度高于键离解需要的活化能时，将发生大规模的生物质解聚。生物质的水解、裂解和再聚合反应之间的竞争决定了水热液化过程中温度的作用。生物质的解聚是液化初期的主要反应。再聚合反应在后期变得活跃，并导致焦炭的形成。中间温度通常会产生更多的生物油。

反应温度被认为是关键的反应变量，不仅是因为它的影响最强，而且还因为它是可以直接控制的参数。反应时间从室温下的无限长缩短至数小时或数天（炭化），再到数分钟（液化）直至数秒（气化）。随着热能的增加，不仅反应速率提高，反应机理也发生了变化。虽然较低的温度有利于离子反应，但是较高的温度会通过均裂键断裂促进自由基的形成。因此，亚临界水中的自由基反应要比亚临界以下水（即低于环境压力下的沸点的水）中的自由基反应更容易发生，但与超临界水相比可以忽略不计。自由基反应机理通常导致高度多样、随机的产物谱，最终形成气体。因此，对于任何设想的特定液体产品而言，它们都会导致原子经济的大幅下降。

Karagoz 等人研究了木屑在 180 ℃、250 ℃和 280 ℃下的液化情况，在这些温度下停留 15 min 的总产油率分别为 3.7%、7.6% 和 8.5%，表明温度升高对木屑水热液化过程中生物油产量具有协同作用，在 280 ℃时生物油产率最高。Xu 和 Etchever 在 H_2 气氛下研究了亚临界和超临界条件对杰克松粉液化的影响，发现随着温度从 220 ℃升高到 350 ℃，生物油产量增加了 25%。Sugano 等人观察到 300～315 ℃的温度范围可高效生产生物油。在粪肥液化过程中，生物油产量随着温度的升高（260～340 ℃）而提高。舒平等人研究了杜氏藻滤饼的液化反应，发现 360 ℃是该反应的最佳温度。综上所述，可以认为 280～350 ℃是亚临界和超临界条件下生物质有效分解的温度范围。根据生物质的类型,液化的最终温度会有所不同。

5.2.1.4　压力

压力是水热液化降解生物质的另一个重要参数。通常,水热液化的反应压力为 10~29 MPa。生物质在水热液化过程中会产生自生压力。压力有助于维持亚临界和超临界液化的单相介质,避免溶剂相变所需的大量焓输入。两相系统需要提供大量的热量来维持系统的温度。通过将压力维持在介质的临界压力以上,可以控制水解和生物质溶解的速率,从而在热力学上增强有利的反应途径,以生产液体燃料或提高气体产率。压力还会增加溶剂密度,高密度介质会有效地渗透到生物质组分的分子中,从而提高分解和萃取效率。但是,一旦达到超临界液化条件后,压力对液态油或气体的产量影响就会很小,甚至可以忽略不计。这是因为在超临界区,压力对水或溶剂介质性质的影响很小。Sangon 等人报道,在超临界条件下,压力的升高(7~12 MPa)会稍微提高煤液化过程的生物油产量。同一研究的实际催化反应过程中,生物油产量则随着压力的升高而减少了,这可能是由高密度溶剂对催化剂活性位点的阻塞造成的。Kabyemela 等人的实验结果表明,葡萄糖降解的速率常数随着压力的升高而降低。生物质的热解速率取决于 C—C 键的断裂速率。但是,在超临界条件下增加压力时,局部溶剂密度的增加会对这些键产生笼状效应。这种笼状效应抑制了 C—C 键断裂,最终导致低断裂量。因此,超临界液化中的压力变化可能不会对液体油的总产量起重要作用。

根据勒夏特列的原理,液化过程中的系统压力越高,气体成分就越少。亚临界水的大多数物理性质仅对压力有微弱的依赖性(间接反应影响),而所有涉及气体分子的反应都具有强烈的压力依赖性(直接反应影响)。因此,随着压力的升高,生物质分解反应产物向非气态产物转移。

5.2.1.5　催化剂

催化剂在水热液化过程中起着重要作用。催化剂的使用有利于生物质的降解,还可以抑制缩聚、重聚等副反应的发生,进而降低大分子固态残留物的生成量,提高生物质液体产物的产率。现已提出了一系列催化剂用于生物质亚临界处理,以使反应生成特定的产物并提高反应速率,包括均相催化剂,例如无机酸、有机酸、碱及非均相催化剂,例如二氧化锆、锐钛矿和其他材料。常用的催化剂有碱、碱金属的碳酸盐和碳酸氢盐、碱金属的甲酸盐、酸催化剂,还有 Co-Mo、Ni-Mo 系加氢催化剂等。研究表明,使用碱催化剂时,初始 pH 值为 11~12 时生物质原料液化效果最好,碱催化剂的最佳添加量为干生物质质量的 1%~10%。

5.2.1.6　停留时间

停留时间对生物油产量的影响遵从于火山型原理,即存在一个临界停留时间可获得最大产油量。许多研究者研究了水热液化过程中停留时间对产物分布的影响,发现反应时间的长短可以决定产物的组成和生物质的总转化率。由于超临界过程中的水解和分解速度相对较快,预计在较短的停留时间内可有效降解生物质。在生物质水热液化过程中,通常也会选择较短的停留时间。许多研究报道了生物油产量与停留时间的关系。根据 Boocock 和 Sherman 的研究,除了生物质与水比例较高的情况外,较长的停留时间会抑制生物油的产量。Yan 等人观察到在较长的停留时间下液体产量的增加可忽略不计。Karagoz 等人报道了低温(150 ℃)下停留时间的延长有利于液态油的产出和锯末的转化。根据 Karagoz 等人的说法,在较低(150 ℃)或者较高(250 ℃)温度下,以及较长或者较短的停留时间下,分解的产物并不相似。值得注意的是,较长的停留时间可以将前沥青质和沥青质分解成较轻的产物,从而提高轻质油和气体的产量。通常,在很长的停留时间下,生物油产量会先达到最大值然后下降,而气体产物产量和生物质转化率则不断增加,直至达到饱和点。

5.2.1.7　进料粒径

原料的粒径、形状等也会对水热液化过程产生影响,进料前通常需要对原料进行干燥、切屑、碾磨、筛选等处理。但亚临界水作为传热介质和萃取剂,克服了水热液化过程中的传热限制,使粒径成为次要参数,不需要对生物质的粒径进行过多处理,因此在生物质水热液化过程中粒径的影响可以忽略不计。Zhang 等人研究了多年生草本植物的水热液化过程中三种不同粒径(1 in、2 mm 和 0.5 mm)对生物油产量的影响。结果表明,在 350 ℃时减小粒径并不能提高生物油产量。由于粒径作为参数的重要性较低,因此在相关文献中并未广泛讨论其对产品分布的影响。

5.2.2　产物分析与利用

水热液化的典型反应器系统如图 5-17 所示。水热液化的生物质原料来源广泛,各类木质纤维素类生物质、人类和畜禽的粪便、厨余垃圾以及微藻等都可以进行水热液化转化。在设定温度下反应一段时间后,待温度降至室温时对产物进行分离、收集处理。生物质水热液化的产物主要分为生物原油、水相产物、固体残渣和气体四部分。

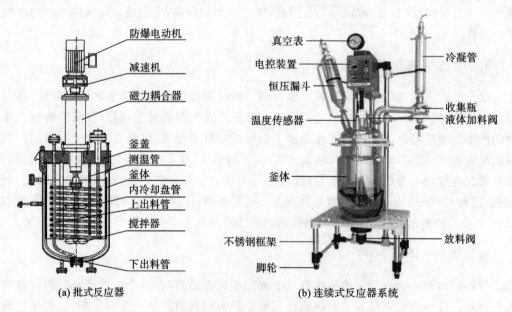

(a) 批式反应器　　　　　　　　　　　　　　(b) 连续式反应器系统

图 5-17　水热液化典型反应器系统

产物分离的具体流程如图 5-18 所示。水热液化反应结束后,通过气袋先收集气体产物,将固液混合物过滤后收集水相,剩余的产物通过有机溶剂进行清洗萃取,其中,溶于有机溶剂的部分经过蒸馏干燥可得到生物原油,不溶于有机溶剂的部分过滤后得到固体残渣。

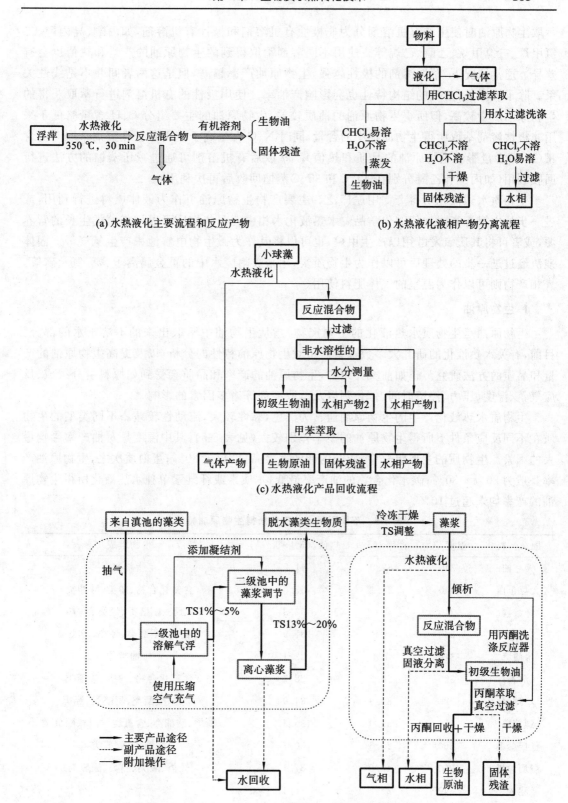

(a) 水热液化主要流程和反应产物

(b) 水热液化液相产物分离流程

(c) 水热液化产品回收流程

(d) 微藻收获和水热液化转化生物质流程

图 5-18　生物质水热液化产物分离流程

萃取生物原油时使用的有机溶剂分为非极性有机溶剂和极性有机溶剂,如丙酮、异丙醇、二氯甲烷、三氯甲烷、乙醚、己烷等。使用不同溶剂萃取得到的生物原油的产量和热值也会有差异。通常情况下,萃取溶剂的极性越强,生物原油产率越高,但是这两者间并不是线性关系。除了极性外,溶剂的结构特性也会影响产油率。使用极性的有机溶剂进行萃取获得的生物原油产量较高,但所得生物原油的油质较差,生物原油的主要组分 C、H 含量略低于采用非极性溶剂萃取所得生物原油中的含量,同时 N、O 含量高于使用非极性溶剂萃取时的含量(N、O 含量影响生物原油的品质和热值)。萃取后有机溶剂可通过减压蒸馏的方法进行回收利用(如丙酮和乙醚分别在 65 ℃和 35 ℃蒸馏回收后再次利用)。

生物质水热液化所得产物用途广泛。主要产物生物原油可作为液体燃料进行利用,或进一步从中提炼高附加值的化学品。水热液化水相中的一些物质可以用作藻类生长的营养源,或者可将其厌氧发酵用以产生甲烷,也可以将其作为微生物电解池来产生氢气等。固体残渣经过进一步的处理后可以作为生物质炭,用来吸附废水中的重金属离子、氨、氮及磷等。气相产物则可以作为温室的气体肥料使用。

1. 生物原油

生物原油是生物质水热液化的主要产物,指从生物油中萃取出来的不溶于水的部分。目前,有关水热液化的研究大多数都聚焦于对生物原油特性的分析,以及提高生物原油的产量和品质的方法研究。正如前文介绍的,生物原油的产率和品质会受到如原料组分组成、反应气氛、温度、压力、停留时间、催化剂以及萃取溶剂等诸多因素的影响。

生物质水热液化产生的生物原油通常为黑色,黏性较大,流动性较差。不同类型的生物质在不同反应条件下所得生物原油的产率差别较大(见表 5-5),其中温度是对油产率影响最大的因素。生物质的主要组分中,脂肪的油产率最高,可超过 80%;蛋白质次之,生物原油产率一般为 20%～30%;碳水化合物的油产率最低,木质素或纤维素单独水热液化所得生物原油的产率均未超过 10%。

表 5-5　不同原料水热液化所得生物原油特性

原　　料	温度/℃	产率/(%)	热值/(MJ·kg^{-1})	生物组成
大豆油	340	82.0	41.2	脂肪酸
大豆蛋白	340	21.1	37.0	含氮化合物、酚类、酸酯类
纤维素	340	4.6	32.3	酚类、酮醛类、烃类、醇类
木糖	340	6.6	31.9	酚类、酮醛类、烃类、醇类
木质素	340	1.4	32.1	酚类
浒苔	320	20.2	28.7	含氮化合物、酚类、酸酯类
小球藻	220	82.9	34.9	酚类、酸酯类、酮醛类、烃类
螺旋藻	350	39.9	35.3	酚类、酸酯类、含氮类、烃类、酮醛类
杜氏盐藻	360	25.6	30.7	酸酯类、酮醛类
餐厨垃圾	260	42.0	37.1	烃类、酸类、醇类、酮醛类
猪粪	340	25.5	36.4	—
稻秆	300	13	—	酚类、酸类
灌木	300	30.3	27.1	酚类、酸类、呋喃类

PNNL 和 LBL 对美国能源部项目中生产的道格拉斯冷杉生物油进行了详细的特性分析。在奥尔巴尼试验工厂的最终分析报告中,结合了 PNNL 的详细工作以及部分工厂监控数据和运营实况分析。这些分析表明,在温度、压力、流量和催化作用等一系列操作参数取值范围内,所生产的生物油的组分相当一致。液化生物油是一种包含分子量范围广泛的含氧化合物的复杂混合物,显然不是石油的类似物。表 5-6 列出了 PNNL 对奥尔巴尼试验工厂的几种产品的一些典型分析结果(如试验运行编号所示)。值得注意的是,表中显示的结果针对的是从工厂回收的全部生物原油。

表 5-6 奥尔巴尼试验工厂的产品分析结果

分 析		TR7[a]	TR8[b]	TR9[b]	TR11[a]	TR12[b]
元素/(%)	碳	72.3	82.0	76.6	67.2	72.6
	氢	8.6	8.8	8.2	6.8	8.0
	氧	17.6	9.2	14.1	25.1	16.3
	氮	0.2	0.5	0.0	0.0	—
水分(ASTM D 95)		8.5	3.1	8.9	13.5	5.1
固体(HOAc 可溶性)		1.0	10.8	17.8	2.2	3.7
HHV[c]/(MJ/kg)		33.7	36.7	34.9	28.2	33.0
可蒸馏百分比(ASTM D 1160,10 mmHg)/(%)		68	56.1	46	42.6	46

[a]LBL 油,[b]PERC 油,[c]高位发热量。

LBL 油产品也可以找到更详细的产品油馏分分析。使用 ASTM D 1160 系统对油进行真空蒸馏,在 432 ℃ 的温度下可以得到 68% 的馏分。这些馏分的颜色从透明的白色到黄色、绿色、橙色,然后是棕色(见表 5-7)。馏分的含氧量为 9.7%～13.4%,属于中等范围,而残余物中的含氧量为 10.4%。由 ^{13}C 核磁共振(NMR)测定的脂肪族碳与芳香族碳的比值在轻馏分油中为 12,在中等馏分油中氢碳的原子比(H:C)为 1.0～1.81,较重馏分油中氢碳的原子比(H:C)为 1.19～1.52(见表 5-8)。使用带有质量选择检测器的气相色谱(GC)可以识别馏分中的大部分化合物。轻质馏分主要由小分子碳氢化合物组成,但也含有一些酮。在重质馏分中,发现了呋喃类化合物、酚类化合物和甲氧基酚类化合物。甲氧基酚类化合物属于木质素衍生产品。在最重的馏分中普遍存在萘酚。

表 5-7 真空分馏(ASTM D 1160)LBL 油

组 分	实 际 量	相 对 量	颜 色	沸点/K	
				1 atm[a]	10 mmHg[b]
1	8 mL 轻质油	3	纯白透明	约 411	约 283
	23 mL 水	8			
2	45 mL	18	透明至黄色	411～539	283～415
3	35 mL	14	绿色到橙黄色	539～589	415～449
4	40 mL	16	橙黄色	589～655	449～526
5	20 g	8	橙黄色到棕色	655～705	526～549
残留	86.6 g	32	深棕色	＞705	＞549

[a]1 atm＝1.01×10⁵ Pa,[b]1 mmHg＝133.3 Pa。

表 5-8　LBL 油蒸馏馏分的分析数据

组　分	C /(%)	H /(%)	N /(%)	O /(%)	氢碳原子比 (H：C)	HHV/ (MJ/kg)	^{13}C NMR	^{1}H NMR
1	78.8	12.0	0.0	9.7	1.81	37.2	12	30
2	77.2	9.9	0.0	13.3	1.52	35.4	1.1	10
3	77.1	8.9	0.0	13.4	1.37	35.1	1.0	7.3
4	79.2	8.9	0.5	12.1	1.33	36.8	1.2	6.6
5	79.4	7.9	0.2	12.3	1.19	35.1	1.0	5.3
残留	82.3	6.5	0.0	10.4	0.94	34.7	—	—
全油	72.3	8.6	0.0	17.6	1.41	33.7	0.53	—

　　同时，奥尔巴尼试验工厂还报告了对 PERC 油的详细分析。PERC 油在真空下可蒸馏 46%，轻馏分的含氧量为 10.8%，中馏分的含氧量为 17.2%，残渣的含氧量回到 10.8%。与 LBL 油相似，轻馏分的氢碳原子比高达 2 以上，而其他馏分的氢碳原子比稳步下降，在高芳烃残渣中氢碳原子比为 1.1。

　　表 5-9 列出了奥尔巴尼的几种 PERC 和 LBL 全油的气相色谱-质谱（GC-MS）数据。数据显示，液体油产品是含氧有机物的复杂混合物。它们包括酸、醇、环酮、酚、甲氧基酚（来自软木木质素的愈创木酚）和其他结构更为紧密的有机物，如萘酚和苯并呋喃。TR8 和 TR9-PERC 油的多环芳烃（PAHs）值很高，表明它们是在短期操作中产生的，其中的载体油（蒽油、煤焦油馏分）没有被取代，而从长期操作来看，TR12 产品几乎不含 PAHs。色谱分析的油量反映了馏分产物的量，定量鉴定的峰值中未包括大部分色谱油，这既有可能是由于分辨率差和峰值重叠，也可能是由于在标准质谱文库中未发现复杂的含氧异构体。

表 5-9　奥尔巴尼油的 GC-MS 数据分组摘要[a]

化 学 基 团	TR7	TR8	TR9	TR11	TR12
$C_3 \sim C_5$ 酸类	—	—	—	—	0.5(4)
$C_5 \sim C_6$ 醇类	—	0.1(2)	0.1(2)	—	—
高分子量愈创木酚	—	—	—	0.4(2)	—
高分子量含氧化合物	—	—	—	0.8(3)	0.1(1)
愈创木酚	1.6(3)	0.1(1)	0.1(1)	2.3(6)	0.7(3)
环戊酮	2.1(10)	0.1(1)	0.2(2)	0.7(9)	0.3(2)
$C_8 \sim C_9$（＝）环酮	2.0(15)	—	—	0.5(8)	0.3(2)
环戊酮	1.3(11)	0.3(9)	0.4(9)	0.4(7)	0.4(4)
$C_7 \sim C_9$ 环酮	0.7(9)	0.2(5)	0.4(5)	0.1(4)	0.3(4)
不饱和酚	0.7(9)	0.6(2)	0.5(2)	—	0.5(2)
酚类	3.3(22)	6.5(40)	6.8(40)	0.6(8)	4.5(24)
二羟基苯	4.7(9)	—	—	0.2(2)	3.8(13)

续表

化 学 基 团	TR7	TR8	TR9	TR11	TR12
甲基萘酚	2.8(6)	0.6(2)	0.4(2)	—	—
二氢茚	—	0.1(2)	0.1(2)	—	—
C_8烷基苯	—	0.6(3)	0.5(3)	—	—
多环芳烃	1.0(3)	23.6(37)	14.2(37)	—	0.6(1)
苯并呋喃	—	0.9(3)	0.7(3)	0.1(1)	—
其他杂环	—	1.5(2)	0.9(2)	—	—
确定的峰数	90	110	110	50	61
总峰数	360	380	390	290	—
确定数量/(%)	28.4	38.2	34.1	19.6	19.7
总色谱/(%)	77.4	82.7	61.4	25.5	51.7

a 表内括号中以百分数和数字形式列出的数据表示单个化学品的数量。

改良的溶剂色谱顺序洗脱法(SESC)也适用于奥尔巴尼试验工厂的产品。由于该油产品几乎不含脂肪族化合物,因此省略了初始的己烷溶剂。基本上所有的碳氢化合物(脂肪族和芳香族)都是在15％的苯-己烷溶剂(馏分1和2)中一起回收的。其余使用的溶剂为氯仿(馏分3)、6％乙醚-氯仿(馏分4)、4％乙醇-乙醚(馏分5)、甲醇(馏分6)、4％乙醇-氯仿(馏分7)、4％乙醇-四氢呋喃(馏分8)和乙酸(馏分9)。

表5-10显示了从LBL油中提取的馏分的特征。馏分3可能为功能化酚类化合物,如茴香醚、愈创木酚或丁香酚。馏分4由简单酚类化合物组成。馏分5中含有萘酚,馏分6中含有较高分子量的酚类化合物。馏分7、8和9是复杂的固体组分。

表 5-10　LBL 油的馏分的特征

馏　　分	质量分数/(%)	数均分子量	重均分子量	O/(%)	平均分子式
1,2	0～6	140	160	5	$C_{11}H_{14}O_{0.5}$
3	1～20	170	210	11	$C_{13}H_{15}O_{1.3}$
4	5～45	170	210	16	$C_{12}H_{14}O_2$
5	5～55	210	290	21	$C_{15}H_{16.5}O_{3.3}$
6	5～35	350	600	23	$C_{30}H_{30}O_7$
7	1～3	180	210	46	—
8	2～20	690	900	—	—
9	0～10	—	—	—	—

表5-11显示了几种奥尔巴尼木油的SESC馏分分布,少量的馏分1～3表明,木材液化不是直接生产运输燃料的合理途径。然而,酚类化合物在馏分4～6(单体、二聚体和多酚)中的分布可能会受到加工的影响,更实用的目标可能是生产较低分子量的酚类化合物。

表 5-11　奥尔巴尼木油的 SESC 馏分分布

馏　　分	TR-7	TR-10	TR-12
1,2	4	1	4
3	17	7	14
4	44	19	14
5	21	40	38
6	6	21	18
7,8,9	8	11	12
1～4	65	27	32
4～6	71	80	70

　　生物原油的主要用途是用作交通燃料,但目前仍有很多问题需要克服。与石油相比,生物原油中的含氮量较高,氮元素的存在不利于后续油品提质的精炼,同时其燃烧产生的氮氧化合物会污染环境。仅有一些特定的含氮量较低的生物质,如秸秆、粗甘油、食品废弃物等,水热液化产生的生物原油中含氮量较低,作为燃料使用会相对容易。另外,生物原油的含氧量也比较高,高含氧量会严重影响生物原油的热值。生物原油高含氮量和含氧量的特性使得油品的提质显得尤为重要,包括对生物原油组分进行分离、提纯、提质等。

　　荷兰水热提质(HTU)技术的研究人员通过概括归纳的方式,对他们生产的生物原油进行了一些有限的分析,发现不同原料(例如洋葱废料、甜菜浆等食品工业的废料,糖浆废料等制糖工业的废料,以及边缘草、果胶、果蔬园废料(GFT)、椰壳粉、大麻、绒毛等其他废料)所生产的生物油具有类似的品质。

　　此外,粗制品是一种很容易与水分离的有机混合物,在室温下为固体,在 80 ℃左右变成液体。它含有 10％～15％(干燥无灰基)的氧。氢碳原子比一般为 1.0～1.3,平均摩尔质量约为 600 g/mol,氮和硫的含量取决于原料中的含量。生物原油的低位发热量为 30～35 MJ/kg(干燥无灰基)。

　　水热液化的油产品可直接用作重质燃料油,或者可以通过催化加氢处理(主要是去除氧)来升级,以用于生产与目前市场上销售的石油产品相似的烃类燃料。

　　使用道格拉斯冷杉生产的奥尔巴尼油产品来进行锅炉燃烧试验。在这些试验中,通过 PERC 方法产出的液体油产品的馏出物经过处理和燃烧,得到的结果与 2 号馏分油类似。LBL 工艺生产的全油(需要先预热至 410 K)处理和燃烧的结果与 6 号重油相似。燃料油燃烧试验数据见表 5-12,从数据中可以对比得出水热液化油和石油产品的差别。

表 5-12　燃料油燃烧数据

燃　　料	多余的空气/(％)	NO(ppm)[a]	CO_2(ppm)[a]	CO(ppm)[a]	效率[b]/(％)
2 号馏分油	26.0	193	272	28	74.8
6 号渣油	23.0	331	364	14	78.7

续表

燃　　料	多余的空气 /（%）	NO（ppm）[a]	CO_2（ppm）[a]	CO（ppm）[a]	效率[b]/（%）
PERC 石油馏分油	22.5	258	196	32	75.9
LBL 油	19.0	169	120	281[c]	81.7

[a]测试期间的平均值,校正为 0%乙酸乙酯,0%水分;[b]热损失法;[c]在整个测试过程中,CO 值通常低于 100 ppm,并且浓度水平出现了几个大的峰值,导致平均值很高。浓度峰值的原因尚不清楚,但可能与燃烧特性不同的颗粒有关。

木材水热液化油产品中的个别组分也可直接用于化工产品的制备。Elliott 提出了几种可能性,例如酚醛树脂的生产(苯酚馏分,在较小程度上可替代苯酚甲醛树脂或全油中的苯酚,最高可替代苯酚的 50%)、汽油辛烷值助推器(酚或芳香醚)和抗氧化剂(化学计量受阻酚类)。

水热液化油的加氢处理已在实验室中进行。利用常规石油加氢处理技术,对木材水热液化产物进行加氢处理。实际上,对生物油的加氢除氧步骤代替了石油提质过程中通常需要的加氢脱硫步骤。由于使用了类似的催化剂和条件,含氧量降低到接近零,并且可以使用常规石油产品测试方法(如 PONA(石蜡-烯烃-环烷烃-芳族化合物)色谱法和汽油馏分的辛烷值测量)轻松分析所得的烃类混合物。表 5-13 展示了奥尔巴尼成品油加氢处理的加工条件、产量以及处理后的产品油的一些参数。

表 5-13　奥尔巴尼产品油加氢处理测试结果

	进　料　油	TR7	TR12
加工条件	催化剂	CoMo-S/Al_2O_3	CoMo-S/Al_2O_3
	温度/K	671	670
	压力/MPa	13.84	14.00
	液体时空速(体积油/(体积催化剂 h))	0.10	0.11
产量	总油/(L/L 进料油)	0.99	0.92
	水相/(L/L 进料油)	0.20	0.20
	C_5-498K(馏分油 L/L 进料油)	＞0.86	0.34
	氢耗(L/L 进料油)	616	548
	气相碳/(%)	14.1	9.0
	水相碳/(%)	0.1	—
产品检验	氧/(%)	0.0	0.8
	氢碳原子比(H∶C)	1.65	1.5
	比重/(kg/L)	0.84	0.91
	C_5-498K(蒸馏水量)/(%)	＞87	37

2. 水相产物

水相产物是生物质水热液化的主要副产物。生物质经过水热液化后,底物中 20%～50%的有机物会转移到水相中。水相产物中含有大量的碳、磷、氮以及微量元素。生物质组分不同(蛋白质、脂类以及糖类等含量不同),水热液化条件不同,则产生的水相产物的特性也不尽相同。这些水热液化的水相产物的共同点是,水质均呈酸性,组分复杂,含有有毒有害物质且水相 COD(化学需氧量)较高,甚至可达 100 g/L(见表 5-14)。此外,水相产物的含氮量也较高,污泥、猪粪和藻类水热液化得到的水相产物中氨氮含量为 1.9~12.7 g/L。猪粪中 40% 以上的氮和 30% 以上的碳在水热液化后转移到了水相中。对水热液化的水相产物组成成分的分析结果表明:生物质原料为藻类或粪便时,水相产物中主要含有氮氧杂环类化合物,此外还有少部分有机酸、酯类、酰胺类、醇类以及酮类化合物;当生物质原料为玉米秸秆时,水相产物中主要含有挥发性有机酸(≤20 g/L)。

表 5-14　生物质水热液化水相产物特性

原　　料	反应温度/℃	TN/(g/L)	COD/(g/L)	化 学 组 成
猪粪	340	5.2	94.2	含氮化合物比重最大,主要包括吡嗪、吡啶和吡咯衍生物,还有一些有机酸、酮类和烃类
秸秆	210~375	—	—	挥发性有机酸达到 40% 以上,还有一些酚类和烃类化合物
小球藻	280	27.9	102.0	主要是氮氧杂环化合物,还有部分有机酸、酰胺类、酯类、酮类和醇类化合物
螺旋藻	300	—	—	主要含有氮氧杂环化合物,其浓度为 0.052~139 mg/L,包括戊内酰胺、己内酰胺、哌啶酮等
浒苔	320	—	—	水相中主要含有乙酸、甘油、羟基吡啶等,还有少量丙酸、乙酰胺和酚类化合物等

　　研究人员对水相产物的具体成分进行了分析。生物原油中的某些化合物在水相产物中也被检测到,但由于这些化合物在水中的溶解度很小,因此在水相产物中的浓度较低,例如表 5-15 所示的一组有机酸。Krochta 等人研究了在相同温度范围内碱存在条件下,纤维素生成这些酸的过程,发现在 473~553 K 时甲酸、乳酸和乙醇酸的产率很高(10 min 内为 5%~30%),而在 593~633 K 时乙酸和丙酸取代了它们。

表 5-15　LBL 工艺水副产物中的某些酸性成分

一 元 羧 酸	二 羧 酸	含氧酸或羟基酸
醋酸	琥珀酸	乙酰丙酸(4-氧戊酸)
丙酸	甲基琥珀酸	2,3-二羟基苯甲酸
丁酸	戊二酸	4-氧己酸
异丁酸	2-甲基戊二酸	
十六烷酸	己二酸	

　　水热液化的水相产物中有毒有害物质含量较高,若不对其进行有效处理而直接排放,会对环境造成严重的污染。目前的多种处理方法,在有效对生物质水相产物进行处理的同时,

还可生产如微藻、甲烷、氢气等具有高附加值的产品。微藻养殖可以利用水相产物中的部分物质作为藻类生长的营养源,养殖了微藻后的水相产物中的总溶解性氮和总溶解性磷的去除率分别达到了 86% 和 95%,SCOD(溶解性化学需氧量)的去除率为 63%。同时,经水相产物养殖的微藻又可以作为水热液化的原料生产生物原油,经过营养物的多次循环实现能源的增值。

3. 固体残渣

除了水相产物,固体残渣是生物质水热液化的另一副产物。固体残渣的产率与原料组分组成以及反应温度等参数紧密相关,通常情况下,生物质原料的灰分含量较高时,固体残渣的产率也相应较高。

固体残渣中的有机组分比较少,以无机组分为主。人类粪便经过水热液化后,原料中 70% 以上的钙、镁、铝、铁和锌都转移到了固体残渣中。此外,畜禽粪便水热液化产生的固体残渣中,碳、氢、氮元素的含量之和小于 50%,而灰分的质量分数高达 50% 以上。畜禽粪便中 70% 以上的锌、铜、铅、镉等重金属经过水热液化后都转移到了固体残渣中,并且固体残渣中具有直接生物毒性的重金属的比重明显减少。由此可见,水热液化技术可以使原料中的重金属富集于固体残渣,降低其污染环境的风险。

由于生物质水热液化得到的固体残渣中灰分含量高,因此目前对于固体残渣的利用研究相对较少。扫描电镜的表征结果显示,猪粪经水热液化后产生的固体残渣具有较大的比表面积和孔隙度,由此推测固体残渣对重金属的富集作用可能来源于其本身的吸附作用。事实上,温度低于 220 ℃ 的水热液化也被称为水热炭化反应。一些木质纤维素原料经过水热炭化后会生成生物质炭,这些生物质炭对废水中的磷、氨氮以及重金属离子等具有良好的吸附作用。但生物质水热液化产生的固体残渣与传统的生物质炭的区别,以及它们作为吸附剂的实际应用情况还有待进一步深入研究。

4. 气体产物

生物质水热液化产物中,气体产物所占的比重较小(通常在 15% 以下)。气体产物的产率会随反应温度的升高而提高。CO_2 是气相产物中最主要的组分,含量达 80% 以上,此外气相产物中还有少量的 H_2 和 CH_4 等。目前对于生物质水热液化的气体产物的利用,主要是经过适当处理后将其作为温室的气体肥料使用。

5.2.3　水热液化机理研究

生物质的水热液化过程中,其各组分的基本反应机理可以大致分为以下三步:

(1)生物大分子的解聚;

(2)单体进一步断裂、脱水反应、脱羧基反应和脱氨基反应等降解过程;

(3)碎片产物的再聚合。

生物质的组成复杂,主要包括蛋白质、脂质、纤维素和半纤维素等糖类以及木质素等。此外,生物质水热液化生产生物油也是一个极其复杂的化学反应过程,亚临界水的酸性和碱性会造成生物质中各种键的断裂,确切的反应路径仍尚未明晰。为了进一步探究生物质各组分在水热液化过程中的转化途径,从而优化反应过程,科研人员对生物质的主要组分及模型化合物开展了水热液化特性的探索性实验研究工作。

1. 脂质组分的水热液化路径

脂质是藻类、废弃咖啡渣的重要组成成分,约占原料的 10%～80%。脂质主要包括甘油三酸酯、磷脂和糖脂,其中甘油三酸酯占 11%～68%。甘油三酸酯在水热液化过程中首先水解为脂肪酸和甘油。一方面,甘油本身不能作为生物油产品成分,Lehr 等的研究表明在亚临界水热液化条件下甘油可转化为丙烯酸,成为水相成分。另一方面,脂肪酸在水热液化过程中会部分降解产生长链烷烃,成为生物油产品的重要组成。

2. 蛋白质组分的水热液化路径

根据品种和生长环境的不同,蛋白质可占藻类原料的 6%～71%。蛋白质水解产生氨基酸,氨基酸的脱羧基反应、脱氨基反应同时发生,其主要的降解产物有烃类、胺类、醛类和有机酸类。反应环境 pH 值、蛋白质种类和反应条件会影响这两种反应发生的相对程度。这两种反应路径可脱去氧、氮元素,有利于提高产品生物油的品质。此外,Zhang 等的研究表明,氨基酸也会通过分子间缩合反应、脱水反应和异构化反应生成含氮的杂环有机化合物。生物质糖类的水解过程和蛋白质的水解过程同时发生,两者的水解单体之间发生的美拉德反应是水热液化过程的重要路径。美拉德反应会产生如吡啶、吡咯等含氮环类有机化合物,成为生物油的常见组成部分。Zhang 等结合模型化合物和藻类原料进行水热液化研究,发现氨基酸和还原糖之间的美拉德反应除本身可产生含氮化合物外,对脂质转化为生物油也有显著影响:通过混合两种藻类增加原料中蛋白质的含量,使得反应环境 pH 升高,脂肪酸发生皂化反应产生固体残渣,降低产油率。

3. 碳水化合物的水热液化路径

纤维素和半纤维素是木质纤维素生物质中含量最丰富的碳水化合物。不同的碳水化合物具有不同的水解速率。半纤维素的水解速率远大于纤维素的水解速度,这是纤维素的晶体结构所致。生物质水热液化后得到的水溶液中含有各种水解产物。为了了解木质纤维素生物质的水热液化过程中的复杂反应机理,有必要对纤维素、葡萄糖、果糖、木糖等模型化合物进行单独研究。生物质中的糖类含量一般为 10%～35%,是单糖、双糖、三糖和包括纤维素、半纤维素的多糖的总和。水热液化反应过程中糖类水解成为还原糖。根据 López Barreiro 等的研究,糖类单体反应的主要路径有三种:第一,还原糖脱水生成呋喃及糠醛类组分,进一步脱水缩合成环酮化合物、单芳环碳氢化合物等生物油组分;第二,降解为短链不饱和中间产物后水合产生有机酸;第三,与氨基酸发生美拉德反应。在水热液化条件下,碳水化合物经过快速水解形成葡萄糖和其他糖,然后进一步降解形成各种含氧碳氢化合物,例如甲酸、乳酸、5-羟甲基糠醛(5-HMF)和乙酰丙酸。下面对水热液化过程中产生的碳水化合物馏分的各种降解产物进行讨论。

(1)甲酸(formic acid)　亚临界水条件下,甲酸的一个主要来源是 5-HMF 的酸催化水解。此外,它可以通过葡萄糖或果糖的脱水或赤藓糖的分解获得。Jin 等的实验结果显示,250 ℃($t=120$ s)下加入过氧化氢和碱金属氢氧化物时,甲酸的产率最高(75%)。通常,离子强度的增加会提高亚临界水条件下甲酸的生成速率,这一点可以通过添加 HCl 和 NaOH 来证实。

(2)乳酸(lactic acid)　乳酸是由所有己糖单体的非催化分解产生的。乳酸通常是由糖的碱性降解产生的。研究发现,在水热液化条件下,尤其是在 300 ℃附近,无须添加碱性催化剂,就可以从碳水化合物中生成乳酸。这些结果表明,乳酸的形成原因是亚临界水的碱催化作用。某些催化材料(如 $ZnSO_4$、NaOH 或 $Ca(OH)_2$)也可使乳酸的产率提高。

(3)乙酸(acetic acid)　乙酸是通过 1,6-脱水-β-D-吡喃(型)葡萄糖的裂解或赤藓糖的分解得到的。由于乙酸可以通过其他方法轻松获得,例如,微生物发酵和合成化学路线(如甲醇羰基化和丁烷,石脑油或乙醛的液相氧化等),因此它通常不是亚临界水处理的目标分子。少数有关乙酸的研究指出其主要来源于在过氧化氢存在时纤维素生物质(稻壳、马铃薯淀粉、滤纸粉和葡萄糖)的湿法氧化。

(4)5-羟甲基糠醛(5-HMF)　5-HMF 是一种很有发展前景的化工品,是亚临界生物质水热反应的重要产品之一。现已研究了 5-HMF 的几种生产工艺和反应路径。值得注意的是,5-HMF 很容易分解,产生降解产物(如乙酰丙酸、甲酸和 1,2,5-苯三醇)以及可溶性和不溶性聚合物。一般来说,果糖/酮己糖比葡萄糖/醛己糖的产率更高,为了使 5-HMF 产率最大化,可以使用几种酸催化剂,包括无机酸(如 H_3PO_4、HCl、H_2SO_4)和有机酸(如马来酸、草酸、柠檬酸)。非均相酸催化剂有磷酸锆、氧化锆或锐钛矿,磷酸锆在果糖转化率为 81% 时,生成的 5-HMF 为 51%,选择性超过 61%。

(5)乙酰丙酸(levulinic acid)　乙酰丙酸是一种水溶性有机化合物,含有酮和羧基,具有广泛的功能性和较强的反应活性。乙酰丙酸的较强反应活性使其成为生产有用衍生物的理想中间体,但同时难以对其进行回收。许多科研人员对己糖酸催化转化为 5-HMF,然后转化为乙酰丙酸的反应过程进行了机理研究。己糖在酸催化条件下分解为 5-HMF 的机制包括:葡萄糖和果糖之间通过酮-烯醇互变异构,1,2-烯二醇中间体的无环脱水反应以及果糖的环脱水反应。基于从葡萄糖底物的机理研究中获得的有限数据,无环途径通常被认为是普遍的机制,而果糖底物反应时以循环途径为主。

单糖亚临界水处理的其他重要产物包括:裂解产物,如甘油醛、二羟基丙酮、丙酮醛、赤藓糖、甘醇二醛和羟基丙酮;脱水产物,如 6-脱水葡萄糖、糠醛和 1,2,4-苯三醇;缩合产物,包括可溶和不可溶的聚合物;碳化产物。

4. 木质素组分的水热液化路径

木质素是一种广泛存在于植物体中的无定形的、分子结构中含有氧代苯丙醇或其衍生物结构单元的芳香性高聚物。在水热液化过程中,木质素发生醚键和 C—C 键的水解和裂解、脱甲氧基化、烷基化和缩合反应,并且这些主要反应之间存在竞争关系。在木质素及其模型化合物的分解中,β-O-4 醚键会优先断裂,C_α—C_β 也是易断裂的键。芳香环在水热液化反应过程中不受影响,联苯型化合物同样也是高度稳定的。在水热液化过程中,醚键和脂肪族 C—C 键首先裂解,在较低的温度和较短的反应时间条件下生成酚类单体和二聚体。随着温度的升高,木质素衍生的酚类化合物可能发生脱甲氧基化和烷基化,在高温下可以获得各种烷基酚。木质素水热稳定性相对其他相产物较强,在反应过程中还可能聚合成为固体残渣。Lin 等人在木质素水热液化反应中发现,具有脂肪族侧链的反应中间体表现出较大的反应活性,它们会进一步与苯酚缩合或相互缩合,转化为多缩合产物。

5. 转化机制

关于水热液化的研究工作在明晰具体化学反应机制上已有一些进展。Elliott 的研究结果表明,液态水的存在是生物质液化的关键因素,原因如下:

(1)水是碱催化水煤气变换/甲酸盐还原的氢源;

(2)水使碱催化剂保持离子化的活性形式,离子化学机理得以发生,从而有利于油的形成;

(3)水是将碱催化剂引入系统并促进碱与固体生物质相互作用的媒介,如果没有液态水,碱就会沉淀并堵塞系统。

研究还发现碱催化剂的形式对液化结果的影响很小,因为碳酸钠、碳酸氢钠、氢氧化钠或甲酸钠的活性几乎相等,同样,钾化合物也是如此。锂化合物溶解度稍差,因此活性稍差。钙化合物和镁化合物的活性降低了,但催化效果仍然很显著。从这些结果可以得出结论,碱催化的机理与碱催化的化学反应有关。当然,在存在一氧化碳的水热液化条件下,甲酸合成和水煤气变换反应都是基于氢氧化物的化学反应。

Boocock 等对杨木的非催化水热液化进行了研究。电子显微图像显示,木质结构在 553 K 时开始发生液化,在 573 K 时只有小部分木材液化,但在 603 K 时,白杨木粉或木片可在 1~2 min 内完全转化为丙酮溶液。低于 523 K 时,杨木木棒没有明显变化。超过这个温度,随着纤维素的分解和溶解,木材变黑,吸收水分并收缩。最后,在 603K 以上的温度,软焦油会保留下来。这种焦油的质量产率为 55%(干进料基底),焦油含氧量为 25%,氢碳原子比为 1.12。这些研究证实了液态水在延缓油气转化和煤焦转化方面的价值。

Eager 等人研究可溶性无机盐在水热液化中的应用,结果表明,无论一氧化碳等还原性气体是否存在,加入可溶性无机盐都会促进生物油的生成,降低焦炭固体产量。科研人员通过将木材和木材组分的转化率与糖和多元醇的转化率进行比较,发现活性醛糖基是液化发生的必要条件,果糖导致了煤焦的形成,而山梨醇或甘油均未导致油的大量形成。木质素衍生物在室温下为固体,但有研究者认为木质素衍生物将会溶解在木材衍生油产品中,从而导致整个木材衍生油的黏度更高。研究结果表明,杨木原料在含可溶性无机盐的水中的油产率可达 50%,其中约有三分之一作为气体产物被排出。在实验研究的参数取值范围内,水与木材的比例是最重要的工艺参数,比温度、时间、性质和烷基催化剂的数量以及氢气与一氧化碳的比例更重要。

Yokoyama 的团队研究了一系列生物质原料的碱催化水热液化。他们的早期工作比较了 11 种不同的硬木和软木、3 种软木树皮和甘蔗渣,并发现它们都以类似的方式液化。所有木材的出油率(可溶于丙酮)为 37%~55%,软木树皮的为 20%~27%,甘蔗渣的为 49%。油的含氧量范围为 25%~35%。此外,乙醇发酵的蒸馏液也可以通过类似方式液化为重油(可溶于 49.2% 的二氯甲烷),其含氧量仅为 13.5%。由于酒糟中含有 5.9% 的氮和 0.8% 的硫,因此该油还包含 5.9% 的氮和 0.8% 的硫。该团队的后续工作表明,重油产品可以通过催化加氢处理进行提质,生产出几乎不含氧的成品油,但含氮量仍约为 4%,含硫量为 0.1%。在小规模反应器和高压金刚石压腔反应器的研究中,研究者们比较了有碳酸钠催化剂和无碳酸钠催化剂时的纤维素的水热液化过程,发现较高的升温速率(>2.2 ℃/s)和均匀水相条件有利于液体产物的形成,并避免了固体焦炭的形成。

Elliott 等人对一系列生物质原料的油产品进行了更详细的研究。他们认为已有文献中从纤维素废料生产链烷烃和环烷烃油的说法具有误导性。实验使用的生物质原料包括海藻和水葫芦、狼尾草和高粱、啤酒酿造厂的废弃麦糟等,结果证实,在可溶性无机盐存在的情况下,这些生物质在 623 K 时会开始液化。油产品品质高度依赖于生物质原料,低氮原料(如狼尾草)转化的生物油的含氮量几乎为零,而含氮量为 3.4%~5.6% 的原料(如麦糟和水葫芦)转化的生物油的含氮量大约为 4%。含氮组分大多是环状的,包括烷基吡咯烷酮、烷基吡咯和烷基吲哚。油产品的含氧量范围在 30%~42%。含氧组分通常包括酚类和环酮等物质。生物油产量与原料的灰分含量呈现反比关系,海藻以及麦糟的灰分含量分别为 38.4% 以及 3.4%,而它们相应的生物油产量则分别为 19.2% 以及 34.7%。

　　PNNL 的另一个团队专注于生物质碳水化合物部分的液化化学过程。他们的研究阐明了纤维素结构分解和缩合反应所需的一些化学成分,这些缩合反应将含羰基的化合物转化为芳烃和环酮等油组分。此外,对于单糖和氨基酸在这些条件下的美拉德反应也有研究涉及。

　　Zhao 等以荇藻、废弃物和咖啡渣三种生物质的水热液化研究为基础,对生物质组分的水热液化反应路径进行了预测。

　　如图 5-19 所示,生物大分子的水解是最先发生的反应过程:脂质水解为甘油和脂肪酸,蛋白质水解为氨基酸,糖类水解为单糖。之后,各物质单体发生化学键断裂、脱除官能团反应。这些在水解反应的基础上发生的单体的转化,会产生多种类别的产物:有机酸类脱羧基生成烃类、脱羰基形成醇类,氨基酸脱硝基生成有机酸,单糖脱水形成呋喃类及其衍生物,C—C 键断裂形成醛类和酮类。此外,转化产物的相互作用是产生生物油的重要路径。有机酸和醇类发生酯化反应,生成酯类;含硝基化合物氨和胺与有机酸发生酰化反应,生成酰胺类;氨基酸和还原糖发生美拉德反应,生成吡啶等含氮杂环类化合物;氨基酸发生分子内缩合反应,生成哌嗪二酮类化合物。生物质原料组分复杂,除脂质、蛋白质和糖类外,所含物质也参与水热液化转化并形成生物油组分。马尾藻、废弃物咖啡渣原料中含有木质素成分,可通过 C—C 键断裂、C—O 键断裂、脱水反应、酯化反应等过程生成含芳环的有机物,参与生物油生成。但由于其结构稳定,需要较强的反应条件才会发生反应,因此生物油产量较少。

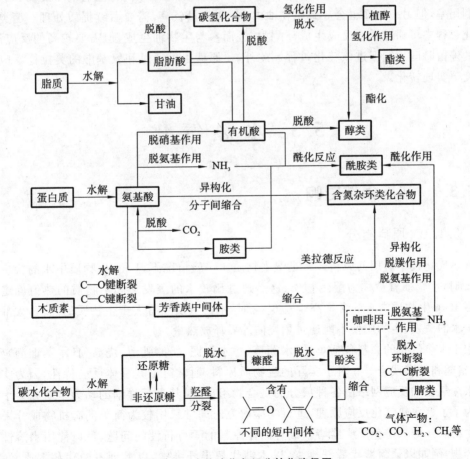

图 5-19　水热液化各组分转化路径图

藻类中含有一定量叶绿素,可转化为叶绿醇、植烷、植烯类及其衍生物产物,成为生物油的有用组分。咖啡因是废弃物咖啡渣的特有成分,在水热液化中可通过开环、脱羧基、脱水过程生成酰胺类、腈类等含氮类化合物,参与生物油生成。水热液化过程中小分子有机物,如醇类、醛类和有机酸,会溶于水相,成为水相产物组分。脱除的 NH_3、CO、CO_2 以及小分子烷烃成为气体产物的组分,其中 CO_2 含量最高。在反应温度升高时,生物油组分 C—C 键断裂、气化反应增强,气体的产生也成为水热液化过程中需要考虑的影响因素。此外,反应温度较高或停留时间过长时,生物油组分也可能再聚合形成固体。

酰胺类、含氮杂环类、酯类等产物是生物油中的主要组成成分,说明在水热液化过程中,原料中不同组分转化的物质之间相互作用的反应路径极为重要,因为这些反应路径是形成生物油的主要过程,直接决定着生物油的产率、组成和燃料性能。从前文所述的特征反应产物和反应路径分析中可以看出,较高的反应温度可促进水热液化过程中氨基化合物和酰基化合物的酰化反应、有机酸和醇类的酯化反应,以及单糖脱水、异构化反应;相反,高温对氨基酸和还原糖的美拉德反应则有所抑制。

脂质是生物质水热液化转化率最高的组分,水解生成长链脂肪酸,除进一步脱羧基生成烃类外,在水热液化过程中也会参与酰化反应等其他反应和相互作用。蛋白质也是水热液化中较容易利用的组分。对于脂质含量低的生物质原料,如以木质纤维素为主要成分的大型藻,蛋白质可参与多种生成生物油的反应路径,水热液化效率高。这有利于提高原料的全组分利用率,但另一方面也会导致生物油中 N、O 含量较高,需要后续提质处理。糖类在水热液化过程中可通过脱水反应生成环酮类,进而参与生物油生成,但需要较高的反应温度、较长的停留时间才能促进该转化过程。此外,还原糖也可通过和氨基酸的美拉德反应在较低温度下实现转化。

5.3　水　热　气　化

5.3.1　工艺条件影响

5.3.1.1　原料组分

水热气化技术所用的原料通常是湿生物质。一般情况下,1 kg 生物质中水的含量超过 0.8 kg 时,生物质就被称为湿生物质,这是通过比较水的蒸发热和生物质的热值确定的标准。当 1 kg 生物质中水的含量高于 0.8 kg 时,水的蒸发热将大于生物质的热值,大部分热量用于水的蒸发,生物质便不能通过燃烧向外界释放热量。

用于水热气化的原料包括鸡粪、水葫芦、污水污泥、奶酪乳清、烧酒(日本蒸馏酒)残渣、牛粪、猪粪和发酵残渣等。对于实际的生物质原料,通常讨论其整体反应特性,因为实际工程中水热气化的反应网络由各种成分的混合物组成,对其进行详细的动力学研究会十分复杂。为了了解水热气化反应原理,进行实验研究时通常采用较为简单的有机物成分来代替实际生物质。为了避免反应器堵塞或者固体原料的不可行性的问题,可以使用水溶性或液体化合物,例如以葡萄糖代替纤维素,以木糖代替半纤维素,以愈创木酚代替木质素等,最近,甘油三酯和氨基酸也被视为脂质和蛋白质的模型。

　　生物质是由有机物和少量无机物组成的不均匀混合物。木质纤维素是所有陆地植物细胞壁中含量较为丰富的结构材料,占可用陆地生物质的近 90%,它多以农业、林业和工业残渣以及废物的形式存在,由于与食品和饲料生产没有直接竞争,因此是生产第二代生物燃料的通用原料。木质纤维素生物质的简化组成成分包括 40%~55% 的纤维素和 15%~35% 的半纤维素,半纤维素嵌入 20%~40% 的木质素中,用 $C_6H_8O_4$ 作为近似式表示。纤维素和半纤维素为植物提供结构和机械强度,而木质素作为一种非碳水化合物,其作用更多的是保持这些结构的稳定性。生物质中的大部分纤维素是结晶态,小部分是无定形态;半纤维素中最丰富的糖单元取决于生物质的类型,在软木中,由葡萄糖和甘露糖组成的聚合物更为丰富,在硬木中,葡萄糖醛酸木聚糖占主导地位;木质素是由对羟基丙苯结构,即对香豆醇、松柏醇和芥子醇组成的,通过醚键和 C—C 键连接形成三维网络,这些单元的比例因物种而异。此外,木质纤维素生物质中含有不同数量的水分、无机灰和其他成分,如蛋白质或树脂。而藻类生物质主要由脂类、碳水化合物和蛋白质组成。与化石燃料相比,生物质原料的含氧量很高,通常,在生物质的干重里,30%~40% 为氧,30%~60% 为碳,5%~6% 为氢,具体相对含量取决于灰分含量,而氮、硫和氯在生物质中所占的比例不到 1%,生物质元素按相对含量从大到小的顺序依次为 C、O、H、N、Ca、K、Si、Mg 和 Al。

　　在水热气化制氢过程中,生物质组成是一个决定性的参数,灰分、蛋白质和木质素的含量都将对转化效率和产氢率有一定的影响。

　　通常用纯纤维素和木聚糖作为模型化合物来研究纤维素和半纤维素的分解机理以及它们对产氢的贡献。当采用纤维素或木聚糖分别与木质素一起处理时,它们都会与木质素发生相互作用,导致氢产量的减少。T. Yoshida 等人的研究结果表明,相同质量的纤维素比半纤维素(木聚糖)产生的氢气更多,这可能是因为其固有的氢含量更高。另一方面,原料混合物中木质素的存在大大降低了氢气的产率,Castello 等人通过模型化合物验证这种现象。他们在 400 ℃ 和 25 MPa 的连续系统中使用具有不同苯酚浓度的苯酚和葡萄糖混合物进行了实验,结果清楚地表明,在苯酚存在的情况下葡萄糖的气化受到阻碍,对于具有高苯酚浓度的混合物,气体产物中的氢气浓度降低了。然而,苯酚对溶于水的有机产物的抑制作用比对气体的抑制作用更明显。一种解释是苯酚干扰了葡萄糖的降解,而加强了葡萄糖的脱水反应(从而产生了 5-羟甲基糠醛)。因此,生物质原料中木质素含量的增加会降低产氢率,而纤维素比半纤维素更有利于氢气产量的增加。

　　酚类物质来源于生物质中的木质素和碳水化合物,在超临界水气化中的化学惰性很强,因此,酚类物质的降解成为生物质完全气化的难题,也引起了研究人员的广泛关注。即使在 24 MPa 和 400~550 ℃ 的条件下,少量苯酚也会像在蛋白质反应中一样显著降低葡萄糖的产氢率和气化效率。这种对超临界水气化的负面影响,可能是因为苯酚具有清除自由基的作用。

　　生物质原料中蛋白质的存在对气化效率也有着不利的影响。已有相关的研究观察到葡萄糖和氨基酸之间的相互作用,将还原糖和氨基酸一起处理时,发生美拉德反应,产生一种棕色产物,据报道其会延缓水热气化。克鲁斯等人研究了在超临界条件下富含碳水化合物的生物质和富含蛋白质的生物质之间的分解差异,他们分别使用植物生物质(切碎的胡萝卜和土豆的混合物)和动物生物质(主要是熟米饭和鸡肉的混合物)进行水热气化实验,发现动物生物质产生的气体较少,并且反应器受到严重腐蚀。为了解释意料之外的低气体产率,他们提出可能是因为美拉德反应的发生,形成了抑制自由基链反应的自由基清除剂。为了更好地了解超临界条件下的蛋白质分解,研究人员采用葡萄糖、丙氨酸和 K_2CO_3 的混合物作为动物生物质的模型混合物,采用葡萄糖与 K_2CO_3 的混合物作为植物生物质的模型混合物,进行了水热气化的实验。结果显示,在丙氨酸存在的情况下气体产率很低,由此得出结论,葡萄糖与蛋白质或其衍生物发生相互作用,并形成含氮的自由基清除剂,这些自由基清除剂通过抑制自由基链反应抑制了气体的产生。

关于在超临界条件下脂质气化的研究很少。在低于水的临界点的温度下,油脂通过水解反应快速有效地转化为游离脂肪酸。R. L. Holliday 等人认为在这些条件下许多不同化合物的主要分解机理是自由基分解。P. E. 等人使用油酸乙酯来模拟亚临界条件下脂质的水解和酯化反应,在温度为 $150\sim300$ ℃、反应时间为 $5\sim1440$ s 的条件下,他们提出了由反应过程中产生的羧酸引起的自催化反应,当存在高浓度的乙醇(水解产物)时,乙醇会促进逆酯化反应进行。后来的研究表明水解和酯化反应都是酸催化的结果,在水解的情况下,油酸是主要的催化剂,这与最初水不起催化作用的想法相反。他们还定义了当没有添加酸时, H^+ 和油酸的质子化是水解的限速阶段, H^+ 是酯化反应中起催化效果的唯一原因,限速阶段是 H^+ 质子化油酸。

E. A. Youssef 等人在温度为 $400\sim500$ ℃、压力为 280 bar、反应时间为 30 min 的条件下,对油酸的水热气化进行了研究。他们观察到,在 500 ℃且有颗粒状的 Ru/Al_2O_3 催化剂的条件下,氢气的产率很高。在没有催化剂的情况下,大多数油酸仍未转化,但是在高温有酸性催化剂的情况下,转化率急剧增加。油酸在超临界水中的分解机理可以理解为油酸首先水解成长链和挥发性脂肪酸,然后饱和化合物脱氢形成烯烃,烯烃进一步分解为氢气,水解产物进行脱羧和脱羰反应,生成 CO 和 CO_2。

若溶解度较低的盐混合在溶液中,则它会在反应器中沉淀下来,导致反应器堵塞。此外,即使是极少量的盐也会导致催化剂失活。已有利用相分离盐溶液的方法对盐进行适当处理的试验,但尚未达到完全除盐的目的。原料灰分含量较高时(如污泥或鸡粪),也会发生反应器堵塞的问题。

碱盐的存在会增加氢气的产量,卡尔斯鲁厄研究中心研究了生物质不同成分对气化过程的影响。一个主要的结果是,生物质中的碱盐增加了氢气的产量,其原因是碱盐对水煤气变换反应的催化作用提高了氢气的产率,降低了 CO 的产率。其他反应途径也间接地受到这种影响,因为生成的"活性氢"抑制了不需要的副反应,而这样的副反应会降低气体的产率。

5.3.1.2　原料浓度

在超临界水热气化中,原料主要由生物质和水的均匀混合物组成,尽管高原料浓度(指生物质质量分数)能提高氢气产率,但高浓度原料对超临界水热气化工艺有负面影响,这一点被认为是商业规模超临界水热气化应用面临的主要设计问题。Guo 等人的研究表明,对于不同类型的生物质,与相同情况下较低的原料浓度相比,高浓度的湿生物质很难气化。通常,由于堵塞问题,高浓度的湿生物质会导致连续超临界水反应器中的超临界水热气化过程被阻碍。为了克服这些问题,有学者提出了使用超临界水流化床反应器的建议。Chen 等人通过使用流化床反应器克服了污水污泥超临界水热气化时的堵塞问题。然而,在 25 MPa、450 ℃的条件下,当原料浓度从 2%增加到 4%时,观察到氢气产率从 9.5 mol/kg 逐渐降低到 2.6 mol/kg,气化效率和化学效率也随着污水污泥浓度的增加而降低。另一项研究中,在

31 MPa、400 ℃的条件下,消化污水污泥的浓度从 10％增加到了 25％,观察到气化效率和通过超临界水热气化工艺生产的合成气产量有着显著变化,在原料浓度为 10％时有着较高的气化效率和合成气产量。通常,高浓度原料会降低湿生物质超临界水热气化中的碳气化效率,同时,高浓度的生物质会促进焦炭和焦油的形成。Xu 等人发现,在 23 MPa、400 ℃的条件下,反应时间为 60 min 时,随着超临界水中污水污泥浓度从 11.49％增加到 26.52％,残留液体中的焦炭产量也会随之增加,而焦炭的形成会抑制气化反应。Zhai 等人的研究结果表明,浓度为 25％的污泥在 400 ℃、31 MPa 条件下发生气化,反应时间为 30 min 时,产生了大量的焦炭和焦油。在另一项研究中,Xu 等人观察到,在 400 ℃条件下,反应时间为 60 min 时,随着超临界水中脱水的污水污泥浓度增加,发生的碳化反应也随之增加。

系统中原料的浓度是影响反应进行的重要变量,因为气化过程的产率随着原料中生物质浓度的降低而增加。浓度也是决定反应选择性的重要因素,反应物浓度较高时,水的相对含量就会减少,水煤气变换反应程度将会降低,从而增加了 CO 的含量,降低了 CO_2 的含量。相反,反应器系统中较低的生物质浓度(较高的水含量)将通过已知的蒸汽重整机制使平衡向氢气移动并远离甲烷。据报道,当生物质浓度小于 10％时,超临界水中的气化反应效率更高,因此当废水的浓度被高度稀释时,气化的效率通常会提高,即废水中的水占比越大,产生氢气的效率就越高。

5.3.1.3　反应气氛

与传统的热气化一样,已有研究发现部分氧化对于提高碳气化效率是有效的。然而,当加入的氧气过多时,产品气体中 CO_2 的含量将增加,使得能量效率大幅下降。就能量效率而言,加入完全氧化所需的氧气量的 0.2 倍可获得最佳结果。Lu 等人的研究表明,玉米芯和羧甲基纤维素(CMC)的气化产氢量随 $KMnO_4$(高锰酸钾)的加入而降低,葡萄糖气化产氢量随 H_2O_2(过氧化氢)浓度的增加而先升高后降低。

由于气化反应和氧化反应之间存在相互竞争的关系,因此氧化剂浓度是超临界水气化中优化制氢的重要参数。在正十六烷的部分氧化超临界水气化中,引入 O∶C 为 1.0 的 O_2 可提高氢气的产率,而过量 O_2 造成 H_2 燃烧则降低了产物中 H_2 与 CO_2 的比例。值得注意的是,超临界水气化反应是吸热反应,而氧化反应是放热反应。Guo 等人指出少量氧化剂会加速制氢,但过量氧化剂导致 H_2 和 CO 的燃烧,因此,应确定适当的氧化剂用量,以提高特定原料超临界水气化的气化效率和产氢率。KIpçak 等人在橄榄油超临界气化废水中加入了 O_2,观察到气体产量增加,但 H_2 和 CH_4 的产率降低,CO_2 的产率增加。氧气的使用显著改善了废水的氧化降解程度,换句话说,对于废水处理,超临界氧化法是最合适的方法。但是,如果想要获得令人满意的氢气量,则应谨慎添加氧气,因为过多的氧气可能会产生相反的效果,降低氢气产量。Susanti 认为,氧化剂浓度升高会导致生物质完全氧化,生成 CO_2 和 H_2O,甲烷产率的增加表明甲烷化反应消耗了氢气。

然而,如何将氧气输送到高压反应器中也是一个问题,考虑到与氧气压缩相关的工作,实践中经常使用液氧或过氧化氢。值得注意的是,当过氧化氢在反应器中分解时,只产生氧气和水。液态氧和过氧化氢都很贵,因此可以认为将其用于水热气化的部分氧化是不实际的。

5.3.1.4　温度

水热气化在一系列温度和压力下都可以实现。早期研究认为超临界水是一种重要的工作介质,超临界条件是最重要的参数。后来的研究表明,当使用活性催化剂时,亚临界水也可用于高效气化,两种运行方式都已经在间歇和连续两种操作模式的实验室规模反应器中实现。

生物质的水热气化根据产物不同可分为三大类:高温、中温、低温。如表 5-16 所示,第一类目标是在相对较高的温度(>500 ℃)下生产氢气;第二类目标是在略高于临界温度(374.29 ℃)但低于 500 ℃ 的温度下生产甲烷;第三类目标是在亚临界温度下气化,仅使用简单的有机化合物作为原料。后两类由于反应温度较低,需要添加催化剂才能使反应顺利进行。

表 5-16　水热气化分类

水热气化	温度/℃	催 化 剂	目 标 产 物
第一类	高温(>500)	不需要	富氢气体
第二类	中间温度(T_c~500)	需要	富甲烷气体
第三类	低温(<T_c)	必不可少	其他有机分子较小的气体

从反应机理来说,反应温度是影响超临界水性能的主要参数,因为温度制约着反应类型。整体碳转化率随温度升高而提高;在较高反应温度下,氢气产率较高,而甲烷产率较低。图 5-20 和图 5-21 显示了在压力为 28 MPa、反应时间为 30 s 的条件下,反应器中 0.6 mol/L 浓度葡萄糖气化的气体产率和气化效率与温度的关系。可以看出,氢气的产率在 600 ℃ 以上呈指数增长;而 CO 的产率随着温度的升高刚开始会缓慢上升,在温度升高到 600 ℃ 以上后会开始下降,这可能与水煤气变换反应中 CO 的消耗有关。

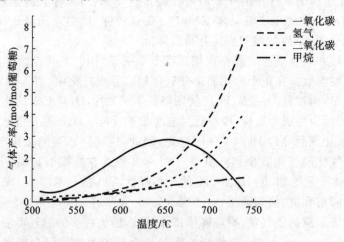

图 5-20　温度对气体产率的影响

气化效率是用气相中的氢或碳与原始生物质中的氢或碳的比值来计算的,碳转化率随着温度的升高而不断提高,在 700 ℃ 以上接近 100%,氢转化率(葡萄糖中氢转化为气体的比例)也随着温度的升高而提高,值得注意的是,在 740 ℃ 时,氢转化率超过 100%,达到 158%。这清楚地表明额外的氢来自水,证实水确实是超临界水气化过程中的反应物以及反应介质。

为了了解反应温度对超临界水气化反应机理的影响,Matsumura 等人在管式反应器中研究了葡萄糖在 25 MPa、300~460 ℃ 条件下的超临界水气化反应。他们根据反应动力学

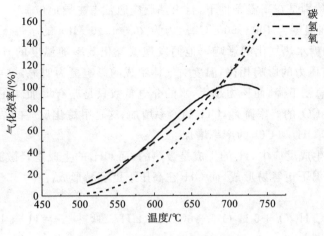

图 5-21 温度对气化效率的影响

指出,超临界水气化过程中反应机理的类型(离子反应和自由基反应)主要取决于反应温度,他们还确定了在亚临界条件下,反应机理的类型是离子反应,而在超临界条件下,反应机理的类型是自由基反应。另一项研究的结果表明,随着温度的升高,特别是超过临界点后,水的密度和离子积减小,反应机理的类型为自由基反应。此外,Guo 等人提到温度和密度在减小离子积方面有很强的规律性。研究表明,在超临界水生物质降解过程中,随着反应器温度的升高,反应机理的类型由离子型向自由基转变,进而提高了燃料气的产量。提高反应温度至临界点以上,有利于提高自由基反应的比重和气化效率。

从图 5-22 可以看出,在 25 MPa 的恒压下,水的离子积随温度升高而增大,在 300 ℃左右达到最大值 10^{-11},之后逐渐下降,直到温度达到临界温度;当温度高于临界值时,由于密度的降低,离子积急剧减小,在 600 ℃时离子积达到 10^{-23}。离子积的增大意味着 OH^- 和 H_3O^+ 的浓度较大,水可以起到酸或碱催化剂的作用。因此,质子或羟离子催化的反应也可以在亚临界或超临界水中发生,而无须额外添加酸或碱催化剂。因此,超临界水同时起到反应介质、溶剂和催化剂的作用。在离子积较大时,离子反应占主导地位。然而,当离子积较小时,自由基反应占主导地位,因为在近临界条件下,离子反应和自由基反应会相互竞争。

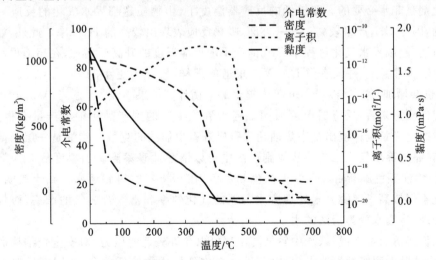

图 5-22 在 25 MPa 超临界条件下,水的密度、介电常数、黏度和离子积随温度变化特性

在超临界条件下,特别是在高温条件下,自由基反应通常占主导地位。

Yiiksel 等人在温度为 400~600 ℃、压力为 20~42.5 MPa 的条件下,研究了温度和压力在 1 h 内对葡萄糖水热气化的影响。他们发现碳气化效率随温度的升高而升高,随压力的升高而降低。与压力的影响相比,温度对气体组成的影响更为明显,这可以解释为温度升高,水的介电常数急剧下降,而压力越大,水的介电常数只是略有增加。在恒温条件下,随着压力的增加,H_2 和 CO_2 的产率降低,CH_4 的产率增加,这是甲烷化反应的结果。综上所述,在较高的温度下,H_2、CH_4 和 CO_2 的产率增加。

在 H_2 和 CH_4 生成反应中,H_2 的生成是吸热的,而 CH_4 的生成是轻微放热的。根据勒夏特列原理,H_2 在高温下更容易形成,而 CH_4 在高压下更容易形成。

H_2 生成途径:

$$C_6H_{12}O_6 + 6 H_2O \longrightarrow 6CO_2 + 12 H_2 \quad 吸热 \ \Delta n = 11 \ mol$$

CH_4 生成途径:

$$C_6H_{12}O_6 \longrightarrow 3CO_2 + 3CH_4 \quad 轻微放热 \ \Delta n = 5 \ mol$$

从热力学角度看,生物质分子间复杂键的分解需要大量的能量。基于这一信息,Kang 等人提出较高的反应温度对于超临界水气化工艺至关重要。Matsumura 等人考察了高温和低温对超临界水气化反应生成燃气产率的影响,他们发现高温气化比低温气化更加有利于获得较高的产氢率和最大的气化效率。Cao 等人发现在不添加催化剂的情况下,薯蓣皂苷元污泥在 650 ℃时的碳气化效率达到 98.55%。在另一项研究中,相关学者发现鸡粪在没有催化剂的情况下,620 ℃时的碳转化率高达 99.2%。

在热力效率方面,超临界水气化工艺高温的热效率反而低于低温的热效率,可能需要外部能源来保证工艺的可持续性。Guo 等人根据木质素的超临界反应平衡计算,记录了 725 ℃下的高燃料气产量,结果表明,没有必要在此之后进一步升高温度,因为燃料气产量将不会变化。达到平衡所需的温度后燃料产气量基本上取决于其他的反应参数,如原料浓度和升温速率。

从热力学的观点来看,较低的超临界水气化温度更有效率,但是,没有添加催化剂的超临界水气化工艺在较低温度下生产燃料气是非常困难的。由此可见,在较低的反应温度下使用催化剂是非常必要的。在较低的反应器温度下,生物质超临界水气化的反应一般是轻微放热的,因此 CH_4 产量较高。另一方面,吸热反应表现出较高的 H_2 产率。此外,如勒夏特列原理所述,超临界水气化过程中 CH_4 的产率随反应温度的升高而增加,在超临界水气化中 CH_4 的产生非常稳定,并没有像 Lee 等人报道的那样,转化为更小的分子。在较低温度下,CO 产率也会增加,这一结果与 Lu 等人提供的平衡计算结果一致。

从定性测量来看,反应器温度对超临界水气化工艺的副产品焦油的产量有很大影响。焦油产量的定义是液体流出物中焦油超出有机进料中焦油的克数。焦油是一层薄薄的深褐色流体,在超临界水气化工艺的液体副产品中可以清楚地观察到。当温度从 510 ℃上升到 600 ℃时,焦油颜色逐渐由红色变为棕色和黄色,在 680 ℃时得到清水。结果表明,较高的反应温度不仅提高了超临界水处理废水污泥的气化效率和富氢合成气的产率,而且有利于废水的处理,将废水变为清洁的水。

从工程造价成本来说,系统中较低的温度可以允许较低的压力,对安全壳结构的要求降低,对反应器壁的耐腐蚀性要求也会降低,这允许使用成本较低的合金,因而低温对于节省造价成本是有利的。

5.3.1.5　升温速率

生物质原料从亚临界区加热到超临界区的升温速率是一个重要的工艺参数。对升温速率的研究发现,延长亚临界区域的加热时间会导致超临界条件下气化产率的降低。一种解释是基于中间体的形成理论,这些中间体聚合成不太容易气化的组分,或者考虑到中间产物在聚合之前,可以在亚临界条件下容易地在催化剂上气化,因此可以保持较高的气化产率。

在焦油的生成方面,当原料升温速率较高时,焦油产率则会下降。Modell 指出了升温速率的重要性,他的研究小组发现,当设备运行不正常,没有实现适当的加热速率时,反应就会产生焦油。考虑到这种情况,安塔尔采用直接连接到反应堆壁上的棒状加热器进行快速加热,然后,研究人员单独改变了原料的升温速率,证实了快速加热会减少产物中焦油的产生。可以通过假设焦油物质的生成是离子反应,气化是自由基反应来解释这一现象。水在气化过程中由液态被加热变成气态时,性质变化很大。对于液态水,介电常数大,离子积大,离子稳定,因此,预计离子反应在此条件下进行得更好;对于水蒸气,介电常数较小,离子积小,自由基比离子更稳定,因此,预计自由基反应在此条件下进行得更好。当原料在连续反应器中加压加热时,预计反应将从低温(亚临界区域)的离子反应转变为高温(超临界区域)的自由基反应。如果升温速率低,原料在低温下停留的时间更长,那么产生焦油的离子反应会持续进行,焦油物质产生后将不能转化为气体,因此碳气化效率较低。如果升温速率高,原料在低温下停留的时间很短,则不会产生太多焦油物质,剩余的原料经过自由基反应,生成气体产物。

Sinag etal 以葡萄糖为纤维素生物质模型化合物,在温度为 500 ℃、压力为 30 MPa 条件下的催化加氢热解中,证明升温速率对中间体和产物有相当大的影响。如图 5-23 所示,随着升温速率的增加,气体和甲酸的产率提高,糠醛的产率下降。基于甲酸是水煤气变换反应的中间产物的假设,较高的甲酸产率意味着较高的水煤气变换活性,则较高的产气量可能与较高的甲酸产率有关。糠醛在亚临界条件下生成,可能会聚合生成不良的副产品——焦油。因此,较低的升温速率会导致焦油/焦炭的形成,从而降低氢气产率。

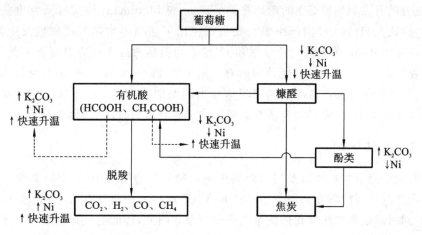

图 5-23　升温速率和催化剂对葡萄糖超临界水气化产物分布的影响

5.3.1.6　压力

Van Swaaij 等人在微型反应器中(19～54 MPa)的实验,Kruse 等人在搅拌槽中(30～50 MPa,500 ℃)的实验,以及 Lu 等人在塞流式反应器中(18～30 MPa,625 ℃)所做的实验均表明:压力对碳转化率或产品分布没有重大影响。Mettanant 等人在其实验研究的温度和压力范围内也没有看到很大的影响,尽管他们注意到 700 ℃下的压力有明显的积极影响。因此,这个问题仍需要进一步探讨。

通常,湿生物质超临界水热气化中压力的变化趋势非常复杂,应研究临界点附近不同压力下水的特性变化,以评估其影响。根据水在临界点附近的独特性质,水的密度、介电常数和离子积随压力的增加而增加。笼状现象是在溶质分子周围形成溶剂笼,随着压力和密度的增加,自由基反应因笼状现象而减少。Yun 等人通过比较密度的变化,观察到临界压力(22.089 MPa)附近水的密度高于超临界时水的密度;此外,他们指出离子反应机理是水在临界压力附近的主要反应途径,由于离子积的提高,水具有高浓度的 H_3O^+ 和 OH^-,因此,生物质复合分子的水解速率提高了。可以得出结论,在较高压力下,湿生物质分子的分解机理倾向于离子反应机理,而不是自由基反应机理。此外,压力还会影响水的等压热容(C_P),Yakaboylu 等人指出,压力的增加导致 C_P 的减小,从而减少了水在超临界条件下相变所需的能量。

对于连续流动反应器,Hao 等人发现在 500 ℃恒温下当压力从 25 MPa 升高到 30 MPa 时,超临界水热气化中葡萄糖气化的 H_2 摩尔分数增加了 6.9%;然而,在 600 ℃恒温下将压力从 25 MPa 增加到 30 MPa 时,H_2 摩尔分数变化不大。从污泥中的主要有机成分木屑的超临界水热气化结果来看,当压力从 17 MPa 增加到 30 MPa 时,H_2 的产量随着压力的增加而增加,而 CH_4 和 CO 的产量则随着压力的增加而减少,他们认为高压更有利于水煤气变换反应,但副产物中总有机碳(TOC)的生成量随压力的增加而增加,通过讨论一系列细节,他们得出结论,气化效率与压力无关。这个结果与 Zhai 等人的研究结果相一致。

Demirbas 等人在间歇反应器中研究了不同类型生物质的超临界水热气化,实验结果表明,随着压力的升高,H_2 和 CO 的产率提高。Basu 和 Mettanant 的实验研究也获得了类似的结果,他们认为 H_2 和 CO 的产率提高是由于使用了超临界水热气化间歇反应器。然而,在另一项研究中,Basu 等人将气化效率和 H_2 产率的提高归因于反应温度而不是反应压力。还有研究者在 500～650 ℃的温度范围内对不同压力(25～41 MPa)下的含油废水进行气化处理,结论是气体成分的产量不会随着反应压力的增加而改变。由于压力对废水污泥的超临界水热气化影响不大,许多实验研究忽略了高于临界压力时压力的影响。

5.3.1.7　催化剂

为了有效地降解生物质以及将热降解中间产物气化为低分子量气体(如氢气),通常需要超临界水热气化反应器在高温范围(>600 ℃)下运行。在制氢方面,温度越高,转化率越高,但与此同时超临界水热气化的能量效率却越低。因此,较低的气化温度有利于提高水热气化过程的热力学效率。

催化剂有助于生物质在较低温度下气化,还能保持较高的转化率和热效率。此外,一些催化剂也有助于生物质中难以气化的物质(例如木质素等)的气化。Watanabe 等人的研究表明,当在超临界水中使用金属氧化物(ZrO_2)催化剂时,木质素在 400 ℃和 30 MPa 下的氢产量加倍;与不使用催化剂的气化相比,使用碱催化剂(如 NaOH)的气化率提高了四倍。

　　Modell 的小组是最早研究催化水热气化的小组之一,他们的研究表明,在水的临界点以上运行时有一个惊人的结果,即反应过程不会产生任何固体副产物。用一系列催化剂(见表 5-17)进行批量实验的结果表明,催化剂的影响很小。特别值得注意的是,尽管高热值气体产量很高,并且热力学平衡计算表明甲烷含量较高,但实际只有很少的甲烷。在水的临界点以下,无论有没有镍催化剂,气体产率都不高。列出的镍催化剂是以氧化物形式通过商业化规模生产的,从低甲烷产率和气化结果来看,该催化剂活性不高。

表 5-17　不同催化剂的水热气化实验

原料	催化剂	温度/K	压力/MPa	反应时间/h	产物组分(质量分数)/(%)			气体产物组分(体积分数)/(%)				
					液体	气体	固体	H_2	CH_4	CO_2	CO	$C_{>2}$
葡萄糖	无	473	1.38	2	69.1	0.03	29.8	未分析				
葡萄糖	镍	473	1.38	2	61.6	未检测到	未检测到	未分析				
葡萄糖	镍	523	4.07	2	74.2	0.2	未检测到	未分析				
葡萄糖	无	573	8.44	2	33.9	0.3	39.0	未分析				
葡萄糖	镍	573	8.44	2	47.3	0.3	28.3	未分析				
葡萄糖	镍	623	16.8	1	未检测到	未检测到	11.0	未分析				
葡萄糖	无	647	22.2	1	77.8	8.2	未检测到	25.8	1.3	34.4	38.5	未检测到
葡萄糖	镍	647	22.2	1	86.8	10.0	未检测到	30	1.5	42	27	未检测到
葡萄糖	混合催化剂	647	22.2	0.5	65.0	20.2	未检测到	45.1	3.2	38.5	12.5	0.7
葡萄糖	混合催化剂	647	22.2	0.5	70.8	23.2	未检测到	43.1	2.9	40.6	12.6	0.8
纤维素	混合催化剂	647	22.2	0.5	77.47	18.31	未检测到	14.5	1.5	19.7	64.2	0.1

　　Elliott 及其同事的研究工作表明,使用活性催化剂甚至可以在水的临界点以下促进生物质的水热气化。他们最初的工作比较了在水的临界点以下和以上、有无催化剂等不同条件下生物质的水热气化。在 623～723 K 的温度范围内,使用添加和不添加碳酸钠助催化剂

的镍催化剂的分批测试中,他们发现使用镍金属催化剂时水热气化效果有着显著的改进,包括更高的气体产率和气体产物中更高的甲烷含量。表 5-18 给出的结果显示,与 Modell 报告的结果相比,气化率和甲烷含量高得多,一氧化碳含量降低。值得注意的是较高的气化率,因为此实验是用木材完成的,木材是一种比葡萄糖或纤维素更复杂、反应性更低的原料。其报告称,在经过水的临界点时,水热气化反应过程没有发生显著的变化,但由于温度升高,气化速度有所提高。Sealock Jr 等人的专利进一步研究了许多生物质原料的水热气化结果,它们可以在镍金属或碱促进的镍催化剂存在的情况下,在较低的温度下气化,气体产物主要包括甲烷、二氧化碳和氢气。这项工作表明,有助于生物质结构气化的催化剂也可以作为甲烷合成的催化剂。

表 5-18　有无催化剂对水热气化的影响

原料	催化剂	反应温度/K	反应时间/h	产物中气体占比(体积分数)/(%)	气体产物组分(体积分数)/(%)				
					H_2	CH_4	CO_2	CO	$C_{>2}$
木粉	无	623	1	15	未分析				
木粉	Ni/Na	623	1	42	39	12	49	0	1
木粉	Ni/Na	643	1	未报告	38	15	46	0	1
木粉	Ni/Na	653	1	未报告	34	16	49	0	1
木粉	无	673	1	19	未分析				
木粉	Ni/Na	673	1	67	35	24	41	0	1

　　Elliott 的小组观察到了第一个催化效应,他们在水热气化中使用了各种金属作为潜在的催化剂。根据他们的研究结果,镍和钌是最有效的催化剂,尽管钌催化剂在水热条件下催化效果更为有效和稳定,但其价格较高,故实际中更多地使用镍催化剂。然而,镍催化剂很容易失活,在不考虑这种失活的情况下,镍催化剂在强化气化方面非常有效。日本京都大学的 Furusawa 团队开发了一种以碳基材料为载体的高浓度分散镍颗粒催化剂,该催化剂在低至 200 ℃的温度下能获得较高的气化效率。通常在温度为 400 ℃时使用金属催化剂以避免其失活。有时也使用金属氧化物固体催化剂,如陶瓷,这些催化剂可以在高温下保持稳定,在 400 ℃中温条件及 600 ℃高温条件下均可有效使用。

　　Antal 等人发现下吸式气化炉生产的气化气中焦油浓度低的原因是碳床温度较高,他们将这一发现应用于水热气化,在水热气化反应器中放置了活性炭催化剂填充床,实现了葡萄糖溶液(浓度高达 1.2 kmol/m³)的完全气化。后来研究发现活性炭也会在超临界水中发生气化,但速度相当慢,催化效果可以保持足够长的时间。有趣的是,低比表面积的碳质材料(如木炭)也被证明是有效的催化剂。为了避免发生与填充床催化剂类似的堵塞问题,有研究者使活性炭颗粒悬浮在原料溶液中,发现其催化效果同样良好,且催化效果因原料而异。

　　关于催化剂在有机物完全转化过程中的作用,研究人员普遍认为催化剂可以使生物质水解和脱水形成的中间化合物迅速气化。Fernando 等人指出,中间化合物的气化应迅速发生,以避免形成任何碳化聚合材料。这些中间化合物是水溶性的,经测试分析主要是酚类和糠醛。

能够促进有效气化过程的良好催化剂,应该能够促进 C—C 键的断裂,特别是芳香环(酚)的断裂,它还应该能够解离 H_2O 以获得吸附在其表面的 OH^- 和活性中间体。这些自由基与 $C_xH_yO_z$ 的碎片结合,吸收并释放 CO 和 CO_2。水和 $C_xH_yO_z$ 碎片解离后吸附的氢原子结合形成 H_2。

催化剂不仅可以用于提高所需化学反应的速度(活性),而且还可以用于控制所需产品的分布(选择性)。因此,当化学平衡不是主要目标时,催化剂在不利的热力学条件下仍然有用。

目前,用于水热气化的催化剂主要有三种:金属催化剂、碱催化剂和碳质催化剂。

超临界水中的气化有三种不同的方案:在没有催化剂的情况下进行高温气化;在均相碱性催化剂存在的情况下进行气化;以及在较温和的条件下借助催化活性金属进行气化。每种方案各有优缺点。在没有催化剂的情况下,超临界水中的气化过程通常会导致较高的 CO 浓度,此外,还需要非常高的温度才能实现可接受的转化率。

选择一种廉价、有效、稳定的催化剂是超临界水气化的一个艰巨的挑战。多种潜在催化剂(碱金属化合物、金属、金属氧化物、碳和矿物)可用于将生物质转化为氢气。Onwudili 等人的研究表明,在碱性物质存在的情况下,由于生物质主要转化为简单的羰基化合物,因此气化路径是有利的。碱性物质的存在将捕获二氧化碳,使反应平衡向正方向移动,进一步促进水煤气变换反应制氢。Muangrat 等人认为,一般而言,碱添加剂和催化剂,例如 NaOH、KOH、LiOH、Na_2CO_3 和 K_2CO_3,可以作为活性反应物或催化剂,促进水煤气变换反应,从而获得较高的氢气产率,提高气化效率。Muangrat 等人进一步指出,碱金属氢氧化物在催化生物质气化的重要反应时,并不是严格意义上的催化剂。通常,碱金属氢氧化物主要会转化为其碳酸盐。但是,碱添加剂对生物质样品的预气化分解模式有显著影响,使得中间产物更容易发生气化。

Minowa 等人发现在 380 ℃下用 Na_2CO_3 催化剂水热气化纤维素时未转化的焦炭显著减少。碱催化剂(例如 NaOH、KOH)能有效提升反应效率,但很难将其从废水中回收。还有一些碱催化剂(例如 Na_2CO_3、K_2CO_3 和 $Ca(OH)_2$)也经常被使用到,它们也很难回收。

碱金属盐在水煤气变换中的催化作用已在文献中得到广泛报道。Muangrat 等人在碱性水热条件下借助 H_2O_2 对包括葡萄糖、糖蜜和米糠在内的食品类生物质进行了部分氧化气化,由于碱金属盐的存在,未发现焦油和焦炭,有人认为 NaOH 通过水煤气变换对氢的产率产生积极影响。Minowa 等人通过在 200~350 ℃催化水热条件下的纤维素分解研究,验证了碱性物质(Na_2CO_3)在抑制焦油生成焦炭方面的重要作用。添加碱盐还可以提高 H_2 和 CO_2 的收率,但会降低 CO 的收率。碱盐的催化作用可以解释为,在碱盐存在的情况下,甲酸盐的形成改善了水煤气变换反应。此外,碱盐可以促进 C—C 键的裂解,从而增加氢产量。近年来,天然碱(Na_2CO_3、$NaHCO_3$、H_2O_2)被证明是一种与 K_2CO_3 同样有效的天然经济矿物催化剂,在 600 ℃、35 MPa 的条件下,使橡子超临界水热气化的氢产率提高了 7 倍。

除了上述研究,Onwudili 等人还研究了在 200 ℃、2 MPa 到 450 ℃、34 MPa 条件下恒定含水量时,NaOH 在促进葡萄糖和其他生物质原料水热气化产氢中的作用,提出了两种不同的氢形成方式:①羰基化合物脱羰生成的 CO 通过水煤气变换制得氢气;②羧酸钠与水反应生成的氢气,以碳酸钠或碳酸氢钠形式去除二氧化碳而促进了氢气的生成。

He 等人提出了一种采用白云石作为二氧化碳受体的一步分选强化蒸汽重整工艺,以提高氢气的产率和选择性。Guo 等人发现,在 $Ca(OH)_2$ 存在的情况下,纤维素超临界水热气化的氢产量几乎是无催化剂情况下的两倍，并且由于 $Ca(OH)_2$ 可以捕获 CO_2，因此气体产物中 CO_2 和 CO 的浓度非常低。如下反应方程式描述了超临界水热气化中纤维素与 $Ca(OH)_2$ 的总反应：

$$CH_xO_y + (1-y)H_2O + Ca(OH)_2 \longrightarrow CaCO_3 + (2-y+x/2)H_2$$

尽管大多数均相催化剂的效率很高，但它们的使用会导致污染问题，因为很难从废水中回收催化剂，另一个问题是这些催化剂会在反应器壁上结垢，因为它们在超临界水中的溶解度很低。此外，由于碱性溶液的 pH 值较高，反应器在超临界条件下会遭受严重腐蚀，为了在获得高产氢率的同时将有害影响降到最低，原料中的最佳碱含量至关重要。与均相催化剂相比，多相催化剂具有氢选择性更高、碳气化效率更高以及更易于回收的优点。基于此，催化水热气化(CHG)得到了广泛的研究。

金属氧化物催化剂的特殊优点是可以回收、再生和再利用。商业化的镍基催化剂在超临界水热气化生物质中具有稳定、有效的优点，其中，Ni/MgO(在 MgO 催化剂上负载镍)表现出很高的催化活性。

金属是在超临界水中气化反应的典型催化剂，因为它们促进了含碳化合物的转化。镍催化剂的成本相对较低，因此在石化工业中得到了广泛的应用。根据理论和以往的经验，为了提高超临界水中气化反应的效率，常采用镍催化剂进行超临界水气化反应的研究。Elliott 等人进行了水热气化催化剂的探索性研究，指出在超临界和亚临界条件下，许多催化剂与包括镍在内的金属发生反应，有效地促进了生物质气化反应。研究表明，镍催化剂不可避免地受到其寿命(<100 h)的限制，因为在水热条件下，催化剂载体的物理化学结构会发生变化。钌是超临界水气化反应中一种非常活跃的催化剂，与镍催化剂相比，钌和其他贵金属催化剂通常具有更高的金属分散度，这是因为在载体上使用的金属量较少(通常小于5%)。这一因素限制了表面的迁移率，因为它具有较高的熔点，从而提高了表面的抗烧结性。铂和钯等金属在超临界水中也表现出良好的催化活性。

Modell 等人的早期研究未显示含镍混合催化剂(作为氧化物)对生物质气化的任何催化作用，很可能是因为催化剂失去了活性，因为 Elliott 等人随后报告了在 350～400 ℃ 的温度下，镍催化剂(还原形式)存在时气体产量有明显的增加。此外，镍催化剂的存在也使得湿生物质气化的甲烷产量会提高。为了避免碳沉积对多相催化剂的不利影响，同时提高气体的产率，许多研究会加入碱盐作为助催化剂以提高反应效率。

据 Elliott 等人报道，只有还原态的镍对水热气化有明显催化作用。对镍催化剂进行分组研究发现，其中一些组在催化活性和催化寿命方面取得了令人满意的结果。还有相关学者研究了各种组合的钌催化剂，发现其中一些在活性和催化寿命方面很有潜力，钌催化剂通常会比镍催化剂的寿命长。

生物质水热气化时，为保证高氢气产率，通常需要较高的反应温度，此时金属催化剂具有严重的腐蚀效应。为了克服这个问题，Antal 等人使用了碳催化剂(例如煤活性炭、椰子壳-活性炭、澳洲坚果壳和云杉木炭)，在此情况下，气体产率高且无焦油生成。

活性炭是一种在水热反应中显现出巨大潜力的催化剂，其主要优点之一是催化活性高。已有文献表明，活性炭提高了气化效率。然而，水热反应中可能会发生碳催化剂的失活，这种失活主要是由试剂的作用或中间产物的副反应引起的。

Matsumura 等人对碳催化下超临界水热气化进行研究：在中试工厂中(0.76 L/min 的生产量，见图 5-24)，将悬浮碳催化剂与原料为鸡粪的生物质一起加入(流程①)，以代替使用

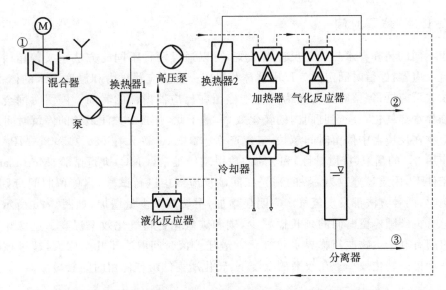

图 5-24　使用悬浮碳催化剂的超临界水热气化中试工厂流程图

可能发生堵塞的固定床。混合后,活性炭和生物质的水悬浮液被送入第一热交换器 HX1
(换热器 1)加热,然后进入已经加热好的液化反应器(温度为 180 ℃,压力为 1.2 MPa,反应
时间为 26.7 min),在这里,固体生物质颗粒被转化为生物油。在换热器 1 中冷却后,混合物
被高压泵压缩并传递到第二个换热器 HX2(换热器 2),在下游加热器中,温度进一步升高至
气化反应所需的值(温度为 600 ℃,压力为 25 MPa,反应时间为 1.7 min)。产品混合物在换
热器 2 和冷却器中冷却至室温,然后将压力降低至常压,将混合物分离为气相(流程②)和水
悬浮液(流程③)。为了加热加热器和液化反应器,运行过程中使用了丙烷燃烧器,通过与不
加碳催化剂的运行对比,发现该催化剂可使煤气产率提高一倍,当碳催化剂含量增加到 5%
(g/g)时,鸡粪完全气化(10%(g/g)),产品悬浮液分离出含灰层和含碳催化剂层。

图 5-25 显示了各种催化剂对气体产率的影响。

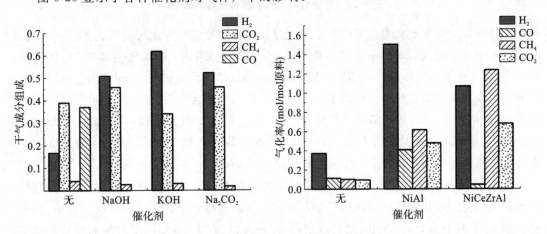

图 5-25　各种催化剂对水热气化的影响

然而,早期研究的催化剂从长期来看几乎都有一定的不稳定性,对于工艺开发而言这是
一个较为严重的缺点。Elliott 等人研究了热水中载体材料的稳定性,他们找到了有用的稳
定材料,例如碳、单斜氧化锆或二氧化钛以及 α-氧化铝。

5.3.1.8　停留时间

基于不同的超临界水热气化反应器装置，可以通过两种不同的方法定义停留时间。对于连续流反应器，停留时间定义为反应器体积除以一定反应器压力和温度下水的体积流速；对于间歇式反应器，停留时间定义为反应物停留在反应器内部的时间。停留时间会影响生物质超临界水热气化在一定时间内的转化效率，基于此，有必要关注最佳的停留时间。

反应物在反应器中停留时间越长，氢气产率越高。Lu 等人在 650 ℃和 25 MPa 的流动反应器中用 2% 的锯末（按质量计）和 2% 的羧甲基纤维素（CMC）进行试验，Mettanant 等人在相同条件下，用质量分数为 2% 的稻壳在间歇反应器中进行试验，当停留时间分别增加 3 倍和 6 倍时，两种方法都发现氢气产率明显增加，甲烷产率少量增加，如图 5-26 所示。液体产物中总有机碳随停留时间的延长而减少，碳和碳氢化合物气化效率提高。这意味着较长的停留时间有利于生物质超临界水热气化。最佳停留时间取决于几个因素，超过该时间则无法进一步提高转化效率。在较高的温度下，转化所需的最佳停留时间较短。

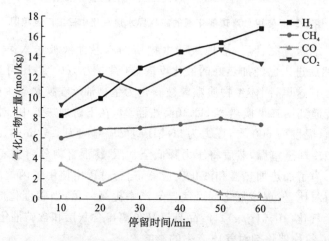

图 5-26　停留时间对气化产物产量的影响

最佳停留时间可定义为在超临界水热气化反应器中反应物完成反应所需的时间或持续时间。基于这个定义，Sato 等发现超临界水热气化木质素时（在温度为 400 ℃、20% Ni/MgO 存在条件下），气体总产率随着停留时间的延长，在一段时间（180 min）内会提高，超过此时间后没有明显的变化。这些结果与 Elif 等人的结果非常吻合，他们发现当停留时间从 0 延长至 30 min 时，果肉的超临界水热气化（600 ℃，2.5%）氢气产量提高了 22.6 mol/kg，超过 30 min，生成的气体量保持不变。Youssef 等人发现对于温度为 500 ℃、压力为 31 MPa 条件下的猪粪超临界水热气化，当停留时间从 30 min 增加到 60 min 时，气体（H_2、CH_4 和 CO_2）的产率提高。综上所述，气态产物和气化效率随着停留时间的延长而增加。为了获得污水污泥气化的最佳停留时间，Chen 等人在 450 ℃的超临界水热气化间歇反应器中进行气化实验，停留时间为 5～25 min，他们观察到 20 min 以内产气量随停留时间的延长而增加，在 20 min 之后，气体产量没有发生明显变化。根据 Guo 等人的报道，在 800 ℃时，超临界水中污泥（21.3%）的气化效率随停留时间（3～10 min）的延长而提高。在另一项研究中，Acelas 等人研究了在不同温度（400 ℃、500 ℃、600 ℃）和停留时间（15 min、20 min、60 min）条件下进行能量回收时，超临界水热气化中脱水污水污泥气化的可行性。他们得出结论，较长的停留时间有利于生产 H_2 和 CH_4。据 Zhang 等人报道,与反应温度变化(400～550 ℃)相比,停留时间(20～120 min)对造纸厂污泥的超临界水热气化产气的影响较小,在 450 ℃的温度条件下,停留时间(5～25 min)对污水污泥超临界水热气化产生的气体产率分布的影响很小,特别是对于 H_2(水煤气变换)和 CH_4(甲烷化)的产生,反应温度和停留时间之间存在很强的关系。通过观察高温范围(＞500 ℃)的超临界水热气化污水污泥,发现较长的停留时间有利于 CH_4 的生产。相反,在相似的温度范围内,发现短停留时间使得 H_2 的产量增加了。综上所述,需要较高的温度和较短的停留时间才能达到氢气产量的峰值,这些结果与Byrd 等人的观点一致。

5.3.1.9　进料粒度

生物质颗粒大小对水热气化的影响尚未得到很好的研究。根据有限的数据,Lu 等人表明,较小的颗粒可以稍微提高氢气产量和气化效率。然而,Mettanant 等人在 0.5～1.25 mm 范围内改变稻壳颗粒大小时,没有观察到任何影响。即使通过进一步的数据证实了尺寸效应,但粉碎需要额外能量,是否值得改善进料粒度仍有待研究。

5.3.2　产物分析与利用

5.3.2.1　流出物显热利用

关于水热气化的一个常见误解是认为不能用它来生产能源,因为需要大量的热量来提高高压下的温度,这部分用来加热的热量可能与处理后的生物质的热值相同。然而,当使用适当的流程设计时,情况并非如此。要达到水热气化的发生条件,需要足够的热量来加热,反应结束后流出物温度很高,其中含有大量热量,很明显,如果这部分热量不能得到有效利用,该工艺就不适用于生产能源。因此,要实现水热气化的商业化,必须开发具有连续反应器的工艺,以实现有效的热回收。也就是说,需要一个换热器,利用该换热器使入口原料流回收流出物中的热量。然后,只要提供泵所需的能量就可实现工艺操作,这部分能量通常仅为生物质原料热值的 5% 左右。

换热器必须在水热条件下运行,因此不能采用常规的管壳式换热器或板式换热器。为了维持高压,管式换热器是最简单实用的选择,现在工艺中已经成功应用双管式换热器。通常,不难实现 0.90 的热回收效率。因为换热器效率不能为 1,为了减少热量损失,单位原料对应的含水量应尽可能降低。当生物质原料输送的水超过额定量时,流动携带的热量会增加,由于部分热量无法回收,能量损失会变大。因此,原料浓度至少应为 0.1 kg/kg 水。这种高浓度的生物质原料会导致更高的焦产率以及反应器的堵塞,因此需要催化剂来实现完全气化。

工艺规模受高反应参数(包括温度和压力)限制,金属的屈服应力随温度升高迅速降低,需要厚的反应器壁以在高温下维持高压。壁厚的限制导致反应器直径受限,这反过来又限制了工厂的生产能力。与传统的热气化反应器不同,超临界水气化最大预期规模为 20 t/d,当需要处理的原料超过此规模时,需要多个 20 t/d 的反应器同时运行。

另一个误解是反应器太贵,因为需要如钛、铬镍铁合金或哈氏合金这样的贵重反应器壁材料,这种误解可能是由超临界水氧化工艺的经验导致的,对超临界水氧化工艺来说,苛刻的氧化条件不仅无法避免,而且会导致反应器壁的腐蚀,因此需要昂贵的反应器壁材料。然而,对于超临界水热气化反应器,反应器内不需要氧化条件,不锈钢材料反应器壁可以持续相当长的时间。当生物质原料中包括氯等污染物时,则有必要采取相应的对策,东广岛的试验工厂反应器就是由不锈钢制成的,事实证明,器壁腐蚀并不是一个重要的问题。

5.3.2.2　净化和调变合成气

合成气的成分和污染物的性质在很大程度上取决于原料类型、操作条件、反应器类型。此外,蒸汽重整、葡萄糖重整、苯酚重整、加氢、甲烷化、水煤气变换反应、Boudouard(鲍多尔德)反应等反应也会影响气化产物的收率、质量以及合成气的组成。H_2 和 CH_4 的选择性是超临界水热气化制备高热值气体有效性的主要指标之一,与合成气中存在的所有其他气体(即 CO、CO_2、C_2H_2、C_2H_4、C_2H_6 和 C_{2+})相比,H_2 的低位发热量(120 MJ/kg)和 CH_4 的低位发热量(50 MJ/kg)更加有利。由于 H_2 作为未来具有潜在经济效益的燃料,大多数与生物质水热气化相关的研究主要集中在 H_2 的生产上。在能源储存和利用方面,与 H_2 相比,CH_4 也被视为一种商业上可行的选择,因此,提高生物质超临界水热气化过程中 H_2 和 CH_4 的选择性是当务之急。

根据气化底物的不同,超临界水热气化的气体产物除含有 H_2、CO_2、CO 和 CH_4 外,还含有一定量的小分子量烃类气体,如 C_2H_2、C_2H_4 和 C_2H_6。考虑到 H_2 是主要的目标产品,如果产品流中存在其他气体在经济上是不利的。合成气有许多重要的应用,如发电,以及通过多种气-液工艺(如费-托合成法或合成气发酵法)生产液体燃料和化学品。超临界水热气化衍生合成气的清洁和调节取决于合成气在工艺的下游如何应用,然而,对于液体或气体燃料和化学品的生产,CO_2 的去除与否至关重要,因为它降低了合成气的热值。因此,必须对合成气进行净化和调变,以确保其在各种应用中有效使用,并符合环境要求。下游工艺涉及原油和天然气的加工和精炼,以及产品的分销。合成气的一些下游应用包括氨和氢气的生产、转化为液体燃料以及作为发电和生产合成天然气的直接燃料。

合成气净化和调变涉及一系列操作,包括去除酸性气体和有害气体,如 CO_2 和 H_2S,以及将焦油和其他碳氢化合物重整为 CO 和 H_2。应注意的是,合成气中以 H_2S 形式存在的硫会使费-托合成中使用的催化剂失活。为了有效地分离酸气和合成气,应考虑以下几点:①下游使用的合成气纯度要求;②粗合成气的组成及其温度和压力;③每种工艺所需的成本,工艺的复杂性和效用需求。

合成气中的酸性气体溶解在水中形成酸性溶液,从而造成环境腐蚀,从合成气中脱除酸性气体的技术包括溶剂吸收和吸附剂吸附,用于合成气净化的溶剂吸收法可以是物理吸收法、化学吸收法,也可以是物理吸收法和化学吸收法的结合。在化学吸收中,双乙醇胺(DEA)和单乙醇胺(MEA)等溶剂可以与酸性气体发生反应,使其溶解在溶剂中。溶剂和酸性气体之间形成化学键,将其吸收在溶剂中。在物理吸收中,酸性气体在溶剂中保持化学惰性,而不是被物理吸附到溶剂分子上。用于物理吸收的溶剂包括冷冻甲醇和聚乙二醇的二甲醚。一些化合物,如氨溶胶和亚砜醇,通过化学反应和物理吸收都可以吸收酸性气体。吸附过程依赖于吸附剂如金属氧化物(如 Cr_2O_3、Al_2O_3、CuO 和 ZnO)的使用,吸附剂通过化学吸附或物理吸附与气态物质结合。

5.3.2.3　合成气转化为液态烃

合成气可通过费-托合成反应转化为液体燃料和化学品。然而,要利用生物质气化技术

产生合成气，H_2 与 CO 的比例应在理想的范围内，这样才能发生费-托合成反应。如反应式

$$2n\,H_2 + n\,CO \longrightarrow C_n H_{2n} + n\,H_2O$$

所示，费-托合成反应所需的 H_2/CO 化学计量摩尔比为 2，较小的 H_2/CO 值可能会降低反应产率或增加碳沉积的趋势，另一方面，如果 H_2 超过要求的量，则 CH_4 和小链烃可能成为主要的产物，而 CH_4 是费-托合成反应中最不理想的产物。该反应涉及单个 CH_2 单元的聚合，如反应式

$$n\,CH_2 \longrightarrow (CH_2)_n$$

所示，这些 CH_2 单元产生于费-托合成反应所用的催化剂表面。

费-托合成具有巨大的商业价值，特别是对于以木质纤维素、煤和天然气等碳基材料生产高纯度化学品和燃料的工业而言。费-托合成液相产物的性质主要受反应条件的影响，包括温度、压力、停留时间、反应器类型和催化剂等。费-托合成反应是放热反应，常规的操作温度和压力范围分别为 $200 \sim 350\ ^{\circ}\text{C}$ 和 $1.5 \sim 4$ MPa。如何选择工业中使用的活性金属对费-托合成反应有着至关重要的影响，而通常来说，选择仅限于四种活性金属，即 Co（钴）、Fe（铁）、Ni（镍）和 Ru（钌）。如果合成气中 H_2/CO 的值较大（>2），则费-托合成反应不需要在原料气中添加 H_2，由于钴基催化剂对水煤气变换反应的活性低，因此它可以作为最优选择；相反，铁基催化剂表现出较高的水煤气变换活性，因此有利于 H_2/CO 值较小的合成气；镍基催化剂有利于通过甲烷化或 Sabatier（萨巴捷）反应从合成气中合成 CH_4；钌基催化剂对 CH_4 也表现出一定的选择性，但由于成本较高而受到限制。

关于超临界水热气化衍生合成气经费-托合成转化为液体燃料的文献很少，现有文献大多集中在气体净化方面，气体净化对于避免费-托催化剂中毒很重要。Jun 等人研究了在 $300\ ^{\circ}\text{C}$、1 MPa 条件下，以氧化铝和二氧化硅为载体，用共沉淀的 Fe/Cu/Si/K 催化剂和 Fe/Cu/Al/K 催化剂，将生物合成气转化为液体燃料的过程。在研究中，他们使用了固定床反应器和 $CO/CO_2/H_2/Ar$（体积分数分别为 11%、32%、52%、5%）混合物作为生物合成气的模型化合物，其中，Ar 代表气相色谱仪中使用的内部惰性气体，也可以使用 N_2。与 Fe/Cu/Si/K 催化剂（CO 转化率为 21.2%）相比，Fe/Cu/Al/K 催化剂（CO 转化率为 82.8%）具有更高的催化活性。

超临界水热气化衍生的生物合成气通常含有大量的 CO_2，需要在合成气用作费-托合成的底物之前将其分离。在费-托合成反应过程中，如果不从合成气中去除 CO_2，可能会导致大量的碳损失，从而降低生物质总的碳利用率。因此，将生物合成气中的 CO_2 加氢转换为液态烃，一直是许多研究人员感兴趣的课题，这也将有助于最大程度地减少作为温室气体排放到大气中的 CO_2，同时降低费-托合成工艺的成本。

5.3.3　水热气化机理研究

5.3.3.1　反应机理

在分析水热气化反应机理时，首先采用整体反应分析法，水热气化中一个重要指标是原料中被气化的碳或通过反应转移到气相中的碳。因此，在实验研究中经常会采用碳气化效率的概念。碳气化效率被定义为产物气体中碳原子的摩尔数与原料中碳原子的摩尔数之比。当反应温度足够高，或者使用催化剂时，原料可能发生完全气化，碳气化效率等于 1。从这个观点来看，整体反应分析就足够了。当气化完成且反应时间足够长时，根据反应器中温

度、压力和组成的化学平衡计算,能较好地预测产物气体组成(给定反应器内原料的组成时,应包括水)。从该计算可以看出,高温、低压和低原料浓度更有利于产品气中高氢气和低甲烷组成的形成,实验中也经常观察到这种现象;另一方面,低温、高压和高原料浓度更有利于产品气中低氢气和高甲烷组成的形成。值得注意的是,由于反应器中有大量的水,因此会发生如下水煤气变换反应:

$$CO + H_2O \longrightarrow CO_2 + H_2$$

与传统的热气化相比,水热气化产物一氧化碳的浓度非常低。燃料电池可能是气化反应器的下游装置,一氧化碳对燃料电池中各种催化剂都有不利的影响,因此,低浓度一氧化碳以及产品气体中不含焦油对燃料电池的使用是有利的。从水煤气变换反应可以看出,生成物中部分 H_2 来源于水,当用定义碳气化效率的方法定义氢气化效率时,其值有时会超过 1。

基于整体反应,也可以进行反应速率分析。生物质原料会发生改变,通常是多种成分的混合物。但是,已知一级反应速率通常与基于碳气化效率转换的实验数据一致,如以下方程所示:

$$\frac{dX}{dt} = k(1 - X)$$

式中:X 是碳气化效率(转化率);t 是时间(s);k 是反应速率常数(s^{-1})。此外,较高的反应温度会导致较高的反应速率,这由 Arrhenius(阿伦尼乌斯)方程表示,如下所示:

$$k = k_0 \exp\left(-\frac{E_a}{RT}\right)$$

式中:k 是反应速率常数(s^{-1});k_0 是指数前因子(s^{-1});E_a 是活化能(J/mol);R 是气体常数(J/(mol·K));T 是反应温度(K)。

水热气化过程中一个常见的问题是焦油的产生。当反应温度较低或原料浓度过高时,反应器会发生堵塞,或者排出水颜色变暗,碳气化效率变低。为了解决这个问题,产品分析时应该考虑反应动力学。当气化不完全时,会观察到水溶性有机物、焦油状物质和焦炭。以纤维素为模型化合物,日本国家先进工业科学技术研究所的 Minowa 小组推导出如图 5-27 所示的反应流程。他们进行了短时间的水热气化,获得了水溶性产品和油。然后,他们使用水溶性产品和油分别作为原料,进行水热气化。当他们使用水溶性产品作为原料时,获得了油、焦炭和气体,然而,当他们使用油作为原料时,没有获得气体,但得到了焦炭。因此,他们得出的结论是,纤维素首先转化为水溶性有机物,并且一旦产生油或焦炭,它们就不能被气化。类似的反应网络之前就已经被相关学者提出,但这项工作提供了令人信服的证据。随后,他们又以葡萄糖为模型化合物,对焦油原料的产率进行了研究,发现生成焦油的反应级数应高于气化反应。该结果与观察到的试验结果一致,即当原料浓度增加时,焦油材料的产量增加。如果气化和焦油材料产生的反应级数相同,两种产品的产率不应受到原料浓度的影响。

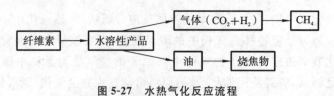

图 5-27　水热气化反应流程

　　研究人员提出了详细的反应网络以更好地理解水热气化。Adschiri 等人遵循水热条件下的详细反应网络进行了最早的研究。他们以葡萄糖为原料,通过在反应器入口之前将预热水与原料混合,获得了非常短的停留时间,在反应器出口之后,冷水与反应器流出物混合。他们用高效液相色谱(HPLC)对产物进行了分析,并检测出各种反式羟醛缩合产物。Matsumura 的小组采用了如图 5-28 所示的反应网络,通过测量每种产品的浓度随时间的变化,成功地确定了假设一级反应的每个反应温度下的反应速率。通过获得网络中每个反应的 Arrhenius 图,他们发现当温度单调上升时,一些反应的反应速率常数不遵循 Arrhenius 行为,而是在亚临界温度的低温区增大,在超临界温度的高温区减小。考虑到离子的稳定性,假设非 Arrhenius 反应为离子反应,网络中的所有反应都可以分为离子反应或自由基反应,如图 5-29 所示。根据反应网络可知,如果只有离子反应,根据反应网络会有焦油产生;如果只有自由基反应,根据反应网络会有气体产生。因此,详细的反应网络证实了上述为了解释加热速率的影响而引入的假设,即焦油物质的产生是离子反应,气体的产生是自由基反应。也有学者对木质素进行了类似的反应分析。

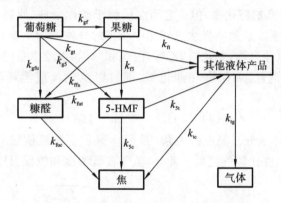

图 5-28　葡萄糖在超临界水中分解反应网络

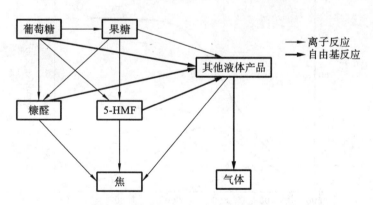

图 5-29　离子反应和自由基反应分类

　　20 世纪 70 年代中期,麻省理工学院(MIT)的研究生 Sanjay Amin 研究了热水中有机化合物的分解(蒸汽重整):

$$C_6H_{10}O_5 + 7\,H_2O \longrightarrow 6CO_2 + 12\,H_2$$

　　在亚临界水中进行实验时,他观察到该反应除了产生氢气和二氧化碳外,还产生大量的焦炭和焦油。Herguido 等人也对大气压下生物质的蒸汽气化进行了类似的研究,当他把水提到临界状态以上时,在亚临界状态形成的焦油完全消失了。这一重要发现为超临界水氧化(SCWO)处理有机废物的研究和工艺开发奠定了基础。

大多数生物质成分(如纤维素和木质素)不溶于常态水,但溶于高温水或超临界水。在超临界条件下,生物质中的大分子分解成其基本组成部分,并产生气态产物。

水热气化是一种生物质转化过程,与重整和干气化反应条件(800~1200 ℃)相比,其压力更高(约 30 MPa),但温度相对较低(约 600 ℃)。同时,它利用水作为反应介质,因此适用于湿生物质。根据反应温度的不同,水热气化过程可分为以下三类。

(1)水相重整($T=215\sim265$ ℃)　主要产物:H_2 和 CO_2。在亚临界条件下使用生物质衍生化合物(葡萄糖、山梨醇、甘油、甲醇和乙二醇)时,如果原料浓度非常低(约 1%),则从热力学角度出发有可能获得氢气,但生物质水解缓慢,因此贵金属催化剂是制氢的必要条件。木质素或纤维素等高分子量组分很难以这种方式气化。

(2)近临界催化气化($T=350\sim400$ ℃)　主要产物:CH_4。在接近临界气化条件下,生物质或生物质化合物中的碳会高度转化为甲烷,催化剂有助于 CO 加氢生成甲烷。

(3)超临界水气化($T>374$ ℃)　通常采用高于 500 ℃的温度,获得的主要产品是 H_2 和 CO_2。该工艺显示出较高的转化率,但是它高度依赖于操作条件、原料、催化剂性质(如果使用)及反应器设计等因素。从超临界水热气化中获得的气体产物主要是 H_2、CO_2 和 CH_4(含量较低),还有短链碳氢化合物,如乙烷、乙烯、丙烷和丙烯,以及少量的 CO,因为部分 CO 会通过水煤气变换反应消耗,如果存在催化剂,则被甲烷化反应消耗。甲烷化反应可表示如下:

$$CO+3\ H_2 \longleftrightarrow CH_4+H_2O$$

图 5-30 显示了气体成分与温度的关系,图 5-31 显示了浓度依赖关系。很明显,甲烷作为目标产物时所需的温度比氢气更低。此外,氢气在低浓度和较低温度下产量较高。

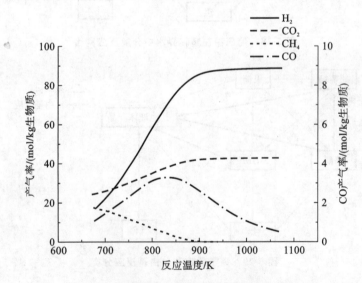

图 5-30　生物质气化产物受温度影响变化情况

图 5-32 所示为在水热条件下通过含水中间化合物将生物质转化为气体产物的简化工艺流程。在低温条件下,纤维素水解成葡萄糖,葡萄糖异构化成甘露糖和果糖。在亚临界温度下,由此产生的糖类会脱水成呋喃和糠醛化合物。然而,在高于临界温度和压力的情况下,糖类通过自由基反应进行水合反应,生成羧酸。

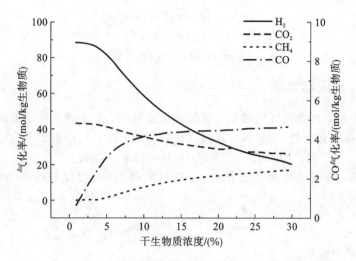

图 5-31　生物质气化产物受原料浓度(质量分数)影响变化情况

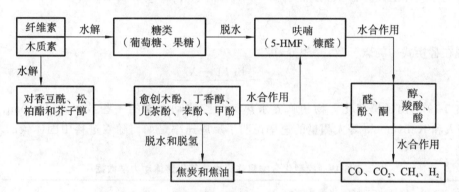

图 5-32　生物质水热气化制气态产物的简化工艺流程

木质素是一种复杂的化合物,由对香豆醇、芥子醇和松柏醇组成,它们水解生成苯酚、甲酚、丁香醇、愈创木酚和儿茶酚。在亚临界条件下,这些酚类化合物可以脱氢脱水成焦炭。在临界条件下,这些酚类物质通过生成中间产物(如醛、醇、酮和羧酸)而降解为气体。

碱木质素最初经过水解形成苯酚和甲醛,然后转化为气态产物。在其他途径中,甲醛和苯酚等化合物也可能通过与超临界水条件下的反应位点发生交联而形成树脂。因此,木质素不仅会产生低分子量分子,而且还会产生高分子量的焦炭或焦油。产品组成和产率受许多设计和操作参数的影响,关键参数包括温度、压力、时间、加热速率、反应器类型和催化剂的性质。

当超临界水热气化反应条件到达水的临界点时,通过如下反应,生物质气化为 H_2 和 CH_4:

$$C_6H_{12}O_6 + 6\ H_2O \longrightarrow 6CO_2 + 12\ H_2$$

$$C_6H_{12}O_6 \longrightarrow 3CH_4 + 3CO_2$$

H_2 的形成是吸热的,而 CH_4 的形成是放热的。根据勒夏特列原理,在高温下,H_2 的生成将占主导地位;然而在高压下,CH_4 的生成将占主导地位。因此,在气体形成过程中,在高温和低压下有利于自由基反应。较高的温度可以得到较高的气体转化率,但会降低超临界水热气化的能量利用效率。因此,需要借助催化剂在较低温度下实现气化。

超临界水热气化包括甲烷化、蒸汽重整和水煤气变换反应,分别如下:

$$CO + 3H_2 \longrightarrow CH_4 + H_2O$$
$$C_6H_{10}O_5 + H_2O \longrightarrow 6CO + 6H_2$$
$$CO + H_2O \longrightarrow CO_2 + H_2$$

5.3.3.2　反应动力学

全世界关于超临界水热气化的动力学研究信息有限。Lee 等人利用塞流式反应器研究了葡萄糖(用作模型化合物)在超临界水热气化中的动力学。反应可表示为

$$C_6H_{12}O_6 + 6H_2O \longrightarrow 6CO_2 + 12H_2$$

将反应速率 r 定义为生物质碳组分 m_C 随时间的消耗,假设是伪一级动力学,则可以写为

$$r = -\frac{dm_C}{d\tau} = k_g m_C$$

式中:k_g 为反应速率常数。

转化为气体的碳分数 X_C 可能与燃料中的当前碳分数 m_C 和初始碳分数 m_{C0} 有关:

$$X_C = 1 - \frac{m_C}{m_{C0}}$$

现在替换式中的碳分数,并积分,得

$$k_g = -\frac{\ln(1 - X_C)}{\tau}$$

表 5-19 给出了模型化合物超临界水热气化整体动力学的一些数据。Metanant 等人、Lee 等人和 Kabyemela 等人测量的速率说明了反应速率是如何随着进料中固体碳的增加而降低的。

表 5-19　模型化合物超临界水热气化整体动力学数据

原　　料	木材气化炉废水	稻　　壳	葡　萄　糖	葡　萄　糖
反应器	Plug	Batch	Plug	Plug
反应温度/K	723~821	673~873	740~1023	573~673
反应时间/min	60~120	3600	16~50	0.02~2
固体含量	7.0~1.0 gm/L	9.4 mol/L	0.6 mol/L	0.007 mol/L
指数前因子/s^{-1}	1018±494	184	897±29	
活化能 E/(kJ/mol)	75.7±22	77.4	71±3.9	96
k_g/s^{-1}		0.0002~0.006	0.01~0.55	0.15~9.9

5.4　技术发展展望

5.4.1　水热液化

5.4.1.1　优势

在工艺效率方面,水热液化比热解更有优势。一般来说,高含水量的藻类生物质不适合

高效热解,因为热解适合液化含水量小于 40％的生物质,同时,高水分的生物质需要很高的蒸发热,由于水生物种的生物质含水量为 80％～90％,因此需要在适当的预处理后进行生物质的热化学转化,此过程往往会消耗大量的能量。而水热液化则不需要干燥生物质,可以处理任意含水量的藻类生物质,而且它具有很高的转化效率并能产生纯度较高的产品。

水热液化可以在亚临界水温(280～370 ℃)和 10～25 MPa 的压力下进行,其反应所需的温度低于热解所需要的温度,因此可以节省大量用来加热的能量,提高能量利用效率。另外,与快速热解相比,水热液化会产生更多的生物油、更少的焦炭产品,资源利用效率更高。与脂肪提取生物油相比,水热液化的资源利用效率更高。

从反应所需的原料来说,水热液化不需要使用生产生物油的高脂藻类,高生长率的低脂微藻水热液化就可以生产更高产量的生物油。

水热液化的水相含有镁、钾、铁、钙、氮、磷,一些其他矿物以及极性有机化合物,它们可以回收后用于微藻培养,是一种生态友好的工艺。

与脂肪提取相比,水热液化的能源消耗、淡水消耗、地下咸水消耗、N 和 P 需求分别降低了大约 50％、33％、85％和 44％。

由生物质水热液化生产的生物原油具有热稳定性好、能量含量高和储存稳定性好等优点。

5.4.1.2　主要挑战

生物质是可再生燃料和化学品的内在来源。正如 Littlejohns 等人所总结的那样,其他生物质转化技术(即生物乙醇或生物柴油生产)已经可以在商业规模上使用。水热液化技术与其他液化技术相比具有无可比拟的优势,但是目前用于生产生物油的生物质水热液化的研究仍处于实验室阶段,商业规模的水热液化工艺仍然存在一些挑战。

无论是对新技术本身还是对其应用,经济方面的考虑都很重要。工厂的经济可行性分析有助于确定一项技术的盈利能力以及与优化该技术相关的成本。

基于经济性评估,一种工艺的竞争力和可行性可以与已知的传统技术相比较。目前已经对热化学转化的工艺(例如快速热解和常规气化等)进行了多项技术经济评估,对生物质水热液化或水热气化进行了成本分析,结果表明其是可行的。太平洋西北国家实验室(PNNL)在国家先进生物燃料联盟(NABC)的赞助下,进行了木质生物质的小规模水热液化和水热提质实验。技术经济研究针对大规模商业水热液化和生物油生产提质平台的开发,包括两个案例:一个基于水热液化工艺实验结果的技术现状(SOT)案例,以及一个目标案例——假设未来成熟水热液化技术的改进是可行的。结果表明,目标案例下的生产成本较低,该情况假设有机物在水相中的损失减少,从而提高产品产量并降低废水处理成本。SOT案例的成本结果表明,基于目前的水热液化工艺,生物油生产成本与石油、汽油生产成本相比不具竞争力。虽然目标案例的结果是看起来很有希望通过木质生物质水热液化来生产生物油,但缺乏工艺知识和概念,存在财务风险。影响生物油生产成本的主要因素是原料成本、产品收率和升级设备成本,在今后的研究中,关键参数的确定是必要的。

Faeth 等人报告称,通过缩短停留时间,可以降低连续水热液化工艺的成本。在另一项研究中,催化水热气化用于将湿去脂微藻转化为甲烷,并通过水热液化进行废水处理。水热液化和催化水热气化的耦合提高了生物原油产量和整体经济性。琼斯等人评价了全藻生物质的水热液化和催化提质技术制备可再生柴油的经济性,在他们的研究中,原料成本对柴油成本的影响最为显著。为降低原料成本，需要改进种植、收获和脱水方法。

反应器的结构和设计在工艺运行中起着至关重要的作用，影响着工艺反应动力学。反应器设计中的主要挑战包括：加强热集成、处理由于进入反应器的流出物与反应器进料之间的高黏度接触而可能出现的不良传热，以及在高压下运行时降低反应器系统本身的成本。这些挑战需要对工艺中不同位置所需的传热系数进行实验分析，以确定合适的热集成。此外，水热液化反应器设计的材料类型需要考虑严酷的反应条件和可能的腐蚀效应；为了提高水热液化反应器系统的液体小时空速（LHSV），需要进行大量的研究；要求泵能够处理高固体含量生物质浆液；在反应器温度和压力下分离生物油和水的可行性尚待确定，这一点很重要，因为从水相中有效分离生物油将提高生物油的产量。

在水热液化中，相分离是一个非常重要的研究开发课题。虽然相分离的问题在实验室规模上已经得到有效解决，但在更大的规模上，离心机不容易应用时，相分离依然是一项巨大的挑战。在工业规模上，使用有机溶剂分离焦油变得不切实际，有必要在化学水平上进行基础研究，以及从工程角度设计可能的分离过程。

相分离通常不是自发发生的，生物原油相中会含有水的"液滴"，分离过程很大程度上依赖于分离器的技术设计和产品组成。例如，高含氮量的生物质会使焦油变得更具有"极性"，并阻碍相分离，在工业规模上处理这一问题将是一个巨大的挑战。

水相产物中有机化合物含量较高，因此，对于技术应用而言，需要一种可以利用这些有机化合物价值的设计。处理水相的思路有沼气生产和水相重整，这两种方法都具有挑战性，因为有些化合物对生产生物质的细菌来说是有毒的，在水相气化时，复杂混合物中可能发生贵金属催化剂中毒。

水热液化形成的生物原油还不能达到运输燃料的品质，需要进一步提质。对于船舶和重型发动机，情况可能有所不同，需要进一步考虑。鉴于降低船用燃料中硫含量的趋势，水热液化生物原油的一个特殊优势是其含硫量与目前使用的重油这类化石燃料的含硫量相比低得多。用于汽车时，水热液化生物油必须通过加氢和分馏才能满足不同燃料的质量要求。

大规模的水热液化将需要大量的原料，大量的木质纤维素生物质会占用巨大的体积。例如，松树树皮和木屑的平均密度分别为 0.32 t/m³ 和 0.2 t/m³，而石油的平均密度为 0.88 t/m³。由于运输物流变得昂贵，低密度的生物质对加工成本产生了不利影响。已有学者为了克服这个问题进行了大量的研究，虽然大规模运营会受益于规模经济，但缩小规模的同时整合工艺可以替代规模经济的优势，特别是在原料为废物流的情况下。另一种方案是将水热液化装置与提质装置分开。在这种情况下，水热液化工厂将只生产生物原油，然后将这种密度更高的生物质输送到位于另一个地点的提质工厂。朱等人的研究证实了该方案可行性。在任何情况下，都必须明智地选择工厂位置，并且必须仔细调研运输方式，以避免不必要的运输和物流成本。

生物质浆料的制备是水热液化处理连续应用的必要条件。虽然在低压系统中可以用泵输送悬浮液，但在高压流中泵的输送可能会成为一个挑战。PNNL 对水热液化系统中不同类型的泵（例如隔膜-液压膜和软管、活塞和阀瓣）进行了全面审查，虽然认可了现有商业设备中进料和泵送的功能，但 PNNL 审查的所有泵都仅限于泵送含 15％ 干燥细固体的悬浮液。然而，后来的一些研究表明可以泵送固体含量更高的悬浮液，例如水翼工艺。虽然生物质含量的增加有利于提高生物原油的转化率，但可能会影响悬浮液的泵送，对于较高的固体负荷，还需要进行进料和泵送测试。此外，由于生物质能耗高、成本高，减小生物质的粒径或将其研磨制浆是另一个需要考虑的经济因素。Daraban 等人建议在 180 ℃下用 NaOH 溶液进行碱性预处理,以改善生物质浆液泵送性能。然而,额外的步骤也可能会影响总体的处理成本。Roubaud 和 Roussely 设计了一种不同的原料供给系统,该装置连续运行,包含两个可以在整个加热区内转移生物质的移动活塞,加热元件在反应器内提供必要的温度,当活塞移动时,它们可以根据需要改变系统压力,这就有可能将多达 70%的干生物质送入系统。他们没有提到系统容量,但是大规模地执行这样的操作可能很复杂。生物质原料液泵送不仅存在技术上的挑战,也存在经济上的挑战。

水热液化通过将生物质转化为生物原油来提高生物质的氢碳比和高位发热量,但仍需要下游工艺的提质,才能作为可直接使用的燃料。含氧化合物的存在是该应用的一个关键缺点,需要额外的工艺来改善生物原油的性质。相关技术经济分析表明,通过一些技术改良有可能获得价格与传统化石产品相当的高质量生物油产品。这些研究还表明,由于操作条件、催化剂和氢气消耗的原因,生物油提质是一个昂贵的工艺。因此,如何廉价提质生物原油,同时还能降低含氧量并避免催化剂失活,成为了一项重要挑战。分析生物原油的一般性质和相关的提质方法,仍然是进一步研究的重要内容。此外,还需考虑以下问题:①使用更温和的反应条件;②有效降低含氧量;③提高净馏分的产量;④避免结焦和催化剂浸出;⑤允许在不对所用设备造成不利影响的条件下进行简单的再循环。必须解决这些具有挑战性的问题,才能使这一过程持续运行。

用于化学应用的生物质转化极具吸引力,因为它侧重于增加产品价值,特别是当该转化与其直接作为燃料相比时。另一个优点是,含氧化合物的存在并不像作为燃料应用时那样关键。然而,大部分生物质水热液化的技术经济分析并未将生物基化学物质视为主要产品,这是一个需要进一步研究的重要领域。对硫酸盐木质素的研究,证明了技术经济分析是确定可行性和市场接受度的一种有效的方法。

开发新型高效的催化剂对生物质水热液化处理产业化具有重要意义。提高生物原油产量是提高整体可行性和避免副反应的必要条件。Parosa 的专利公开了一种用于生物质水热液化的微波辅助系统,根据他的说法,该系统可使反应器内的温度分布均匀,发生不利副反应的可能性较低。尽管据报道该系统效率更高,但对于大规模运营来说,效率问题可能仍是一项挑战。优化反应条件以提高目标化合物的产率是最重要的。综上所述,水热液化的持续应用有三个主要因素:①减少溶剂用量;②采用廉价催化剂;③开发简单有效的净化步骤。

为处理副产品流以及高黏性生物原油和固体/焦炭的形成,下游工艺还有待加强。产品和工艺的集成以及热回收是克服高成本、降低投资风险的一种有效的策略。例如,如果将水溶性产品视为废流,则考虑到水热液化工艺后对废水处理的要求,会增加生产的总体成本,因此,必须将该副产物再利用作为生产高价值产品的原料,这也为水热液化工厂提供了另一条途径。

向高压反应器中添加固体是开发水热液化系统的一个重大挑战,特别是在高固体负荷下。固体负荷越高,反应器越小,产品浓度越高,工厂的溶剂库存越小,这就意味着降低了资本和运营费用。在奥尔巴尼从事 PERC 工艺的研究人员发现,木屑必须稀释到 10%～12%,才能避免泵的堵塞,湿磨工艺和其他预处理方法可以减小生物质颗粒尺寸并有助于原料的致密化,但这些操作可能导致高昂的成本。多年来,制浆造纸工业一直使用特殊的“切屑泵”,能够泵送几厘米大小的木片。然而,与大多数水热液化系统所需的压力相比,该切屑泵压力还远远不够。为了使这一方案可行,必须开发能够达到更大压力的切屑泵。

从溶剂和液化产品中分离固体残渣要比其他热化学过程(如热解和气化)困难得多。在这些热化学过程中,固体可以用旋风分离器或挡板等惯性分离器除去,某些情况下,密度差足以使固体残渣从溶液中沉淀出来,以便于回收。然而通常情况下,固体必须通过过滤器、滤网或水力旋流器去除,堵塞的可能性很高,因此这些清除方法的连续操作仍具有挑战性。生物质残渣通常具有高度的多孔性,保留了大量的生物油和溶剂。在这种情况下,利用机械压榨或溶剂萃取方法从回收的固体残渣中去除液体对溶剂液化装置的经济运行就变得尤为重要。

需要适当的操作条件以及有效的分离技术来避免高占比的固体残留物。现有文献中,批量实验通常使用溶剂或物理技术(如过滤和离心)分离产品,若将这种技术运用于大规模生产,则会带来巨大的成本压力。Pedersen 等人建议使用重力分离作为一种更便宜的替代方案,并且其更接近于实际的工业过程。重力分离是一个耗时的过程,据报道,该过程的沉降时间在 30~90 min。此外,为了确保固体的最大程度分离,溶剂的选择在该分离方案中起着重要作用,萃取溶剂的极性在生物原油的回收中起着重要作用。例如,严等人将浮萍在 350 ℃下液化 30 min,然后分别用极性和非极性溶剂提取,结果表明,提取溶剂极性越高,生物原油产量越高;与之矛盾的是,Valdez 等人观察到,与极性溶剂相比,用非极性溶剂生产的生物原油产量相对较高。因此,需要进一步探索溶剂溶解度的技术,以提高产品的分离效果。

溶剂的高成本是水热液化生物精炼厂经济运行的最主要的障碍之一。假设工厂每年运行 330 天,如表 5-20 所示,每年向 1000 t/d 的水热液化生物精炼厂提供新鲜溶剂的成本约为 390 万美元,该工厂的溶剂(水)回收率为 75%。如果考虑到废水处理,每年成本可能还会增加 0.10 美元/加仑,即 1980 万美元。即使回收和再循环 75% 的溶剂,新溶剂的成本仍然是生物精炼经济的一个重要组成部分。当然,与水相比,使用非水溶剂的工艺只会增加溶剂回收和再循环的成本。

表 5-20　水热液化生物精炼厂的新鲜溶剂成本

参　　数	值
铭牌容量/(t/d)	1000
生物质负荷/(%)	10
溶剂回收率/(%)	75
新溶剂需求/(gal[a]/d)	600962
溶剂单位成本/(美元/gal)	0.02
每日溶剂费/美元	12019
年度溶剂成本/美元	3966346

[a] 1 gal≈4.55 L。

5.4.1.3　成果展望

木质纤维素生物质是生产可再生燃料和化学品的一种很有前景的原料。水热液化是一种很有前景的转化技术,它既能充分利用水的有益性质,又不必对原料进行干燥。

石油转化为燃料和化工产品是一项成熟的技术,而生物质转换技术还不够成熟,不足以与化石产品直接竞争。因此,水热液化产品与以石油为基础的产品相比仍然没有竞争力。

研究生物质水热技术的主要反应速率和产物,将有助于我们了解如何优化反应器设计。水热液化生物油产量受温度、原料固形物含量、生物质性质、停留时间等因素的影响,需要对水热液化获得的所有产品(即生物油、水、气和固体产品)进行详细的表征。要了解生物油的稳定性和质量,从而更好地了解正在进行的工艺反应和升级需求,需要付出相当大的努力。如何高效运输水热液化产生的生物油(当水热提质工厂与水热液化工厂不在同一地点时)也很重要。利用 GC/MS-NMR、HPLC 等设备进行产品分析的表征方法,对于研究影响产品质量和收率的活性物质的性质至关重要。然而,色谱等分析技术由于分辨率低、选择性有限,无法准确预测高分子量化合物。

为了更好地开发商业应用,需要对连续流系统进行研究。催化剂对工艺产量和性能方面有着重要的影响,但在催化剂的维护、稳定性、合理的再生和再生后的使用寿命方面存在研究空白。

在过去的几十年里,水热液化的研究取得了长足的进步。已有的中试工厂和技术经济分析显示了水热液化技术的未来前景,下一个挑战在于降低产品改进的成本,并研究投入市场的方法。循环经济研究和生命周期分析(LCA)对于这一方法,特别是可行性研究至关重要。在 LCA 过程中,可以对多工艺、多产品进行分析,增加商业应用的潜力。

此外,在水热液化衍生产品商业化实施的第一阶段,可能需要政府采取行动。例如,高额碳税可能会降低水热液化的整体成本,使其与石油相比更具竞争力。这将增加工业部门对生物质加工的兴趣,有助于水热液化技术的发展。

溶剂回收和再循环在文献中很少受到关注。循环流工艺会在溶剂中积聚产物或杂质,这可能对化学反应产生不利影响。通过热分离技术(如蒸馏或闪蒸分离)可净化循环流,但可能会由于快速加热而对生物油质量产生影响。

无论是生物燃料应用还是生物基化学品生产过程中,生物原油都是一种潜在的可再生能源。在水热提质步骤之后,其可直接作为燃料使用。此外,还对生物基化学品(例如聚氨酯和环氧树脂)进行了研究,据报道其物理性能符合标准。其他水热液化产品(水相、生物质炭和气态产品)也有潜在的应用。但是仍需要更多的研究来探索其他潜在的用途,因为这样可以使市场方案多样化,提高工艺可行性。

水热液化产业化也面临着一些技术经济挑战。连续设计中的生物质进料和产品分离是水热液化系统放大过程中普遍存在的问题。热回收方法对于降低运营成本也很有意义,其他市场和经济问题在以大规模运营为目标时也经常出现。综上所述,主要结论为以下几点:

(1)水热液化产品作为生物燃料和生物基化学品具有潜在的应用前景;

(2)需要对连续操作进行更多的研究,例如增加生物质浆液泵送的固体含量,开发有效的产品分离和生物原油回收技术;

(3)改善水热液化的大规模操作,确定溶剂使用量,降低催化剂成本,以及降低净化方法的成本等是需要解决的主要技术障碍;

(4)生物质的批量供应是商业化市场需要考虑的一个问题;

(5)工艺集成是提高水热液化可行性的一种方法;

(6)降低操作成本、优化反应条件、提高生物油的收率和质量是发展生物质高温合成的关键。

基于上述因素和本章所述要点,未来的研究应努力做到以下几点。

(1)新材料研发要有突破性进展。设计一种既能耐高温耐高压,又具有耐腐蚀性和抗污性的先进反应器是非常重要的。开发高效、经济的供氢剂替代还原气,可以降低反应成本,为高温气提纯的工业化应用做出重要贡献。

（2）寻找性能优良、使用寿命长、环保的多功能催化剂,缩短反应时间,降低反应所需的温度和压力,从而降低能耗。均相催化剂的脱氮作用及其机理也是重要的研究课题。

（3）开发生物油精炼和提质的新方法、新技术。生物油中各组分的综合利用,特别是增值化学品的综合利用,可以使效益最大化。

（4）通过数学建模和智能优化,可以进一步研究复杂反应的动力学和机理,分析操作条件,建立最优工艺流程模型。在中试试验的基础上,以机理模型为指导,通过模拟计算,优化得到适宜的操作条件,以提高生物油的产量和质量,促进水热液化技术的工业化和规模化应用。

5.4.2　水热气化

5.4.2.1　优势

以下是从生物质中生产能源或化学原料的两大途径:

生物途径:直接生物光解、间接生物光解、生物反应、光发酵和暗发酵是五个主要的生物途径。

热化学途径:燃烧、热解、液化和气化是四个主要的热化学途径。

与生物途径相比,热化学途径相对较快,只需要几分钟或几秒钟就能完成,而依赖于酶促反应的生物途径则需要很长的时间,大约几小时甚至几天。与生物途径相比,热化学途径具有许多优点,包括:①处理各种原料的能力较强;②高能效;③更高的转化效率;④更短的反应时间。水热气化是亚临界或超临界条件下的一种热化学转化途径,涉及生物废弃物在高压热水中的降解以产生合成气。该工艺适用于高含水量的生物质,不需要干燥和脱水步骤,从而降低了运行费用。产生的合成气可以通过不同的气液转化技术进一步加工成液体燃料,如费-托合成或利用微生物进行合成气发酵。

传统的热气化技术面临着大量的焦油和焦炭生成问题。焦油会在下游设备上凝结,造成严重的操作问题,或者可能聚合成更复杂的结构,这将不利于制氢。相比之下,水热气化的产物气体不含焦油,即使产生焦油,它仍保持在液相中,并且产物气体不会被氮气稀释。此外,当原料含水量高于 80% 时,常规的热气化很难实现经济的转化。当湿生物质进行热化学反应时,生物质中的水分蒸发并吸收热量,只有在除去大部分水之后,原料的温度才会升高到所需的反应温度,含水量高于 80% 通常意味着蒸发的热量大于生物质处理后的可用热量,因此,传统的热气化会导致大量的能量损失。

水热气化采用 $350 \sim 700 \ ℃$ 的高温,主要产物是由 H_2、CH_4 和 CO_2 组成的燃气。由于反应温度较高,水热气化进行得更快,可以实现原料完全分解。与其他水热处理相比,这是水热气化的一个特征。其他水热处理的困难之一是副产物的处理。其他水热处理通常会产生不需要的副产物,这些副产物偶尔会溶解在水相中,但是水热气化处理通常会将生物质分解成气体,转化率高于 80%。排出水中的有机化合物含量低,不需要进行后续处理或很容易处理。

综上所述,水热气化的优点如下。

（1）焦油产量很低。焦油的前体,如苯酚分子,可以完全溶解于超临界水,因此可以在超临界水气化中进行有效的重整。

（2）对于含水量高的生物质，超临界水热气化可实现更高的热效率。

（3）超临界水热气化可以一步生产出低 CO 含量的富氢气体，不再需要下游额外的变换反应器。

（4）氢气是在高压下产生的，为下游商业用途做好了准备。

（5）CO_2 在高压水中的溶解度高得多，所以很容易分离。

（6）像 S、N 和卤素这样的杂原子从废水中排出，避免了昂贵的气体净化。无机杂质不溶于超临界水，也很容易去除。

（7）超临界水热气化的产品气会自动从含有焦油和焦炭的液体中分离出来。

（8）获得的产品具有很好的应用价值，如用于电力、燃料电池和化学合成等。

5.4.2.2　主要挑战

超临界水热气化需要大量的热输入来进行吸热反应并维持较高的反应温度。除非大部分热量从反应产物的显热中回收，否则这种热量需求会大大降低能量转换效率。因此，换热器的效率及其投资成本对超临界水热气化的可行性有很大影响。

另一个主要挑战是，湿固体生物质是纤维状的，成分变化很大。浆液泵已被用于向高压反应器中输送固体浆液，但尚未测试将生物质泥浆供入超高压超临界反应器中的情况。

随着原料中生物质浓度的增加，气化效率和产气量下降，这可能是超临界水热气化工业化的主要障碍。目前正在努力使用不同的催化剂来提高气化效率和产气量，但尚未找到一种经济有效的方法。

从其他气体中分离二氧化碳可能需要在高压下加入大量的水。这会大大增加系统的成本，降低其整体能效。

生物质浆液在换热器和反应器中加热时，在预热阶段会产生焦油和焦炭，容易造成结垢或堵塞，需要通过进一步的研究来解决这一重要挑战。反应器壁的腐蚀同样会阻碍超临界水热气化的商业化进程。

超临界水热气化中使用的催化剂可以是均相的，也可以是非均相的。均相催化剂比非均相催化剂更有效，但其回收和再利用仍然是限制其大规模工业应用的主要问题。大多数关于均相催化剂应用的研究都集中在催化剂的性能和产品选择性上。超临界水热气化中非均相催化剂的失活是限制其使用的一个挑战。催化剂失活的可能原因如下：①无机化合物（如盐和矿物沉淀）导致催化剂结垢；②不必要的副反应导致焦炭和焦油的形成，沉积在催化剂表面；③含硫化合物对催化剂活性位点的毒害；④金属催化剂的烧结。其中，无机沉淀和结焦也会导致超临界水热气化过程中堵塞问题的产生。

另一方面，超临界水介质所产生的恶劣环境，使金属催化剂的表面积减小，表面结构发生变化，这种现象被称为催化剂烧结。Peng 等人在 400 ℃ 和 28 MPa 条件下，对小球藻超临界水热气化中连续反应 100 h 的 Ru/C 废催化剂的性能进行了综合研究。结果表明，与原催化剂相比，废催化剂的 Ru 分散度有所降低。Ru 分散度的下降是由 Ru 纳米粒子的烧结、孔堵塞以及催化剂浸出等多种催化剂失活机理造成的。Li 等人研究了甘油超临界水热气化过程中负载在 TiO_2、ZrO_2 和 Ta_2O_5 上的 Ni 催化剂的稳定性，并确定 Ni 烧结是催化剂失活的主要机理。

亚临界水热气化制甲烷面临的主要挑战是，生物质中的盐可能会使非均相催化剂失活。

研究催化剂失活过程以及盐的行为，有利于开发一种适合于技术应用的工艺。在盐与非均相催化剂接触之前，需要增加一个分离盐的过程。其他会造成催化剂中毒的物质包括含氮化合物和含硫化合物等。

在超临界条件下，盐的溶解度降低。因此，在超临界气化过程中会产生固体沉淀物，这可能导致堵塞。特别是在管直径较小、晶体较大或液体黏性较大且流速较低的情况下，这将会是一个严重的问题。

在使用碳固定床催化剂的超临界水热气化中，盐的堵塞是一个严重的问题。催化剂在整个过程中以悬浮物的形式运输，是所研究的解决方案之一。另一个方法是，在流化碳催化床中进行超临界水热气化，这一领域的基础研究非常有前景。

盐的堵塞主要是固体催化剂超临界气化中的问题。如前文所述，在无催化剂的超临界水热气化中，盐也可用作水煤气变换反应的催化剂。然而，它们也可能在没有催化剂床的超临界水热气化中造成堵塞。在这种情况下，关于生物质的盐浓度、盐的性质以及晶体形成和晶体生长的动力学的研究很重要。例如，像碳酸盐这样的碱性盐通常可以很容易地通过管道，而其他盐则不行。特别是在与焦炭结合时，部分设备直径较小或流速较低时可能会发生堵塞。

生物质中盐的存在似乎给所有类型的水热气化都带来了挑战，但这些挑战的原理却是不同的。在水相重整中，盐的溶解度很高，在实际条件下对催化剂的影响尚不清楚。在亚临界气化制甲烷中，盐的溶解度仍然很高，但盐类会导致催化剂中毒。在超临界气化过程中，会有盐析出，这在有固定催化剂床的工艺中会造成严重的堵塞问题，而在没有固定催化剂床的工艺中造成的问题相对较小。在所有情况下，将盐从溶液中分离并用作肥料都是有意义的，在不分离盐的水热气化过程中，盐主要存在于废水中，分离或浓缩这些盐，将它们作为肥料用于农田，从而实现生物质营养循环。

在超临界水热气化中，生成的氢气被认为能够改变金属的机械稳定性。在某些条件下，氢的形成对于高压釜材料似乎没有影响，以甲醇为例，在超临界水热气化实验中，反应管（镍基合金 625）的使用寿命超过 1000 h。然而，在超临界水热气化实验中观察到了反应器材料的腐蚀。由于采用不同的原料和反应器材料，反应器的运行时间也不尽相同，因此在腐蚀方面的经验因研究组而异。无论事实如何，生物质都含有多种不同的成分。在用含蛋白质的生物质进行的 CSTR 实验中，发现了反应器严重的腐蚀，很可能是因为生物质中含有硫；葡萄糖与 K_2CO_3 一起使用也会导致产品的弱腐蚀性（流出液中的 Ni、Cr、Mo 颗粒）。当用碳催化超临界水热气化转化玉米青贮饲料（不含固体催化剂）和其他不同原料时，也观察到了腐蚀现象。但是，已有研究找到了解决超临界水氧化过程中严重的腐蚀问题的方法，同时也有可能解决超临界水热气化过程中相对较弱的腐蚀问题。

Kritzer 的研究表明，在超临界水中发生的腐蚀与工质密度（与温度和压力有关）密切相关，高密度时腐蚀程度高，低密度（$<0.3 \ g/cm^3$）时腐蚀程度显著降低。在氧气存在的情况下，超临界水热气化腐蚀程度增强。Hayward 等人研究发现，添加氧化剂后，所研究的反应器（SS316）的腐蚀速率显著增加。根据 Kritzer 和 Dinjus 的研究，超临界水氧化的废水处理显著增强了反应器的腐蚀。此外，Vadillo 等人指出酸、盐和碱的解离，气体溶解度和氧化物保护层的稳定性等因素直接影响反应器的耐腐蚀性，当反应中使用氧化剂时，反应器的腐蚀率很高。

鉴于目前生产氢气的成本，超临界水热气化的可行性受到了挑战。通过生物质直接气化获得氢气的成本大约是天然气蒸气甲烷重整(SMR)的三倍。通过 SMR 从天然气中获取氢气的成本为 1.5~3.7 美元/kg(假设天然气价格为 7 美元/GJ),从生物质中获取氢气的成本为 10~14 美元/GJ。超临界高压水系统的高运行成本和资金成本在经济方面带来了巨大的挑战。缺乏对超临界水热气化技术了解,加上净产能量和经济方面的原因,限制了从商用 SMR 获得氢气的能力。然而,关于生物质和藻类的超临界水气化技术的技术经济研究还很少。Gasafi 等人以污泥为原料生产氢气,研究了超临界水热气化的经济性,结果表明,如果不考虑处理污水污泥的收入,氢气的生产成本约为 35.2 欧元/GJ,明显高于通过电解获得氢气的成本(26.82 欧元/GJ)。Brandenberger 等人估计了在池塘中养殖微藻和使用光生物反应器与超临界水热气化生产合成天然气(SNG)的成本,报告指出,经济挑战来自于藻类生物质的生产成本,其占所需投资的 94%。超临界水热气化技术仍需要通过正确理解工艺概念和设备组件来针对相关问题进行优化,以提高经济效益。为了使水热处理技术在经济上可行,还需要对其进行更多的研究。

5.4.2.3　成果展望

超临界水热气化是一种很有前途的处理湿生物质的方法,然而,对超临界水热气化设计的分析表明,该工艺的可行性取决于原料类型和浓度。堵塞和焦炭形成是生物质超临界水热气化面临的主要问题。此外,在超临界水条件下,无机盐在生物质中较低的溶解度会导致超临界水热气化过程中出现固体沉淀,这些盐与焦炭结合并堵塞反应器。尽管连续搅拌反应器和流化床可以解决堵塞问题,但仍存在设计复杂、能耗高的潜在问题。因此,研究人员仍在试图设计高效的超临界水热气化反应器系统。另一个技术挑战是如何选择合适的材料以避免反应器在超临界水热气化工艺的极端环境中发生腐蚀。超临界水热气化工艺中的极端环境需要能够防止腐蚀的材料。此外,在高浓度下泵送生物质浆液也是一个问题。为了优化工艺,需要高效、优质的能量回收设备。在生物质超临界水热气化中广泛使用 Ni 和 Ru 等金属催化剂,旨在提高氢气的产量,但很多研究表明,它们会引起甲烷化反应并产生甲烷,在超临界条件下,氢气生产的选择性和催化剂的稳定性也是重要的挑战。超临界水热气化过程中的催化剂中毒、损失和失活带来了技术挑战,需要使用催化剂载体来防止不必要的副反应以及提高氢气产率。

关于无机材料(如盐水和固体材料)的沉积和去除,Hong 等人获得了罐式反应器(又称 MODAR 反应器)的专利,其形式为逆流反应器。在不同的操作条件下,原料和冷水从反应器的相反侧引入,冷水从亚临界条件下的反应器底部供应,原料从超临界条件下的反应器顶部供应,这使得盐水从底部离开反应器,超临界流体从反应器顶部离开。Schubert 等人采用了类似的设计,然而,与 MODAR 反应器同时充当反应器和盐分离器不同,Schubert 反应器在反应前采用预处理装置进行盐分离。

由于极端恶劣的条件,超临界水热气化过程中所涉及的风险也会是一个重要挑战。检查腐蚀、确定坚固的反应器材料、有效的反应器设计和减少堵塞问题是超临界水热气化过程中需要考虑的其他因素,尽管这些问题大多已通过流化床反应器得到解决,但与化石燃料相比,超临界水热气化工艺的能源载体的高成本仍是一个关键问题。

由于超临界水热气化的高运行成本,许多研究人员提出,这些工艺不应该单独存在,而应该成为其他生物炼制工艺的一部分。Hantoko 等人提出了超临界水热气化与重整反应相结合的工艺设计,该集成工艺将独立式超临界水热气化工艺的合成气生产率从 120.6 kg/

(100 kg 原料)提高到了 151.1 kg/(100 kg 原料)。Elliott 等人申请了水热液化和催化水热气化联合系统专利。Heidari 等人提出将水热炭化(HTC)、厌氧消化与超临界水热气化相结合,如图 5-33 所示;他还指出,需要进行生命周期评估来比较不同的工艺集成。在 HTC 工艺的处理中,废水由于其毒性和有机负荷的影响,一直是一个重要的问题。然而,其酸性性质使其适合在厌氧消化过程中促进水解反应。此外,高温合成过程中产生的气体主要含有 CO_2,这些 CO_2 可以与超临界水热气化产物结合生成合成气。无论如何,为了实现可持续的循环经济,仍需要考虑综合生物精炼厂应该如何设计的问题。

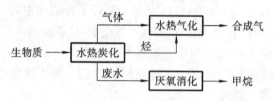

图 5-33　工艺集成流程图

　　工厂建设规模也是一个重要的问题,因为运输高含水量的生物质成本高且能耗大。工艺温度越高,装置应该越大,因为预期的相对能量损失随温度增加而增加,但随着体积的增加而减少。因此,不同的生物质水热气化工艺应采用不同的应用类型和不同的工厂规模。

　　Karlsruhe 研究中心认为,超临界水热气化应该是酿酒厂等大型工厂的一部分,该工厂生产的生物质将被气化。在这种情况下,能源管理会得到改善:超临界水热气化所需的热量可以由工厂的另一部分产生,也可以由处理超临界水热气化燃料气的高温燃料电池产生。

　　碳催化的超临界水热气化工艺方法在技术规模上的适用性仍有待证明。在使用悬浮碳催化剂时,回收利用非常重要且仍需进行研究证明。碳催化超临界水热气化流化床反应器如何从实验室规模放大到工业规模仍有待研究实现。如果这些障碍都能克服,这两个工艺将是非常有意义的技术应用。

　　理想的可运输工厂具有极强的吸引力,尤其是对于近临界催化气化制甲烷,例如,图 5-34 显示了农场规模的水热气化系统处理猪粪的设计流程,这个设计包括用于处理矿物质和还原性硫(蛋白质中)的装置。

　　水相重整对于小规模的氢气生产是很有意义的,例如用于 PEM(质子变换膜)燃料电池。与其他水热气化工艺相比,其优点是温度较低,缺点是到目前为止原料的浓度很低。PEM 燃料电池体积大,导致其在水相重整中的流动应用时重量大。此外,到目前为止成功气化的原料范围很小,该工艺的未来将取决于能否克服原料浓度和性质方面的限制,这将需要进一步的研究和开发。

　　利用酶或微生物生产燃料或高价值产品也引起了研究人员的兴趣,特别是乙醇燃料的生产,具有很高的经济意义。通常,此类工艺是在水溶液中进行的,并且与湿残渣的产生相关,因为不可能在现场使用整个装置。例如,在生物乙醇生产中,生物质首先被分解,主要产物为纤维素、半纤维素和木质素。只有碳水化合物才能转化为糖,并进一步转化为乙醇,木质素不能被转化并保留下来。在其他情况下,生物质不会完全转化,例如,在沼气生产中,生物质被送入反应器中,但不会完全转化为气体。这两种情况与水中的热化学转化反应相结合(例如此处介绍的水热气化工艺),可在生物精炼方面产生协同效应,因为生物工艺的湿残渣不需要干燥即可转化为有用的产品。

　　最近,在水热条件下由糖或木质素形成平台化学物质也得到了非常良好的结果。同样,

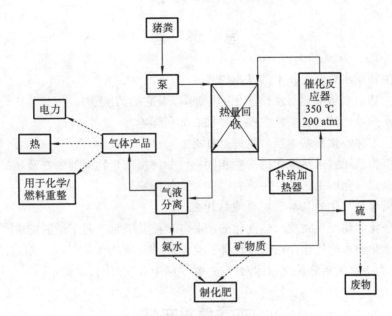

图 5-34 农场规模的水热气化装置的工艺流程图

与气化的结合可能会使得生物精炼厂形成协同效应和完整的物质循环。

实验结果表明,流化床反应器也可以很好地解决高灰分生物质的问题。最早关于这方面的工作是由 Matsumura 等人进行的,碳作为催化剂通过反应器输送并存在于流化床中,带有流化床的新反应器已经开始应用于实际生产。在另一项研究中,氧化铝颗粒流化床抑制了碳沉积形成的堵塞。

未来水热气化可能会作为生物精炼厂的一部分。例如,在水热液化工艺中,产物为焦油和水相部分。废水中的有机化合物可被气化,氢气可用于提质石油。在另一项研究中,将藻类水热液化的废水部分气化以回收废水进行循环利用的结果并不理想,但可能通过完全气化来实现。

为了避免反应器堵塞,流化床反应器已在水热气化中得到应用。工艺设计计算表明,生物质原料本身应作为流化流体。向流化床供应生物质(常规热气化的情况)会导致原料的过度稀释。最小流化速度是压力和温度的函数,稳定运行并不总是容易的。例如,如果在操作中发生一些干扰,使得反应器中的压力增加,则所有流化颗粒都会从反应器中流出。

与其他传统的生物质转化方法相比,超临界水热气化不需要预干燥步骤,从而降低了总的运行成本。此外,超临界水热气化工艺还可用于制氢和危险废物处理。城市固体废物、食品废物、污水污泥、工业废物、畜禽粪便和石化废物是通过超临界水热气化生产富氢合成气的候选资源。然而,这一领域仍需进一步研究,原因如下:

(1)为了比较水热气化技术与其他气液工艺(如费-托合成或合成气发酵等)的集成,需要进行工艺建模、生命周期评价和技术经济分析;

(2)为了进一步了解水热分解过程的基本现象,需要对生物废弃物和非植物残渣的超临界水热气化进行动力学和热力学研究;

(3)对于含有大量硫、磷和氯的生物废物,如污水污泥、城市固体废物、动物粪便、混合塑料和石化副产品,最重要的是需要解决盐沉积和腐蚀问题。

思 考 题

1. 简述生物质水热转化技术的基本原理。

2. 简述生物质水热液化与水热气化的原理,以及它们的区别。

3. 影响水热液化的工艺条件主要有哪些? 如何影响?

4. 生物质水热液化的基本反应机理是什么?

5. 不同生物质原料水热液化的产物相同吗? 如何提高生物原油的产量和品质?

6. 影响水热气化的工艺条件主要有哪些? 如何影响?

7. 生物质水热气化的基本反应机理是什么?

8. 如何净化和调变生物质水热气化的产品气以使其满足工艺下游的需求?

9. 水热液化和水热气化存在哪些优势? 又面临哪些挑战?

10. 你认为生物质水热转化技术对"碳达峰""碳中和"有什么意义?

本章参考文献

[1] KRUSE A,HENNINGSEN T,SINAĞ A,et al. Biomass gasification in supercritical water:influence of the dry matter content and the formation of phenols[J]. Industrial & Engineering Chemistry Research,2003,42(16):3711-3717.

[2] 关宇,郭烈锦,张西民,等. 生物质模型化合物在超临界水中的气化[J]. 化工学报,2006(06):1426-1431.

[3] 吕友军,冀承猛,郭烈锦. 农业生物质在超临界水中气化制氢的实验研究[J]. 西安交通大学学报,2005(03):238-242.

[4] YANIK J,EBALE S,KRUSE A,et al. Biomass gasification in supercritical water:Part 1. effect of the nature of biomass[J]. Fuel,2007,86(15):2410-2415.

[5] D′JESÚS P,BOUKIS N,KRAUSHAAR-CZARNETZKI B,et al. Gasification of corn and clover grass in supercritical water[J]. Fuel,2006,85(7):1032-1038.

[6] LEE I,KIM M,IHM S. Gasification of glucose in supercritical water[J]. Industrial & engineering chemistry research,2002,41(5):1182-1188.

[7] MINOWA T,SAWAYAMA S. A novel microalgal system for energy production with nitrogen cycling[J]. Fuel,1999,78(10):1213-1215.

[8] APPELL H R,FU Y C,FRIEDMAN S,et al. Report of Investigation 7560[J]. Bureau of Mines,1971.

[9] BOOCOCK D G B,KOSIAK L. A scanning electron microscope study of structural changes during the liquefaction of poplar sticks by rapid aqueous thermolysis[J]. Canadian Journal of Chemical Engineering,1988,66(1):121-126.

[10] EAGER R L,MATHEWS J F,PEPPER J M,et al. Studies on the products resulting from the conversion of aspen poplar to an oil[J]. Canadian Journal of Chemistry,1981,59(14):2191-2198.

[11] YOKOYAMA S,OGI T,KOGUCHI K,et al. Direct liquefaction of wood by catalyst (Part 2)[J]. Journal of the Japan Petroleum Institute,1986,29(3):262-266.

[12] ELLIOTT D C,SEALOCK JR L J,BUTNER R S. Product analysis from direct liquefaction of several high-moisture biomass feedstocks[M]. ACS Publications,1988.

[13] CHANGI S,PINNARAT T,SAVAGE P E. Modeling hydrolysis and esterification kinetics for biofuel processes[J]. Industrial & Engineering Chemistry Research, 2011,50(6):3206-3211.

[14] YOUSSEF E A,NAKHLA G,CHARPENTIER P A. Oleic acid gasification over supported metal catalysts in supercritical water:Hydrogen production and product distribution[J]. International Journal of Hydrogen Energy,2011,36(8):4830-4842.

[15] MATSUMURA Y,PROMDEJ C. Temperature effect on hydrothermal decomposition of glucose in sub-and supercritical water[J]. Industrial & Engineering Chemistry Research,2011,50(14):8492-8497.

[16] YIIKSEL M,MADENOGLU T G,SAGLAM M. Simultaneous effect of temperature and pressure on catalytic hydrothermal gasification of glucose[J]. The Journal of Supercritical Fluids,2013,73:151-160.

[17] JIN H,FAN C,GUO L,et al. Experimental study on hydrogen production by lignite gasification in supercritical water fluidized bed reactor using external recycle of liquid residual[J]. Energy Conversion and Management,2017,145.

[18] SINAĞ A,ANDREA KRUSE A,RATHERT J. Influence of the heating rate and the type of catalyst on the formation of key intermediates and on the generation of gases during hydropyrolysis of glucose in supercritical water in a batch reactor[J]. Journal of Cutaneous Maedicine & Surgery,2014,13(2):106-109.

[19] ONWUDILI J A,WILLIAMS P T. Role of sodium hydroxide in the production of hydrogen gas from the hydrothermal gasification of biomass[J]. International Journal of Hydrogen Energy,2009,34(14):5645-5656.

[20] NAKAMURA A,KIYONAGA E,YAMAMURA Y,et al. Gasification of catalyst-suspended chicken manure in supercritical water[J]. Journal of Chemical Engineering of Japan,2008,41(5):433-440.

[21] GUO Y,WANG S Z,XU D H,et al. Review of catalytic supercritical water gasification for hydrogen production from biomass[J]. Renewable & Sustainable Energy Reviews,2010,14(1):334-343.

[22] CHUNTANAPUM A,MATSUMURA Y. Formation of tarry material from 5-hmf in subcritical and supercritical water[J]. Industrial & Engineering Chemistry Research,2009,48(22):9837-9846.

[23] LITTLEJOHNS J,REHMANN L,MURDY R,et al. Current state and future prospects for liquid biofuels in Canada[J]. Biofuel Research Journal,2018:759-779.

[24] HEIDARI M,DUTTA A,ACHARYA B,et al. A review of the current knowledge and challenges of hydrothermal carbonization for biomass conversion[J]. Journal of the Energy Institute,2019,92(6):1779-1799.

第 6 章

生物质气化技术

6.1 气化技术简介

气化是一种热化学燃料转化技术,在高温下使用气化剂将固体(或液体)燃料转换成可燃气体产品。在这个过程中,游离氧或者结合氧与燃料中的碳进行热化学反应,生成可燃气体。生物质气化是以生物质为原料,在空气、氧气、水蒸气、二氧化碳或它们的混合气等反应气氛以及高温条件下,通过热化学反应将固体生物质转化为燃气燃料的过程。生成的气化气中含有 H_2、CO、CH_4 等不凝性可燃小分子气体,水蒸气、CO_2、N_2(如以空气作为气化剂)等不可燃小分子气体,以及由大分子碳氢化合物组成的可凝性焦油杂质。

6.1.1 气化技术历史沿革

气化源于人们尝试理解气体的物理化学特性,特别是煤矿开采过程中遇到的可燃和有毒气体。大约从 1650 年开始,人类通过"气动化学"(pneumatic chemistry)这一历史领域开始研究气体的生产、净化和储存。气动化学家最初尝试在曲颈瓶内加热固体来生产可燃气以供研究,随着研究的发展以及技术的进步,出现了斯蒂芬·黑尔斯(Stephen Hales)发明的集气槽(pneumatic trough)和安东尼·拉瓦锡(Antoine Lavoisier)发明的储气筒,这些装置能有效地收集和储存来自曲颈瓶的气体,并能更好地承载更严苛的气化要求。

这些最初生产的可燃气被初步应用至不同领域。亚历山德罗·V.奥尔塔(Alessandro V Olta)在 18 世纪 70 年代发明了原始的煤气灯,简彼得·明克莱斯(Jan-Pieter Minckelers)于 1785 年在鲁汶大学(University of Louvain)尝试用煤气来点亮他的演讲大厅。第一个商业化的气化厂出现在 19 世纪早期的英国,气化厂使用的设备来源于实验室仪器的直接放大,生产富含 H_2 和 CO 的混合燃气供纺织机械使用。随着工业快速发展,伦敦成立"煤气照明和焦炭公司",通过煤蒸馏工艺提炼煤焦和煤气,生产的煤气通过管道输送到城市各处用于照明和供暖。此后气化技术持续进步,到 1826 年,英国几乎每个人口超过 1 万的城镇都有了煤气照明设备。气化技术在美国也得到了广泛的应用,1816 年,美国马里兰州巴尔的摩开始使用煤气照明。到 20 世纪 20 年代末,美国有超过 1200 家气化厂在运行。虽然在 1900 年左右电灯被发明并应用后,煤气的照明需求有所降低,但在天然气被大规模开采和使用之前,煤气在供暖和烹饪方面仍然占有重要地位。

20 世纪 40 年代以来,中小型生物质气化技术一直被用于生产低热值气体,即发生炉煤气(producer gas)。由于第二次世界大战爆发,战争对石油资源的巨大依赖以及石油资源的短缺,极大地促进了生物质气化技术的发展和应用。在第二次世界大战期间,德国和其他欧洲国家严重的石油短缺促使小型木材气化炉迅速发展。木材气化炉用于驱动农用拖拉机、汽车、货车、公共汽车,甚至船只,通常以木炭或木材块料作为燃料,产生的气化气在内燃机中燃烧以提供动力。至第二次世界大战结束时,约有 70 万个类似的气化装置投入使用,比如在当时的瑞典,90％的车辆都由气化炉提供动力。虽然这些气化炉缓解了当时严重的石油短缺状况,但这种动力提供方式存在诸多不便,如发动机效率低下、燃料需人工加载、维护需求频繁、设备可靠性差等。随着战争结束,石油产能逐步恢复,这些小型气化炉技术迅速被放弃。

战争期间的石油短缺也促使各国发展气化炉生产的合成气(syngas,主要组分是 CO 和 H_2)合成液体燃料技术。与车载气化炉相比,这些用于合成气生产的固定气化装置规模都很大,而且通常以煤炭而不是木炭或木材为燃料。到 20 世纪 30 年代末,德国利用煤炭气化和费-托合成技术每天生产 230 万升汽油。日本、英国和法国也相继建造了基于类似技术的工厂。20 世纪 40 年代初,由于费-托合成技术还相对不成熟,反应器尺寸小,总体产量不高,德国开始主要使用煤加氢来制造燃料。随着第二次世界大战结束,这两种燃料合成技术也均停止使用,转而使用常规石油燃料。

第二次世界大战过后,由于廉价原油供应的增加,气化技术进展趋缓。直至 20 世纪 70 年代,石油危机导致西方国家经济受挫,为缓解能源危机,生物质气化技术又再一次得以发展。美国、日本、加拿大、欧盟国家等调整能源战略,开始着力生物质气化技术的研究与开发。到 20 世纪 80 年代,仅美国和加拿大就分别有 19 家和 12 家研究机构从事生物质气化技术的研究,美国可再生能源实验室(NREL)和夏威夷大学开展了生物质蔗渣燃气联合循环(IGCC)发电系统研究。德国鲁奇公司建立了 100 MW 的 IGCC 发电系统示范工程;瑞典能源中心利用生物质气化联合循环发电等先进技术,在巴西建了一座 30 MW 的蔗渣发电厂;荷兰 Twente 大学进行流化床气化器和焦油催化裂解装置研发,推出了无焦油气化系统,还开展了将生物质转化为富氢燃气、生物油等高品质燃料的研究。

早在 20 世纪 40 年代,用木炭气化燃气驱动的汽车已在中国一些城市使用。我国在能源困难的 20 世纪 50 年代,也曾利用沼气作为燃料驱动汽车和农村排灌设备,而生物质气化技术则在 20 世纪 80 年代以后才得到较快发展。至今,我国已广泛开展了生物质能高品位气化转换技术以及气化装置的研究开发,逐步实现了生物质气化集中供气、燃气锅炉供热、内燃机发电等技术,把农林废弃物、工业废弃物等生物质转化为高品质的可燃气、电能和蒸汽,极大地提高了生物质能源的利用率。1998 年,中科院广州能源所研究设计出使用木屑的循环流化床生物质气化发电系统,并投入商业运行。山东省科学院能源研究所在“七五”和“八五”期间成功研制出秸秆气化机组和集中供气系统中的关键设备和成型技术,并率先在国内多个农村地区推广和应用。浙江大学、华中科技大学、辽宁省能源研究所等科研单位在生物质气化及多联产领域也开展了大量研究工作,为生物质气化技术的应用打下了良好的基础。在生物质气化技术高速发展期间,我国研究机构完成了生物质气化设备规模从 400 kW 到 10 MW 的突破,形成了向产业规模化发展的方向,我国成为了国际中小型生物质气化发电应用最多的国家之一。生物质气化技术作为生物质清洁利用的关键技术之一,在国内外有着广泛的发展前景,正朝着合成液体燃料、供热、供气、发电以及多联产等方向稳步前行。

6.1.2　气化原理

生物质气化过程,从宏观上看可以分为受热干燥、受热裂解、氧化反应、还原反应等四个

图 6-1　生物质下吸式气化炉

阶段。为更好地描述生物质气化过程,下面利用生物质下吸式气化炉讲述生物质气化原理,如图 6-1 所示。生物质从干燥层加入下吸式气化炉,依靠自身重力作用,下落至炉底,依次经过干燥、裂解、氧化和还原,气化剂从氧化层加入,灰分和燃气从炉底排出。

在生物质气化过程中,固体燃料经历了一系列不同的反应步骤,包括加热干燥、裂解、气固反应和气相反应,如图 6-2 所示。与燃烧不同,气化反应由于氧气有限,只产生有限的二氧化碳和水。根据反应器的设计和燃料颗粒的大小,进入气化反应器的单个生物质燃料颗粒的气化反应时间从小于 1 秒到几十分钟不等。

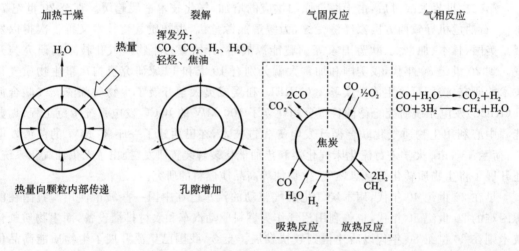

图 6-2　生物质气化过程

6.1.2.1　受热干燥

受热干燥是气化的第一步,在 100~200 ℃温度下生物质从含水量 10%~50%降至完全干燥状态。但去除生物质原料中多余的水分,将会增加合成气中水蒸气、CO_2 和 N_2(空气气化剂)的含量,从而降低合成气的有效热值,阻碍合成气下游的应用,同时降低气化系统整体效率。

生物质中的水分在气化过程中会起到重要作用。在气化温度下,水分蒸发形成的蒸汽起气化剂的作用,与挥发分和炭反应,将其转化为合成气,并参与水煤气转换反应,可提高合成气中氢气含量。但是,生物质中过多的水分会降低气化系统热效率。这是因为过多的水分会造成显著的汽化潜热损失,影响系统整体热效率。因此,生物质中适当的水分含量对气化是有利的,为获得更高的热效率,通常要求生物质原料含水量低于 25%。

生物质原料进入气化炉后进行最终干燥,吸收气化炉氧化区放出的热量。这种热量使原料预热并蒸发其中的水分。在 100 ℃以上,生物质中的结合水被不可逆地去除。随着温度的进一步升高,生物质低分子量组分开始受热分解,析出挥发分,进入下一步受热裂解

阶段。

6.1.2.2　受热裂解

生物质在无氧条件下的快速分解称为热裂解。当物料温度升高至 200 ℃时，干燥后的生物质开始发生裂解；温度达到 300～400 ℃时，生物质发生剧烈的裂解反应，大量析出挥发分，挥发分主要成分为水蒸气、H_2、CO、CO_2、CH_4、焦油以及其他碳氢化合物。受热裂解完成后，会产生多孔固体——焦炭，其主要组成为碳和无机化合物（灰分）。

在气化温度下焦炭不会进一步挥发，但可以继续与气化环境中的反应性气氛发生反应。生物质焦炭通常比煤焦更具多孔性和反应性，其孔隙率为 40%～50%，而煤焦的孔隙率仅为 2%～18%。生物质焦炭的孔隙（20～30 μm）比煤焦的孔隙（约 0.5 nm）大得多，因此它的反应行为不同于煤衍生的炭。

6.1.2.3　氧化反应

氧化反应指的是裂解产生的焦炭以及挥发分中可燃气体与气化介质中的氧气发生剧烈氧化反应，放出大量的热，并将其提供给干燥、裂解以及还原反应，维持气化反应所需能量。氧化反应区域最高温度可达 1000～1200 ℃。此区域主要化学反应式为

$$C+0.5 O_2 \longleftrightarrow CO \quad \Delta H_R = -110.5 \text{ kJ/mol} \tag{6-1}$$

$$C+O_2 \longrightarrow CO_2 \quad \Delta H_R = -394 \text{ kJ/mol} \tag{6-2}$$

$$CO+0.5 O_2 \longrightarrow CO_2 \quad \Delta H_R = -284 \text{ kJ/mol} \tag{6-3}$$

$$H_2+0.5 O_2 \longrightarrow H_2O \quad \Delta H_R = -242 \text{ kJ/mol} \tag{6-4}$$

6.1.2.4　还原反应

经过氧化反应后，还原区已没有氧气存在，裂解产生的挥发分以及氧化区域产生的燃烧产物在此区域与剩余焦炭发生还原反应，生成 CO 和 H_2，完成固体生物质向气体燃料的最终转化过程。气体之间同时会发生水煤气变换反应（WGS）以及甲烷化反应，其决定了气化合成气的最终气体组成。因为还原区域大部分反应为吸热反应，此区域温度会相应降低到 700～900 ℃，吸热热量来源于氧化区域燃烧热。此区域主要化学反应式如下：

Boudouard（鲍多尔德）反应：
$$C+CO_2 \longleftrightarrow 2CO \quad \Delta H_R = 172.4 \text{ kJ/mol} \tag{6-5}$$

碳-水反应：
$$C+H_2O \longleftrightarrow H_2+CO \quad \Delta H_R = 131.3 \text{ kJ/mol} \tag{6-6}$$

碳氢反应：
$$C+2H_2 \longleftrightarrow CH_4 \quad \Delta H_R = -74.8 \text{ kJ/mol} \tag{6-7}$$

WGS 反应：
$$CO+H_2O \longleftrightarrow H_2+CO_2 \quad \Delta H_R = -41.1 \text{ kJ/mol} \tag{6-8}$$

甲烷化反应：
$$CO+3H_2 \longleftrightarrow CH_4+H_2O \quad \Delta H_R = -206.1 \text{ kJ/mol} \tag{6-9}$$

其中，焦炭气化反应（式(6-5)、式(6-6)两个气固反应）是最重要的反应，由于焦炭气化反应比裂解反应以及氧化反应要慢得多，占据了整个气化进程的大部分时间，因此焦炭气化反应是决定气化速度的反应。

总的来说，生物质气化涉及一系列复杂的化学反应过程，在实际气化过程中，上述四个阶段没有明确的边界划分。生物质气化主要反应发生在氧化区域和还原区域，所以称氧化区域和还原区域为气化区。表 6-1 列出了气化过程中一些常见的反应。

表 6-1 气化过程中一些常见的反应

反应类型		反 应 式
碳反应	R1(Boudouard 反应)碳的气化	$C+CO_2 \Longleftrightarrow 2CO$ $+172.4 \text{ kJ/mol}$
	R2(碳-水反应)	$C+H_2O \Longleftrightarrow CO+H_2$ $+131.3 \text{ kJ/mol}$
	R3(加氢气化)	$C+2H_2 \Longleftrightarrow CH_4$ -74.8 kJ/mol
	R4	$C+0.5O_2 \Longleftrightarrow CO$ -110.5 kJ/mol
氧化反应	R5	$C+O_2 \Longleftrightarrow CO_2$ -394 kJ/mol
	R6	$CO+0.5O_2 \Longleftrightarrow CO_2$ -284 kJ/mol
	R7	$CH_4+2O_2 \Longleftrightarrow CO_2+2H_2O$ -803 kJ/mol
	R8	$H_2+0.5O_2 \Longleftrightarrow H_2O$ -242 kJ/mol
水煤气转换反应	R9	$CO+H_2O \Longleftrightarrow CO_2+H_2$ -41.1 kJ/mol
甲烷化反应	R10	$2CO+2H_2 \Longleftrightarrow CH_4+CO_2$ -247 kJ/mol
	R11	$CO+3H_2 \Longrightarrow CH_4+H_2O$ -206.1 kJ/mol
	R14	$CO_2+4H_2 \Longrightarrow CH_4+2H_2O$ -165 kJ/mol
蒸汽重整	R12	$CH_4+H_2O \Longrightarrow CO+3H_2$ $+206.1 \text{ kJ/mol}$
	R13	$CH_4+0.5O_2 \Longrightarrow CO+2H_2$ -36 kJ/mol

注:表中给出的各种反应热是在 25 ℃温度条件下的值。

6.1.2.5 气化反应动力学

气化炉中的所有反应并非都是瞬时且完全按照平衡计算将反应物转化为生成物的。上述化学反应都是以有限的速率和有限的程度进行的,因此它们可能不会在气化反应器内全部完成。一方面,反应进行到什么程度取决于反应后的平衡状态。另一方面,其动力学速率决定了在给定的流体动力学条件下,反应产物形成的速度以及反应是否在气化炉室内完成。在讨论化学平衡的结果之前,先介绍化学平衡的基本概念。

1. 化学平衡

生物质气化反应同大多化学反应一样,在原始物料进行正反应的同时,反应生成物之间根据化学反应条件的不同会发生不同程度的逆反应。

假设下式是一个可逆反应:

$$nA+mB \xrightarrow{k_{for}} pC+qD \qquad (6\text{-}10)$$

式中:n、m、p 和 q 是化学计量系数;脚标 for 表示正向。反应速率 r_1 取决于反应物 A 和 B 的浓度 C_A 和 C_B:

$$r_1 = k_{for} C_A^n C_B^m \qquad (6\text{-}11)$$

同样,化学反应也可以朝逆方向移动:

$$pC+qD \xrightarrow{k_{back}} nA+mB \qquad (6\text{-}12)$$

式中:脚标 back 表示逆向。

逆反应的速率 r_2 同样取决于反应物 C 和 D 的浓度 C_C 和 C_D:

$$r_2 = k_{back} C_C^p C_D^q \qquad (6\text{-}13)$$

当反应开始时，反应物 A 和 B 的浓度较高，产物 C 和 D 的浓度较低。因此正反应速率 r_1 最初远大于逆反应速率 r_2，因为 $r_1 > r_2$，这种反应状态为非平衡状态。随着反应进行，正向反应增加了产物 C 和 D，从而增大了逆反应速率。最后，当两个反应速率相等（$r_1 = r_2$）时，就会达到平衡状态。平衡时：正反应速率等于逆反应速率，反应物和产物的浓度没有进一步变化，系统的吉布斯自由能最小，系统的熵最大。

在平衡状态下：

$$r_1 = r_2 \tag{6-14}$$

$$k_{for} C_A^n C_B^m = k_{back} C_C^c C_D^q \tag{6-15}$$

反应速率常数 k_{for} 与 k_{back} 与反应物浓度无关，取决于反应温度 T。反应速率常数的温度依赖关系用阿伦尼乌斯（Arrhenius）公示表示为

$$k = A\exp\left(-\frac{E}{RT}\right) \tag{6-16}$$

式中：A 是指前因子，R 是通用气体常数，E 是反应活化能。

正、逆反应速率常数之比为平衡常数 K_e：

$$K_e = \frac{k_{for}}{k_{back}} \tag{6-17}$$

表 6-2 给出了不同温度下一些常见气化反应的平衡常数和生成焓的值。

表 6-2　不同温度下一些常见气化反应的平衡常数和生成焓

反　　应	平衡常数（$\lg K$）			生成焓/（kJ/mol）	
	298 K	1000 K	1500 K	1000 K	1500 K
$C + 0.5O_2 \longrightarrow CO$	24.065	10.483	8.507	−111.9	−116.1
$C + O_2 \longrightarrow CO_2$	69.134	20.677	13.801	−394.5	−395.0
$C + 2H_2 \longrightarrow CH_4$	8.906	−0.999	−2.590	−89.5	−94.0
$2C + 2H_2 \longrightarrow C_2H_4$	−11.940	−6.189	−5.551	38.7	33.2
$H_2 + 0.5O_2 \longrightarrow H_2O$	40.073	10.070	5.733	−247.8	−250.5

2. 吉布斯自由能

吉布斯自由能 G 是一个重要的热力学函数，反映在给定温度 T 下，熵的变化 ΔS 和焓的变化 ΔH，吉布斯自由能可以写成

$$\Delta G = \Delta H - T\Delta S \tag{6-18}$$

根据系统中各气体的焓或熵的变化，能够计算出反应系统的焓或熵的变化。一种常见的计算方法是使用 Probstein 和 Hicks 给出的经验方程。它以在 1 atm 和 298 K 的参考状态下的形成热以及温度来表示吉布斯函数（式（6-19））和生成焓（式（6-20））。

$$\Delta G_{f,T}^0 = \Delta h_{298}^0 + a'T\ln T - b'T^2 - \left(\frac{c'}{3}\right)T^3 - \left(\frac{d'}{3}\right)T^4 + \left(\frac{e'}{2T}\right) + f' + g'T \tag{6-19}$$

$$\Delta H_{f,T}^0 = \Delta h_{298}^0 - a'T + b'T^2 + c'T^3 + d'T^4 + \left(\frac{e'}{T}\right) + f' \tag{6-20}$$

式中：Δh_{298}^0 是气体在 1 atm、298 K 下的生成焓；T 是气体温度；a'、b'、c'、d'、e'、f'、g' 等是经验系数，其值可从相应的工具书中查询得到。

通过吉布斯自由能值可以得出在温度 T 下发生反应的平衡常数，即

$$K_e = \exp(-\frac{\Delta G}{RT}) \qquad (6\text{-}21)$$

式中：ΔG 是反应的标准吉布斯函数或反应的自由能变化；R 是通用气体常数；T 是气体温度。

3. 气固反应动力学

生物质焦炭气化速率比其生成过程的裂解速率慢得多，所以气化炉体积更多地取决于焦炭气化速率，而非裂解速率。因此，焦炭气化反应在气化炉设计和运行中起主要影响作用。

固定式和流化床气化炉中气化区的常见温度范围为 700～900 ℃。焦炭气化区中发生的三种最常见的气固反应如式(6-5)、式(6-6)、式(6-7)所示，碳-水反应(式(6-6))在水蒸气气化炉中占主导地位。当空气或氧气为气化介质时，主要发生 Boudouard 反应(式(6-5))。水蒸气气化反应速率高于 Boudouard 反应速率。另一个重要的气化反应是在气相中发生的 WGS 反应(式(6-8))，将在下一节对其进行讨论。

气固碳-水反应速率可以用 n 阶表达式表示：

$$r = \frac{1}{(1-X)^m} \frac{dX}{dt} = A_0\, e^{-\frac{E}{RT}}\, P_i^n \qquad (6\text{-}22)$$

式中：X 为碳转化率分数；A_0 为表观指前因子(s^{-1})；E 为表观活化能(kJ/mol)；m 为碳转化率反应级数；T 为温度(K)；P_i^n 为气体分压，n 是相对于气体分压的反应级数；R 为气体常数，取 8.314 J/(mol·K)。

1) Boudouard 反应

对于 Boudouard 反应，可以使用考虑 CO 抑制的 Langmuir-Hinshelwood(朗格缪尔-欣谢尔伍德)速率来表示表观气化反应速率 r_b：

$$r_b = \frac{k_{b_1} P_{CO_2}}{1 + (k_{b_2} / k_{b_3}) P_{CO} + (k_{b_1} / k_{b_3}) P_{CO_2}} \qquad (6\text{-}23)$$

式中：P_{CO} 和 P_{CO_2} 分别是焦炭表面上 CO 和 CO_2 的分压；k_{b1}、k_{b2}、k_{b3} 为反应速率常数，根据式(6-16)计算。

当 CO 浓度相对较小，且不考虑其抑制作用时，Boudouard 反应的气化动力学速率可用一个简单的 n 阶方程表示：

$$r_b = A_b\, e^{-\frac{E}{RT}}\, P_{CO_2}^n \qquad (6\text{-}24)$$

对于 Boudouard 反应，生物质焦活化能值通常在 200～250 kJ/mol 范围内，而指数 n 的值在 0.4～0.6 范围内。桦木、杨树、棉木、黄杉木、麦秸和云杉木焦炭的指前因子 A、活化能 E 和反应级数 n 的典型值见表 6-3。

表 6-3 Boudouard 反应中典型生物质的反应参数

焦 炭 来 源	活化能 E/(kJ/mol)	指前因子 A/(s^{-1})	反应级数 n
桦木	215	3.1×10^6	0.38
(干)杨树	109.5	153.5×10^6	1.2
棉木	196	4.85×10^6	0.6
黄杉木	221	19.67×10^6	0.6
麦秸	205.6	5.81×10^6	0.59
云杉木	220	21.16×10^6	0.36

Boudouard 反应的逆向反应对催化反应影响较大,因为此逆向反应会在催化剂表面产生积碳,从而导致催化剂失活。

$$2CO \longrightarrow CO_2 + C \tag{6-25}$$

当 $P_{CO}^2 / P_{CO_2}^2$ 大于 Boudouard 反应的平衡常数时,上述反应在热力学上是可实现的。

2)碳-水反应

考虑到氢和其他反应物的抑制作用,碳-水反应的动力学速率 r_w 也可以用 Langmuir-Hinshelwood 的形式描述:

$$r_w = \frac{k_{w1} P_{H_2O}}{1 + (k_{w1}/k_{w3}) P_{H_2O} + (k_{w2}/k_{w3}) P_{H_2}} \tag{6-26}$$

式中:P_i(i 为 H_2O 和 H_2)是气体 i 的分压,单位为 bar。

但是,大多数动力学分析可使用一个更简单的 n 阶表达式来表示反应速率:

$$r_w = A_w \cdot e^{-\frac{E}{RT}} \cdot P_{H_2O}^n \tag{6-27}$$

表 6-4 列出了典型生物质碳-水反应的指前因子 A、活化能 E 和反应级数 n。

表 6-4　碳-水反应中典型生物质的反应参数

焦炭来源	活化能 $E/(kJ/mol)$	指前因子 $A/(s^{-1})$	反应级数 n
桦木	237	2.62×10^8	0.57
山毛榉	211	0.171×10^8	0.51
木材	198	0.123×10^8	0.75
其他生物质	$180 \sim 200$	—	$0.04 \sim 1.0$

3)碳氢反应

碳氢反应将碳与氢结合形成甲烷(式(6-7))。此反应在初始阶段,初生无定形焦炭与氢反应速率较高,随着高温下碳的石墨化,反应速率迅速降低,因此高升温速率有利于此反应的进行。此外,此反应涉及反应体系体积增加,因此高反应压力也有利于此反应的进行。Wang 和 Kinoshita 测量了此反应的速率,得到指前因子 $A = 4.189 \times 10^{-3} s^{-1}$,反应活化能 $E = 19.21$ kJ/mol。

4)烷烃蒸汽重整反应

若要生产合成气($CO、H_2$),可以选择直接重整烷烃,一般在 $700 \sim 900$ ℃温度下使用镍基催化剂,使烷烃(碳氢化合物)和蒸汽发生反应,产生合成气。合成气随后可以合成所需的液体燃料或化学原料。产物气的最终成分取决于以下因素:重整温度、反应压力、入炉料的氢碳比、蒸汽与碳之比。

烷烃蒸汽重整反应可以描述为

$$C_m H_n + \frac{4m-n}{4} H_2O \longleftrightarrow \frac{4m+n}{8} CH_4 + \frac{4m-n}{8} CO_2 \tag{6-28}$$

$$CH_4 + H_2O \longleftrightarrow 3H_2 + CO \tag{6-29}$$

$$CO + H_2O \longleftrightarrow CO_2 + H_2$$

4. 气相反应动力学

几种气相反应在气化过程中起着重要作用。其中,将一氧化碳转化为氢气的 WGS 反应(式(6-8))最为重要。该反应是温和的放热反应。由于反应体系总体积没有变化,因此它对压力因素相对不敏感。WGS 反应的平衡常数随温度升高而降低。为了获得较高的氢气产率，反应不能在很高的温度下进行，但较低的反应温度又限制了反应速率。因此，要达到最佳的反应速率，需要使用催化剂。在 400 ℃以下，可以使用铁铬催化剂（Fe_2O_3-Cr_2O_3）催化 WGS 反应。

其他气相反应包括 CO 和 H_2 的氧化反应（表 6-1 中 R6 和 R8 反应），均为放热反应，为其他吸热的气化反应提供热量。表 6-5 给出了以上反应的正向反应速率。

表 6-5　气相均相反应的正向反应速率和生成焓

反　应　式	反应速率 r	生成焓/(kJ/mol)
$H_2 + 0.5O_2 \longrightarrow H_2O$	$KC_{H_2}^{1.5}C_{O_2}$	$51.8T^{1.5}\exp(-3420/T)$
$CO + 0.5O_2 \longrightarrow CO_2$	$KC_{CO}C_{O_2}^{0.5}C_{H_2O}^{0.5}$	$2.238\times10^{12}\exp(-167.47/RT)$
$CO + H_2O \longrightarrow CO_2 + H_2$	$KC_{CO}C_{H_2O}$	$0.2778\exp(-12.56/RT)$

对于 CO 氧化的逆反应（$CO + \frac{1}{2}O_2 \xleftarrow{k_{back}} CO_2$），反应速率 k_{back} 可以写作：

$$k_{back} = 5.18\times10^8\exp\left(-\frac{167.47}{RT}\right)C_{CO_2} \tag{6-30}$$

对于 WGS 反应的逆反应（$CO + H_2O \xleftarrow{k_{back}} CO_2 + H_2$），反应速率 k_{back} 可以写作：

$$k_{back} = 126.2\exp\left(-\frac{47.29}{RT}\right)C_{CO_2}C_{H_2} \tag{6-31}$$

如果已知正向反应速率常数，则可以利用吉布斯自由能方程中的平衡常数来确定逆向反应速率常数 k_{back}。在 1 个标准大气压下，平衡常数 K_e 为

$$K_e = \frac{k_{for}}{k_{back}} = \exp\left(-\frac{\Delta G^0}{RT}\right) \tag{6-32}$$

WGS 反应的 ΔG^0 可以由以下简单的相关公式计算：

$$\Delta G^0 = -32.197 + 0.031T - \left(\frac{1774.7}{T}\right) \tag{6-33}$$

式中：温度 T 的单位为 K，ΔG^0 的单位为 kJ/mol。

5. 焦炭反应性

焦炭反应性是指焦炭与二氧化碳、氧气和水蒸气等反应气体进行化学反应的能力，反应性大小可由给定气化剂、温度、压力等反应条件下的反应速率体现。因为焦炭气化是整个气化反应中决定反应速率的步骤，因此所有气化炉模型中焦炭反应性是最重要的参数之一。

焦炭反应性主要由三个因素决定：①焦样自身物理化学结构；②无机矿物质含量；③颗粒的孔隙率。焦样自身物理化学结构比如焦炭微晶结构存在缺陷可以形成更多的活性位点。无机矿物质可以在焦炭进一步氧化反应（气化或燃烧）中充当催化剂。焦炭颗粒的孔隙率决定其比表面积，进而控制反应气体以及反应产物气体在焦炭颗粒中的扩散速率。而裂解条件通过影响上述三个因素进而影响着焦样的物理化学性质及其反应性。

1）裂解温度影响

裂解终温对裂解产物的分布以及焦炭结构和反应性起到了决定性作用。焦炭气化反应性随着裂解温度的提高而下降，这是由于随着裂解终温的升高，半焦的碳微晶结构变得更加规整，将出现较多的芳香环结构，从而减少了半焦的反应活性位点。

2）停留时间影响

停留时间指的是样品在达到裂解终温时在反应器内停留的时间。停留时间对煤裂解的影响受温度的制约，其主要影响二次裂解反应，促进裂解产物进一步裂解。停留时间的延长会导致生物质半焦的炭微晶结构变得更加规整，进而使生物质半焦的气化反应速率降低。此外，裂解过程中在峰值温度停留时间的延长也会降低反应活性。

3）升温速率影响

升温速率会影响燃料裂解阶段的脱挥发分过程，其主要通过影响燃料裂解过程中挥发分和焦的二次反应来改变裂解产物的分布以及焦结构。升温速率对燃料焦结构和反应性的影响已有广泛的研究。在较低升温速率下，裂解产物从颗粒自然孔道中释放，因此半焦表面形态和孔结构没有太大变化，导致焦孔隙结构并不发达；而在高升温速率下，更多未交联缩聚形成惰性半焦的大分子碎片在高温下迅速挥发，形成"造孔"效应，使半焦的孔隙结构发生明显变化，大量微孔和中孔结构形成，从而增加了焦样的比表面积，最终提高了焦炭颗粒的反应性。也有学者认为相比高升温速率条件，低升温速率下所得半焦表面沉积的碳更多且缺陷结构减少，从而使得半焦的气化反应性降低。

4）矿物质影响

煤、生物质等碳基燃料中存在一定量的矿物质，灰分来源于它们气化或燃烧后的产物。矿物质主要为 K、Na、Mg、Ca、Fe、Al 等金属元素，其赋存形态主要有以下三种：①离子态与羧基官能团结合的形式；②水溶性盐类形式；③无机金属氧化物形式。这些不同形态的金属元素在燃料裂解和进一步的焦气化过程中均产生一定的催化作用，可以有效降低反应活化能，提高反应活性。需要注意的是，半焦中的矿物质只能在一定温度范围内促进半焦的反应性，由于催化剂化学结构或半焦结构的改变，矿物成分在一些特定反应条件下会抑制焦气化进程。如高温下 K 会与硅酸盐作用生成 $KAlSiO_4$，$CaCO_3$ 与高岭石作用生成钙铝黄长石等，这些没有催化作用的复合硅酸盐使得半焦的反应活性减小。

6.1.2.6　燃料特性

燃料特性通常采用工业分析、元素分析、灰分成分分析和发热量来评估。这些分析方法提供了有关燃料水分含量、挥发分、主要组成元素的相对含量、热值以及燃料灰分成分使气化炉结焦倾向的信息。目前，生物质燃料特性分析方法主要参考煤的分析方法。

1. 工业分析

工业分析是了解燃料特性的主要方法和基本依据，根据工业分析的各项测定结果可初步判断燃料性质、种类和各种燃料的加工利用效果及其工业用途。工业分析按照水分 M、挥发分 VM、灰分 A 和固定碳 FC 对燃料进行分类。工业分析检测过程主要步骤如下：在惰性反应条件（一般是氮气气氛）下以低升温速率加热燃料至不同温度，测量水分（105 ℃）和挥发分（950 ℃）释放份额从而计算其相对含量。需要注意的是，高温裂解化学反应产生的水归为挥发分 VM 的一部分。随后将以上残留部分燃烧，燃烧后残留部分即灰分份额，损失份额即固定碳对应的份额。固定碳份额一般由以下物料平衡公式获得：

$$FC = 1 - M - VM - A \tag{6-34}$$

工业分析指标能有效筛选用于特定种类气化炉的燃料，煤中挥发分含量高有利于煤的气化和碳转化率的提高,但是挥发分含量太高的煤种容易自燃,会给储存带来一定麻烦。表6-6 给出了各种生物质和固体燃料的工业分析数据,从表中可以明显看出,生物质挥发分含量一般都高于煤炭的,因此随后产生的固定碳含量明显低于煤炭的,这是由煤炭的高度芳香结构构成导致的。此外,大多数生物质的灰分含量都比煤炭的要低。

表 6-6 生物质和固体燃料的工业分析数据

生物质和固体燃料		分析数据(质量分数,干燥基)		
		VM/(%)	FC/(%)	灰分/(%)
煤和泥煤	褐煤	43.0	46.6	10.4
	匹兹堡煤	33.9	55.8	10.3
	怀俄明州煤	44.4	51.4	4.2
	泥煤	68.4	26.4	5.2
木类	雪松	77.0	21.0	2.0
	道格拉斯冷杉	86.2	13.7	0.1
	杂交杨木	84.81	12.49	2.70
	黄松	82.54	17.17	0.29
	红橡木屑	86.22	13.47	0.31
	红木	83.5	16.1	0.4
	西部铁杉	84.8	15.0	0.2
	白杉	84.4	15.1	0.5
	柳木	85.23	13.82	0.95
树皮	雪松	86.7	13.1	0.2
	道格拉斯冷杉	70.6	27.2	2.2
	黄松	73.4	25.9	0.7
	红木	71.3	27.9	0.8
	西部铁杉	74.3	24.0	1.7
	白杉	73.4	24.0	2.6
草本生物质	苜蓿茎	78.92	15.81	5.27
	玉米秸秆	75.71	19.25	5.58
	芒属	84.40	12.55	3.05
	稻壳	63.52	16.22	20.26
	甘蔗渣	85.61	11.95	2.44
	小麦秸秆	81.24	14.87	3.89

续表

生物质和固体燃料		分析数据（质量分数，干燥基）		
		VM/(%)	FC/(%)	灰分/(%)
废弃物及副产品	纸浆黑液	55.60	8.80	35.60
	含可溶物干酒糟	78.2	14.7	7.1
	拆木	74.56	12.32	13.12
	废弃衍生燃料	73.40	0.47	26.13
	污水污泥	55.1	7.1	37.8
	胡桃壳	78.28	21.16	0.56
	木质庭院废弃物	69.63	13.87	16.50

2. 元素分析

元素分析就是测定固体燃料中的元素组成，用各元素相应质量占燃料总质量的百分数（即质量分数）来表示，通常包括碳（C）、氢（H）、氧（O）、氮（N）和硫（S），在某些燃料中氯（Cl）含量很高，需额外关注。

碳是煤及生物质燃料中最主要的可燃元素，煤中含量范围一般在 $15\%\sim80\%$（干燥基），生物质中碳含量一般为 $40\%\sim60\%$（干燥基）。氢是燃料中的另一可燃元素，在煤中的含量一般为 $1\%\sim4\%$（干燥基），在生物质中的含量一般为 $4\%\sim6\%$（干燥基）。氢主要与碳结合形成碳氢化合物，在加热时能以气态形式（挥发分）释放出来。氧是燃料中的不可燃元素，在煤中的含量一般不超过 10%（干燥基），在生物质中的含量要明显高于在煤中的含量。燃料的氧含量过高会影响燃料的发热量。

氮、氯和硫通常是燃料中的微量元素，其中氮和氯元素是不可燃元素，硫元素是可燃元素，氮、氯和硫均是燃料中的有害元素，是燃料转化过程中污染物（氮氧化物、氯化氢和硫氧化物）形成的主要元素来源。一般而言，生物质燃料中硫、氮含量远低于煤炭中的，但其氯含量比煤炭的要高。

研究表明，在气化过程中，燃料中的氮元素主要转化为五种形式（见图 6-3），其相对比例受运行条件影响。其中，氨（NH_3）和氰化氢（HCN）特别受关注，因为已知它们会在下游合成气过程中引起催化剂中毒和 NO_x 空气污染。同时 HCN 是剧毒物质，其泄漏或排放会对人类生命和健康造成严重危害。此外，气化过程会将氯和硫元素转化为氯化氢（HCl）和硫化氢（H_2S），氯化氢和硫化氢同样会造成下游处理工艺中催化剂中毒和失活。同时，氯化氢和硫化氢还会分别加剧气化炉或燃烧设备金属壁面的低温腐蚀和高温腐蚀。

3. 灰分成分分析

燃料中灰分对气化炉性能影响也较大。燃料灰分是在气化炉内的高温、高压条件下，燃料中所有可燃物质完全燃烧及其矿物质组分发生一系列分解、化合等复杂化学反应后的残余物，主要包含金属、非金属氧化物及盐类。灰分分析一般用氧化物形式表示，主要有 SiO_2、Al_2O_3、Fe_2O_3、CaO、MgO、TiO_2、Na_2O 及 K_2O 等。总体而言，燃料中的灰分不利于气化反应的进行。生物质燃料固定碳含量较低，而碳-氧反应是供给气化炉正常运行所需能量的主

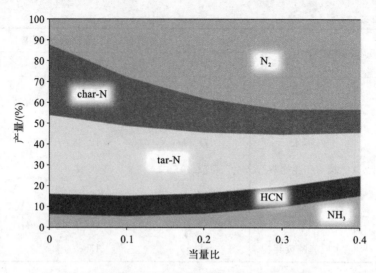

图 6-3　生物质气化过程中当量比对氮转化的影响

要来源。一方面,若灰分含量过高,氧化层中碳表面被灰分覆盖,气化剂与碳表面的接触面积减少,使反应强度降低。同时灰分的大量增加,不可避免地增加了残炭排出量,随残炭排出的碳损失量也必然增加。另一方面,灰分组成决定了生物质燃料灰分的灰熔点,生物质燃料灰熔点同样会影响气化炉气化强度和生产能力。气化氧化层中温度较高,通常超过了生物质燃料灰熔点,生物质灰可能熔融并结渣,结渣会破坏气化剂均匀分布,同时增加排灰难度。当严重结渣不能及时从气化炉中清除时,受氧化层固定位置影响,灰渣在炉排上累积到一定高度,就会侵占还原层,使还原区区间减小,还原反应进行得不够完全从而导致气化炉运行温度上升,进一步恶化结焦结渣。如果在气化炉内壁结渣严重,气化炉将被迫停机,这会缩短气化炉寿命。如果采用较低操作温度,则可能会影响燃气质量和产量。一般来说,木本燃料灰分含量很低,一般在5%以内,气化效率高,燃气质量好,可以不考虑灰熔点的限制;而草本燃料如农业秸秆等的灰分含量则高得多,其高碱金属含量使灰熔点降低,结渣倾向比较严重。而且高灰含量使燃料气化消耗量上升,燃气产率下降。

表 6-7 给出了一些生物质和煤的元素分析、灰分及发热量数据(干燥基)。因为水分含量包含额外的氢和氧元素,为了避免与样品中氢氧元素混淆,元素分析通常在物料干燥后分析,用干燥基含量表示。

表 6-7　生物质和煤的元素分析、灰分及发热量

生物质和煤		C /(%)	H /(%)	N /(%)	S /(%)	O /(%)	Cl /(%)	灰分 /(%)	高位发热量(HHV)/(MJ/kg)
煤和泥煤	褐煤	64.00	4.20	0.90	1.30	19.20	—	10.40	24.90
	匹兹堡煤	75.50	5.00	1.20	3.10	4.90	—	10.30	31.70
	怀俄明州煤	71.50	5.30	1.20	0.90	16.90	—	4.20	29.50
	泥煤	54.30	5.70	1.50	0.02	33.10	—	5.20	—

续表

生物质和煤		C /(%)	H /(%)	N /(%)	S /(%)	O /(%)	Cl /(%)	灰分 /(%)	高位发热量 (HHV)/ (MJ/kg)
木材类	雪松	50.18	6.06	0.60	0.02	40.44	0.01	2.70	19.00
	黄松	49.25	5.99	0.06	0.03	44.36	0.01	0.29	20.02
	红橡木屑	49.96	5.92	0.03	0.01	43.77	0.01	0.31	19.40
	柳木	47.94	5.84	0.63	0.06	44.43	0.01	1.10	19.30
树皮	道格拉斯冷杉	56.20	5.90	空白	空白	36.70	—	1.20	22.00
	松木	52.30	5.80	0.02	空白	38.80	—	2.90	20.40
草本生物质	苜蓿茎	47.17	5.99	2.68	0.20	38.69	0.50	5.27	18.6
	玉米秸秆	43.65	5.56	0.61	0.01	43.31	0.60	6.26	17.65
	芒属	47.29	5.75	0.33	0.06	43.52	0.06	3.05	28.70
	稻壳	38.83	4.75	0.52	0.05	35.59	0.12	19.20	15.80
	甘蔗渣	48.64	5.87	0.16	0.04	42.85	—	2.44	19.00
	柳枝	46.70	4.99	0.86	0.06	41.00	1.49	6.30	—
	小麦秸秆	47.55	5.86	0.59	0.09	42.02	0.17	3.89	18.83
废弃物及副产品	纸浆黑液	25.70	5.20	0.09	4.80	38.10	0.09	35.60	11.54
	含可溶物干酒糟	49.00	6.30	4.50	0.40	33.60	—	7.10	19.80
	拆木	46.30	5.39	0.57	0.12	34.50	0.05	13.12	18.40
	铁路枕木	53.00	5.63	0.26	0.10	38.40	0.016	2.60	21.10
	废弃衍生燃料	39.70	5.78	0.80	0.35	27.24	—	26.13	15.50
	污水污泥	34.70	4.60	4.60	1.20	17.00	0.087	37.80	14.90
	胡桃壳	49.98	5.71	0.21	0.01	43.35	0.03	0.71	20.18
	木质庭院废弃物	41.54	4.79	0.85	0.24	32.21	0.30	20.37	16.30

6.2　气 化 工 艺

6.2.1　气化剂分类

与干燥和裂解不同的是,气化需要水蒸气、空气或氧气等气化介质来重新排列原料的分子结构,以便将固体原料转化为气体或液体。这些气化介质也称为气化剂,常见的气化剂主要包括空气、水蒸气、二氧化碳、水蒸气-空气以及氢气。生物质气化技术可根据有无气化剂来分类,如图 6-4 所示。

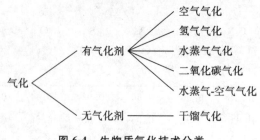

图 6-4　生物质气化技术分类

如图 6-5 所示,气化过程包括四个不同的物理和化学过程。在气化炉的干燥区,生物质中的水分以蒸汽的形式析出,而在裂解区,挥发性有机物从固定碳中析出。挥发物和固体碳随后根据气化炉类型依次进入氧化和还原区,反之亦然,同时它们与气化剂反应生成产物气体。空气、水蒸气、二氧化碳和纯氧是常用的气化剂,气化剂的选择完全取决于不同下游应用对产品气体质量的不同要求。利用空气作为单一气化剂时,由于空气中还含有氮,因此产生的气体中 H_2 和 CO 浓度较低。另外,部分 H_2 和 CO 参与完全燃烧,从而提高了 CO_2 的浓度。由于水-气转换反应,在空气中加入外部水蒸气会提高 H_2 浓度,它有助于平衡费-托合成中 CO 和 H_2 的比例。然而,水蒸气的加入降低了气化的热效率。纯氧适合生产高浓度 CO、H_2 和低浓度焦油的气体,但纯氧本身是一种昂贵的气化剂。二氧化碳也可以作为气化剂与碳反应生成一氧化碳,但是反应很慢。

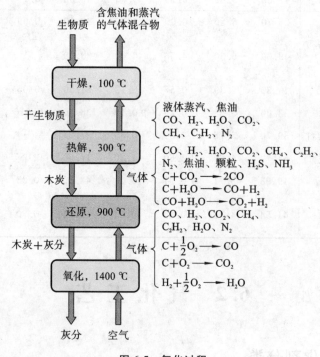

图 6-5　气化过程

6.2.1.1　空气

空气中的氧气与生物质中可燃组分发生氧化反应,向气化过程中的其他反应提供热量,产生可燃气。由于空气易于收集,不需要消费额外能源进行生产,因此空气是一种极为普遍、经济且容易实现的气化介质。

空气中含有约 21% 的氧气和 78% 的氮气,虽然氮气一般不参与化学反应,但氮气在气化反应过程中会吸收部分反应热,降低气化炉温度,阻碍氧气的充分扩散,降低氧化反应速度。不参与反应的氮气还会稀释生物质燃气中的可燃组分,降低燃气的热值。在空气气化的生物质燃气中,氮气含量可高达 50%,燃气热值一般为 5 MJ/m^3,属于低热值燃气,不适合采用管道进行长距离输送。

车德勇等通过 Aspen Plus 软件模拟稻壳在固定床反应器中的空气气化反应,随着空气摩尔比的增加,CO、H_2、N_2 等气体含量逐渐增加,CO_2 和 CH_4 的气体产量降低,又因为 CH_4 热值较大,气化气的总热值是降低的,故气化效率有所降低。

若以纯氧作为气化剂,严格控制氧气供给量,既可保证气化反应所需的热量,不需要额外的热源,又可避免氧化反应生成过量的二氧化碳。同空气气化相比,氧气气化由于没有氮气参与,反应温度和反应速率提高,反应空间缩小,热效率提高,生物质燃气热值也相应提高到 15 MJ/m^3,属于中热值燃气,可以与城市煤气相当。但是生产纯氧需要耗费大量的能源,故氧气气化通常适用于大型气化系统。

6.2.1.2　水蒸气

水蒸气作为气化剂时,气化过程中水蒸气与碳发生还原反应生成一氧化碳和氢气,同时一氧化碳与水蒸气发生水煤气变换反应以及各种甲烷化反应。生物质燃气产物中氢气和甲烷的含量较高,燃气热值可达到 17~21 MJ/m^3,属于中热值燃气。水蒸气气化的主要反应是吸热反应,因此需要额外的热源,但是,反应温度不能过高,且该项技术比较复杂,不易控制和操作。

贾爽等综述了水蒸气气化过程影响因素如反应温度、原料特性、催化剂和气化剂种类等,这些都对调控合成气中氢气含量方面起着关键作用。牛永红等提出生物质水蒸气气化会不可避免地产生焦油,升高温度可以减少粗产品中焦油的含量,但是同时也增大了反应器中产生烧结的可能,所以加入催化剂可以起到画龙点睛的作用。

6.2.1.3　二氧化碳

二氧化碳是近年来快速发展的一种气化剂。气化过程中二氧化碳与碳发生反应产生一氧化碳,该过程是强吸热反应。可人为提高反应产率,调节合成气组成。利用工业释放的二氧化碳作为气化剂,还能有效减少二氧化碳的排放,是一种清洁利用手段,具有较好的社会、经济、生态效益。但是二氧化碳的反应活性低,反应速率比水蒸气气化反应速率低很多。此外,二氧化碳参与的反应大多为吸热反应,需要更多的热量来提供反应热,单位耗氧量也会增加,后续酸气脱除的步骤也需要扩大设备规模。因此,目前单独的纯二氧化碳作气化剂还未大规模工业化。

王燕杰利用气化管式炉和热重分析仪进行了实验,通过分析产物产量、产物组分和热重曲线等得出,随着 CO_2 流量的增加,固体产物减少,气体产物增加,而气体组分中 CO_2 明显增加,CO 出现先增加后减少的趋势,H_2 含量减少。王燕杰等综述了温度、压力、催化剂和产物中 CO 的浓度等因素对生物质在 CO_2 气氛中气化的影响。其中,提高反应温度可以明显提高反应速率;压力的作用较复杂,反应过程不仅受总压力的影响,而且还受到反应物分压的影响;碱金属元素和碱土金属可以促进反应;根据反应机理,气体中 CO 含量过高会抑制反应的进行,降低反应中 CO 的分压和含量可以促进反应。

6.2.1.4 水蒸气-空气/氧气

使用水蒸气-空气混合气化主要是为了克服空气气化产物热值低的缺点。理论上,水蒸气-空气气化比单独使用空气或水蒸气作为气化剂的方式都要好,因为其减少了空气的消耗量,气化的一部分氧可由水蒸气提供,并生成更多的 H_2 和碳氢化合物,提高了燃气的热值,合成燃气的热值约为 11.5 MJ/m^3。此外,空气与生物质的氧化反应,可提供其他反应所需的热量,不需要额外的加热系统。同时,也不需要一套专门的制氧设备,减少了运营成本。

车德勇等利用 Aspen Plus 软件建立了生物质在流化床内的空气-水蒸气气化模型,将模型在某一工况下的模拟结果与试验数据进行对比,验证了模型的适用性;并且利用软件的灵敏度分析功能研究了气化温度、当量比(ER)和蒸汽生物质质量比(S/B)值对产气组分、产气热值以及气化效率的影响,得出如下结论:

(1)随着气化温度的升高,产气中 H_2 含量呈现上升趋势,而 CO 和 CH_4 含量呈下降趋势,模拟值与试验值在整个温度范围内吻合较好,说明该模型具有一定的适用性。

(2)随着 ER 值的增加,产气中 CO_2 含量呈上升趋势,CH_4、CO 和 H_2 含量呈下降趋势,产气热值也随之减小。但由于气体产率是上升的,因此气化效率随 ER 值的增加先上升后下降,在 ER=0.27 左右时气化效率达到最大值。

(3)随着 S/B 值的增加,产气中 H_2 和 CO_2 含量增加,CO 含量减少。当 S/B 值取 1.3~1.7 时,产气热值较高,可达到 11.8 MJ/m^3。当 S/B=1.3 时,气化效率达到最大值,为86.9%。

1992—1996 年,西班牙萨拉戈萨大学开办了配有水蒸气-氧气混合物的生物质流化床气化试验工厂。气化器的内径为 15 cm,高度为 3.2 m。它以 5~20 kg/h 的流量输入松木屑。研究小组研究的主要操作变量是气化床温度(780~890 ℃)、水蒸气与氧气的比(2~3)和气化剂(H_2O+O_2)与生物质的比(0.6~1.6)。当水蒸气与氧气的比(H_2O/O_2)为 3 时,气化炉用作自热反应器。用水蒸气和氧气进行气化时,气化炉出口处的生产气成分以干燥基体积分数计为 13%~29% H_2、30%~50%CO、14%~37% CO_2、5%~7.5% CH_4 和 2.3%~3.8%碳化合物。因此,获得的低位发热量(LHV)为 11.4~15.7 MJ/Nm^3(干燥基)。原料煤气中的水蒸气含量为 32%~60%(体积分数)。气体产量为 0.86~1.2 $g/(Nm^3$ 生物质),焦炭产量为 5%~20%,表观热效率(定义为干燥产品气的 LHV 与进料的 LHV 之比)为 60%~97%。产生的焦油的主要成分是苯酚、甲酚、萘、茚和甲苯。在干燥气体中,原料气中的焦油含量在 2~50 g/Nm^3 之间变化。根据测试过程中获得的结果和经验,研究小组认为研究过程的最佳和推荐操作条件如下:气化床温度在 800~860 ℃ 之间,H_2O/O_2 约为3.0,(H_2O+O_2)/生物质为 0.8~1.2,气体停留时间(在气化床中)约为 2 s。在这些条件下,获得了焦油含量约为 5 g/Nm^3 的相对清洁的气体。为了获得焦油含量较低或 H_2 含量较高的热燃料气体,该小组还研究了使用流化床下游的煅烧白云石流化床和商用蒸汽重整催化剂进行热气净化和提质。使用煅烧白云石时,燃气中的 H_2 和 CO 含量分别增加了 16%~23%(体积分数)和 15%~22%(体积分数)(干燥基)。气体产量也增加了 0.15~0.40 $Nm^3/$(kg 生物质)。在催化床之前使用不同的商业镍基蒸汽重整催化剂,与煅烧白云石的流化床结合,以将原料气中的焦油含量降低至 2 g/Nm^3 的限值以下,从而避免了催化剂因焦油而失活。在生成过程中,H_2 和 CO 含量分别增加了 4％～14％和 1％～8％(体积分数,以干燥基计),CO_2 和 CH_4 含量分别降低了 0～14％、87％～99％(体积分数,以干燥基计)。在逐渐升高的温度下,水蒸气含量降低了 2％～6％。LHV 降低了 0.3～1.7 MJ/Nm^3,气体产量提高了 0.1～0.4 Nm^3/(kg 生物质),表观热效率提高了 1％～20％。

水蒸气-氧气气化的主要缺点是需要空气分离单元。尽管在大规模煤气化中低温空气分离技术非常先进,但在环境压力下运行的中小型生物质气化技术中,空气分离主要是通过选择性氮气-氧气吸附系统(例如变压装置)来实现变压吸附(PSA),需要压缩空气。因此,当 PSA 分离效率小于 1 时,需要压缩比气化过程中有效利用的氧气流大五倍的气流甚至更多,这对整个系统的能源效率造成了重大影响,将需要生物质转化厂产生电力的约 20％来提供所需的氧气流。

6.2.1.5　氢气

氢气作为气化剂的主要气化反应是氢气与固定碳、水蒸气生成甲烷及轻烃气体,此反应可燃气的热值为 22.3～26 MJ/m^3,属于高热值燃气。但氢气气化反应的条件极为严格,需要在高温高压下进行,且氢气较为危险,一般不常使用。

不同气化剂对所得产物的影响如表 6-8 所示。

表 6-8　不同气化剂对所得产物的影响

气 化 剂	产物含量/(％)						
	H_2	O_2	N_2	CO	CO_2	CH_4	C_nH_m
空气	12	2	40	23	18	3	2
O_2	25	0.5	2	30	26	13	4
水蒸气	20	0.3	1	27	24	20	8
空气-水蒸气	30	0.5	30	10	20	2	7.5

秦育红针对锯末和秸秆两种原材料,研究了不同气化剂对气化产物中气体和焦油的组成和变化规律的影响,发现提高气化温度和增加水蒸气的量仅能改变不同分子量分布范围内焦油组分的相对含量,不能改变生物质原料气化焦油中组分的分子量分布范围。

梁荣真等通过数值模拟研究了不同初始温度对气化最终温度的影响以及不同二氧化碳占比对最终气化产物的影响,发现在一定温度范围内,初始温度的变化对生物质气化装置最终温度的影响不大。在一定范围内给定壁面合适的温度,有利于一氧化碳和氢气的生成;用二氧化碳作气化剂,需要较高的反应温度,加入适量比例的二氧化碳有利于一氧化碳和氢气的生成,同时可以减少气化过程中生成的二氧化碳。

Xu 将玉米秸秆在 N_2、CO_2 和 H_2O 条件下气化制备生物质炭样品,并进行系统表征以揭示气化剂对气化过程中炭结构特征演变的影响。结果表明,反应温度的升高对炭在 H_2O 和 CO_2 气氛中的气化有积极的影响。在 H_2O 和 CO_2 条件下,炭孔结构的演化差异很大。CO_2 促进了微孔的形成,而在 H_2O 条件下,中孔和大孔的形成更多。此外,在 800 ℃下获得的炭结构比在 600 ℃下获得的炭结构更有序。与纵向合并相比,芳族层优先横向生长。而且,炭和气态剂之间的气化机理是不同的,无定形碳与 CO_2 反应,而交联的碳更可能在与 H_2O 进行焦炭气化时被消耗。

6.2.2　气化炉分类

生物质气化技术的核心设备是气化炉,气化炉可分为固定床、流化床和气流床。固定床又可以分为上吸式(逆流式)、下吸式(顺流式)、横吸式(横流式)和开心式等不同形式,其中开心式固定床气化炉的结构和气化原理与下吸式固定床气化炉的类似,是下吸式气化炉的一种特别形式。流化床可以分为鼓泡流化床和循环流化床。根据生物质在反应器容器中的支撑方式、生物质和氧化剂的流动方向以及向反应器提供热量的方式的不同,气化炉可分为不同类型。图 6-6 所示为气化炉分类。

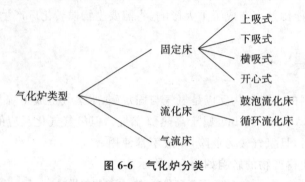

图 6-6　气化炉分类

6.2.2.1　固定床

固定床气化炉中,在气流流经气化炉内物料层时,物料相对于气流而言处于静止状态,因此称作固定床。固定床有以下优点:制造简便,运行部件很少,热效率较高。其缺点为内部过程难以控制,内部物质容易搭桥形成空腔,处理量小。

固定床气化炉有两种常见的结构,一种是固定床上吸式或逆流式气化炉,另一种是固定床下吸式或顺流式气化炉。固定床上吸式(逆流式)气化炉结构是最古老和最简单的气化炉形式,由于反应器结构简单,因此成本相对较低。在反应器顶部引入生物质原料,在气化炉下方引入气化剂,产生的气体在气化炉的顶部被抽出。固定床下吸式(顺流式)气化炉的机械结构与上吸式的相同,但氧化剂和生物质都从反应器的顶部引入。

本小节介绍三种基本的固定床气化炉,分别为上吸式、下吸式和横吸式,如图 6-7 所示。

1. 上吸式固定床气化炉

在上吸式固定床气化炉中,燃料和气化剂沿不同方向流动,床层底部的焦炭首先与气化剂接触,在 1200 ℃的温度下产生水蒸气、二氧化碳以及一氧化碳。产生的热气体向上渗入床层,并提供了驱动生物质加热、干燥和裂解的能量。热气体继续向上裂解下行的干生物质并且干燥上部的生物质原料,产生的燃气由上部燃气出口排出。上吸式固定床气化炉结构简单,对原料尺寸要求不高,但进料不方便,小炉型需间歇进料,大炉型则需安装专用加料装置。由于热气流向上流动,炉排会受到进风的冷却,温度较下吸式的低,工作比较可靠。上吸式固定床气化炉在裂解层生成的焦油只有一小部分凝结在干燥的生物质颗粒上,大量的焦油仍停留在合成气中,导致产出的气体中焦油含量较高,且不易净化。冷凝后的焦油会沉积在管道阀门仪表燃气灶上,容易造成输气系统堵塞,加速其老化,破坏系统的正常运行,因此需要复杂的燃气净化处理,大规模应用比较困难。上吸式固定床气化炉示意图如图 6-7 (a)所示。

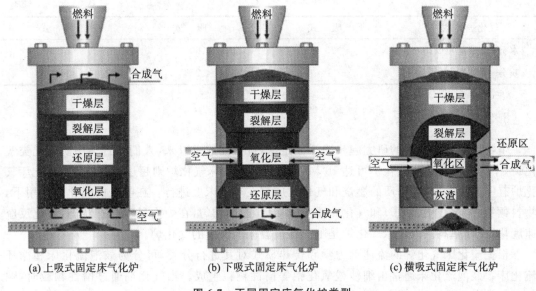

图 6-7　不同固定床气化炉类型

2. 下吸式固定床气化炉

与上吸式不同,下吸式固定床气化炉中原料从气化炉顶部加入,气化剂由气化炉中部进入炉内,原料与气化剂在喉部接触燃烧放热,使物料温度升至 $1200\sim1400\ ℃$。燃烧气体下行与床层底部的热焦炭反应,并被还原成氢气和一氧化碳。喉部的高温使得裂解产生的焦油进一步分解,焦油产量显著降低。

下吸式固定床气化炉结构简单,有效层高度几乎不变,运行稳定性好,且可随时打开填料盖,操作方便,燃气焦油含量较低。然而其气流下行,与热气流上升方向相反,且可燃气需从炉栅下抽出,使得引风机功耗增加;气体经高温层流出,出炉温度较高,系统热效率低,因此不适合含水量高、灰分含量高且易结焦的物料。由于焦油含量低,净化难度小,因此该气化炉的市场化程度较上吸式固定床气化炉大。典型下吸式固定床气化炉示意图如图 6-7(b)所示。

3. 横吸式固定床气化炉

在横吸式固定床气化炉中,物料自炉顶加入,灰分落入下部灰室,气化剂由炉体一侧供给,生成的燃气从另一侧抽出。其特点是空气通过单管进风喷嘴高速吹入,形成高温燃烧区,温度可达 $2000\ ℃$,能使用较难燃烧的物料。产出气体由侧向流出,气体流横向通过燃烧气化区。该气化炉结构紧凑,启动时间($5\sim10$ min)比下吸式的短,还原层空间较小,影响燃气质量;炉中心温度高,超过了灰分的熔点,容易造成结渣。横吸式固定床气化炉一般仅适用于含焦油很少且灰分小于 5% 的燃料,如无烟煤、焦炭和木炭等,该炉型已进入商业化运行。表 6-9 总结了不同固定床气化炉的进料要求。

表 6-9　不同固定床气化炉的进料要求

气化炉类型	下　吸　式	上　吸　式	横　吸　式
原料类型	废木	废木	木炭
尺寸/mm	$20\sim100$	$5\sim10$	$40\sim80$

气化炉类型	下　吸　式	上　吸　式	横　吸　式
水分(干燥基)/(%)	<25	<60	<7
灰分(干燥基)/(%)	<6	<25	<6

6.2.2.2　流化床

　　生物质流化床气化的研究起步晚于固定床,自石油危机以来,人们一直集中研究此类气化炉,中等规模流化床气化炉可达 10 MW,大规模流化床气化炉则超过 100 MW。流化床气化炉有一个热砂床,生物质的燃烧和气化反应都在热砂床上进行。在吹入的气化剂作用下,物料颗粒、流化介质(砂子)和气化介质充分接触,受热均匀,在炉内呈"沸腾"状态,气化反应速度快,产气率高。流化床气化炉是唯一在恒温床上反应的气化炉。

　　根据流化床气化炉的流体动力学和传热模式对其进行分类,可分为鼓泡流化床和循环流化床。鼓泡流化床通常由细沙或氧化铝等惰性颗粒组成。当气化剂通过惰性颗粒时,颗粒和气体之间的摩擦力抵消了固体的重量。在气体最小流化速度下,气体通过介质发生鼓泡和窜流,使得颗粒留在反应器中,看起来处于"沸腾"状态。相反,循环流化床气化炉在高于最小流化速度的气流速度下运行,这导致了气流中的颗粒夹带。气体中夹带的颗粒从气化炉顶部排出,在旋风分离器中分离,然后返回气化炉。通常,较小的床层颗粒用于循环流化床。循环流化床和鼓泡流化床的结构如图 6-8 所示。

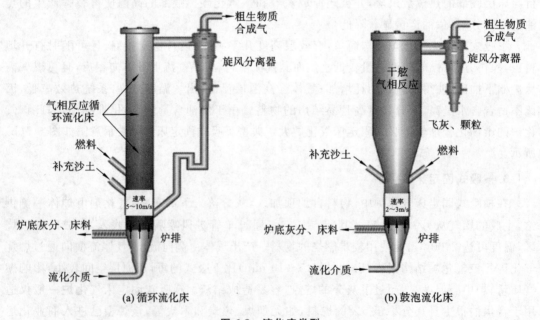

图 6-8　流化床类型

1. 鼓泡流化床

　　鼓泡流化床气化炉(见图 6-9)中,气体向上流经自由流动的颗粒材料床,其速度足以将材料搅拌成悬浮颗粒和气泡的乳状液。使用气体分配歧管或一系列喷射管将流化气体引入床层。流化床本身类似于沸腾的液体,具有许多与流体相同的物理性质。常用的床层材料

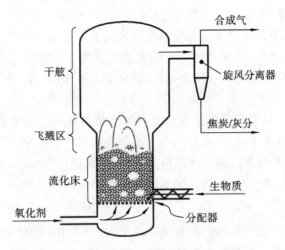

图 6-9 鼓泡流化床气化炉

包括沙子、橄榄石、石灰石、白云石和氧化铝。床层可以用气化剂流化,气化剂通常为空气、氧气和水蒸气。控制底部区域气体的表观速度(体积流量/横截面积)以保持床层处于流化状态。气化炉的上部称为干舷,通常扩大其横截面积以降低气体表观速度,有助于将颗粒返回床层以维持固体存量,也有助于延长气相停留时间,使气化反应有更多的时间将固体和焦油转化为气体。

生物质可以通过绞龙输送机从侧面注入床层,也可以从上面注入,然后落入床层。床内引入有利于为细料提供停留时间,否则细料将夹带在流化气体中,在没有完全转化的情况下离开床层。床内引入还通过更好地混合生物质和床料来促进生物质更均匀地受热。生物质进入热鼓泡流化床后几乎立即脱挥发分。焦油可能部分裂解,焦炭可能部分气化,但气体和焦炭颗粒的停留时间都相对较短,气体成分未达到平衡。在部分氧化的流化床气化炉中,焦炭在床层中的燃烧提供热量以维持床层的温度并使生物质脱挥发分。在间接加热的鼓泡流化床气化炉中,通过气化炉壁或床内的换热管进行热交换来引入热量。

流化床气化炉的优点是混合非常好,传热率高,床层条件非常均匀。对于部分氧化系统,气化效率非常高,碳转化率为 $95\%\sim99\%$。对于间接加热的流化床蒸汽吹气式气化炉,碳转化率通常较低,在 $60\%\sim75\%$ 的范围内。在许多间接加热的气化炉中,残留的碳在外部焦炭燃烧室中燃烧,产生的热量返回到气化炉中,这能有效地提高碳转化率,使其与部分氧化系统碳转化率相当。流化床气化炉的另一个显著优点是在焦炭燃烧中形成的 CO 不包含在合成气中。鼓泡流化床气化炉通常设计用于完全保留焦炭或灰烬,因此必须使用旋风分离器或其他类型的惯性分离器进行颗粒控制。与固定床系统相比,流化床气化炉生产的合成气焦油含量适中,焦炭含量较高。由于流化床气化炉必须依靠气动输送来除去所有的焦炭和灰分,因此产生了较高的焦炭负荷,从而导致旋风分离器在本质上与固定床反应器中的炉排起着相同的作用。

鼓泡流化床气化炉的另一显著优势是易于扩展到大尺寸,因此可根据小型中试装置的数据和操作经验设计商业气化装置。床的流化行为在较大尺寸下仍可预测,反应器的尺寸仅受在流化床横截面上均匀分配进料的能力的限制。可以通过使用多个进料位置或者增加反应器压力来解决尺寸受限造成的问题,这些方法允许在相同的流化床横截面积上投放更多的生物质。

鼓泡流化床气化炉可在 700～925 ℃温度下运行。较高的床温通常可得到较高的碳转化率和焦油裂化比例，但是流化床温度必须保持远低于生物质灰分的熔融温度，否则灰分颗粒会软化，变得略微有黏性，并开始使床中颗粒彼此黏附。这将很快影响整个床的流化，这种情况称为结块。一旦床层结块并停止流化，如果不关闭气化炉并手动更换床层材料，将会产生不可逆的影响。

鼓泡流化床气化炉对原料颗粒粒度分布有较严格的要求。如果颗粒太大，残炭颗粒不能被流化气体和裂解气携带，因其密度较小会漂浮在流化床的上部，不再与床料强烈摩擦而变小，当裂解气通过累积在床上部的炭层时，受到催化裂解作用，会降低生物油产率，影响其化学性质。而如果颗粒太小，则其将在完成裂解前被迅速携带出床层。

2. 循环流化床

随着流经流化床的气流量增加，床层空隙率增加，干舷中的固体负荷增加。当流化床和干舷之间的界面变得难以辨别时，反应器被称为在紊流床状态下运行。随着气体流量的进一步增加，颗粒的淘析开始产生影响，床层中的颗粒迅速耗尽。此时，旋风分离器起到一个至关重要的作用，即使颗粒通过下降管返回到反应器底部。以这种方式运行的流化床气化炉称为循环流化床气化炉，如图 6-10 所示。

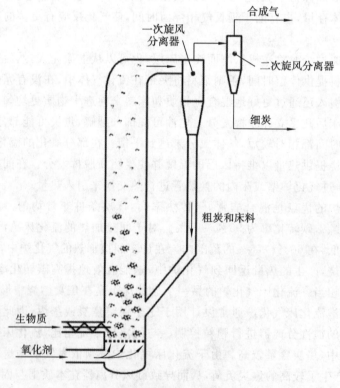

图 6-10　循环流化床气化炉

循环流化床可用于部分氧化和间接加热气化炉。在部分氧化系统中，空气或纯氧以类似于鼓泡流化床反应器的方式进入气化炉底部，或者进入旋风分离器的固体回流管的下部。在间接循环流化床气化炉中，焦炭在外部燃烧，烟气与固体分离，加热后的固体返回气化炉。这会改变合成气的成分，因为氧化产物不会混合回合成气中。在这种循环流化床中，固体循环速率取决于气化生物质和将最高温度保持在结渣条件以下所需的能量。床层介质固体与生物质的常见比例为 15∶1～30∶1。循环流化床气化炉具有处理量大、原料适应性好、反应器可扩展性好等优点。与其他类型的气化炉相比,它产生的焦油和微粒含量适中。

循环流化床的优点主要包括燃烧状态稳定、可分阶段控制空气量和可在燃烧室上部布置换热面等。缺点是占地面积大、价格高,与鼓泡流化床相比床料损失更多,而且,由于燃料颗粒尺寸更小,需要燃料预处理系统,投资成本更高。此外,循环流化床通常用于 30 MW 以上的系统,这可获得较高的燃烧效率及较低的烟气流量(锅炉和烟气净化系统设计容量可以小一些)。

与鼓泡流化床气化相比,循环流化床气化的主要优点如下:①因操作气速可以明显提高而不必担心碳的转化率,故气化效率尤其是气化强度可以得到进一步提高;②可以适用于更小粒径的物料,在大部分情况下可以不加流化热载体,运行较为简单。其缺点主要是回流系统较难控制,料脚容易发生下料困难的问题,且在炭回流较少的情况下容易变成低速携带床。

6.2.2.3　气流床

气流床气化炉是为在各种燃料上进行大规模操作(大于 100 MW)而设计的,是炼油厂和一体化气化联合循环电厂的首选设备。这种规模允许使用先进、高效的循环,更经济地生产用于运输或电力生产的生物燃料。气流床气化炉的工作温度范围为 1200～1500 ℃,常使用粉末或泥浆形式的燃料。燃料与蒸汽或蒸汽和氧气混合,在火焰中气化。使用生物质作为燃料时,必须将其研磨成粉末,或在某些情况下裂解成气体、焦油和焦炭。在反应器顶部产生的未经处理的合成气,离开反应器时的最高温度约为 1500 ℃,使用水快速冷却到大约 900 ℃,然后在产生蒸汽的合成气冷却器中进一步冷却。淬火是防止黏渣液滴进入和沉积在换热器上的关键工艺。作为反应堆壁的蒸汽夹套保护钢不受高温影响。产生的炉渣主要通过底部孔离开反应器。

氧气是气流床气化炉最常见的气化介质。这种类型的反应器通常在 1400 ℃ 和 20～70 bar 条件下运行,其中粉末燃料被夹带在气化介质中。图 6-11 展示了两种气流床气化炉类型:第一种是粉状燃料从侧面进入,第二种是从顶部进入。在气流床气化炉中,焦炭燃烧反应可能发生在氧气的入口点,然后在下端发生反应,过量的氧气被消耗殆尽。粉末燃料(粒径约 75 μm)与氧气和蒸汽(很少使用空气)一起注入反应堆室。为了便于进入反应器,特别是在加压的情况下,燃料可以与水混合制成泥浆。反应器中的气体速度足够高,足以完全夹带粉状燃料颗粒。泥浆气化炉需要额外的反应器容积来蒸发大量水,用于燃料混合。此外,这种湿进料系统的耗氧量比干进料系统的耗氧量高约 20%。

根据燃料注入反应器的方式和位置,气流床气化炉分为两种类型,分别为顶部进料类型和侧面进料类型。在这两种设计中,氧气进入反应器,并在放热反应中与挥发物和焦炭迅速反应,这使得反应器温度升高到远高于灰分熔点的温度,导致焦油的完全裂解,极高的温度使碳转化率变得非常高。当固体和气体以并流方式流动时,气流床气化炉可以看作活塞流反应器。尽管气体一进入就立即被加热到反应器温度,但由于固体较大的热容量和活塞流性质,固体沿反应器长度方向的升温速度仍较慢。

气流床气化炉的操作不受任何原料热塑性行为的影响,因为一旦气流床气化,颗粒之间很少发生物理接触。部分液态灰被并入向下流动的气流中,其余的将撞击壁面并向下流至反应器底座。由于生物质往往是纤维化的,因此将其制作成小尺寸是非常耗能的,而且成本

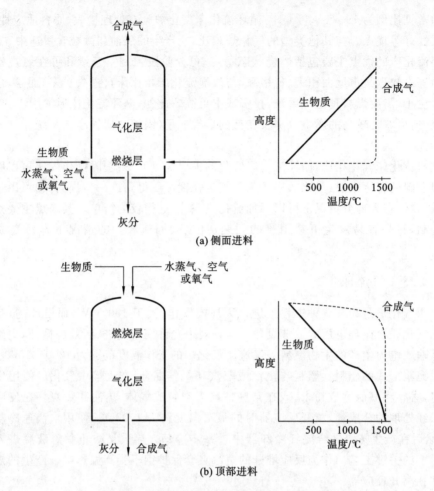

(a) 侧面进料

(b) 顶部进料

图 6-11　侧面和顶部入料的两种气流床气化炉

高,不经济。降低制粉成本的一种方法是采用低温裂解-焙干法,即热处理法对生物质进行预处理。在这个预处理过程中,生物质被加热到 200~320 ℃,在没有空气存在的情况下处理约 30 min。在此条件下,生物质将完全干燥,并开始裂解。裂解程度不大,且部分挥发物呈焦油状,这些焦油的燃烧可用来为加热过程提供热量。与原材料相比,裂解生物质更容易粉碎,成本更低,但粉碎到粒径小于 100 mm 仍可能不经济。然而可能不需要对生物质进行研磨,便能使其成为气流床气化炉的有效燃料。在气化过程中,生物质比煤更具活性,完全碳转化所需的停留时间更短。因此,在给定的设计中,进料的颗粒尺寸可以更大。

　　固体颗粒一进入燃烧器附近,就会被非常高的温度(大于 1200 ℃)迅速加热(升温速率大于 104 ℃/s)。在高温和快速加热的条件下,基本上所有碳氢化合物都会裂解。因此,所得气体混合物不含焦油,并且与其他气化方案相比,轻烃气体的浓度低。尽管裂解阶段非常快,但是由于这些反应的异质性,焦炭的部分氧化要慢得多。反应器的设计必须使得有足够的停留时间以完成炭/水/氧反应,常见的停留时间约为 1 s。总体而言,合成气的成分几乎完全是 CO 和 H$_2$。在排渣气化炉中,灰烬需要始终在反应器内部处于熔融状态,否则会导致结垢,从而导致传热和物料流中断。某些生物质原料可能会出现结渣的问题,因为它们产生的灰分中含有的绝大多数成分,在气化炉的温度条件下不会或仅部分融化。气流床气化炉最重要的问题在于,在高强度燃烧区之后气体和颗粒温度仍然很高(足以使灰烬保持熔融状态）。直接的结果是,气体在非常高的温度下离开气化炉,因此必须通过庞大的热交换系统回收大量的产品显热。

6.2.2.4　不同气化炉特点

表 6-10 总结了上吸式固定床、下吸式固定床、鼓泡流化床、循环流化床、气流床等气化炉的不同特点,包括原料适应性、燃气品质、设备特点及实用性,以及各气化炉的缺点。

表 6-10　不同气化炉特点

炉　型	原料适用性	燃气品质	设备特点及实用性	缺　点
上吸式固定床	原料适应广,含水量在 15%～45% 之间可稳定运行	H_2 含量少,燃气热值较高,飞灰含量少	生产强度小,多用于工业炉窑燃气等要求热值高的小型系统	焦油含量高,加料不方便,难以大型化
下吸式固定床	大块原料可直接使用,含水量通常在 15%～20%	H_2 含量较多,焦油含量较低,但热值较低	生产强度小,多用于内燃机发电等要求洁净燃气的小型系统	气化效率低,燃气含灰较多,难以大型化
鼓泡流化床	颗粒粒径小于 15 mm,但尺寸要均匀,含水量为 10%～40%	成分稳定,H_2、CO含量高,飞灰含量较高	结构相对简单,操作气速较低,设备磨损轻,应用较多	对原料的均匀性要求较高,对结渣性敏感
循环流化床	100～200 μm 细颗粒,含水量为 15%～30%	成分稳定,H_2、CO含量高,飞灰含量较高	气化效率、气化强度高于鼓泡流化床,用于大型的热电厂锅炉等系统	要求细颗粒,故原料需要进行预处理,对结渣性敏感
气流床	颗粒粒径小于 10 mm,含水量为 10%～40%	成分稳定,H_2、CH_4 含量高,飞灰含量较高	碳的转换率更高,利用空气即可获得含氮量低的高热值燃气	结构复杂,成本较高,对结渣性敏感

6.2.3　气化压力分类

根据合成气的下游应用不同,生物质气化通常在常压和高压下进行。根据供给气化介质压力的大小,气化炉又可以分为常压气化和加压气化两种类型。合成气的一些下游应用,如利用费-托合成法将天然气转化为甲醇或合成柴油,需要很高的合成气压力,在加压条件下气化是有利的。此外,增加气化炉压力会降低合成气中的焦油产率。然而,在流化床气化炉中进行的一些研究表明,从 0.1 MPa 到 0.5 MPa,焦油(主要是萘)浓度随着气化炉压力的增加而增加,小分子气体 CO 浓度降低,而 CH_4 和 CO_2 浓度增加。

6.2.3.1　常压气化

常压固定床气化炉气化压力低，原料气压缩电耗高，且为避免气化过程中产生焦油而影响生产，只能选择价格昂贵的无烟煤（或焦炭）作为气化原料。目前国内中小型企业采用的大多是传统的常压间歇式固定床气化炉，属于逐渐淘汰型气化炉，需要进行改造。常压气化炉技术成熟，运行稳定性和操作性良好，目前商业运行的 BIGCC（生物质整体气化联合循环发电技术）电厂大都采用常压气化炉。

第二次世界大战时期，由于石油资源短缺，为了解决燃油缺乏的问题，德国科学家就开始尝试研发采用其他燃料的战车，这些战车在当时被称为"烧柴的坦克"。有统计数据显示，使用气化炉的车辆行驶 10 万 km 所消耗的能量，大概能够使汽油车辆行驶 15.4 万 km。刨除运输、加工等损耗，1 t 柴约能代替 365 L 汽油。据称到了战争中后期，德国人甚至开始研发燃烧稻壳、秸秆等燃料的发动机，这样可以有效利用乌克兰地区取之不尽用之不竭的相关产物，以便代替汽油。虽然"烧柴的坦克"有不少优点，但缺点也同样明显。首先就是燃料携带非常不便，拖着数吨柴或煤炭的坦克作战能力大大降低。其次，煤气与汽油一样属于易燃易爆品，外挂携带几乎不可能。最后，随着盟军对德国本土展开战略轰炸，生产煤气的工厂被严重损毁，德国陷入了燃料匮乏的绝境，而"烧柴的坦克"也没能得到大规模的应用。

常压固定床气化炉在我国大量应用是从 20 世纪 60 年代初开始的，至今已经有约 60 年历史，目前在煤化工和其他相关行业中有 1 万余台在生产运行，在长期的使用中进行了大量的技术改进，使系列气化工艺和气化装置在热效率、安全、环保等方面得到改善。因其属于常压气化，故主体结构和配套设施都较为简单，特别是采用连续气化工艺后，主体设备各项性能进一步增强，配套设施进一步简化，设备连续运行周期较长，操作控制更加容易掌握。所以，常压固定床纯氧连续气化工艺和系统技术装备都属于成熟可靠的技术和装备。

6.2.3.2　加压气化

加压气化的原理与常压气化的原理相同，但加压气化装置的构造、操作维护等都比常压气化的复杂得多，硬件加工制造的难度也大许多，且加压气化得到的气体组成也并不比常压气化得到的气体组成有明显优势。

但加压气化也有其优点。在 0.15～2.5 MPa 的高压条件下气化，许多反应可被加速。对于给定的质量流量，气体体积较小，从而使得处理容器和管道尺寸较小。从系统角度来看，加压气化炉也具有强大的优势。产生的合成气可直接被反应器压力驱动通过净化设备，然后进入下游应用，从而不需要合成气压缩设备。加压气化炉面临的主要挑战之一是生物质的进料，气体和液体可以很容易地加压以注入压力容器中，但是固体通过容器时易堵塞，影响回流或泄漏的锁定料斗、旋转阀或其他的机械设备，仅适用于数 10 kPa 量级的中等压力。疏水性固体（例如煤）已成功制成浆液，以产生可泵送的混合物。但由于生物质具有极强的亲水性，在形成稳定的浆料之前会吸收大量的水，即使添加了等量的水，湿的生物质仍将保持干燥固体的总体外观、手感和机械处理特性。

在生物质加压气化装置中，为了保证加压燃料的均匀流动，必须研制加压燃料进料装置。RENUGAS®、BIOFLOW 和 CHRISGAS 项目致力于创造合适的加压燃料供给系统。天然气工艺研究所（IGT）为 RENUGAS®气化炉设计了首个加压燃料供给系统。进料系统包括一个锁定料斗容器、一个计量进料料斗容器和一个注射螺杆。锁定料斗容器配备有快速开启和关闭的滑动闸阀,在进料过程中具有循环增压和降压功能。进料料斗容器放置在锁定料斗容器的上方,并配备一个三螺杆活动底部,它用于测量燃料并通过运输喷射器螺钉将燃料加入气化炉中。

气化部分是加压气化炉开发中最困难的部分。在 BIOFLOW 项目中,第一个技术难点是加压循环流化床气化炉的调试,因为在该项目实施时,没有任何在所采用压力水平下的生物质气化炉设计的经验。第二个难点是加压循环流化床气化炉和联合循环机组的集成,气化炉在流程控制方面是一个缓慢的系统,而燃气轮机的响应几乎是瞬间的。因此,工厂需要良好的控制,预计压力、温度和气体质量会有很小的变化。燃料灵活性在 BIOFLOW 项目中也是一个难点,这不仅是因为进料障碍,也是因为各种燃料产生的产品不同。例如,硬木产生更多的苯和焦油;沙柳产生一种热值较低的气体混合物;稻草作为燃料也存在问题,因为它含有大量的碱性物质和相当多的灰分。因此,燃料成分的可变性可能导致工艺可变性,以及不同的下游工艺要求。

1. CHOREN Carbo-V 技术

CHOREN(碳、氢、氧可再生)技术是加压生物质气化最成功、最接近商业化的例子。德国统一后,一群专门从事煤基技术研究的工程师和科学家开始研究更有效地利用生物质的方法,在 20 世纪 90 年代,他们开发了 Carbo-V® 技术。1998 年,CHOREN 公司在弗莱贝格镇成立。Carbo-V® 工艺由获得专利的三段生物质气化工艺组成,可生产高质量的无焦油合成气。

图 6-12 所示为 Carbo-V® 技术的工艺方案。第一阶段包括低温气化炉(400～500 ℃),由吹氧搅拌卧式反应器组成。生物质(含水量为 15%～20%)由锁料器进料,然后分别提取部分氧化形成含焦油的气体(挥发性成分)和焦炭。挥发性成分随后流向第二阶段,该阶段包括高温气化炉,其运行温度高于灰熔点(1300～1500 ℃)。在高温气化炉中,挥发性成分与氧气和水蒸气混合并完全裂解,主要产物为 H_2、CO 和 CO_2。焦炭部分被粉碎、磨碎,然后

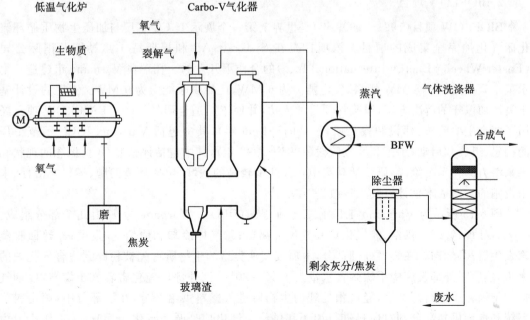

图 6-12　Carbo-V® 技术的工艺方案

吹入第三阶段——吸热式气流床气化炉，进行化学淬火。化学淬火的操作温度低于第二阶段的温度（700～800 ℃），因为焦炭会发生吸热反应，使气化炉温度降低约 500 ℃。高温气化炉中熔化的高温灰分，在燃烧室内的耐火材料上形成了一层固体层，保护耐火材料免受热应力的影响，并延长了其使用寿命。熔化的灰分积聚在气化炉下方的水盆中，并在那里被迅速冷却转化为玻璃化的炉渣。气化之后，大约 800 ℃ 的合成气在回热器中冷却，生产用于发电的蒸汽。由于化学淬火过程中的焦炭转化不完全，合成气中仍含有未转化的焦炭和灰分。因此，合成气需通过颗粒过滤器除去固体，固体再循环回高温气化炉。过滤后的合成气最后经过洗涤，除去氨和氯化物，并进一步处理（CO 变换和微量硫脱除）。

几家 CHOREN 工厂（如 Alpha 和 Beta 工厂）实施了 Carbo-V® 技术。1998 年，Alpha 工厂开始建设和投产。Alpha 工厂是一个采用 Carbo-V® 技术的中试工厂，以研究如何利用 Carbo-V® 技术气化产生的原料气生产第二代可再生合成燃料。Alpha 工厂首先生产甲醇，然后是电力和费-托柴油。Carbo-V® 气化炉与一台 150 kW 的燃气发动机和一台合成试验台相连，在 1998—2004 年进行了多次试验，该厂成功运行超过 22500 h，使用的生物质来源多种多样，如未经处理的木材、废木材、肉骨粉、褐煤和无烟煤。在 Alpha 工厂调试期间，燃料供应给戴姆勒-克莱斯勒和大众进行车队测试。Alpha 工厂的运营成功使其在弗莱贝格建造了一个更大的工业规模示范 Carbo-V® 加压原型工厂（5～6 bar），名为 Beta 工厂。Beta 工厂的气化装置和费-托装置分别于 2003 年和 2005 年开工建设。Beta 工厂获得了大约 1 亿欧元的资金，这些资金最初由联邦和地方州政府（20%）以及 8 个私人投资者（80%）共同投资组成，其中包括壳牌、戴姆勒-克莱斯勒和大众。Beta 工厂于 2008 年机械完工，气化工段于 2009 年开始投产。

Beta 工厂在调试阶段遇到了许多技术挑战。与 BIGCC 和其他生物质气化项目一样，生物质气化比煤和天然气气化更难获得足够高质量（H_2/CO 和纯度）的合成气混合物。但是，CHOREN 工艺短期内在经济上不可行，因为需要石油价格上涨来带动新能源技术的发展。

2. BIOFLOW 项目

BIOFLOW 项目（1991—1999 年）是世界上第一个展示 IGCC 工厂与加压生物质循环流化床气化炉完全集成的项目。该项目是在 Sydkraft AB 和福斯特·惠勒能源国际公司（Foster Wheeler Energy International Inc.）的合作下开发的。在瑞典 Värnamo 市建造一个示范工厂，总投入 18 MW 燃料，发电能力为 6 MW，区域供暖能力为 9 MW。工厂的设计基于灵活加保守的解决方案，以确保项目的成功，并使工厂适合研发活动。BIOFLOW 项目经历了两个主要阶段：建设和投产阶段（1991—1996 年），其中包括 Värnamo IGCC 示范工厂的构思、组装和启动；示范和开发阶段（1996—1999 年），其中包括评估 BIGCC 概念的现状和未来潜力。在示范阶段，研发活动集中在关注度较高的领域，包括环境问题、燃料灵活性、未来设施的生产成本估计以及工厂改进。

图 6-13 所示为 Värnamo 工厂的工艺流程图（PFD）。Värnamo 工厂由几个部分组成：①燃料处理；②燃料供给；③气化炉和旋风分离器；④气体冷却和清洁；⑤发电；⑥热回收蒸汽发生器；⑦烟囱。在燃料处理部分，木屑或其他类型的生物质首先被粉碎到适合气化炉的大小，然后在外部设施中干燥到含水量为 10%～20%，该外部设施包含转鼓干燥器，以烟气作为干燥介质运行。然后，经过预处理的生物质进入燃料供给部分，在该部分中，锁定料斗系统和螺旋供料器分别对燃料进行加压和供给。气化炉是循环流化床反应器，工作压力为 20 bar，温度范围为 950～1000 ℃，以空气为气化介质。木片气化后，原料气离开气化炉顶部

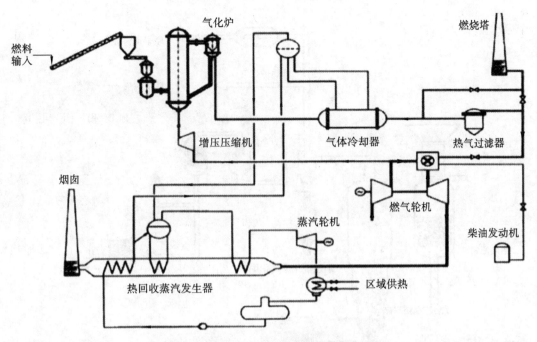

图 6-13　Värnamo 工厂的工艺流程图(PFD)

进入旋风分离器。在旋风分离器中,大多数固体通过非机械返回支路返回到气化炉的下部,在回流支路中燃烧焦炭以提供工艺所需的热量。产品气体随后进入气体冷却和清洁阶段,首先在火管式设计的气体冷却器中冷却至 $350 \sim 400$ ℃,然后进入陶瓷过滤容器去除颗粒。冷却和无颗粒的产品气体移动到发电机组。在发电机组中,气体与燃烧室中的空气一起燃烧,然后通过单轴工业燃气轮机膨胀做功,产生热烟气和 4 MW·h 的电力。热烟气随后进入热回收蒸汽发生器,在那里产生过热蒸汽,然后直接送往蒸汽轮机(40 bar,455 ℃),产生 1.8 MW 的电力或 9 MW 的热量。放置在气化厂房顶部的烟囱在启动期间或测试新的运行条件时运行。

在 BIOFLOW 项目期间开发了许多研究领域,如:生物质加压气化工艺的开发;加压循环流化床气化炉与联合循环机组的集成;加压燃料进料系统的开发;气化炉燃料灵活性的评估;气化炉中不同床料的研究;产品气体质量的分析;热煤气过滤器的实施;以及联合循环燃气轮机的改装,以适配低热值产品气运行。最后,Värnamo IGCC 示范厂证明,在 8500 h 的气化炉运行和 3600 h 的燃气轮机单独使用成品气的情况下,大规模高压气化是可能的。

3. RENUGAS® 技术和相关项目

RENUGAS® 气化炉是第一个设计用于高碳转化率和低焦油产率的完全加压生物质气化技术设备。这一想法始于 1977 年,整个 20 世纪 80 年代,芝加哥天然气技术研究所(IGT)在美国能源部(DOE)和私营工业的支持下,使用不同的生物质原料设计、建造和测试了第一个工艺开发装置(PDU)。

图 6-14 所示为 RENUGAS 装置,其生物质处理量为 12 t/d。RENUGAS 装置包括:供料系统、气化炉、旋风分离器、带有焦油裂解器和热气净化装置(HGCU)的气体净化和提质区,以及一个采样系统。RENUGAS 气化炉是一个单级鼓泡流化床反应器,具有惰性固体(通常为氧化铝)深层床,以蒸汽和氧气/空气作为气化介质。气化炉的温度达到 980 ℃,压

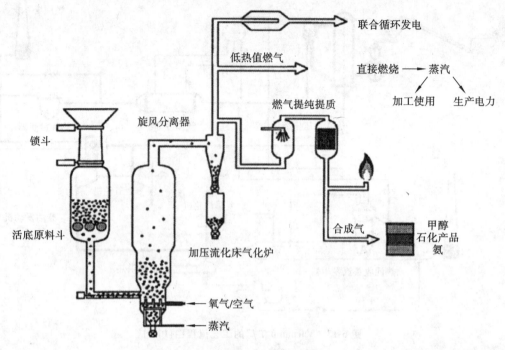

图 6-14　RENUGAS 装置图

力达 34 bar。气化炉内径为 0.29 m,位于外径为 0.91 m 的绝缘碳钢压力容器内,周围有厚 0.3 m 的块状纤维绝缘材料。

在芝加哥建立首家 RENUGAS® 中试工厂之后,还设计、建造和测试了基于这项专利技术的大型气化工厂:坦佩雷、毛伊岛、斯凯夫和德斯普兰斯。

1)坦佩雷气化厂

在验证了首个 RENUGAS® 气化 PDU 之后,该技术于 1989 年被授权给 Tampella Power Inc. 在芬兰坦佩雷建造一个 15 MW 规模的增压气化厂。该项目旨在进一步开发和演示气化和热气清洁技术,以确保为 IGCC 应用提供清洁气体。1993 年,该工厂由 Environ-power(Tampella 的子公司,现为 Andritz-Carbona)建造和调试,在 26 次试运行中总运行时间为 3800 h,生产了 5900 t 加工后的燃料。由于该计划的目的是为 IGCC 开发技术,因此该工厂在示范后被关闭。

坦佩雷气化厂包括燃料处理、干燥、进料、气化、气体清洁和联合循环阶段。结合联合循环的商用低压蒸汽干燥机可将生物质燃料的含水量从 50%~60% 降低至 15%~20%。工厂中存在煤和生物质的单独进料系统,均由加压的锁定料斗组成。气化炉是一个以白云石和沙子为床的鼓泡流化床,在高达 1100 ℃ 的温度下和高达 30 bar 的压力下运行,每天处理 42 t 煤或 60 t 生物质。生物质燃料包括木屑、造纸废料、林业残留物、苜蓿和稻草。清洁单元包括旋风分离器和气体冷却器,以及用于通过煤气化生产的合成气的脱硫段、热气过滤器和产品气燃烧单元。

2)毛伊岛气化厂

毛伊岛气化厂由 RENUGAS® 示范装置组成,该厂建于 20 世纪 90 年代,位于夏威夷毛伊岛。该厂装有一个运行容量为 100 t/d 的鼓泡流化床气化炉,压力高达 35 bar。该项目旨在气化甘蔗渣(夏威夷制糖业的主要燃料),以获取合成气,用于后续发电以及甲醇、燃料电池和其他生物产品的生产。该项目非常重要,因为当时夏威夷的所有燃料都依赖进口。它与夏威夷商业和糖业公司、美国 DOE 生物质能发电计划、IGT、太平洋国际高科技研究中心(PICHTR)、夏威夷自然能源研究所、夏威夷州和西屋(Westinghouse)等不同合作伙伴创立了核算电气公司。

毛伊岛气化厂的建设和调试分两个阶段进行:第一阶段包括气化炉的建造和测试。气化炉建于 1993 年,从 1995 年到 1997 年,气化炉分三次运行超过 100 h。该阶段的主要挑战在于生物质处理:当切碎的甘蔗渣密度很低时,第一个 PDU 气化炉需要进行改造以确保生物质稳定和均匀地流动。第二阶段包括热气净化系统的开发。热气净化装置装有烛型过滤器和焦油裂化反应器,这些过滤器和焦油裂化反应器是 IGT 设计的,后来于 1997 年拆除。尽管该项目付出了很多努力,但由于生物质处理困难,最终该厂于 1997 年关闭。

3)斯凯夫气化厂

Andritz-Carbona 气化炉包含一个鼓泡流化床,该流化床基于丹麦政府和欧盟的多项激励措施,在 RENUGAS® 技术的基础上于斯凯夫(丹麦)建造。斯凯夫工厂是欧洲最大的工厂,建有鼓泡流化床,与热电联产系统相连,并通过每天输入 110 t 生物质(主要是颗粒和木屑)产生 5.5 MW 的电力和 11.5 MW 的区域供热。该项目由商业资助,并获得了美国能源部、欧盟和丹麦能源署的补贴。

斯凯夫工厂包含一个气化厂和发电厂模块。气化厂包括:用于生物质进料的加压锁定料料斗系统;传统的流化床,其鼓泡和干馏段在 800~900 ℃ 的温度下运行,最高压力为 2 bar,运行 8000 h/a;两级整体式催化焦油重整器,可将焦油转化为合成气,将氨转化为氮气;气体冷却器、低温袋式过滤器以及气体洗涤器。发电厂还具有三个内燃发动机和燃气锅炉。工厂的设计始于 2004 年,而工厂的调试和冷试则始于 2007 年 9 月。气化系统性能评估和首次发动机启动分别于 2008 年春季和 2008 年 5 月进行。2008 年夏初,第一台燃气发动机开始运行,第二台和第三台燃气发动机于同年末安装。与所有其他加压气化项目一样,斯凯夫气化厂的调试也遇到了许多困难。尽管如此,该项目还是克服了这些挑战,使该工厂得以持续运行。

4)混合燃料试验工厂

混合燃料试验工厂是 2004 年由美国伊利诺伊州得普莱恩斯的气体技术研究所设计和建造的试点工厂。该设施旨在作为气体净化和燃料合成的试验台主要将甲醇转化为汽油。

混合燃料试验工厂以煤(10 t 空气/d,20 t 氧气/d)和生物质(20 t 空气/d,40 t 氧气/d)为原料,原料主要以木屑和颗粒的形式存在。气化炉的温度范围为 800~900 ℃,压力高达 27.5 bar。混合燃料设施包含许多不同的模块,例如燃料供给、加压生物质气化、下游合成气净化和分离系统。此类模块最终可以与先进的电力转换系统、煤炭转化为液体、氢气、替代天然气(SNG)技术和二氧化碳捕获技术集成在一起。该工厂的设计足够灵活,可以测试多种原料和工艺配置(气化、气体净化和气体处理)。

4. CHRISGAS® 技术和相关项目

BIOFLOW 项目完成后,Värnamo IGCC 示范工厂被关闭,并被纳入保护计划。然而,欧洲理事会第 2003/30/EC 号指令规定了生物燃料替代运输用汽油和柴油的最低百分比建议,为继续 Värnamo 示范工厂的研发活动创造了机会,并促成了 CHRISGAS 项目的构想。

　　CHRISGAS(清洁富氢合成气)项目是一个为期 5 年半的旗舰项目(2004—2010 年),由欧共体第六框架计划和瑞典能源署(SEA)资助,来自工业和研究领域的 20 个合作伙伴共同开发。CHRISGAS 项目的主要目标是重建 Värnamo 示范工厂,以利用可再生资源(如木质生物质)制造富氢气体混合物,并进一步将其升级为液体燃料,如二甲醚、甲醇和费-托柴油。该项目的具体目标包括:利用蒸汽和氧气通过高压气化将木质纤维材料转化为中热值气体;通过高温过滤净化原料气;通过催化自热蒸汽重整净化原料气。

　　CHRISGAS 项目的第一阶段主要基于 Termiska Processer AB(TPS)的经验,进行了示范工厂改造的概念设计。图 6-15 描述了 Värnamo 工厂重建计划的 PFD。在图 6-15 中,浅色设备对应于原始的 IGCC 工厂组件,而深色方框表示新的必要设备,以确保生成富氢气体混合物。在这些改进中,研究人员发现使用更有效的进料系统、改变气化炉操作条件以及添加不同的热气体过滤器、自热重整(ATR)反应器、水煤气变换反应器和加氢/氢解装置能有效提升运行效率。

　　原投料系统(由间歇式锁定式料斗系统和螺旋给料机组成)将被更高效的连续活塞式进料系统所取代。进料系统可确保 4000 kg/h 的生物质(含水量为 15%)的进料。气化炉将不再使用空气作为气化剂,需要使用氧气来提供必要的气化热,需要使用蒸汽将反应平衡转移到生成更多的 H_2 方向。因此,合成气不含氮,同时热值和 H_2 含量较高,而焦油含量较低。此外,温度范围和压力也将分别假定为 900~950 ℃ 和 10 bar。热气体过滤器将设计为在高压和更高温度下运行,比原 IGCC 工厂的温度高约 650 ℃,以避免热损失并获得更高的效率,同时热气体过滤器还能抵抗碱金属等杂质。经过热气体过滤器后,ATR 反应器将焦油和轻烃分解成 H_2 和 CO,应选择适当的催化剂以降低 ATR 温度。转化后的气体混合物将被冷却并引导至水煤气变换反应器或加氢/氢解反应器,以调整合成气中 H_2 与 CO 之比,具体取决于合成气的下游工艺规范。

　　开发 CHRISGAS 项目的第一个主要挑战是资金不足。由于 Värnamo 设施已关闭七年多,根据以前的 IGCC 运行条件,电厂启动需要资金,同时还需要为电厂重建和示范试验提供资金。一方面,电厂的启动资金由欧盟委员会和 SEA 提供,因此到 2007 年年底,IGCC 工厂成功地进行了联合循环运行和为期一周的气化操作。另一方面,工厂重建计划将由一项有条件的基金提供 75% 的资金,工业资金支持另外 25%,这样就可以实现工业参与和可能的成果商业化。然而,由于工业参与不足,SEA 于 2007 年 12 月决定有条件地搁置工厂重建资金。

　　针对与电厂重建融资相关的问题,CHRISGAS 项目的目标被调整为在属于联合体合作伙伴的现有实验室试验工厂进行进一步的系统研究,并确保最终在未来建造图 6-15 所示的重建工厂。因此,CHRISGAS 项目包括不同领域的研究,例如:燃料供应和管理、燃料干燥、加压燃料供给、气化、气体和气溶胶粒子特性、热气过滤、蒸汽重整、WGS、辅助和新工艺、成本研究及社会经济研究。

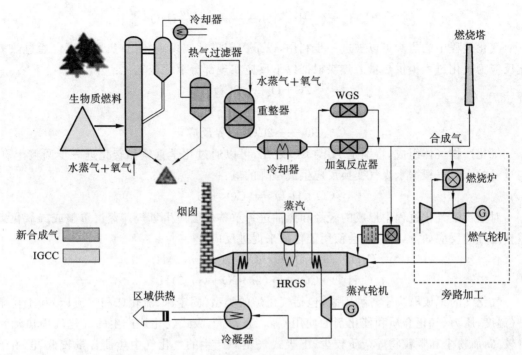

图 6-15　CHRISGAS 项目未来 Värnamo 示范工厂的 PFD 提案

6.3　气化气净化与调变

　　气化是将固体含碳物质转化为以可燃气体为主要成分的气体的过程,生成的气体称为气化气或合成气。由于气化能够将不均质的固体燃料转化为均质的气体燃料,因此其在工业供热、民用取暖、发电和液体燃料合成生产等领域的应用备受关注。生物质气化进程,包括初始阶段的热分解以及焦气化等都是吸热反应,需要额外热量来提供气化持续进行所需要的能量,额外热量主要来源于对反应器的电加热、燃气加热等(间接加热气化),或引入氧化剂来部分氧化热分解一些产物并释放的热量(直接加热气化)。生物质气化初始阶段即裂解(一般称为一次反应)会释放挥发性物质,称为挥发分,包括可凝性焦油、水蒸气和不可凝性小分子气体,并产生一种固体碳质残留物,即焦炭。随后会发生二次反应,即挥发分本身之间的交互反应以及挥发分与焦炭之间的重整反应。最后是气化反应,即挥发分与气化剂以及焦炭与气化剂之间的重整反应;在直接加热气化的情况下还存在焦炭的氧化反应。二次反应以及气化反应最终使气化体系的产物达到化学平衡状态。最终气化气成分包括一氧化碳(CO)、二氧化碳(CO_2)、水(H_2O)、氢(H_2)、甲烷(CH_4)、其他轻烃、焦油、焦炭、挥发性无机组分和无机固体(灰分)。挥发性无机成分包括氰化氢(HCN)、氨(NH_3)、氯化氢(HCl)和硫化氢(H_2S)。总的来说,生物质气化气的实际组成在很大程度上取决于气化过程、气化剂和原料组成等因素。生物质的气化反应可以表示如下:

$$生物质 + O_2/H_2O \longrightarrow CO + CO_2 + H_2O + H_2 + CH_4 + C_nH_m + 焦油 + 焦炭 +$$
$$灰分 + HCN + NH_3 + HCl + H_2S + 其他微量气体产物$$

CO、CO_2、H_2O、H_2、焦油和烃类的实际产量取决于挥发分的部分氧化反应:

$$C_nH_m + (\frac{n}{2} + \frac{m}{4})O_2 \longrightarrow nCO + \frac{m}{2}H_2O$$

气化过程中的焦炭可以被进一步利用,以最大限度地实现碳转化;焦炭也可以通过热氧化反应为气化过程提供热量。焦炭根据以下反应实现部分氧化或气化:

$$2C + O_2 \longrightarrow 2CO$$

$$C + H_2O \longrightarrow CO + H_2$$

$$C + CO_2 \longrightarrow 2CO(边界反应)$$

气化产物气体组成,特别是 H_2 与 CO 之比,可以通过化学重整和转化进一步调整。CO 与过量的水蒸气根据水煤气变换反应生成额外的氢:

$$CO + H_2O \Longrightarrow CO_2 + H_2$$

对生物质气化过程中形成的轻烃和焦油进行重整也会产生氢气。蒸汽重整或二氧化碳重整过程的反应如下,通常还会使用催化剂来促进反应:

$$C_nH_m + nH_2O \longrightarrow nCO + (n + m/2)H_2$$

$$C_nH_m + nCO_2 \longrightarrow (2n)CO + (m/2)H_2$$

气化气的组成取决于各种因素,包括气化炉的类型(固定床、流化床和气流床)和工作条件(温度、压力、气化介质和催化剂的使用)等。通常,上吸式气化炉产生的气化气中焦油含量较高,而粉尘和颗粒物等杂质较少;下吸式气化炉产生的气化气中焦油含量较低,但由于其气体出口速度相对较高,产品气体中粉尘和颗粒物含量较高。在流化床气化炉中,根据操作温度和使用的床层吸附剂不同,焦油含量可在 $1000 \sim 12000$ mg/Nm³ 之间变化。与流化床气化炉相比,气流床气化炉由于在高温($1000 \sim 1300$ ℃)下运行,产品气体中的焦油含量会较低。

气化气净化是指去除气化气中多余杂质的过程,通常涉及综合的、多步骤的物理化学方法,杂质去除程度(净化程度)和采用的净化方式取决于产品气体的最终用途。气化气中需要去除的气相杂质包括 NH_3、HCN、其他含氮气体、H_2S、其他含硫气体、HCl、碱金属、有机大分子碳氢化合物(包括焦油)和颗粒物。这些成分含量很大程度上取决于原料特性。生物质中含有一定量的氮和硫,会在气化过程中产生 NH_3 和 H_2S;生物质气化气中的 HCl 浓度与原料的氯含量直接相关;碱金属(主要是钾)则与生物质灰分中的碱含量有关,气化气中夹带的灰分颗粒对气化气中的碱金属含量也有影响;气化气中碱蒸气或气溶胶的浓度取决于所选生物质原料灰分的化学性质和气化温度。

在大多数气化气的应用中,可冷凝气体和颗粒物通常都需要去除,因为这些杂质成分会导致下游设备的堵塞、沾污和腐蚀。其他一些气体,如 NH_3、H_2S 和 HCl 等,即使含量很少,如果不进行分离或捕集,也会造成下游换热设备腐蚀,排放后造成空气污染。因此,要使气化在能源和化工生产中发挥作用,就需要把重点放在生产清洁产品气体上。不同类型气化炉产生的气化气中焦油和颗粒物的含量如图 6-16 所示。在气化气的大多数应用中,要求焦油和颗粒物的含量低于 100 mg/Nm³,从图中可以得知,目前所有类型气化炉生产的粗气化气中焦油和颗粒物含量都高于以上限制,这表明气化气基本都需要经过净化过程才能进行后续利用。

气化气净化方法一般分为原位净化和气化后净化两种。原位净化需要选择适当的气化炉、操作条件,并使用吸收剂或添加剂。较高的空气燃料比和气化温度可以降低焦油和氨气的生成,但是同样也降低了气化气的品质,并且需要使用更高规格的合金材料以满足气化炉

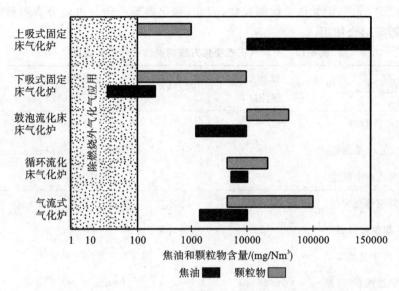

图 6-16 不同气化炉产生的气化气中焦油和颗粒物含量

的高温操作,增加了气化炉的投资成本。气化后净化又可分为热气体净化方法(热化学方法)和冷气体净化方法(物理方法),表 6-11 列出了不同的气化后净化方法。两种方法的主要区别是净化过程的操作温度不同。冷气体净化法使用水或其他溶剂在低温(<250 ℃)条件下分离气化气中的焦油和其他杂质,而热气体净化法使用催化剂或高温过滤器在高温(400 ℃以上)条件下分离杂质。冷气体净化法曾经是最常用的方法,但是随着高效催化剂的研发,越来越多地使用专门用于合成化学品生产的热气体净化法,因为它可以将焦油转化为可燃气体,提高气化系统的整体效率。而采用冷气体净化法时,这些由大分子碳氢化合物组成的焦油会从气化气中冷凝下来,造成能量损失,同时会产生冷凝废水,难以处理,极易造成二次环境污染。

表 6-11 不同的气化后净化方法

分 类	冷气体净化	热气体净化
说明	**湿法处理** 喷淋和洗涤处理 文丘里洗涤器 湿式静电除尘器 湿式旋风除尘器 **干法处理** 旋风除尘 过滤器 干式静电除尘器	干式过滤 高温裂解 加氢裂解 蒸气重整/干式重整

气化气净化方法也可以分为湿法处理和干法处理。湿法处理仅限用于低温净化,而干法处理可应用于低温和高温两种情况。表 6-12 给出了不同气化气净化方法的操作条件及其效果。在湿法处理中,文丘里洗涤器去除颗粒物和焦油效率较高。干法处理中,催化裂解

可使焦油量减少 95％，但无法去除颗粒物，因此，催化重整必须与可以分离颗粒物的旋风分离器或过滤器等结合使用。

表 6-12　不同气化气净化方法的操作条件及其效果

净化方法		操作温度范围/℃	压降/kPa	颗粒物捕集率/(％)	焦油去除率/(％)
湿法处理	洗涤塔	50～60	—	70～90	10～25
	文丘里洗涤器	20～100	5～20	90～99(>1 μm)	50～90
	湿式静电除尘	40～50	—	>99	0～60
干法处理	焦油催化裂解	900	—	—	95
	织物过滤器	200	1～2.5	70～95	0～50
	沙床过滤器	10～20	—	70～95	60～95
	陶瓷过滤器(纤维)	200～800	1～2.5	99～99.8(>0.3 μm)	—
	陶瓷过滤器(刚性)	200～800	1～5	99.5～99.99(>0.1 μm)	—
	金属泡沫过滤器	200～800	<1	99～99.5(>1 μm)	—
	旋风分离器	100～900	<10	80(>5 μm)	—

6.3.1　颗粒物脱除

颗粒物来源于细小灰分，由无机元素（钙、钾、硅、钠、铝、铁和镁）、未转化的焦炭和床层材料（流化床或使用床料添加剂的气化炉）组成。砷、硒、锌和铅等元素是颗粒物的微量组分。颗粒物粒径从小于 1 μm 到大于 100 μm 不等。

颗粒物的大小、组成和浓度取决于气化炉的类型及其运行条件，如温度、气流速度、气化率、燃料特性（包括含水量、微量元素含量）等，其中气化炉类型影响较大。一般来说，流化床产生的颗粒物最多，通常配备有机械分离装置，如旋风分离器，以捕获较粗的颗粒。流化床反应器产生的颗粒残留由夹带在气流中的焦炭和磨损破碎的床层材料组成。焦炭相较床层材料更容易破碎，密度较小，粒径分布也更窄。固定床或流化床气化系统气化气中的颗粒量取决于气化强度，在高负荷气化强度下，气流流速更快，将产生更多的细颗粒。粉末燃料产生的气化气通常也会携带更高含量的颗粒物。从气化炉中携带出来的最小颗粒物一般是碱金属蒸气凝结形成的气溶胶。这些气溶胶颗粒的浓度与原料中灰分含量和灰分的化学性质密切相关。表 6-13 和表 6-14 分别显示了不同类型气化炉产生的粗气化气以及净化气化气中颗粒物的含量。

表 6-13　不同气化炉产生的粗气化气中颗粒物浓度

气化炉类型	上吸式固定床气化炉	下吸式固定床气化炉	流化床气化炉
颗粒物浓度/(mg/Nm³)	100～8000	100～3000	8000～100000

表 6-14 净化气化气中颗粒物和焦油含量

气化炉类型	进料	分离系统	焦油浓度/(mg/Nm³)	颗粒物浓度/(mg/Nm³)
两级空气下吸式气化炉	桉木	旋风除尘器、热交换器和袋式过滤器	＜35	＜10
两级下吸式气化炉	玉米芯	热交换器、袋式过滤器、石灰石、活性炭、装在吸收器中的脱硫吸附剂	20	20
下吸式气化炉	橄榄核	旋风除尘器、文丘里洗涤器、热交换器、冷却装置、除雾器和细过滤器	10	10
维京式(Viking)两级固定床气化炉	木屑	冷却器和袋式过滤器	＜1	＜5
哈博尔式(Harboore)上吸式气化炉	木屑	冷却器和静电除尘器	＜25	＜25

气化气在应用前应满足严苛的颗粒物浓度要求。颗粒物除了对人体健康构成威胁外，还会对转化系统的下游设备造成污染、侵蚀和腐蚀。颗粒物去除的要求取决于气化气的最终用途。固定功率燃气发动机要求气化气的颗粒物浓度小于 50 mg/Nm³；整体气化联合循环发电系统(IGCC)中燃气轮机要求气化气的颗粒物浓度小于 15 mg/Nm³，颗粒物最大粒径不能超过 5 μm；应用于燃料合成的气化气对颗粒物去除要求最为严格，要求颗粒物浓度小于 0.02 mg/Nm³，以保护压缩气化气的压缩机，同时避免后续工艺催化剂的中毒失活。

根据气化气不同阶段的温度，可以使用不同的技术来分离气化气中的颗粒物。颗粒物分离装置出口的气体压降以及热集成回收利用是气化气颗粒物分离需要考虑的关键设计因素。此外，生物质气化过程中产生的焦油对颗粒物的去除也有显著影响。大多数颗粒物分离装置的操作温度应高于焦油露点温度，以避免焦油冷凝，防止细微颗粒物与冷凝焦油黏结、结块。热气体的颗粒物分离常用的装置有旋风分离器、烛式过滤器、静电分离器等。根据所需分离水平，可以选择适当的分离装置，也可以将不同分离装置结合使用。冷气体颗粒物分离则通常采用湿法洗涤。

气体旋风除尘技术已广泛应用于去除颗粒物。待净化的气体进入具有高切向速度和角动量的旋风分离器，迫使靠近壁面的颗粒进入边界层，在边界层中颗粒失去动量，在重力的作用下会与气流分离，分离效率与颗粒大小、气体流量、温度和压力有关。对旋风分离器进行特定设计，可使一定粒度分布范围内的颗粒得到有效去除。不同设计的旋风分离器可串联使用，以实现亚微米粒径范围内颗粒的高效去除。但通常旋风除尘器还是只应用于去除 5 μm 以上的颗粒。如果旋风分离器表面温度低于 300 ℃ 左右，焦油就会在装置内部构件表面凝结。因此，旋风分离器通常应该位于气化炉内，以避免热损失。

在需要去除粒径小于 1 μm 的颗粒时，通常使用的是屏障式过滤器。在屏障式过滤器中，气流通过多孔介质，介质允许气体通过，同时捕获颗粒物。这种过滤层的堆积形成所谓的滤饼，进一步有助于分离。但是，滤饼的厚度会增大过滤器的压降，当达到设计压降后，就需要对过滤器进行清洗。颗粒分离通常是通过气流中颗粒物的扩散或惯性碰撞来实现的，屏障式过滤器壳层的设计和过滤器介质的选择是影响颗粒物捕获效率的关键。过滤介质的初始孔径决定了初始压降和颗粒去除范围；当颗粒聚集在表面产生滤饼时，过滤效率和压降都会随之提高。如上所述，当达到设计压降时，就需要对过滤器进行清洗。将惰性气体或干净的产品气体反吹至过滤器可以滤掉滤饼，从而使过滤器上的压降接近其原始性能，因此过滤器壳层需要适应常规的气体脉冲反向吹扫以间断性去除滤饼。

在选择合适的过滤介质时，操作温度和产品气体成分是需要考虑的主要工艺参数。各种织物和刚性过滤器已被广泛应用于气体净化中。织物过滤器有更高的分离效率，但操作温度限制在 250 ℃ 以内，织物材料和机械兼容性限制了其在高温合成气过滤中的应用。图 6-17 所示是一个布袋织物过滤器。此类袋式过滤器由一端开口的多个布管组成。待净化的气体从布管外部进入，形成滤饼。过滤管在结构上由一个金属笼支撑，以防止它在压差下破裂。在不同的时间间隔，通过脉冲气体的反向吹扫，产生反向气流以去除滤饼。固体滤饼会落入位于过滤元件下方的料斗中，最终排出。

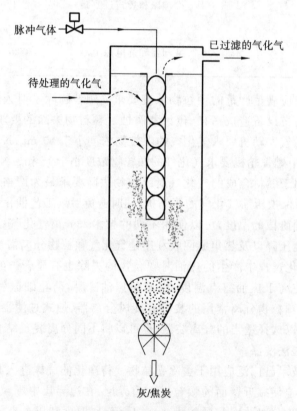

脉冲气体

已过滤的气化气

待处理的气化气

灰/焦炭

图 6-17　布袋织物过滤器示意图

与所有的过滤介质设备一样，可凝性气体(水汽和焦油)凝结后与细颗粒结合将会导致较大的压降损失。可凝性气体的凝结会通过形成一个能有效吸附灰尘和焦炭的黏性表面来短暂提高颗粒捕集的效率。然而，焦油和水汽凝结会很快污染大多数过滤介质，就与旋风分离器受污染的情况一样，最终会导致过滤效率的大幅降低。此类冷凝问题可通过在更高温度(例如高于 300 ℃)下运行来解决。但大多数传统滤布介质无法在高温下运行，其在高温下会在很短时间内焦化和热降解。因此高温运行条件下需要选择特殊的介质材料，如玻璃棉过滤袋等,可在高于 300 ℃的温度下使用。

　　刚性过滤器一般由陶瓷或金属制成,对粒径大小在 100 μm 以下的颗粒有非常高的分离效率(99.99%),同时可以在 400 ℃以上温度条件下运行,此温度是热气体净化的理想运行温度。图 6-18 是一个烛式刚性过滤器示意图。尽管高温烛式过滤器开发已经取得了重大进展,但由于抗拉强度、腐蚀和污垢等方面存在的问题,高温烛式过滤器的可用性仍然很差。反复的脉冲反向热冲击会导致过滤器破裂;过长时间的盲孔操作会降低过滤器的长期过滤性能;若气化气中存在硫、氯和碱金属盐等杂质,这些杂质接触陶瓷过滤器或支架时,高温下的反应会导致陶瓷过滤器或支架形态变化和脆化,进而降低装置的长期过滤性能。烧结金属滤芯是陶瓷烛式过滤器的进一步替代品。烧结金属过滤器的工作温度通常低于陶瓷过滤器,以防止烧结。在适当的温度下操作,烧结金属过滤器比陶瓷烛式过滤器更稳固,因而其破裂或开裂的风险更低。

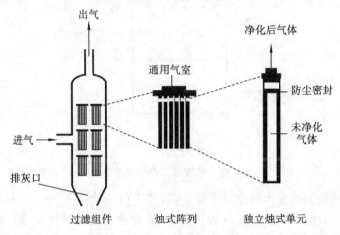

图 6-18　烛式刚性过滤器示意图

　　静电除尘器已在电力工业中大范围地应用于飞灰颗粒的捕集,此外在石油炼化厂收集催化裂化装置的催化剂粉尘的过程中也得到了广泛的应用。电荷被诱导到粒子的表面,当它们沿着电场线到达一个接地的集电极板时,就会从气体流中被去除。静电除尘器可用于高温高压气流中的颗粒物去除。然而,保持电晕放电的稳定可靠和装置的稳态运行具有技术挑战。另一个技术难题是确保高压放电电极和其他金属内部元件与合成气杂质的材料兼容性。静电除尘器的总体规模和投资成本使其最适合大规模的运行。

　　湿式洗涤系统使用液体喷雾,通常是水或者是从洗涤过程中冷却的冷凝物,用以黏合与液滴碰撞的微粒,接着在除雾器中把液滴从气流中去除。湿法洗涤会降低生产过程的热效率,还会产生对环境和人体有毒有害的废液,需采取适当方法进行减害处理后才能排放到环境中。然而,由于其适用性和分离效率高,它在气化气净化中的应用仍然十分广泛。

　　湿式洗涤器的性能取决于所用洗涤器的粒度分布和类型。湿式洗涤器具有结构紧凑、资金投入少、运行维护费用低的优点。湿式洗涤器按分离机理可分为撞击、截留和扩散三种类型。当气体中的颗粒流经设备时,会保持惯性并撞击液滴,粒径在 10 μm 以上的颗粒由于撞击而被捕集;截留的颗粒粒径在 0.1～1.0 μm 之间;通过液滴在废气流中的扩散,可去除粒径在 0.5 μm 以下的颗粒。常用的湿式洗涤器有喷雾洗涤器(喷雾塔)、湿式动力波洗涤器、旋风洗涤器、冲击洗涤器、文丘里洗涤器和静电洗涤器等。

喷雾塔是湿式洗涤器中结构较简易的一种,其工作原理如图 6-19 所示。气化气从喷雾塔的底部进入,并与上面喷嘴产生的液滴接触。湿颗粒从底部被去除,而气体首先通过除雾器,然后离开洗涤器,最终实现气体的净化过程。喷雾塔可设计成气-液两相流的共流、逆流或垂直流动三种形式。喷雾塔内颗粒分离的原理主要是撞击原理。因此,对于粒径在 5 μm 以上的颗粒,喷雾塔捕集效率达到 90% 以上,而对于 3～5 μm 大小的颗粒,其捕集效率下降到 60%～80%,对于粒径在 3 μm 以下的颗粒,捕集效率则下降到 50% 以下。

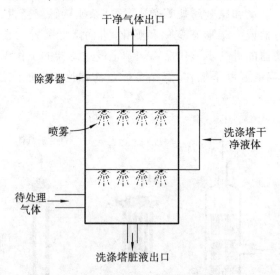

图 6-19　喷雾塔工作原理示意图

湿式动力波洗涤器的分离效率高于喷雾塔,其工作原理如图 6-20 所示。在动力波洗涤器中,由于气体沿切线方向进入,在气旋作用下,颗粒物首先被分离出来。带有亚微米颗粒的气流随后流经湿润的风扇转子,转子上提供了额外的液体洗涤剂。转子的运动产生了微小的液滴,帮助捕捉粒径 5 μm 以下的颗粒。但是,与喷雾塔相比,风扇转子的加入也增加了

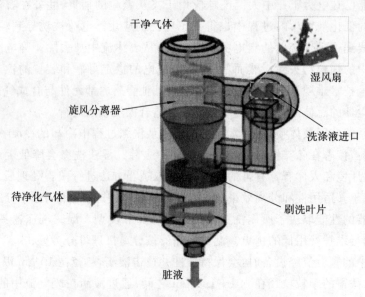

图 6-20　湿式动力波洗涤器工作原理示意图

维护成本和总功耗。

文丘里洗涤器是十分常见的湿式洗涤器,其工作原理如图 6-21 所示。但其通常需要相对较高的压降来实现洗涤液的循环。待净化的气体进入文丘里管,立即与洗涤液接触。在装置的咽喉处,压力非常低。在这里,气体和液体碰撞形成了液滴。这些小水滴阻止了灰尘颗粒物微粒的通过。随后气体和液体的混合物沿切向进入下游的旋风分离器,离心运动将重的湿颗粒从气流中分离出来。净化后的气体从分离器的顶部离开,而灰尘和液体混合物从分离器的底部离开。文丘里洗涤器对颗粒物的分离效率可达 99%,对焦油的分离效率可达 50%～90%。

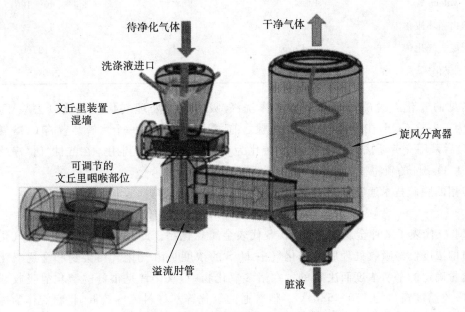

图 6-21　文丘里洗涤器工作原理示意图

6.3.2　气体污染物脱除

6.3.2.1　硫(S)

气化气中的硫通常来自含硫燃料,通常以硫化氢(H_2S)的形式存在,其含量从 0.1 mL/L 到 30 mL/L 以上不等,少量的硫以羰基硫化物(COS)和二硫化碳(CS_2)的形式存在。硫化合物在气化过程中的形成取决于水蒸气供给比和气化温度。在水蒸气气化过程中,仅能检测到 H_2S,其浓度随着温度(700～800 ℃)和水煤质量比(0.5～3)的升高而升高。较低的气化温度和水蒸气供给比则会导致 COS 和 CS_2 的形成。表 6-15 所示为不同类型气化炉中气化气的硫化氢含量。

表 6-15　不同类型气化炉中气化气的硫化氢含量

气化炉类型	制造公司	燃　　料	H_2S 含量(ppmv)
鼓泡流化床	GTI	木材	100
流化床	Purox	城市固态废弃物	500
鼓泡流化床	MTCI	纸浆	800

气化炉类型	制造公司	燃 料	H_2S 含量（ppmv）
循环流化床	Lurgi	树皮	极低
气流床	Shell	煤	2400
气流床	GE	煤	1200
移动床	Lurgi	煤	7000
气流床	Texaco	煤	11000
Milena 式	ECN	木材	40～100
快速内循环流化床	Gussing	木材	50～120
干底式气化炉	Sasol-Lurgi	煤	13100
流化床	HTW-Winkler	煤	1300

常见的气化气脱硫步骤是利用液体洗涤/吸收系统处理气化气气流以去除 H_2S 和 COS，为了去除 COS，在酸性气体净化步骤之前，需要额外设置一个水解装置将 COS 转化为 H_2S，最后采用克劳斯法将吸收的 H_2S 转化为单质硫进行回收利用。在酸性气体净化步骤中，高达 99.8％ 的硫将被去除。

专用的脱硫技术通常是基于硫化氢与金属氧化物的反应。反应方程式如下：

$$MeO + H_2S \rightleftharpoons MeS + H_2O$$

式中：MeO 代表了某种金属氧化物，MeS 代表金属硫化物。此反应可以有效降低气化气中硫化氢的浓度。经吸收处理后的气化气中 H_2S 的浓度是由气化气污染物和金属氧化物的相对含量确定的平衡浓度而决定的。在诸多氧化物中，氧化锌是很好的硫化氢吸收活性材料，其吸收温度窗口为 150～580 ℃。但普通的氧化锌基材料硫容较低，将它们作为一次性吸附材料来说成本昂贵，特别是在处理高含硫量气化气时成本问题尤为突出。如果能将氧化锌基材料循环再生使用，处理成本就会大幅降低。为此，目前研究者开发了多种可再生的氧化锌基吸附剂，如表 6-16 所示。相比固定床和流化床脱硫系统，输送式反应器脱硫系统有着显著的优势，它的成本更低且对高放热再生反应有着良好的控制效果。实验证明，输送式反应器脱硫系统可以有效去除高浓度的 H_2S，将其浓度从高达 500～30000 ppmv 降至 10 ppmv 以下。

表 6-16　不同类型商用氧化锌基吸附剂

吸 附 剂	制造机构	脱硫系统
RVS-1	DOE/NETL	固定床
Z-Sorb	ConocoPhillips	固定床和流化床
EX-S03	RTI	输送式反应器
RTI-3	RTI	输送式反应器

此外，氧化锌材料除了与 H_2S 反应外，还被证明同样可与 COS 和 CS_2 反应。氧化锌材料与 COS 和 CS_2 反应的热力学和动力学原理同其与 H_2S 反应类似。据报道，氧化锌材料从煤气化及煤与石油焦混气化产生的合成气中去除 H_2S 和 COS 的效率都高于 99.9％。氧化锌材料在去除硫醇、二硫化物、硫代苯和二苯并硫代苯等方面同样具有很大的应用潜力。

由于生物质原料的低硫特点,生物质气化气中一般硫化氢含量都很低,不需要特别针对生物质气化气进行脱硫处理便可直接在发动机和涡轮机上使用。然而,在诸如费-托合成工艺等应用中,则必须考虑对气化气进行相应的脱硫处理,以防止下游工艺的催化剂发生硫中毒失活,在此类工艺应用中,硫的浓度需要降低到百万分之一以下。

6.3.2.2　氨气(NH_3)

在气化过程中,燃料中的元素氮转化为氨气(NH_3)和氰化氢(HCN)。在较低温度($<$ 900 ℃)和气化还原条件下,空气中的氮不会促进 NO_x 的形成。此外,在气化过程中形成的氮化合物都有很高的水溶解度,可以通过湿法淋洗去除。

氨气的形成取决于燃料的性质(含氮量)以及操作条件(燃料颗粒大小和温度)。表 6-17 给出了不同类型气化炉和原料条件下产生的气化气中氨气的含量。通常情况下,煤气化产生的氨气含量高于生物质气化产生的氨气含量。

表 6-17　不同类型气化炉中气化气的氨气含量

气化床类型	制 造 公 司	燃　　料	NH_3 含量(ppmv)
移动床	Lurgi	煤	4000
气流床	Texaco	煤	2000
鼓泡流化床	GTI	木材	1000
气流床	Shell	煤	400
快速内循环流化床	Gussing	木材	500～1000
Milena 式	ECN	木材	500～1000
干底式气化炉	Sasol-Lurgi	煤	3600
流化床	HTW-Winkler	煤	1000

氨气的去除还可以通过氨气分解来实现,但由于其热稳定性高,氨气的分解温度通常很高。因此需要考虑使用催化剂来降低氨气分解的反应温度。很多金属及其氧化物/碳化物/氮化物都能催化氨气的分解。虽然 8、9、10 族金属元素往往比其他金属元素具有更高的催化活性,但 5 族(V、Nb)和 6 族(Cr、Mo、W)元素的碳化物和氮化物对氨气分解的催化作用更明显。例如,Mo_2C 的活性大约是碳化钒的 2 倍,而后者的活性则是 Pt/C 的 2～3 倍。

此外,镧镍合金、CaO(氧化钙)、MgO(氧化镁)和白云石(CaO-MgO)在促使氨气分解时都十分有效,它们可以将氨气分解为 N_2 和 H_2 的温度降低到 300 ℃左右。还有一些研究工作甚至表明,利用 CaO、MgO 或白云石可以在常温下分解氨气。

气化气组分对氨气分解的催化剂活性有显著影响。例如,一方面,当有 CO、CO_2 和 H_2 存在时,CaO 几乎完全失活,这可能是由于 CO_2 与 CaO 的反应导致 CaO 失活;另一方面,镍几乎不受这些气体存在的影响,但它会受到气化气中含硫气体的影响,即硫中毒,同时也会由于积碳而失活。钌系催化剂也曾被用于氨气还原,但其中毒和失活情况与镍系催化剂相似。当有少量 H_2S 存在时,如果其浓度仅有万分之几,那么它并不会导致煅烧的白云石、CaO 甚至是 Fe 的硫中毒。

6.3.2.3　HCN

HCN 与 NH_3 在水中溶解度都极高,通常都可以通过湿法淋洗去除。可以用洗涤法将

HCN 与气化气先分离,然后使溶解在洗涤液中的 HCN 与多硫化物和氨气反应而转化为硫氰酸酯,最终实现减害处理。

同时还可以采用催化剂处理 HCN。在气化气组分中有水蒸气存在的情况下,在高温和高压条件下,使用由氧化钼、TiO_2 和 Al_2O_3 组成的复合金属氧化物催化剂处理气化气,可以有效去除 HCN。在催化费-托合成过程中,通过将气化气与含钴催化剂接触,也可以从气化气中去除 HCN。

6.3.2.4　HCl

生物质中含有低浓度的氯元素,在气化还原性条件下易转化为氯化氢(HCl)、氯化钠(NaCl)和氯化铵。生物质气化气中 HCl 的浓度在 90～200 ppm 之间变化,这是造成使用生物质气化气的下游设备腐蚀的原因之一。金属氯化物也会沾污装置表面。氯气浓度即使低至 0.024 mol/L 也会对燃气轮机叶片造成严重腐蚀。气化气中的氯化物同样具有高水溶性的特点,可以通过湿法洗涤去除。

此外,还可以通过吸收剂吸收去除氯化物。通常会采用金属氧化物或碳酸盐作为吸收剂去除 HCl,碱性或碱土金属是去除 500 ℃ 以上卤化物的有效吸附剂。已有实验工作评估了几种碱矿在常压、550～650 ℃ 的情况下从热合成气中清除 300 ppm 盐酸的效果。实验证明所用吸附剂与 HCl 反应都很迅速,HCl 的浓度可以降至 1 ppm 左右,废吸附剂中氯含量按重量计算高达 54%。

这些碱矿大多是天然矿床,可以加工成低成本的盐酸吸附剂。与商业生产的吸附剂相比,它们的主要缺点是在较低的温度下反应性偏低。天然矿体的比表面积通常会更小,从而会更快地被 NaCl 产物层覆盖,进而降低吸附剂的反应性。商业制备的吸附剂反应性更强,但相应地也会更昂贵。

6.3.3　痕量金属脱除

6.3.3.1　碱金属

相较于煤,生物质原料中含有更多的碱金属和碱土金属。碱金属在生物质中以离子结合态与有机质的含氧官能团结合或以细微分散的矿物形式存在。生物质中几乎所有的钾和钠都具有很高的可移动性,倾向于在裂解过程中进入挥发相。虽然生物质中的碱金属对燃料热化学转换过程具有一定的催化作用,但挥发的碱金属会带来严重的碱金属问题,这主要由灰中的非金属成分硅(Si)及碱金属钾(K)引起。Si 和 K 在低于 900 ℃ 时发生反应,Si—O—Si 键被打破而形成硅酸盐或者与硫反应产生硫酸盐。硅酸盐和硫酸盐的熔点均低于 700 ℃,容易沉积在反应器受热面和换热面上,引起沾污、腐蚀、结焦或管道阀门堵塞。存在于气化气中的碱金属还会对后续制取液体燃料的合成设备造成腐蚀,引起合成催化剂中毒。燃气轮机一般要求燃气中碱金属含量小于 50 ppb,制取液体燃料的费-托合成工艺一般要求合成气中碱金属和 HCl 含量小于 10 ppb。

气化温度的提升会使气相中的碱金属含量增多,这主要是由于高温条件促进了水溶性碱金属的析出,较高比例的碱金属析出不利于气化气的后续利用。有研究表明可以通过添加特定的添加剂抑制碱金属的析出,SiO_2、MgO、Al_2O_3 等添加剂对气流床气化过程中碱金属的析出起到了明显的抑制作用,其中 MgO 对碱金属的固留效果最好。在高温气流床条件下,添加剂对碱金属的固留是由物理吸附和化学吸附共同作用实现的。Al_2O_3 对挥发的可溶性碱金属物理吸附能力最强,MgO 对碱金属的化学吸附能力最强,SiO_2 的物理和化学吸附能力介于二者之间。

碱金属盐在较高的气化温度下会蒸发释放,但在温度降至 600 ℃ 以下就会凝结。碱金属盐在下游设备凝结会引起严重的腐蚀问题。如果气体在气化炉出口能被冷却到 600 ℃ 以下,碱金属盐会凝并成细小的颗粒物(粒径小于 5 μm),这些颗粒物可以被旋风分离器、经典除尘器等过滤器捕集,就可以避免下游设备的腐蚀、沾污问题。但有些气化工艺不允许对气化炉出口气化气进行冷却,在这种工况限制情况下,热气化气可以考虑在 650～725 ℃ 温度条件下添加活性铝土矿来吸附捕集挥发的碱金属。

6.3.3.2 重金属

与硫、氯、氨和颗粒物的脱除相比,由于气化气中重金属(包括汞、铅、镉、铬、砷及其化合物)含量极低,因此重金属脱除目前不太受关注。但这些重金属元素有两个共同特点:剧毒性和生物体内累积性。它们会对人体的生理机能、新陈代谢、生物遗传等方面造成显著的负面影响。对于某些重金属含量较高的生物质燃料,如生活垃圾,应关注其气化过程中的重金属迁移和分配特性,以开发高效的重金属固化和脱除技术。

熔融固化法目前被认为是灰渣中重金属无害化处理的有效方法之一,气化熔融技术可有效固化有害重金属元素。在高温(1400 ℃)下,燃料中所含的沸点较低的重金属盐类,部分随物料气化进入气相,部分转移赋存于灰渣中。灰渣中 SiO_2 在熔融处理中形成 Si—O 网状构造,将重金属包封固化,形成稳定的玻璃态熔渣,重金属溶出的可能性大大降低。经过气化熔融,灰渣全部形成玻璃体,使重金属封存不致溶出。随物料气化后进入气相的重金属,很容易被旋风分离器、静电除尘器等捕集下来,最终残留在气化气中的重金属含量极低,如需进一步脱除,可采取活性炭吸附等方法完全脱除。

6.3.4 焦油脱除

生物质气化与煤气化相比的优点之一在于生物质的挥发分含量比煤高得多,因此不需要很苛刻的工艺条件(温度和压力)即可实现高碳转化率。然而,生物质的高挥发分和温和反应条件也容易导致生物质气化过程产生更多的气化焦油,因此生物质气化气中焦油含量显著高于煤气化气,使得生物质气化成本较高和气化气品质不够理想。

焦油是气化过程中产生的可凝性有机组分,由可冷凝的复杂碳氢化合物组成,包括含氧 1-5 环芳香烃和复合多环芳香烃,主要由分子量大于苯的芳香烃组成。焦油主要通过气化初始阶段物料的裂解产生,生物质(或其他原料)进入气化炉后,初次裂解可在较低温度(约 200 ℃)下开始,并在 500 ℃ 完成。在这个温度范围内,生物质中三组分——纤维素、半纤维素和木质素热分解为初级焦油,也称木焦油或木醋液,它主要包含含氧碳氢化合物和初级有机可冷凝分子。在这个阶段也会产生初生焦炭,也称为生物质半焦。当温度超过 500 ℃ 后,初级焦油组分开始裂解为更小、更轻的不冷凝性气体,同时发生聚合反应,生成一系列称为次级焦油的较重多环芳烃产物。不冷凝性小分子气体主要包括 H_2、CH_4、CO_2 和 CO。在更高的温度下,次级焦油产物进一步被缩聚重整,生成小分子气体产物和重环芳烃化合物。

生物质气化过程中产生的焦油成分非常复杂,主要是多环芳烃组分(PAHs)。焦油在高温下能分解成小分子永久性气体(低温时不凝结成液体),在低温下则以液体状态存在。焦油在不同温度下的形成过程如图 6-22 所示。

$$\underset{400\,℃}{\text{混合的}\atop\text{碳氢化合物}} \Rightarrow \underset{500\,℃}{\text{酚醚}} \Rightarrow \underset{600\,℃}{\text{烷基}\atop\text{酚类物质}} \Rightarrow \underset{700\,℃}{\text{杂环醚}} \Rightarrow \underset{800\,℃}{\text{环芳烃}} \Rightarrow \underset{900\,℃}{\text{重环}\atop\text{芳烃}}$$

图 6-22　焦油在不同温度下的形成过程

在煤气化过程中,焦油的处理问题较为简单。因为煤气化过程中气化温度足够高,可以将焦油分解成低分子量、不可凝结的碳氢化合物,同时煤中含氧量远低于生物质。煤气化焦油的组成主要包括苯、甲苯、二甲苯和煤焦油等,均是很好的化工原料,具有良好的商业利用价值。而生物质能量密度远低于煤炭,且含氧量显著高于煤炭,产生自生物质的焦油大部分是含氧的,且组分复杂,单一组分含量低,商业利用成本高。因此生物质焦油的脱除是生物质气化大规模商业化的主要技术障碍。如果生物质气化在足够高的温度下进行,虽然可以避免焦油的形成,但是气化系统运行成本会显著增加,其经济性会大打折扣。生物质气化气的焦油含量在产品气体中可以从 0.1%(下吸式气化炉)到 20%(上吸式气化炉)不等。这些焦油的化学成分也与温度、蒸汽与生物质之比、气化当量比和压力等工艺条件有关。

在生物质气化系统中,焦油脱除是最大的技术挑战之一。焦油会凝结在下游管道和颗粒过滤器上,导致管道、阀门和过滤器堵塞。焦油对其他下游工序也有不同的影响。焦油会堵塞内燃机的燃油管路和喷射器。当用于燃气轮机时,气体燃烧前会被压缩,这将导致焦油冷凝,阻碍压缩装置和喷雾装置的正常运行,进入燃气室燃烧后,焦油会在燃机叶片上冷凝,腐蚀损害叶片,影响叶片的长期稳定运行。因此依据使用对象的不同,在使用气化气前需要进行不同程度的焦油脱除。

焦油脱除方法可分为物理方法和化学方法。其中物理方法包括滤芯过滤法、水洗法、机械法、静电法等;化学方法包括高温裂解法和催化重整法等。不同方法的焦油去除率如表6-18所示。

表 6-18　不同方法的焦油去除率

去除方法	焦油去除率/(%)
沙床过滤器	50~97
文丘里洗涤器	50~90
旋转式颗粒分离器	30~70
洗涤塔	10~25
湿式静电除尘器	50~70
织物过滤器	0~50
焦油催化重整	>95

下面主要介绍其中较为常见的几种方法。

6.3.4.1　物理方法

物理方法去除焦油类似于从气体中去除颗粒物,可以通过旋风分离器、屏障过滤器、湿式静电除尘器(ESP)、湿式洗涤器或碱盐等来完成。

物理方法的选择标准基于颗粒和焦油的入口浓度、入口粒度分布、下游应用对气体中颗粒物的耐受性等。通常,进口颗粒的尺寸分布较难测量,特别是对于较细的颗粒,但它的测量对于选择正确的收集设备十分重要。例如,亚微米(粒径小于 1 μm)微粒需要使用湿式静电除尘器去除,但这个设备相较其他设备更加昂贵。织物过滤器可有效去除粉末,但如果粉末凝结,会导致其失效。

以下简单介绍两种常见的去除焦油的物理方法:滤芯过滤法和水洗法。

1. 滤芯过滤法

旋风分离器在消除气化气中的颗粒物方面十分有效,但在去除焦油时不是很有效。这主要是因为焦油的黏性较强,旋风分离器不能去除小的(粒径小于 1 μm)焦油滴。滤芯过滤法即采用屏障过滤器在焦油和颗粒物的路径上提供一道物理屏障,同时允许清洁气体通过。它的特点之一是可以在其表面涂上适当的催化剂,以促进焦油裂解。屏障过滤器主要分为烛式过滤器和织物过滤器两种。烛式过滤器为多孔结构,由陶瓷或金属材料制成,陶瓷过滤器可以设计在高达 800~900 ℃ 的温度下工作。通过适当选择材料的孔隙率,可以控制允许通过的最小颗粒尺寸。如果颗粒不能通过过滤屏障,就会沉积在壁上,如图 6-23 所示,形成一层多孔的固体,称为滤饼,气体则可以通过滤饼和过滤器。一个主要问题是随着滤饼厚度的增加,穿过过滤器的压降也会增加,气体流动的阻力增加。常用的解决方法是利用反向的压力脉冲吹扫滤饼。除了高压降外,屏障过滤器的另外一个问题是如果过滤器破裂或破损,粉尘和含焦油气体会优先流过该通道,对下游设备造成不利影响。还有一个主要的问题是在滤芯上凝结的焦油会阻塞过滤器。

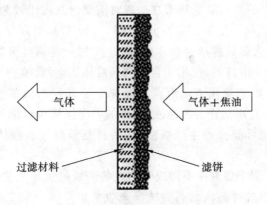

图 6-23　屏障过滤器中灰尘分离的机理

与烛式过滤器中的多孔材料不同,织物过滤器是由织物编织而成的,它们只能在较低的温度(小于 350 ℃)下工作。织物过滤器的滤饼可以像烛式过滤器那样通过反压力脉冲去除,也可以通过简单的摇动来去除。如果气体冷却过度,焦油在织物过滤器上的凝结会成为一个主要问题。可以使用带有预涂层的织物过滤器来解决这一问题,预涂层可连同在过滤器上形成的滤饼一起被去除。这种预涂层可以有效地去除气化气中不需要的杂质。

也有一些气化装置采用了湿式静电除尘器。气体通过带有电极的强电场时,高压会使固体颗粒和液滴带电。当烟气通过带电室中电压为 30~75 kV 的阳极板或阳极棒时,烟气中的微粒就会吸附电荷,并被带电荷的阴极收集板向下收集。接地的板或壁也会吸引带电粒子,可以用于简化设计。虽然收集效率不会因颗粒在板上堆积而降低,但需要定期进行机械包装来对板进行清洁,以防止气体流动受阻或积灰导致电极短路。收集到的固体颗粒可以用机械方法清洗,但是像焦油这样的液体需要用水来清洗。湿式静电除尘器在低至 0.5 μm 的整个粒度范围内具有非常高(高于 90%)的收集效率,而且它们的压降非常低(几英寸水位计）。但湿式静电除尘器用于净化高度可燃的合成气时存在一个很严重的问题，那就是高压引起的火花。因此，由于低压降而带来的较低风机功率的节省，也会被较高的安全成本所抵消。此外，湿式静电除尘器基本装置的成本是湿式洗涤器的 3～4 倍。

2. 水洗法

水洗法是指将气化气直接接触液体（水或溶剂），洗涤冷凝气体中的焦油和煤烟，这是一种有效的气体调节技术，并可针对污染物进行优化去除。水或适当的洗涤液喷在气体上后，固体颗粒和焦油滴与液滴碰撞，形成更大的液滴，这样大的液滴很容易被旋风分离器从气体中分离出来。水洗法对于去除可溶性杂质（NH_3、HCN、碱和氯化物等）也很有效，因此单个单元操作可用于管理多种污染物。但水洗法在清洗之前，需要将气体冷却到低于 100 ℃，降低了综合生物质气化过程中的热效率，气体被冷却到接近环境温度，导致气体显热焓的显著损失。此外，焦油从气化气的气流中除去时，其相应的热值也会损失。

水洗法的另一个缺点是会产生废水。洗涤不能消除焦油，而只是将焦油从气相转移到液相。当使用水洗法去除焦油时，废水的后续处理是重要的考虑因素。焦油去除工艺产生的有机化合物浓度较高的废水，增加了水处理的复杂性。废水污染物中包括有机物、无机酸、NH_3 和金属等成分，收集的焦油（特别是在高温下形成的焦油）被归类为危险废物。有一些技术可用于在这些污染物最终处置之前对其进行处理，包括有机溶剂萃取、蒸馏、活性炭吸附、湿氧化、过氧化氢氧化、臭氧氧化、焚烧和生物处理等技术。

焦油组分的沸点范围很广，这意味着在处理时需要对其做出较为细致的温度划分。苯、甲苯、二甲苯（BTX）等低分子量组分需要低温（80～130 ℃），而高分子量多环芳烃在低温下可能会有很高的黏度。大多数焦油是疏水的，因此其相分离相对简单；然而，部分含氧的焦油组分，如苯酚等，则是水溶性的，使用非含水洗涤液体如柴油、植物油或其他碳氢化合物也可以有效去除焦油。常用的商用方法有荷兰能源中心开发的油基气体洗刷器（OLGA）和TARWTC 技术等，使用专用油作为洗涤液，含焦油的洗涤液可以回流到气化炉或其燃烧部分。另外，去除的焦油也可能会再生洗涤液，然后将充满焦油的液体再注入气化炉进一步转化。

OLGA 工艺是一种基于焦油中不同成分露点的多级脱焦油工艺。图 6-24 是 OLGA 工艺的示意图。第一步：通过对蒸汽的高温洗涤来收集重焦油。第二步：使用 ESP 收集焦油气溶胶和细颗粒物。重的焦油和颗粒在这两个阶段被回收到气化炉。第三步：移除轻的焦油，用过的洗涤液被送到分离器分离轻焦油，并回收到气化炉。第四步：水洗涤器，以清除任何残留的污染物。最终在环境温度下输出的是无焦油、无颗粒物的干式合成气。该工艺基于焦油组分和露点温度顺序的冷却步骤，旨在提高集成工艺的热效率。将回收的焦油和颗粒返回气化炉可以最大限度地提高碳转化率。洗涤液的循环利用避免了昂贵的废水处理，从而降低了运行成本。但是使用碳氢化合物作为洗涤液和新增的复杂工艺也会增加一部分成本。

6.3.4.2 化学方法

化学方法除焦就是使焦油在一定的反应条件下发生一系列的化学反应，使大分子的焦油转化成小分子的有用气体。相比于物理方法去除焦油，化学方法除焦不仅从根本上去除了焦油，消除了焦油对设备破坏和环境污染的隐患，而且还有效地回收了能量。另外，焦油通过化学反应后大部分转化为与生物质气化气成分类似的无机气体和小分子烃化物，从而

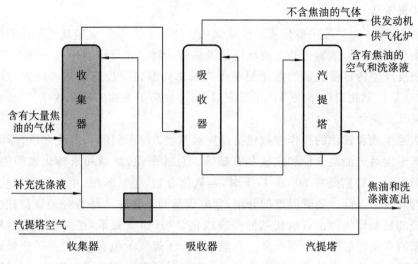

图 6-24　OLGA 工艺示意图

提高了生物质的转化率和原料的利用率。去除焦油的化学方法主要有高温裂解法和催化重整法两种。

1. 高温裂解法

当温度大于 1100 ℃时，即使不使用催化剂，气化气中的焦油也会发生裂解，分子量较大的化合物通过断键脱氢、脱烷基以及其他一些自由基反应转变为分子量较小的气态化合物和其他产物，从而使焦油转化为气体产物。但这也会导致焦炭的形成，同时可能会造成过滤器或催化剂的污染。另外，焦油的裂解会产生碳烟，这也是气化气中需要去除的杂质。

温度的高低对焦油的裂解过程具有显著的影响。随着裂解温度的升高，焦油裂解转化率和气体产物产率都会逐渐提高。研究发现焦油含量会随温度升高而降低，可能是因为高温有利于焦油发生裂解和水蒸气转化反应。裂解所需的温度取决于焦油的成分，例如，含氧焦油可能在 900 ℃左右裂解，但基本所有焦油裂解的温度都高于常见的气化炉出口温度。有实验证明，裂解温度达到 900 ℃以上时可实现焦油的高效转化，而若要实现焦油的完全转化，裂解温度至少要达到 1250 ℃；也有焦油裂解实验发现，当反应温度在 800 ℃时，生物质气化焦油产率为 1.5%，升高到 1000 ℃时，焦油产量达到毫克级别，1200 ℃时焦油产率为 11.7 mg/Nm³，1300 ℃时则完全没有焦油产生。

裂解温度对气化气组分也有影响。研究表明，在 1000～1200 ℃高温环境下对焦油进行高温裂解，可以将生物质燃气中 98% 以上的焦油裂解为小分子不凝性气体。经过 1000 ℃以上的高温裂解，裂解气中的氢含量从 36% 提高到 43%，同时其他组分含量都有不同程度的下降，其中 C_nH_m 含量的下降幅度比较明显，从 4.39% 下降到 1.53%，总体下降了 65%。

由此可见，在使用高温裂解法脱除焦油时，需要创造温度大于 1000 ℃的稳定高温环境才能实现焦油的完全转化。裂解所需的高温不仅对设备自身材质要求很高，并且要求设备有良好的保温性能。在这样的条件下进行裂解需要很大的能耗，在经济上不合理，所以单纯提高温度的方法来增强焦油裂解反应是不实际的。通过添加氧气或空气使焦油和气化气中其他成分燃烧可以提高温度，有利于焦油的裂解；也可以加入水蒸气促进焦油裂解，但相应的代价都是总气化气产量下降。还可以用电弧等离子体热分解生物质焦油，其过程相对简单，但产生的气体的能量密度也会较低。

2. 催化重整法

在商业上,许多工厂使用催化重整法从气化气产品中去除焦油和其他不需要的组分,该技术已经十分成熟。焦油转化的主要反应是吸热的,因此,在反应器中允许加入空气进行一定量的燃烧反应。特定催化剂的催化裂解反应相比高温裂解反应所需温度大为降低,一般在 700~900 ℃。催化裂解不仅降低了反应温度,还提高了焦油的转化效率。

1)不同反应条件

影响焦油生成和转化的操作参数包括反应器温度、反应器压力、气化介质、停留时间等。

反应器温度对焦油的含量和组成都有影响。总的来说,焦油和未转化焦都随着反应温度的升高而减少。特别是在 800 ℃ 以下时,含氧化合物,包括苯酚、甲酚和苯并呋喃等的含量也随温度升高而降低。随着温度的升高,含取代基的 1 环和 2 环芳烃的数量减少,而 3 环和 4 环芳烃的数量增加。没有取代基的芳香族化合物(如萘和苯)在高温下更容易产生,气体中萘和苯的含量随温度升高而升高。高温也降低了煤气的氨含量,提高了焦炭的转化率,但也会降低气化气的有用热值。提高流化床气化炉的干馏温度也可以减少产品气体中的焦油,但同样可能会对热值产生负面影响。

反应器压力对焦油生成的影响表现为在压力增加时,焦油的含量减少,但多环芳烃的比例增加。

停留时间对流化床气化炉的焦油产率的影响为随着气体停留时间(床层高度/表面气速)的延长,含氧化合物、1 环和 2 环化合物(苯和萘除外)的产率下降,但 3 环和 4 环化合物的产率上升。

气化通常使用的四种介质为空气、水蒸气、二氧化碳和水蒸气-氧气混合物。不同介质对焦油的形成和转化产生不同的影响。燃料与气化介质的比例是影响气化产物的重要参数。对于不同的介质,该参数的表达形式不同,如表 6-19 所示。

表 6-19　气化介质及相应特征参数

气 化 介 质	特 征 参 数
空气	ER=空气与化学计量空气之比
水蒸气	S/B=水蒸气与生物质的量之比
二氧化碳	二氧化碳与生物质的量之比
水蒸气-氧气	GR=水蒸气和氧气的总量与生物质的量之比

在空气介质中,产物气体中焦油的产量和浓度都随着 ER 的增大而降低。在 ER 达到 0.27 以上时,苯酚几乎全部转化,形成的焦油更少。温度越高,这种下降幅度越大。在 ER 较大的情况下,产物气体中多环芳烃、苯、萘和其他 3 环和 4 环芳烃的比例增加。虽然 ER 较大会降低焦油含量,但同时也会降低气体的质量,这是由于空气中氮气的稀释导致气体的热值降低了。

在水蒸气介质中,水蒸气与焦油发生重整反应生成 H_2 和 CO,从而使焦油含量降低,反应式如下:

$$C_nH_x + n\,H_2O \longrightarrow (n+x/2)H_2 + nCO$$

当 S/B 在 0.5~2.5 之间时,焦油产量大幅下降。在催化剂的作用下,还可以实现进一步的焦油脱除。

　　在水蒸气-氧气混合物介质中,在水蒸气中加入氧气可以进一步改善焦油的脱除反应。此外,增加额外的氧气还可以提供气化反应自裂解所需的热量。焦油产率随着 GR 的增大而降低。例如,当 GR 从 0.7 增大到 1.2 时,焦油产率可降低 85%。当 GR 值较小时,还会产生较多的轻质焦油。

　　在二氧化碳介质中,焦油可以在催化剂表面转化。这种反应称为干式重整,反应式如下:

$$C_nH_x + nCO_2 \longrightarrow (x/2)H_2 + 2nCO$$

　　一般来说,水蒸气气化的焦油产率比水蒸气-氧气气化的高;空气气化是焦油产率最低的。三种典型的气化介质对焦油的影响如表 6-20 所示。

表 6-20　气化介质对焦油的影响

气化介质	操作条件	焦油产量/ (g/Nm³)	低位发热量/ (MJ/Nm³,干燥)	焦油产量/ (g/kg,干燥无 灰生物质)
水蒸气	S/B=0.9	30~80	12.7~13.3	70
水蒸气-氧气	GR=0.9,H_2O/O_2=3	4~30	12.5~13.0	8~40
空气	ER=0.3,H/C=2.2	2~20	4.5~6.5	6~30

　　气化炉的种类对气化气中的焦油含量也有很大的影响。例如,在气流床气化炉中可以将焦油含量降低至 0.1 g/Nm³ 以下,而在上吸式气化炉中焦油含量可能超过 100 g/Nm³。气化炉的设计决定了裂解发生的地方、焦油如何与氧化剂反应以及反应的温度等,从而决定了不同的焦油产量。上吸式、下吸式、流化床和气流床四种主要类型的气化炉中焦油的平均含量如表 6-21 所示。

表 6-21　不同类型气化炉中焦油的平均含量

气化炉类型	气化气中焦油平均含量/(g/Nm³)
下吸式	0.01~6
循环流化床	1~30
鼓泡流化床	1~23
上吸式	10~150
气流床	可以忽略

　　2)不同催化体系

　　催化剂促进焦油的裂解可以同时运用在主反应器(气化炉)或下游的二次反应器(气化后)中。

　　气化炉内的催化脱除是指将催化剂直接与生物质混合,在气化过程中通过催化作用减少焦油的产生。气化炉内催化脱除过程中,催化剂与生物质共同进入气化炉内,发生一系列的化学反应。气化炉内催化脱除方法具有造价低、装置结构简单的特点。但由于催化剂无法回收,所以一般采用廉价的非再生催化剂,例如白云石、钙镁氧化物、碱金属化合物或镍基催化剂等。其中白云石和镍基催化剂可有效降低合成气中焦油的含量,但白云石机械强度较低,容易被床层介质沙砾磨蚀,且在煅烧过程中会碎裂产生粉尘,导致气化炉排灰量增加;

镍基催化剂会由于硫中毒和积碳等原因失活。气化炉内催化脱除方法还有一个缺点在于催化温度与裂解气化温度相同，不能进行调整。总的来说气化炉内催化脱除效果不太好。

气化炉外催化指气化后的燃气通过气化炉下游的第二催化床或多个催化床催化转化焦油，生成 H_2、CO 和 CH_4 等小分子气体，以提高气化气质量。这种脱除方法的优点是气化和裂解分开进行。由于催化床独立于气化床，催化剂可以保持较长时间的活性，且可以在不同气化条件下操作，故可以最大限度地降低焦油含量，克服了气化炉内催化裂解的缺点。实际应用中将这两种方法结合起来可以达到最佳效果。

根据生物质焦油裂解催化剂的来源，可将其分为合成催化剂和天然矿石催化剂两大类。常见的天然矿石催化剂有白云石、橄榄石以及活性炭等，常用的合成催化剂有镍基催化剂、碱金属催化剂以及其他金属催化剂等。受不同物料、气化炉及气化剂的影响，可供使用的催化剂多种多样，但所使用的催化剂必须能在有效去除焦油的同时，具有一定的失活耐性、耐结焦性，且具有坚固、不易破碎、可再生和价格低等优点。

白云石相对便宜，并且容易得到，煅烧白云石是广泛使用的一种催化剂。在使用白云石作为焦油裂解催化剂时，值得注意的一点是，没有经过煅烧的白云石对焦油裂解反应几乎是没有活性的。煅烧的方法是将白云石放入马弗炉中高温（大于 900 ℃）隔绝空气煅烧 4 h 以上。不同白云石的成分略有不同，但催化效果基本相差不大，一般认为白云石中 $CaCO_3$ 与 $MgCO_3$ 的比例在 1～1.5 时效果较好。与水蒸气介质相比，二氧化碳介质对白云石表面焦油的重整反应速率更高，在适当的条件下，可以完全转化焦油。白云石作为催化剂的缺点也很多。例如：白云石很难实现超过 90％的焦油转化率；白云石还会使焦油组分发生改变，白云石的催化作用更容易破坏如酚类及其衍生物类型的焦油，而对多环芳烃，如萘、蒽等的脱除则较困难，在经过白云石床的作用之后，虽然焦油量会大大减少，但剩余焦油也将更难以处理；白云石的热稳定性也较差，容易发生活性下降甚至失活；白云石机械强度较低，应用于流化床中会出现快速磨损，或者以较细颗粒的形式被气流携带出反应器而损失；白云石无法转化甲烷；积碳会使白云石失去活性。但因为白云石较便宜，可以丢弃，所以它在焦油催化脱除中的应用仍然很多。

橄榄石的大小和密度范围类似于沙子，也经常与沙子一起用于流化床气化炉中。橄榄石的催化活性与煅烧白云石相当，与未经处理的橄榄石相比，经 900 ℃煅烧的橄榄石的催化活性增加一倍，经过 10 h 的煅烧以后，橄榄石的催化活性显著提高，几乎达到最大值，继续延长煅烧时间对提升催化活性帮助不大。橄榄石最大的优点是其机械强度要优于白云石，即使在很高的温度下，橄榄石强度也能达到沙子的水平。在要求催化剂机械强度较高的条件下，可以用橄榄石替代白云石。煅烧白云石和橄榄石可以作为初级催化剂添加在气化反应器内，也可以作为焦油裂解催化剂用于气化反应器下游的二级裂解反应器内。

碱金属、碱土金属和稀土金属经常用作催化剂的助剂和催化剂载体，与催化剂的活性组分作用，提高催化剂的活性，减缓催化剂活性组分的烧结，提高催化剂的抗积碳性能。碱金属催化剂由于具有易与生物质焦油发生反应的特性，可以达到裂解净化生物质焦油的目的，因此是目前研究的重点。但碱金属催化剂存在抗积碳性较差、易团聚、易失活等缺点。碱金属催化剂在进入气化炉之前可以与生物质预混，与白云石不同的是，碱金属催化剂可以减少气体产物中的甲烷。碱金属催化剂使用后很难回收，不能用作二次催化剂，它在流化床中的使用也会使装置更容易结块。一些碱金属催化剂的效果排序如下：

$$K_2CO_3 > Na_2CO_3 > Na_3H(CO_3)_2 \times 2H_2O > Na_2B_4O_7 \times 10H_2O$$

镍基催化剂是一种高效的催化剂,在二级反应器中效果最好。镍基催化剂的活性受温度、颗粒大小和气体组成等影响。镍基催化剂在下游流化床中的最佳操作温度为 780 ℃。对于重烃,在水蒸气重整条件下镍基催化剂对焦油的脱除十分有效;对于轻烃,使用镍基催化剂对甲烷的脱除也是有效的。镍基催化剂对甲烷重整反应具有很高的活性,还能提高水煤气转化反应的活性,从而调整产物气中 H_2 和 CO 的比例。在催化反应温度超过 740 ℃时,产物气中 H_2 和 CO 的含量增加。另外,镍基催化剂还可以促进氨气的分解,从而减少产物气中氨气的含量。金属氧化物负载镍也已广泛应用于焦油还原,具体活性顺序为 $Ni/Al_2O_3 > Ni/ZrO_2 > Ni/TiO_2 > Ni/CeO_2 > Ni/MgO$。这表明,负载材料对镍还原焦油的活性也有影响。镍基催化剂是一种相对昂贵的催化剂,为了延长其使用寿命,尽量不要将镍基催化剂作为初级催化剂放在气化反应器内。使用镍基催化剂最大的问题是催化剂的失活。气化过程中产生的 S、Cl 和碱金属等杂质会影响其活性,在产物气中焦油含量很高时,焦炭也会沉积在催化剂表面,影响催化剂的活性。有资料表明升高温度在某种程度上能减少 S 的毒性和焦炭沉淀的影响。当 S 从气体混合物中除去后,催化剂对焦油转化反应的活化能迅速恢复,但对氨分解反应的活性却不能完全恢复。同时反复高温过程将导致镍基催化剂的烧结、相转移及挥发等,也会造成镍基催化剂的严重损失。

贵金属也可以用于去除生物质气化焦油,常见的贵金属催化剂包括 Rh、Ru、Pd 和 Pt 等。虽然贵金属催化剂价格较高,但是它们在低温状态对生物质气化焦油催化裂解有较高活性,同时还能对甲烷和轻质烃类化合物的蒸汽重整起催化作用,有利于生成更多的气化气并调整气化气的组分。贵金属还具有不易被氧化、耐高温、抗烧结等特性。但贵金属催化剂研究成本高,难以实现广泛应用。

各种催化剂通过一定比例的复合,不但能增加催化剂的活性,而且还延长了催化剂的寿命。最常见的是向镍基催化剂中添加铝,铝的添加量不同,催化剂活性及稳定性也有很大的不同;采用白云石和镍基催化剂混合也可以延长催化剂的寿命,在很大程度上也能降低成本。

焦炭是裂解的含碳产物,在二级反应器中使用它也能催化焦油重整。由于焦炭是主要的气化成分,比较不容易出现在气化炉的下游,因此如果要将焦炭作为催化剂,还需要对气化炉的设计进行改进。

6.3.5 气化气调变

生物质气化产生的气相产物成分比较复杂,品质较低,用于燃烧时需要对其进行进一步的调变以提升品质。常常需要调整的是生物质气化气体系中 H_2 与 CO 的比值,以满足气化气之后的应用需求,如通过费-托合成技术合成液体燃料。

目前对气化气进行调变的途径有很多,常用的方法有:向经过净化处理后的燃气中通入适量的 H_2 调整 H_2 与 CO 的比值,这种途径需额外加入 H_2 作为补充,增加了制氢的成本;通过 CH_4 与 CO_2 的重整调节,气化合成气中 CH_4 与 CO_2 占有相当大的比例,如果将两者转化为 H_2 与 CO,可以增加原料利用率;通过水蒸气重整来调节体系中 H_2 与 CO 的比值,这也是比较普遍的做法。因体系中存在较多的 CO,通过加入适量的水在合适的条件下促进水煤气变换反应消耗 CO 来制取富氢混合气,这样既可以降低 CO 的含量,又可以增加 H_2 的占比。

水煤气变换反应即在催化剂作用下,CO 与 H_2O 反应生成 H_2 和 CO_2 的反应。反应方程式为

$$CO + H_2O \Longrightarrow CO_2 + H_2, \Delta H = -41.2 \text{ kJ/mol}$$

在合成氨与制氢工业中，水煤气变换反应已经被广泛使用，且发展历史悠久。该反应一方面可以降低 CO 含量，避免下游催化剂中毒；另一方面可提高 H_2 含量，获得较高的氨产量。

目前，实现工业化水煤气变换的催化剂有三类：Fe-Cr 系高温变换催化剂（300～450 ℃）；铜系低温变换催化剂（190～250 ℃）；Co-Mo 系耐硫宽温变换催化剂（180～450 ℃）。

传统的 Fe-Cr 系催化剂采用共沉淀的制备方法，以 Fe_2O_3 作为催化剂的主体，以 Cr_2O_3 作为结构助剂提高催化剂的耐热性和抗烧结性。催化剂的活性组分是 Fe_3O_4，催化剂反应前先进行还原预处理，将 Fe_2O_3 部分还原为 Fe_3O_4。该催化剂主要有两个问题：一是结构助剂 Cr_2O_3 的加入，使催化剂制备成本提高，且 Cr 对生产、操作人员的身体健康和环境保护均有不利影响；二是当原料气中 H_2O 与 CO 的比例较低时，极易使 Fe_2O_3 过度还原为 Fe，使催化剂失活。将 CuO 加入到 Fe-Cr 系催化剂中可以改变催化剂的还原特性，使 Fe_2O_3 还原为 Fe_3O_4 的温度降低 100 ℃左右。同时，CuO 的加入还可以使催化剂在 H_2O 与 CO 之比较小的情况下也具有较高的活性。

Cu 系催化剂大致分为两类：Cu-Zn-Al 系和 Cu-Zn-Cr 系。由于 Cr 对人体及环境有害，且 Al 比 Cr 价格便宜，因此目前 Cu-Zn-Al 系催化剂应用较多。铜系催化剂的特点是低温活性好，当原料气中 CO 含量较低（低于 0.1%）时依然有较好的活性，但热稳定性较差，且对环境中的硫化物、氯化物极其敏感，易发生催化剂中毒。可以通过添加助剂来提高其热稳定性，如 SiO_2 等助剂。

Co-Mo 系宽温变换催化剂的特点是活性温度区间宽，与高温变换催化剂相比，其活性温度低 100 ℃，在机械强度、耐热性、耐硫性与抗毒性方面又均强于低温变换催化剂。但其缺陷是使用前的硫化过程较为麻烦，反应原料气中需保证一定的硫含量和较高的 H_2O 与 CO 之比。

在工业水煤气变换反应过程中，CO 转化反应经常会通过由一个高温催化步骤（350～450 ℃，Fe-Cr 系催化剂）和一个低温催化步骤（250 ℃，铜-锌基催化剂）组成的两段式方法来完成。还有许多其他催化剂对水煤气变换反应也具有良好的催化效果。例如，负载在 TiO_2 和 CeO_2 或 Pt/CeO_2 上的金纳米粒子对 CO 转化率较高。也有研究探讨将水煤气变换反应与生物质气化过程直接耦合的可能性，过程中采用贵金属（Rh、Pt、Pd 或 Ru）作催化剂，载体为 CeO_2。也可以将一个鼓泡流化床气化炉、一个水蒸气重整床与两个水煤气转化床相结合，该技术可以显著提高氢气产量。

水煤气转化过程中使用的催化剂对生物质气化过程中形成的微量 COS、H_2S、NH_3 和 HCN 等杂质高度敏感。因此，这些杂质的去除是一个关键问题，以尽量减少催化剂失活的情况发生。

水煤气变换反应的影响因素主要有反应温度、水蒸气添加量和压力。水煤气变换反应是一个强放热反应，从热力学的角度来看，低温有利于反应的进行，但是从反应速率来看，温度越低，反应速率就会越低。因此，该反应需要在合适的温度区间内发生。水煤气变换反应中的水蒸气作为反应原料，增大其使用量有利于反应向正反应方向进行，提高 CO 的转化率，减少副反应的发生。但是过量的水蒸气会使催化剂床层的阻力增加，缩短 CO 的停留时间，从而使反应效率降低。水煤气变换反应是等分子反应，压力对反应平衡没有影响，较大的压力有利于减小设备尺寸及降低生产投资，但压力提高的同时会增加设备的腐蚀。

水煤气变换反应会产生大量氢气,这些氢气需要从生物质气化所产生的合成气中进一步处理获得。水煤气变换反应通常与蒸汽重整一起进行,生成的 CO 与水进行放热反应,从而降低 CO 浓度并产生大量氢气。反应后,氢气可以从形成的 CO_2、H_2 混合物中通过一系列物理和化学释放/吸收技术,或通过最新的各种膜反应器系统提取出来。

$$CH_4 + H_2O \Longleftrightarrow CO + 3H_2$$
$$CO + H_2O \Longleftrightarrow CO_2 + H_2$$
$$CH_4 + 2H_2O \Longleftrightarrow 4H_2 + CO_2$$

水煤气变换反应平衡可能会向反应物方向移动,从而导致 H_2 产量降低。为了克服这一负面影响,将选择性催化剂和选择性膜耦合在一起的催化膜反应器(CMR)集成系统是一个很好的解决方案。该系统可以在重整过程中选择性地提取 H_2,从而在随后的 CO 与水蒸气反应转化过程中促进水煤气变换反应,生成大量的 H_2,如图 6-25 所示。

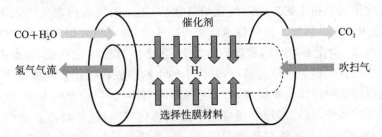

图 6-25　水煤气变换反应中 CMR 装置的示意图

采用选择性 H_2 膜的膜反应器可以有效地提高 H_2 产率,从而避免使用氢气提纯装置。该系统不仅不需要额外的纯化步骤,而且还将反应向产物方向移动,提高了 H_2 产率。用于分离 H_2 的膜材料和设计有很多,如钯合金、微孔二氧化硅、碳分子筛等。目前这一技术在限制流量、防止催化剂中毒,以及确保膜在分离效率方面的稳定性等问题上仍存在挑战。钯合金膜对 H_2 有无限选择性,但也存在许多缺点,如容易脆裂、对各种杂质(通常是 H_2S 和 CO)敏感性高而导致膜渗透损失和热机械稳定性降低等。微孔硅膜对杂质的敏感性较低,然而它在高温下对水蒸气非常敏感。碳分子筛膜有可能克服这个问题。致密质子导电膜也表现出无限的 H_2 选择性,但是其渗透通量较低且对 CO_2 很敏感。总的来说,高效的膜反应器系统仍处于发展阶段。

6.4　气化气应用

生物质气化技术不同,产生的气化气也具有不同的应用场所。不同的气化炉、工艺路线以及净化设备产生的气化气的应用会有很大的差别。

在世界范围内,生物质气化主要用于供热/窑炉、热电联产(combined heat and power,CHP)、混燃应用和合成燃料,目前规模最大的应用是热电联产技术。20 世纪 80 年代起,生物质气化被美国、瑞典和芬兰等国用于水泥窑和造纸业的石灰窑,既能保证原料供给又能满足行业需求,虽然具有较强的竞争力,但应用却不多。20 世纪 90 年代,生物质气化开始被应用于热电联产、多用途柴油机或燃气内燃机;生物质综合气化联合循环(biomass integrated gasification combined cycle,BIGCC)也开始成为研究热点,在瑞典、美国、巴西等国建成了几个示范工程,但由于系统运行要求和成本较高,大都已停止运行。

中国的生物质气化主要用于发电/CHP、供热/窑炉和集中供气,已建成了从 200 kW～20 MW 不同规格的气化发电装置,气化发电正向产业规模化方向发展。我国是国际上中小型生物质气化发电应用最多的国家之一。

生物质气化最新的发展趋势是合成燃料,利用气化获得具有一定 H_2/CO 值的合成气,以及通过合成反应生产液体燃料(如甲醇、乙醇和二甲醚),能部分替代现有的石油和煤炭化工。

6.4.1　气体燃料

6.4.1.1　供热

生物质气化供热是指生物质经过气化炉气化后,生成的生物质燃气送入下一级燃烧器中燃烧,为终端用户提供热能。这项技术已实现商业化,并在世界很多地区广泛应用。

以我国为例,20 世纪 90 年代,我国建造了 70 多个生物质气化系统,以提供家庭炊事用的燃气。该系统以自然村为单位,将以秸秆为主的生物质原料气化转换成可燃气体,然后通过管网输送到居民家中用作炊事燃料,每个系统平均每小时可为 900～1600 户家庭输送 200～400 m³ 的燃气。另外,该技术还广泛应用于区域供热和木材、谷物等农副产品的烘干等。自 1994 年在山东省桓台县东潘村建成中国第一个生物质气化集中供气试点以来,山东、河北、辽宁、吉林、黑龙江、北京、天津等省市陆续推广应用生物质气化集中供气技术。据农业部统计,截至 2010 年年底,全国共建成秸秆气化集中供气站 900 处,运行数量为 600 处,供气 20.96 万户,每个正在运行的气化站平均供气约 350 户。在气化燃气工业锅炉/窑炉应用方面,中国的科研单位和企业也进行了探索。广东省已建立生物燃气工业化完整的产业链基础,近几年来成功地完成了几十个生物质燃气项目,典型项目包括常州运达印染、珠海丽珠合成制药、深圳华美钢铁和广州天天洗衣等项目。目前主要发展途径为以生物质燃气替代化石燃油、燃气作为锅炉/窑炉燃料。

国内开展生物质气化供热研究和应用的单位主要有中国农业机械化科学院、中科院广州能源研究所和中国林科院林化所等。中科院广州能源研究所在湛江模压木制品厂、三亚木材厂和武夷山木材厂,应用循环流化床气化炉将木材加工厂的锯末或碎木屑进行气化,然后用生物质可燃气作锅炉燃料,产气量比固定床气化炉提高近 10 倍,可燃气的热值也提高了 40% 左右,并使气化炉实现了长期连续运行。2004 年至 2006 年,中国林科院林化所利用自主研发的锥形流化床生物质气化供热技术,分别在安徽舒城友勇米业公司进行 5220 MJ/h 稻壳气化替代燃油干燥粮食的示范应用,在江苏太仓牌楼进行 5220 MJ/h 稻壳气化供热花苗圃采暖应用,在辽宁海城复合肥料厂进行替代燃煤 5220 MJ/h 干燥鸡粪应用,并向马来西亚出口生物质气化(6000 m³/h)燃气瓷窑烧制装置。

印度一家公司成功地进行技术改造,运用生物质气化技术来为系统干燥提供热能,以替代原来燃烧柴油的系统,并于 2001—2002 年成功地做到不再燃用任何柴油,从而取得了很好的经济和环境效益。瑞典也将生物质气化技术集成到区域供热(DH)中。

6.4.1.2　热电联产

生物质气化供热和发电并非完全独立的。进入 20 世纪 90 年代,人们首次将热能生产和电能生产结合起来,即同时向某个区域供热和供电,称作热电联产。热电联产通过热水等提供热能,使用燃气轮机等设备生产电能,电能除自用之外,还可以输送到电网。

生物质气化发电/CHP 可以通过蒸汽轮机、内燃机、燃气轮机和燃料电池等多种方式实现。可根据终端用户的需要灵活配置,选用合适的发电设备,规模一般在 20 kW～10 MW,非常适用于分布式发电系统。目前应用最广的是内燃机发电,如图 6-26 所示,其负荷可调性高,20％以上负荷就能运行,也可以多台并联运行。

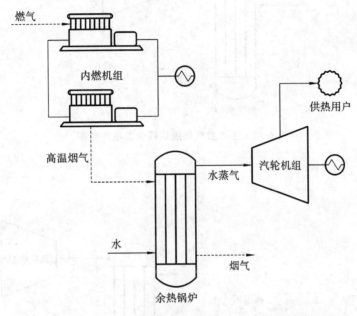

图 6-26　生物质气化内燃机发电/CHP 示意图

生物质气化燃煤耦合发电技术是指将生物质在气化炉中转化为燃气,再送入燃煤锅炉与煤混合燃烧发电,如图 6-27 所示。该技术也称间接混燃技术,适用于以油、天然气为燃料的火电厂。使用该技术时,需要在燃煤锅炉设备基础上增加独立的生物质气化系统,并根据生物质燃气在锅炉内的燃烧段位置增加燃气燃烧器或局部改造原有的煤粉燃烧器。从气化炉出来的高温燃气直接进入锅炉燃烧,燃气显热和焦油的能量得到充分利用。该技术可以利用现役大容量、高效率燃煤机组,发电效率可达 40％～46％,依托燃煤热电联产机组发电并供热,综合能源利用效率可达到 70％以上。

BIGCC 将布雷顿循环和朗肯循环联合,如图 6-28 所示,具有较高的发电效率。BIGCC 是 20 世纪 90 年代的研究热点,最初目的是更高效地利用甘蔗渣,目前仍处于发展完善阶段。国内生物质气化联合循环发电系统效率可达 25％～35％,但技术仍未成熟,尚处于示范和研究阶段。瑞典 Värnamo 电厂是世界上首座 BIGCC 电厂,发电净效率为 32％。电厂采用 Foster Wheeler 公司的加压循环流化床气化技术,以空气为气化剂,燃气经冷却器冷却至 350～400 ℃后,由高温管式过滤器净化。

爱尔兰自 1993 年开始利用下吸式气化炉为一所高校提供 100 kW 的电量和 120 kW 的热量。奥地利的 CHP Guessing 则是一个典型的热电联产的生物质气化电厂,它采用了双床气化系统生产燃气,燃气经处理后燃烧供热,并通过燃气轮机发电。该厂于 2001 年开始运行,为当地提供的净热功率为 4.5 MW,净电功率为 1.8 MW。

除用于集中供热之外,CHP 还可用于更小的场合(称之为小规模 CHP 或微规模

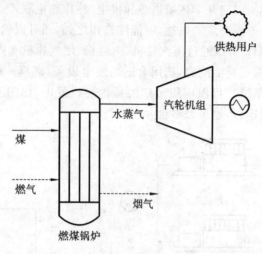

图 6-27　生物质气化燃煤耦合发电示意图

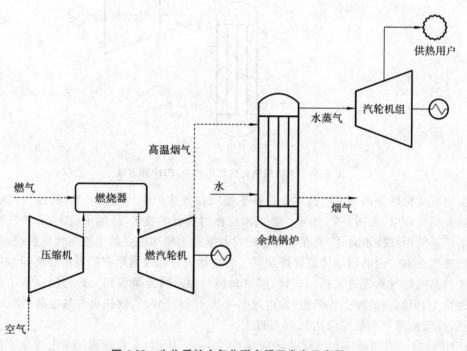

图 6-28　生物质综合气化联合循环发电示意图

CHP），比如各类商业建筑。这种系统的发电规模为 $5\sim50$ kW，主要的发电设备有内燃机、微型汽轮机、燃气轮机、燃料电池等。由于其潜在的发电效率较高，因此主要的工作是实现其进一步的商业化。此外，捷克研究人员还将一个热泵系统集成到生物质气化过程中，从而实现了热、电、冷三联产。

6.4.2　费-托合成

在经济不断增长的情况下，城市化和工业化导致的化石燃料迅速消耗，使得原油价格逐渐上涨。在这一情况下，迫切需要研究可再生及便于运输的液体燃料，以替代汽油和柴油燃料，发展先进有效的可运输液体燃料技术的需求越来越迫切。

生物乙醇、生物柴油和生物丁醇等替代液体生物燃料有一些共同的局限性。许多醇类生物燃料，如乙醇和甲醇等，在过去几年中已经实现了大规模运输，特别是在拉丁美洲国家，如巴西和古巴。然而，这些燃料的燃烧热值很低，这就需要在车辆中使用大型油箱，并经常补充燃料。

生物柴油也得到了广泛的研究，它本质上是脂肪酸的烷基（甲基）酯。尽管生物柴油相比乙醇生物燃料有一定优势，但它只能与石油-柴油混合使用。要使用生物柴油作为石油柴油的完全替代品，需要对发动机进行大规模的改进，目前较难实现。此外，生物柴油制造业的经济性也是导致其不是很有吸引力的原因之一。生物柴油的生产成本取决于其原料油的成本。即使是按最保守的估计（使用麻风树等非食用油作为原料，以及使用超声波技术等可能提高生物柴油经济性的解决方案），生物柴油的生产价格也仅仅与石油柴油持平，这使得生物柴油生产的经济效益对企业家们没有吸引力。另一种可能的解决方案则是将甘油（酯交换的副产物）转化为增值产品，这可以给生物柴油行业带来更多的收入。然而，这项技术在商业应用之前还需要大量的研究和开发。

生物乙醇和生物柴油只能混合在常规汽油和柴油中使用，并且为了兼容目前的发动机，其含量最多只能占到 20%。此外，生物乙醇的燃烧热值明显低于汽油，因此混合后对燃料经济性也会产生不利影响。

生物丁醇的性能与汽油相似，可以忽略燃烧热值的限制。但尽管如此，目前生物丁醇的生产成本也与汽油相当。用稻草等廉价的农业残渣替代糖蜜、玉米等传统原料可以降低生物丁醇的生产成本，同时还可以将传统原料用于其他更有价值的出口渠道，如动物饲料等。但这项技术目前正在开发中，在商业实施之前还需要很长时间。

1925 年，德国凯泽-威勒姆学院的弗朗兹·费歇尔和汉斯·托罗普施发明了费-托合成技术。这项技术主要是将含有氢气和一氧化碳的气化气转化为与汽油和柴油的主要构成类似的长链（直链或支链）碳氢化合物。该技术包括生产合成气、费-托合成反应和产品提质三个基本步骤。尽管这是一项有近百年历史的技术，但由于化石燃料储备的枯竭、原油价格的飞涨和环境问题，学术界和行业内近年来才对这一技术的兴趣有所增加。另一个推动该技术继续发展的因素是该技术可以有效地利用闲置和偏远的天然气储备。如印度有 13300 亿 m³ 的天然气储备，这些天然气储量的很大一部分位于东北部的那加兰邦和特里普拉邦，由于地形恶劣等因素，无法有效、低成本地从这些地区运输天然气。费-托合成技术是一种潜在的解决方案，可以将这些气体转化为液态碳氢化合物，方便燃料的运输。采用费-托合成技术生产燃料的明显优点是不产生硫、氮或重金属等污染物，产物中芳烃含量低，同时产物灵活。费-托合成产生的煤油或喷气燃料具有良好的燃烧性能，柴油具有较高的十六烷值。此外，通过费-托合成法生产的链烷烃脱氢，也可直接或间接生产化工所需的直链烯烃。

费-托合成过程的整体框图如图 6-29 所示。在典型的费-托合成工艺中，气化气生产和净化步骤所需成本占总成本的 66% 左右，因而降低气化气的生产成本是提高费-托工艺经济效益的关键。将费-托合成工艺与生物质气化相结合能够很好地满足这一点要求。生物质的气化过程相对来说较为简单且成本较低，这为费-托合成提供了潜在的原料。费-托合成部分的成本占据了总成本的 22%，而提质和精炼部分占据了剩下的 12%。常见的产物提质工艺包括链烷烃加氢裂化生产支链烃、馏分加氢裂化、催化重整、石脑油加氢处理、烷基化和异构化。

费-托合成是一种很有发展前景的方法，它可以将煤、生物质和天然气通过气化气的形

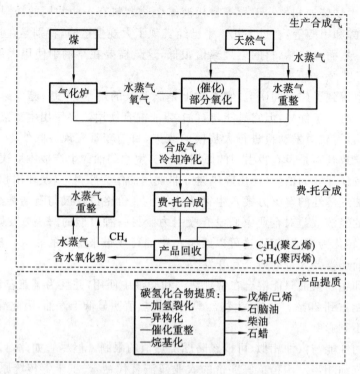

图 6-29　费-托合成过程的整体框图

式转化为清洁燃料和化学品。根据所使用的原料,可以将费-托合成技术分为三种主要类型:生物质液化(BTL)、煤液化(CTL)和气液化(GTL)。费-托合成部分的常见组成包括:反应器、未转化合成气的压缩和循环、二氧化碳的去除、氢和碳氢化合物的回收、产生的甲烷的重整以及产物的分离。

商业费-托反应器发展最重要的部分是对高反应热的管理以及对大量不同蒸汽压的产品的分离、提纯和提质。产品提质通常从除去轻烃和溶解性气体开始,使烃类适合于常压储存。烯烃可以通过分馏和萃取精馏从直馏液体产品中去除,作为石化工业的化学原料。现有的传统炼油工艺可用于费-托合成的液体产品和链烷烃的提质。气化气的生产取决于碳原料的选择和所采用的气化技术,这些又反过来决定了用于费-托合成的气化气原料的组成。表 6-22 给出了不同工艺和不同原料所生产的气化气成分。由表 6-22 可以看出,采用不同工艺、不同原料所生产的气化气中 H_2 浓度差异较大。当原料为煤或生物质时,气化气中的 H_2 浓度最低。这种含有极低浓度氢气的气化气不适合用于正常的费-托合成操作。气化气中 H_2 的不足应通过水煤气变换反应或采用与水煤气变换反应具有同等活性的催化剂来解决。

表 6-22　不同原料和不同工艺所生产的气化气成分

原　料	工 艺 过 程	成分/(%)			
		H_2	CO	CO_2	其他
天然气、水蒸气	水蒸气重整	73.8	15.5	6.6	4.1
天然气、水蒸气、二氧化碳	二氧化碳-水蒸气重整	52.3	26.1	8.5	13.1
天然气、水蒸气、二氧化碳、氧气	自热重整	60.2	30.2	7.5	2.0

原　　料	工艺过程	成分/(%)			
		H_2	CO	CO_2	其他
煤/重质油、水蒸气	气化	67.8	28.7	2.9	0.6
煤、水蒸气、氧气	德士古气化炉	35.1	51.8	10.6	2.5
煤、水蒸气、氧气	鲁奇气化炉	39.1	18.9	29.7	12.3
木质生物质	气化	29.9	30.3	28.3	11.5
黑油	气化	39.2	38.1	19.1	3.6

尽管气化气组成决定了费-托合成工艺的选择,但操作模式、使用的催化剂类型和反应器设计等因素在费-托合成中也很重要。在产品提质过程中,这些过程变量决定了气化气转换效率以及产品组成成分。目前,在商业费-托流程中有两种操作模式,分别为高温费-托(HTFT)和低温费-托(LTFT)。

在 HTFT 模式下,反应器温度在 320~375 ℃之间,一般使用铁基催化剂。HTFT 可以选择性地生产汽油和线性低分子量的烯烃,同时也会产生大量的氧化物;还可通过烯烃的齐聚制得柴油。HTFT 技术采用流化床反应器,反应器中不存在液相,因而 HTFT 是一种两相(固体和气体)系统。液相的存在会导致更小的颗粒发生团聚,并且可能会因此产生流态化的损失。因此,HTFT 会选择在较高温度下进行,很大一部分产品在这种环境下是气态的。同时原料在较高的运行温度下会形成芳香烃,因此 HTFT 产品也含有大量芳香烃。

在 LTFT 模式下,反应器的温度通常在 200~240 ℃之间,使用沉淀铁催化剂或钴基催化剂。该模式得到的产物对链烷烃和高分子量的线性烷烃具有较高的选择性。LTFT 是一种三相(固体、液体和气体)系统。LTFT 的部分产品可以直接划分为柴油,还有部分产品可以通过链烷烃的加氢裂化生产出优的柴油燃料。LTFT 产生的初级汽油($C_5 \sim C_{12}$)范围内的碳氢化合物基本是直链,需要进一步处理增加分支,以形成高辛烷值的燃料。

6.4.2.1　目标产物

费-托工艺的最终产物由线性支链碳氢化合物与氧化的复杂多组分混合物组成。费-托合成的化学反应可分为三类:①生成甲烷、链烷烃和烯烃的主要反应以及水煤气变换反应;②生成氧化化合物的副反应,例如醇和碳沉积;③涉及固相(即金属催化剂)的反应,形成碳化物和氧化物。这些反应的方程式如下所述,采用的催化剂是过渡金属:

$$CO + 3H_2 \longrightarrow CH_4 + H_2O \text{(生成甲烷)}$$

$$nCO + (2n+1)H_2 \longrightarrow C_nH_{2n+2} + nH_2O \text{(生成链烷烃)}$$

$$nCO + 2nH_2 \longrightarrow C_nH_{2n} + nH_2O \text{(生成烯烃)}$$

$$CO + H_2O \longrightarrow CO_2 + H_2 \text{(水煤气变换反应)}$$

$$nCO + 2nH_2 \longrightarrow C_nH_{2n+1}OH + (n-1)H_2O \text{(生成醇类)}$$

$$2CO \longrightarrow C + CO_2 \text{(碳沉积反应)}$$

$$M_xO_y + yH_2 \longrightarrow xM + yH_2O$$

$$M_xO_y + yCO \longrightarrow xM + yCO_2$$

$$xM + yCO \longrightarrow M_xO_y + yC$$

$$xM + yCO_2 \longrightarrow M_xO_y + yCO$$

费-托合成是一个聚合反应,因此得到的碳链长度不同的产物混合物种类繁多,包括 n-烯烃、n-烷烃、含氧产物和支链烃等。产物的选择性取决于反应温度、压力、催化剂类型、反应器等不同因素。通常可以根据产物不同将费-托合成分成几个沸程,包括轻质气体、石脑油、煤油和链烷烃等。选择适当的费-托合成的工艺条件有利于生产某些沸程内的产品。如果需要汽油发动机燃料,那么人们会希望生产更多辛烷值在 $87 \sim 93$ 之间的较低沸程馏分。同时,为了提高辛烷值以防止发动机爆震,人们更希望使用支链烷烃和芳香烃,而不是直链烷烃。对于喷气燃料和柴油燃料,其沸程较高,同时由于十六烷值与点火延迟时间相关,十六烷值越高则点火延迟时间越短,在这种情况下,十六烷值显得十分重要,则更多地需要直链烷烃。

费-托合成的直接产物分离结果和直接蒸馏结果不足以生产运输燃料。一方面,如果采用低温费-托生产柴油产品,则分子量更大的产品会更多,但仍有较轻的产品和较重的链烷烃产品需要进一步处理。另一方面,如果采用高温费-托生产有利于汽油沸程的产品,则必须处理大量轻质产品。

6.4.2.2　反应条件

反应条件对费-托合成的影响主要体现在催化剂、反应温度、操作压力、原料气中 H_2 与 CO 之比和循环比等方面。

催化剂是发生费-托合成反应的必要条件,反应器内催化剂保有量直接影响费-托合成反应性能。反应器内催化剂保有量不足时,合成气转化率降低。但反应器内催化剂保有量也不能过高,保有量过高除了会造成催化剂浪费,提高运行成本外,还会提高反应器内浆料的浓度,增加催化剂磨损,导致链烷烃排出困难。费-托合成中使用的催化剂有一定的使用寿命,随着反应时间的增加,催化剂的反应活性逐渐降低,需要不断将反应器内旧催化剂排除,加入新还原的催化剂才能保证反应器内的催化剂始终拥有较高的反应性能。反应转化率随催化剂更换周期延长明显降低。当催化剂的替换周期过长时,催化剂的转化能力随着反应时间的延长而逐渐降低,对甲烷和轻质烃的选择性增加,重质烃选择性降低,产物水中的含氧化合物的选择性也会有明显增加。

反应温度是费-托合成反应速率的重要影响因素,升高温度能够明显加速反应的发生。由于费-托合成反应为放热反应,反应速度增加会导致放热量增加。此时,应保证反应器内的热量能够快速排出,否则,将导致热量在反应器内累积,反应器温度升高。反应温度对产物选择性也有比较明显的影响。反应温度增加将导致 CH_4 等轻质烃选择性增加,C_{5+} 选择性降低,链烷烃比降低。反应温度对催化剂的稳定性和机械强度等也有一定的影响。过高或过低的反应温度均会导致催化剂稳定性和机械强度变差,缩短其使用寿命。

压力对原料气转化率的影响相对较小。由化学平衡分析可知,费-托合成反应是体积减小的反应,故在一定范围内提高反应压力能够促进费-托合成反应的进行,提高催化剂转化率和稳定性,促进重质烃的生成,降低对 CH_4 和轻质烃的选择性。总的来看,压力升高时,气体的转化率小有提高。但反应压力过高将导致催化剂表面 H_2 覆盖度过高及 CO 覆盖度过低,进而导致催化剂活性降低,失活速率加快,产物中的 CH_4 和轻质烃选择性明显增加,重质烃选择性明显降低。

原料气中 H_2 与 CO 之比对催化剂反应活性影响明显。增大原料气中 H_2 与 CO 的比值将导致反应器入口氢碳比增加,有利于饱和烃及甲烷的生成,轻质烃选择性增加,重质烃选择性降低,链烷烃比降低。减小原料气中 H_2 与 CO 的比值则会产生相反的效果。

循环比是指循环气气量与新鲜气气量的比值,循环比增大会提高合成尾气的返混程度。在入塔气空速不变的情况下,循环比的增大能够提高原料气的转化率,但增长率随之变小。

6.4.2.3　催化剂种类

自费-托合成工艺发明以来,铁和钴一直是费-托合成中最常用的催化剂,过渡族 VIII 系金属通常具有较高的费-托合成活性。然而,只有 4 价铁、钴、镍和钌具有较高的一氧化碳加氢活性,可用于商业规模的费-托合成。

镍和钌对高分子量的烃类有较高的选择性。镍基催化剂的缺点是在高压下会形成易挥发的羰基镍。镍基催化剂在较高温度下对甲烷也有较高的选择性。钌是费-托合成中活性最高的催化剂之一,但其成本问题限制了其可用性,不能大规模应用。

如果想要最大限度地提高汽油产品的馏分,最好在高温固定流化床反应器中使用铁基催化剂;如果想要最大限度地提高柴油产品的馏分,那么含钴催化剂的浆料反应器是最好的选择。通常,由于高温下会产生大量甲烷,因此钴基催化剂只在低温下使用。

铁基催化剂价格低廉,易于合成。在合成工艺中,即使在高温下,铁对甲烷的选择性也较低。在费-托合成中可以采用熔融催化剂和沉淀催化剂;但沉淀铁基催化剂在工业应用中更受欢迎,其多孔性使它相比于无孔的熔融催化剂具有更大的比表面积,催化效果更好。铁基催化剂中还可以添加其他金属,如钾和铜,以提高其反应活性;还可添加 SiO_2 或 Al_2O_3 等结构促进剂,以增加其抗磨性。

在费-托合成过程中,铁基催化剂的组成会发生变化。用 H_2 或 CO 还原可以得到有效的铁基催化剂。用于费-托合成的铁基催化剂中有几种铁相,它们包括金属铁(α-Fe)、氧化铁(赤铁矿、α-Fe_2O_3、磁铁矿 α-Fe_3O_4 以及 Fe_xO)、五种不同的铁碳化物(在八面体间隙中带有碳原子的碳化物 ε-Fe_2C、ε-$Fe_{2.2}C$ 及 Fe_xC 和在三角棱形间隙中带有碳原子的碳化物 χ-$Fe_{2.5}C$ 和 Fe_3C)。关于铁相在费-托合成中的作用,目前研究说法不一。有研究表明,χ-碳化物和 ε-碳化物的混合物是铁基催化剂上的活性相,但经 CO 预处理后催化剂的活性相变为仅有 χ-碳化物。还有几项研究表明,碳化物相才是费-托合成的活性相。但无论如何,铁基催化剂的使用较为灵活,既可以在较高的反应温度下得到低分子量的气态烃,又可以在较低的反应温度下得到高分子量液态烃。烯烃是石油工业的重要原料,在铁基催化剂的催化作用下选择性合成烯烃也是可以实现的。

铁基催化剂的主要优点是它可以用于煤气化或生物质气化生成的富 CO 气化气中。费-托合成反应所需合成气的正常化学计量组成为 2∶1(H_2∶CO)。但煤气化或生物质气化产生的气化气是亚化学计量的,H_2∶CO 约为 1∶1。铁基催化剂在水煤气变换反应中的活性很高,可以与 CO 反应生成 CO_2 和 H_2。由此产生的氢气可以弥补原始气体的不足,以满足 2∶1 的化学计量要求。但使用铁基催化剂的一个主要问题是费-托合成过程中产生的水会与铁发生反应,通过氧化机制使铁基催化剂失活。这一反应会大大降低铁基催化剂的活性,从而使其转化率降低。

钴基催化剂对于满足化学计量的气化气合成表现出更好的活性,对长链烷烃具有较高的活性和选择性,可用于合成柴油。但是由于钴在水煤气变换反应中的活性可以忽略,因此钴基催化剂不适合用于亚化学计量气化气原料的催化。有研究表明,Co 的催化性能随 Ru

的增加而增加,从而可以提高费-托合成活性,对更高分子量烃的选择性也会更高。当该工艺与链烷烃的加氢裂化结合时,钴基催化剂对柴油的选择性可超过 80%。催化剂载体的化学性质和结构性质也会影响钴基催化剂的催化活性。钴基催化剂在费-托合成中的活性与暴露的金属钴原子的面积成正比。金属钴的高分散性通常是通过在高比表面积的载体(如 Al_2O_3 或 SiO_2)上沉积钴盐,然后再进行还原来获得的。因此,选择具有高比表面积和高孔隙度的合适载体至关重要。此外,载体在费-托反应中还不能与活性金属发生相互作用,避免形成不可还原的化合物。活性金属在载体上的高还原性和分散性有助于形成明确的相。SiO_2 载体上的钴基催化剂总是能形成大尺寸的金属框架团簇,且还原性高。Al_2O_3 由于具有良好的力学性能和可调的表面性能,仍然是钴基催化剂最常用的载体之一。然而,Al_2O_3 载体上的钴基催化剂与 Al_2O_3 有显著的相互作用,这种强相互作用(钴离子扩散到 Al_2O_3 结构中)会导致较小的载体金属簇并降低钴的还原性,这将影响所需的产品特性。活性炭和碳纳米管是最有希望克服这些限制的替代载体,但这些替代载体的商业应用还需要一段时间。

6.5 气化技术面临的实际问题

6.5.1 原料问题

6.5.1.1 原料收集和运输

虽然生物质在地球上的总蕴藏量十分丰富,但它广泛分布在各个地区。因此,收集和运送生物质到能源转换工厂是一项成本较高的工作,一直被认为是一项重大挑战,对生物质能源的盈利能力和进一步发展产生了不利影响。此外,生物质收集困难也是生物质市场不稳定的原因,目前仍然缺乏完善的生物质能源转换技术。优化生物质收集、储存和运输方式,合理选择电厂地址等,可以显著降低生物质原料方面的相关成本。表 6-23 列出了不同国家不同种类生物质的收集、储存和运送费用,可以初步分析得出,生物质的收集费用取决于生物质的类型以及其来源地区或国家的经济状况。

表 6-23 不同国家或地区不同种类生物质的收集、储存和运送费用

生物质种类	生物质来源 地区或国家	生物质 物理性质	运送方式	收集、储存和 运送费用/(美元/吨)
稻草	中国	蓬松	卫星储存运送	9.22
混合农业生物质	中国	蓬松	直接运送	11.29
柳枝稷	美国大平原	蓬松	直接运送	75~83
玉米秸秆	美国大平原	蓬松	直接运送	60~75
农业/林业生物质	意大利	致密、高水分含量	—	44/98
农业/林业生物质	西班牙	蓬松/致密	—	30/66
农业/林业生物质	葡萄牙	蓬松/致密	—	28/36
农作物	印度	蓬松	混合收集中心	26~27
木材	日本	致密	—	166

生物质的有效输送面临两个主要问题,分别是含水量过高和容重低(原木除外)。这两个因素增加了生物质运输成本,从而增加了生物质能源的整体成本。运输网络和运输介质的优化作为后勤保障的一部分,既能保证生物质对电厂的稳定供应,又能降低运输成本。

美国俄克拉荷马州建立了木质纤维素生物质转化为乙醇工业的概念混合整数线性规划(MILP)模型,该模型用于确定生物质物流的关键成本组成部分,其中运输是促使生物质价格提高的主要组成部分之一。关于 MILP 的另一项研究提出,可以通过调度不同农场储存地点的货物以满足原料供应的需求,从而使运输成本最小化。也可以用两步法来确定生物燃料生产设施的最佳位置:第一步使用地理信息系统来确定潜在的可作为原料的生物质的最佳位置;第二步使用总运输成本模型来选择最佳的生物燃料设施位置。在华盛顿州的一项研究根据不同的原料绘制了供应费用曲线,结果表明,作为副产品的工业纤维素废料比收获的生物质作为原料的成本更低。同时为了使生物质能源可持续发展,多组分原料在物流和能源生产方面优于单组分原料。

为了估算可用生物质并建立合适的收集方法,近年来以区域生物质为基础开展了建模和实际领域的综合研究。在降低收集和运送成本方面,研究人员提出了多种方法。卫星储存和输送是目前收集分布式农业生物质的一种经济有效的方法,这项研究在数学上优化了用于存储的卫星数量和发电厂的最佳距离。

6.5.1.2　原料粒径

生物质原料的粒径对转化过程中的热力学和传质而言至关重要,并在很大程度上影响生物质向所需产品的热化学转化过程。在生物质气化中,热量和质量的传递是相反的过程,热量从颗粒的外表面传递到内核,而最初的脱挥发分产物则从中心传递到表面。两者的快速转移可以导致中间产物向最终气态产物的更快转化。然而,若挥发物停留时间较长,则会导致挥发物发生再聚合反应,形成未反应的固体,而未反应固体的完全转化需要较高的空气当量比,从而降低了转化速率。减小粒径可以增强热量和质量的传递,从而抑制挥发物有害的再聚合反应。但是致密化后的产品具有较低的比表面积,这也会使挥发物和热量的传递速率较低。相比之下,将生物质粉碎成粉状的方法可以提供更高的比表面积,也可以提高进料到气化过程中的均匀性。

不同气化炉对原料的粒径要求也不一样。固定床或移动床气化炉在燃料颗粒粒径和形状的范围方面局限性较大。细粒原料易于在气化炉内的干燥和裂解段中桥接,高水分燃料会进一步加剧这种现象。此外,细小且形状不规则的进料颗粒可能会阻碍气流通过料床并导致较大的压降。大的压降会导致轴向温度分布不均匀,还可能会在裂解和燃烧区产生"孔洞"或通道。如果燃料颗粒太大,则燃料的反应性将成为主要问题。这一问题在气化炉启动缓慢和气体质量差的情况下将会得到更加明显的体现。另外,大块生物质之间的空隙通道也将导致助燃的空气进入燃料气体。用于移动床系统的理想燃料应具有均匀或变化范围较窄的尺寸分布,其颗粒粒径范围应为 1~8 cm,且纵横比较小。此外草本生物质原料(例如柳枝稷等)不适合用固定床气化。

流化床气化炉由于具有高速的湍流和良好的热传递特性,相较于固定床而言,对原料粒径的选择空间更大一些。流化床气化炉能够处理粒径小至 0.1 cm 的燃料。通常,对于颗粒密度类似于木材的原料,其颗粒直径应小于 3 cm。用于将燃料输送到流化床区域的进料系统,通常将决定可有效利用的生物质的类型。通常希望在流化床底部附近输送燃料,使固体的停留时间最长以实现高碳转化率,一般需要为这些气化炉指定气动输送系统。因此,在原料处理中需要切碎大的或长的燃料颗粒,以便可以在管道中进行空气传输。

由于原料常采用混合生物质,气化装置中进料的一致性很难得到保证。一些生物质如棕榈核壳(PKS)和木屑等很容易作为气化装置的原料,然而如空果串(EFB)、稻草、小麦秸秆等纤维状的生物质经常卡在进料线上,因此很难直接作为气化炉的原料。

在生物质气化技术实施过程中,混合生物质的不均匀性和较低的堆积密度会产生不利影响,可通过致密化重质生物质来解决与生物质进料有关的问题,该方法能够去除生物质的内部空间和空隙空间,并增加堆积密度。球化、团块化和颗粒化是使生物质致密化的常用技术。尽管球化所需的设备复杂程度、能源消耗和成本都较低,但由于成球大小的原因,这种成球并不真正适合于持续地输送到生物质气化炉中。颗粒化在一致性方面具有优势,且由于颗粒具有合适的尺寸和形状,在送入转化单元时也很有优势。但是,由于其密度大,它们很难在气化炉中分解以增加对粒子中心的传热,生产颗粒所需能量也较高,造成颗粒化成本非常高。团块密度相对适中,同时易于运输、存储和进料,可能较为适用于生物质的商业应用。

6.5.1.3　原料水分

新收获的大多数原始生物质燃料具有较高的含水量。在气化过程中,生物质含水量在工艺方面起到重要作用:在气化温度下,由水分产生的蒸汽作为气化剂,与挥发分和焦炭反应,将其转化为产品气,并参与水煤气变换反应,以提高氢含量。

然而,生物质中过高的含水量(超过40%)会降低气化系统的热效率。这是由于未反应蒸汽由水分从室温加热到100 ℃、蒸发和将蒸汽加热到气化温度三个过程得到,吸收的热量会从系统中全部损失,从而增加了热成本。高水分燃料的气化将导致气化温度降低并生成更多的焦油,处理湿燃料还会导致气化炉运行不稳定,同时会使启动速度变慢。但生物质的完全干燥成本较为高昂,在气化过程中还需要进一步加水来平衡产物气体中的氢含量。因此,生物质含水量在40%左右时将有利于气化。

有两种方案可以降低生物质含水量至所需的范围。一种是在生物质产地利用太阳光进行干燥,另一种是在加工工厂使用额外的热量进行干燥。虽然太阳干燥过程成本较低,但它需要较长的时间来达到所需的含水量,干燥过程所需时间还取决于大气湿度。生物质气化的一般经验是将燃料干燥至含水量为15%～25%。如果有足够的遮盖和通风空间,则可通过将物料均匀分散来对生物质进行有效的空气干燥。但是由于堆肥或生物降解等因素,这一过程始终存在自燃的风险,同时在这个缓慢干燥过程中生物质还可能会因产生霉菌而降解。相比而言,在加工工厂进行干燥的成本则相对较高,需要使用昂贵的干燥设备为干燥提供热量。通常,可以利用废热来为这些干燥操作提供必要的能量,可以根据产品气的收益和下游气体清洁设备的成本来评估燃料干燥的成本。

生物质气化稳定运行所需的干燥程度还取决于所用气化炉的类型。上吸式和流化床式气化炉由于其内部较高的热传递速率,通常对原料含水量的适应范围更广。

由于将生物质干燥到低含水量(约10%)十分费时费力,因此选择合适的干燥方式以达到最佳含水量至关重要。生物质干燥可以采用不同类型的干燥器和干燥工艺,旋转窑或流化床干燥机等操作系统可以更快地干燥生物质,热流体如空气、烟气或蒸汽作为热载体可直接(直接干燥)或间接(间接干燥,通过热表面传热)用于生物质干燥,具体如表 6-24 所示。

表 6-24　生物质干燥方法及其效率

干燥器类型	进料方式	干燥水平	热　源	耗费成本	备　注
多孔层干燥机	分批进料	低	圆柱形空气加热器	低	总是会在干燥床的含水量上产生较大的垂直梯度
扶轮干燥机	连续进料	高	从烟气回收热量	高	可以有效干燥大型发电厂的生物质;但较高的初始含水量会影响干燥速度
带式输送机	连续进料	高	从烟气回收热量	高	较高的烟气温度可以降低投资成本,但会带来排放增加等环境问题
太阳能干燥器	分批进料	低	太阳光	高	大规模操作较为困难
扶轮干燥机(丝状生物质)	连续进料	低	热空气	高	干燥系统较为复杂
鼓泡床转鼓式干燥机	分批进料	低	水蒸气	低	—
热螺杆干燥机	连续进料	高	热空气	中	固体到固体传热效率高

6.5.2　气化效率

　　一种有效的气化炉自动控制方法是通过控制气化气的导热系数来优化气化炉的冷空气效率。这种方法的原理是气化炉的效率与气体中的氢含量成正比。如图 6-30 所示,基于木质燃料实验,将气化炉的部分效率、气化气导热率与空气当量比的关系作图,可以看到气化

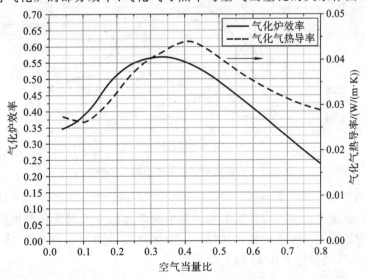

图 6-30　木质燃料气化炉的效率和气化气热导率与空气当量比的关系

炉的效率与氢含量以及导热系数密切相关。在这个例子中,最大效率和热导率对应的空气当量比在 0.36~0.41 之间,与气体氢摩尔分数成比例。因此,除了指示燃料气体中氢含量的热导率信息外,空气当量比还提供了有关气化炉效率水平的有用信息。可以看出气化气的热导率小于氢气的,但比其他主要的气化气成分(CO、CO_2、N_2、CH_4 和 H_2O)的高出近一个数量级。

表 6-25 列出了常见气化气的主要气体成分的热导率,并以空气的热导率作为参考。可以看出,气化气的总热导率与氢含量成比例变化。导热系数检测器(TCD)和气体导热系数测量技术已经得到了广泛应用。TCD 通常与分离装置(如气相色谱柱)结合使用,以检测和量化单个气体化合物。

表 6-25　气化气主要成分的热导率和空气的热导率　　　(单位:W/(m·K))

气化气主要成分	H_2	CO	CO_2	CH_4	N_2	空气
热导率	0.1718	0.0251	0.0166	0.0337	0.0253	0.0259

例如,考虑燃烧木质燃料的鼓风绝热气化炉。如图 6-31 所示,所计算出的主要气体成分(例如 H_2、CO_2 和 CO)的平衡摩尔分数以及氮的平衡摩尔分数会根据空气或氧化剂当量比的变化而变化(在这种情况下,气化气被干燥到 50 ℃ 的露点温度下,以除去水分)。根据每种气体成分的加权平均热导率计算出的热导率绘制的关系曲线如图 6-32 所示。由于 H_2 的热导率比其他气体成分的高一个数量级,因此总热导率信号与 H_2 的摩尔分数成比例变化。

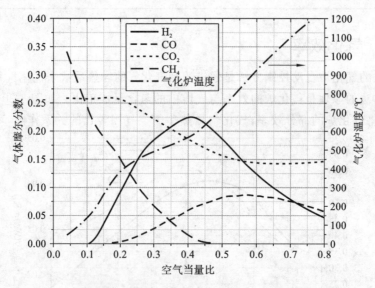

图 6-31　可变化学计量条件下的气化气成分

尽管气体的热值可能是发动机应用中的重要控制参数,但它并不是表征 H_2 含量或气化炉效率的指标。从图 6-32 可看出,气化气的热值与添加的空气量成比例地降低,这是由于空气的添加稳定地增加了氮的浓度并稀释了高能化合物,例如 CH_4、CO 和 H_2 等。在该示例中,总热效率在空气当量比为 0.34 时为最大值。

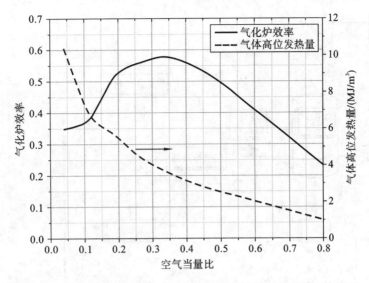

图 6-32　木质燃料气化炉的效率和气化气热值与空气当量比的关系

6.5.3　气化炉过程控制及自动化

气化炉反应器中涉及的化学和物理反应相当复杂，有时甚至与常规反应完全不同。因此，气化炉系统的控制和自动化面临很大的挑战。由于气化过程具有非线性特性，传统的控制系统，如带有比例-积分-微分（PID）控制方案的简单反馈回路，很难对气化炉系统进行调节。仅仅是这方面的技术困难，就阻碍了气化炉系统的控制和自动化在中小型工业市场的广泛商业化。

对于在生产过程中向加热器或发动机提供气化气的系统，气体品质的一致性至关重要。因此，有必要对煤气化过程进行分析，实现对系统的有效反馈控制。此外，需要在常规加热系统或发动机-发电机组之外处理不可燃气体，以解决任何可能发生的瞬态问题。

在气化气成分中，每种化合物的浓度主要取决于气化炉的温度和提供给气化炉的空气。因此，调节助燃空气是控制燃气品质和气化温度的主要方式。然而，气化温度对变化的空气流量的响应通常是不可预测的。因此，一个有效的控制系统应同时适应床温变化的正向或负向影响。

基于氢气含量、热导率与气化效率之间的强相关性，研究人员提出了一种优化气化反应器系统的控制方法。该方法利用含有热敏电阻组的市售热导率电池，将热敏电阻组排列成惠斯通电桥结构。当参考热敏电阻浸入气流中时，热敏电阻单元的一侧将暴露在取样的气化炉气体中，样品流和参考流应保持在大致相同的温度下，同时其流量应与通过热导率电池的流量相同。随着气化气中氢气含量的增加，样品热敏电阻散发的热量将大于参考热敏电阻在空气中散发的热量，电桥中产生的电阻差被转换成电压信号。

图 6-33 展示了一个基于优化气化气导热系数的控制系统。首先以固定的速率从干燥的气化气中提取少量滑流样品，并将其加热到露点以上，以避免形成水滴。加热后的样品进入热导率检测器，在这里产生与气化气中氢气含量成比例的输出电压信号。然后，控制信号连同气化温度信息一起由控制系统计算机处理。过程控制器通过改变空气和燃料的流量，将气化炉出口温度保持在可接受的设定值范围内。设置低温设定值时，可以避免在气化气

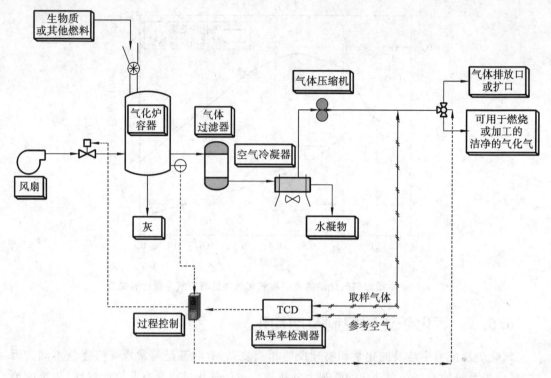

图 6-33　基于优化气化气导热系数的控制系统

中形成过多的焦油和油（例如，根据所使用的燃料原料，通常选择最低温度为 750～800 ℃）；设置高温设定值时，则可以避免材料在气化炉内过度磨损。控制系统通过调节空气流量来改变气化炉的温度设定值，以使气化气的热导率（即氢气含量）在所需的温度设定范围内最大化。对于电力应用，该控制系统可以进行编程以切换阀门，以便在尚未达到所需的热值规格（由低导热率检测）的情况下，将气化气输送至燃烧或排气系统。

　　在实践中，控制系统应将气化炉出口温度保持在一定范围内，以最大程度地降低某些设定温度下焦油的形成，并尽量减少高温腐蚀和磨损（最高温度设定值）。通过给定特定的燃料成分，我们可以得出气化炉出口平衡温度和理论气体热导率与空气当量比的关系曲线，如图 6-34 所示。由于生物质原料的成分和含水量会随着时间的推移而发生很大变化，温度和热导率之间的关系也会随着燃料的变化而发生显著变化。因此，控制系统将需要不断寻求可达到的最高热导率，同时将气化炉出口温度保持在所需设定范围内。

　　在图 6-34 显示的示例中，允许的空气当量比范围为 0.45～0.55。尽管热导率在空气当量比为 0.38 时达到峰值，但最终的平衡温度将远低于低温设定值。因此，在气化炉以空气当量比为 0.45 运行时，才会出现用于控制目的的最佳热导率。

　　实施这种控制方法的挑战在于适应燃料成分的变化。例如，如果在图 6-34 所示的情况下燃料突然变干，则温度曲线将向左移动，因此必须降低给定高温和低温设定点的空气当量比。同样，增加水分会产生相反的效果。因此，控制系统必须不断调节空气或氧化剂的流量，以找到最佳的热导率。此外，它还应该能够确定控制动作是消极的还是积极的。例如，当气化炉在最大热导率信号的左侧运行时，控制措施应是增大空气流量；如果操作点位于热导率最大值的右侧，则控制措施应为减小空气流量。

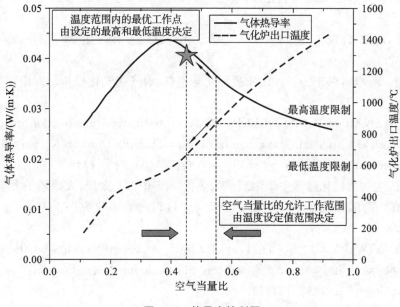

图 6-34　热导率控制图

思 考 题

1.请叙述气化技术的概念与分类,以及各种气化技术的特点(包括优劣势)。

2.请简述生物质气化的基本原理。

3.如何研究生物质气化的反应动力学? 请叙述基本研究步骤和方法。

4.影响生物质气化的因素有哪些? 如何影响?

5.简述生物质气化的物料和能量衡算。

6.生物质气化燃气中的焦油有哪些特点和危害? 如何去除?

7.气化气有哪些净化步骤? 每一步净化的目的是什么?

8.生物质气化气有哪些特性? 有哪些应用?

9.你认为生物质气化的前景如何? 哪些原料适于气化?

10.常见的气化介质有哪些? 不同气化介质对生物质气化有何影响?

11.论述生物质气化技术对"碳达峰""碳中和"的意义。

本章参考文献

[1] 车德勇,李少华,杨文广,等.稻壳在固定床中空气气化的数值模拟[J].太阳能学报,
2013,34(01):100-104.

[2] 贾爽,应浩,孙云娟,等.生物质水蒸气气化制取富氢合成气及其应用的研究进展[J].
化工进展,2018,37(02):497-504.

[3] 牛永红,吴会军,王忠胜,等.高温水蒸气生物质催化气化研究进展[J].应用化工,
2018,47(03):570-575.

［4］　王燕杰.木屑和木屑炭二氧化碳气化研究(摘要)[J].生物质化学工程,2015,49(04)：60-61.

［5］　王燕杰,应浩,江俊飞.生物质二氧化碳气化综述[J].林产化学与工业,2013,33(06)：121-127.

［6］　车德勇,李少华,韩宁宁,等.生物质流化床空气-水蒸气气化模拟[J].中国电机工程学报,2012,32(35).

［7］　GIL J,AZNAR M P,CABALLERO M A,et al. Biomass gasification in fluidized bed at pilot scale with steam-oxygen mixtures. product distribution for very different operating conditions[J]. Energy & Fuels,1997,11(6):1109-1118.

［8］　秦育红.生物质气化过程中焦油形成的热化学模型[D].太原:太原理工大学,2009.

［9］　梁容真,田伟,阎富生.生物质流化床气化过程的数值研究[J].河南化工,2018,35(06):23-28.

［10］　XU M X,WU Y C,NAN D H,et al. Effects of gaseous agents on the evolution of char physical and chemical structures during biomass gasification[J]. Bioresource Technology,2019,292:121994.

［11］　LAPPAS A,HERACLEOUS E,LUQUE R,et al. Production of biofuels via Fischer-Tropsch synthesis:biomass-to-liquids. [J]. Handbook of Biofuels Production,2011:493-529.

［12］　RAUCH R,HRBEK J,HOFBAUER H. Biomass gasification for synthesis gas production and applications of the syngas[J]. WIREs Energy and Environment,2014,3(4):343-362.

［13］　STÅHL K,NEERGAARD M. IGCC power plant for biomass utilisation,Värnamo,Sweden[J]. Biomass and Bioenergy,1998,15(3):205-211.

［14］　LAU F,CARTY R. Development of the IGT RENUGAS process[C]//Intersociety Energy Conversion Engineering Conference,1994.

［15］　National Energy Technology Laboratory. The GTI gasification process [EB/OL]. [2021-09-23]. https://netl. doe. gov/sites/default/files/netl-file/GTIGasificationProcess9 _ 18 _ 07. pdf.

［16］　BABU S. Perspectives on biomass gasification[R]. IEA Bioenergy Agreement Task 33:Thermal Gasification of Biomass. 2006.

［17］　BAIN R. United States Country Report［R］. IEA Bioenergy Agreement Task 33. 2011.

［18］　BENGTSSON S. The CHRISGAS project[J]. Biomass and Bioenergy, 2011, 35: S2-S7.

［19］　王红彦.秸秆气化集中供气工程技术经济分析[D].北京:中国农业科学院,2012.

［20］　CHOI G N,KRAMER S J,TAM S T,et al. Design/economics of a natural gas based Fischer-Tropsch plant:spring national meeting[C]. American Institute of Chemical Engineers Houston,1996.

［21］　CUNDIFF J S,DIAS N,SHERALI H D. A linear programming approach for designing a herbaceous biomass delivery system[J]. Bioresource Technology, 1997, 59

(1):47-55.

[22]　RICHARDSON J J,SPIES K A,RIGDON S,et al. Uncertainty in biomass supply estimates:lessons from a Yakama Nation case study[J]. Biomass and Bioenergy,2011, 35(8):3698-3707.

生物质燃烧理论与技术

7.1 生物质燃烧过程

7.1.1 生物质燃烧过程概述

生物质燃烧是生物质与空气中的氧结合发生化学反应并伴随热量释放的过程。该过程旨在释放并利用生物质中的化学能。生物质燃烧需在有氧气或空气存在的条件下进行,将生物质加热到其着火温度,生物质化学键在热作用下被打开,燃料反应才能持续发生。因此,生物质燃烧需具备三要素:生物质、氧气和热量。

生物质中可燃元素(C、H 和 S)与空气中的氧发生反应,在完全燃烧条件下,最终产物将主要是 CO_2、H_2O 和 SO_2。由于生物质中 S 的含量相比于 C 和 H 的含量较少,因此燃烧产物主要是 CO_2 和 H_2O,这也是生物质燃烧的典型特征之一。基于这一典型特征,可在设定条件下,通过测定生物质燃烧产物中 CO_2 和 H_2O 的含量来测定生物质中碳和氢的含量。如果生物质燃烧过程中氧气不足或生物质和空气混合不均,那么燃烧产生的气体将在低于着火温度的情况下部分冷却,使得燃烧不完全。此时,烟气中将含有一氧化碳(CO)、未燃尽碳(C)和各种碳氢化合物(C_xH_y)等可燃成分。其中 CO 可通过生物质在 $600 \sim 750$ K 温度下热解(燃料分子中羰基 C=O 的分解)后与部分碳氢化合物一起释放,还可经未燃尽碳与燃烧生成的 CO_2 反应生成。在生物质实际燃烧过程中,通常通入过量的空气以确保燃烧充分。

生物质燃烧主要包括热量和质量传递两个过程,可分为如图 7-1 所示的四个阶段。

(1)预热与干燥:该阶段为燃烧过程的起始阶段,生物质进入炉膛受热升温,随着受热程度增加,生物质颗粒内部水蒸气分压增加,生成的水蒸气会通过生物质颗粒中的微孔排出。

(2)挥发分释放与着火:挥发分的释放与着火是生物质燃烧的第二阶段。当生物质颗粒温度升高到一定程度时,生物质分子的化学键开始断裂,形成小分子化合物,随着反应的进行,生物质颗粒内部气体分压增加,气体从生物质颗粒的微孔中排出。释放出的小分子气体与生物质颗粒外的氧化介质快速反应,当温度达到一定程度时小分子气体会着火燃烧,此时燃烧火焰会出现在生物质颗粒表面。由于挥发分释放及氧化反应速率较高,因此氧气通常无法穿透到燃烧的生物质颗粒内部。

(3)焦的燃烧:挥发分释放与着火后,残余的生物质焦将继续发生氧化反应。在此阶段,生物质颗粒温度继续升高,生物质中大部分氢已发生反应,剩下的主要可燃成分为碳,生物质焦中的碳通过 CO_2 气化、H_2O 气化以及较小程度的氧化发生相对缓慢的反应,产生的烟气会通过焦的微孔排出,燃料颗粒表面会燃烧发光。

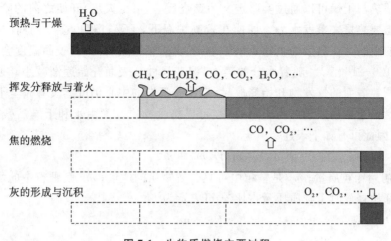

图 7-1　生物质燃烧主要过程

（4）灰的形成与沉积：生物质燃烧后残余的灰分会根据周围环境而发生进一步的转化。此时，生物质中大部分有机质已经完全燃烧，剩下的主要是无机组分（Fe、Mg、Si、Ca 等）。最终形成的灰分通常被认为是稳定的，不活泼的，但有机组分燃烧后剩下的无机物还可能会进一步反应（例如氧化）。此时，灰分会持续生成，还可能结团并在反应器壁表面沉积。

7.1.2　生物质燃烧各阶段典型特征

7.1.2.1　预热与干燥

生物质原料中含有大量不同形式的水，包括黏附在颗粒表面、孔隙内的自由水，以及以化学键形式结合在固体基质上的结合水。当生物质原料进入燃烧反应系统时，它首先通过热传导、对流和辐射等形式被加热。当生物质颗粒温度上升到 100 ℃以上时，生物质中的水分开始蒸发，并通过生物质颗粒孔隙内的扩散离开生物质颗粒体。生物质的干燥主要是利用燃烧过程释放的热量蒸发生物质中的水分来实现的。不同生物质原样的含水量一般不同（例如，绿色木材的含水量通常为 50％左右）。即使经过精心干燥和烘焙（加热到 200～300 ℃对生物质进行热提质），生物质的含水量仍可达 10％～20％。生物质含水量是限制其燃烧过程的重要因素。如果生物质含水量超过 65％，生物质燃烧释放的热量则可能难以满足这些水分蒸发以及生物质的自热燃烧的能量需求，这种情况下生物质难以点燃或极易灭火。

灵活的生物质燃烧系统应能干燥不同含水量的生物质燃料。在炉排或流化床燃烧系统中，无须对生物质进行预处理，即可向反应器中加入不同含水量的生物质燃料。在生物质燃烧过程中，生物质燃料预先干燥，以确保生物质在炉膛较短停留时间下快速燃烧。为保证生物质的稳定持续燃烧，不同炉型的燃烧系统所允许的燃料具有最大含水量的限值。在这种限值条件下，生物质燃烧产生的热量应该大于热损失加上水分蒸发所需的热量。

在生物质干燥过程中，首先是生物质中自由水蒸发，然后是结合水蒸发。生物质干燥过程受颗粒内部传热限制。具体而言，生物质干燥所需时长很大程度上取决于生物质性质，如含水量、颗粒大小和密度。生物质中水分的蒸发会带走大量热量，这使得生物质燃料在进入炉膛一段时间内会保持较低的温度。这种现象使得生物质在充分干燥前难以着火。同时，在生物质干燥过程中，生物质原料的形态结构和大分子结构也会发生明显变化。

生物质预热与干燥可以通过实验定义为燃烧反应(可见火焰)开始之前的阶段。生物质颗粒的干燥需要热量来蒸发水分。即使在较高炉温下,干燥过程也会受到周围环境向颗粒内传热过程的限制。在典型的生物质锅炉中,生物质燃料入炉后,其表面温度会在最初几毫秒内上升到 $130\sim160\ ℃$。随着水分的蒸发,湿芯尺寸从表面开始逐渐减小。通常,即使在靠近生物质颗粒表面的挥发物开始释放时,生物质颗粒的中心仍可能没有完全干燥。

为了定量描述生物质预热与干燥过程,可以将生物质视为由水和干燥后残留的可热分解物质组成,因此可有如下表述:

$$m_o = m_p + m_w \tag{7-1}$$

式中: m_o 是初始颗粒质量; m_p 是颗粒中可热分解物质的质量; m_w 是颗粒中的水分质量。

挥发分开始释放时干物质质量占比 x_d 可表示为

$$x_d = \frac{m_p}{m_p + m_w} \tag{7-2}$$

颗粒的比热容为 $c_p = 2.5\ kJ/kg$,水的蒸发潜热 $l = 2450\ kJ/kg$, $\frac{\partial}{\partial t}Q_d$ 是水蒸气的损失,则

$$\frac{\partial}{\partial t}Q_d = m_p c_p \frac{\partial}{\partial t}T_d + l\frac{\partial}{\partial t}m_w \tag{7-3}$$

粒子热量(Q_d)是对流热(Q_c)和辐射热(Q_r)的总和:

$$Q_d = Q_c + Q_r \tag{7-4}$$

从热烟气到较冷颗粒的对流热通量通常很小,约为 $10\ W/(m^2 \cdot K)$。

$$\frac{\partial Q_c}{\partial t} = h_c A_d (T_g - T_d) \tag{7-6}$$

式中: A_d 是粒子表面积, $A_d = 4\pi D_d^2$; T_g 是气体温度; T_d 是粒子温度; h_c 是对流换热系数。可以使用 Ranz 和 Marshall 模型模拟对流换热。

$$Nu = \frac{h_c D_d}{\lambda} = 2.0 + 0.6 Re_d^{0.5} Pr^{\frac{1}{3}} \tag{7-7}$$

式中: D_d 是粒子直径; Re_d 是基于粒径和相对速度的雷诺数。

辐射热流(设定 $\varepsilon = 0.8$)可表示为

$$\frac{\partial Q_r}{\partial t} = \varepsilon A_d \sigma (T_g^4 - T_d^4) \tag{7-8}$$

式中: σ 为斯特藩-玻尔兹曼(Stefan-Boltzmann)常数。

气体中粒子辐射传热量 Φ_r 的基本方程为

$$\Phi_r = \varepsilon \sigma A_d (T_g^4 - T_d^4) \tag{7-9}$$

该方程适用于生物质锅炉炉膛的实际燃烧过程。如果需要更精确的数值,则可采用计算流体力学(CFD)方法进一步计算。

生物质颗粒可能含有水分和油,在加热时,这些水分和油会按照一定的规律蒸发和释放,该过程是由生物质颗粒周围的温度和颗粒的大小决定的。生物质颗粒温度的均匀性程度由 Bi 数定义。当生物质的加热分别由颗粒内部和外部传热控制时, Bi 数是生物质燃料颗粒被加热到其周围温度时的两个特征值的比值,即 $Bi = t_内 / t_外$。对于较大的 Bi 数,颗粒内部温度明显高于外部温度,颗粒内部传热比外部传热慢,内部温度梯度显著。这就产生了分解温度的概念,在分解温度下, $Bi > 1$ 时,动力学温度($t_{kinetics}$)等于 $t_内$, $Bi < 1$ 时,动力学温度等于 $t_外$, $t_{kinetics}$ 以粒子的温度为特征, $t_内$ 和 $t_外$ 均由粒子大小、热性质定义。在这种情况下,

如果 $Bi>1$，反应前沿移动到粒子中，形成一个材料的"收缩核"，在那里还没有发生反应。如果 $Bi<1$，则反应始终在整个粒子中均匀进行，并且每当达到分解温度时，从该步骤的动力学控制到外部传热都会发生变化（假设均匀加热）。

目前众多学者已开发出多种干燥模型。早期的生物质干燥模型采用的是粉煤干燥模型。近年来，有更详细的模型被开发出来用于更大的生物质颗粒。例如，在小颗粒的情况下，假设干燥过程受热量进入颗粒的传输限制，并且水分蒸发率 $\dot{r}_M$ 可近似表示为

$$\dot{r}_M = \begin{cases} f_M \dfrac{(T_s - T_{evap})\rho_M c_{pM}}{\Delta H_M \delta_t}, & T_s \geqslant T_{evap} \\ 0, & T_s < T_{evap} \end{cases} \tag{7-10}$$

式中：T_s 是颗粒周围温度，$f_M = X_M/M$。在干燥小颗粒的情况下，大多数计算机模型，例如由 ANSYS Fluent 建立的模型均假设颗粒上的温度是均匀分布的。需要强调的是，使用非均匀的温度分布对于固定床燃烧、使用更大颗粒的流化床燃烧以及后面将描述的一些煤粉炉的研究是必要的。

7.1.2.2　挥发分释放与着火

当固体生物质颗粒原料进入火焰区，生物质颗粒中大部分水分蒸发并达到足够高的温度时，生物质颗粒会进行快速化学分解，此时，生物质燃烧将进入挥发分释放阶段。生物质的热分解和生物质颗粒加热过程中气体产物的形成被称为脱挥发分或热解过程。在脱挥发分过程中，原始生物质很大一部分转化为气体和焦油，即所谓的挥发物，其中包括 CO、CO_2、H_2O、CH_4 和一系列复杂碳氢化合物，与此同时形成少量残余生物质焦炭（5%～30%）。在生物质颗粒脱挥发分过程中，其固体质量逐渐减小，孔隙率逐渐增大。

生物质脱挥发分过程是一个快速反应过程，反应的进程取决于向生物质颗粒内部的传热过程，生物质脱挥发分转化率取决于加热速率和颗粒的最终温度。在实验室条件下，提高反应温度通常会使挥发分产率提高。对于粒径较小的固体生物质颗粒，可以采用均匀温度假设，即颗粒内部温度均匀，来模拟其挥发分释放过程。对于较大的（粒径大于 1 mm）生物质颗粒，脱挥发分过程倾向于发生在从表面开始的反应壳层中，而较冷的、未热解的生物质核心仍保留在其颗粒内部。

根据定义，脱挥发分过程是在缺氧情况下发生的吸热反应过程。固体生物质的脱挥发分反应一般始于 200 ℃ 以上。当温度达到 220 ℃ 时，生物质聚合物结构开始断裂，其中活化能最低的化学反应开始发生。在 250～500 ℃ 的温度范围内，CH_4、含氧化合物（如醛、甲醇和呋喃）以及芳烃（如苯和酚）等开始释放。液体焦油和气体产物通常在温度高达 600 ℃ 时形成。挥发性气体混合物主要由 CO、CO_2、CH_4 和其他烃类（如 C_2H_6、C_2H_4 和 C_2H_2）组成。焦油是一种复杂的碳氢化合物，其有机结构与生物质原料相似。焦油在 400～600 ℃ 的温度下从生物质中释放出来，在低于 200 ℃ 的温度下会凝结为液态，在炉壁以及其他辅助设备上冷凝形成黏附层。当生物质被加热到 600 ℃ 以上时，生物质热转化的固体中间体形成焦。在这个过程中，同时存在着 CO 和 H_2 的释放。随着反应温度的进一步升高，二次热裂解反应进一步发生，形成轻质组分，如 H_2 和 CO，同时焦油会发生热裂解形成碳烟。在这个过程中，气体产物的成分、含量及其释放过程将由燃料类型、最终温度和加热速率决定。

生物质的挥发分含量一般远高于煤。因此，在生物质燃烧过程中，脱挥发分时间比煤的要长 200～300 倍，可占总转化时间的 50%。对于煤，与煤焦燃烧完成时间相比，煤脱挥发分

过程所用时间通常可以忽略不计。此外,生物质的挥发分燃烧释放的热量与焦燃烧释放的热量相比要高得多,这些差异在设计生物质燃烧锅炉时需要重点考虑。煤的脱挥发分行为研究虽然已有一百多年,但生物质脱挥发分速率与煤的差异较大,尤其是在高温下,因此,进一步研究生物质的脱挥发分特性对理解生物质的燃烧过程意义重大。

脱挥发分过程非常复杂,通常只能采用大量不同的顺序和平行的反应来描述。在实际研究或应用过程中,通常会做一系列假设,形成简单的脱挥发分模型。对于煤的脱挥发分过程,通常采用一个整体反应或两个竞争反应或分布反应活化能方法来描述。这些方法也被用于描述生物质的脱挥发分过程,但适用于生物质燃烧的方法通常需要基于生物质由三种主要成分组成这一基本事实,并假设这三种组分的反应独立进行。例如,松木含有45%的纤维素、29%的木质素和26%的半纤维素,并且假设这三种组分的反应路径和速率相互独立。这些方法必须根据实际具体的应用进行修改,包括以下两大类:①粉状生物质在电站锅炉中燃烧时高温、高升温速率的快速脱挥发分过程;②固定床生物质燃烧。生物质颗粒在流化床中的燃烧根据燃烧条件可以划分为第一类。

在生物质脱挥发分过程中,半纤维素化合物先发生反应,然后是纤维素化合物,最后是木质纤维/木质素复合物。它们分解成环状碳氢化合物、酸,然后形成二氧化碳、一氧化碳和氢气。木质素大分子在整个温度范围内分解,并形成各种单体,进而进一步分解。生物质脱挥发分具体产物取决于脱挥发分温度和生物质原料种类。

对于生物质小颗粒在粉炉等燃烧室中的高温燃烧,由于反应速度非常快,通常可假定脱挥发分过程为单步反应过程,其中大部分反应由颗粒升温过程控制。在这种情况下,反应主要由纤维素及其相连的木质素亚组分的热解控制。对于较低温度下的反应,必须使用更复杂的模型来全面表示整个反应过程。

目前大部分研究主要采用热重分析法和动力学因子法对生物质的脱挥发分速率进行计算,但是由于反应以及生物质颗粒加热速率的变化,因此很难获取准确的动力学参数。最简单的脱挥发分模型是基于一个整体的单一反应步骤的动力学模型。在这种情况下,可假定挥发分的释放速率为一级,且取决于颗粒中残留的挥发性物质的量,脱挥发分过程可用如下方程描述:

$$dV/dt = k(1 - V) \tag{7-11}$$

其中
$$k = A\exp(-E/RT_p) \tag{7-12}$$

式中:速率常数 k 以公式(7-12)中的 Arrhenius(阿伦尼乌斯)形式表示,其中 T_p 是生物质颗粒的温度,A 和 E 分别是脱挥发分反应的指前因子和活化能,具体参数需要通过实验来确定。相关的研究文献中有大量1000 K及以下温度条件下生物质的指前因子与活化能的参数,但是生物质脱挥发分速率太快,很难在更高温度下获得准确的指前因子和活化能等数据。此外,对于同一种生物质,不同的预处理方法对其脱挥发分的动力学参数影响也较大。例如,生物质中钾的含量会显著影响生物质的脱挥发分特性,水洗生物质会显著改变生物质脱挥发分速率。燃烧过程中产生的焦油量也会因钾的洗涤而产生明显影响。已有研究表明,生物质中约30%的钾会在脱挥发分过程中释放。

如果已知生物质脱挥发分的详细细节,则可采用多反应速率模型来描述脱挥发分过程。对于煤,两反应竞争模型已被广泛使用,但对于生物质,基于三种主要生物质组分(半纤维素、纤维素和木质素)分解的三反应速率模型更适用:

$$k_1 = A_1 e^{-(E_1/RT_p)}, k_2 = A_2 e^{-(E_2/RT_p)}, k_3 = A_3 e^{-(E_3/RT_p)} \tag{7-13}$$

式中：k_1、k_2 和 k_3 分别表示每种组分的反应速率常数。该模型的难点和关键是获取特定生物质的这些参数值。图 7-2 总结了目前已有研究获得的一些反应动力学数据。

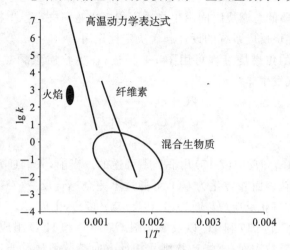

图 7-2　生物质燃烧反应动力学速率比较
（其中实线代表纯物质，椭圆形显示了不同生物质燃料的范围，包括脱矿生物质）

着火是脱挥发分过程中形成的气体产物（包括焦油和挥发性气体）被点燃燃烧，释放出热量和光的过程。着火可表现为预混火焰或扩散火焰，或两者的混合。当挥发分被点燃时，剧烈的氧化反应会产生相当大的热量，生物质颗粒温度会升高到一个更大的值，这会进一步提高挥发分的释放和生物质焦的燃烧速率。该过程将有助于生物质燃烧初始阶段的干燥和脱挥发分过程，也有利于维持燃烧过程的可持续性。可采用如下反应描述着火过程：

$$焦油 + 挥发性气体 + 空气 \rightarrow CO + CO_2 + H_2O + 烟尘 + PAHs + 其他污染物 \quad (7\text{-}14)$$

该反应的速率可以表示为温度、压力、挥发分浓度和氧气浓度等几个参数的函数。通常，木屑或稻草在注入甲烷火焰燃烧时会呈现蓝色火焰，这与煤粉燃烧呈黄色火焰形成鲜明对比。但当较大的生物质颗粒直接燃烧时，会形成大量的碳烟，然后呈现黄色的火焰。显然，脱挥发分产生的气体和焦油的燃烧是生物质燃烧的重要组成部分。生物质脱挥发分产生的气体、焦油和焦的组成及其热值取决于生物质燃烧加热速率和最终温度。与煤焦不同，生物质焦中含有较多的氧，且其含量由焦形成的最终温度决定。

由于挥发分的均相燃烧反应速率很高，挥发分的燃烧时间基本上取决于挥发分的释放及其与空气的混合速率。在脱挥发分过程中，生物质颗粒表面形成的挥发分逐渐扩散到颗粒外的气体中。因此，挥发分的浓度随着与生物质颗粒的距离增加而降低。与此相反，温度和氧浓度随着与生物质颗粒距离的增加而提高。在离生物质颗粒一定距离处，挥发分和氧气以化学计量比存在，在这里会形成稳定的包裹生物质颗粒的燃烧火焰。在层流条件下，火焰的直径是颗粒直径的 3～5 倍。在湍流条件下，生物质颗粒群燃烧时，多个颗粒挥发分混合燃烧，形成一个大的包围着一组颗粒的气体火焰。在流化床燃烧过程中，火焰不能在床内形成，只能在床面上方形成。

7.1.2.3　焦的燃烧

生物质燃烧过程中，挥发分从生物质颗粒中释放后残留的固体中间产物为生物质焦，生物质焦为多孔结构且几乎只含有碳和灰分。当生物质焦颗粒表面温度足够高时，生物质焦中的碳会被氧气氧化,生成一氧化碳、二氧化碳和水蒸气,这个过程称为焦的燃烧。

由于焦的燃烧为气固非均相反应,其燃烧反应速率比挥发分的均相燃烧反应速率低几个数量级,因此,生物质的总燃烧时间由生物质焦的燃烧速率决定。生物质焦的燃烧与脱挥发分一起,对生物质燃烧反应系统的设计起着决定性作用。

单个生物质颗粒的焦燃烧过程可用图 7-3 描述,在生物质焦颗粒内部或表面,碳与氧气、二氧化碳或水蒸气发生非均相反应:

$$2C+O_2 \longrightarrow 2CO \tag{7-15}$$

$$C+CO_2 \longleftrightarrow 2CO \tag{7-16}$$

$$C+H_2O \longleftrightarrow CO+H_2 \tag{7-17}$$

实际上,反应(7-16)和反应(7-17)几乎是不可逆的。当前,人们通常认为生物质焦的燃烧首先直接发生在颗粒表面并转化为 CO,可通过不完全燃烧反应(7-15),或通过与燃烧产生的 CO_2 及 H_2O 发生气化反应(反应(7-16)和反应(7-17)),生成 CO 和 H_2。生物质焦颗粒周围形成一种由燃烧产物 CO 和 H_2 以及氧化剂 O_2、CO_2 和 H_2O 组成的边界层,氧化剂必须通过边界层扩散到颗粒表面,燃烧产物则从相反方向扩散到颗粒外。在焦颗粒周围的边界层中,发生以下均相氧化反应:

$$2CO+O_2 \longrightarrow 2CO_2 \tag{7-18}$$

$$2H_2+O_2 \longrightarrow 2H_2O \tag{7-19}$$

在这些均相反应中,非均相氧化产物 CO 和 H_2 被氧化成最终燃烧产物 CO_2 和 H_2O。

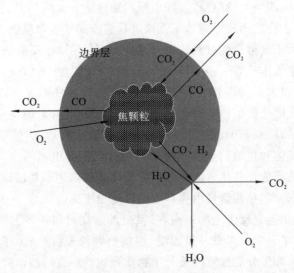

图 7-3　焦颗粒的燃烧过程

在脱挥发分过程中,生物质焦形成,然后与空气中的氧气发生反应,生物质焦的燃烧与挥发分的燃烧同时发生。在生物质焦氧化过程中,氧分子通过火焰前沿,迅速吸附在生物质焦表面的活性中心,发生生物质焦的氧化。与挥发分的燃烧相比,生物质焦的燃烧活化能更高,反应速度更慢。微量元素如钾在生物质焦的燃烧过程中也起着重要的催化作用。随着反应的进行,微量元素在高温下蒸发,生物质焦的反应性进一步降低。对于粉状的生物质颗粒,采用热重分析可以有效地将生物质燃烧过程中的干燥、脱挥发分和生物质焦燃烧等过程区分开。但是,在实际燃烧炉中,一般燃用生物质大颗粒,由于燃烧室内不同点均同时发生连续的燃烧反应,因此上述不同的燃烧阶段将存在不同程度的重叠。在实际燃烧炉中,根据生物质燃烧现象的明显变化,生物质燃烧过程也可分为着火、燃烧和阴燃等三个主要阶段。着火阶段主要包括干燥阶段,充分的热量供应对于达到燃点或燃点之前释放可燃碳氢化合物气体至关重要。在燃烧阶段,包括焦油和气体在内的挥发分从生物质中释放出来,随后与空气混合并氧化,形成火焰。假设着火发生时没有外界干扰,在充分的空气供给条件下,生物质将以极高的反应速率进行不可逆燃烧,且火焰中会发生自由基反应,形成多环芳烃。阴燃阶段的主要特征是生物质焦的不完全燃烧,主要产生 CO 而不是 CO_2。

挥发分释放后残留的可燃物通常被称为固定碳,固定碳不包括无机灰成分。在实验室试验中,当可见火焰熄灭时,焦开始燃烧。在实际工业应用中,工业锅炉的焦燃烧和生物质燃料的脱挥发分过程有很大部分重叠。有机组分燃烧时间(即挥发分和焦燃烧时间之和)可作为一个特征参数表征生物质燃料的燃烧过程。

生物质焦燃烧机理与煤焦燃烧机理相似,典型的燃烧过程如图 7-4 所示。生物质焦的形成和燃烧是生物质燃烧一个重要的过程,它对烟气中 NO 和 CO 的形成有重要影响,该过程决定了燃烧室内生物质焦的物理化学结构,从而决定了生物质焦的破碎特性以及碳颗粒物的排放特性。这些碳颗粒在烟气气流的夹带下,较大的颗粒可落入烟囱或被减排设备清除,但较细小的颗粒会被排放到大气中。具有较高烟气流速的大型工业装置的烟气会夹带更多的大颗粒,这些颗粒可通过旋风分离器等除尘装置捕集。与生物质焦燃烧特性密切相关的还有灰中未燃碳含量,其对炉排燃烧装置非常重要,因为在这些装置中灰中未燃碳含量通常可达 $10\% \sim 30\%$;此外,对粉状生物质燃烧电厂也可能非常重要,因为在这些电厂中,灰中的未燃碳含量也可能高达 10%。最后,生物质燃料中氮、碱金属和碱土金属的含量,特别是钾在生物质焦和挥发分之间的分布也是燃烧建模计算所必需的信息。

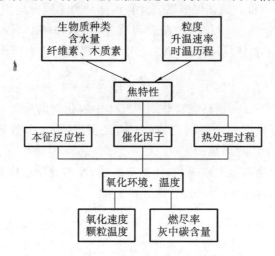

图 7-4　生物质焦燃烧过程概述

在生物质焦的燃烧模型中,焦的本征反应性、催化作用和高温热作用是生物质焦燃烧的主要关键参量。在高温下,氧气在焦表面的化学吸附形成碳氧表面复合物(如羰基)。碱金属和碱土金属间的催化效应对碳与氧气、二氧化碳和水的反应有很大影响。由于碳表面结构的非均匀性,碳氧配合物和催化元素含量在焦表面会显著变化,因此,生物质焦存在着分布式的吸附和解吸活化能。生物质焦表面活性中心的浓度和数量随焦转化率的变化而变化。例如,低活化能的活性位点可以比高活化能位点更快地被消耗。因此,活化能的分布特性也会随焦的转化率变化而变化。在高温下,例如 600 ℃以上时,生物质焦与氧的反应可以简化为如下反应：

$$2C_f + O_2 \longrightarrow C(O) + C(O) \tag{7-20}$$

$$C(O) \longrightarrow CO + C_f \tag{7-21}$$

$$C(O) + C(O) \longrightarrow C_f + CO_2 \tag{7-22}$$

值得注意的是，生物质焦在 1200 K 时含氧量仍可高达 30%，在 1800 K 时降至接近零，生物质焦的含氧量会对生物质焦的燃烧特性产生影响，这一重要特点在现有的生物质焦燃烧反应模型中尚未被全面考虑。

生物质焦的燃尽特性与焦表面积（A_p）、温度（T_p）、氧浓度（p_{ox}）、颗粒密度（ρ_p）、停留时间、灰分抑制和催化效果（用 k_{eff} 表示）等密切相关。生物质焦燃烧速率 R 通常可以表示为

$$R = f(A_p, T_p, \rho_p, p_{ox}, k_{eff}) \tag{7-23}$$

此燃烧速率 R 为本征反应速率，在实际计算中，通常可采用更容易通过实验来确定的表观反应速率来进行简化计算，其中表面积可包含在表观反应速率中。在粉碎生物质（即小焦颗粒）燃烧模型中，假设焦颗粒周围有一个静止的气体边界层，氧气在与焦表面反应之前必须通过该边界层扩散。同时，连续层应用于反应物渗透、氧化和气化反应的单膜模型假设，在大多数情况（包括焦氧化燃烧）下足够精确。因此，生物质焦的总氧化速率受到氧向焦颗粒外表面扩散速率或焦有效反应性本身的限制，或受两者的共同作用影响。然而，在高温下，扩散往往是焦燃烧过程的限制因素。在数学上，该过程通常可表示为如下隐式函数：

$$R = R_c \left(C_g - \frac{R}{D_0} \right)^N \tag{7-24}$$

式中：D_0 是体扩散系数；C_g 是反应气体在体中的浓度；R_c 是化学反应动力学速率；N 是无量纲粒子反应级数，$N=0$ 和 1 是在许多燃烧计算流体动力学建模应用中使用的两个典型反应级数。零级反应，即 $N=0$ 表示扩散控制表面反应，在这种情况下，了解氧化剂的体扩散系数是唯一的要求。一个整体反应级数（$N=1$）的本征焦燃烧速率（dm_p/dp）可以表示为

$$\frac{dm_p}{dt} = -A_p p_{ox} \frac{D_0 R_c}{D_0 + R_c} \tag{7-25}$$

式中：A_p 是颗粒的表面积；p_{ox} 是燃烧颗粒周围气体中氧化剂的分压。这里，氧分压的级数被设定为 1，在众多计算模型中一般均是如此。有证据表明，大多数焦燃烧的级数为 0.5～0.6，该参数可能也适用于生物质焦。

对于粉状颗粒，如生物质粉末或煤粉，体扩散系数 D_0 和化学反应动力学速率 R_c 通常在商用计算机模型（例如 ANSYS Fluent）中计算如下：

$$D_0 = C_1 \frac{[(T_p + T_\infty)/2]^{0.75}}{d_p} \tag{7-26}$$

$$R_c = \eta \frac{d_p}{6} \rho_p A_g (A_i e^{-E_i/RT_p}) \tag{7-27}$$

式中：C_1 是实验导出的扩散系数；T_∞ 是气体温度；d_p 是颗粒直径；指前因子 A_i 和活化能 E_i 由特定燃料的本征反应性得到；η 是表征孔扩散系数影响的有效因子，它可以表示为氧化剂在本体气体中的浓度、体扩散系数、孔隙率、弯曲度和炭粒内表面积等参数的函数。化学反应动力学速率 R_c 由本征化学反应速率和孔扩散速率共同控制，其值确定了不同的焦氧化机制。第一种情况是化学反应控制，发生在相对较低的温度下，颗粒粒径很小，例如在热重分析实验中，指前因子是统一的，所测得的活化能是真实值；第二种情况是扩散和化学反应共同控制，例如在许多火焰中发现，所测得的活化能是真实值的一半。此外，由于化学反应速

度非常快,在高温火焰中出现了第三种情况,即表面扩散控制反应区。

虽然煤粉燃烧条件下的煤焦反应性已相对明确,但关于生物质焦燃烧速率或焦表面积的相关数据目前却非常有限。已有众多关于 $700 \sim 1000$ K 条件下生物质焦生成的反应性测量数据表明,生物质焦的反应性和生物质焦中碳含量之间存在相关关系,但碳含量仅仅是一个精确度有限的生物质焦反应性指标,这主要是因为生物质焦中的催化行为也会对焦的反应性产生明显影响。已有部分研究表明,焦反应性的明显差异主要是钾的催化作用造成的。在这个温度范围内,生物质焦的反应性很难准确预测,因为它是由许多因素如比表面积、钾含量等共同决定的。在高温炉中,焦中大部分钾在较高温度下释放,这种情况下生物质焦的反应性与碳含量直接相关。研究者普遍认为生物质焦比煤焦更具活性,特别是在生物质焦演化的早期,因为其碳结构更为无序,含氧量更高。与煤颗粒软化并趋于球形不同,生物质颗粒在脱挥发分过程中往往保持原有的不规则形状。因此,生物质焦在燃烧时通常会保持较大的表面积,这使得进入生物质焦颗粒的氧气通量更大,有助于提高生物质焦的燃烧速率。

从公式(7-23)可以看出,要准确计算生物质焦的燃烧速率,生物质颗粒的停留时间、反应性和热处理的影响、表面积等信息是必需的。这些数据极难获得,而且目前公开文献中可用于生物质焦的信息不够充足。

当生物质颗粒进入火焰燃烧时,纤维素和半纤维素分解,留下木质素骨架,如图 7-5(a)所示;在进一步加热时,木质素可进一步分解,产生具有复杂形态的生物质焦,其形态取决于所处环境的温度以及生物质中木质素的类型及含量。在燃烧后期,生物质焦中的有机组分被消耗,形成富含灰分的残焦,其典型形貌如图 7-5(b)所示。研究发现,生物质焦与煤焦的结构形貌差异显著,且不同种生物质产生的焦的结构形貌也存在明显差异。例如芒属植物向日葵,其焦中保留了最初的纤维结构,具有薄壁特性;但对于木材和油菜籽,则观察到了厚壁球体(粗球和粗网)结构,只有少数情况下观察到了致密的焦颗粒。在固定床或流化床燃烧中,生物质焦的结构则不同,在这种情况下,生物质颗粒无法熔融,而焦的唯一形式则像木炭一样致密。

 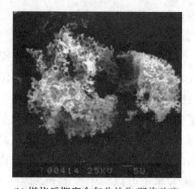

(a) 木材燃烧主体结构破坏时产生的焦　　　　　(b) 燃烧后期富含灰分的焦(即将破碎)

图 7-5　生物质燃烧产生的焦

在实验室通过试验获得的生物质焦反应性的定量信息对工业过程的建模一般是可用的,但可用程度不同于煤焦,主要原因是生物质焦中钾等催化金属的显著影响尚未被完全准确量化。试验所获得的大多数生物质焦反应性数据主要用热重分析仪测量。汇编截至 2007年所获得的反应性数据,包括 $700 \sim 1000$ K 温度范围内的研究,可知生物质焦的表观活化能在 114～230 kJ/mol 之间。较高温度下的数据相对较少。部分研究者在 1500 K 下测定并对比了两种生物质焦(松树和柳枝)与煤焦的反应速率,并通过计算确定了生物质焦的反应速率是煤焦的 2～4 倍。值得指出的是,尽管不同研究均通过实验获得了相关的反应性数据,但很难将这些数据完全结合起来用于生物质燃烧过程的统一建模。一种统一的方法是使用生物质焦的本征反应性,采用该方法时必须考虑生物质焦比表面积和催化剂的影响。1987 年,Smith 推导出了纯碳的本征反应性随温度变化的函数,可表述如下:

$$\rho_i = 3050e^{-179.4/RT} \tag{7-28}$$

函数关系如图 7-6 中线 1 所示。当假设生物质焦的平均表面积为 100 m^2/g 时,可将部分研究中生物质燃料的数据转换为本征反应形式。但应注意的是,由于每种生物质的表面积不同,且表面积会随燃烧反应的进程而变化,真实的函数关系可能如图 7-6 线 2 所示。2010 年 Jones 等人提供的柳树和芒属植物的数据则主要分布在区域 3。

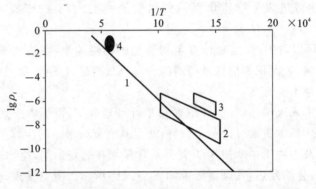

图 7-6　本征反应性与 $1/T$ 的关系图

　　事实上,这些设定的数据中有大量含有钾(和其他金属)的燃料,钾和其他金属会催化反应进行,从图 7-6 中可以看出,这些实际的反应速率均会比线 1 中的无催化反应速率快。水洗生物质等会降低反应速率,但整体反应速率不会降到线 1 所示值以下。1996 年 Wornat 等人及 2003 年 Meesri 和 Moghtader 提供的燃烧数据则如点 4 所示。后者推导出了Ⅱ型燃烧的表观活化能为(89±22) kJ/mol,相当于 178 kJ/mol 的真实活化能,与 Smith 所得数据非常相似。

　　因此,可以合理地假设,在较低的燃烧温度下,整个燃烧反应由碳/氧反应部分和金属催化部分组成,后者在较低温度下占主导地位。而在更高的燃烧温度下,根据图 7-6 中的数据,碳/氧反应将占主导地位。对于许多生物质炭,碳/氧反应的速率大约是 Smith 本征反应公式所得速率的 4 倍。该结果适用于粉状炉燃烧计算,但在流化床和固定床燃烧计算方面仍存在问题。较大的生物质颗粒在流化床尤其是固定床气化炉中的燃烧反应在很大程度上受颗粒传热的控制,因此在这种情况下,获得高精度的氧化反应动力学模型是非必要的。此外,二氧化碳和水还可以与生成的焦发生反应,尽管大多数反应都发生在气相中,其仍使燃烧反应更加复杂。在大颗粒中,气体扩散到表面还会有一个附加的阻抗,这是由灰壳的形成造成的,这在很大程度上取决于反应系统,虽然这不是粉状炉或流化床燃烧的一个重要影响因素,但可能是固定床系统燃烧中的一个重要特征。

7.1.3　影响生物质燃烧特性的因素

　　生物质燃烧特性取决于各种参数,如燃料特性、燃料供给特性、燃烧空气量及分布、燃烧条件(温度、压力和燃料停留时间)以及炉型等。

7.1.3.1　燃料特性

生物质燃料的种类和特性是关键因素。生物质按来源可分为木本、草本、农残和动物粪便四大类。生物质也可按生物化学成分分类,即木质素、纤维素和半纤维素。对于不同的生物质类型,燃烧火焰温度是不同的。例如,木材燃烧的最高火焰温度在 1300～1700 K 之间,而稻壳的最高火焰温度在 1000～1300 K 之间,这是因为稻壳的热值低于木材的热值。

生物质的燃烧受原料性质的影响很大。燃烧过程中释放的热量取决于原料的热值以及反应的转化效率。生物质组分在燃烧过程中起着关键作用,这一事实受到了世界各国研究者的广泛关注。通过光合作用和植物呼吸合成的有机物是生物质中能量的主要部分,但无机部分对燃烧系统的设计和运行也很重要,特别是在灰沉积、结渣等方面。

生物质原料中的挥发分含量相对高于化石原料的,通常在 70%～86% 之间变化。由于挥发分的含量很高,生物质原料的质量大部分在均相气相燃烧反应发生之前就转变为了气态。剩下的生物质焦则经历异相燃烧反应。因此,挥发分的含量对固体燃料的热分解和燃烧行为有很大的影响。生物质原料的许多其他化学、机械和热特性也影响着生物质的预处理、加工和燃烧。详细的设计应针对特定原料具体分析,公开的文献数据对初步评估有用,但不能只根据一般的文献数据来设计具体反应过程及反应器。

生物质中的金属对燃烧反应速率也有明显影响,且被认为对热解有催化作用。在水中浸出生物质会对燃烧反应动力学产生明显影响,结果与已知的碱的氯化物对生物质热解速率的影响一致。在等温加热条件下,观察到经浸出处理的生物质挥发分的析出比未处理原样提前结束,并且观察到浸出的稻草比未处理稻草更容易点燃。我们知道,氯会通过终止自由基链式反应来阻止火焰传播。在固液萃取法中,氯通过水从生物质中浸出,因此,除了形成有害排放物外,氯对着火和燃烧也有影响。

生物质颗粒形态因原料类型(如稻草、木材)、加工水平和类型(如刀磨、锤磨)不同而变化很大。生物质颗粒通常具有较大的长宽比,更像圆柱体或条索状,而不是球体,其表面积与体积比的差异也会影响燃烧速率。较大尺寸的生物质颗粒会形成较厚的边界层,燃烧时部分或全部火焰可能包含在传热和传质边界层内。因此,在大多数氧化阶段,颗粒的表面温度都会升高,尽管这只占总反应时间的一小部分。通常用于预测小颗粒煤粉燃烧的等温颗粒模型无法适用于预测生物质颗粒中大温度梯度的影响,这是煤粉与生物质在锅炉中共燃时建模的一个重要特征。目前已经开发了更全面的模型,包括干燥、脱挥发分、再凝结、焦气化和氧化以及气相燃烧过程,可用于预测形状和性质可变的单颗粒生物质燃烧特性。

生物质中水分含量对燃烧化学和能量平衡有很大影响。已有研究表明,生物质中水分或灰分的增加会降低生物质燃烧的火焰温度。研究还发现,对于木屑的燃烧,当灰分含量低于 25% 时,即使含水量高达 40%,也能保证木屑的稳定燃烧。

7.1.3.2　燃烧条件

空气湿度和风速等燃烧条件也会对生物质的燃烧产生影响。在燃烧条件中,过量空气比(ER)是影响燃烧特性的主要参数,过量空气比是指实际燃烧所用空气量与将生物质完全燃烧为二氧化碳和水所需的理论空气量之比。ER 值的增大将导致燃烧产气温度的降低,将进一步降低气体的热回收率。在实际应用中,由于生物质颗粒与空气的理想混合很难实现,一般将过量的空气引入燃烧室以使燃烧转化率最大化。一般而言,在 ER<1.5 的条件下燃烧,既能提高燃烧效率,又能提高燃烧温度,这有利于生物质原料的完全燃尽。针对特定生物质、燃烧反应器和燃烧条件,可通过实验确定最佳 ER 值。例如,木材燃料的 ER 值通常在 1.6~2.5 范围内。

7.1.3.3　燃烧系统的设计

燃烧系统的设计对燃烧速率也有很重要的影响。锅炉及其他燃烧装置设计不当常常会导致设备容量降低和运行经济性降低。例如,在设计不佳的电厂中,由于需要在高于设计温度的条件下运行,当为了满足设计负荷时,锅炉的积灰和结渣会更严重。

7.2　燃烧过程化学计量

7.2.1　生物质燃烧过程化学计量分析

光合作用和植物呼吸作用导致植物体内产生多种复杂的化学结构,形成非结构碳水化合物和其他化合物,包括纤维素、半纤维素、木质素、脂质、蛋白质、单糖、淀粉、六氯环己烷和灰分等,它们与水一起构成了生物质的大部分组分。每一类化合物的含量会因物种、植物组织类型、生长阶段和生长条件而异。纤维素是 β-d-葡萄糖基吡喃糖单元的线性多糖,与糖苷键相连。半纤维素是一种多糖,其组成多种多样,包括五碳和六碳单糖单元。木质素是苯丙烷单元的不规则聚合物。能形成大量游离糖的植物(如甘蔗和甜高粱)作为发酵原料具有广阔的应用前景,淀粉作物(如玉米和其他谷物)也是如此。虽然目前在这些方面的研究很多,但木质素一般被认为是可发酵的,因此,常常用燃烧等热化学手段来转化木质素。燃烧既可用于整个生物质的直接转化,也可用于生化转化如发酵后剩余生物质部分的转化。与生化转化和其他一些热化学转化方式不同,燃烧在生物质转化过程中本质上是非选择性的,且生物质的复杂结构对其燃烧特性也有重要影响。

生物质的主要成分是碳,在干燥基下,碳占总重量的 30%~60%(取决于灰分含量),大多数木材干燥时碳含量约为 50%。由于生物质富含碳水化合物结构,其与传统化石燃料相比具有高含氧性。通常,在干燥基下,氧占生物质的 30%~40%。在有机组分中,氢是第三大组分,通常占干生物质的 5%~6%。氮、硫和氯也存在,但是通常在干燥基下,其含量低于 1%。在不忽略微量元素的情况下,几乎所有的元素都可以在生物质中找到,这对燃烧设备的设计、运行和环境性能有重要影响。生物质燃料类型广泛,因此在使用生物质时需要确定生物质的基本特性。这些特性包括含水量、热值、元素组成、体积密度、比重、导热系数,以及力学、声学和电学特性。类似于其他类型燃料,生物质也需要标准化的分析方法,从而对燃料特性进行准确和一致的评估。虽然,目前研究者还正在致力于这一方面的研究,但目前 ASTM、ISO 以及其他组织已经制定了分析化学成分、热值、密度、灰分熔融性等特性的标准。在没有生物质特定的标准时,可使用针对煤炭等其他燃料制定的标准,不过此时需谨慎使用,因为原料化学性质差异可能导致按相关标准分析困难或存在较大误差。

许多生物质原料的氧、氢与碳的摩尔比非常接近。葡萄糖 $C_6H_{12}O_6$ 是光合作用的初级产物,可以用元素摩尔组成的形式写作 CH_2O。纤维素 $(C_6H_{12}O_5)_n$ 是由葡萄糖形成的聚合物,其简化形式为 $CH_{1.67}O_{0.83}$,其 H:O 值为 2。在许多类型的生物质中,平均元素摩尔组成可以表示为 $CH_{1.61}O_{0.64}$,这表明存在木质素和其他含氧较少的物质。对于一般生物质,每千克干有机物消耗约 6.0 kg 干空气;对于纤维素,则为 5.1 kg/kg;对于葡萄糖,则为 4.6 kg/kg。相比之下,碳的理论空燃比为 11.4 kg/kg。

当小颗粒生物质进入高温氧化气氛中时,它将以图 7-7 所示的方式点燃和燃烧。这是生物质燃烧的最简单的过程,也是电站锅炉所遵循的过程。该过程类似于已被广泛研究的煤粉燃烧过程,包括以下阶段:加热到所有水分蒸发或挥发分释放的温度;脱挥发分过程,产生由焦油和气体组成的挥发性气体和焦炭;这些挥发性产物在颗粒周围以扩散火焰燃烧,然后随着挥发性产物形成量的减少,氧气渗透到焦颗粒表面,焦颗粒发生非均相燃烧。

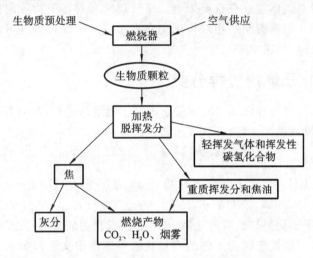

图 7-7　小颗粒生物质燃烧主要步骤示意图

生物质要进行燃烧,必须保证在生物质燃料颗粒附近有足够的空气,以形成氧气与燃料的化学计量混合物。通常会有多余空气,这是因为通入的空气并没有完全流向燃料,混合过程也并非理想混合。产生最终燃烧产物的总化学反应为

$$C、H、O、N、S(金属) + O_2 = CO_2 + H_2O + 金属氧化物、氯化物、硫酸盐$$

生物质燃烧产物的成分可通过简单的化学计量法计算。在已知温度或火焰温度下,燃烧反应器中形成的产物的成分可通过计算机程序和其他"平衡"程序计算。

化学反应过程的基本步骤如下:

$$湿生物质加热/干燥 \longrightarrow 干生物质 \tag{7-29}$$

$$生物质 \longrightarrow 挥发物(焦油和气体) + 焦炭 \tag{7-30}$$

$$挥发物 + 空气 \longrightarrow CO + CO_2 + (多环芳烃、未燃烧碳氢化合物、烟尘、无机气溶胶) \tag{7-31}$$

$$焦炭 + 空气 \longrightarrow CO + CO_2 \tag{7-32}$$

$$挥发性成分(N、S、K 等) \longrightarrow N、S、K 类污染物 \tag{7-33}$$

$$焦炭(含 N、S、K 等) \longrightarrow N、S、K 类污染物 \tag{7-34}$$

早期的生物质燃烧模型使用简化的速率表达式来表示每一个步骤,而近些年发展的模型包含了更详细的生物质特有的化学过程,以更好地预测燃烧和污染的生成过程。污染物是由 N、S、Cl、K 以及挥发分和焦炭中的其他微量元素在燃烧过程中产生的。如果燃烧不完全,由于局部化学计量(混合不均)、温度、停留时间等因素,燃烧会释放出 CO、多环芳烃和烟

尘等产物,以及生物质燃烧的特征产物,如左旋葡聚糖、愈创木酚、植物甾醇和取代丁香醇。因此,大气排放物中可能含有焦油气溶胶和烟尘,它们与细小的焦炭颗粒和 KCl 等金属基气溶胶一起形成烟雾。含氮化合物随挥发分部分释放,其余部分则在焦炭中形成 C—N 基质,然后在焦炭燃烧阶段释放,形成氮氧化物和氮氧化物前驱体,如 HCN 和 NH₃。在挥发分和焦炭燃烧过程中,硫以二氧化硫的形式释放出来。其他金属化合物,如 KCl、KOH 和硫化合物形成一系列气相物质,它们可以以气溶胶形式释放,同时也会在燃烧室中沉积。研究开发预测这些污染物形成过程的模型一直是生物质燃烧机理研究的重要方面。其可应用于一系列的燃烧过程和不同尺寸的生物质颗粒,从直径小于 1 mm 的粉状颗粒到木屑,或更大的木屑,如原木,以及森林火灾中的树木。由于颗粒转化过程中化学反应与传热传质的耦合作用,生物质燃料粒径对气体排放有重要影响。尽管研究者对污染物控制机制的一般特征已有很好的理解,但关于控制机制的相对作用仍存在争议。燃烧过程既可以由化学反应速率控制,也可以由内、外扩散速率控制。

7.2.2　生物质燃烧过程分类

在燃烧过程中,燃料与氧化剂之间的关系决定了燃烧的进程,其对燃烧的结果起到决定性影响。任意生物质的燃烧过程,可以描述如下:

$$m_{r,1}\left(\sum_i y_i \mid_{C,H,O,N,S,Cl,Ash}\right) + m_{r,2}H_2O(1) + m_{r,3}O_2 + m_{r,4}CO_2 + m_{r,5}H_2O(g) + m_{r,6}N_2$$

$$= m_{p,1}CH_4 + m_{p,2}CO + m_{p,3}CO_2 + m_{p,4}H_2 + m_{p,5}H_2O + m_{p,6}HCl$$

$$+ m_{p,7}N_2 + m_{p,8}NO + m_{p,9}NO_2 + m_{p,10}O_2 + m_{p,11}SO_2 + m_{residual} \qquad (7-35)$$

该方程还规定了氧化剂与燃料的比例,或者在空气作为氧源的情况下,规定了空气与燃料的比例,以及通常用于规定燃烧条件的当量比。空燃比定义了添加的空气质量与原料质量的比,以湿基或干燥基表示。化学当量比(AF$_s$)可定义为当燃料与氧化剂按化学反应式刚好完全燃烧时,燃料与氧化剂之间的摩尔比。其描述了如果所有燃烧反应进行到其氧化程度最高的状态,燃烧一定量的燃料所需要的空气量。空燃比(AF)则指是实际燃烧过程中,空气与燃料之间的质量比,燃料/空气当量比为化学当量比与空燃比之间的比值,空气/燃料当量比或空气系数 λ 和过量空气系数 e 的关系如下:

$$\varphi = \frac{AF_s}{AF} \qquad (7-36)$$

$$\lambda = \frac{1}{\varphi} \qquad (7-37)$$

$$e = \frac{1}{\varphi} - 1 \qquad (7-38)$$

根据燃烧反应系统中氧气量大小,生物质燃烧可分为三类:化学计量燃烧、完全燃烧和不完全燃烧。因此,燃烧状态可由 φ 的大小来判定,其中 $\varphi = 1$($e = 0$)时为化学计量燃烧,也称为理想燃烧、理论燃烧,在该条件下燃料中的所有可燃元素都使用理论上的最小氧气量进行反应,在这个条件下,由于混合、温度和反应时间的限制,生物质锅炉在化学计量比条件下的实际燃烧会产生未反应的燃烧产物,如一氧化碳(CO)。当 $\varphi > 1$ 时为富燃料状态(空气不足),没有足够的氧气使所有可燃元素充分反应。这会导致一氧化碳、氢气、甲烷、其他挥发性化合物(VOCs)、焦油、烟尘和烟雾的形成。当 $\varphi < 1$ 时为贫燃料状态,即空气过量,在此条件下,燃料可以充分完全燃烧。不过值得指出的是,在实际燃烧过程中,人们总能在烟道气中发现一些未燃烧的碳、灰分和一些一氧化碳。在固体生物质燃烧中,目标是用最少的

空气进行几乎完全的燃烧。生物质通常以 $1.15\sim1.3$ 的过量空气系数燃烧。

7.2.3　热值与火焰温度

7.2.3.1　热值

燃料能量含量的标准测量方法是测量其热值（HV），有时也称为燃烧热。事实上，HV有多个值，其值取决于测量燃烧焓（ΔH）还是测量燃烧内能（ΔU），以及含氢燃料的水是在蒸汽相还是在冷凝（液体）相中被计算。当水处于气相时，采用定压下的低位发热量（LHV）测量燃烧引起的焓变。热值是通过在一个氧弹式量热计中的单位数量的固体燃料在精心定义的条件下完全燃烧而获得的。利用氧弹式量热计法回收燃烧产物中的水分潜热，可得到总燃烧热（GHC）或高位发热量（HHV）。

考虑到测量目的，反应常常在恒压或定容条件下进行，后者是使用弹式量热计分析固体生物质原料时常用的方法。对于含氢原料，当反应完成时，氧化生成的水可以是气态的也可以是液态的。如果是气态的，用量热计测得的热释放量比冷凝后测得的小。值得指出的是，无论是在恒压还是在定容状态下检测，生物质燃烧总热值都是将产物水冷凝后来测量的结果，称为高位热值或高位发热量。低位发热量（或净热值）是指产物水以气态形式存在时燃烧所释放的热量。度量的基准对于比较分析系统性能非常重要。目前，在一些国家，锅炉或发电厂的效率通常使用燃料低位发热量衡量，另一些国家则使用高位发热量衡量。对于同一燃烧设备，采用燃料的低位发热量计算时，燃烧设备效率会更高。

湿燃料燃烧时的高位发热量（Q_h）与干燥基高位发热量（$Q_{h,o}$）和含水量（M_{wb}）相关：

$$Q_h = Q_{h,o}(1 - M_{wb}) \tag{7-39}$$

因此，在定容系统中，可根据高位发热量（$Q_{v,h,o}$）、干燥原料中的氢完全燃烧产生的水分（M_{wb}）以及湿基含水量（$Q_{v,1}$）来确定所燃烧燃料的低位发热量：

$$Q_{v,1} = (1 - M_{wb})\left[Q_{v,h,o} - u_{fg}\left(M_{db} + \frac{W_{H_2O}}{2W_H}H\right)\right] \tag{7-40}$$

式中：u_{fg} 为定容燃烧下水的蒸发内能，蒸发内能用于定容燃烧，如果反应是在恒压条件下进行的，则计算时需将 u_{fg} 替换为蒸发焓 h_{fg}；W_{H_2O} 和 W_H 分别是水和氢的摩尔质量（分子量，g/mol）。燃烧所达到的最高温度在一定程度上取决于可用于加热反应产物和蒸发原料水分的显热量（能够提高系统温度的显热量）。原料的含水量越大，蒸发水所需的热量比例就越大，如图 7-8 所示。

$$Q_{residual} = \left[1 - \frac{u_{fg}M_{wb}}{(1 - M_{wb})Q_{v,h,o}}\right] \times 100\% \tag{7-41}$$

对于大多数生物质来说，水分含量超过 90%，蒸发水所需的能量就超过了原料的热值。火灾自维持的自热极限湿度通常在 $70\%\sim80\%$，并且在大多数湿基状态下湿度在 $50\%\sim55\%$ 以上的燃烧系统中，火焰稳定性较差。

热值与灰分含量也部分相关。在干燥基状态下，灰分小于 1% 的木材热值通常接近 20 MJ/kg，灰分每增加 1%，热值大约会减少 0.2 MJ/kg。尽管灰分中的元素可能对热分解有催化作用，但灰分对燃烧释放的总热量没有实质性贡献。热值也与碳含量相关，干重状态下，碳含量每增加 1%，热值就会提高约 0.39 MJ/kg。生物质的热值与完全燃烧所需的氧气量密切相关，每消耗 1 kg 氧气，释放约 14.0 MJ 能量。纤维素的氧化程度较高，其热值（17.3 MJ/kg）小于木质素的热值（26.7 MJ/kg）。

研究者们还开展了大量研究，将生物质热值与其元素组成联系起来，建立了如下关系：

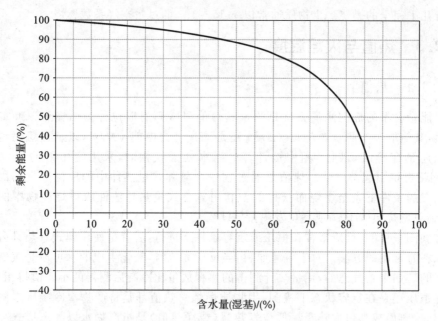

图 7-8　原料中水分蒸发后燃烧的显热（$Q_{v,h,o} = 20$ MJ/kg, $u_{fg} = 2.3$ MJ/kg）

$$Q_{v,h,o} = 0.3491 \times m_C + 1.1783 \times m_H + 0.1005 \times m_S - \\ 0.1034 \times m_O - 0.0151 \times m_N - 0.0211 \times m_{Ash} \tag{7-42}$$

式中：m_C、m_H、m_S、m_O、m_N 和 m_{Ash} 分别是原料中碳、氢、硫、氧、氮和灰分的质量分数（干燥基）。对于前文提到的广义生物质（$CH_{1.41}O_{0.64}$），采用式（7-42）计算时，在干燥基状态下，其热值约为 20.31 MJ/kg。值得注意的是，对于燃烧系统关键部件设计，应尽量避免使用估算值代替测量值。因为，与其他此类预测经验公式一样，计算的结果不可避免地存在误差，在某些情况下误差甚至会高达 2 MJ/kg。

燃料热值是锅炉热力计算中最基本的数值之一。热值是能量平衡的基础，类似地，在锅炉结构设计中，诸如炉膛热负荷和热释放率（HHRR）等常数是根据燃料热值来确定的。燃料燃烧烟气量也取决于燃料热值，如图 7-9 所示。在简化分析生物质燃料燃烧时，可根据预先确定的烟气量与热值的质量比对燃烧过程进行估算。如果没有额外约束，固体生物质热值的测定、锅炉设计和性能试验的分析应在被广泛认可的实验室进行。由于测量成本的原因，通常不测量氧含量。干燥基固体生物质燃料的高位发热量（HHV）和低位发热量（LHV）的相关性可用式（7-43）描述。

$$LHV = HHV - 2.443 \left(\frac{M_{H_2O}}{M_{H_2}} \right) X_H \tag{7-43}$$

式中：X_H 是干燥基状态下燃料中氢的质量分数；M_{H_2O} 和 M_{H_2} 分别是 H_2O 和 H_2 的摩尔质量。

同样，湿基状态下低位发热量和高位发热量可以用干燥基热值表示：

$$LHV_{wet} = LHV_{dry}(1 - X_{H_2O}) - 2.443 X_{H_2O} \tag{7-44}$$

$$HHV_{wet} = HHV_{dry}(1 - X_{H_2O}) \tag{7-45}$$

式中：X_{H_2O} 是湿基燃料中水的质量分数。

由于生物质氢碳比相对恒定，因此，生物质热值是碳含量的函数。

7.2.3.2　火焰温度

对于恒压反应，产物的总焓等于反应物总焓和系统的传热之和：

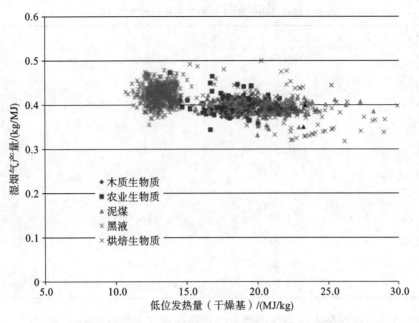

图 7-9　干燥基下每单位 MJ 生物质燃料按化学当量比要求所需空气量

$$H_{\mathrm{p}} = H_{\mathrm{r}} + Q_{1} \tag{7-46}$$

或

$$\sum_{j} \frac{m_{\mathrm{p},j}}{W_{j}} h_{\mathrm{p},j} - \sum i \frac{m_{\mathrm{r},i}}{W_{i}} h_{\mathrm{r},i} - Q_{1} = 0 \tag{7-47}$$

式中：H_{p} 为产物的总焓；H_{r} 为反应物的总焓；Q_{1} 为反应系统的外部传热量，热损失时为负值。除生物质原样外，所有物质的生成焓都是已知的，而生物质的生成焓可以通过测定热值时燃烧反应的能量平衡来求解。

　　由于焓随温度的非线性变化特性，火焰温度的求解通常涉及求根计算。正如 Jenkins 和 Ebeling 所指出的，在相当大的温度范围内，许多燃料在空气中燃烧的焓与火焰温度的函数关系几乎是线性的。将焓拟合为温度的线性函数可以直接得出近似火焰温度。根据 Linstrom 和 Mallard 的数据，在 500～3000 K 的温度范围内拟合了 $h = aT - b$ 形式的函数，其中 a 和 b 是回归系数，T 是绝对温度。表 7-1 列出了典型燃料拟合函数的系数，以及表示拟合程度的相关系数。对于更高的燃烧温度，如氧燃料燃烧，必须考虑解离反应对火焰温度的影响。

　　固体相（包括灰分和煤焦）的焓，也是式（7-47）中的重要组成部分。已有研究给出温度为 $0 < T < 1200$ ℃时灰分的比热函数：

$$C_{\mathrm{p,ash}} = 752 + 0.293T \tag{7-48}$$

　　根据焓的定义，并在 500～3000 K 的温度范围内进行外推和线性化，灰分的焓与火焰温度的关系可近似为 $h = 1.5510T - 856$ 的线性函数关系，但 h 是以质量为基准的。对于残余固体焦炭，在火焰温度 T_{f} 下，NIST 规定温度范围为 300～1800 K 时，$C_{\mathrm{p,c}} = 10.68$ J/(mol·K)。其他固体物质的焓取决于它们在产物中的出现形式，其质量很小且可能和灰分混在一起。固体产物的温度可能与实际燃烧室中的火焰温度相差很大，因此可假设所有产物的温度都是均匀的。需要指出的是，灰分在 25～1200 ℃之间的比热（0.76～1.10 kg/(kJ·K)），其计算范围包括了焦炭的比热（0.89 kg/(kJ·K)）。

表 7-1　选定气体在 500～3000 K 的线性化焓值系数 ($h = aT - b$)

选定气体	a	b	r^2
CH_4	87.7017	123160	0.9945429
CO	35.3301	123988	0.9993817
CO_2	58.5288	418206	0.9990541
H_2	33.1795	12508	0.9987431
H_2O	48.3409	263954	0.9964273
HCl	34.4741	105620	0.9989669
N_2	34.8555	13041	0.9992171
NO	35.8551	−76847	0.9995299
NO_2	55.1040	−10755	0.9994324
O_2	36.8906	13996	0.9993468
SO_2	57.0826	319166	0.9995732

图 7-10 给出了混合杨木在空气中燃烧时不同条件下火焰温度的估算。

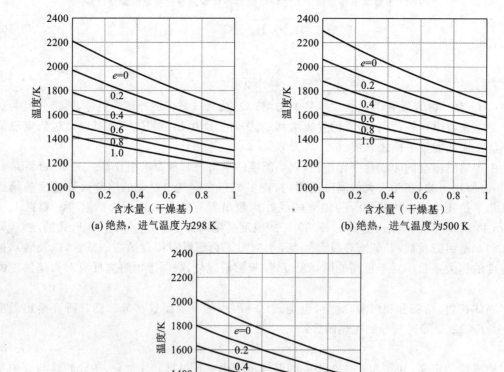

(a) 绝热，进气温度为298 K　　　　(b) 绝热，进气温度为500 K

(c) 有热损失(为高位热值的10%)，进气温度为298 K

图 7-10　混合杨木在空气中燃烧的估计火焰温度

利用线性化的焓方程,可以计算得出产物总焓:

$$H_p = \sum_j (m_j a_j T - b_j) = \sum_j a_j T m_j - \sum_j b_j m_j \qquad (7\text{-}49)$$

在设定反应物入口温度的情况下(如空气预热),火焰温度 T 可直接估算:

$$T = \frac{H_r + Q_1 + \sum_j b_j m_j}{\sum_j a_j m_j} \qquad (7\text{-}50)$$

7.3　生物质直燃理论与技术

燃烧是从生物质中获得高温和能量的最古老和传统的方法。直接燃烧是生物质能量转化的一个重要方式,自人类发现火以来,它就一直被人类所使用。生物质直接燃烧广泛用于小型化设备中,例如家用炉灶,其以木柴生物质作为燃料。此外,生物质发电也是生物质直接燃烧的另一重要用途。采用不同的原料、应用领域和转化方式,可以实现生物质多种方式的燃烧。

(1)生物质发电机:植物(例如麻疯树、纳哈尔等)油可以代替柴油发电机中的柴油,以产生适合离网应用或自我调节的小型电网的电力。

(2)生物质发电厂:锅炉中生物质直接燃烧产生的热量可用于加热蒸汽带动蒸汽轮机或发电机发电。尽管蒸汽机发电效率没有达到预期,但它是目前单独利用生物质发电最便宜也是最可信赖的方式。

(3)基于生物质的热电联产(CHP)电厂:热电联产是指利用同一燃料生产两种有价值的能源,即电力和热能。发电厂的整体效率可以显著提高,当余热有经济用途时,热电联产的竞争力将显著提高。热电联产电厂的整体效率可以达到 80%~90%。纸浆和造纸厂、棕榈油厂、糖厂等一些工厂可利用生物质燃烧产生的热能。

(4)市政固体废弃物(MSW)发电厂:燃用市政固体废弃物(如垃圾)的发电厂可以实现对固体废弃物的减量化及能源化处理,因此成为一种重要的处理城市固体废弃物的方法,受到广泛关注。但垃圾发电厂的非常规污染较严重,需要较强的技术和严格的排放控制系统,这使得垃圾发电厂的建设成本显著增加,也使得垃圾尽管在许多国家中潜力巨大,但大部分仍是废弃的资源。

当生物质燃料的热值和水分含量合适,燃料与空气的比例以及锅炉的结构匹配时,燃用生物质时炉膛内火焰温度甚至会超过 1650 ℃。生物质直接燃烧有三个突出的缺点:

(1)燃烧高水分燃料时存在显著的热量损失;

(2)生物质中碱金属与碱土金属易导致换热面结焦和沾污;

(3)难以为现代大型生物质直燃发电厂提供大量充足的生物质。

生物质的主要燃烧系统分类如图 7-11 所示。生物质的大规模燃烧主要采用三种技术:采用振动或移动炉排的层燃技术、不同类型的流化床燃烧技术以及悬浮燃烧技术。这三种技术在生物质能利用方面各有优缺点,可以看作互补技术,而不是竞争技术。

炉排炉的特点是无论燃料状态如何,其几乎可以燃烧任何类型的固体燃料,但与悬浮燃烧锅炉相比,其效率较低。生物质悬浮燃烧技术指生物质细小颗粒在悬浮气体中燃烧的技术,生物质悬浮燃烧锅炉基本上使用了与煤粉炉相同的技术。悬浮燃烧技术是目前生物质

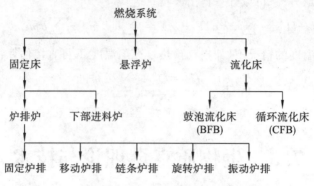

图 7-11　生物质的各种燃烧系统

燃烧的所有技术中表现最好的技术。这一技术包括磨粉机的粉碎、管道系统的气力输送以及燃烧器内复杂的旋涡结构以达到最佳燃烧效果。燃烧器和锅炉内部的火焰组织必须实现尽可能少的未燃烧颗粒从锅炉顶部逃逸或沉积在灰斗中。流化床燃烧技术介于炉排炉层燃技术和悬浮燃烧技术之间,它具有相对高的效率,并且在燃料适用性方面也较为灵活。与其他燃烧技术相比,流化床燃烧技术的优点之一是形成的热力型 NO_x 更少。该技术的缺点是空气供应所需的高能耗成本以及床层磨损导致的锅炉表面的高磨损。最终采用哪种燃烧技术取决于燃用的原料种类及性质。如果可以使用高品质的燃料,例如颗粒状或焙烧木材,则悬浮燃烧技术是最佳选择;对于劣质燃料,例如垃圾或高水分燃料,流化床燃烧技术则是最佳选择;而对于化学成分不适合流化床的难燃烧的燃料,炉排炉层燃技术可提供一种合适选择方式。

7.3.1　层燃技术

炉排炉是最早用于固体燃料的燃烧系统,现在主要用于燃烧生物质。在热电厂中,燃烧生物质的炉排炉的容量从 4 MW 到 300 MW 不等(大多在 20 MW~50 MW 之间)。由于生物质燃料典型的高挥发分和低灰分特性,每个炉排面积的放热功率可达 4 MW/m² 左右。图 7-12 所示为一台现代化的燃烧秸秆的 108 MW 振动炉排炉。图 7-13 所示为典型的移动炉排炉。现代炉排炉包括四个关键要素:燃料供给系统、炉排组件、二次风(包括燃尽风)系统和排灰系统。

生物质炉排炉典型的燃料供给系统是机械式加料机(进料螺杆、液压推料机等)。例如,在 108 MW 的燃料炉排锅炉中,用加料机螺杆将秸秆送入水冷振动炉排。对于尺寸非常不均匀且含有相对较大质量分数(30%或更大)细颗粒(粒径几毫米或更小)的生物质燃料,需要使用撒布器来减小燃料尺寸分散趋势,因为炉排炉通常只适用于相对较粗的颗粒。较细的生物质颗粒在一次风作用下悬浮燃烧,其余较重、较大的颗粒落在炉排表面继续燃烧。

炉排位于燃烧室底部,是炉排锅炉的除垢部件。炉排有两个主要功能:完成燃料的纵向输送以及对炉排下面进入的一次风进行分配。炉排可以是风冷的,也可以是水冷的。水冷炉排需要少量的空气进行冷却(一次风用于燃烧),通过使用先进的二次风系统来实现流动性。炉排分为固定倾斜炉排、移动炉排、往复炉排和振动炉排。炉排的运动保证了燃料在燃烧过程中沿炉排的输送和混合。不同炉排的主要特性比较见表 7-2。

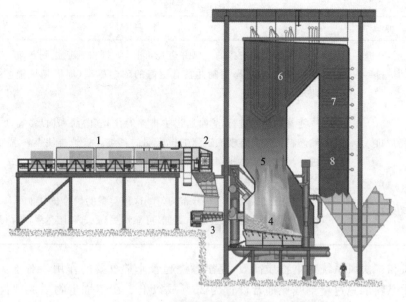

图 7-12　一台现代化的燃烧秸秆的 108 MW 振动炉排炉

1—秸秆运输带;2—秸秆旋转耙;3—加煤机螺杆;4—水冷振动炉排上的燃料床;

5—干舷;6—第二和第三过热器;7—第一过热器;8—省煤器

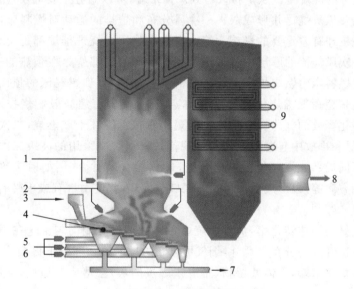

图 7-13　移动炉排炉

1—燃尽风;2—二次风;3—燃料;4—炉排;5—一次风;

6—烟气再循环;7—除尘;8—烟气;9—换热管

表 7-2　不同类型的炉排及其主要特征

炉 排 种 类	主 要 特 征
固定倾斜炉排	炉排固定,燃料在重力作用下滑下斜坡时燃烧。倾斜角度是此类炉排的一个重要特征。缺点:(1)难以控制燃烧过程;(2)存在燃料大量崩塌的风险

炉 排 种 类	主 要 特 征
移动炉排	燃料被送入炉排的一侧并燃烧，同时炉排将其运送到灰坑。与固定倾斜炉排相比，它更易控制并具有更好的碳燃尽率（原因是炉排上的燃料层很薄）
往复炉排	随着燃烧的进行，炉排通过炉排棒的往复（向前和向后）运动来翻滚和运输燃料。灰最终被输送到炉排末端的灰坑。该炉排使燃料混合得更好，能进一步改善碳燃尽率
振动炉排	炉排通过振动使燃料分布均匀。这种类型的炉排比其他可移动炉排的活动部件更少（因此维护成本更低，可靠性更高）。碳燃尽率同样得以提升

　　一次风和二次风系统对生物质高效、完全燃烧起着非常重要的作用。对于炉排燃烧，大多数生物质燃料的总过量空气比通常设置为 25% 或以上。在燃烧生物质的现代炉排炉中，一次风与二次风的比例趋向于 40/60，而在较老的机组中则为 80/20，这使得先进的二次风供应更加灵活。一次风在一个或多个分离区域的炉排下。二次风和三次风（也称为燃尽风）被注入燃料床上方的燃烧室。从炉排入口到炉排末端，可以划分主要的反应区域：干燥和加热、脱挥发分，以及焦炭烧尽并形成灰。一次风分布和炉排的运动对燃料床内的混合、生物质转化以及燃烧机理有着重要的影响。绝大多数生物质燃烧炉排炉都是交叉流反应器，生物质在垂直于一次风气流的厚层中被输送。生物质床的底部暴露在预热的一次风中，而床的顶部在炉内。燃料床由燃烧炉和耐火炉壁的辐射加热，直到燃料床的顶面着火。先进的二次风供应系统是超高舷燃烧优化的重要内容之一，代表着超高舷燃烧技术的真正突破。炉排上生物质转化释放的气体和少量夹带的燃料颗粒继续在干舷燃烧，二次风在干舷上生物质的混合、燃尽和排放中起着重要作用。现代炉排锅炉中采用的高级二次风供应系统的功能包括形成不同局部燃烧环境的空气分级、优化二次风射流（例如射流数、射流动量、直径、位置、间距和方向等）以形成局部再循环区域或旋流，并使用带有或不带有空气注入的静态混合装置。

　　为了获得良好的固体转化率，炉排燃烧燃料床必须尽可能均匀。这在很大程度上取决于炉排运动和一次气流的分布。此外，烟气可以在炉排的第一部分下再循环，以补偿燃料水分的蒸发热。在炉排末端，固体残留物（带有未燃炭的灰）会落入灰渣坑，最后再被清除（湿法或干法清除）。

　　在脱挥发分过程中，在燃料床中形成的可燃气体（以及一些轻质的灰）被燃料床上方的一次风带走，在锅炉上部与二次风和燃尽风混合以确保它们完全燃烧。高温燃烧气体流经换热器，热能被传递到管内的流体（水或蒸汽）中。被吸收了热量的烟气迅速降温，离开锅炉后进入烟气处理系统。炉排炉虽然可以燃烧不同类型的生物质，但是它们缺乏对变化的生物质条件（例如水分变化）做出快速反应的能力。

1. 移动式炉排

　　在移动式炉排系统中，炉排具有连续运动的特点。这种运动特性可以使非均相反应区域（干燥、脱挥发分和焦炭燃尽）分离，使得燃料床内存在明显的温度梯度，最终达到均匀且高的燃尽率。因此,为了获得较好的效果,该系统要具有相对较小的燃料床高度。这是通过抛料机锅炉实现的,其中燃料通过机械(旋转叶片系统)或气动方式供给(见图 7-14)。燃料颗粒通过炉排飞到炉排的另一侧,落在炉排上的不同位置,其飞行距离是质量的函数。在飞行过程中,燃料颗粒被干燥并部分(或完全)脱挥发分,因此,炉排表面积越小,转化率越高。然而,由于小的生物质颗粒会被燃料气携带走,导致飞灰中未燃尽碳增加,因此限制了移动式炉排炉系统在生物质利用中的使用比例。

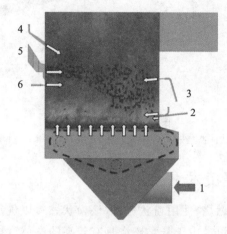

图 7-14　抛料机系统

1——一次风;2—烟气再循环二次风;3—上二次风;4—三次风;5—气动燃油喷射;6—副喷油进气口

2. 往复式炉排

往复式炉排具有向前和向后的运动,除了床的平移运动外,还可以确保燃料颗粒的滚动(见图 7-15)。这样可以使燃料床具有更好的均匀性,使得燃尽率更高。这种类型的锅炉容量通常低于 30 MW,主要用于生物质直燃发电。

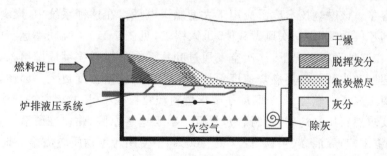

图 7-15　往复式炉排

3. 振动式炉排

振动式炉排由安装在板簧上的水冷面板组成。面板通过电动机驱动的连杆振动(见图 7-16)。燃料散布在炉排顶部,首先干燥,然后脱挥发分。残留的焦炭燃烧形成灰,并随着燃料床向炉排下端移动被清除。振动频率可以进行连续调整,以匹配燃料特性。振动炉排不需要复杂的移动机构,因此该系统更为可靠,维护成本较低。炉排的振动使燃料颗粒均匀地散布,实现了燃料颗粒在燃料床内更好的混合,也进一步改善了焦炭燃尽效果。

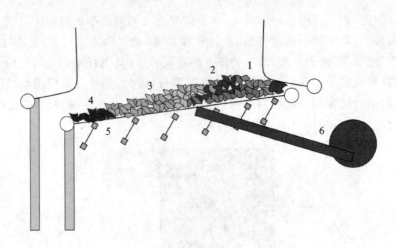

图 7-16　振动式炉排

1—干燥；2—脱挥发分；3—焦炭燃烧；4—灰；5—板簧；6—振动机构

7.3.2　悬浮燃烧技术

悬浮燃烧（或粉状燃料燃烧）使用粉状燃料，该粉状燃料以气动方式输送并与一次空气一起吹入锅炉。对于煤的燃烧，由于悬浮燃烧具有较高的整体发电效率且具备快速改变负荷的能力，因此悬浮燃烧技术是燃煤发电的首选技术。悬浮燃烧使用的燃料必须为细粉状，其燃烧方式类似于气体燃烧。在悬浮燃烧过程中，燃料的燃烧区可以分布在整个锅炉的大容积上，而不再局限于靠近锅炉底部的小区域。

由于悬浮燃烧前需要将固体燃料碾磨成粉状，并且燃烧过程中气体的流速很高，因此燃料颗粒与气流之间可以认为没有滑移速度，燃料颗粒和气体的停留时间几乎相等。煤粉的燃烧是一个快速过程，它分布在整个锅炉体内，因此悬浮燃烧系统比炉排或流化床燃烧系统具有更高的容量。该燃烧技术广泛应用于大型燃煤电厂。在这种系统中，燃料颗粒通过燃烧器喷嘴以高速气动喷射（一次风做载体）进入锅炉（见图 7-17）。高功率运行时，需要一个旋流燃烧器，在这种运行工况下，二次空气通过叶片系统从燃料喷嘴周围给入，产生旋转运动。高湍流速度和小颗粒物使燃烧速度更快、效率更高、能量密度更大。因此，可以较容易实现不同负荷工况下的燃烧。然而，除了要求燃料颗粒粒径小（生物燃料的研磨困难）之外，这项技术还要求燃料质量均匀，燃料含水量低。出于这些原因，建议在研磨颗粒、木材工业废物（主要是锯末）与煤混燃（生物质占 5%～20%）中使用含生物质燃烧器。此外，这类生物质的挥发物含量很高，因此需要特别注意燃料的供给，避免燃烧器喷嘴的烧损。随着生物质热化学提质（增强研磨）技术的发展，今后可能会在更大程度上允许将粉状燃烧器用于生物质的燃烧。

在悬浮燃烧系统中，燃烧器可以以箱形或切线形放置，以形成复杂的漩涡状燃烧模式。在设计生物质悬浮锅炉时，与煤粉炉相比，还要考虑生物质与煤粉不同的化学成分、粒径和形状。煤的晶体结构使其很容易破裂，从而磨成细粉。煤粉的典型平均尺寸约为 65 μm。木材和其他类型的生物质原料具有纤维状结构，这意味着它们在受到压力时很难破裂，并且在研磨过程中必须使用很大的能量才能将其撕裂。生物质颗粒的平均尺寸取决于研磨过程以及原料特性，平均粒径甚至常常在 200～300 μm。同样，由于具有纤维状结构，因此生物

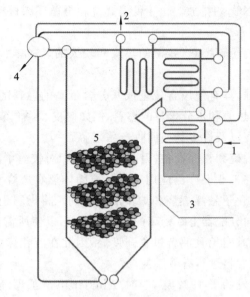

图 7-17　煤粉燃料锅炉

1—给水到省煤器,然后到汽包;2—过热器产生的蒸汽;3—来自锅炉的烟气;4—排污以去除杂质;5—燃烧室

质颗粒形态与煤颗粒形态相比具有显著差异。煤颗粒呈近似球形,木材颗粒则呈典型的矩形和片状,而稻草颗粒呈片状。值得指出的是,已有研究表明烘焙过的生物质具有与煤相似的研磨特性,而烘焙过的木材与成球木材相比在破碎过程中产生了更多的粉末。在试验中,对火焰的预测在很大程度上取决于将要燃烧的燃料颗粒的大小和形状。在锅炉内的燃烧区域进行预测时,通常假定颗粒是一个理想的等温球体,但更大的尺寸和独特的非球面形状通常会使这种假设失效。颗粒内部的温度梯度将导致颗粒燃尽时间更长,并使颗粒持续多个燃烧阶段(同时干燥、脱挥发分和焦燃尽)。因此,可燃气体的释放分布在颗粒的整个停留时间内。此外,颗粒形态可以引起不同的空气动力升力,该力作用在颗粒上会导致不同的颗粒流模式。化学成分的差异,特别是生物质中挥发分的比例比煤中的高得多,导致其燃烧速率和一般煤的燃烧模式存在明显差异。一些生物质原料中含有大量的氯,氯可通过终止自由基化学反应而阻碍生物质的燃烧。这大大增加了预测生物质燃烧过程的难度以及锅炉内部区域特性的复杂性。这些都是设计锅炉所必须考虑的问题。在实验室的实验研究过程中,通过对比炉中火焰特性已证明了煤粉和生物质燃烧之间存在显著的差异。

7.3.3　流化床燃烧技术

　　20 世纪 70 年代,人们迅速接受了一种新的燃烧方法:流化床(FB)燃烧。在流化床燃烧中,燃料与惰性沙子或灰分等惰性热床材料混合,促进快速燃烧。由于炉温低,流化床燃烧过程中产生的 NO_x 较少。此外,由于空气和烟气流经床层,因此床层表现出流动特性。流化床燃烧系统的主要优点如下:

　　(1)燃料中所有可用热量都可以用来维持燃烧温度,而不会损失。强大的传热特性允许紧凑的锅炉布置。

　　(2)炉底的流沙层有助于维持稳定的燃烧条件。

　　(3)热的沙粒和灰烬混合物可有效地对燃料进行干燥和脱挥发分。然后,挥发的气体和细小的燃料颗粒在床层上方的二次空气中燃烧。空气的分布可以控制温度曲线,从而影响燃烧产物的排放,尤其是 NO_x 的排放。由于低温燃烧和再循环床材料中存在大量焦炭,因此 NO_x 排放量低。

(4)可使用颗粒较大的粉碎燃料,残留的焦炭和较大的燃料颗粒在床内燃烧,降低了磨粉成本。

(5)对燃料的适应性强,具有使用含硫量或灰分含量高的燃料的能力,高热惯性使该系统非常适合使用具有不同热值和水分含量的燃料,例如树皮、木屑、森林残渣、泥煤、锯末、稻壳、回收燃料和水处理污泥以及许多其他回收产品。

(6)由于不需要烟气脱硫和粉碎设备,因此系统安装相对较简单。

因此,流化床燃烧已在工业上广泛应用于低品质固体燃料燃烧和能源回收。流化床燃烧对燃料进料的尺寸要求介于悬浮燃烧和炉排层燃之间。将燃料引入床中后,它会迅速升温,点燃和燃烧。控制流向分配器上致密床的空气和燃料,以使所需的热量连续不断地释放到炉膛中。由于燃料停留时间长且混合过程强度高,因此在流化床燃烧器中可以以比传统燃烧技术低得多的温度对燃料进行有效燃烧。

流化床燃烧技术的开发始于 1922 年,当时 Winkler 申请了煤气化专利。Lurgi 公司在 1960 年代获得第一台循环流化床锅炉专利。流化床锅炉主要有两种类型:鼓泡流化床锅炉(BFBB)和循环流化床锅炉(CFBB)。表 7-3 简要比较了它们的主要特性。BFBB 主要以小于 100 MW 使用,CFBB 可用于最大 300 MW 的大型设备。

表 7-3　BFBB 和 CFBB 的比较

	BFBB	CFBB
床中表观气流速度	通常为 2～3 m/s;较大时可以保持床处于流化状态(充分混合),较小时可以使大多数从床中上升的固体颗粒再次落回床中	密度床约为 4.5 m/s,自由区为 5～7 m/s;颗粒被向上带离床面(自由区域气体中固体负载量非常高)并被分离器捕获再重新循环到炉中
过量空气系数	1.2～1.3	1.1～1.2
气流分流	约 50%助燃空气由底部分配器供给,其余空气从床上方进入	50%～70%的助燃空气由底部分配器供给,其余空气通过过火空气端口进入
燃料颗粒尺寸	推荐粒径低于 80 mm	所需燃料粒径更小(粒径 0.1～40 mm)
床层材料	通常为直径 0.5～1.0 mm 的硅砂	通常为更小粒径的硅砂,0.2～0.4 mm
床层温度	650～850 ℃	通常 815～870 ℃
床层密度	约 720 kg/m³	约 560 kg/m³
气体停留时间	床层高度:0.5～1.5 m;气体在床层中停留时间:1～2 s	气体在整个炉中停留时间为 2～6 s
燃烧过程	由于较低的气体速度和较粗的燃料颗粒,燃烧主要发生在床层中	燃烧不仅限于床层:许多燃料颗粒分布在自由空间,被分离器收集,然后再循环到炉中
污染物排放	通过添加石灰石在床内捕获硫,因此 SO_2 排放量非常低;NO_x 排放更难控制,通常需要复杂的空气系统和选择性非催化还原	由于通过添加石灰石在床内捕获硫,因此 SO_x 排放量非常低;NO_x 排放也非常低,主要是由于再循环床材料中的炭存量,可有效减少 NO_x

	BFBB	CFBB
机组容量	成本更低,结构更简单,适用于含水量较高的燃料;机组最高可提供的功率为 300 MW,经济可行的功率为 5~30 MW,更典型的机组功率输出低于 100 MW,主要作为工业非公用事业技术	机组具有更高的燃烧效率、更低的石灰石消耗量、更低的 NO_x 排放量以及对负载变化的更快响应速度。机组通常的功率范围为 100~500 MW,小型经济可行的规模为 20~300 MW,最多可提供的功率为 400~600 MW

在鼓泡流化床中,气体速度相对较低,因此,在固体燃料磨损并烧尽之后,仅细粒灰从流化床中喷出。但是,粗粒灰会积聚在流化床床料中,因此必须将其清除。循环流化床中空气和燃烧气体的流速较高,炉中的全部固体流被吹出并循环,循环流化床占用了炉子的全部空间。在鼓泡流化床和循环流化床中,固体在炉中的停留时间明显长于气体在炉中的停留时间。图 7-18 展示了一个集成在锅炉系统中的 CFB 燃烧例子。

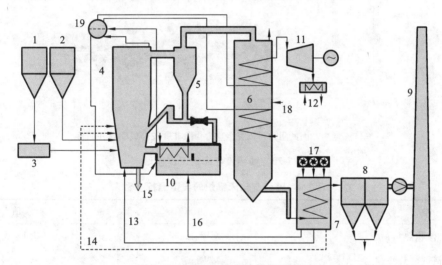

图 7-18　循环流化床装置的示意图

1—煤料斗;2—石灰石料斗;3—碎煤机;4—流化床燃烧室;5—旋风分离器;6—对流换热器;
7—空气预热器;8—静电过滤器;9—烟囱;10—流化床热交换器;11—汽轮发电机;12—区域供热;
13——次风;14—二次风;15—底灰;16—流化床-空气热交换器;17—鼓风机;18—给水;19—回压鼓

如果一次风风速逐渐增加,则灰、沙子和燃料颗粒将被气流带走。因此,该床"漂浮"在一次进气上方,并且颗粒之间的距离增加了(见图 7-19 和图 7-20),这是流化床的工作基础。90%~98%的流化床料是惰性材料,例如灰烬、沙子、二氧化硅或白云石。惰性材料的存在增强了热传递,使床内温度分布更加均匀。另外,流化床具有较好的混合特性、燃烧稳定性和燃尽特性。增强混合的直接结果是需要更少的过量空气。由于床内的温度低于 1200 ℃,因此热力型 NO_x 的排放较低。可以向惰性材料中添加石灰石或白云石来控制 SO_2 排放。与炉排层燃系统相比,流化床燃烧系统需要更高的投资和维护成本。此外,流化床对床的结块敏感,由于颗粒流速较高而呈现出较大的磨损特性,部分负荷操作运行复杂。表 7-4 列出了鼓泡流化床锅炉的典型运行参数。

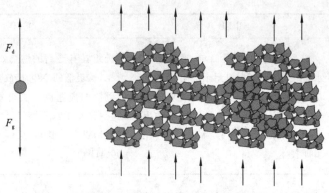

气流可以形成空隙，但阻力(F_d)小于重力(F_g)

图 7-19　鼓泡流化床的工作原理

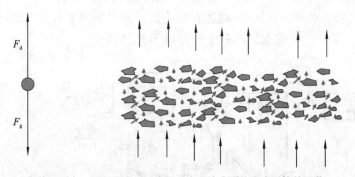

气体流量高，因此阻力可以克服重力，除非颗粒形成团簇并回落

图 7-20　循环流化床的工作原理

表 7-4　鼓泡流化床锅炉的典型运行参数

参　　数	单　　位	值
体积热负荷	MW/m³	0.1~0.5
横截面热负荷	MW/m²	0.7~2
床层压降	kPa	2~12
液化速度	m/s	1~3
床层高度	m	0.4~0.8
一次风温度	℃	20~400
二次风温度	℃	20~400
床层温度	℃	700~1000
干舷温度	℃	700~1000
过量空气系数	—	1.1~1.4
操作时床层密度	kg/m³	1000~1500

　　循环流化床锅炉的流化速度高于鼓泡流化床的。在循环流化床中，床层被完全分散，固体颗粒跟随气流流动(见图 7-20)。因此，需要一个过滤装置，通常是旋风过滤器或 U 形钢

系统,来捕获固体颗粒并将其送回到炉中。与鼓泡流化床相比,循环流化床可实现更高水平的湍流,从而实现更好的热传递,实现更均匀的温度分布和更高的燃尽效率。对于循环流化床锅炉,烟道气的粉尘含量较高,床层材料的损失增加,并且它们需要较小的燃料颗粒。后者直接影响运营成本,因为生物质通常是纤维状的,很难研磨。循环流化床锅炉的典型运行参数见表 7-5。

表 7-5　循环流化床锅炉的典型运行参数

参　　数	单　　位	值
体积热负荷	MW/m³	0.1~0.3
横截面热负荷	MW/m²	0.7~5
总压降	kPa	10~15
床料粒径	mm	0.1~0.5
飞灰粒径	μm	<100
底灰粒径	mm	0.5~10
流化速度	m/s	3~10
一次风温度	℃	20~400
二次风温度	℃	20~400
床层温度	℃	850~950
旋风分离器后的温度	℃	850~950
过量空气系数	—	1.1~1.3
床层密度	kg/m³	10~100
再循环率	—	10~100

全世界有许多中小容量的鼓泡流化床装置在运行。例如,到 1990 年代初,中国已有 2000 多个鼓泡流化床装置投入运行。与鼓泡流化床相比,全世界有 1200 多家循环流化床工厂,总装机容量约为 65 GW。迄今为止,循环流化床装机容量占主导地位的区域是亚洲地区,其装机容量约占总装机容量(34GW)的 52%。北美装机容量约占全球装机容量的 26%(17 GW),而欧洲装机容量约占全球装机容量的 22%(14 GW)。亚洲几乎所有的循环流化床产能都位于中国,中国约 900 家循环流化床工厂正在运营,平均规模约为 30 MW。此外,还有 200 多家工厂(主要是小型工厂)正在调试或建设中。

固体燃料流化床燃烧技术是一项成熟的、应用广泛的技术,但在实际应用中仍遇到了运行上的问题。其中一个最突出的问题是在高温下床层发生团聚,即床层颗粒相互黏附形成较大的团聚。这个过程通常难以察觉,直到突然发生脱流化才被发现,这将导致非计划停炉,引起较大的停炉损失。在流化床燃烧器中燃烧生物质燃料可能会增加床层团聚和脱流化的风险,因为生物质燃料通常具有较低的灰熔点。例如,以硅砂为床料,在燃用咖啡壳、太阳花壳、棉花壳、芥末、大豆壳、胡椒渣、花生壳、椰子壳、麦秸等生物质燃料时,曾出现床层结块和床层软化现象。针对流化床的团聚机理、检测和预防的研究仍是当前的研究热点。

7.4　生物质混燃技术

7.4.1　混燃技术的特点与优势

除了直接燃烧外,生物质还可以与其他化石燃料混合燃烧产生能量。由于生物质和煤炭的燃烧特性差异较大,因此很难在不做改变的情况下在现有锅炉基础上用生物质完全替代燃煤。目前,通常选择在现有化石燃料的燃烧装置中混燃生物质,用生物质来部分代替化石燃料,以降低燃料不相容程度。

世界各地的政府监管机构已经认识到,可以通过在现有的化石燃料火力发电厂中混燃碳中性生物质来立即减少化石燃料火力发电厂的温室气体排放。经过验证的生物质混燃技术和较低的发电成本可能是目前燃煤电厂减少温室气体排放的最佳解决方案。由于生物质混燃的量相对较小(质量分数小于10%),现有燃煤电厂的许多基础设施都可以直接用于混燃。基于此,混燃对现有电厂产生的性能损失影响相对较小。

与完全采用生物质的技术相比,在现有的化石燃料火力发电厂中混燃少量生物质的技术具有以下优势:

(1)该技术是减少温室气体最经济有效的手段之一。

(2)燃烧化石燃料的先进发电厂由于采用高温和高压力参数,与容量较小的传统生物质直接燃烧系统相比,具有更高的效率。在现有的化石燃料发电厂中混燃生物质,可实现更高的生物质能量转化效率。

(3)在现有的燃煤锅炉中,混燃生物质提供了以生物质为燃料发电技术方案中最低的单位发电成本。

(4)技术风险低,可立即大规模实施。

(5)如图7-21所示,混燃的二氧化碳减排成本(美元/吨CO_2)远低于碳捕集与封存(CCS)。

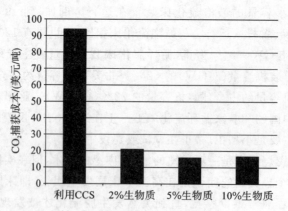

图 7-21　CO_2捕获成本比较(生物质价格为每千吨40美元)

(6)生物质混燃对生物质直接燃烧引起的锅炉腐蚀有一定的协同作用。例如,煤/煤泥中的硫和硅酸铝可以与生物质中的碱结合形成碱硅酸盐/硫酸盐,可防止生物质电厂中腐蚀性氯碱化合物的形成。

(7)由于生物质中硫和氮的含量低于煤中的,因此燃煤锅炉燃用生物质可以降低 NO_x 和 SO_2 的排放总量。

生物质混燃的一个缺点是工厂热效率会略微降低。Tillman 等使用三个混燃电厂的数据,将发电效率损失与以质量分数为基础的生物质混燃量(Z)进行了经验关联。该关系式虽然是针对特定商业电厂参数获得的,不适用于所有电厂,但是它以定量的形式显示了这种关联关系:

$$锅炉效率损失量(\%)=0.0044Z^2+0.0055Z \tag{7-51}$$

式中:Z 是燃料混合物中生物质的质量分数。

由于燃烧系统的最佳效率是基于设计燃料的,当燃用具有不同燃烧特性的固体燃料时,燃烧系统的性能也不会总是最优的,因此生物质混燃也存在一定的局限性。此外,生物质原料独特的化学成分会加剧燃煤锅炉内的腐蚀和结焦结渣。不同的灰分和飞灰特性、燃料处理特性和粉尘特性也会影响包括污染物控制系统在内的辅助系统的有效性。出于这些原因,混燃系统中的生物质添加量通常小于10%。根据混燃的锅炉系统特征,生物质的掺混量也会有较大变化。

7.4.2　生物质与煤混燃的方式

生物质的类型不同,其性质也有显著差异,并且与煤的性质有明显差异。具有较低热值和较低堆积密度的生物质的性质不同于具有较高灰分含量、水分含量和氯含量的煤的性质。混燃系统的性能取决于这些燃料的特性。生物质与煤混燃时共有三种基本的混燃方式(见图 7-22)。

(1)直接混燃:使用现有的燃煤锅炉直接燃烧生物质。这种类型的混燃可以通过将原始的固体生物质(颗粒状和粉状)与煤炭在煤的处理系统中进行预混合,或者直接注入燃烧系统中来实现。

(2)间接混燃:生物质气化后,产生的合成气在燃煤锅炉中燃烧。

(3)并行混燃:利用燃煤电厂主回路内产生的蒸汽,在单独的锅炉中进行生物质的燃烧。

为了避免生物质燃烧引起的沾污及结焦结渣问题,可以考虑采用间接和并行混燃方案。间接或并行混燃比直接混燃要昂贵得多,因为需要额外的基础设施。纸浆和造纸工业发电厂是并联式联合燃烧装置的一种应用。

1.直接混燃

在直接混燃过程中,生物质和煤通过相同或单独的磨煤机和燃烧器直接送入锅炉炉膛(见图 7-22(a))。因此,它是最简单、最便宜、使用最广泛的技术。生物质的直接混燃可通过以下三种方式进行:

(1)将干燥的或原始的生物质与煤炭在给煤机上游混合,然后在现有的磨煤机中一起研磨,混合好的燃料被送入现有的燃烧器。

(2)生物质在单独的磨煤机中粉碎,并通过现有的煤粉燃烧器喷入炉内。

(3)生物质在单独的磨煤机中粉碎,然后经单独进料设备,通过生物质单独的燃烧器进入炉膛燃烧。

这三种方式都适用于未处理的生物质或生物质原料。第一种方式是在现有的磨煤机中加入煤和生物质,然后将原始生物质和煤的粉碎混合物通过空气输送,并分配到现有的燃煤锅炉中。这是最简单的方案,需要的投资成本最少,但它对燃煤锅炉机组性能的干扰风险最

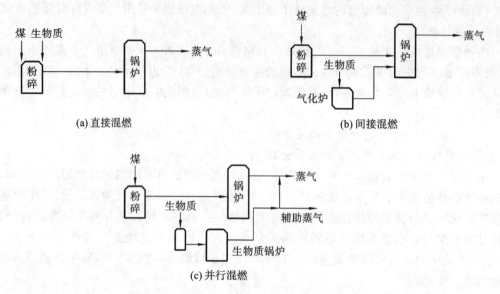

图 7-22　在燃煤锅炉中混燃生物质的三种方案

高。因此,它适用于有限的生物质种类,且仅适用于极低的生物质质量分数(通常小于 5%),但用于混燃的生物质和煤的体积比会更高。例如,当将柳枝(80 kg/m³)与煤(881 kg/m³)混燃时,按质量计 5% 的混合比例对应的体积分数约为 37%。

第二种方式涉及在单独的专用磨煤机中对生物质进行单独处理、计量和粉碎,并通过燃烧器上游现有的煤粉管道将其通过现有的燃烧器注入炉内。在锅炉周围新建额外的管道可能会增加管道布置的复杂性,尤其是在现有管道系统已经很拥挤的情况下。在这种方式下,在正常的锅炉负荷曲线上控制和保持燃烧器的运行特性可能也存在一定困难。

第三种方式是分别处理和粉碎生物质燃料。粉碎后的生物质通过专用燃烧器喷射入炉燃烧。它需要的投资成本最高,但锅炉正常运行的风险最低。该方案的另一个好处是可以将生物质用作再燃燃料,以实现更好的 NO_x 排放控制,其中 NO_x 的减少是通过注入主燃烧区下游的生物质挥发分的碳氢化合物碎片与 NO 反应来实现的。专用燃烧器通常位于现有煤粉燃烧器的下方。

直接混燃也可以使用烘焙过的生物质代替原始生物质燃料。由于烘焙过的木材和煤炭之间有许多相似之处,因此降低了出现运行问题的可能性,并且可以使用更大的生物质/煤的质量比进行混燃。在这种运行模式下,可以在磨煤机前端进行现场烘焙,也可以在生物质收集点进行烘焙,以使电厂接收到烘焙后的生物质,而非原始生物质。烘焙后的生物质可直接与煤混合,送入磨煤机进行破碎。

2. 间接混燃

间接混燃过程包括固体生物质的气化及其气体产物(合成气)在炉中与煤一起燃烧(见图 7-22(b))两个重要过程。气化炉可被视为直接混燃方案中用于生物质制备的粉碎等设备的替代。由于气化炉与现有燃煤发电流程同时运行,不会干扰燃煤系统的运行,因此间接混燃可以提供高度的可靠性和燃料灵活性。

生物质混燃的一个突出的问题是生物质中碱和其他化合物蒸发,易导致锅炉管壁结焦结渣和腐蚀。在气化过程中或合成气燃烧前,运行人员可以将生物质中碱的产物气剥离,从而最大限度地减少生物质中杂质对锅炉管壁结焦结渣和腐蚀的影响。

3. 并行混燃

并行混燃要求安装一个独立的 100％生物质燃烧锅炉,以产生低参数(压力和温度)蒸汽(见图 7-22(c))。利用生物质锅炉产生的蒸汽来满足燃煤电厂的工艺需求,而不是完全使用燃煤主锅炉的高参数蒸汽。生物质燃烧锅炉与现有燃煤锅炉单元并行运行,因此风险最低,可靠性最高。该方案在很大程度上避免了生物质产生污垢,降低了锅炉管道腐蚀的可能性,因为来自生物质的烟气不接触燃煤锅炉的任何换热表面。然而,这种方案也是最昂贵的,尽管其中一些成本可以通过将烟气排放到主锅炉现有旋风分离器和风机系统的上游来降低,减少了除尘器、引风机和烟囱的成本。

如果不考虑可靠性或技术成熟度,则直接燃烧的混燃方案可提供最高的投资回报率。如果考虑的最重要的因素是可靠性,那么并行混燃方案虽然最昂贵,但应该是最佳选择。表7-6 比较了在给定电厂、给定燃料和其他运行条件下三种混燃方式的成本。

表 7-6　三种混燃方式的成本比较

经 济 分 析	直 接 燃 烧	外 部 燃 烧	气　化
资本投资/百万美元	4.373[a]	6.052	5.67[b]
节省燃料资本/(百万美元/年)	0.596	0.382	0.54
信贷收入/(百万美元/年)	3.373	3.373	3.37
发电损失/(百万美元/年)	0.657[c]	0	0.33[d]
运行维修成本/(百万美元/年)	0.026[e]	1.713	1.81
运输费用/(百万美元/年)	0.328	0.454	0.43
税后净额/(百万美元/年)	2.957	1.588	1.35
内部收益率/(％)	49.10	21.11	19.30

[a] 从 2002 年坎特维尔的每千瓦 279 美元的估值开始增加,递增率为 1.1084％

[b] 2002 年坎特维尔每年花费 25000 美元,递增率为 1.1084％

[c] 容量因数损失为 1％

[d] 容量因数损失为 0.5％

[e] 安塔瑞斯集团 2003 年估计值为每千瓦 382 美元

来源:BASUP, BUTLERJ, LEONMA. Biomass co-firing options on the emission reductionand electricity generation costs in coal-fired power plants[J]. Renewable Energy,2011,36:282-288.

7.4.3　生物质与煤混燃的运行问题

煤和生物质之间存在以下本质差异,给生物质与煤混燃造成了一些特殊问题:

(1)煤与生物质的元素和工业分析存在很大差异,根据 van Krevelen 图(见图 7-23),生物质在右上角,H/C 和 O/C 值均很高,而煤炭在左下角,H/C 和 O/C 值均很低。

(2)与煤不同,生物质的属性高度可变且不均一。同一棵树的不同部分可能具有不同的成分。

(3)与煤不同,长时间储存后,生物质会吸收水分并腐烂。除了会对热效率产生不利影

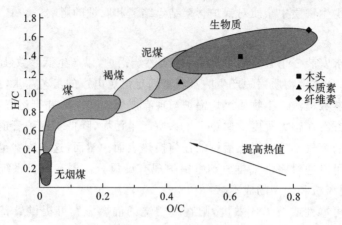

图 7-23　H/C 和 O/C 对固体燃料的分类

响外，水分还会导致有害真菌的生长。

（4）生物质比煤的脆性小，纤维含量高，导致了其与煤显著不同的粉碎特性。

与煤相比，生物质中的灰分富含钾、钙和硅等的化合物（见表 7-7）。废弃生物质还可以吸收氯、钾和重金属。所有这些都大大增加了混燃方式下燃煤锅炉管道的结焦结渣和腐蚀的可能性。结焦和结渣会降低锅炉换热管件的吸热效率，并可能导致锅炉换热管件过早损坏。表 7-7 显示了生物质和煤中灰分成分的差异，这些差异会影响结焦结渣和腐蚀的可能性，其中一些还会导致混燃锅炉的运行问题。

表 7-7　煤与某些生物质性质的比较

	煤				生 物 质			
	烟煤	半烟煤	褐煤	泥煤	松树皮[a]	森林残留物[b]	甘蔗渣	油菜籽[c]
发热量(db)/(MJ/kg)	31	28	14	—	21	—	～20	
灰分(db)/(%)	13.4	5.7	50.4	—	2.9			—
SiO_2	59.6	32.6	62.4	32.1	39.0	11.6	73	0
Al_2O_3	27.4	13.4	21.5	17.3	14.0	2.0	5.0	0
Fe_2O_3	4.7	7.5	3.0	18.8	3.0	1.8	2.5	0.3
CaO	0.64	15.1	3	15.1	25.5	40	6.2	15.0
Na_2O	0.42	0.44	3.7	—		4.4	1.0	41.1
K_2O	2.47	0.87	0.92	1.4	6	9.2	3.9	22.8
P_2O_5	0.42	0.44	—	3.7		4.4	1.0	41.1
灰熔融温度	1404	1510	1354	—	1210			

[a] 高 Ca、K，低 Si；[b] 高 Si，低 Ca、K；[c] 高 Ca、K 和 P，低 Si。

7.4.3.1　混燃的燃烧问题

与煤相比，生物质的挥发分含量更高且具有更丰富的孔结构，生物质颗粒通常具有更高的反应性。因此,与煤颗粒干燥程度相同并研磨成相同大小的生物质颗粒可能燃烧得更快,没有必要将生物质粉碎至像煤粉那样精细。但是生物质颗粒也不宜太大,以免注入时掉落到未燃烧的灰斗中而不能在火焰中向上输运。

还有一个与燃料着火有关的问题。相对较高的水分含量可能会延缓生物质颗粒的着火。如果延迟时间很长,火焰可能会越来越远离燃烧器而自行熄灭。干燥生物质的着火温度远低于煤的着火温度,这一特点在某种程度上可以抵消水分的影响。

经验表明,适量(3%~5%)相对干燥(水分含量小于10%)的生物质对燃煤锅炉燃烧效率的影响可忽略不计。然而,水分含量较高的生物质可能会使燃煤锅炉的效率降低。

7.4.3.2　混燃的燃料制备问题

原始生物质在本质上是高纤维的,相邻颗粒的表面纤维会相互锁紧,使其难以顺畅流动,这个特点以及生物质的塑性行为常导致以下几个问题:

(1)预处理困难;

(2)管道中的气动运输难;

(3)难以细碎和粉碎。

送入煤粉炉中进行悬浮燃烧的煤粉颗粒的典型尺寸约为 75 μm,尽管生物质由于具有密度低和反应性高的特点,可以磨成比上述尺寸更大的颗粒后在炉内燃烧,但为了便于通过煤粉管道输运,仍需要将生物质磨成与煤粉颗粒相当的尺寸。由于其柔软不易碎的特性,需要消耗大量能量才能将未处理的生物质研磨至上述细度。例如,将 1 t 煤粉碎至 50% 的颗粒粒径在 500 μm 以下时,需要 7~36 kW·h 的破碎能量,而对于原杨木和松木,则分别需要 130 kW·h 和 170 kW·h。因此,用于生物质研磨的能量几乎增加了一个数量级。

由于磨煤机的设计一般是给定能量输入,因此,当需要研磨生物质时,其研磨产能将降低,并且随着水分含量、细度以及材料韧性等参数的增大而降低。所以,将原始生物质通过给煤机给到针对煤而设计的磨煤机中进行粉碎时,磨煤机的输出会相应降低。如果电厂磨煤机有备用容量,则可以保持输入炉中的热量恒定,但需要以额外的能耗为代价。

7.4.3.3　混燃的燃料存储问题

原始生物质,特别是农业废弃物,往往具有高水分含量。该特征使得生物质的运输、处理和存储存在困难。如果当地气候干燥多风,露天存储可有助于减少生物质的水分。一些发电厂采用昂贵的覆盖物对生物质进行储存,以防止雨水或雪对生物质的浸湿。此外,即使在现场对生物质进行干燥,也难以阻止干燥的生物质在储存期间从其周围空气中吸收水分。再者,生物质中的水分会引起真菌侵袭,并在储存期间导致生物质腐烂。相较而言,煤则不存在这样的问题。

7.4.3.4　生物质原料的稳定性问题

原料的稳定性是生物质供给的主要问题,与煤不同的是,很难持续稳定地获得大量给定成分的生物质。对于煤与生物质混燃锅炉,优选的原料是生物质成型颗粒。生物质成型颗粒尺寸均匀,便于运输处理及在电厂中研磨破碎。然而,从不同生物质原料生产生物质成型颗粒也存在一定困难,这也是生物质大规模混燃应用过程的一个重要技术瓶颈,目前通过烘焙等热化学预处理手段可能可以解决此类问题。

7.4.3.5　锅炉容量问题

如前所述,在保持能源输入不变的情况下,当生物质取代现有锅炉中的部分煤时,燃煤电厂的能量输出可能会降低。此外,由于生物质水分含量高、能量密度低等因素,如果将现有的磨煤机用于生物质的粉碎,燃料产量会降低。锅炉的容量或热量输出降低有两个重要原因:一是锅炉炉膛不能产生设计的炉内热量输入,二是锅炉可用的受热面不能吸收所需的热量。生物质的体积能量密度远低于煤的,例如,原木的体积能量密度为 $5\sim8$ MJ/m³,而典型煤的体积能量密度为 $30\sim40$ MJ/m³,主要是因为生物质的质量密度较低,一般为 $350\sim680$ kg/m³,而煤的质量密度一般为 $1100\sim1350$ kg/m³,生物质的热值也较低,一般为 $17\sim21$ MJ/kg 干燥基,而煤的热值一般为 $24\sim33$ MJ/kg 干燥基。在锅炉厂,当煤被等量(按能量含量)的生物质替代时,大量的生物质将由现有的原料制备装置、进料机和燃烧器系统处理。在大多数情况下,煤粉锅炉的这些辅助设备缺乏足够的备用容量来处理如此大的额外容量,尤其是制粉系统的容量限制。

生物质与煤混燃时,燃煤锅炉的容量会降低的另一个原因是对于给定的能量输入,当用生物质代替煤时,烟气量会增加。因此,生物质混燃会给现有的引风机和锅炉厂的下游装置带来额外的负担。这就需要减少锅炉的输出。值得指出的是,如果生物质燃料的低热值导致锅炉燃烧火焰温度降低,则火焰温度可能是炉内换热的一个重要限制因素。

7.4.3.6　安全问题

将生物质与煤混燃会引发一系列安全问题,其中还涉及火灾和爆炸的潜在可能性。生物质混燃过程中曾发生的火灾和爆炸事件突显了关注此问题的重要性。在混燃发电厂中燃料处理存在三大主要危害,简要描述如下。

(1)可燃粉尘:当煤通过带式输送机或装入煤仓时,会产生粉尘。这种粉尘有爆炸危险。爆炸可能性取决于几个因素,包括爆燃指数。爆燃指数越高,爆炸越剧烈。表 7-8 比较了几种燃料的爆燃指数。

表 7-8　几种燃料的爆燃指数

燃　料	石油焦	烟　煤	粉河流域煤炭	纤维素	纸
爆燃指数	47	150	225	229	200
燃　料	大麦秸秆	玉米	木颗粒	木皮	锯末
爆燃指数	72	75	105	132	149

来源:Power Magazine, July 22,2012:22.

(2)自燃:尽管在已发表的文献中有关生物质自燃的数据很少,但很容易推测,堆积的生物质与煤一样具有自燃的风险。生物质电厂中发生的几起火灾也表明了这种风险的存在。

(3)生物质-煤混合物的爆炸性:生物质比大多数煤、焦炭或无烟煤更具活性,因此,其与煤粉的混合增加了爆炸的可能性。必须对此类混合物的爆炸危险性进行评估。生物质-煤混合物的爆炸行为尚未被有效研究。

7.4.4　烘焙生物质与煤混燃

烘焙可以缓解生物质原样混燃时存在的上述燃料制备问题,可使生物质混燃更加可行。

这是由于烘焙生物质具有以下固有特性。

(1)生物质进料烘焙可使生物质更脆且纤维更少,有利于后续混燃过程中燃料的制备。最便宜的混燃方案是使用现有的磨煤机,并将生物质与煤一起直接送入炉中。尽管烘焙无法使生物质的可磨性与煤一样高,但可以大大改善生物质的可磨性。因此,现有的磨粉机可以磨出所需的生物质,而不需要消耗额外的能源。这使得锅炉能够向其燃烧器提供所需的煤和生物质,以匹配现有锅炉的热量输入。此外,在将磨煤机用于煤和生物质时,由于提高了烘焙生物质的可磨性,因此磨煤机可以生产出大小合适且数量恰当的燃料颗粒。

(2)在电厂中,用于覆盖存储的生物质以尽量避免其被雨水浸润的投资成本可能是现有电厂进行生物质混燃升级所需总成本的主要组成部分。即使增加覆盖层,也不能完全阻止干燥的生物质从大气中吸收额外的水分,以及避免真菌对生物质原料的侵害。烘焙过的生物质相对疏水,即使储存在室外也不会吸收水分,很少受到真菌的侵袭。因此,生物质烘焙避免了储存时昂贵的燃料覆盖成本,也允许电厂利用现有煤场的一部分储存生物质。

(3)烘焙过程就像一个多燃料供给的品质平衡仪,通过烘焙可以减少不同生物质原料引起的燃料品质差异。因此,尽管所输送的生物质供应的品质是变化的,但是燃烧器所经历的燃料品质的实际变化要小得多。烘焙有助于减少生物质和煤的燃烧特性及热值之间的差异。

在将生物质与煤一起粉碎用于混燃时,给定磨煤机的产量(t/h)将大大降低,而磨煤机产量的降低将直接降低电厂的发电量。烘焙热处理使生物质颗粒更脆、更光滑、纤维更少,可在很大程度上解决上述问题。生物质烘焙后所拍摄的光学显微照片显示,生物质中没有纤维状的外部和尖锐的末端。因此,在烘焙后,气动运输过程中纤维互锁所产生的摩擦将大大降低。

7.4.4.1　烘焙对破碎特性的影响

从以上介绍中我们注意到,烘焙减少了破碎生物质所需消耗的能量。烘焙温度是影响生物质破碎特性的关键参数。烘焙温度越高,破碎所需的能量越低,或者对于给定的能量输入,破碎后可获得更多的细颗粒。破碎生物质能使生物质颗粒的尺寸分布更均匀。规定的破碎水平所需的破碎能量随烘焙温度的升高而降低。已有研究表明,破碎到相同状态原始生物质的单位能量消耗约为 250 (kW · h)/t,而 280 ℃下烘焙的生物质,该值降低至约 50 (kW · h)/t。

7.4.4.2　可磨性指数

可磨性指数是衡量特定燃料可磨性的指标,一般采用哈式可磨性指数(HGI)来表示。在直接混燃系统中,现有的磨煤机被用于破碎混燃生物质,因此,对于一个给定的磨煤机、给定的旋转速度和能量输入,有必要知道有多少生物质将被破碎。HGI 给出了与标准煤相比的相对可磨性。HGI 越高,对功率的要求越低,颗粒越细,表明燃料更容易破碎。

在 HGI 球磨机中,将标准质量(50 g)的煤在磨煤机中破碎一定时间,且所设定的功率是一定的。筛分所得样品并测量粒径小于 75 μm 的样品量。将该值与某些指定标准进行比较以定义参数 HGI。由于 HGI 球磨机的工作原理与磨煤机相同,因此获得的指数可以客观地评估烘焙生物质的可磨性。

对于生物质,应该使用标准体积而不是标准质量的样品,以比较煤和烘焙生物质破碎的难易程度。如表 7-9 所示,烘焙生物质杨木的可磨性指数随烘焙温度的升高而增大。此外,不同生物质烘焙后其可磨性也存在差异。

表 7-9　杨木 HGI 随烘焙温度的变化

烘焙温度/℃	杨木 HGI
210	8
230	11
250	21
270	47

7.4.4.3　烘焙生物质爆炸与火灾

粉尘爆炸是细粉尘处理和输运面临的主要问题。当生物质与煤粉混燃时,需要进一步探索爆炸的可能性,以确保不会使情况变得更糟。在典型的爆炸情况下,粉尘可能被能量源点燃,随后混合物迅速放热氧化,导致温度快速升高,进一步加剧反应,使气体迅速膨胀。在狭窄的空间内,例如从磨煤机到燃烧器的管道,压力会随着温度的升高而升高。燃烧速率随温度和压力的升高而升高,进一步加剧了这种情况,最终导致爆炸,从而可能使管道破裂或堵塞。

以下因素有利于粉尘爆炸:

(1)较细的颗粒;

(2)粉尘材料的高反应性;

(3)空气中高浓度的粉尘;

(4)粉尘的低着火温度;

(5)靠近高能点火源;

(6)良好的氧化环境。

由于着火温度较低、反应性较高,经过烘焙的生物质可能具有更高的粉尘爆炸风险。当粉尘中的固体浓度增加时,点燃粉尘云的最低温度会下降。例如,烘焙的木材比生物质原样更易碎。它形成的粉尘浓度更高,具有更大的爆炸潜力。对照上述因素,将煤和烘焙生物质进行比较,人们可以很容易地注意到,烘焙生物质比煤具有更大的爆炸潜力。

另外,生物质的着火温度通常低于煤的着火温度,这使烘焙过的生物质特别容易爆炸和着火。因此,应注意降低混合燃烧电厂中粉尘爆炸的风险。

爆炸的强度随着粉尘颗粒可燃性的增加而增加。由于烘焙木材具有高可燃性,因此它的粉尘爆炸性可能比原木更高,但这一假设尚需通过实验加以证明。烘焙过的生物质在处理过程中会比原始生物质产生更多的细粉。由于其较低的着火温度和较高的反应性,在电厂中着火的可能性更高,因此需要特别注意避免烘焙生物质在混燃电厂中的自燃着火及爆炸。

7.4.5　生物质与煤粉混燃实例

芬兰 Alholmens Kraft 电厂(CFB 装机容量 550 MW)是配备 FBC 装置的生物质混烧电厂的一个例子。如前所述,约有 43% 的混燃电厂配备了 FBC 系统(24% 的 BFBC 和 19% 的 CFBC),仅略少于配备煤粉锅炉的电厂(48%)。Alholmens Kraft 电厂是世界上最大的生物质混燃 FBC 电厂之一。它于 2001 年投产,燃料中包括 45％的泥煤、10％的森林残渣、35％的工业木材和树皮残渣以及 10％的重质燃油或煤炭。工厂的设计使燃料的灵活性更高,重质燃料油和煤炭仅在特殊情况下(例如燃料处理问题)用作储备燃料。主要蒸汽参数为 194 kg/s,165 bar,545 ℃。

丹麦电力公司 Elsam 将一台 150 MW 的煤粉锅炉(Studstrup 1 号机组)改造为秸秆与煤混燃机组,并开展了一项为期两年(1996 年 1 月至 1998 年 2 月)的示范工程,这是世界上首次在电站锅炉上进行的生物质混燃试验。如图 7-24 所示,该锅炉自 1968 年以来一直在运行,配备了 12 个常规的轴向旋流燃烧器,位于三个不同高度的燃烧器层。三个燃烧器层中每一层都有四个燃烧器。中间的四个燃烧器被改造为混合燃烧器(见图 7-25)。改造过程中重新放置了喷油枪和火焰监测器,以便清理燃烧器的中心管。在该混燃电站中,还构建了一个新的秸秆处理系统(见图 7-26)。经过两年的工程示范,结果表明全面的联合点火混燃示范成功。在实际运行的煤粉锅炉中,直接混燃生物质是可行的,在保证能源供给基础上,秸秆占比可高达 20％,且这种混合燃烧未造成任何严重的问题,锅炉性能仅受到很小的影响。锅炉腐蚀略有增加,但并未超过使用低至中等腐蚀性煤时的情况。结焦、结渣并不严重,但随着秸秆用量的增加,结渣量会增加。除了 HCl 的增加和 SO_2 的减少外,烟气排放没有受到明显影响。但生物质的添加降低了灰渣的可用性。例如,混燃粉煤飞灰可用于水泥生产,但其用于混凝土则受到限制,主要是因为粉煤灰中未燃碳的比例较高。根据燃料类型和总体经济性,安装用于控制氮氧化物的选择性催化还原(SCR)装置时需要进一步详细设计。

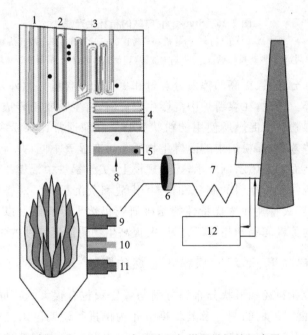

图 7-24　Studstrup 电站秸秆与煤混燃锅炉示意图

1—屏式过热器(SHs)——第一道和第二道;2—二级屏式过热器;3—再热器;4—初级屏式过热器;
5—省煤器;6—空气预热器;7—静电除尘器(ESP);8—高尘;9,11—煤;10—稻草＋煤;12—低尘小型试验厂

与流化床燃烧系统和炉排层燃系统相比,煤粉炉燃烧系统对燃料品质的一致性要求更高,这也是生物质混燃面临的主要实际问题之一。生物质燃料来源广泛,种类繁多。它们通

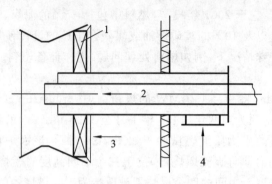

图 7-25　Studstrup 电站秸秆与煤混燃燃烧器

1—旋流器；2—稻草；3—二次风；4—煤

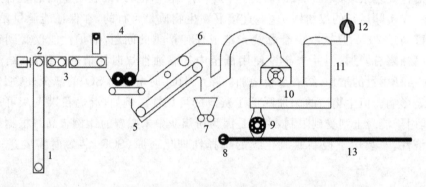

图 7-26　Studstrup 电站的秸秆生产线

1,5—传送带；2—推进机；3—进料；4—粉碎机；6—矫正机；7—集石器；8—旋转活塞式鼓风机；

9—气阀；10—锤式粉碎机；11—袋式过滤器；12—引风机；13—稻草输送到炉膛

常比煤具有更高的水分含量、更高的挥发分含量和更高的氧含量。此外，原始生物质颗粒通常呈纤维状且不易碎。因此，在煤粉炉中混燃生物质时，将生物质粉碎成与煤粉颗粒相同的尺寸是不经济的。煤粉炉中混燃所使用的粉状生物质颗粒通常比煤粉颗粒尺寸更大，形状更不规则。由于这些差异，煤粉炉中的混燃生物质与煤有显著不同，并且对燃烧和排放特性有显著影响。正如上面的混燃示例所示，工业规模上，关于锅炉中混燃生物质的研究主要集中在总体过程和性能（例如，燃料的制备和进料、排放和灰沉积）上，对燃料颗粒在进料系统中的运动、近燃区的着火特性和燃烧特性的基础研究仍然十分有限。以下部分概述了煤粉锅炉中混燃生物质的关键问题和相关研究，以及提高生物质混燃特性的进一步研究需求。

7.4.5.1　燃料粒度、形状对煤粉炉混燃的影响

生物质粉体颗粒在粒径和形状分布等方面与煤粉颗粒有很大的不同。以丹麦的 Studstrup 电厂煤粉锅炉混燃麦秸的制备及其粒度分布为例进行说明。未经处理的秸秆打包运送到电厂，每捆重约 500 kg。如图 7-26 所示，在系统中对草捆进行处理。它们会被自动切碎，以连续流入系统。秸秆通过锤式粉碎机，在其中通过转子上锤子的旋转被破碎和粉碎。锤子与外壳之间的间距决定了燃料颗粒的最大尺寸。采集该燃料制备系统中的 1.2 kg 样品，作为代表性样品进行粒径和形状分析。对于高度不规则的生物质颗粒，无论是采用传统的筛分方法还是使用激光衍射都无法获得颗粒的实际代表性粒度分布。因此，对 1.2 kg 的

样品进行人工分析:对单个颗粒进行分块排序,测量其尺寸(如长度和直径),然后进行分组,最后对每一组进行称重。测量的长径比几乎与颗粒长度成线性关系,长颗粒可达30%~40%。从测量结果可以推导出如下 Rosin-Rammler 粒径分布:

$$Y_l = e^{-(l/\overline{L})^n} \tag{7-52}$$

式中:Y_l是长度大于l的秸秆颗粒的质量分数;$\overline{L}$是平均长度;n是扩散系数。尺寸分布参数见表 7-10。

表 7-10　悬浮法制备的秸秆颗粒的粒度分布参数

颗 粒 种 类	形　状	测量长度和质量分数			平均长度 /mm	n
		最小值/ mm	最大值/ mm	质量分数/(%)		
Nodes	固体块	6	180	10.9	46.0	1.843
Heads	Whisk-like,空心	6	140	4.2	37.5	1.397
稻草块	空心,近似圆柱状	0.3	60	84.9	16.0	1.272

在当前大多数煤粉锅炉掺烧生物质的改造中,大部分都会首先将生物质制成成型颗粒,然后将生物质成型颗粒(而不是原始生物质)运输到电厂。生物质成型颗粒在传统的磨煤机中进行粉碎,然后输送到燃烧器。尽管此过程比其他过程产生的生物质颗粒要小一些,但它仍会产生较大的非球形颗粒,这需要在改造过程中以及在优化原始煤粉炉的燃烧器以进行分离时进行特殊考虑。生物质颗粒不同的物理性质(如密度、大小和形状)极大地影响了颗粒动力学、颗粒间的传热传质以及它们在混燃炉中的转化。

颗粒在燃料管道中的传输速度通常为 15~25 m/s,有时可能高达 40 m/s。在实验室条件下对单个不规则形状颗粒的观察表明,颗粒的转速可达 65000 r/min 左右。已有研究开发出了一种先进的模型来跟踪两相流中的较大的、高度非球形的、质量相对轻的颗粒,该模型已通过实验部分进行了验证。在该模型中,几乎所有重要的力都保留在颗粒的运动方程中。由于某些力取决于颗粒的运动方向,因此也同时对旋转方程进行了求解,以给出粒子方向和自旋的演化,并伴随平移运动,然后将该模型应用于生物质悬浮燃烧的数值模拟。结果清晰地表明了大颗粒、非球形生物质颗粒和等体积球形生物质颗粒在寿命上存在显著差异,也说明了在生物质悬浮燃烧中考虑非球形颗粒的重要性。如果一个模型不能准确地预测颗粒运动,那么它就难以准确预测颗粒燃烧。此外,如果无法准确预测颗粒的转化率,那么设计的炉子将因此性能较差,而颗粒上的气动力可能不足以承受大颗粒的重量,因此颗粒的寿命可能会完全改变:落入底部灰斗,而不是以飞灰形式离开锅炉。根据仿真结果,可对如何更好地回收煤粉锅炉中的大颗粒生物质提出建议。例如,可以优化混燃燃烧器的高度。如果将生物质颗粒通过最低层的燃烧器送入炉膛,则大的生物质颗粒可能会直接掉入灰斗,导致未燃碳损失增大。如果将生物质进料切换到较高一层燃烧器,则下落的未燃烧生物质大颗粒可能会被下面一层的燃烧器燃烧。由于生物质颗粒在转化过程中的质量损失,来自底层燃烧器的向上气流也可能会改变下降的生物质大颗粒的运动方向,这有效地增加了生物质大体积颗粒在炉中的停留时间。但是,这种类型的优化非常依赖于颗粒粒度和反应性。

最新研究结果已在一定程度上验证了上述优化建议。以某大型煤粉锅炉为例,研究了混燃式燃烧器所在层高($z=12$ m、17 m、22 m)和煤粉粒径($d_p=0.5$ mm、1 mm、1.5 mm、1.75 mm、2 mm、2.5 mm、2.6 mm、2.75 mm、3 mm、4 mm)对煤粉燃烧特性的影响。发现在最低层($z=12$ m)的燃烧器的杉木颗粒在粉煤灰中没有产生未燃颗粒,但在反应之前到达底部的颗粒数量很高。从第二层燃烧器高度($z=17$ m)燃烧也导致顶部完全燃烧,但到达底部的颗粒更少,且主要是粒径大于 2 mm 的颗粒到达底部。在第三层燃烧器高度($z=22$ m)时,在炉顶产生了部分未燃烧的颗粒。在某些情况下,由于停留时间更长,大颗粒的燃尽程度要比小颗粒高。大颗粒朝着气流向下下落,干燥和部分脱挥发分后,颗粒变得更轻,并更好地跟随气流向上流动。对于三层燃烧器,粒径大于 4 mm 的颗粒都会掉落到底部的灰斗中而不会完全燃烧。

如果将生物质和煤颗粒预先混合,然后通过管道输送到燃烧器中,则悬浮气流中较大的非球形生物质颗粒的复杂空气动力学将变得更加复杂,这在丹麦的 Amager 机组 1 中已出现。在这种情况下,颗粒的运动存在更多不确定性。例如,生物质与煤是均匀混合的,还是沿着弯曲的管道行进时(特别是在分叉器或三叉车之后)会分离? 生物质中的水分含量如何影响燃料的混合和输送? 这些问题都需要进一步深入研究。

除了这些颗粒动力学问题外,生物质颗粒的大小和形状特征的差异也极大地影响着颗粒转化的模式。当生物质颗粒大到足以使 Biot 数大于 0.1 时,颗粒内的传热传质将对颗粒燃料的转化起重要作用。

图 7-27 所示为某 150 kW 旋流稳定双进料燃烧器结构示意图。粉碎的秸秆颗粒和煤颗粒通过两个同心注入管(即中心管和环形管)独立地送入燃烧器。为了研究颗粒内传热传质对生物质大颗粒转化的影响,建立了一维颗粒转化模型,并应用于计算流体力学(CFD)模拟,对秸秆/煤混燃进行实验研究和数值分析。在计算过程中,大的生物质颗粒被离散成许多壳(即控制体积)。对于每个控制体积,求解了气相和固相的质量、能量和物质平衡方程,并且在平衡方程的求解中使用了相关的过程速率方程和经验公式。研究发现,对于直径为几百微米的粉碎生物质颗粒,颗粒内传热和传质仅仅是转化过程中的次要因素,研究者提出

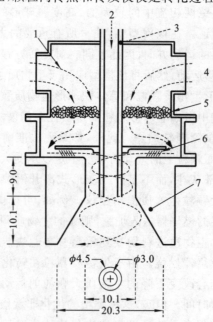

图 7-27 旋流稳定双进料燃烧器横截面

1,4—二次风;2—生物质;3—煤;5—分散原料;6—旋流叶片;7—水冷燃烧器

的全局四步机理可能更适合于模拟挥发分的燃烧过程。由于燃料/空气喷射动量大、颗粒响应时间长,秸秆颗粒几乎不受二次风旋流的影响,它们沿近直线运动并穿透贫氧核心区。煤粉颗粒受二次风射流的影响较大,随着停留时间的增加进入富氧外区域。因此,发现两种燃料的寿命和总体燃尽存在显著差异。

简而言之,生物质颗粒的物理性质对于煤粉混燃炉的整体性能非常重要。生物质颗粒可能比煤颗粒大得多,但由于它们的密度较低、挥发分含量较高且反应活性较高,因此仍然可以完全燃烧。但是,要控制和改善煤粉炉中的生物质燃烧,了解生物质颗粒的详细特性和反应性以及了解基本的颗粒动力学和转化特性至关重要。只有这样,才能优化燃烧配置和运行条件。如果可以使用先进的成像技术(如尺寸、形状、湿度和不同煤/生物质颗粒的占比)在线连续地精确测量和识别燃料,则可将锅炉设置调整为最适合燃料类型或混合燃料以进行混燃,从而更好地控制并进一步优化混燃燃烧。

7.4.5.2　近燃区生物质与煤粉混燃特性研究

在不同的混燃技术和配置中,将生物质燃烧系统集成到壁式锅炉上可能是最具挑战性的,因为市场上有许多设计不同的燃烧器。尽管在煤粉炉及相应的燃烧器中对生物质混燃进行了一些相当成功的示范,但在受控实验室环境下,关于生物质与煤在近燃区混燃火焰的基本特性的报道仍然非常有限。这里展示一些关键研究结果。有研究对比了烟煤和松木屑在一个可控的 0.5 MW 双燃料燃烧器中的混燃实验和数值计算结果,其中一个燃料流通过中心孔,另一个燃料流位于周围环空道。对于松木屑/煤的火焰,混燃比和燃油喷射方式对火焰点火、燃烧空气动力学和 NO_x 排放有显著影响。在双燃料燃烧器中进行了秸秆、芒草、山毛榉木和污水污泥与煤的混燃实验,其中两种不同的燃料可通过中央孔和周围的环空道分别引入燃烧腔室或预先混合。结果发现,燃烧器的设计和运行模式对混燃火焰的 NO_x 排放有很大影响。利用 CFD 模拟,得出了壁燃式煤粉锅炉中生物质混燃设计所必须考虑的因素,其结论是将生物燃料燃烧系统集成到现有的低 NO_x 燃烧系统中时,必须考虑生物质和煤在挥发分、反应性和灰分特性等方面存在的显著差异。CFD 模拟研究了煤粉和生物质的混合燃烧,特别是大直径生物质颗粒的燃尽。结果表明,小颗粒(粒径小于 $200~\mu m$)的燃烧速度较快,而大颗粒的燃烧速度取决于其组成、尺寸和形状。此外,进行了燃烧器中煤、生物质以及两者混燃火焰的综合实验研究,探讨了生物质混燃对火焰结构和排放的影响。使用基于视觉的测量技术实验研究了混燃煤和生物质对火焰特性和稳定性的影响。发现添加生物质会影响火焰的特性,尤其是火焰的着火点和亮度。但是,只要生物质的添加质量不超过20%,火焰稳定性就几乎不会受到影响。

7.5　结焦与腐蚀特性及防治

7.5.1　生物质燃烧灰分特性

灰分为生物质燃烧后剩余的部分。根据生物质燃料的运输和处理过程,大部分的生物质灰分可能来自土壤的污染,这些土壤和生物质燃料一起进入锅炉燃烧。尤其是灰分中二氧化硅含量取决于燃料中土壤含量。生物质灰分中通常含有大量的碱性化合物,这会导致烟气侧的飞灰沉积以及流化床料的烧结。通常,我们可以通过燃料分析,特别是无机成分分析和热力学平衡计算来预测不同生物质燃烧后的灰分组成。无机成分的比例可以量化不同元素占比,热力学平衡计算则可以预测可能形成哪些具体成分。

生物质中的无机物可分为两部分:原料中固有的无机物和在收集、加工过程中无意中混入的无机物。后者的含量一般是不确定的,在采伐过程中累积的土壤通常占发电厂所用木材燃料灰分的大部分。这部分无机物的成分通常与生物质原料固有的无机成分不同,元素的存在形式也不同,例如,由于沙土、黏土和其他土壤颗粒的混合而产生的结晶硅酸盐和铝,以及长石中的钾,除了惯性碰撞和颗粒黏附之外,对导致沾污、结焦、结渣的碱性组分的贡献相对较小。生物质中原有的无机物更均匀地分布在燃料中,有时被称为原子分散材料。Si、K、Na、S、Cl、P、Ca、Mg 和 Fe 等元素通常会参与反应导致沾污、结焦和结渣,研究者们已经合理地理解并描述了生物质燃烧室中这些现象的主要机理。去除某些元素,如钾和氯,对生物质的沾污、结焦和结渣行为的影响,证实了研究者对其机理认识的正确性。

草本燃料(如草和稻草),含有的硅和钾是其燃烧后灰分的主要成分。与其他生物质燃料相比,它们的氯含量通常也很高。这些特性预示着草本燃料在高温或中温燃烧下可能出现严重的积灰问题,主要是因为碱与二氧化硅反应生成低温下易熔化或软化的碱硅酸盐,以及碱与硫在燃烧室传热表面上反应生成碱硫酸盐。甘蔗渣由于在糖提取过程中发生了甘蔗洗涤,相对于母体燃料而言,钾基本上被清除。对生物质进行固液萃取也可得到类似结果。例如,稻草灰的成分中碱金属和二氧化硅的浓度与普通钠钙玻璃的非常相似,只是钾是主要元素,而不是主要用于玻璃制造的钠。通过简单的水浸出,可以从稻草和其他生物质中提取大量的(通常大于 80%)钾,从而产生富含二氧化硅的无机组分,其熔化温度要高得多。

7.5.2　结焦与腐蚀特性

1. 结焦特性

沾污是指灰颗粒和冷凝气体在锅炉受热面上沉积,当沉积物积累到一定量时就会在锅炉受热面上结焦和结渣,受热面的沾污会降低传热速率。根据沉积物的组成来看,受热面的沾污可能是受热面严重腐蚀的原因。在极端的情况下,如果不对其加以清除,结焦和结渣积累到一定的厚度时,结焦和结渣碎片会破裂并掉落到锅炉底部,将对锅炉造成破坏。表 7-11 列出了生物质中典型的矿物组分,这些组分可来自形成燃料的植物中的无机组分、与生物质燃料一起收获时引入的无机组分以及在燃料处理过程中引入的无机组分,表中 dry 表示干燥基,daf 表示干燥无灰基。

表 7-11　不同类型燃料的元素分析和工业分析

无机物/燃料	污泥	木头	草	稻草	谷壳	树皮	煤泥	煤
水分/(%)	64.3	15.9	30.7	10.4	9.0	13.0	41.2	8.1
灰分(dry)/(%)	19.4	0.6	3.6	8.6	10.8	3.7	5.5	11.8
挥发分(dry)/(%)	87.8	84.1	83.5	81.1	79.8	76.5	73.9	38.4
高位发热量(daf)/(MJ/kg)	18.8	20.3	19.7	19.5	20.5	21.3	22.9	33.8
低位发热量(daf)/(MJ/kg)	17.9	19.0	18.5	18.1	19.1	19.7	21.4	31.1
C(daf)/(%)	51.2	51.2	49.6	48.8	50.4	53.8	57.4	79.4

续表

无机物/燃料	污泥	木头	草	稻草	谷壳	树皮	煤泥	煤
H(daf)/(%)	6.24	6.15	5.72	5.99	6.28	5.84	6	5.29
O(daf)/(%)	41.4	42.4	43.9	43.9	42.6	40	35.5	12.2
N(daf)/(%)	<1.5	<0.5	<1.5	<1.5	<1.5	<1.5	1.9	1.5
S(daf)/(%)	<1.5	<0.5	<0.5	<0.5	<0.5	<0.5	0.3	1.4
Cl(daf)/(%)	0.43	0.027	0.196	0.496	0.143	0.022	0.059	0.25
Si(dry)/(mg/kg)	46000	N/A	6775	17025	14000	422	12615	25148
Al(dry)/(mg/kg)	27700	N/A	100	1579	2700	188	4181	13123
Fe(dry)/(mg/kg)	1747	N/A	109	1417	2300	90	6387	7255
Ca(dry)/(mg/kg)	88600	N/A	1273	4694	13000	13622	6200	5421
Mg(dry)/(mg/kg)	2870	N/A	534	1818	5100	728	634	1666
Na(dry)/(mg/kg)	1725	30	319	610	1090	40	144	1142
K(dry)/(mg/kg)	1652	680	7633	11634	22233	1627	548	1287

当生物质燃料在炉子里燃烧时,无机组分与周围的气体相互作用形成灰。受炉内的高温状态影响,灰中的组分通常会经历多次状态变化。污垢是由灰分特性决定的,含有易熔融组分的灰通常比难熔灰更脏。火山灰则会形成难以清除的腐蚀性沉积物。结焦和结渣是需要尽量避免的,在传统的燃煤发电厂中通常使用吹灰机定期用水或高压气来清理受热面。由于生物质燃料与煤炭的化学成分明显不同,与燃煤电厂相比,生物质燃烧沉积物的组成和沉积速率对锅炉性能的影响要大得多。与煤相比,生物质燃烧沉积物的韧性和强度可能更高,孔隙率可能更低,表面会更坚硬,可能需要采用除吹灰外的其他手段才能去除。另外,生物质燃烧电厂污垢的沉积速率更快。已有研究表明,在商业电厂锅炉燃料供应中,由于沉积物的加速堆积,仅增加 10% 的生物质燃料就会在运行数小时内导致意外停机。

对于流化床锅炉,由于存在流化床床料的持续主动磨损,炉壁受热面通常不存在污垢问题。不过,在对流管道中仍然存在结焦、结渣的问题。但是,值得指出的是,床料的团聚是流化床存在的另一典型问题,也是最严重的问题。在流化床层中,团聚灰会达到这样一种状态,即单个灰颗粒开始相互黏附,沙粒开始相互黏附,当形成的块状物不流动时,床层就会很快(在几十秒内)进入失控状态。由于生物质燃料中含有特殊的灰分成分,燃用生物质的流化床锅炉的床料团聚问题尤为严重。

2. 腐蚀特性

大型电厂受热面的腐蚀主要是由锅炉内受热面腐蚀性物质如金属氯化物的积聚引起的。因此,除了是传热的屏障外,受热面的污垢可能还会导致锅炉的破损。受热面腐蚀的严重程度取决于沉积物的成分、受热面的材料以及两者的温度。在生物质发电厂中,由于过热器温度一直保持在较低的水平,因此较少发生过热器的高温腐蚀。然而,生物质发电厂的发展趋势是提高过热器的温度,以提高电厂整体效率,这可能会进一步导致严重的高温腐蚀问题。这主要是因为随着温度上升到矿物的熔点,腐蚀的严重程度将大大加强。如前所述,生物质燃烧会引起加热表面的广泛结垢,尤其是稻草等草本植物。这主要是因为草本植物中含有较多钾和氯,当它们沉积在受热面时是潜在的腐蚀性元素。同样,与煤炭燃烧的沉积物相比,生物质燃料的沉积物密度更大,更难去除。受热面表面镀层温度对其腐蚀性能也有重要影响,如果温度高于氯化物的熔化温度,由于液相氯化物的流动性,表面腐蚀过程可能会大大加快。受热面的腐蚀也可能是由气体引起的。HCl 或 Cl_2 由于会加速表面氧化层的破坏,因此被认为是耐腐蚀合金的主要腐蚀来源,这个过程也被称为活性氧化。图 7-28 很好地说明了钠的腐蚀过程。其他碱金属元素(如钾)的腐蚀过程也以类似的方式进行。

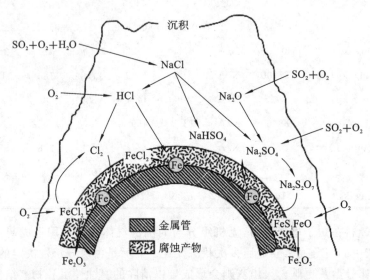

图 7-28　沉积在换热管上的反应过程(钠的腐蚀过程)

腐蚀通常根据其位置和温度可划分为水侧腐蚀、燃烧气体侧高温腐蚀和燃烧气体侧低温腐蚀。锅炉管的气/水侧发生腐蚀,最常见的原因是给水中存在杂质。过热器燃烧气体侧高温腐蚀则通常是由灰分沉积引起的。低温腐蚀发生在省煤器和空气预热器中,低温腐蚀常与酸性沉积物的形成有关。尽管目前只能通过经验给出腐蚀倾向,如果提前预测环境是具有腐蚀性的,可以通过选择合适的材料来尽量避免。腐蚀的主要形式如下。

1)高温腐蚀

高温腐蚀指的是化学物质(钒、氯等)和沉淀的熔融相(钠、钾盐等)对过热器的腐蚀。这些物质往往趋向于富集并形成灰渣沉淀。特别是钒、硫和碱金属会引起腐蚀。一种已知的腐蚀剂是某些油中的钒。锅炉灰中含有质量分数高达 40%~70% 的五氧化二钒,当金属表面温度为 580~650 ℃时,会产生腐蚀。高温腐蚀通常集中在管道迎风的一侧(面对进来的漏气面的一侧)。火山灰主要附着在管道迎风侧,在管道侧存在熔融层。实际腐蚀速率取决于灰分性质和管道温度。

2)酸腐蚀

当气体冷却时,它们以气态形式存在的能力减弱,开始凝结。酸露点是凝析液的酸性温度。硫露点是指三氧化二硫开始凝结的温度。此外,HCl 也可能冷凝。这些冷凝的酸会对管道表面产生腐蚀。

3)氯腐蚀

燃料中的氯化物燃烧时会形成氯气和气态的氯化氢。如果这些气体接触管道表面,会形成氯化亚铁,氯化亚铁会进一步与氧反应形成氧化亚铁并释放氯气,并如此循环重复,产生腐蚀。

4）碱腐蚀

钠和钾形成的灰熔点低，一般在 $500 \sim 600$ ℃，加入氯化物可进一步降低灰熔点。当熔融灰含量足够高时，熔融灰液就会沿受热面表面流动，并可观察到其均匀变薄。熔融灰液及其流动会显著增强腐蚀。此外，值得指出的是，即使生物质燃料中钾含量很低，钾也可以在过热器管道表面富集。

5）侵蚀

侵蚀是由粒子撞击受热表面引起的。侵蚀速率随颗粒动能的增大而增大。侵蚀强烈地依赖于灰的特性和局部速度场。除了受热表面的侵蚀外，固体燃料运输和装卸设备也会受到侵蚀。在流化床中，侵蚀是通过在管子上焊接一个保护性的硬表面和使用耐火涂层表面来控制的。燃料中的硬物质主要有氧化铝、石英和黄铁矿。此外，一些微量杂质，如蓝晶石、黄玉和正长石也非常坚硬，不过它们的含量很低。

7.5.3　结焦与腐蚀防治技术

防止流化床团聚的主要方式之一是在床料中添加添加剂。典型的添加剂包括高岭土、白云石、石灰石和氧化铝。可供选择的床层材料包括白云石、菱镁矿、氧化铁、氧化铝、长石和各种富铝矿物。然而，这些添加剂及床层材料的使用会带来新的问题，比如更高的磨损率和夹带率、更高的化学不稳定性、风箱和空气喷嘴堵塞，使得它们与沙子相比不具有明显的吸引力。此外，预处理去除生物质中的碱、氯等元素也是一种防止流化床团聚的有效方法。碱、氯和其他元素的去除会提高灰的熔融温度，已经有结果表明，用水洗稻草可以去除原料中 80% 的碱和 90% 的氯。在流化床锅炉中，向硅砂床层中添加单质硫、硫酸铵和高岭土，以及使用橄榄石砂和高炉砂作为床层的替代材料，实验表明，加入高岭土和矿渣作为床层材料对防止床层团聚结块有一定作用，高岭土、硫酸铵和单质硫的加入对防污效果显著。考虑到使用成本，硫酸铵是添加剂的较好选择。

防止高温腐蚀的一种典型方法是受热面使用合金材料。通常添加铬就足以降低受热面材料的腐蚀速率，其他常用的金属还有镍和钼。不过，往往需要通过反复试验才能选择正确的材料。定期检查传热表面可防止腐蚀，通常这些检查可在腐蚀现象早期发现问题，并且可以在严重的危险发生之前采取措施。一旦观察到腐蚀现象，或者根据经验知道锅炉的表面容易发生某种类型的腐蚀，可选择合适的材料进行改善。在防腐蚀工作中，借鉴经验是非常重要的。

在生物质燃烧时添加合适的添加剂或燃料混合液是一种减缓积垢的趋势和降低沉积物的腐蚀性的有效方法。寻找合适的添加剂一直是研究热点。已有研究探讨了磷（P）和钙（Ca）的添加对降低木材和稻草燃烧产生的灰中氯含量的影响，确定了最佳的 P/Ca 摩尔比为 $0.8 \sim 0.9$，在这个掺比下可使沉积物中氯大量减少，而较高或较低的 P/Ca 摩尔比并没有效，甚至可能导致腐蚀增加。在丹麦的 250 MW 秸秆成型燃料悬浮燃烧锅炉上将沙子、磷酸二钙（DCP）、白垩和膨润土依次加入秸秆中掺烧，试验表明，白垩和 DCP 不宜作为添加剂，沙子和膨润土则表现出较好的效果，但膨润土由于过于昂贵而较难实现大面积商业应用。大量研究表明了高岭土在减少受热面沾污方面有效性显著。还有研究探讨了几种不同生物质燃料的适当混合在燃烧后虽也会造成沾污，但可以减少金属氯化物在受热面的沉积。比如松树皮、鸡砂和纸浆污泥以不同配比混合，纸浆污泥中铝含量高，与松树皮或鸡砂混合燃烧后会产生硅酸铝,其可降低沉积物中氯的含量。比如木材和秸秆混烧时,秸秆中易致沾污成分的稀释可显著减缓混合燃料燃烧过程中的沾污和腐蚀行为。值得指出的是,也有研究表明当将稻草和泥炭进行混合燃烧时,虽然沉积物中氯含量大大降低,但气态 KCl 浓度却没有降低。因此,使用燃料混合进行燃烧的方法在某种程度上不确定性较大,保守的方法是只能假设混合生物质对草本生物质燃料的易致污特性有稀释作用。

7.6　生物质燃烧过程中污染物生成与控制

7.6.1　生物质燃烧过程中的主要污染物

长期以来,空气污染一直是主要的环境问题之一,能源生产、工业和越来越多的交通运输是大气污染物排放的主要来源。生物质燃烧过程造成的主要环境问题是会产生对空气有害的气体污染物。主要的空气污染物有:

(1)含氮的排放物:NO,NO_2;

(2)含硫的排放物:SO_2,S_{tot};

(3)颗粒物。

空气污染对人体的主要危害是会引发呼吸系统疾病、心血管疾病,如喉咙发炎、胸痛和充血。颗粒物,尤其是颗粒物中的重金属微量元素可能会进入血液中进行循环,因此可能会导致严重的健康问题。此外,SO_2 和氮氧化物还会形成酸性物质,降低土壤的 pH 值,导致土壤呈酸性而不利于植物生长。氮氧化物产生的烟雾和霾也会减少植物所吸收的阳光量。

1. 氮氧化物 NO_x

燃烧过程中产生的氮氧化物(NO_x)是由生物质或空气中的氮氧化形成的。在燃烧过程中,氮元素主要形成 NO(>90%),在大气中可进一步转化为 NO_2。NO 会通过反应形成烟雾和酸雨。燃烧过程中 NO 形成的三个主要机制如下。

1)热力型 NO_x

在高温($T>1600$ K)下,空气中的氮与火焰气体中的氧自由基发生反应,该过程导致了 NO 和氮自由基的形成,氮自由基可进一步与火焰中的 O_2 和 OH 自由基反应生成 NO。起始反应步骤具有很高的活化能,这使得该形成机制对温度非常敏感。生物质燃烧应用的温度往往较低,不会形成大量的热力型 NO_x。

2)快速型 NO_x

空气中的 N_2 也可以与火焰中的 CH 自由基发生反应,该反应可形成 NCN,然后迅速转化为 HCN 和 NH_3。如果有足够的 O_2,NH_3 和 HCN 可通过不同的途径转化为 NO。不过,在富燃料条件下,NO 会与 NH_3 和 HCN 反应形成 N_2。在生物质燃烧过程中,尚未发现快速型 NO_x 形成机理对 NO 的释放有重要贡献。

3)燃料型 NO_x

对于生物质这种含氮燃料,燃料结合态氮转化为 NO 通常是 NO 形成的主要原因。生物质中的氮在脱挥发分过程中主要以 NH_3 和 HCN 的形式从燃料中释放。这些组分随后可以按快速型 NO_x 形成机制中的相同路径转化为 NO 或 N_2。此外,燃料氮主要保留在焦炭中,并在焦炭燃烧阶段被大量氧化形成 NO,但随后可能通过与焦炭的快速非均相反应而被还原为 N_2。脱挥发分过程中燃料氮在挥发分以及焦炭中的占比由生物质经历的热过程决定。

值得指出的是一氧化二氮(N_2O)也是燃料氮氧化的产物,尽管在各种生物质燃烧应用中测量到的 N_2O 排放水平非常低(低于 1 ppm),但由于 N_2O 的全球变暖潜力是 CO_2 的 310 倍,因此其排放特性也值得关注。

2. SO_2

硫常存在于生物质燃料中,同时硫也是地壳中最常见的元素之一。硫元素在生物质燃烧过程中会形成气态化合物,这些气态化合物会随着雨水回到大地。硫的排放会导致土壤酸化。在固体生物质燃料(木材、秸秆等)中,硫通常可分为无机硫(黄铁矿、SO_4^{2-})和有机硫,其中有机硫与形成生物质的有机化合物通过化学键结合。在气态生物燃料(沼气)中,硫以气体杂质的形式存在。在液体生物燃料(生物油)中,硫通常被认为主要是有机硫。

在燃烧过程中,硫很容易与 O_2 反应,形成 SO_2,部分 SO_2 会进一步反应生成 SO_3。有时在烟气中会检测到 H_2SO_4,这主要是因为一部分 SO_2 在炉膛上部与分子氧发生反应,形成 SO_3,在采样时炉膛壁面上的 SO_3 会与水蒸气进一步反应形成 H_2SO_4。在生物质燃烧过程中,H_2SO_4 的含量通常可以忽略不计,但如果 SO_2 浓度为几百 ppm 时,H_2SO_4 的含量可以增加到几 ppm。

3. CO

生物质燃烧过程中产生的 CO 是由未完全燃烧形成的,常发生在 O_2 含量不足或生物质燃料与空气混合不均时。CO 是一种无色无味的气体,尽管 CO 是无毒的,但 CO 会附着在红细胞上,阻止红细胞对 O_2 的吸附,从而对人的呼吸系统产生影响。所有的燃烧源,包括机动车辆、发电站、垃圾焚烧炉、家用燃气灶和炊具,都会排放 CO。

CO 的产生与烟气中的 O_2 含量密切有关。低过量空气会促进 CO 的形成。过量空气量越大,混合效果越好,CO 排放量越低。此外,燃料在高温炉内燃烧并延长炉内停留时间,可有效减少 CO 排放。由于 CO 的排放特性与其他碳氢化合物的排放特性相似,因此通常将 CO 纳入监管,作为整体燃烧效率的指标。通常,NO_x 排放量会随着 CO 的减少而增加。从总排放量的角度来看,可以数百 ppm 的 CO 来降低其他有害排放物并保持合理的烟道热损失。

4. 总还原硫化合物

还原硫,也被称为总还原硫(TRS)化合物,是有臭味的气体,包括硫化氢(H_2S)、甲基硫醇(MM)、二甲基硫化物(DMS)和二甲基二硫。产生 TRS 化合物的主要原因是在产生硫排放的过程中发生不完全燃烧。典型的 TRS 排放为制浆工业中产生的带有臭味的气体。

5. 有机化合物

在固体生物质燃烧过程中会同时发生数百万种反应,这在热力学上意味着,与主反应相反,这些反应也可以在一定程度上形成大的有机化合物。这些化合物中最值得注意的是多环芳香烃(PAH)、焦油或可冷凝有机化合物以及总碳氢化合物(THC)或总有机碳(TOC)。挥发性有机化合物(VOCs)的排放通常不包括甲烷,在这种情况下,它们被称为非甲烷挥发性有机化合物(NMVOCs)。

VOCs 是有害的,因为它们会促进地面臭氧浓度的增大。此外,一些 VOCs 是致癌物。机动车尾气和化工排放的 VOCs 最多,而森林火灾是 VOCs 的天然来源。

多环芳香族化合物是由几个芳香族环组成的碳氢化合物,其上的一些碳原子可以被氮或硫取代,产生杂环多环芳香烃。多环芳香烃通常是致癌的。典型的多环芳香烃存在于烟气、热解或气化产气中,由 2~7 个芳香环组成。值得注意的是,家庭小型生物质燃烧器具产生的多环芳香烃要比大型、工业和公用事业生物质燃烧系统产生的多环芳烃多数十倍。

在所有的燃烧过程中都会有二恶英和呋喃形成,目前对二恶英的研究主要集中在危险废物和城市垃圾焚烧炉的排放上。此外,类二恶英化合物也需重点关注,其主要指结构、理化性质和毒性反应与二恶英相似的大量化学物质,如多氯化二苯并对二恶英(CDD)、多氯化二苯并呋喃(CDF)、多溴化二苯并对二恶英、多溴二苯并呋喃和多氯联苯(PCB)、多溴联苯。在 629 个同类物中,47 个表现出类似二恶英的毒性。目前已有足够的证据表明,相对于毒性最大且被广泛研究的 2、3、7、8-四氯二苯并对二恶英(TCDD),各同类物毒性程度各不相同,国际癌症研究机构(IARC)将其归类为已知的人类致癌物。其他化合物的毒性参照 TCDD 的毒性当量(TEQ),取值范围为 $10^{-5} \sim 1.0$,其中 1.0 为 TCDD 的毒性。目前,世界范围内有不同的 TEQ 测量方法,包括美国环保署采用的国际方法和世界卫生组织的方法,通常根据质量加权平均值计算二恶英类化合物混合物的 TEQ 值。

虽然燃烧系统中必须存在氯才能形成 CDD 和 CDF,但尚未有明确实验结果表明原料中的氯含量是促使商业垃圾焚烧炉排放二恶英类化合物的主要因素。含氯的草本生物质(如稻草)排放的二恶英一般较少,可能是由于原料中的氯在燃烧的同时形成了氯化钾、氯化钠和其他盐类,降低了可用于形成类二恶英的氯的水平。通过控制燃烧条件可能可以更好地控制二恶英产物的形成和排放,包括提高总体燃烧效率、延长燃料停留时间、提高炉膛下游排放控制设备运行温度。此外,增强湍流可以促进燃料与空气的良好混合,消除炉内的冷点,并在高温下提供足够的停留时间,从而减少类二恶英的排放。在城郊交界区发生的野火,可能会增加类二恶英产物和其他有毒物质的排放,因为除了植被外,火灾还会燃烧工业产品,如聚氯乙烯(PVC)、车辆和其他含氯材料。

6. 氯化氢(HCl)、氟化氢(HF)

氟(F)、氯(Cl)、溴(Br)和碘(I)通常被称为卤素。它们存在于燃料燃烧产生的烟气和废气中。氯是其中最重要的,因为它很容易在土壤和水中找到。氟主要存在于矿物中,如 CaF_2 和 Na_3AlF_6,而溴和碘主要存在于海水(Br)和海藻(I)中。海水中含有氯化物、氟化物、溴化物和碘。在电除尘器粉尘中,氯以固体 NaCl 和 KCl 的形式存在,但在烟气中也以 HCl 和 KCl 的形式存在。氟主要以 HF 的形式存在于烟气中。

7. 颗粒物

悬浮在烟气中的小颗粒称为粉尘或颗粒物。小颗粒造成的空气污染是最严重的空气质量问题之一,尤其是在城市地区。尺寸比头发直径还小的微粒可以通过呼吸系统直接进入人体血液,对人体健康造成威胁。除了燃烧过程外,因磨损产生的固体颗粒、固体材料因风蚀作用而形成的灰尘、海水中的小水滴干燥时释放出来的海盐都是颗粒物的来源。颗粒物的含量通常以每单位体积烟气中的总固体颗粒质量来计量。此外,小尺寸的特定物质被称为 PM_{10} 和 $PM_{2.5}$(颗粒直径分别小于或等于 $10~\mu m$ 或 $2.5~\mu m$)。与机械过程产生的颗粒物(包括来自原料和灰颗粒的细粉)相比,往往燃烧气溶胶尺寸更小,且更难被过滤器和其他排放控制设备捕集。例如,某些原料(如稻草)中的生物硅在燃烧过程中部分以高长径比的纤维颗粒形式释放出来,其对肺病的影响近年来引起了人们的广泛关注。研究还发现,燃烧生物柴油混合物的发动机,其颗粒物提取物的致突变性明显增加,其中因燃用生物柴油(B20)产生的颗粒物含量最高可达 20%。颗粒物可以通过采用适当的燃烧条件以实现更完全的燃烧来控制,也可通过燃烧后的捕集装备,如旋风分离器、气囊、洗涤器和静电除尘器等进行控制。

如图 7-29 所示,颗粒物在锅炉内的形成是一个复杂的过程。首先,无机化合物可以从燃烧的热颗粒中蒸发,然后凝结成小粒子,通过无机或有机反应产生化合物(硫酸盐、碳酸盐)。通常情况下,生物质燃料中的灰在燃烧过程中破碎形成大量的核颗粒,这些核颗粒通过凝并或化学反应而生长。此外,它们还会相互碰撞,合并成更大的粒子。该过程类似于雨滴的形成。研究表明,与流化床锅炉相比,炉排层燃锅炉的炉温更高,会增加烟气中颗粒和微量元素的浓度。

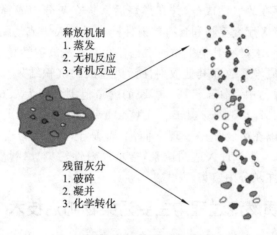

释放机制
1. 蒸发
2. 无机反应
3. 有机反应

残留灰分
1. 破碎
2. 凝并
3. 化学转化

图 7-29　燃烧过程中颗粒的形成

颗粒物中的重金属是引起呼吸系统疾病的主要原因。重金属包括锑(Sb)、铜(Cu)、铌(Nb)、砷(As)、金(Au)、硒(Se)、钡(Ba)、铁(Fe)、银(Ag)、铍(Be)、铅(Pb)、碲(Te)、镉(Cd)、锰(Mn)、钍(Th)、铬(Cr)、汞(Hg)、锌(Zn)、钴(Co)、镍(Ni)、钒(V)等元素。重金属可通过呼吸系统进入血液。生物质锅炉粉尘中的重金属含量通常较低。美国环保署将 11 种金属列为有害空气污染物,它们是 Sb、As、Be、Cd、Cr、Co、Pb、Mn、Hg、Ni 和 Se。此外还列出了 12 种需要限制的重金属:Sb、As、Cd、Cr、Co、Cu、Pb、Mn、Hg、Ni、Th 和 V。尽管这两种限令列出的重金属元素有所不同,但都包含了环境污染最严重的重金属:Cd 和 Hg。表7-12 列出了木材燃烧过程中典型重金属的含量分布。

表 7-12　木材燃烧过程中典型重金属的含量分布

元素种类	单　位	底　灰	飞　灰
As	mg/kg	0.2～0.3	1～60
Cd	mg/kg	0.4～0.7	6～40
Co	mg/kg	0～7	3～200
Cr	mg/kg	40～60	40～250

元素种类	单　位	底　灰	飞　灰
Cu	mg/kg	15～300	100～600
Hg	mg/kg	0～0.4	0～1
Ni	mg/kg	40～250	20～100
Pb	mg/kg	15～60	40～1000
Se	mg/kg	0～8	5～15
V	mg/kg	10～120	20～30
Zn	mg/kg	15～1000	40～700

8. 放射性核素

生物质中也可能存在放射性成分,并在燃烧后富集在灰分中或释放到大气中。放射性成分的直接来源是焚烧医疗废弃物和含有放射性同位素的人体或动物组织。除了土壤中存在的天然放射性核素外,木材和其他生物质中也存在着人造放射性核素,这是核武器的大气试验、切尔诺贝利核反应堆事故和其他放射性污染造成的沉积结果。切尔诺贝利事故后在克罗地亚采集的木材样品中,^{137}Cs、^{214}Bi 和 ^{40}K 的含量范围分别为 1.6～37.3 Bq/kg、0.2～27.1 Bq/kg 和 21.5～437.1 Bq/kg(1 Bq=1 核衰变每秒=2.7×10^{-11}Ci)。^{214}Bi 和 ^{40}K 都是自然产物,所以总是可以在生物质中发现它们,^{214}Bi 是土壤中铀的衰变产物,而 ^{40}K 是环境中钾的自然同位素。^{137}Cs 是一种人造同位素,指示放射性污染。燃烧导致放射性核素蒸发并在飞灰上凝结,从而在灰分中富集。

7.6.2　生物质燃烧过程中主要污染物防治技术

减少有害的烟气排放可以通过避免这些物质的形成(一次减排措施)或通过相关设备将这些物质从烟气中除去(二次减排措施)来实现。

7.6.2.1　一次减排措施

一次减排措施的目标是防止或最大限度地减少燃烧室内有害物质的生成。一次减排措施主要用于减少 NO$_x$ 排放和由于不完全燃烧造成的污染物如 CO、VOCs 等的排放。生物质的不完全燃烧通常是由生物质燃料和空气混合不均、生物质燃料在炉内停留时间不足、燃烧温度不足或总过量空气量低等引起的。因此,无论是新造锅炉还是现有锅炉,都可以通过以下方法进一步改进。

(1)改变燃料成分:减少有害排放的一种方法是减少燃料中导致这些排放的元素的含量。减少生物质中特定元素的含量的可能性是有限的。不过,秸秆的洗涤浸出已被证明可以显著降低氯和钾的含量,从而降低二恶英和呋喃的排放水平。

(2)改变燃料的含水量:生物质燃料往往具有较高的含水量。来自森林的新鲜木材可能含有高达 60% 的水。燃料中水分含量高会降低热值,使燃烧室难以达到足够高的温度。生物质干燥通常成本太高,经济上不太可行,除非可以以非常低的成本获得另一种工艺产生的余热以干燥生物质。或者可以将生物质暴露在阳光和风下,露天干燥生物质也是一种廉价而简单的替代方法。

（3）改变燃料颗粒尺寸：燃料颗粒尺寸与燃尽时间密切相关。生物质燃烧应用的燃料可能从整个原木到细木屑不等。小颗粒因拥有较大的比表面积而燃烧速度更快，燃烧更完全。大颗粒的尺寸可以用破碎机等来缩小。特殊的锤式破碎机可用于制造毫米大小的粉状颗粒。然而，只有在收益大于额外投资和能源成本的情况下，减小颗粒尺寸才具有吸引力。

（4）空气分级燃烧：优化一次风、二次风和三次风的配比，包括新锅炉投入运行时或锅炉进行重大改造后的验证性试验。此外，氮氧化物排放也受到空气分级的显著影响。空气分级通过分离挥发分分相燃烧，改善了挥发分和燃烧空气的混合情况，既减少了不完全燃烧造成的效率损失，又减少了 NO 排放。在第一阶段，一次空气的加入主要用于燃料的干燥和脱挥发分。这一阶段过量空气系数小于 1，气体主要由 CO、H_2、烃类、CO_2 和 H_2O 组成。在第二阶段，提供足够的二次空气，以保证气体完全燃烧并降低排放。第二阶段优化了可燃气体和空气的混合情况，减少了所需的空气量，从而使得火焰温度更高和燃尽更好。空气分级也可从 NO 形成机理上减少燃料氮的排放。挥发分中含有 NH_3 和 HCN，如果有足够的 O_2，则可转化为 NO。但是，在富燃料的条件下，NH_3 和 HCN 会与 NO 反应形成 N_2。因此，可以通过优化第一阶段的过量空气系数来减少 NO 的排放。

（5）燃料分级和再燃：这是在生物质燃烧应用中减少 NO_x 排放的另一关键技术。在燃料分级的第一阶段，一次燃料以大于 1 的空燃比燃烧，产生 NO_x 浓度相对较高的烟气。在第二阶段，在没有额外空气供应的情况下，引入二次燃料到烟气，形成富燃料区，在此区域，第一阶段的 NO_x 与二次燃料的 NH_3 和 HCN 反应，以和空气分级燃烧相同的方式降低 NO_x 排放水平。这种方法的另一个作用是 NO_x 通过与 HCCO（酮烯基）和 CH_x 自由基反应而转化回 HCN。这种燃烧方式也被称为再燃。在燃料分级的最后一个阶段，提供足够的二次空气以实现完全燃尽。

（6）控制总过量空气系数：尾部氧气浓度是燃料湿度的函数，其设定值与湿度成正比，氧（干）浓度的典型值一般设置在 7%～11% 之间。

（7）在格栅或燃烧区调整燃料的停留时间，即通过调整炉排运动速度或针对相应燃料颗粒大小和粒度分布选择适当的悬浮燃烧区，或优化燃烧室的设计。

（8）优化固定床温度：预热的一次空气需要对燃料干燥和脱挥发分过程供热，此外固定床上必须有足够的空气以使焦炭燃尽，综合以上两个特点优化固定床温度。

（9）控制挥发分的燃烧温度（>850 ℃）：在焚烧炉中要求燃料必须至少在 850 ℃ 燃烧 2 s，对生物质锅炉也建议如此。

在任何情况下，锅炉的自动控制系统都对锅炉的安全高效稳定运行有重要影响，应该仔细优化控制系统算法以实现生物质锅炉的最佳性能。控制算法应考虑以下参数及其之间的关系。

（1）烟气中 O_2 与 CO 浓度、燃料湿度：这可为更精确地估算 O_2 浓度设定值提供基础，但该技术需要在线测量 CO 浓度和燃料湿度。

（2）炉内多点温度测量：这样可为锅炉换热面的换热过程提供信息，从而反映炉内结渣和沾污的有关信息。

（3）直接测量燃料和空气质量流量：这样可更准确地计算其他参数，如一次空气与二次空气的比例。

（4）将燃料湿度纳入总风量设定值的计算中，以实现锅炉内气体最佳停留时间的计算和设置。

（5）对于炉排炉系统，炉排下的一次风分布和烟气再循环（如果有的话）应与床内反应各区域（干燥、脱挥发分和焦炭燃烧）的演变相关联，以避免非均匀燃烧并限制飞灰含碳量。

7.6.2.2　二次减排措施

当烟气离开燃烧室，则主要采用二次减排措施来降低污染物排放，主要涉及颗粒、氮氧化物和二氧化硫的排放。其他污染物如 HCl、重金属、PCDD/F 的排放也可以通过二次减排措施来降低，但目前工业应用较少，这里不做详细介绍。

1. 颗粒物控制技术

在大多数生物质燃烧应用中，颗粒物排放显著，必须采用二次减排措施以使其满足排放要求。由于排放的颗粒物中有许多不同尺寸的颗粒，因此，也有不同的颗粒控制技术，使用的装置包括沉降室、旋风分离器、静电除尘器、布袋除尘器和洗涤器。沉降室是一个大的隔间，里面的气体速度降低，颗粒物会在重力作用下沉降。沉降室集尘效率低，占地面积大，但设计简单，投资和维护费用低。旋风分离器则采用离心力的原理分离颗粒，带有颗粒的气体通过切向注入旋风分离器而进行旋涡运动。由于离心力，颗粒漂移到气旋的墙壁，然后滑落到一个容器中，气体则从气旋的顶部离开气旋。旋风分离器比沉降室具有更高的收集效率。为了提高旋风分离器的收集效率，可通过减小旋风分离器的直径来提高旋风分离器的离心力。为了保持容量不变，可以并联放置多个小旋风分离器，称为多气旋系统。多气旋系统的缺点是建造成本更高，压降也更大，会消耗更多的能源。在能够承受的压力损失下，多气旋系统一般只能去除粒径大于 10 μm 的颗粒。为了去除更细的颗粒，需要使用静电除尘器或布袋除尘器。在静电除尘器中，粒子首先负载电荷，然后暴露在电场中，在电场中它们被吸引到收集电极上。对收集电极表面进行定期振动清洗，使收集到的颗粒落入容器中。值得指出的是，静电除尘器在去除具有高电阻的颗粒时存在一定问题，比如干燥秸秆燃烧产生的飞灰，在这种情况下，织物过滤器则是首选。在织物过滤器中，烟气必须通过由特殊纤维编织而成的紧密织物，过滤器通过振动或压缩空气定期清洗。布袋除尘器是一种常见的织物过滤器，可以高效地去除细小颗粒，但由于冷凝塔的存在，布料往往对温度和污垢很敏感。对于木质生物质，通常使用旋风分离器进行粗分离，用静电除尘器或布袋除尘器进行细分离。在洗涤器中，会产生一层由小液滴组成的薄雾，烟气通过这些小液滴流动，颗粒会与水滴碰撞并被水滴带走。这些液滴被收集到容器的底部，形成一股需要清理的废水流。洗涤器的优点是它还能同时通过气体吸收去除 SO_x、NO_x 和 HCl，缺点是存在腐蚀问题和污水处理的额外成本。

2. NO_x 控制技术

由于一般生物质中氮含量很少，因此生物质燃烧过程中的氮氧化物排放水平通常较低。对于氮含量相对较高的生物质燃料（例如秸秆），主要的排放控制措施通常足以达到排放限值要求。NO_x 二次减排措施包括选择性催化还原（SCR）和选择性非催化还原（SNCR）。在这两种方法中，都将还原剂（通常为氨或尿素）注入烟气中，将 NO_x 还原为 N_2。在 SCR 方法中，铂、钛或钒等的氧化物催化剂适用于氨的温度范围为 220～270 ℃，用于尿素的温度范围为 400～450 ℃。此外，已开发 SNCR 工艺来避免催化剂的使用。将还原剂在 850～950 ℃ 的温度下注入烟气中时，还原反应可以在没有催化剂的情况下进行。SCR 和 SNCR 方法均可实现约 90% 的 NO_x 还原率。但是，良好的混合和温度控制至关重要，否则氨将排放至大

气中或转化为 NO_x。

3. SO_x 控制技术

通常,由于生物质的硫含量较低,大多数硫释放到气相中时可被飞灰捕获,并通过颗粒物控制技术除去。但是,对于某些类型的生物质(如芒草、草和稻草),SO_x 的排放量可能很大。从烟气中去除 SO_x 的常用措施是用含有石灰石或石灰的浆液洗涤烟道气。SO_x 溶解在此浆液中,并与石灰石或石灰反应,生成亚硫酸钙($CaSO_3$),然后进一步被氧化为硫酸钙($CaSO_4$),硫酸钙是一种可出售的工业化学品。石灰石也可以直接注入燃烧室以去除 SO_x。

4. 二恶英的控制

在某些情况下,生物质燃烧可能产生二恶英,生物质燃烧产生的二恶英通常较少。已有研究表明二恶英的形成量与燃料中氯含量没有绝对直接关系。部分针对异常高含氯量生物质的研究表明,二恶英的排放量也可以很高。生物质燃烧过程中二恶英的形成机理还没有完全研究清楚。如果产生的二恶英超过限值($0.1\ ng/Nm^3$ 在 $11\%\ O_2$ 基准下),则建议在用袋式除尘器对颗粒进行捕获前注入活性炭来吸附。

7.6.3　生物质燃烧及碳捕集与封存

碳减排一直是燃烧发电技术不可避开的要求。通常可以通过以下两种方案实现燃烧发电,并且不增加大气中的 CO_2 总量:

(1)碳捕集与封存(carbon capture and storage,CCS)技术:烟气吸收捕获 CO_2 并将其长期存储。

(2)将现有燃煤电厂改造为 100% 碳中性生物质燃烧。

碳捕集与封存技术是指将 CO_2 从工业或相关排放源中分离出来,输送到封存地点,并长期与大气隔绝的过程。该技术针对燃煤电厂温室气体排放提供了一个持久和完整的解决方案。CCS 技术允许利用煤炭等传统方式发电,同时在很大程度上避免了将 CO_2 排放到大气中。基于该技术思路,研究者正在努力改造现有的燃煤机组,建设一个 CCS 系统吸收处理电厂 CO_2 的示范工程。此外,另一种研究较多的 CCS 技术为富氧燃烧技术,在该技术中采用 O_2 代替空气进行燃烧来富集 CO_2,该技术要求彻底改变锅炉的整个燃烧系统,以使烟道气中不含 N_2,并使其中大部分为 CO_2。这样,尾部烟道气的主要成分为 CO_2,便于压缩并最终隔离在适当的存储装置中。

值得指出的是,当 CCS 技术发展成熟后,将需要更多的能量从烟气中分离出 CO_2(或产生 O_2 用于富氧燃烧),并将其输送至储存地点。这种额外的能量需求也可能会导致额外的 CO_2 排放。

另外,CCS 的成本也是当前限制该技术广泛应用的一个主要因素。CCS 相对较大的投资成本所产生的额外账面费用及其运营成本(当加到总发电成本中时)可能会使电费增加多达 40%,如图 7-30 所示。再者,这项技术能商业化运行的时间尚未明确。到 2030 年,CCS 才有可能在全球范围内商业化运行。在目前全球 CO_2 排放量上升的背景下,如果在没有控制的情况下任由 CO_2 排放量上升,在等待 CCS 全面实施的同时,地球温度极有可能已上升到令人担忧的水平。这就强调了在过渡期内生物质联合燃烧的必要性,以减小向大气释放 CO_2 的速度,从而减缓全球变暖,同时等待碳捕集和封存新技术的到来。

已有研究数据表明采用 CCS 技术降低 CO_2 排放的成本可能比生物质与煤共燃技术的

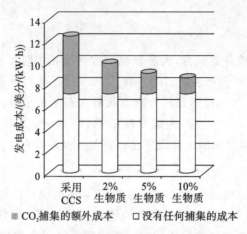

图 7-30 燃煤电厂采用不同 CO_2 减排措施的成本

高 4.5～6 倍。CCS 存在额外功耗高、实施成本高、技术发展处于早期等缺点。将现有的化石燃料锅炉替换为新的生物质锅炉，或者将燃料从煤炭转换为 100％生物质，都有可能避免 CCS 的这些缺点。

由于生物质和煤在燃烧和前处理特性上存在较大差异，将煤炭转换成生物质燃烧发电可能面临一些重大技术障碍。例如，从煤炭到生物质的转换可能会使现有工厂产能降低 40％。燃料转换的主要抑制因素包括：

（1）将整个燃煤和煤炭处理系统替换为更大体积的生物质燃烧预处理系统需要大量的投资成本。

（2）现有电厂长时间停炉更换其点火系统造成的收入损失。

（3）降低电厂的产能，在某些情况下降低蒸汽循环效率是在降低产能的整体效率。

（4）在一些地方，在可接受价格内获得大量生物质比较难。

上述问题可以通过部分燃料转换或共燃来解决，这样燃煤电厂就可以继续燃烧煤炭和少量生物质。

思 考 题

1. 简述生物质燃烧的主要过程及其典型特征。
2. 生物质燃烧技术主要包括哪些？请举例说明。
3. 生物质与煤混燃的方式有哪几种？其各自的优缺点是什么？
4. 请对生物质燃烧结焦与腐蚀的主要原因进行分析，并说明如何防治。
5. 生物质燃烧过程中典型污染物有哪些？各自的防治手段有哪些？请举例说明。
6. 生物质燃烧是否可实现二氧化碳的减排，为什么？

本章参考文献

[1] SPITZER J，TUSTIN J. IEA Bioenergy annual report[R]. 2009.
[2] RICHARD V D B，ANDRÉ F，ADVAN W. Biomass combustion for power generation [J]. Biomass and Bioenergy，1996，11(4)：271-281.

[3]　YIN C,ROSENDAHL L A,KAER S K. Grate-firing of biomass for heat and power production[J]. Progress in Energy and Combustion Science,2008,34(6):725-754.

[4]　YIN C,ROSENDAHL L A,KAER S K,et al. Mathematical modeling and experimental study of biomass combustion in a thermal 108 MW grate-fired boiler[J]. Energy & Fuels,2008b,22:1380-1390.

[5]　MANDØ M,ROSENDAHL L A,YIN C,et al. Pulverized straw combustion in a low-NO_x multifuel burner:modeling the transition from coal to straw[J]. Fuel,2010,89(10):3051-3062.

[6]　YIN C,ROSENDAHL L A,KAER S K,et al. Modelling the motion of cylindrical particles in a nonuniform flow[J]. Chemical Engineering Science,2003,58(15):3489-3498.

[7]　BALLESTER J,BARROSO J,CERECEDO L M,et al. Comparative study ofsemi-industrial-scale flames of pulverized coals and biomass[J]. Combustion and Flame,2005,141(3):204-215.

[8]　DAMSTEDT B,PEDERSON J M,HANSEN D,et al. Biomass cofiring impacts on flame structure and emissions[J]. Proceedings of the Combustion Institute,2007,31:2813-2820.

[9]　LOKARE S S,DUNAWAY J D,MOULTON D,et al. Investigation of ash deposition rates for a suite of biomass fuels and fuel blends [J]. Energy & Fuels,2006,20(3):1008-1014.

[10]　BHARADWAJ A,BAXTER L L,ROBINSON A L. Effects of intraparticle heat and mass transfer on biomass devolatilization:experimental results and model predictions [J]. Energy & Fuels,2004,18(4):1021-1031.

[11]　LU H,ROBERT W,PEIRCE G,et al. Comprehensive study of biomass particle combustion[J]. Energy & Fuels,2008,22(4):2826-2839.

[12]　ELFASAKHANY A,BAI X S. Modelling of pulverised wood combustion:a comparison of different models[J]. Progress in Computational Fluid Dynamics,2006,6(4-5):188.

[13]　WILLIAMS A,POURKASHANIAN M,JONES J M. Combustion of pulverised coal and biomass[J]. Progress in Energy and Combustion Science,2001,27(6):587-610.

[14]　NUSSBAUMER T. Combustion and co-combustion of biomass:fundamentals,technologies,and primary measures for emission reduction[J]. Energy & Fuels,2003,17(6):1510-1521.

[15]　DEMIRBAS A. Combustion characteristics of different biomass fuels[J]. Progress in Energy and Combustion Science,2004,30(2):219-230.

[16]　CUI H P,GRACE J R. Fluidization of biomass particles:a review of experimental multiphase flow aspects[J]. Chemical Engineering Science,2007,62(1-2):45-55.

[17]　SJAAK V L,JAAP K. The handbook of biomass combustion and co-firing[M]. London:Earthscan,2008.

[18]　BARTELS M, LIN W,NIJENHUIS J,et al. Agglomeration in fluidized beds at high

temperatures：mechanisms，detection and prevention［J］. Progress in Energy and Combustion Science，2008，34：633-666.

［19］ KASSMAN H，BERG M. Ash related problem in wood fired boilers and effect of additives［C］//Workshop on Ash Deposit and Corrosion. 2006.

［20］ TILLMAN D A. Biomass cofiring：the technology，the experience，the combustion consequences［J］. Biomass and Bioenergy，2000，19：365-394.

［21］ HARDING N S，ADAMS B R. Biomass as a reburning fuel：a specialized cofiring application［J］. Biomass Bioenergy，2000，19：429-445.

［22］ BASU P，BUTLER J，LEON M A. Biomass co-firing options on the emission reduction and electricity generation costs in coal-fired power plants［J］. Renewable Energy，2011，36(1)：282-288.

［23］ ESTEBAN L S，CARRASCO J E. Evaluation of different strategies for pulverization of forest biomasses［J］. Powder Technology，2006，166(3)：139-151.

［24］ ARIAS B，PEVIDA C，FERMOSO J，et al. Influence of torrefaction on the grindability and reactivity of woody biomass［J］. Fuel Processing Technology，2008，89：169-175.

［25］ PHANPHANICH M，MANI A. Impact of torrefaction on the grindability and fuel characteristics of forest biomass［J］. Bioresource Technology，2011，102：1246-1253.

［26］ ROSENDAHL L A，YIN C，KAER S K，et al. Physical characterization of biomass fuels prepared for suspension fi ring in utility boilers for CFD modeling［J］. Biomass and Bioenergy，2007，31：318-325.

［27］ CARTER R M，YAN Y. Digital imaging based on- line particle sizing of "green" biomass fuels in power generation［C］//IEEE Instrumentation & Measurement Technology Conference IMTC. 2007.

［28］ YIN C，ROSENDAHL L A，KAER S K，et al. Use of numerical modeling in design for co-firing biomass in wall- fi red burners［J］. Chemical Engineering Science，2004，59：3281-3292.

［29］ YAN Y，STEWART D. Guide to the flow measurement of particulate solids in pipelines，part 1：fundamentals and principles［J］. Powder Handling and Processing，2001，13：343-352.

［30］ ROBERTS K，CARTER R M，YAN Y. On-line sizing and velocity measurement of particles in pneumatic pipelines through digital imaging［C］//Journal of Physics：Conference Series. IOP Publishing，2007.

［31］ SAASTAMOINEN J，AHO M，MOILANEN A，et al. Burnout of pulverized biomass particles in large scale boiler—single particle model approach［J］. Biomass and Bioenergy，2010，34(5)：728-736.

［32］ DAMSTEDT B D. Structure and nitrogen chemistry in coal，biomass and cofiring in low NO$_x$ flames［D］. Provo，USA：Brigham Young University，2007.

［33］ YIN C，KAER S K，ROSENDAHL L A，et al. Co-firing straw with coal in a swirl-stabilized dual-feed burner：modeling & experimental validation［J］. Bioresource

Technology,2010,101:4169-4178.

[34]　YIN C,ROSENDAHL L A,KAER S K. Towards a better understanding of biomass suspension co-firing impacts via investigating a coal flame and a biomass flame in a swirl-stabilized burner flow reactor under same conditions[J]. Fuel Processing Technology,2012,98:65-73.

[35]　JONES W P,LINDSTEDT R P. Global reaction schemes for hydrocarbon combustion[J]. Combustion and Flame,1988,73(3):233-249.

[36]　ABBAS T,COSTEN P,KANDAMBY N H,et al. The influence of burner injection mode on pulverized coal and biomass cofired flames[J]. Combustion and Flame, 1994,99:617-25.

[37]　SPLIETHOFF H,HEIN K R G. Effect of co-combustion of biomass on emissions in pulverized fuel furnaces[J]. Fuel Processing Technology,1998,54:189-205.

[38]　BACKREEDY R I,FLETCHER L M,JONES J M,et al. Co-firing pulverized coal and biomass: a modeling approach[J]. Proceedings of the Combustion Institute, 2005,30(2):2955-2964.

[39]　MOLCAN P,LU G,LE BRIS T,et al. Characterisation of biomass and coal co-firing on a 3 MWth combustion test facility using flame imaging and gas/ash sampling techniques[J]. Fuel,2009,88(12):2328-2334.

[40]　RICHARD V D B,ANDRÉ F,ADVAN W A. Biomass combustion for power generation[J]. Biomass and Bioenergy,1996,11(4):271-281.

[41]　YUN C,QIN J,NIE H,et al. Experimental research on agglomeration in straw-fired fluidized beds[J]. Applied Energy,2011,88(12):4534-4543.

[42]　BOLHŔR-NORDENKAMPF M,GARTNAR F,TSCHANUN I,et al. Operating experiences from two new biomass fired FBC-plants with a high fuel flexibility and high steam parameters[C]//Proceedings of the 9th International Conference on Circulating Fluidized Beds. TuTech Innovation GmbH,Hamburg. 2008.

[43]　KHAN A A,DE JONG W,JANSENS P J,et al. Biomass combustion in fluidized bed boilers:potential problems and remedies[J]. Fuel Processing Technology,2009,90 (1):21-50.

[44]　DAYTON D. Summary of NO_x emissions reduction from biomass cofiring[R]. National Renewable Energy Lab. ,Golden,CO. (US),2002.

[45]　CHANGE I P O. 2006 IPCC guidelines for national greenhouse gas inventories[R]. Institute for Global Environmental Strategies,Hayama,Kanagawa,Japan,2006.

[46]　GLARBORG P,JENSEN A D,JOHNSSON J E. Fuel nitrogen conversion in solid fuel fired systems[J]. Progress in Energy and Combustion Science,2003,29(2): 89-113.

[47]　HILL S C,DOUGLAS SMOOT L. Modeling of nitrogen oxides formation and destruction in combustion systems[J]. Progress in Energy and Combustion Science, 2000,26(4):417-458.

[48]　BAAN R,GROSSE Y,STRAIF K,et al. A review of human carcinogens—part F:

chemical agents and related occupations[J]. The Lancet Oncology, 2009, 10(12): 1143-1144.

[49] LISK D J. Environmental implications of incineration of municipal solid waste and ash disposal[J]. The Science of the Total Environment, 1988, 74: 39-66.

[50] LIN G Y, TSAI C J, CHEN S C, et al. An efficient single-stage wet electrostatic precipitator for fine and nanosized particle control[J]. Aerosol Science and Technology, 2010, 44: 38-45.

[51] MUNACK A, KRAHL J, BUNGER J. Political framework and tail pipe emissions for rapeseed oil based fuels[C]//IEA Bioenergy Conference. 2009.

[52] GRASS S W, JENKINS B M. Biomass fueled fluidized bed combustion: atmospheric emissions, emission control devices and environmental regulations[J]. Biomass and Bioenergy, 1994, 6(4): 243-260.

[53] NI Y, ZHANG H, FAN S. et al. Emissions of PCDD/Fs from municipal solid waste incinerators in China[J]. Chemosphere, 2009, 75: 1153-1158.

[54] LIND T, HOKKINEN, J, JOKINIEMI J K. Fine particle and trace element emissions from waste combustion-comparison of fluidized bed and grate firing[J]. Fuel Process Technology, 2007, 88(7): 737-746.

[55] KOUVO P, BACKMAN R. Estimation of trace element release and accumulation in the sand bed during bubbling fluidised bed co-combustion of biomass, peat, and refuse-derived fuels[J]. Fuel, 2003, 82(7): 741-753.

[56] GRAMMELIS P, SKODRAS G, KAKARAS E, et al. Effects of biomass co-firing with coal on ash properties-part II: leaching, toxicity, and radiological behavior[J]. Fuel, 2006, 85: 2316-2322.

[57] HUS M, KOSUTIC K, LULIC S. Radioactive contamination of wood and its products[J]. Journal of Environmental Radioactivity, 2001, 55: 179-186.

[58] SPLIETHOFF H. Power generation from solid fuels[M]. Springer science & business media, 2010.

[59] LAVRIC E D, KONNOV A A, DE RUYCK J. Dioxin levels in wood combustion—a review[J]. Biomass and Bioenergy, 2004, 26: 115-145.

[60] LECLERC D, DUO W L, VESSEY M. Effects of combustion and operating conditions on PCDD/PCDF emissions from power boilers burning salt-laden wood waste [J]. Chemosphere, 2006, 63(4): 676-689.

[61] ULOTH V, VAN HEEK R. Dioxin and furan emission factors for combustion operations in pulp mills[J]. Pulp and Paper research Institute of Canada-PAPRICAN, 2002: 4-9.

[62] THEIS M. Interaction of biomass fly ashes with different fouling tendencies[D]. Turku (Finland): Aabo Akademi Lab. of Inorganic Chemistry.

[63] NIELSEN H P, FRANDSEN F J, DAM-JOHANSEN K, et al. The implications of chlorine- associated corrosion on the operation of biomass-fired boilers[J]. Progress in Energy and Combustion Science, 2000, 26(3): 283-298.

[64] DEMIRBAS A. Potential applications of renewable energy sources, biomass combustion problems in boiler power systems and combustion related environmental issues [J]. Progress in Energy and Combustion Science, 2005, 31(2): 171-192.

[65] JENSEN P A, SILRENSEN L H, HU G, et al. Combustion experiments with biomass fuels and additives in a suspension fired entrained flow reactor—test of Ca and P rich additives used to minimize deposition and corrosion[R]. CHEC Research Centre Department of Chemical and Biochemical Engineering. 2005.

[66] AHO M, SILVENNOINEN J. Preventing chlorine deposition on heat transfer surfaces with aluminium-silicon rich biomass residue and additive[J]. Fuel, 2004, 83 (10): 1299-1305.

[67] TOBIASEN L, SKYTTE R, PEDERSEN L S, et al. Deposit characteristic after injection of additives to a Danish straw-fired suspension boiler[J]. Fuel Processing Technology, 2007, 88(11-12): 1108-1117.

[68] DAVIDSSON K O, ÅMAND L E, STEENARI, B M, et al. Countermeasures against alkali-related problems during combustion of biomass in a circulating fluidized bed boiler[J]. Chemical Engineering Science, 2008, 63(21): 5314-5329.

[69] MROCZEK K, KALISZ S, PRONOBIS M, et al. The effect of halloysite additive on operation of boilers firing agricultural biomass[J]. Fuel Processing Technology, 2011, 92(5): 845-855.

[70] NORDGREN D, HEDMAN H, PADBAN N, et al. Ash transformations in pulverised fuel co-combustion of straw and woody biomass[J]. Fuel Processing Technology, 2013, 105: 52-58.

[71] KASSMAN H, BROSTRÖM M, BERG M, et al. Measures to reduce chlorine in deposits: application in a large-scale circulating fluidised bed boiler firing biomass[J]. Fuel, 2011, 90(4): 1325-1334.

第8章

生物质热转化系统分析计算方法与实例

8.1 Aspen Plus 在生物质耦合燃煤发电系统研究中的应用

Aspen Plus 起源于 20 世纪 70 年代后期，是由美国能源部在麻省理工学院（MIT）开发的新型第三代流程模拟软件，全称为先进过程工程系统（advanced system for process engineering，ASPEN），商品化后简称为 Aspen Plus。Aspen Plus 是基于稳态化工模拟、优化、灵敏度分析和经济评价的大型化工流程软件，主要用于模拟各种单元操作过程，从单元操作模块到整个工艺流程均涉及。Aspen Plus 主要由以下三部分组成。

（1）物性数据库。目前 Aspen Plus 具有工业上最完备的物性数据系统，其包含 2450 种无机物、1773 种有机物、900 种水溶电解质和 3314 种固体物的基本物性参数。这些物质的基本物性参数包括：分子量、密度、临界因子、偏心因子、标准生成自由能、标准生成热、正常沸点下的汽化潜热、回转半径、凝固点、偶极矩等。同时，Aspen Plus 还提供了几十种用于计算传递物性和热力学性质模型的方法，如计算理想混合物汽-液平衡的拉乌尔定律，烃类混合物的 Chao-Seader，非极性和弱极性混合物的 Redilch-Kwong-Soave、Peng-ROB、BWR-Lee-Staring，计算非理想液态混合物活度系数的模型主要有 NRTL、UNIFAC、UNIQUAC、Wilson 等。此外，Aspen Plus 还提供了较为灵活的数据回归系统（DRS），可以使用实验数据来回归求解物性参数，该方法可回归实际应用中的任何类型数据，计算任何模型参数，包括用户自编的模型。Aspen Plus 中的物性常数估算系统（PCES）能够通过输入分子结构和易测性质来估算短缺的物性参数。

（2）单元操作模块。Aspen Plus 中有 50 多种单元操作模型/模块，如混合、分离、换热、闪蒸、精馏、反应、压力变送、控制等。这些模型和模块的组合，能模拟用户所需要的流程。除此之外，Aspen Plus 还提供了灵敏度分析和工况分析等模块。

（3）系统实现策略（数据输入-解算-结果输出）。Aspen Plus 提供了操作方便、灵活的用户界面——Model Manager，用户通过 Model Manager 完成数据输入后，即可开展模拟计算，以交互方式分析计算结果，可按模拟要求修改数据，调整流程，或修改、调整输入文件中的任何语句或参数。

Aspen Plus 采用先进的数值计算方法，能使循环物料和设计规定迅速而准确地收敛，这些方法包括直接迭代法、拟牛顿法、正割法、Broyde 法等。应用 Aspen Plus 的优化功能,可寻求工厂操作条件的最优值以达到目标函数的最大值。可以将工程和技术经济变量作为目标函数,对约束条件和可变参数的数目没有限制。Aspen Plus 是世界上唯一能处理带有固体、电解质及煤、生物质和常规物料等复杂物质的流程模拟系统,目前已成为举世公认的标准大型流程模拟软件,广泛应用于能源转化过程的分析,在生物质热转化过程分析中也不乏大量应用。

本节以国内常见的 600 MW 燃煤锅炉为例,利用 Aspen Plus 流程模拟软件,对传统燃煤锅炉耦合生物质发电系统进行了详细的流程模拟与计算。首先,介绍了如何建立典型燃煤锅炉系统模型,并验证了模型能准确模拟锅炉燃烧和换热过程。然后,建立了生物质气化、生物质热解系统,并在此基础上建立了生物质直燃耦合燃煤发电系统、生物质气化耦合燃煤发电系统、生物质热解耦合燃煤发电系统三种混燃系统的模型,并基于计算结果进行了系统分析。

8.1.1 600 MW 燃煤锅炉系统模型构建

8.1.1.1 燃煤锅炉说明

本节举例分析对象即某 600 MW 超临界锅炉符合北京 B&W 公司超临界系列锅炉技术标准,锅炉为采用超临界参数、垂直炉膛、一次中间再热、平衡通风、露天布置的 Π 型锅炉。锅炉总体布置如图 8-1 所示,炉膛由下部垂直膜式水冷壁和上部垂直膜式水冷壁构成,炉膛

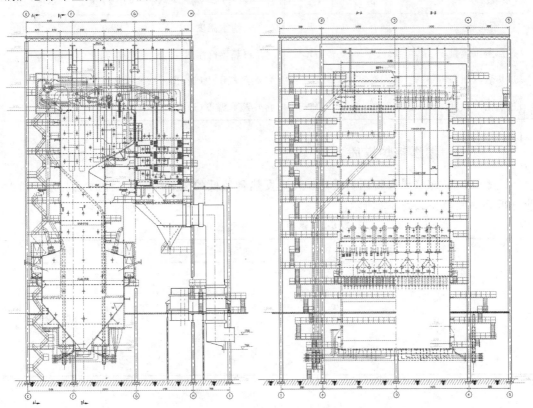

图 8-1 锅炉总体布置示意图

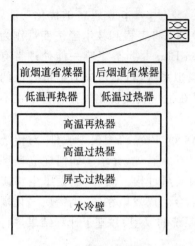

图 8-2　炉内受热面布置

上部布置屏式过热器,炉膛折焰角上方布置二级过热器进口管组,在水平烟道处布置了二级过热器出口管组和再热器垂直管组,尾部竖井由隔墙分隔成前后两个烟道,前部布置水平再热器,后部布置一级过热器和省煤器。

锅炉炉内受热面布置如图 8-2 所示,煤粉进入炉膛燃烧产生的高温烟气依次流经水冷壁、屏式过热器、高温过热器、高温再热器、低温过热器、低温再热器、省煤器,进入空气预热器与空气换热后离开锅炉。锅炉给水经省煤器和水冷壁产生的饱和蒸汽依次流经各级过热器产生过热蒸汽;同时高压缸排气依次流经各级再热器产生再热蒸汽。过热蒸汽和再热蒸汽分别进入高压缸和中压缸中做功。

8.1.1.2　燃煤锅炉设计参数

燃煤锅炉机组主蒸汽参数和再热蒸汽参数分别为 25.28 MPa/571 ℃和 4.222 MPa/569 ℃。燃煤锅炉主要设计参数如表 8-1 所示。

表 8-1　燃煤锅炉主要设计参数

参 数 名 称	数　值	单　位	参 数 名 称	数　值	单　位
给煤量	284	t/h	给水温度	280	℃
过热蒸汽流量	1811	t/h	再热蒸汽流量	1535	t/h
过热蒸汽压力	25.28	MPa	再热蒸汽压力(进/出)	4.402/4.222	MPa
过热蒸汽温度	571	℃	再热蒸汽温度(进/出)	315.7/569	℃

8.1.1.3　燃煤锅炉煤质参数

该 600 MW 超临界煤粉锅炉设计煤种为发热量较低的无烟煤,该煤种的元素分析和工业分析分别如表 8-2、表 8-3 所示。

表 8-2　锅炉设计煤种元素分析

元 素 名 称	符　号	数值/(%)	说　明
碳	C	54.74	
氢	H	1.89	
氧	O	1.69	干燥基,质量百分数
氮	N	0.64	
硫	S	1.32	

表 8-3　锅炉设计煤种工业分析

名　称		符　号	数　值	单　位	说　明
工业分析	水分	M	9.39	%	空干基
	灰分	Ash	39.72	%	干燥基
	挥发分	VM	4.17	%	干燥基
	固定碳	FC	56.11	%	干燥基
干燥基低位发热量		$Q_{net,dry}$	22.76	MJ/kg	干燥基
收到基低位发热量		$Q_{net,ar}$	18.84	MJ/kg	收到基

8.1.2　600 MW 燃煤锅炉计算模型构建

在燃煤锅炉中,煤粉在炉膛内燃烧从而产生高温烟气,高温烟气通过换热器将热量传递给水或水蒸气。对于燃煤锅炉的计算主要分为两部分:煤粉燃烧过程计算和烟气换热过程计算。计算过程中做如下假设:

(1)所有部件处于稳定运行状态,所有参数不随时间发生变化,管道和设备中的压力损失均不考虑;

(2)环境温度为 20 ℃,压力为 1 atm;

(3)不考虑压力损失和泄漏,物流过程中没有能量或质量的变化;

(4)环境大气由体积分数为 79% 的氮气和 21% 的氧气组成;

(5)模型中涉及的气体都视为理想气体。

8.1.2.1　锅炉中煤粉燃烧过程计算

煤粉在锅炉炉膛中的燃烧过程可简化为图 8-3 所示流程。煤粉燃烧过程采用的物性方法选用 PENG-ROB,燃烧部分使用的单元操作模块包括 RGibbs、RYield、SSplit、FSplit、Mixer。由于煤为非常规组分燃料,Aspen Plus 数据库中没有其对应的物性参数,所以需要利用 HCOALGEN 和 DCOALIGT 计算方法对煤的熔值和密度进行计算。煤粉燃烧过程采用 RGibbs 模块进行模拟,利用 Gibbs(吉布斯)自由能最小化原理,使化学反应处于热力平衡状态。RGibbs 反应器不能正确识别非常规组分,所以在煤粉进入 RGibbs 反应器之前,首先要利用 RYield 反应器将煤分解成 C、H_2、O_2、N_2、S、H_2O、Ash(灰分)等纯组分,这一过程由用户编辑的 Fortran 子程序控制,Fortran 子程序根据煤粉元素分析的数据将煤粉分解为同等质量和热量的纯物质。RYield 反应器热解煤粉所需要的热量由 RGibbs 反应器燃烧产

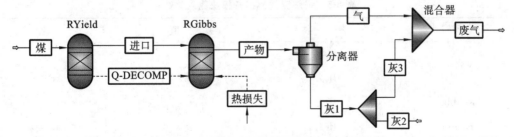

图 8-3　锅炉煤粉燃烧过程模拟流程

生的热量提供,这也符合煤粉在锅炉中的实际燃烧情况。RGibbs 反应器的燃烧产物包括固体灰渣和烟气,进入 SSplit 模块进行气固分离。燃烧过程产生的灰渣部分在锅炉底部沉降,从而离开锅炉,剩余大部分灰渣与烟气一起混合后进入锅炉换热器部分。上述各反应器模块具体功能与原理如表 8-4 所示。

表 8-4　各反应器模块的功能与原理

反应器模块	功　能	原　　理
RYield	煤粉分解	模拟产率分布已知、反应动力学未知的化学反应
RGibbs	煤粉燃烧	利用吉布斯自由能最小化原理,根据原料的化学组分计算反应产物成分
SSplit	烟渣分离	物流分离器,可以用于将状态不同的产物进行分离
FSplit	底渣分离	将一股物流分成成分相同的多股物流
Mixer	烟渣混合	将多股物流混合成一股物流

8.1.2.2　锅炉换热过程计算

锅炉的换热系统包括省煤器、水冷壁、低温过热器、高温过热器、屏式过热器、高温再热器、低温再热器、空气预热器等部件。

由于涉及水蒸气的相变过程,锅炉换热部分的模拟采用 STEAM-TA 物性方法,并采用 Heater 模块模拟换热过程。每级换热器利用两个 Heater 模块进行模拟,分别模拟换热器的水侧和烟气侧。锅炉换热器的流程模拟如图 8-4 所示。模拟过程中涉及的模块输入参数和相关物流参数分别如表 8-5 和表 8-6 所示。

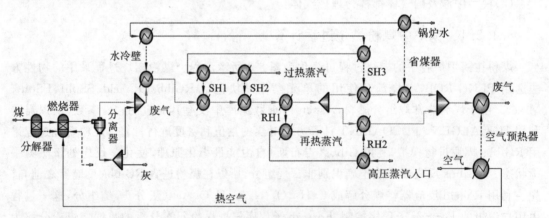

图 8-4　锅炉换热器的流程模拟

表 8-5　锅炉流程模拟各模块输入参数

反应器模块	参　数	数　值	单　位
RYield	温度	20	℃
	压力	0.987	bar
RGibbs	压力	0.987	bar
Heater	压力	0.987	bar

表 8-6　锅炉流程模拟物流输入参数

物　流	参　数	数　值	单　位
煤粉	温度	20	℃
	质量流量	284	t/h
一次风	温度	20	℃
	质量流量	513	t/h
二次风	温度	20	℃
	质量流量	1675	t/h
给水	温度	280	℃
	压力	292	bar

8.1.3　600 MW 燃煤锅炉系统模型验证

采用上述构建的系统进行计算,获得的锅炉中各级换热器烟气出口温度的模拟计算值和锅炉出厂设计值对比见表 8-7。屏式过热器、高温过热器、高温再热器、低温过热器、低温再热器、省煤器、排烟温度的误差分别为:4.22%、1.92%、3.21%、1.97%、3.76%、4.29%、0.86%。模型模拟所得的结果与锅炉设计值的误差都在合理的范围内,说明所建立的锅炉燃烧系统模型能够很好地对实际锅炉的运行进行模拟计算。

表 8-7　锅炉各级换热器烟气出口温度的模拟计算值和锅炉出厂设计值对比

换　热　器	烟气出口温度/℃		
	模拟计算值	锅炉出厂设计值	误　差
屏式过热器	1327	1271	4.22%
高温过热器	1147	1169	1.92%
高温再热器	967	998	3.21%
低温过热器	812	828	1.97%
低温再热器	798	828	3.76%
省煤器	489	468	4.29%
排烟	116	117	0.86%

8.1.4　生物质气化系统模型构建

8.1.4.1　生物质气化炉特征

生物质气化是生物质有机物大分子在不完全燃烧条件下生成 H_2、CO、CH_4 等可燃性气体和 CO_2 的热化学过程。气化炉分为等离子体气化炉、固定床气化炉和流化床气化炉。其中固定床气化炉根据生物质燃料给料方式的不同又分为上吸式固定床气化炉和下吸式固定床气化炉。由于上吸式固定床气化炉成本较低,运行稳定,国内技术发展相对成熟,因此本节选取的生物质气化炉类型为上吸式固定床气化炉。上吸式固定床气化炉的简化模型如图

8-5 所示。生物质燃料从气化炉上方进入炉内,空气或其他氧化剂从气化炉下部进入炉内。生物质进入炉内之后的反应可以大致分为四个阶段,即干燥阶段、热解阶段、还原阶段、氧化阶段。由于生物质含水量一般较大,生物质在进入气化炉前还需要经过干燥、破碎和切片等预处理。经预处理的生物质在气化炉中,先经干燥层在 300 ℃ 左右环境下进行干燥;经干燥的生物质接着进入热解层,在 600 ℃ 缺氧环境下发生热解反应,生成 CO、H_2 等小分子气体以及少量焦油和水蒸气,同时也伴随着副产物焦炭和灰的生成;热解反应的部分产物随气流进入干燥层进而排出气化炉,热解反应的另一部分产物往下进入还原层,发生的主要反应为焦炭与氧气、蒸汽反应,生成 H_2、CO、CO_2 等气体;最后未转化的焦炭进入氧化层,在氧气充足的条件下燃烧,为热解反应提供所需热量。

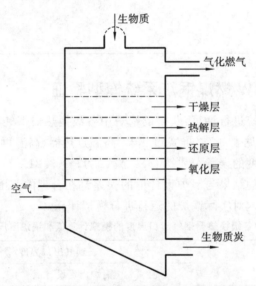

图 8-5　上吸式固定床气化炉的简化模型

8.1.4.2　生物质固定床气化炉气化过程模拟

进入生物质气化炉的氧气量会直接影响气化生成的燃气热值。根据已有文献结果,当气化当量比在 0.25 左右时,生物质空气气化所得燃气热值最高,所以本节所选取的气化当量比为 0.25。假设气化产生的副产物焦炭由碳(C)和灰分(Ash)组成,由于生物质气化过程产生的焦油量很少,因此在计算过程中不计焦油的生成。生物质气化过程的模拟计算是基于质量平衡、能量平衡和整体的化学平衡而进行的。气化炉内生物质发生的主要反应有:

$$C+O_2 \longleftrightarrow CO_2, \quad +393 \text{ kJ/mol} \tag{8-1}$$

$$2C+O_2 \longleftrightarrow 2CO, \quad +110 \text{ kJ/mol} \tag{8-2}$$

$$C+CO_2 \longleftrightarrow 2CO, \quad -173 \text{ kJ/mol} \tag{8-3}$$

$$C+H_2O \longleftrightarrow CO+H_2, \quad -132 \text{ kJ/mol} \tag{8-4}$$

$$CH_4+H_2O \longleftrightarrow CO+3 H_2, \quad -206 \text{ kJ/mol} \tag{8-5}$$

$$CH_4+2H_2O \longleftrightarrow CO_2+4 H_2, \quad -165 \text{ kJ/mol} \tag{8-6}$$

与煤相同,作为非常规组分的生物质在进入气化反应器之前也需要经热解转化成纯物质,此过程用 RYield 反应器进行模拟计算,产物组分由 Fortran 语句根据生物质燃料的元素分析和工业分析进行控制和计算。生物质气化过程是一个整体的化学平衡过程,所以本模型选取 RGibbs 模块模拟气化反应过程,气化反应在高温下接近化学平衡。假设生物质干燥之后的水分含量是已知的,所以我们选择 RStoic 模块用来模拟干燥过程(水分蒸发)。燃烧过程也是基于吉布斯自由能最小化原理,所以燃烧过程也使用 RGibbs 模块。结合上吸式固定床气化炉的结构特点,生物质固定床气化炉气化全流程模拟计算模型如图 8-6 所示。

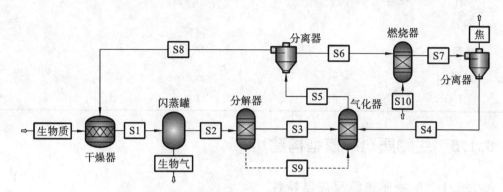

图 8-6　生物质固定床气化炉气化全流程模拟计算模型

选取三种典型生物质——木屑、玉米秸秆和稻谷壳开展研究,燃料的元素分析和工业分析分别如表 8-8 和表 8-9 所示。

表 8-8　生物质燃料元素分析(干燥基)

元素名称	符　号	木　屑	玉米秸秆	稻谷壳	单　位
碳	C	51.2	44.3	45.28	%
氢	H	6.1	6.28	5.51	%
氧	O	42.4	41.85	36	%
氮	N	0.1	0.85	1.41	%
硫	S	0	0.12	0.1	%

表 8-9　生物质燃料工业分析

名　称		符　号	木　屑	玉米秸秆	稻谷壳	单　位
工业分析	水分	M(空干基)	10	10	10	%
	固定碳	Ash(干燥基)	16.9	14.7	25.5	%
	挥发分	VM(干燥基)	82.9	78.7	62.8	%
	灰分	FC(干燥基)	0.2	6.6	11.7	%
干燥基低位发热量		Q_{net}(干燥基)	19.5	16.3	13.9	MJ/kg
收到基低位发热量		Q_{net}(空干基)	18.94	15.28	13.74	MJ/kg

计算所得的三种生物质的气化产物如表 8-10 所示,该结果和大部分的文献所得数据相符。

表 8-10　模拟所得的三种生物质气化产物成分

气 化 产 物	木 屑	玉 米 秸 秆	稻 谷 壳
CO	23.7%	21.9%	19.4%
H_2	21.1%	20.4%	19.4%
CO_2	7.3%	7.8%	8.4%
N_2	37.4%	37.8%	38.6%
CH_4	0.7%	0.8%	1.0%
H_2O	9.8%	11.3%	13.2%

8.1.5　生物质热解模型构建

8.1.5.1　生物质热解反应器特性

生物质热解反应器主要有流化床热解炉、旋转锥反应器、喷动床、循环流化床等。德国鲁奇公司的循环流化床热解工艺具有传热传质性能好、处理物料适用性广、调节范围大、操作简便等优点,是目前应用最广泛的热解方式。因此,本节也选择循环流化床热解反应器用于示例计算,其简化模型如图 8-7 所示。经破碎、干燥等预处理后的生物质原料进入热解炉,在 500 ℃左右的惰性环境下发生热解反应,生成的产物主要是高温下处于气态的有机物和固态的生物质炭,经两级旋风分离器进行气固分离。分离的气态产物进入冷凝塔进行喷淋冷凝,得到的液体产物作为生物油进行收集,得到的不可凝气体送回热解炉作为循环流化气;经旋风分离器得到的固体产物生物质炭则送入燃烧室进行燃烧,产生的热量由燃烧炉中的沙子传递给热解炉,以提供生物质热解过程所需的热量。

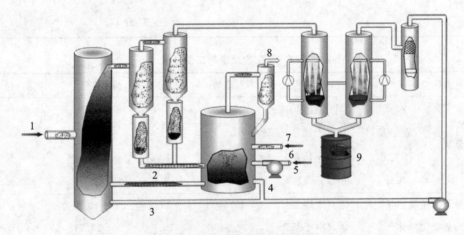

图 8-7　生物质热解系统简化模型

1,7—生物质;2—流化床料;3—循环气;4—净化气体;5—空气;6—燃烧;8—废气;9—生物油

8.1.5.2　生物质热解过程模拟计算

生物质热解反应生成的气体产物主要有 CO、H_2、CO_2、CH_4、C_2H_6,此外还有少量的 H_2S、NH_3 等。生物质热解的液体产物生物油的成分则较为复杂,主要包括酚类、酸类、醛类

以及酮类。已有研究表明,反应条件相同时,生物质快速热解产生的生物油主要成分不会有很大变化,本模型假设生物油组分信息如表 8-11 所示。

表 8-11　生物油组分

组　　分	分　子　式	含量/(%)
水	H_2O	14.2
对苯二酚	$C_6H_6O_2$	4.1
愈创木酚	$C_7H_8O_2$	3.6
羟乙醛	$C_2H_4O_2$	16.6
乙酸	$C_2H_4O_2$	15
甲酸	CH_2O_2	19.6
甲醛	CH_2O	11.1
丙酮酸	$C_3H_6O_2$	15.8

　　考虑到生物质热解产物组分的复杂性,本节选取 UNIQUAC 方法模拟热解物性。生物质热解反应的流程模拟如图 8-8 所示,采用 RYield 反应器模拟热解炉,采用 RStoic 反应器模拟生物质干燥过程,采用 RGibbs 反应器模拟焦炭燃烧过程,采用 SSplit 模块模拟气固分离过程,采用 Flash 模块模拟气液分离过程。不同生物质由于组分特点不同,热解产物也会有所不同,参考已有的实验研究结果,木屑、玉米秸秆、稻谷壳三种生物质热解产物分布如表8-12 所示。

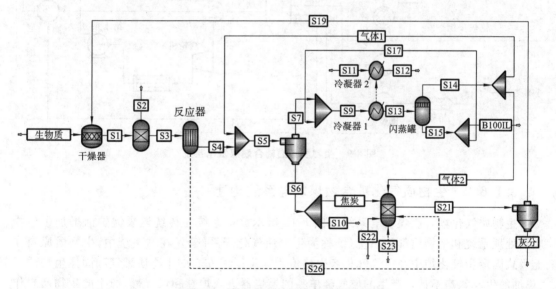

图 8-8　生物质热解反应的流程模拟

表 8-12　不同生物质热解产物分布

组　　分	生物油/(%)	不可凝气体/(%)	生物质炭/(%)
木屑	67	18	15
玉米秸秆	46	31	23
稻谷壳	42	23	35

8.1.6　生物质耦合燃煤发电系统

由第 7 章所述,生物质耦合燃煤发电主要有三种典型形式,分别为生物质直接燃烧(直燃)耦合燃煤发电、生物质气化耦合燃煤发电以及生物质热解耦合燃煤发电。为充分示例研究,本节以前文所述 600 MW 燃煤锅炉为基础,构建了生物质耦合燃煤锅炉的三种不同系统:生物质直燃耦合燃煤发电系统、生物质气化耦合燃煤发电系统、生物质热解耦合燃煤发电系统。

8.1.6.1　生物质直燃耦合燃煤发电系统构建

生物质直燃耦合燃煤发电系统在原有燃煤锅炉的基础上,增加了生物质预处理子系统,包括生物质给料系统、生物质干燥系统、生物质破碎系统。在本系统中,生物质原料和煤分别经不同的制粉系统后经不同的燃烧器进入炉膛混燃。本系统对部分煤粉燃烧器进行了适当改造,并采用专用燃烧器对生物质进行给料。本系统利用锅炉排烟余热对生物质原料进行干燥,锅炉燃烧子系统和原有燃煤锅炉子系统保持一致,具体流程如图 8-9 所示。

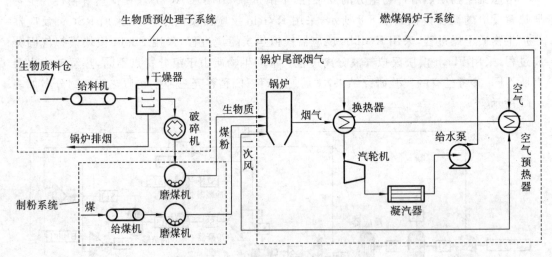

图 8-9　生物质直燃耦合燃煤发电系统

8.1.6.2　生物质气化耦合燃煤发电系统构建

生物质气化耦合燃煤发电系统如图 8-10 所示。本系统在传统燃煤锅炉前增加了生物质预处理系统和生物质气化系统(统称为生物质气化子系统)。在本系统中,生物质原料在上吸式固定床气化炉中经空气气化产生热值为 5 MJ/m³ 左右的生物质燃气和固体生物质炭(焦油的生成忽略不计),产生的燃气经单独的燃烧器进入炉膛和煤混燃,产生的生物质炭作为副产品进行收集,燃煤锅炉子系统和原有燃煤锅炉保持一致。

8.1.6.3　生物质热解耦合燃煤发电系统构建

生物质热解耦合燃煤发电系统如图 8-11 所示。本系统在传统燃煤锅炉前增加了生物质预处理系统和生物质热解系统(统称为生物质热解子系统),生物质原料经热解炉产生气态的不可凝气体、固态的生物质炭、液态生物油三种产物,其中热解产生的液态产物生物油和气态产物不可凝气体进入锅炉后与煤混燃发电。

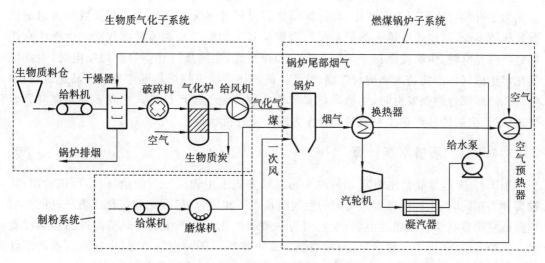

图 8-10　生物质气化耦合燃煤发电系统

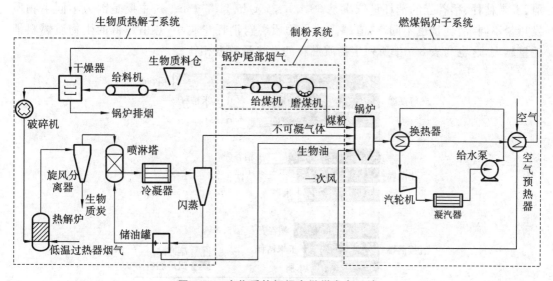

图 8-11　生物质热解耦合燃煤发电系统

本系统中热解炉与流化床热解炉的不同之处在于,本系统中生物质热解反应所需要的热量由锅炉低温过热器出口的烟气提供,热解产生的生物质炭作为副产品收集,且利用锅炉排烟对生物质原料进行干燥,燃煤锅炉子系统和原有燃煤锅炉子系统保持一致。

8.1.7　生物质耦合燃煤发电系统质量平衡计算

8.1.7.1　耦合系统质量平衡计算方法

生物质耦合燃煤发电系统模型的质量平衡是基于整体质量守恒进行计算的,因此在计算过程中可忽略系统质量损失。为了全面探究不同混燃方式下生物质耦合燃煤发电系统的性能,本节分析了以不同混燃比例(5％、10％、15％、20％)掺烧不同种生物质时生物质耦合燃煤发电系统的性能。其中,混燃比例 R 是以输入系统能量比定义的:

$$R = \frac{\text{输入锅炉生物质燃料热量}}{\text{输入锅炉系统总热量}} \times 100\% \tag{8-7}$$

　　为了有效对比不同工况特性,本计算模型假设每种工况下锅炉主蒸汽参数和再热蒸汽参数保持不变,通过改变输入锅炉系统的给煤量和生物质量来调节混燃比例。生物质直燃耦合燃煤发电时,生物质燃料全部进入锅炉和煤混燃;生物质气化耦合燃煤发电时,生物质气化产生的气体产物进入锅炉与煤混燃,产生的固体产物生物质炭则作为副产品进行收集;生物质热解耦合燃煤发电时,生物质热解产生的液体和气体产物进入燃煤锅炉与煤混合燃烧,热解产生的固体产物生物质炭同样作为副产品进行收集。

8.1.7.2　质量平衡计算

　　图 8-12 所示是混燃比例为 10% 时不同混燃方式下生物质燃料的消耗量,可以看出:生物质种类相同时,不同混燃方式所需的生物质量也不相同,热解混燃和气化混燃消耗的生物质燃料量明显高于直接燃烧混燃,这是因为热解和气化混燃产生的高热值副产品焦炭没有进入锅炉混燃,带走了大量热量;同种混燃方式下掺烧不同种生物质时,生物质燃料的消耗量也不尽相同,以直接燃烧混燃为例,混燃比例为 10% 时,煤的消耗量减少了 28.4 t/h,木屑、玉米秸秆、稻谷壳的消耗量依次是 33 t/h、37 t/h、41.6 t/h。这主要是因为不同生物质发热量不同,消耗量也不同,热值越高的生物质燃料消耗量越小,热值越低的生物质燃料消耗量越大,这也与表 8-9 中所列生物质燃料的发热量数据相符。

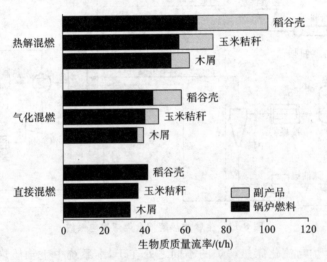

图 8-12　不同混燃方式下生物质燃料消耗量

8.1.7.3　生物质耦合燃煤发电系统热平衡计算

1. 热平衡计算方法

　　生物质耦合燃煤发电系统模型是基于吉布斯自由能原理建立的,因此系统整体能量守恒,计算所需的全流程数据由模拟计算给出。在稳定工况下,锅炉热平衡方程可写为

$$\sum m_R h_R = Q + Q_{Ash} + Q_{fluegas} + \sum m_P \Delta h_P \qquad (8-8)$$

式中:m_R 为燃料的质量流率,kJ/kg;h_R 为燃料发热量,kJ/kg;m_P 为蒸汽流量,kg/h;Δh_P 为蒸汽焓增,kJ/kg;Q 为锅炉散热损失,kJ/h;Q_{Ash} 为灰渣物理热损失,kJ/h;$Q_{fluegas}$ 为排烟热损失,kJ/h。

　　锅炉效率可表示为

$$\eta^{\mathrm{en}} = \frac{1}{m_{\mathrm{c}}\mathrm{LHV}_{\mathrm{c}} + m_{\mathrm{b}}\mathrm{LHV}_{\mathrm{b}}}\big[D_{\mathrm{gr}}(h''_{\mathrm{gr}} - h_{\mathrm{gs}}) + D_{\mathrm{zr}}(h''_{\mathrm{zr}} - h'_{\mathrm{zr}})\big] \tag{8-9}$$

式中：m_{c} 和 m_{b} 分别是燃煤消耗量和生物质燃料消耗量，kg/h；$\mathrm{LHV}_{\mathrm{c}}$ 和 $\mathrm{LHV}_{\mathrm{b}}$ 分别是煤和生物质燃料的发热量，kJ/kg；D_{gr}、D_{zr} 分别为过热蒸汽流量、再热蒸汽流量，kg/h；h''_{gr} 和 h''_{zr} 分别是过热蒸汽焓值和再热蒸汽焓值，kJ/kg；h_{gs} 和 h'_{zr} 分别是给水焓和再热蒸汽入口焓，kJ/kg。

2. 热效率分析

系统热效率的计算结果显示，没有混燃生物质时，传统燃煤锅炉的热效率为 91.04%。图 8-13 给出了不同运行参数下，混燃生物质对锅炉热效率的影响。从图中可以看出，以传统燃煤锅炉热效率为基准，对应三种不同的混燃方式，混燃生物质后锅炉热效率都有明显的降低，且生物质混燃比例越大，锅炉热效率越低。以直接混燃秸秆为例，混燃比例为 5%、10%、15%、20% 时对应的锅炉热效率分别为 90.74%、90.46%、90.15%、89.89%。此外，对比混燃三种不同生物质的锅炉热效率可以发现，在所选的三种生物质中混燃稻谷壳对锅炉热效率产生的影响最大，混燃木屑对锅炉热效率产生的影响最小。以气化混燃 10% 生物质为例，混燃木屑、玉米秸秆、稻谷壳对应的锅炉热效率分别下降了 0.71%、0.81%、0.98%。对比前文生物质元素分析和工业分析数据发现，这是因为木屑的热值最高，和煤的性质最为相近，所以影响较小，稻谷壳的热值最低，和煤的性质相差最大，所以影响最大。通过锅炉热平衡计算可知，锅炉热效率的下降主要是排烟热损失增大引起的，由于生物质与煤相比热值较低，同等发热量下折算水分较高，且生物质原料氢碳比较高，混燃生物质后燃烧产生的烟气中水蒸气含量较高，带走更多热量，使锅炉排烟热损失大大增加。和传统燃煤锅炉相比，混燃生物质比例越大，锅炉尾气中水分容积份额越大，使锅炉排烟损失越大，锅炉热效率越低。

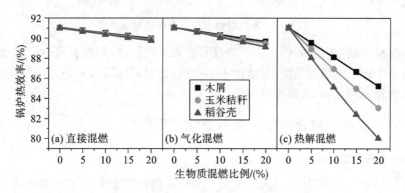

图 8-13　不同运行参数下的锅炉热效率对比

图 8-14 所示是不同运行参数下锅炉排烟中水蒸气容积份额的对比。从图中可以看出，生物质混燃比例达到 20% 时，直接混燃、气化混燃、热解混燃稻谷壳时，排烟中水蒸气容积份额分别增加了 0.017、0.028、0.037。燃煤锅炉混燃生物质后锅炉排烟中水蒸气的容积份额明显增大，且随着生物质混燃比例的增大而增大，这与图 8-13 所示的结果一致。

图 8-15 所示是不同混燃方式下锅炉热效率的对比。对三种不同生物质而言，三种混燃方式中，生物质直接混燃时锅炉热效率最高，其次是气化混燃，热解混燃时，锅炉热效率最低。以混燃 10% 秸秆为例，直接混燃、气化混燃、热解混燃对应的锅炉热效率分别为 90.46%、90.23%、86.93%，其中热解混燃时，锅炉热效率下降最为明显，这主要是因为生物

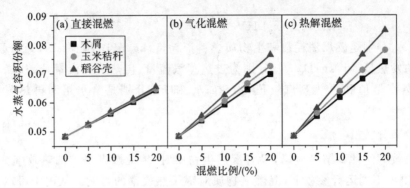

图 8-14　不同运行参数下锅炉排烟中水蒸气容积份额对比

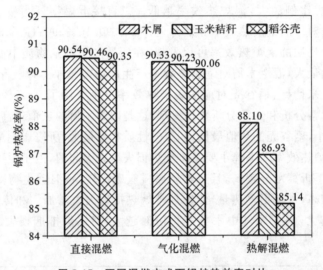

图 8-15　不同混燃方式下锅炉热效率对比

质热解产生的高热值生物质炭作为副产物没有进入炉膛混燃,而是直接进行收集,这相当于进一步降低了生物质燃料的热值,也增大了生物质燃料的氢碳比,从而进一步增加了锅炉排烟中水蒸气含量,增大了锅炉排烟热损失。

8.1.7.4　生物质耦合燃煤发电系统㶲平衡分析

1.㶲平衡计算方法

以给定的环境为基准,任一形式的能量中理论上能够转变为有用功的那部分能量,称之为该能量的㶲,对应地,不能转变为有用功的那部分能量称为该能量的㶲。因此,可以用㶲来衡量能量的品质。一个系统中㶲越大,系统能量品质越高;㶲越小,系统能量品质越低。进一步地,可采用㶲分析来评价锅炉的能量品质。

锅炉的㶲分析以整台锅炉为热力系统,通过对比分析进入与离开该系统的㶲,从而计算系统的㶲损失。对于生物质耦合燃煤发电系统,进入该系统的有燃料、给水、空气、入口再热蒸汽,离开系统的有烟气与灰渣、过热蒸汽、出口再热蒸汽。锅炉系统主要分为锅炉炉膛和换热部件。换热部件包括省煤器、水冷壁、过热器、再热器以及空气预热器。对于锅炉炉膛来说,稳定流动工质的㶲不包含做功,所以动能㶲和势能㶲忽略不计。那么,根据热力学第二定律,系统㶲平衡方程如下:

$$\sum m_R e_R = E_{\text{boiler}} + E_{\text{heater}} + E_{\text{fluegas}} + \sum m_P \Delta e_P \tag{8-10}$$

式中：m_R、e_R、m_P、Δe_P、E_{boiler}、E_{heater}、E_{fluegas} 分别代表锅炉燃料流率、燃料㶲、蒸汽流率、蒸汽㶲增、炉膛不可逆损失引起的㶲损、对流或辐射换热引起的损失、锅炉排烟㶲损。锅炉㶲效率可以表示如下：

$$\eta^{\text{ex}} = \frac{E_{\text{del}}}{E_{\text{in}}} \times 100\% \tag{8-11}$$

$$E_{\text{in}} = m_c e_c + E_b \tag{8-12}$$

式中：E_{del} 表示系统的获得㶲；E_{in} 表示系统的输入㶲；m_c 表示锅炉的给煤量；e_c 表示煤的燃料㶲；E_b 表示生物质燃料供给锅炉的㶲，直接混燃时它表示进入锅炉的生物质的化学㶲，气化混燃时表示进入锅炉的气化燃气的物理㶲和化学㶲，热解混燃时表示热解产生的生物油和不可凝气体的㶲。

$$E_{\text{del}} = D_{\text{gr}}(e_{\text{gr}} - e_{\text{gs}}) + D_{\text{zr}}(e''_{\text{zr}} - e'_{\text{zr}}) \tag{8-13}$$

式中：D_{gr}、D_{zr} 分别为过热蒸汽流量、再热蒸汽流量，kg/h；e_{gr} 和 e_{gs} 分别为过热蒸汽㶲和给水㶲，kJ/kg；e''_{zr} 和 e'_{zr} 分别为再热蒸汽出口㶲和再热蒸汽入口㶲，kJ/kg。

前文计算中涉及的燃料的物理㶲的计算公式如下：

$$e^{\text{PH}} = \Delta h - T_0 \Delta s = h - h_0 - T_0(s - s_0) \tag{8-14}$$

式中：h 和 s 分别表示对应流股的焓和熵，可以从流程模拟的结果中获取；T 表示温度；下标 0 代表环境状态。

前文计算中涉及的燃料的化学㶲的计算公式如下：

$$e_f^{\text{ch}} = \beta_f \cdot \text{LHV}_f \tag{8-15}$$

式中：LHV_f 是燃料的低位发热量；系数 β_f 由数学关系式计算所得，煤和生物质对应的系数表达式分别为

$$\beta_c = 1.0064 + 0.1519\frac{m_H}{m_C} + 0.0616\frac{m_O}{m_C} + 0.0429\frac{m_N}{m_C} \tag{8-16}$$

$$\beta_b = \frac{1.0412 + 0.2160\frac{m_H}{m_C} - 0.2499\frac{m_O}{m_C}\left(1 + 0.7884\frac{m_H}{m_C}\right) + 0.045\frac{m_N}{m_C}}{1 - 0.3035\frac{m_O}{m_C}} \tag{8-17}$$

式中：m_H、m_O、m_N、m_C 分别表示燃料元素分析中氢、氧、氮、碳的质量分数。

假设固定床气化炉产生的燃气为理想气体，则燃气的单位化学㶲可以用下式计算：

$$e^{\text{CH}} = \sum x_i e_k^{\text{CH}} + R_u T_0 \sum x_i \ln x_i \tag{8-18}$$

式中：x_i、e_k^{CH} 和 R_u 分别表示组分的摩尔分数、标准温度下的摩尔㶲和气体常数。各物质的标准摩尔㶲 e^{CH} 和标准摩尔焓 h_0 如表 8-13 所示。

表 8-13　各组分标准摩尔焓和标准摩尔㶲

组　　分	$h_0/(\text{kJ/mol})$	$g_0/(\text{kJ/mol})$	$e^{\text{CH}}/(\text{kJ/mol})$
N_2	0	0	691.077
O_2	0	0	3880.317
H_2O	-241810	-228590	8667.460
CO_2	-393510	-394370	26369.500

组　　分	$h_0/(kJ/mol)$	$g_0/(kJ/mol)$	$e^{CH}/(kJ/mol)$
CO	-110530	-137150	272590.144
C(s)	0	0	403646.371
H_2	0	0	231338.475
CH_4	-110530	-137150	733326.934
NH_3	-45898	-16400	331992.195
$C_7H_8O_2$	-249000	-117300	3643601.694
$C_6H_6O_2$	-269400	-185800	2941607.709
CH_2O_2	-378600	-351000	300100.615
$C_2H_4O_2$	-308700	-247400	1035775.851
$C_3H_6O_2$	-366000	-285000	1634752.177
$C_6H_{12}O_6$	-1089000	-855400	2998757.773
CH_2O	-138600	-141600	500023.981
C_2H_4	52510	68440	1336381.350
C_2H_6	-83820	-31920	1471329.135
C_3H_8	-104680	-24390	2114067.526

对于生物质热解产生的有机混合物，因为生物油是液体混合物，所以生物油的单位化学㶲的计算公式如下：

$$e^{CH} = \sum x_i e_k^{CH} \tag{8-19}$$

参考温度下的摩尔㶲可以由标准温度下的摩尔㶲计算得到：

$$ex_0^{CH} = \frac{T_0}{T^0}ex_{CH}^0 - h_f^0\frac{T^0 - T_0}{T^0} \tag{8-20}$$

式中：ex_{CH}^0、h_f^0、T^0 和 T_0 分别表示标准摩尔化学㶲、标准焓、标准温度和参考温度。

2. 㶲损分析

燃煤锅炉系统㶲损主要包括炉膛燃料燃烧时的㶲损和换热器换热时的㶲损。燃料燃烧过程中的㶲损主要是指储存在燃料内的化学能转化成烟气热能时产生的㶲损；换热器㶲损主要是高温烟气流经各级换热器，与水蒸气进行换热时的温差引起的㶲损。没有混燃生物质时，传统燃煤锅炉各部分㶲损计算结果如表 8-14 所示。经计算可知，传统燃煤锅炉㶲效率为 50.8%，而由前文利用热力学第一定律对锅炉进行的热平衡分析可知锅炉热效率为 91.04%，这主要是因为热力学第一定律只计算了锅炉散热损失、排烟热损失等外部热损失，而不能对锅炉内部能量的品质变化进行评价。基于热力学第二定律的㶲平衡计算则能考虑锅炉内部能量品质的变化，可以弥补热力学第一定律的不足。从锅炉系统热平衡分析可知，锅炉热损失最大部分为锅炉尾气排烟热损失，排烟热损失为 6.35%，排烟热量为 94.3 MW，但是锅炉排烟损失对应的㶲损系数只有 1.7%，这是因为锅炉排烟温度相对较低，虽然烟气量很大，带走的热量很大，但是烟气温度很低，导致这部分能量的㶲损很小，能量品位很低，所以其对应的烟损系数很小。相较而言,锅炉热平衡分析中炉膛不完全燃烧热损失为2.37%,但是在烟平衡分析中,炉膛烟损占锅炉总烟损的50.5%,炉膛是锅炉烟损最大的部位,这是因为燃料化学能的品位较高,转化成烟气中的热能后,变成了低品位的能量,因此烟损较大。

表 8-14　传统燃煤锅炉烟损分布

烟损部位	烟损量/MW	烟损系数/(%)
炉膛燃烧	348.4	50.5
换热器	303.1	43.9
空预器	27.2	3.9
排烟	11.8	1.7
总和	690.5	100

3.烟效率分析

图 8-16 所示是不同运行参数下的锅炉烟效率对比。传统燃煤锅炉烟效率为50.8%,以传统燃煤锅炉烟效率为基准,三种混燃方式下,以不同比例混燃不同种生物质时,锅炉烟效率均有不同程度的下降,并且,随着生物质混燃比例的增大,锅炉烟效率是不断降低的。以直接混燃木屑为例,生物质混燃比例为 5%、10%、15%、20%时对应的锅炉烟效率分别下降到 50.20%、49.82%、49.42%、49.05%。同时,对比相同运行情况下三种不同生物质对锅炉烟效率的影响,可知混燃木屑对锅炉烟效率的影响明显小于混燃稻谷壳和玉米秸秆的。以混燃比例为 20%为例,混燃木屑时对应三种混燃方式下锅炉烟效率分别为 49.05%、48.27%和47.57%,同等情况下混燃稻谷壳的锅炉烟效率分别比混燃木屑时降低了0.30%、0.11%、3.16%。这说明,燃煤锅炉混燃生物质时,生物质的燃料特性对锅炉烟效率有显著影响,燃料热值越高,对锅炉烟效率的影响越小,燃料热值越低,对锅炉烟效率影响越大。由锅炉烟平衡计算可知,混燃生物质后锅炉烟效率下降主要是炉膛不可逆烟损增大引起的。与单烧煤相比,混燃生物质后,燃料消耗量增大,且生物质含水量较高,导致炉膛绝热火焰温度降低,增大了炉膛不可逆烟损。图 8-17 所示是不同运行参数下炉膛绝热火焰温度的对比,由图可知混燃生物质后炉膛绝热火焰温度有明显的降低,且混燃比例越大,绝热火焰温度越低。对比图 8-16 和图 8-17 可以发现,锅炉烟效率和炉膛绝热火焰温度的变化趋势基本保持一致。

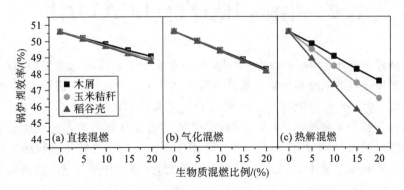

图 8-16　不同运行参数下的锅炉烟效率对比

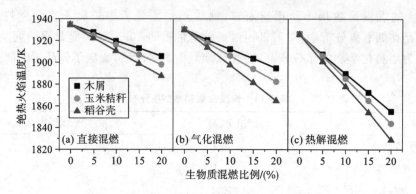

图 8-17　不同运行参数下炉膛绝热火焰温度对比

图 8-18 所示是混燃比例为 10% 时,不同混燃方式下锅炉㶲效率的对比。对比三种混燃方式,我们可以看到热解混燃时,锅炉㶲效率下降最为明显,其次是气化混燃,而直接混燃对锅炉㶲效率的影响最小。同时,相比直接混燃和热解混燃,气化混燃时,不同种生物质引起的锅炉㶲效率的差异几乎可以忽略不计。

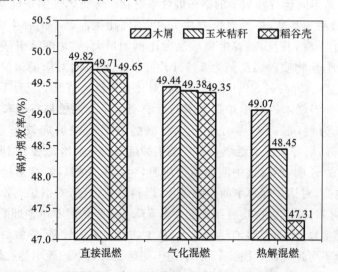

图 8-18　不同混燃方式下锅炉㶲效率对比(混燃比例为 10%)

8.2　生命周期评价(LCA)方法

生命周期评价(life cycle assessment,LCA)是指对一个产品系统全生命周期中输入、输出及其潜在环境影响的汇总和评价。其具体包括相互联系、不断重复进行的四个步骤:目标与范围的确定、清单分析、影响评价和结果解释。生命周期评价方法(LCA 方法)是一种用于评估产品在其整个生命周期(即从原材料的获取、产品的生产直至产品使用后的处置的过程)中对环境影响的技术和方法。LCA 方法可用于评价生物质热转化过程的环境可持续性和社会经济影响。本节描述了 LCA 方法的具体流程,并以生物质与煤混燃的碳生命周期评价为例对该方法进行了说明。

8.2.1　LCA 方法概述

8.2.1.1　LCA 的基本思想

LCA 使用系统的方法来评估人类活动的环境和社会经济影响,是目前使用最广泛的环境评估工具之一。生命周期被定义为产品在系统中连续的、相互关联的阶段,包括从原材料的获取或自然资源的生成到最终的处置。对于一个具体的产品而言,生命周期就是其从自然中来直至回到自然中去的全过程,也就是既包括制造产品所需要的原材料的采集、加工等生产过程,也包括产品储存、运输等流通过程,还包括产品的使用过程以及产品报废或处置等废弃后回归自然的过程,这些过程构成了一个完整的产品生命周期。在 LCA 过程中,在产品生命周期的每个阶段的能源和物质的投入都需要纳入考虑,并转换成相应的排放值。LCA 方法基于生命周期思想,克服了传统评估产品的方法常局限于某一个过程的缺点,是衡量和评价产品全生命周期环境性能的独立工具。LCA 方法通过考虑产品的整个生命周期并应用多种环境标准,避免了全生命周期不同阶段和不同环境问题之间的负担转移,同时有助于识别环境热点,便于消费者、生产者和政策制定者做出正确、有效决策。

8.2.1.2　LCA 的目标和范围

LCA 方法的第一步是确定目标和范围,包括确定研究的目标和范围、确立功能单位等内容。其中,LCA 目标是 LCA 范围定义的基础。确定研究目的,即清楚地陈述此项 LCA 研究的应用意图和缘由,以及此次研究结果的预期使用对象。研究目标通常可以通过回答以下问题来确定:进行 LCA 的主要目的是什么? 原因是什么? 谁是目标受众? 如何使用研究的主要发现? LCA 的范围则定义了产品系统及其边界,确定了产品的主要功能,确定了功能单元,并设置了分配、截止等过程。此外,范围还明确规定了时间和地点、建模方法、假设和限制,在解释结果时需要考虑以上这些因素。功能单元是一个至关重要的元素,必须正确定义。系统边界则定义了 LCA 包含及排除的子流程或子系统,其应符合目标和范围的限定。系统边界内的每个单元过程可以在流程图中进行描述,这有助于理解产品系统及其过程或子过程之间的相互关联。系统边界的期望输出称为参考流,它是为实现功能单元中定义的某一功能而需要测量的输出,产品系统中所有的输入和输出都应该按比例放大到参考流中。

8.2.1.3　生命周期清单分析

生命周期清单(life cycle inventory,LCI)分析是指对一种产品、工艺过程或活动在其整个生命周期中的输入和输出进行汇编和量化的过程,其步骤包括数据收集、数据分配与计算和生成清单分析结果等。同时,生命周期清单分析还是重复迭代的过程,需要根据不同阶段的需求和实时要求对先前用来收集数据的程序做出相应的修改和调整,以确保满足研究目的。图 8-19 所示为 LCI 分析的操作过程。

在 LCI 分析中,数据的编译和建模应该与生命周期评价的目标和范围一致。LCI 分析应使用目标和范围中设置的方法来计算清单结果,并将结果用于探讨对建模的潜在影响。在数据收集前需要做好准备工作,确定数据收集的范围及目标,并做好数据调查表,明确数据收集者、数据收集时间段、数据收集的详细解释、输入和输出参数及其数量等。在数据收

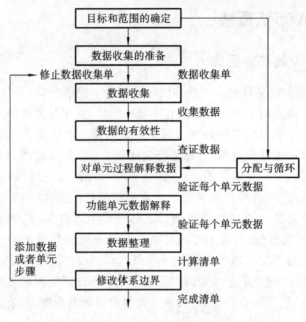

图 8-19　LCI 分析的操作过程

集过程中,数据一般不是由从事生命周期评价的人员收集的,而是由被调查现场的员工收集的。数据收集的理想时间约为一年,数据收集应始于最重要的单元步骤,然后逐渐转移到不重要的步骤。在数据收集完成并开始处理前,应依据每个单元步骤或者生命周期阶段检查数据的有效性,检查方法包括在给定过程中比较质量和能量的平衡。在 LCI 分析中,数据常被分为前景数据和背景数据,前者是收集到的数据,而后者则是数据库中的数据。

在每个产品中,全部单元步骤的数据收集和查证都是为了使 LCI 分析更容易。对于各个单元步骤,还需要对相应的输入、输出物进行分配,而分配也是 LCA 最难的一个部分。在被研究产品体系中,分配是分割输入和输出流程的步骤。它也常被解释为一个分配行为,按比例分配被研究产品体系的单位步骤所产生的环境负荷。此外,值得指出的是,当一个产品体系的废弃物作为原料进入另一个产品体系时,分配处理两个邻近产品体系之间的环境负荷时,应将其归为废物循环。

8.2.1.4　生命周期影响评价

生命周期影响评价(life cycle impact assessment,LCIA)将生命周期清单分析阶段的清单结果按照分辨识别出来的生态环境负荷影响类型进行划分,再根据该影响类型的特征化因子进行定量和(或)定性的评价及描述。生命周期影响评价将基本流程的清单结果转化为对人类健康、生态系统服务和自然资源等的影响。生命周期影响评价主要包括分类、特征化、标准化及分配权重四个步骤。其中,标准化和分配权重应被优先考虑,同时,这两个步骤在生命周期影响评价中是强制性步骤。

在生命周期影响评价中,范围、影响类型在分类步骤考虑,其包括全球变暖、臭氧层消耗、酸化、富营养化、光化学氧化剂形成、非生物资源消耗、人类毒性、生态毒性和固体废弃物。一旦生命周期影响评价研究的影响类型被选定,下一步就是连接生命周期清单参数到相应的基于因果关系的影响类型上。在进行特征化后,可开展标准化过程,它用相同影响类型的标准化参考分割一个产品体系的影响类型的描述值(描述影响)。一个标准化值(标准影响)是标准步骤的结果,产品体系中微小的影响表现为在标准化参考中定义的一个地理区域、一个已给时间段的一个已给影响种类。标准化能够进行清单数据和描述值的错误检查,为分配权重步骤提供一个起点。而分配权重则是一个分配相关重要性(也称为负荷)到影响类型中的过程。图 8-20 所示为生命周期影响评价过程。

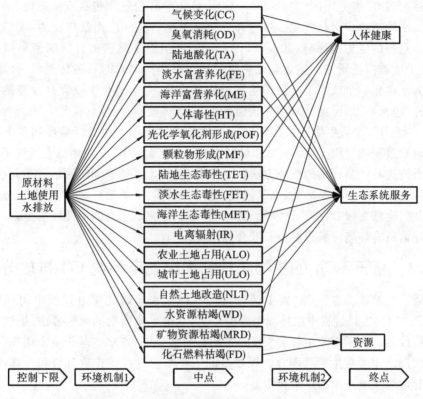

图 8-20　生命周期影响评价过程

8.2.1.5　生命周期解释说明

生命周期解释说明是 LCA 的最后一个阶段。解释说明是指对清单分析和影响评价结果进行系统整合,以透明的方式来分析结果,从清单分析和影响评价结果中识别最相关的过程或子系统,得到相应的结论,对研究的局限性做出解释,并针对这些不足提出相关建议,最后报告最终结果,为目标受众做出精准的决策提供科学依据。

8.2.1.6　敏感性和不确定性分析

自使用以来,LCA 作为不同级别组织的决策支持工具发挥了突出作用。然而,用户也常常担心评估结果是否足够可靠。LCI 分析和 LCIA 都存在不确定性,其中包括时间变异性、空间变异性,以及输入或建模参数、热化学处理选择、系统边界定义、分配程序、截断规则等的不确定性。明确不确定性有助于理解 LCA 结果的真实性。通过敏感性分析,可以评估改变输入参数对结果的影响程度。如果一个参数的微小变化会显著改变整个结果,那么 LCA 模型对该参数较为敏感。在使用 LCA,尤其是对不同产品进行比较时,确认可能的错误来源以及敏感参数至关重要。

8.2.2 基于 LCA 的生物质热化学处理分析概述

生物质热化学处理是指利用热量和（或）催化剂将生物质转化为生物燃料的过程。它的优点包括反应时间短，能够产生不同类别的燃料，原料适用范围广，催化剂成本低，催化剂的回收能力强，工作温度范围广（200~1300 ℃）。热化学转化过程包括直接燃烧、烘焙、炭化、热解、气化、水热热解和水热气化。热解和气化是目前研究和应用最广泛的，水热处理也作为处理含水量高的生物质原料（如藻类，因为该工艺消除了昂贵的且能源密集型的干燥步骤）的有效手段被广泛研究。热化学处理过程产生各类产品，如热、液体燃料、合成气、生物质炭等。为了优化一个或多个产品的生产过程和质量，每个热化学处理过程都使用了不同的反应条件，包括压力、温度、停留时间、加热速率、气体流量、反应气氛等。

LCA 广泛用于评估生物质热化学处理过程的环境影响。在设计阶段和整个热化学处理技术的研发过程中使用 LCA，有助于设计更环保的产品。LCA 在理论上提供了一种利用所有环境影响进行产品评估的整体方法。一份完整的 LCA 研究同时评估了不同影响类别。一些较为常见的影响指标是酸化、臭氧消耗、光化学烟雾、资源消耗、富营养化、土地利用、人类健康、用水、全球变暖、水生毒性和陆地毒性。为了得到最适当的可持续成果，必须在技术发展期间评估所有环境影响指标及其社会和经济影响。

8.2.3 基于 LCA 的生物质耦合燃煤发电系统 CO_2 排放分析

生物质一直被认为是一种"碳中性"的能源，即生物质燃烧发电过程中向环境释放的 CO_2 来自于生物质生长过程中从环境吸收的 CO_2，从全生命周期的角度考虑，生物质燃烧发电是零碳排放的。为了探究生物质发电系统的碳排放效益，本小节基于生命周期评价方法，从全生命周期的角度对生物质耦合燃煤发电的三种系统进行碳排放分析和计算，从而评估生物质耦合燃煤发电系统的碳减排效益。

本小节采用的研究方法基于国际标准系列 ISO14040。本小节主要分四个步骤来对生物质耦合燃煤发电系统进行全生命周期评价：全生命周期评价范围定义、全生命周期清单分析、碳排放影响性评估、CO_2 排放结果分析。

8.2.3.1 全生命周期评价范围定义

如前所述，确定目标和范围是 LCA 方法的第一步，目标定义要清晰地说明开展此项生命周期评价的目的和原因，以及研究结果的预期应用领域。研究范围的界定要足以保证研究的广度、深度和详尽程度及与要求目标一致，使所研究对象的生命周期所有过程都落入系统的边界内。

本小节中，全生命周期分析的目标是分析和比较不同生物质耦合燃煤发电系统的 CO_2 排放，也就是说，只需要将具有碳排放效益或者对碳排放量产生影响的过程或系统纳入计算范围，根据生命周期评价从"摇篮到坟墓"的原则，设置边界如图 8-21 所示，纳入计算范围的系统主要包括：生物质种植、生物质运输、生物质预处理、生物质破碎、煤炭开采、煤炭运输、煤粉的磨制、生物质的热解或气化、生物质和煤的燃烧发电。

根据国内外实际工业应用情况，大型生物质耦合燃煤发电系统并没有得到大范围的应用，因此对生物质耦合燃煤发电系统 CO_2 排放的计算是基于 600 MW 传统燃煤锅炉的碳排

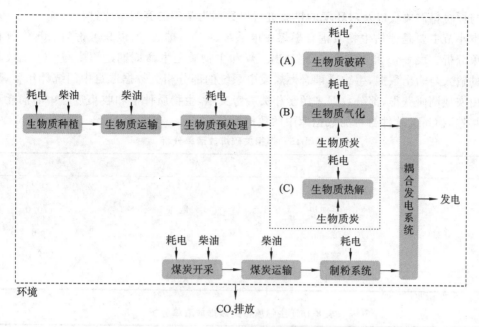

图 8-21　全生命周期评价边界

放模型进行的。传统燃煤锅炉发电系统的碳排放过程大体可分为:煤炭开采、煤炭运输、制粉、锅炉燃料燃烧、烟气脱硫。基于此,生物质直燃耦合燃煤发电系统的碳排放过程大体可分为生物质的种植和收集、生物质的运输、生物质物料预处理、生物质物料碾磨、煤炭开采、煤炭运输、制粉、锅炉燃料燃烧、烟气脱硫;生物质气化耦合燃煤发电系统的碳排放过程大体分为生物质的种植和收集、生物质的运输、生物质物料预处理、生物质气化、煤炭开采、煤炭运输、制粉、锅炉燃料燃烧、烟气脱硫;生物质热解耦合燃煤发电系统的碳排放过程大体分为生物质的种植和收集、生物质的运输、生物质物料预处理、生物质干燥、生物质热解、煤炭开采、煤炭运输、制粉、锅炉燃料燃烧系统、烟气脱硫等。

　　考虑到生物质耦合燃煤发电系统的复杂性,本研究做了以下方面的假设:

　　(1)生物质种植过程中的温室气体排放数据均来源于 GaBi 数据库;

　　(2)生物质种植和收集过程中的碳排放量和其质量成正比,计算中将玉米的粮秸比取为 $1:1$,稻谷和谷草的比例取为 $1:1.22$,谷粒和谷壳的质量比取为 $5:1$;

　　(3)种植过程主要是指植物的生长、消耗化肥、除草、收获过程,此过程的排放与消耗不计植物籽粒脱粒产生的消耗等,不计入在秸秆种植和收割过程的消耗和排放;

　　(4)不计生物质气化和热解等过程中设备废弃向环境中的碳排放;

　　(5)生物质运输的半径为 50 km,煤炭运输的半径为 30 km;

　　(6)将燃煤从矿区运输到电厂的运输工具采用火车,将生物质原料从生产地运输到电厂的运输工具均采用卡车,火车和卡车运输过程中产生的碳排放数据均来自 GaBi 数据库;

　　(7)烟气脱硫效率按 0.97 计算,其中烟气中 SO_2 量由流程模拟计算所得;

　　(8)按照我国的实际情况,生物质耦合燃煤发电系统的各个环节所消耗的电力均按照煤电来计,煤电碳排放数据取 0.9724 kg/(kW·h)。

8.2.3.2　全生命周期清单分析

　　如前所述,生命周期清单分析是指对一种产品、工艺过程或活动在其整个生命周期内的能量与原材料需要量以及对环境的排放进行以数据为基础的客观量化过程。

本小节主要是评估生物质耦合燃煤发电系统的 CO_2 排放,所以只考虑与 CO_2 排放相关的清单分析。表 8-15 和表 8-16 分别列出了煤和生物质全生命周期过程中与 CO_2 排放相关过程的输入与输出数据,生物质耦合燃煤发电系统的部分相关数据取自中国统计年鉴,部分数据由实地调研获得,部分数据来源于相关参考文献,生物质种植和收集过程中的消耗和排放直接选取 GaBi 软件自带的数据库中的数据。

表 8-15 煤相关碳排放清单分析

项　　目		单　　位	数　　值
煤炭开采	耗电量	kW·h/t	21.2
	无烟煤	kg/t	170.0
	柴油	L/t	3.6
	天然气	L/t	232.0
	CH_4	kg/t	1.6

表 8-16 生物质相关碳排放清单分析

项　　目		单　　位	数　　值
木屑生产	CO_2	kg/t	−2413.7
玉米秸秆生产	CO_2	kg/t	−1490.0
	耗电量	kW·h/t	12.2
稻谷壳生产	CO_2	kg/t	−6350.0
	耗电量	kW·h/t	250.3
	柴油	m^3/t	0.2
	天然气	m^3/t	26.9
	CH_4	kg/t	223.0
	N_2O	kg/t	3.7

8.2.3.3　碳排放影响性评估

1)功能单位

为了方便比较,取功能单位为生产 1 kW·h 电能时排放的 CO_2,即评价和对比不同生物质耦合燃煤发电系统产出 1 kW·h 电能时全生命周期内向环境排放的 CO_2。

2)影响效应评估

本例中纳入考虑的温室气体主要有 N_2O、CH_4、CO_2 三种气体。由于三种气体产生的温室效应不同,所以计算过程中,分别计算各环节每种温室气体的排放量,最后将各环节每种温室气体的排放量按照相应系数进行归一化运算并加总,即可得到生物质耦合燃煤发电系统全生命周期的总 CO_2 当量排放系数。根据各气体产生温室效应大小的不同,各温室气体的 CO_2 当量排放系数如表 8-17 所示。

表 8-17　各温室气体的 CO_2 当量排放系数

温 室 气 体	CO_2 当量排放系数
CO_2	1
CH_4	23
N_2O	296

8.2.3.4　CO_2 排放结果分析

1. 燃煤锅炉发电系统 CO_2 排放分析

图 8-22 所示是 600 MW 燃煤锅炉发电系统全生命周期 CO_2 排放分析。经计算,该 600 MW 燃煤锅炉每发电 1 kW·h 的 CO_2 排放为 1.075 kg。从图 8-22 中可以看出,燃煤锅炉发电系统全生命周期内锅炉燃烧部分排放的 CO_2 占全生命周期内 CO_2 排放总量的 81.22%,占比最大。此外,由于煤炭开采过程中的能耗较大,且煤炭开采过程中煤层气向大气中排放大量的 CH_4,导致煤炭开采过程中的 CO_2 排放占比也较高,其排放量为 390.9 kg/t,占总排放的 18.02%;烟气脱硫过程中也会排放一定量的 CO_2,占总排放的 0.73%;由于假设煤炭运输半径为 30 km,即燃煤锅炉所利用的煤炭为本地矿产的煤炭,所以煤炭运输过程中排放的 CO_2 占比较小。

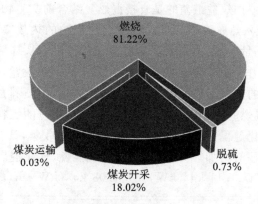

图 8-22　600 MW 燃煤锅炉发电系统全生命周期 CO_2 排放分析

2. 生物质耦合燃煤发电系统 CO_2 排放分析

图 8-23 所示是不同混燃方式下生物质耦合燃煤发电系统全生命周期的 CO_2 排放对比。从图 8-23 中可以看出,生物质种类会对系统 CO_2 的排放产生较大影响:与传统燃煤锅炉相比,当选择混燃玉米秸秆和木屑发电时,耦合系统全生命周期内的 CO_2 排放明显降低了;当直接混燃 20% 生物质时,木屑和玉米秸秆对应的 CO_2 排放分别降低了 26.2% 和 11.2%;相反地,当选择稻谷壳混燃发电时,耦合系统全生命周期内的 CO_2 排放略高于传统燃煤锅炉的 CO_2 排放;直接混燃 20% 稻谷壳时,系统全生命周期 CO_2 排放比传统燃煤锅炉的升高了 1.4%。经计算,煤炭开采过程中向环境中排放的 CO_2 为 390.9 kg/t,玉米秸秆和木屑在种植过程中会从环境中吸收大量的 CO_2,分别为 912.5 kg/t 和 2413.7 kg/t;然而,水稻种植过程中,由于很大一部分时间都处于厌氧环境,生长过程中会向环境中排放大量 CH_4,即使其也会从环境中吸收 CO_2 进行光合作用,但总体而言,稻谷壳生长全生命周期过程中会向环境

中排放 CO_2 82.5 kg/t,所以稻谷壳耦合燃煤发电时的碳减排效益显著低于木屑和玉米秸秆的,综合考虑其能量密度低的特性,混燃稻谷壳发电系统全生命周期的 CO_2 排放还会略高于单一燃煤锅炉系统,达不到减排 CO_2 的目的。此外,从图 8-23 中我们还发现,耦合发电系统混燃生物质比例越高,CO_2 的减排效益会越明显。

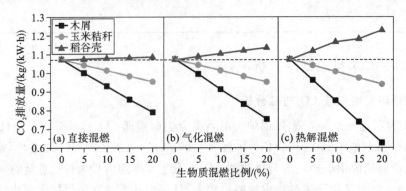

图 8-23   不同混燃方式下的 CO_2 排放对比

图 8-24 所示是混燃比例为 10% 时,三种不同混燃方式下的 CO_2 排放的对比。当耦合系统选择混燃木屑发电时,热解混燃的 CO_2 排放量为 0.85 kg/(kW·h),气化混燃的 CO_2 排放量为 0.91 kg/(kW·h),直接混燃的 CO_2 排放量为 0.93 kg/(kW·h),热解混燃的减排效益最好,其次是气化混燃,减排效益最差的是直接混燃。结合前文生物质耦合燃煤发电系统的热效率和㶲效率分析,虽然热解混燃和气化混燃会使锅炉的热效率和㶲效率有不同程度的下降,从而使燃料的消耗量增加,但是由于木屑生长过程中会从环境中吸收大量的 CO_2,且热解和气化产生的焦炭作为副产品被收集也具有一定的固碳效益,混燃发电过程中 CO_2 排放量仍会低于直燃发电的。对于秸秆而言,三种混燃方式的 CO_2 排放量基本持平,结合前文分析,热解混燃和气化混燃的锅炉效率低于直接混燃的,相应的燃料消耗量也有所增加,但是由于生物质热解和气化过程中产生的焦炭作为副产品被收集,具有一定的固碳效益,所以其发电碳排放并没有明显的增加。对于稻谷壳,热解混燃、气化混燃、直接混燃排放的 CO_2 分别为 1.17 kg/(kW·h)、1.11 kg/(kW·h)、1.08 kg/(kW·h),热解混燃和气化混燃的

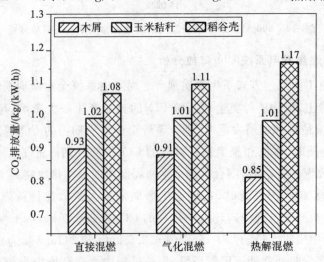

图 8-24   不同混燃方式下的 CO_2 排放对比(混燃比例为 10%)

CO_2 排放量明显高于直接混燃 CO_2 排放量,这是由于热解混燃和气化混燃时锅炉效率远低于直接混燃的,燃料消耗量较大,燃料燃烧部分的 CO_2 排放量明显增大。

8.3　计算流体力学及其应用实例

8.3.1　计算流体力学特点

在过去的研究中,研究者通常采用搭建小实验台的方法来模拟研究大型工业锅炉内所设定的不同工况的燃烧特性和污染物排放情况。该方法成本高,周期长,模拟放大效果有限,严重限制了研究的精确性及适用性。随着计算机辅助技术的迅速发展,近年来用计算机软件模拟火力发电厂炉内的燃烧和污染物生成特性的仿真测试方法和并行数值计算已日趋成熟,并得到了广泛的应用。

当前,计算流体力学(CFD)已发展成为大型煤粉锅炉装置设计、燃烧预测和优化的重要工具。随着生物质燃烧及其耦合燃煤发电技术的发展,CFD 也被逐渐扩展应用到生物质利用领域。在许多工程应用中,采用 CFD 进行燃烧模拟已经从定性计算转变为定量预测。目前,包含数百万计算单元的炉膛全尺寸三维模拟计算已成为现实,也有许多商业 CFD 软件可供研究者们使用,它们能够为固体燃料燃烧提供较合理的模拟计算,并为用户提供特定的子模型,这些子模型可用于煤/生物质燃烧建模计算。Fluent 是目前应用较为广泛的商业 CFD 软件之一。

在过去的十多年中,已有较多关于采用 CFD 技术对生物质在固定床、流化床、悬浮燃烧炉中的燃烧特性及污染物排放特性进行研究的报道,以及一些关于类似生物质特性的燃料如垃圾等焚烧特性的研究报道。这些研究工作为生物质的燃烧及生物质与煤混燃特性的理论研究以及工程应用提供了较好的指导。

CFD 燃烧建模基于对一组基本守恒方程的求解,这些方程控制了包含燃料特定过程的一系列反应。固体燃料燃烧模型主要涉及以下五个方面的内容:

(1)气相流和挥发分燃烧模型,包括污染物预测模型;

(2)颗粒流体动力学和相间传热传质模型;

(3)脱挥发分模型;

(4)焦非均相燃烧模型;

(5)无机物的反应,包括缩核和沉积。

CFD 计算起初只是用于具有单一燃烧化学反应的几何形状简单的气态和喷雾燃烧系统。由于煤粉燃烧过程和颗粒喷雾系统具有相似性,因此这些喷雾燃烧模型进一步发展成为煤粉燃烧模型。值得指出的是,CFD 经过多年的发展才开发出了应用于固定床燃烧的数值计算方法,且最初只是采用一种简单的固定床模型,该模型假设在固定床层上方产生可燃气体,然后可燃气体在气相中进行燃烧反应。这些模型已进一步发展以更接近实际燃烧,包括模拟床层的运动过程。在发展的过程中,由于采用了与实际更接近的条件,因此计算模型也更为复杂。现在,这些模型已进一步推广到流化床燃烧中,但用于生物质燃烧的研究实例还相对较少。

8.3.2　计算模型与方法

8.3.2.1　气固两相流数学建模方法

在已有研究中,研究者们对煤粉燃烧的数值计算有丰富的经验,并且目前公认的是粉状生物质燃烧与煤的燃烧在许多方面都相似。因此,对这些计算模型进行一定修改和(或)对生物质燃烧过程进行一些修正,可实现生物质燃烧过程的数值计算。在对生物质燃烧过程进行数值计算时,存在两种基本的建模方法,分别是欧拉-欧拉方法和欧拉-拉格朗日方法。

在欧拉-欧拉方法中,离散固体相也被视为连续体,因此,可以求解气相和悬浮颗粒相的欧拉守恒方程。该模型可以涵盖颗粒燃烧过程的所有阶段,包括颗粒阻力和湍流弥散等。欧拉-欧拉方法的独特优势在于其强大的计算能力,但该方法消除了颗粒跟踪以及分散颗粒和连续相之间的迭代和校正。

欧拉-拉格朗日方法是目前模拟粉体燃料燃烧的主要方法,它通过在拉格朗日坐标系中跟踪燃烧颗粒,分别求解燃烧颗粒的运动参数以及气相组分。大多数固体燃料燃烧子模型都是基于此方法开发的。欧拉-拉格朗日方法中通过求解欧拉参考系内的总体质量、动量、能量和物质质量分数的时间平均方程,对流体流动和挥发分燃烧进行建模;采用湍流模型和湍流化学相互作用模型,模拟湍流对反应流的影响。这些方程可采用控制容积法或有限元法等 CFD 通用求解技术求解。煤粉颗粒通常被视为稀释和分散的颗粒流,在拉格朗日坐标系中进行建模,逐步跟踪颗粒在整个燃烧系统中的运动和反应情况。这种方法基于以下假设:任何两个燃料颗粒之间的距离都足够大,因此颗粒之间产生相互作用的机会很小,可以忽略不计。以此假设为基础,通过一组拉格朗日公式,可分别跟踪每个燃烧颗粒流的运动和异相反应。在欧拉气相守恒方程中,通过质量、动量和能量的源/汇项,可建立气相和固相的耦合关系,其整体解涉及一个多回路迭代过程。

用欧拉-拉格朗日方法模拟生物质和煤共燃的一般方案如图 8-25 所示。首先应在整个迭代求解过程之初确定燃烧系统中所用燃料和氧化剂的性质以及边界条件,例如空气和燃料的流速。然后根据给定的边界条件求解气相反应流的控制偏微分方程。利用颗粒特定子模型计算颗粒的运动轨迹、温升、干燥参数、脱挥发分参数和焦燃烧反应参数等。这些计算生成并更新源项,以及气体流动控制偏微分方程所需的其他相关量和物性参数,检查迭代的收敛性;如果解的余数大于规定的公差,则应继续计算并更新源项和物性参数,直到迭代收敛为止。大多数通用 CFD 软件都内置了这些数值计算功能。然而,对于固体燃料燃烧的物理和化学过程,特别是通常与煤有很大不同的生物质燃料的物理和化学过程,要实现更为精确的模拟计算,还需要有针对性地开发特定的子模型。

8.3.2.2　气相湍流流动数学模型

锅炉炉内燃烧主要为湍流燃烧。湍流流动流体处于强烈混合运动状态,其流体迹线是随机的、不规则的,流体在流动中不断进行质量和能量的交换,以达到浓度与能量的均匀分布。雷诺平均 Navier-Stokes(纳维-斯托克斯)方程通常用于湍流反应流。稳态雷诺平均 Navier-Stokes 方程和连续性方程可以写成如下形式:

$$\frac{\partial \rho u^i u^j}{\partial x^j} = -\frac{\partial \rho}{\partial x^i} + \frac{\partial}{\partial x^j}\left[\mu\left(\frac{\partial u^i}{\partial x^j} + \frac{\partial u^j}{\partial x^i}\right)\right] + \frac{\partial \tau^{ij}}{\partial x^j} + \rho g^i + F^i \tag{8-21}$$

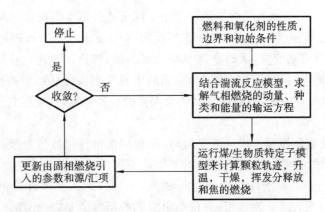

图 8-25　欧拉-拉格朗日方法模拟生物质和煤共燃的一般方案

$$\frac{\partial \rho u^i}{\partial x^i} = S_m \tag{8-22}$$

式中：u^i、p、ρ 和 μ 分别是流体的平均流速分量、压力、密度和分子黏度；g^i 是重力加速度；F^i 是外力的源项，例如在流动中与分散的生物质（或煤）颗粒相互作用产生的力；τ^{ij} 为雷诺应力张量，且

$$\tau^{ij} = -\rho \overline{u^{\prime i} u^{\prime j}} \tag{8-23}$$

它表征了流体流动中湍流的影响。该模型将雷诺应力张量 τ^{ij} 与整体平均流体速度 u^i 联系了起来。

除了规定流体流动的 Navier-Stokes 方程之外，能量方程还用于控制气相内以及气相和固相之间的热传递。能量方程通常可以用以下形式表示：

$$\frac{\partial u^i (\rho e + p)}{\partial x^i} = \frac{\partial}{\partial x^i} \left(k_{eff} \frac{\partial T}{\partial x^i} + D_s + \Phi \right) + S_e \tag{8-24}$$

式中：e、T 和 k_{eff} 分别为流体流动的内部能量、温度和有效导热率；D_s 为物质扩散引起的能量转移；Φ 为扩散项；S_e 为能量来源项，如化学反应产生的热量。在煤和生物质燃烧模拟中，能量来源还应包括气体和固体颗粒之间的传热，这些热量与煤或生物质颗粒的加热和冷却有关。

在化学反应系统中，每种物质的浓度变化应遵循基本的守恒定律，并且能以运输方程的形式表示如下：

$$\frac{\partial (\rho u^i Y^k)}{\partial x^i} = -\frac{\partial J^k}{\partial x^i} + S_k, \quad k = 1, 2, \cdots, n-1 \tag{8-25}$$

式中：Y^k、J^k 和 S_k 分别表示燃烧过程中物质的质量分数、扩散通量以及物质 k 的生成和消耗；n 表示燃烧系统中涉及的化学物质总数，这些通常取决于挥发分组成和数值计算中所采用的反应机理。对于煤和生物质燃烧，S_k 应包括源于煤/生物质干燥、脱挥发分和焦燃烧的源/汇项。

方程(8-21)到方程(8-25)构成了煤和生物质燃烧过程中气相燃烧模型的基本控制方程组。此外，还需要额外的焦的燃烧模型，以提供热量和物质质量传递的源项；必须使用适当的湍流模型来计算雷诺应力张量。目前，可以采用三种基本数值技术来模拟具有不同详细程度以及不同计算成本的湍流反应，它们分别是直接数值模拟（direct numerical simulation，DNS）技术，大涡模拟（large eddy simulation，LES）技术和雷诺时均（Reynolds-averaged

Navier-Stokes,RANS)技术。每种技术均采用不同形式的基本偏微分控制方程。

DNS 技术通过直接模拟描述流体截止运动的 Navier-Stokes 方程得到时空变化的速度、压力、密度和温度等流动变量,从而获得时空发展的场,该技术不使用任何湍流模型。严格来讲,DNS 技术是唯一不依赖任何模型参数而给出真实湍流流场结构的技术。但是这种技术通常要求计算单元足够小,因此通常会使用大量的计算单元,这使得它不适用于大多数工程建模应用。

LES 技术直接数值模拟大尺度紊流运动,并利用次网格尺度模型模拟小尺度紊流运动对大尺度紊流运动的影响。该技术的基本思想是小尺度的旋涡主要负责湍流的能量耗散,因而可以相对独立于边界条件对它们进行建模。因此,大涡模拟计算网格的大小可以比DNS 的大得多。这可以大大减少 CFD 模型中所需的网格数量,减小所占计算机内存,缩短模拟时间,并且能够得到较雷诺平均模型更多的信息。

RANS 技术使用上述给出的雷诺平均 Navier-Stokes 方程,其基本思想是对雷诺平均Navier-Stokes 方程进行平均化处理,包括时间平均化处理、空间平均化处理和系统平均化处理,其采用适当的湍流模型对系统中所有湍流涡旋(从大尺度到小尺度)进行建模。在工程应用中,现有许多可用的湍流模型,每种模型都涉及不同程度的复杂性,但是不可避免地都有使用上的局限性。目前,k-ε 湍流模型在包括燃烧模拟在内的各种工程应用中最常用。k-ε 模型是基于 Boussinesq(布辛尼斯克)涡黏性假设提出的,该假设通过以下方程将雷诺应力张量与平均流体速度联系起来:

$$\tau^{ij} = -\frac{2}{3}\rho k \delta^i_j + \mu_t \left(\frac{\partial u^i}{\partial x^j} + \frac{\partial u^j}{\partial x^i} \right) \tag{8-26}$$

$$\mu_t = c_\mu \rho \frac{k^2}{\varepsilon} \tag{8-27}$$

式中:μ_t 为湍流黏度;c_μ 是根据经验得出的常数,通常取值为 0.09。我们可以看到,k-ε 模型中的湍流黏度 μ_t 是一个标量。假设湍流中各向同性,那么在非各向同性湍流普遍存在的情况下,k-ε 模型经常过度预测湍流黏度。在煤粉燃烧应用中,过度预测湍流黏度发生在强旋流地方,例如近燃烧器区域以及 T 型燃烧炉中。应该注意的是,由于标准 k-ε 模型无法考虑强旋转应变或剪切,因此常出现各种非线性修正。尽管存在以上问题,但标准 k-ε 模型由于具有相对较高的鲁棒性,因此仍然非常广泛地用于各种燃烧模型中。对于强旋流场,可以采用更精细的 RNG k-ε 模型(重整化群 k-ε 模型),该模型易于实现,收敛性强。RNG k-ε 模型在公式上与标准 k-ε 模型非常相似,其在输运方程中引入一个额外的耗散率项,以解释各向异性大尺度涡对涡流的影响,对具有较大应变和(或)边界曲率的流动预测具有实质性改进。

8.3.2.3　湍流-化学反应模型

在层流燃烧中,化学反应通常由 Arrhenius(阿伦尼乌斯)方程控制,该方程可以表示为

$$k = AT^\alpha e^{-E/RT} \tag{8-28}$$

式中:k 为一个常数;α 为无量纲温度指数;A 和 E 分别为指前因子和反应活化能;R 为通用气体常数。一旦确定了燃烧的反应路径,则可根据反应物的局部浓度和反应速率计算产物/反应物以及生成的热量。

粉状固体燃料燃烧通常处于高度湍流的环境中,湍流气体组分的混合可能在煤和生物质的湍流燃烧中起着重要作用。湍流对燃烧速率的影响程度取决于化学物质与氧化剂分子

接触的速度,即混合速度,以及化学反应在燃烧中发生的速度。燃烧速度快,化学反应的时间尺度远小于湍流混合,因此反应主要是混合控制。在这种情况下,通常可以忽略复杂的化学反应动力学速率,并且可以采用快速反应假设。最常用的两种快速反应模型是涡流破碎模型(如涡流耗散模型)和混合组分模型。

涡流耗散模型是一种计算湍流化学反应速率与涡流耗散/混合时间尺度 k/ε 的涡流破碎模型。在构建该模型时,可以为每种物质计算三种不同的反应速率,即 Arrhenius 反应速率、湍流反应物涡流耗散速率和湍流产物涡流耗散速率。反应生成物净产率由三者中的最小者给出。在混合控制燃烧中,涡流耗散速率通常小于 Arrhenius 反应速率,因此决定了整个反应的速率。在一些气体燃烧应用中,涡流耗散模型会过度预测火焰温度,还应注意,该模型不适用于多步反应,因为该模型所有步骤都使用基于湍流耗散的单一反应速率。

当考虑多步反应时,可采用涡流耗散概念(EDC)模型。EDC 模型是涡流耗散模型的扩展,它包含了湍流中的详细化学机制。该模型假设反应在时间尺度上按照 Arrhenius 反应速率进行,Arrhenius 反应速率定义为湍流黏度和耗散率的函数。Arrhenius 反应速率可以根据湍流反应流所采用的详细化学机制来计算。然而,应该注意的是,当使用 EDC 模型时,反应方程必须进行多次数值积分,而且计算成本很高,特别是将大量反应用于复杂的反应流时。

混合组分模型在煤燃烧模拟中得到了广泛的应用,由于它可以考虑多组分和多步反应,因此在有限速率涡流耗散模型中被认为是更精确的。混合组分模型并不显式地求解组分质量分数的守恒方程,而是逼近每个组分的质量分数,以及所有其他热化学标量,如密度和温度,通过混合分数规定概率密度函数(PDF),如 δ 和 β 函数。这大大减少了表示燃烧系统所需的守恒方程的数量,从而节省了计算时间。

在混合组分模型中,当假定发生快速化学反应时,只要燃料和氧化剂同时出现在同一点上,就会发生瞬时反应。反应的混合分数 f 可以定义为

$$f = \frac{\chi - \chi_O}{\chi_F - \chi_O} \tag{8-29}$$

$$\chi = m_F - \frac{m_O}{r} \tag{8-30}$$

式中:m 为质量分数,下标 F 和 O 分别代表了燃料和氧化剂;r 是氧化剂与燃料质量的化学计量比。混合分数反映了燃料和氧化剂在流动中的混合程度。可以证明,混合分数 f 等于系统中燃料的质量分数,因此它是守恒量,混合分数的平均值 $\overline{f}$ 满足以下形式的守恒输运方程:

$$\frac{\partial}{\partial x^i}(\rho u^i \overline{f}) = \frac{\partial}{\partial x^i}\left(\left(\frac{\mu_t}{\sigma_t}\right)\frac{\partial \overline{f}}{\partial x^i}\right) + S_f \tag{8-31}$$

式中:S_f 是从燃烧的固体颗粒源转移到气相的质量。除了混合的平均值之外,为了考虑湍流波动引起的瞬时值,通常还要求解混合分数变化的输运方程。此外,需要使用适当的快速反应模型来计算化学反应相关参数,其中主要存在三种关键方法,即混合燃烧近似法(或火焰表面近似法)、平衡化学法和非平衡化学法(小火焰法)。混合燃烧近似法用于最简单的反应情况,它假定化学反应无限快且燃料和氧化剂在空间中不共存。因此,通过化学反应计量法,可直接从瞬时混合分数中确定组分质量分数。然而,这也意味着对最终产物的预测是基于单步反应的假设而进行的,这常常导致过高预测火焰峰值温度,尤其是在富氧环境中。平

衡化学法假设反应速度足够快,使得局部化学平衡始终存在,因此可以根据吉布斯自由能最小化原理来计算物质瞬时质量分数。平衡计算在非平衡占主导地位的情况下会失效。应该指出的是,这三种方法都是在快速反应假设下提出的,对于大反应时间尺度的慢反应,应研究有限速率化学模型。当采用混合分数模型计算两种不同燃料的共燃参数时,需要分别跟踪至少三种挥发分的燃烧,这使得混合分数公式非常复杂,计算成本较高。

8.3.2.4　换热模型

锅炉炉膛的换热主要有辐射换热和对流换热两种形式,由两种形式的换热量计算公式可知,辐射换热量与温度的四次方成正比,对流换热量与温度的一次方成正比,炉膛内部温度较高(通常情况下在 800 ℃以上),而烟气流速相对较低,所以炉膛换热中,辐射换热为主要形式,而换热量的多少对炉膛内部温度影响较大,故辐射模型的选择和换热系数的确定显得尤为重要。

目前,常采用热流法(通量法)、区域法(Hottel)、蒙特卡洛法(概率模拟法)、离散传输法、数论方法来模拟辐射换热。能在锅炉燃烧模拟中用到的模型有 DO 模型和 P1 模型,其中 P1 模型较为简单,计算量少,计算时间短,能很好地模拟复杂几何体的辐射换热,应用更加广泛。国内外已有不少学者采取 P1 模型模拟工业锅炉内的换热情况。

8.3.3　生物质耦合燃煤锅炉燃烧过程数值模拟实例

本节以 300 MW 四角切圆煤粉锅炉为研究对象,对炉内生物质与煤混燃进行数值模拟,研究低氮改造前后不同混燃比例、不同混燃方式和不同生物质种类对炉内温度场、速度场、气体成分分布场的影响,为生物质与煤在大型锅炉内的混燃应用提供参考依据。

8.3.3.1　300 MW 锅炉简介

本锅炉是采用美国 ABB-CE 公司技术,由上海锅炉厂制造的 SG-1025/18.3-M843 型亚临界中间一次再热汽包炉,单炉膛,炉膛宽度约为 14 m,深度约为 12.3 m,燃用中等结渣性烟煤,配有中速磨直吹式制粉系统,固态排渣,π 型布置。燃烧器采用四角布置、同心正反切圆,其中一次风内切圆直径约为 1.2 m,二次风外切圆直径为 5～6 m,一次风与二次风混合强烈,有利于煤粉完全燃烧。同时,一次风携带煤粉在炉膛中央燃烧,二次风包裹着一次风,避免了一次风对水冷壁的冲刷,另外使水冷壁附近形成富氧状态,减少了结渣腐蚀。该锅炉一共有四层,每层四角各设置一个燃烧器,一共有 16 个燃烧器。燃烧器喷嘴采用一、二次风喷嘴间隔布置形式,一次风口四边通以周界风。锅炉主要技术参数如表 8-18 所示。

表 8-18　锅炉主要技术参数

技　术　参　数	额　定　值
主蒸汽流量/(t/h)	912.4
主蒸汽压力/MPa	17.35
主蒸汽出口温度/℃	541
再热蒸汽流量/(t/h)	743.8
再热蒸汽进口压力/MPa	3.52
再热蒸汽出口压力/MPa	3.34

续表

技 术 参 数	额 定 值
再热蒸汽进口温度/℃	319
再热蒸汽出口温度/℃	541
给水温度/℃	272
锅炉效率(低位发热量)/(％)	92.5
过剩空气系数	1.25
燃料消耗量/(t/h)	121.1

为减少氮氧化物的排放,对该锅炉进行了低氮改造,最终确定将一部分二次风从二次风箱引出,由燃烧区上端供入炉膛,即对二次风、燃尽风(OFA)、分离燃尽风(SOFA)风量进行合理重新分配,以使燃烧区总体处于贫氧的还原性气氛,从而有效抑制 NO_x 的生成。改造前后的炉膛喷口位置和各风口空气喷入方向如图 8-26 所示。

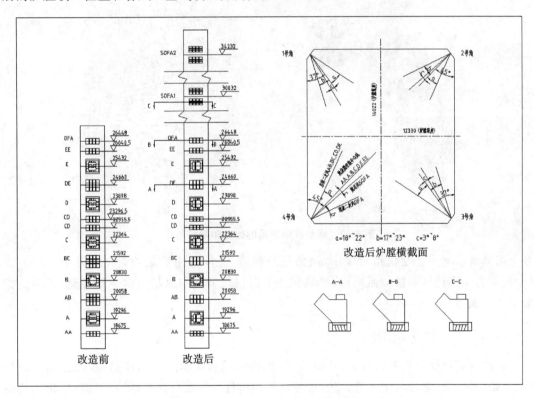

图 8-26 改造前后的炉膛喷口位置和各风口喷入方向示意图

8.3.3.2 锅炉建模及网格划分

对锅炉进行如图 8-27 所示的建模和网格划分。

其中图 8-27(a)为原始炉膛模型,图 8-27(b)为在主燃烧区域上部加 SOFA 层喷口后的炉膛模型。对于切圆锅炉炉膛网格生成方法,潘维和李彦鹏发现 pave 方法辐射状网格可有效抑制伪扩散。所以本算例采用 pave 网格对主燃烧区进行横截面区域划分,模型的网格划分如图 8-27(c)所示。主燃烧区域流场复杂,对其进行局部加密,网格数量较多,而在冷灰斗

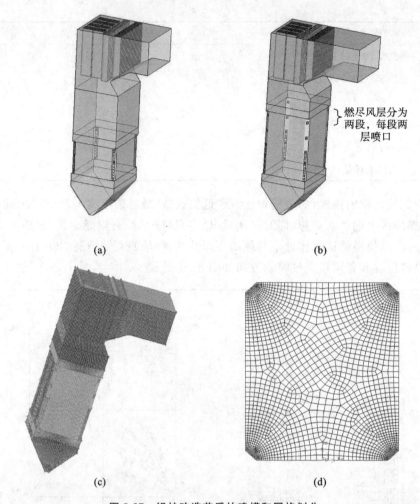

(a)　　　　　　　　　　　　　　　(b)

燃尽风层分为
两段，每段两
层喷口

(c)　　　　　　　　　　　　　　　(d)

图 8-27　锅炉改造前后的建模和网格划分

及上部烟道区域流场变化相对较小，网格相对稀疏，总体网格数量约为 100 万个。图 8-27
(d)所示为主燃烧区域横截面网格，尽量保证了网格线方向与流场方向一致，减少了由伪扩
散带来的误差。

8.3.3.3　数学模型

炉膛内的燃烧过程非常复杂，且受流动、传热传质和化学反应的控制，涉及三维的非稳
态、多相、多组分、热量的传递等。其中，热量的传递过程包括对流换热、辐射换热、化工装备
热传导，涉及的相关化学反应有气相燃烧、颗粒相燃烧两部分。

本算例根据前述数值计算模型和国内外诸多学者对炉膛模拟的经验，在炉内煤粉燃烧
计算过程中，具体采用如下数学模型。

（1）湍流模型采用带旋流的 k-ε 双方程模型。该模型能更好地模拟旋流和二次流等流动
问题，对圆柱扰流尤其有效，而锅炉内的气体流动表现为三维湍流，采用该模型可更准确地
进行计算。

（2）对煤粉颗粒运动，采用拉格朗日离散相模型。该模型在求解过程中可把湍流对颗粒
运动的影响考虑在内。

（3）对气相燃烧，采用非预混燃烧模型。该模型可较好地求解混合分数输运方程，其中单个组分的浓度由预测得到的混合分数分布求得。该模型是专门为求解湍流扩散火焰问题而开发的，在许多方面比有限速率模型优越。

（4）煤粉燃烧分为三个阶段：煤粉颗粒加热、挥发分析出和焦的燃烧。对于煤粉挥发分析出，采用两步竞争反应速率模型。该模型可在不同范围内采用不同的挥发分析出温度。对于生物质的挥发分析出，采用单步反应速率（single-rate）模型，其指前因子和活化能根据模拟参数设定。对于焦的燃烧，采用扩散-动力学控制反应速率模型。

（5）辐射模型采用 P1 模型。该模型简单，计算量小，并考虑了散射和颗粒的影响。

（6）由于快速型 NO_x 含量较少，占氮氧化物排放总量比例小于 5%，因此本次计算只启动热力型和燃料型 NO_x 生成模型。PDF 模型采用混合分数模型（mixture fraction），热力型 NO_x 中［O］［OH］模型均采用局部均衡模型（partial-equilibrium）。

8.3.3.4　典型参数设定

模拟中用到的四种燃料——烟煤、木屑、谷壳、稻草的工业分析和元素分析如表 8-19 所示。燃料的喷入速度为一次风速的 0.9 倍，温度与一次风的温度相同。燃烧氧化剂的温度为一次风、二次风的质量加权温度，煤粉的挥发分析出温度取经验值 773 K。

表 8-19　不同燃料的工业分析和元素分析

样品	工业分析（收到基，质量分数）/（%）				元素分析（收到基，质量分数）/（%）						发热量/（kJ/kg）
	M	V	A	FC	C	H	O[a]	N	S		
烟煤	8.270	23.710	23.990	44.030	54.980	3.700	7.280	0.820	0.960		21353
木屑	9.240	66.740	13.630	10.390	36.690	5.150	34.570	0.620	0.100		11283
谷壳	10.335	63.820	9.855	15.992	35.500	4.902	37.640	0.868	0.090		10465
稻草	8.836	69.470	13.230	8.463	42.860	5.573	28.650	0.707	0.144		14561

[a] 差减法。

在后处理计算 NO_x 生成时，煤焦的比表面积设置为 37000 m^2/kg，生物质焦的比表面积为 125000 m^2/kg。挥发分含氮量为干燥无灰基含氮量与挥发分百分数乘积，转换率设为 1；焦炭含氮量为干燥无灰基含氮量与固定碳百分数的乘积，转换率设为 0.5。

在模拟生物质与煤混燃之前，先模拟纯煤燃烧工况，为后续的模拟选择合适的参数和模型，同时把模拟结果与实际测量的数据进行对比，如表 8-20 所示，以验证模拟的准确性。通过比较，我们发现模拟结果中炉膛内烟气温度与炉膛出口 NO_x 含量等后续模拟工况需要的关键宏观量与实际测量的结果相近。这说明了本次模拟选用的模型参数可靠，计算结果可信。

表 8-20　实际测量与模拟结果的对比

工况	分割屏进口烟温/K	后屏进口烟温/K	屏式再热器进口烟温/K	出口标态 NO_x 值/（mg/Nm³）
实际测量	1610	1427	1325	530～590
模拟结果	1611	1431	1328	557

8.3.3.5　数值计算结果及分析

1. 不同混燃比例的影响

在锅炉生物质混燃比例分别为 0%（即纯煤）、10%、20% 的工况（见表 8-21）下，比较改造前和改造后沿着炉膛高度，速度、温度、CO、CO_2、NO_x 的变化。

表 8-21　改造前后不同掺混比的工况设定

工　况	0%	10%	20%
改造前	1-1	1-2	1-3
改造后	2-1	2-2	2-3

1）锅炉改造前不同混燃比例的模拟计算结果

（1）速度矢量图。

图 8-28 为锅炉改造前生物质与煤混燃比例分别为 0%、10%、20% 时，一次风、二次风和燃尽风风口横截面速度矢量图。从图中可以看出，在一次风、二次风风口横截面及燃尽风风口横截面都有四股射流喷入炉膛，形成很明显的逆时针旋转的速度切圆，并且没有气流冲墙现象，随着炉膛高度的增加，炉内的空气流场速度分布更加均匀，炉内空气动力场组织良好。不同混燃比例对应的速度矢量图相似，说明不同的混燃比例对炉内流场影响不大。

（2）颗粒轨迹线。

图 8-29 为生物质与煤不同混燃比例下炉内颗粒轨迹图。从图中可以看出，煤粉从一次风口喷入，随着气流向炉膛出口螺旋上升，很少量的煤粉会因为重力落向冷灰斗，煤粉在炉膛内的充满度较好，这样煤粉的燃烧更加充分，燃料的不完全燃烧热损失少，保证了锅炉的燃烧效率。在冷灰斗中，生物质与煤混燃比纯煤燃烧颗粒更多，主要是因为燃料总热值不变，随着生物质混燃比例的增加，燃料量增加，落入冷灰斗的颗粒数相应增多。

（3）温度分布图。

图 8-30 所示为三种工况下炉膛中心截面温度分布图。由于四角切圆的中心对称的炉膛结构和四角均等供粉供风等条件，因此炉膛中心截面温度场基本处于对称状态。炉膛的高温区处于冷灰斗上部到分割屏入口，该区域燃料喷入被加热，挥发分迅速析出并剧烈燃烧，燃料随着气流向上逐渐燃尽。分割屏之后，随着燃料的燃尽和各种换热器的换热作用，烟气温度逐渐降低。由于生物质挥发分含量较高，燃料着火提前，燃料能够更快燃尽，所以炉膛上部温度下降较快，炉膛内高温区域减少，且生物质热值低，使得炉膛内温度水平整体下降。

图 8-31 为截面最高温度和平均烟温随炉膛高度的变化曲线。从图中可以看出，9～22 m 之间的主燃烧区温度最大值较大，纯煤燃烧温度最大值达到 2030 K。随着混燃比例增加，截面温度最大值逐渐减小，混燃比例为 20% 时，整个炉膛燃烧区域最高温度只有 1920 K。22～37 m 燃尽区温度最大值随着炉膛高度增加而逐渐下降，并且逐渐接近截面平均温度，这说明随着炉膛高度增加，截面温度逐渐趋于均匀。在 10～20 m 区域，截面平均温度较低，这是因为此区域喷入的空气和煤粉需要吸收热量以达到着火温度。随着一次风、二次风的交替喷入，该区域的截面平均温度呈现波浪式波动，并且随着混燃比例增加，波动减小，这是因为生物质的加入使着火提前，燃料和空气能够更迅速地达到高温。在 20～30 m 区域，

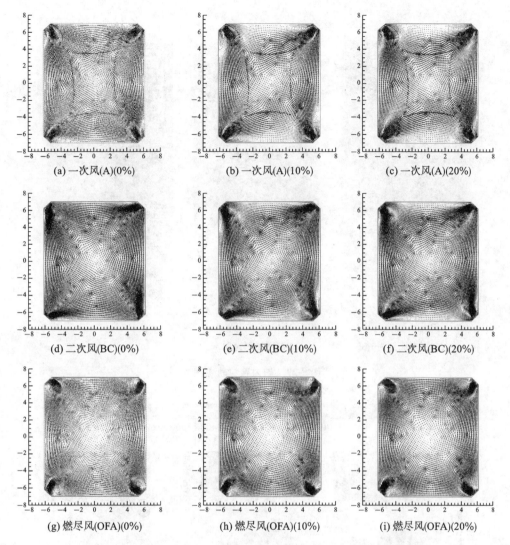

图 8-28　锅炉改造前一次风、二次风和燃尽风风口横截面速度矢量图

截面平均温度较高,这时燃料和空气已经全部喷入,煤粉进入剧烈燃烧阶段,随着生物质混燃比例增加,炉内截面平均温度随着炉膛高度逐渐增加,在 35 m 分割屏入口处,混燃 20％生物质工况下的截面平均温度比纯煤工况下的截面平均温度低 150 K。

　　从图 8-32 可以看出,在一次风风口横截面处,进入炉内的燃料被迅速加热,挥发分析出,剧烈燃烧,在燃烧器喷口出现了高温区,并且在炉膛内空气流场的作用下,形成高温区在内、低温区在外的温度场分布。对于纯煤,其燃料密度较大,在四角强射流作用下,空气和燃料在炉膛中央形成漩涡,产生一个低温区域,使得炉膛内的高温区域呈现环状分布,并且随着漩涡强度的减弱,低温区域逐渐减小,在燃尽风风口横截面处低温区消失。而在有生物质混燃的情况下,生物质密度较小,挥发分含量高,使得一次风、二次风、燃尽风风口横截面的温度分布比纯煤工况下的温度分布都更加均匀,没有形成中心低温区。从图中观察射流方向,可以看出,燃尽风有解旋作用。由于四角切圆旋流的存在,一次风、二次风、燃尽风风口横截面的温度分布随着截面高度的增加而更加均匀,这与速度矢量图中的速度分布一致。

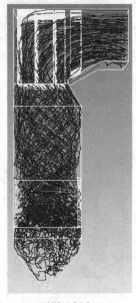
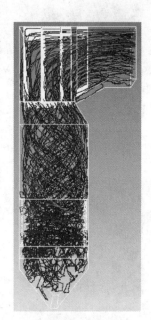

(a) 混燃比例为0%　　　　　(b) 混燃比例为10%　　　　　(c) 混燃比例为20%

图 8-29　炉内颗粒轨迹图

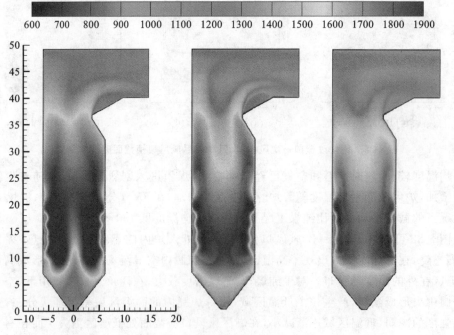

图 8-30　炉膛中心截面温度分布图

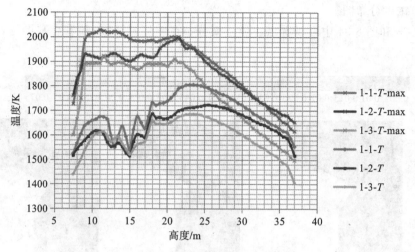

图 8-31　截面最高温度和平均烟温随炉膛高度的变化曲线

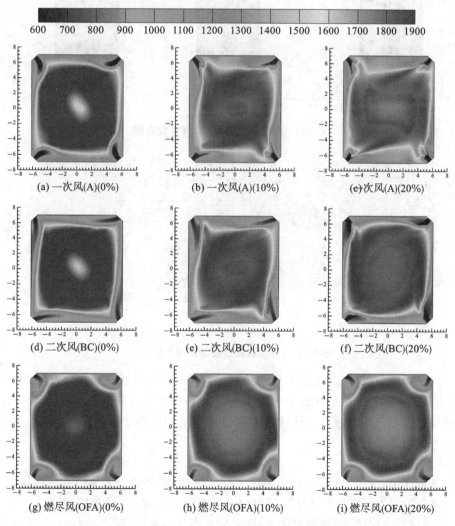

图 8-32　锅炉一次风、二次风和燃尽风风口横截面温度分布云图

（4）CO 浓度分布图。

从图 8-33 和图 8-34 中可以看出，CO 主要分布在燃烧器区域，随着燃料燃尽，其浓度逐渐降低。

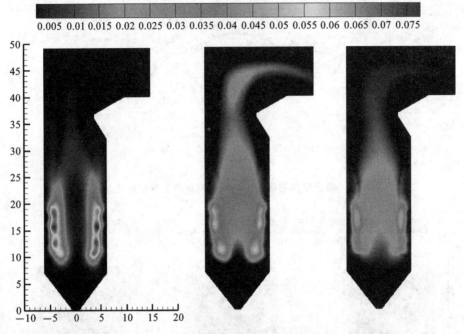

图 8-33　炉膛中心截面 CO 浓度分布图

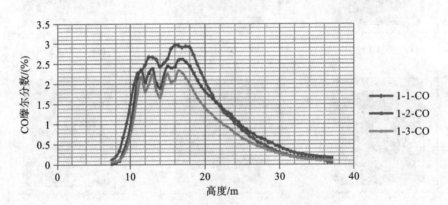

图 8-34　CO 浓度随炉膛高度的变化曲线

由于纯煤为单一燃料，燃烧特性不变，在燃烧器出口挥发分迅速析出，处于富燃料状态，CO 浓度迅速上升到较大值。在煤粉中掺入木屑，两种燃料的燃烧特性不同，燃烧有先后，使得炉内燃烧更加充分均匀，燃烧器区域 CO 浓度随着混燃比例增加而减少。三种工况下，在炉膛出口处，CO 浓度相当。

（5）O_2 浓度分布图。

从图 8-35 和图 8-36 可以看出，O_2 的浓度分布与 CO 的浓度分布有着相反的结果。燃料燃烧区域消耗大量 O_2，所以空气从各风口喷入炉膛中心区域，O_2 浓度迅速降低。由于风口空气喷入，在燃烧器区域，O_2 浓度有所波动，在所有空气喷入后，随着燃料燃尽，O_2 浓度逐渐降低。木屑混燃比例越大，燃烧区域 O_2 浓度越低，由此表明混燃能够加剧炉内燃料燃烧。

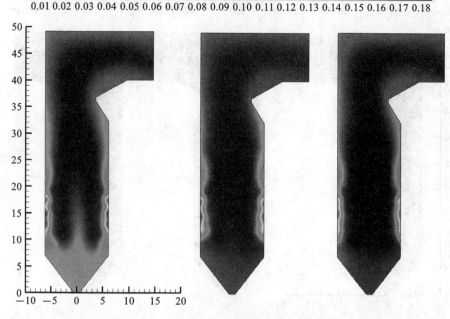

图 8-35　炉膛中心截面 O_2 浓度分布图

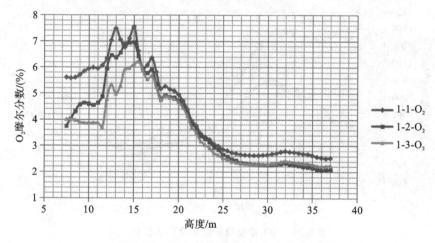

图 8-36　O_2 浓度随炉膛高度的变化曲线

通过炉膛中心区域 O_2 浓度分布图可以看出，在靠近炉膛壁区域，O_2 含量较高，形成富氧区域，这将有助于保护炉墙，减少结焦和腐蚀。

（6）NO_x 浓度分布图。

从图 8-37 和图 8-38 可以看出，主燃烧区域 NO_x 含量较高，尤其是纯煤粉燃烧时，整个主燃烧区 NO_x 含量都很高，平均为 1250 mg/Nm^3，而生物质与煤混燃时，随着炉膛高度增加，NO_x 浓度呈现先增大后减小的变化趋势，在 18 m 处达到最大值。生物质混燃比例为 10％时，NO_x 浓度为 980 mg/Nm^3；生物质混燃比例为 20％时，NO_x 浓度为 760 mg/Nm^3。随着燃烧器区域煤粉与空气交替喷入，NO_x 浓度有少量波动，在主燃烧区上部，随着炉膛高度的增加，NO_x 浓度逐渐减小。

从三种工况下的曲线图可以看出，随着生物质混燃比例的增加，NO_x 含量在总体分布上

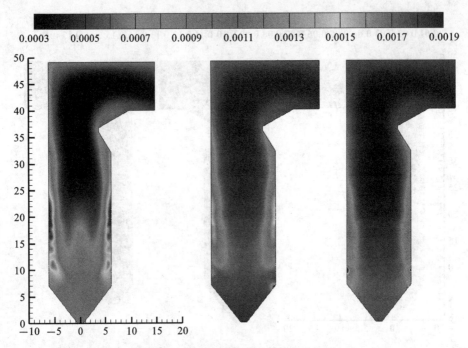

图 8-37　炉膛中心截面 NOₓ浓度分布图

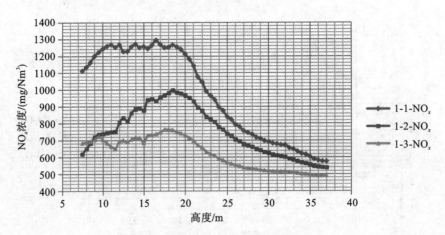

图 8-38　NOₓ浓度随炉膛高度的变化曲线

呈现下降趋势,这主要是因为与煤粉相比,生物质含氮量低,燃料型 NOₓ生成量减少,且混燃的炉内温度低于纯煤燃烧的炉内温度,热力型 NOₓ生成量减少。此外,生物质中挥发分含量高,在较低温度下就能够着火燃烧,在燃烧初期形成还原性气氛。相比于煤粉的挥发分,生物质的挥发分更富有还原性成分,如 CH_4、H_2。这些因素都将有利于减少 NOₓ的排放。

　　结合上述分析和表 8-22 所示的结果比较,可以看出:工况 1-1(纯煤燃烧)NOₓ的排放量较高;工况 1-3(混燃 20％生物质)的折焰角温度太低,无法保证锅炉的正常热负荷;工况 1-2(混燃 10％生物质)的折焰角温度为 1588 K,与原始工况相差不大,对锅炉的热负荷影响较小,可通过少量增加受热面的方法来保证锅炉蒸汽参数,并且该工况下 NOₓ的排放量比纯煤工况下 NOₓ的排放量有所降低。综合比较发现,生物质混燃比例为 10％时,混燃对炉内流场、燃料颗粒轨迹影响不大,炉内温度场分布良好,对燃烧效率影响不大,既能保证锅炉的热负荷,又能降低 NOₓ的排放量。

表 8-22　三种工况的计算结果比较（折焰角参数）

参　　数	1-1	1-2	1-3
温度/K	1611	1588	1478
O_2/(%)	2.53	2.07	2.2
标态 NO_x/(mg/Nm³)	581	542	488

2）锅炉改造后不同混燃比例的模拟计算结果

下面为锅炉改造后生物质与煤混燃比例分别为 0%、10%、20% 时的模拟计算结果。

从图 8-39 中可以看出，三种工况下的温度变化趋势相似，截面最大温度在燃烧器区域和燃尽风风口上方出现峰值，并且在这两个区域内燃烧平均温度都较高。这主要是因为燃烧器区域一次风、二次风交替喷入，燃料燃烧剧烈，同时在燃尽风风口喷入的空气使未燃尽的燃料得到进一步燃烧。从图中可以明显看出，混燃后炉膛内温度水平整体降低，混燃 20% 生物质时温度降低尤其明显。

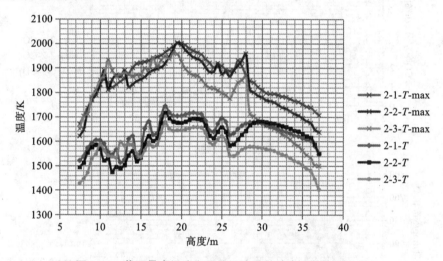

图 8-39　截面最高温度和平均温度随炉膛高度的变化曲线

从图 8-40 可以看出，CO、O_2 的浓度变化趋势相反，燃烧器区域燃烧剧烈，O_2 迅速消耗，同时处于富燃料燃烧状态，不完全燃烧产物 CO 浓度处于较高水平。在整个炉膛内部，混燃的 CO 浓度都低于纯煤燃烧的 CO 浓度，并且混燃比例越大，CO 浓度越低，这是因为生物质燃尽性能好。在出口处，三种工况下 CO 浓度相当，说明三种工况下燃料的燃尽效果良好。出口处，混燃比纯煤燃烧的 O_2 浓度低，这有利于降低 NO_x 的排放。从 NO_x 浓度变化曲线图也可以看出，在燃尽风风口下方，NO_x 浓度出现一个低谷，这主要是因为此区域 O_2 含量低，CO 含量高，处于还原气氛中，抑制了 NO_x 的生成。燃尽风的喷入使燃料燃尽，NO_x 浓度略有升高，同时该区域氧气充分，部分已生成的 NO_x 逐渐被氧化，所以燃尽风风口上部 NO_x 浓度降低。混燃生物质后，NO_x 浓度大幅度下降，混燃比例越大，效果越明显。

表 8-23 所示为锅炉改造后混燃不同比例生物质的计算结果，分析得出混燃比例为 10% 时，折焰角处温度与燃煤工况下的相当，说明锅炉热负荷能够得到保障，而 NO_x 的排放量降低，由 314 mg/Nm³ 降到 307 mg/Nm³，因此 10% 是较为合适的混燃比例。这与锅炉改造前不同混燃比例模拟计算结果分析一致。

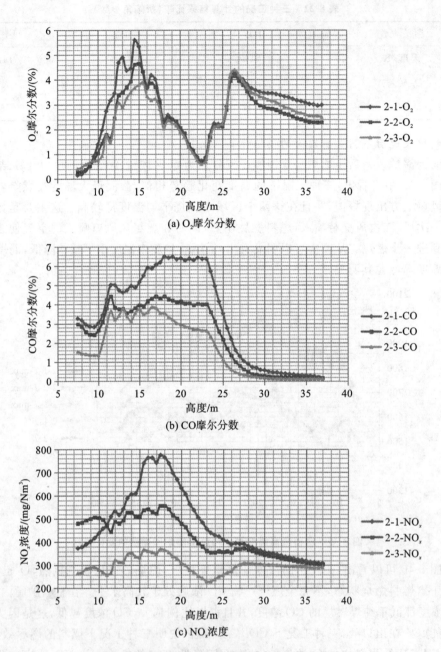

(a) O_2摩尔分数

(b) CO摩尔分数

(c) NO_x浓度

图 8-40　不同工况下参数随炉膛高度的变化曲线

表 8-23　三种工况的计算结果比较(折焰角参数)

参　　数	2-1	2-2	2-3
温度/K	1599	1603	1477
O_2/(%)	3.02	2.28	2.5
标态 NO_x/(mg/Nm³)	314	307	292

对比改造前后的计算结果,可以看出加燃尽风后,NO_x 排放显著降低,这主要是因为主燃烧区的 O_2 浓度降低,抑制和减少了 NO 的生成。

2. 燃料不同喷入方式比较

表 8-24 所示为改造后锅炉生物质混燃比例为 10％、20％时,燃料不同喷入方式的工况设置。

表 8-24　燃料不同喷入方式的工况设置

工　况	均　匀　混　合	上层喷口喷入	上层喷口向上倾斜 5°喷入
20％生物质	3-1	3-2	3-3
10％生物质	4-1	4-2	4-3

1)生物质混燃比例为 20％时燃料不同喷入方式对炉膛内各参数的影响

图 8-41 所示为炉膛中心截面温度分布云图。图 8-42 为所示为不同工况下温度随炉膛高度的变化曲线。从温度分布云图可以看出,三种工况下温度分布相似,燃烧器区域温度较高,中心截面温度呈左右对称分布,说明空气动力场良好,炉膛温度充满度好。与工况 3-1 生物质与煤从四层喷口均匀喷入相比,工况 3-2 下面三层一次风喷入煤粉,第四层燃烧器喷入生物质,可以使不易燃尽的煤粉能够在炉膛内停留更长时间,易着火燃尽的生物质在上方能够迅速剧烈燃烧,这也有利于下面三层喷入的煤粉燃尽,同时这种燃烧方式也降低了炉膛内部的最高温度范围,使炉膛内温度更加均匀,有利于减少结焦和结渣。工况 3-3 与工况 3-2 相比,第四层喷口向上倾斜 5°,这将提高炉膛上部温度,从温度分布云图也可看出,工况 3-3 下炉膛内部温度充满度更好。但是炉膛折焰角上方是屏式过热器,温度过高会对换热管道有冲刷腐蚀作用,影响换热效果。

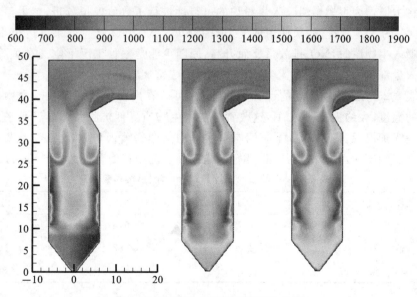

图 8-41　炉膛中心截面温度分布云图

图 8-43 为不同工况下 O_2、CO、NO_x 浓度随炉膛高度变化曲线。从图中可以看出,工况 3-1 和工况 3-2 下 O_2、CO 浓度变化曲线相似,工况 3-3 与前两种工况相比,在 12~17 m 区域 O_2 浓度较低,说明燃料燃烧消耗 O_2 更快,而在 17~23 m 区域 CO 浓度低,这是因为生物质

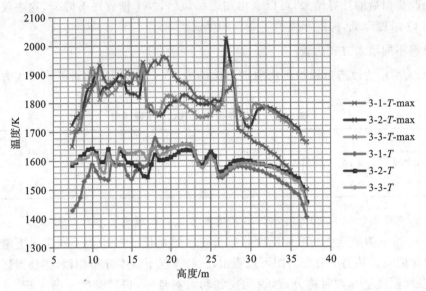

图 8-42　不同工况下温度随炉膛高度的变化曲线

上层带倾角的喷入燃烧剧烈,促进了未燃尽碳的燃烧。三种工况下 NO_x 浓度随炉膛高度的变化趋势相似,7~18 m 剧烈燃烧区域 NO_x 浓度升高,18~23 m 区域燃料逐渐燃尽,处于还原性气氛,NO_x 浓度逐渐降低。燃尽风的喷入使 NO_x 浓度略有升高,在燃尽风上方区域,随着炉膛高度增加,NO_x 浓度逐渐降低。

曾有不少学者通过生物质再燃的方式降低 NO_x 的排放,原理是将燃料分级送入炉膛,在燃烧区火焰的上方喷入生物质以建立一个富燃料区,还原已生成的 NO_x,例如 B. R. Adams 等人就对将木屑作为再燃燃料喷入煤粉炉的可行性进行了数值模拟分析,结果显示,至少可以实现 40 % 的 NO_x 减排,如果使用烟气来携带木屑,那么 NO_x 减排效果可达 55%。而此模拟在上层喷入生物质时,NO_x 排放量反而升高,原因可能是三种工况下空气在炉膛中的喷入位置和喷入量都相同,在上层喷入生物质也难以形成富燃料区域。

通过表 8-25 所示三种工况的计算结果比较,可以看出在炉膛上层喷入生物质,提高了折焰角处的温度,大约提高了 40 K,这改善了混燃生物质降低炉膛整体温度水平的影响,可应用于工业锅炉混燃。工况 3-3 下第四层一次风向上倾斜喷入炉膛,与工况 3-2 相比,对炉膛内的温度影响不大,NO_x 的排放略有降低,是三种工况中较为合理的燃料喷入方式。

表 8-25　三种工况的计算结果比较(折焰角参数)

参　数	3-1	3-2	3-3
温度/K	1477	1516	1519
O_2/(%)	2.5	2.83	2.66
标态 NO_x/(mg/Nm³)	292	372	353

2)生物质混燃比例为 10% 时,燃料不同喷入方式的模拟计算结果

表 8-26 所示为三种工况下折焰角处温度、O_2 和 NO_x 排放浓度的比较,可以看出工况 4-3 下整体温度较高,并且 NO_x 浓度有所下降,比较合理。

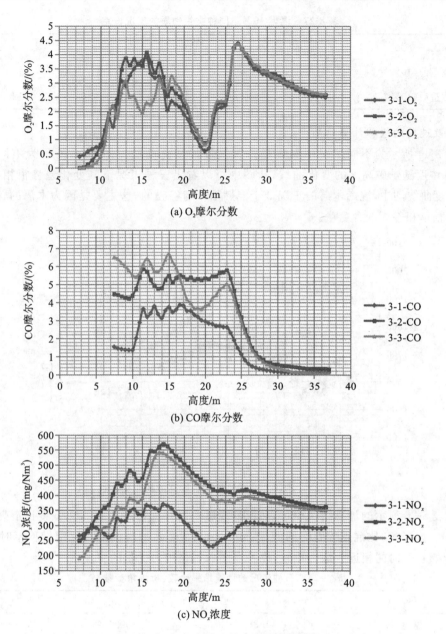

图 8-43　不同工况下烟气成分浓度随炉膛高度的变化曲线

表 8-26　三种工况的计算结果比较（折焰角参数）

参　　数	4-1	4-2	4-3
温度/K	1603	1605	1609
O_2/（%）	2.28	2.02	1.94
标态 NO_x/（mg/Nm³）	307	307	282

3. 混燃不同生物质的比较

表 8-27 所示为改造前后锅炉中混燃 10% 不同种类生物质的工况设定。

表 8-27　混燃 10％不同种类生物质的工况设定

工　况	木　屑	稻　草	谷　壳
改造前（10％）	5-1	5-2	5-3
改造后（10％）	6-1	6-2	6-3

1）改造前的模拟计算结果

图 8-44 所示为不同工况下温度随炉膛高度的变化曲线。图 8-45 所示为不同工况下 O_2、CO 浓度随炉膛高度的变化曲线，从图中可以看出三种工况下其变化趋势很相似；而在 NO_x 浓度曲线图中，混燃木屑的工况低于混燃稻草与谷壳的，这主要是因为木屑的含氮量明显低于稻草和谷壳的含氮量。

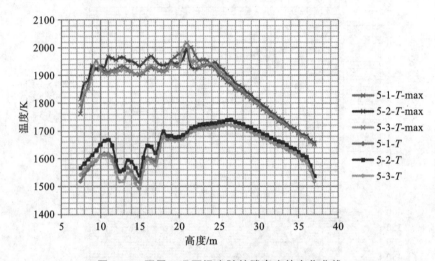

图 8-44　不同工况下温度随炉膛高度的变化曲线

从表 8-28 所示的计算结果也可以看出：混燃木屑时折焰角处的 NO_x 浓度比混燃稻草时的低 19 mg/Nm^3，比混燃谷壳时的低 27 mg/Nm^3；混燃木屑时的温度比混燃稻草时的低 14 K，与混燃谷壳时的相近。综合比较，煤粉混燃木屑是较为优化的工况。

表 8-28　三种工况的计算结果比较（折焰角参数）

参　　数	5-1	5-2	5-3
温度/K	1588	1602	1589
O_2/（％）	2.07	1.93	2
标态 NO_x/（mg/Nm^3）	542	561	569

2）改造后的模拟计算结果

改造后锅炉中混燃不同种类生物质的模拟计算结果中，各参数随炉膛高度变化的趋势和规律与改造前的相近，所以在此不一一列举。

表 8-29 所示为三种工况下的计算结果，从表中可以看出，三种工况下折焰角处温度接近，而混燃木屑时的 NO_x 浓度最低，说明木屑为三种生物质类型中最佳的混燃生物质。

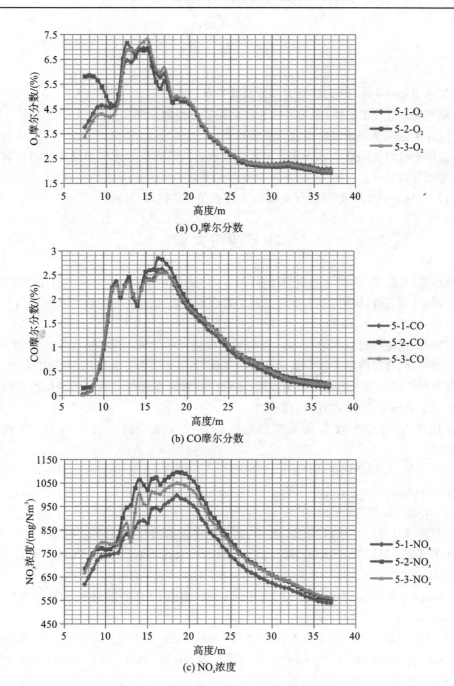

图 8-45　不同工况下参数随炉膛高度的变化曲线

表 8-29　三种工况的计算结果比较(折焰角参数)

参　　数	6-1	6-2	6-3
温度/K	1613	1615	1606
O_2/(%)	2.28	2.34	2.11
标态 NO_x/(mg/Nm^3)	307	312	334

思　考　题

1. 简述 Aspen Plus 的主要组成部分及其特点。

2. 简述烟分析的主要特点，并说明为什么需要进行烟分析。

3. 简述生命周期评价的特点及其主要步骤。

4. 固体燃料燃烧的数值计算主要包含哪些内容？请列举固体燃料燃烧数值计算中的主要数学模型及其特点。

5. 请用 Aspen Plus 及 Fluent 对煤与生物质混燃进行算例分析。

本章参考文献

[1]　范维澄，万跃鹏. 流动及燃烧与计算[M]. 合肥：中国科学技术大学出版社，1992.

[2]　李德波，徐齐胜，岑可法. 大型电站锅炉数值模拟技术工程应用进展与展望[J]. 广东电力，2013，36(11)：54-63.

[3]　崔星源. 超临界煤粉锅炉低 NO_x 燃烧数值模拟[D]. 北京：华北电力大学(北京)，2006.

[4]　刘丽萍. 四角切圆煤粉炉炉内燃烧及配风的数值模拟[D]. 大连：大连理工大学，2008.

[5]　苏胜，蔡兴飞，吕宏彪，等. 采用双混合分数/概率密度函数方法模拟混煤燃烧[J]. 中国电机工程学报，2012，23(2)：45-52.

[6]　方庆艳. 低挥发分煤及其混煤燃烧数值模拟与试验研究[D]. 武汉：华中科技大学，2007.

[7]　MANDY M，ROSENDAHL L，YIN C，et al. Pulverized straw combustion in a low-NOx multifuel burner：modeling the transition from coal to straw[J]. Fuel，2010，89(10)：3051-3062.

[8]　陶文铨. 数值传热学[M]. 2 版. 西安：西安交通大学出版社，1986：56-59.

[9]　HOTTEL H C，SAROFIM A. Radiative transfer [M]. New York：McGraw Hill，1967.

[10]　孙昭星. 锅炉燃烧室辐射的 Mothod-Carlo 解法[J]. 中国电机学报，1984，4(23)：49-58.

[11]　GLARBORG P，KRISTENSEN P G，JOHANSEN K D. Nitric oxide reduction by non-hydrocarbon fuels implications for reburning with gasification gases[J]. Energy & Fuels，2000，14(2)：256-264.

[12]　杨明娟. 生物质与煤混烧特性及数值模拟研究[D]. 武汉：华中科技大学，2015.

[13]　孙依. 煤粉锅炉耦合生物质发电系统技术经济分析[D]. 武汉：华中科技大学，2018.

第9章

生物质热转化过程研究
分析表征方法

9.1 概 述

　　煤、生物质、城市固体废弃物等碳基固体燃料是人类最主要的能源资源。当前,在碳减排的大背景下,生物质资源的合理化利用越来越为人们所重视。如前文所述,通过图 9-1 所示热解、液化、气化、燃烧等生物质热转化过程,可将生物质转化为热或油、气、炭等高附加值产品,并为人类所利用。深刻理解生物质的热转化机理,是控制反应过程、提高转化效率、减少污染物生成的基础与前提。因此,大量研究者开展了相关的理论研究与技术开发。在这些研究中,无法绕开的共同问题是全面表征生物质的精细化学结构、量化热化学转化过程中间产物以及明确最终产物的组成与化学特征。

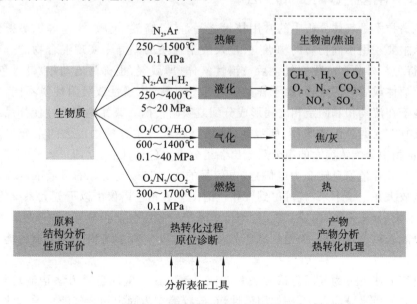

图 9-1　生物质热转化过程及产物

　　我们知道,生物质是由复杂分子结构组成的混合物,其中不仅存在着由碳、氢、氧等元素组成的有机组分,还有由钾、钠、钙、镁、铁、硅、铝等元素组成的无机组分。除化学组成外,生物质中还存在大小不一、数量不均的孔隙结构。生物质的物理化学结构直接决定了生物质的性质及热转化特性,其精细化表征是理论研究所不可或缺的信息,也是长期困扰研究者们的难题。此外,生物质热转化过程通常涉及高温反应,产物中存在着气、液、固多态产物,且组分复杂、成分结构变化大,反应过程中原位检测物质组成和结构的演化极其困难。例如,生物质在高温热化学转化过程中,固体有机分子结构可经历小分子与大分子混合的无定型态、高度芳香化态以及石墨化晶体态,单一的分析表征工具很难全面表征这些结构及其演变过程。这对生物质热转化机理研究的分析表征工具提出了较多要求。

本章将分类介绍针对生物质热转化过程中气、液、固等产物的结构、组分等的分析表征工具,以期为从事生物质热转化过程探索的研究者们提供分析表征工具的全面介绍,便于研究者们根据研究需要选择最优的分析表征方法,为全面揭示生物质热转化机理提供有力手段。

9.2 气体组分分析方法

在生物质热转化过程研究中,我们常常需要对气体产物的成分进行分析及定量,以了解热转化具体过程及评价热转化产品品质。例如对生物质气化产物中 CO、CH_4、H_2 等的含量进行检测,对生物质燃烧过程中 NO_x 及 SO_2 含量进行检测,对生物质热解或气化过程中 HCN 等中间产物进行检测。当前,气体组分分析检测方法主要包括:化学分析法(包括电化学法、化学荧光法等)、红外法、光谱分析法(包括 FT-IR、气相色谱(GC)法、原子发射光谱(ICP)法、拉曼(Raman)光谱法等)。

9.2.1 常规气体分析方法

气相色谱技术是气体分析中的常用技术之一,其以高效、灵敏、快速等优势得到广泛应用。该技术主要利用不同物质的沸点、极性及吸附性质的差异来实现混合物的分离。在检测过程中,待分析样品在气化室气化后被惰性气体(即载气,也称为流动相)带入色谱柱,色谱柱内含有液体或固体固定相,由于样品中各组分的沸点、极性或吸附性质不同,因此每种组分都倾向于在流动相和固定相之间形成分配或吸附平衡。载气的流动性使样品组分在运动中进行反复多次的分配或吸附/解吸附,结果是在载气中分配浓度大的组分先流出色谱柱,而在固定相中分配浓度大的组分后流出。组分流出色谱柱后,立即进入检测器。检测器能够将样品组分含量信息转变为电信号,电信号的大小与被测组分的量或浓度成正比。若将这些信号放大并记录下来,就可得到气相色谱图。气相色谱仪由以下五大系统组成:气路系统、进样系统、分离系统、温控系统、检测记录系统。各组分能否分开,关键在于色谱柱;分离后各组分能否被鉴定出来,关键则在于检测器。所以分离系统和检测记录系统是气相色谱仪的核心。

气相色谱方法可分为气固色谱方法和气液色谱方法。气固色谱方法指流动相是气体、固定相是固体的色谱分离方法,例如用活性炭、硅胶等作为固定相。气液色谱方法指流动相是气体、固定相是液体的色谱分离方法,例如在惰性材料硅藻土上涂一层角鲨烷,可以分离、测定纯乙烯中的微量甲烷、乙炔、丙烯、丙烷等杂质。利用气相色谱技术,能够实现对超高纯气体和聚合级气体的分析测定,还可实现对具有相似性质的同分异构体的正、异丁烯组分的分离分析。同时,一些先进技术,例如微型快速色谱技术、多维切换技术以及在线工业色谱技术等的不断发展,均将进一步推动气相色谱技术在气体分析中的应用。

质谱分析也是一种较为常见的气体分析方法。它是一种测量离子荷质比(电荷-质量比)的分析方法,其基本原理是使试样中各组分在离子源中发生电离,生成不同荷质比的带正电荷的离子,经加速电场的作用,形成离子束,进入质量分析器。在质量分析器中,再利用电场和磁场使离子发生相反的速度色散,将它们分别聚焦而得到质谱图,从而确定其质量。

9.2.2 特殊气体分析方法

在生物质热转化过程中,还有一些特殊的较难检测的气体,如 O_2、NH_3、HCN 等。这些气体较难通过常规的分析检测方法实现准确的在线或快速分析,目前已有相应的特殊分析方法。

1. 氧含量分析

在生物质热解、气化及燃烧过程中,气体中氧气的含量是一个重要的指标,其直接决定了生物质热转化条件是否合适。当前,应用比较广泛的氧分析仪主要包括顺磁式氧分析仪及氧化锆氧分析仪。其中,顺磁式氧分析仪是根据氧气的体积磁化率比一般气体高很多,在磁场中具有极高的顺磁特性的原理制成的一种测量气体含氧量的分析仪器。顺磁式氧分析仪也可称为磁效应式氧分析仪或磁式氧分析仪,我们通常称其为磁氧分析仪。它一般分为热磁对流式、压力机械式和磁压力式三种。氧化锆氧分析仪的工作原理是被测气体(烟气)通过传感器进入氧化锆管的内侧,参比气体(空气)通过自然对流进入传感器的外侧,当锆管内外侧的氧浓度不同时,在氧化锆管内外侧产生氧浓差电势(在参比气体确定的情况下,氧化锆输出的氧浓差电势与传感器的工作温度和被测气体浓度呈函数对应关系);该氧浓差电势经显示仪表转化成与被测气体含氧量呈线性关系的标准信号,供氧气分析仪表显示和输出。

顺磁式氧分析仪不受样品气体压力的影响,但要求样品气体经过减压、除水、除尘等预处理后才能进行测量;其精度一般比氧化锆氧分析仪的精度高,但其价格更高,仪器检测预处理更复杂,维护费用也更高。氧化锆氧分析仪主要应用在加热炉测量氧含量中,其优点是检测器适应性较强,在一定程度下耐腐蚀和粉尘水,技术成熟,价格低,不需要烦琐的预处理,直接测量,测量稳定。其缺点是只适于过程压力在常压附近时的测量,气体流速不能过高,应用有一定的局限性。

2. NH_3 含量检测

NH_3 由于较易溶于水等特点,较难采用通用气体分析方法在实验过程中进行有效定量检测,常用的方法是化学吸收法。目前,已有国家标准 GB/T 14679—1993《空气质量 氨的测定 次氯酸钠-水杨酸分光光度法》提出了 NH_3 含量检测方法。其原理为:NH_3 经硫酸吸收液吸收,生成 $(NH_4)_2SO_4$,NH_4^+ 与水杨酸-次氯酸钠作用形成化合物,化合物溶液在加入亚硝基铁氰化钠后呈现蓝色,颜色深度与最初 NH_4^+ 浓度成比例。通过分光光度计测量溶液对波长为 697 nm 的光的吸光度,然后与标准 NH_4^+ 浓度溶液的吸光度进行比较,即可得到被吸收的 NH_3 的量。

3. HCN 含量检测

HCN 是 NO_x 的重要前驱体,检测反应过程中 HCN 的含量对分析生物质热转化过程中 N 的迁移转化至关重要。当前 HCN 的检测也主要采用化学吸收法,可参见标准 GB/T

7487—1987《水质 氰化物的测定 第二部分:氰化物的测定》中的硝酸银滴定法。具体步骤为:将烟气通入 NaOH 溶液中吸收 HCN,然后用硝酸银溶液滴定,根据滴定用硝酸银的量即可计算得到烟气中 HCN 总量。参照标准 HJ 484—2009,对氰化物的测定方法如下。

(1)硝酸银滴定法:检出限为 0.25 mg/L,测定下限为 0.25 mg/L,上限为 100 mg/L。原理:经蒸馏得到的碱性试样,用硝酸银标准溶液滴定,氰离子与硝酸银作用生成可溶性的银氰络合离子$[Ag(CN)_2]^-$,过量的银离子与试银灵指示剂反应,溶液由黄色变成橙红色。

(2)异烟酸-吡唑啉酮分光光度法:检出限为 0.004 mg/L,测定下限为 0.016 mg/L,上限为 0.25 mg/L。原理:在中性条件下,样品中的氰化物与氯胺 T 发生反应,生成氯化氰,再与异烟酸作用,经水解后生成戊烯二醛,最后与吡唑啉酮缩合,生成蓝色染料,在一定浓度范围内,其色度与氰化物质量浓度成正比。

(3)异烟酸-巴比妥酸分光光度法:检出限为 0.001 mg/L,测定下限为 0.004 mg/L,上限为 0.45 mg/L。原理:在弱酸性条件下,水样中氰化物与氯胺 T 作用,生成氯化氰,然后与异烟酸反应,经水解后生成戊烯二醛,最后与巴比妥酸生成紫蓝色化合物,在一定浓度范围内,其色度与氰化物质量浓度成正比。

(4)吡啶-巴比妥酸分光光度法:检出限为 0.002 mg/L,测定下限为 0.008 mg/L,上限为 0.45 mg/L。原理:在中性条件下,氰离子与氯胺 T 的活性氯反应,生成氯化氰,氯化氰与吡啶生成戊烯二醛,戊烯二醛与两个巴比妥酸分子缩合,生成红紫色化合物,在一定浓度范围内,其色度与氰化物质量浓度成正比。

9.2.3　热反应产气连续检测方法

热重-傅里叶变换红外光谱联用仪(TG-FTIR)是对生物质热解及气化等过程的气态产物进行成分分析的著名分析工具,被研究者广泛使用。傅里叶变换红外光谱仪(FTIR)也与其他快速升温反应器,如金属网加热反应器或用于定量分析的商用 CDS 热探针联用,实现对生物质热转化过程中气态产物的检测与分析。对于典型的生物质样品,TG-FTIR 通常可获得近 20 种气体(或挥发分)的成分信息,包括焦油、H_2O、CO、CO_2、COS、SO_2、CH_4、C_2H_4、HCN、NH_3、乙酸、乙醛、甲酸、甲醛、甲醇、苯酚、丙酮和左旋葡聚糖等。FTIR 的一种常用方法是选择容易分离的单个峰或采用峰强/峰面积比对组分进行识别或定量,这种分析方法通常需要预先知道特征光谱所对应的组分或含量,即通过比较 FTIR 所获得的数据和相同条件下测量的校准光谱来确定热分解产物的浓度。由于所有生物质热转化气体产物成分都有重叠的红外吸收峰,因此单个峰的定量难以全面开展。当前,也有研究者提出一些新的数据分析处理方法,以提高检测精度。例如,Den Blanken 等提出利用分子光谱数据库(如 HIT-RAN 数据库)对测量光谱中的浓度进行评估。还有研究者提出使用多元统计分析技术,包括主成分分析和偏最小二乘法,根据最显著的光谱特征与所进行的分析相关性来突出这些特征,而不是简单地选择最大的或最容易分配的红外吸收峰。

此外,对于热转化过程如燃烧过程中的 NO、SO_2、CO、O_2,则可用较为成熟的商用烟气分析仪(如英国凯恩、德国德图等)进行检测分析。而在生物质气化反应过程中,主要产物为 CO、CH_4 等,针对其检测当前也有较为成熟的商业煤气分析仪(如四方光电等)可用。

9.3　液体组分分析表征方法

在生物质热转化过程中,液体组分分析主要是生物油及生物柴油的分析。对于木质纤维素生物质,其生物油组分主要来自纤维素、半纤维素和木质素的可凝结热裂解产物。纤维素热解产生的生物油主要由左旋葡聚糖、羟基丙酮、乙醇醛、醛、酮、5-羟甲基糠醛、糠醛等组成,而半纤维素热解主要产生羟基丙酮、酸、糠醛、5-甲基糠醛、左旋葡聚糖和环戊烯酮。木质素热解主要生成酚类化合物,如愈创木酚、丁香醇、酚类化合物、苯二醇等。由于生物质中一般都含有不等量的纤维素、木质素及半纤维素,因此,生物油是一种非常复杂的混合物,含有数百种含氧有机化合物,且其各组分沸点、分子量、极性和溶解度差异明显。因此,很难用单一的分析方法来全面表征生物油。当前,生物油组分检测方法根据技术类别主要可分为色谱分析法与光谱分析法,下面将分别对其进行简要介绍。

9.3.1　色谱分析法

色谱分析法,又称层析法、色层法、层离法,是一种物理或物理化学分离分析方法。色谱分析法先将混合物中各组分分离,而后逐个进行分析。如前所述,其分离原理是利用混合物中各组分在固定相和流动相中溶解、解析、吸附、脱附或其他亲和作用性能的微小差异,当两相做相对运动时,使各组分随着移动在两相中反复受到上述各种作用而实现分离。色谱法已成为分离分析各种复杂混合物的重要方法。1984 年,Freedman 等人首次提出色谱分析法,他们用薄层色谱和火焰离子化检测器(TLC/FID)对油脂的酯交换反应进行了分析。此外,他们还采用 TLC/FID 将甘油含量与气相色谱法测定的酰基转化进行关联分析。气相色谱和高效液相色谱的结合分析技术也被用于生物油的分析。当前,已发展出了多种不同的色谱分析技术对生物油进行分析表征,下面分别进行介绍。

1. 气相色谱法

气相色谱(GC)是最常规的色谱分析技术,已有研究将其用于分析酯交换反应过程的来源(油或甘油三酯)和产物(生物柴油)中的脂肪酸和烷基酯含量,还有研究将其用于在线测定反应过程中形成的化合物来估计生物油的毒性。此外,还可采用气相色谱法评价生物油的单不饱和脂肪酸、双不饱和脂肪酸和饱和脂肪酸组成以及多不饱和脂肪酸(PUFA)含量。使用 GC 也可测量油中各个组分的含量百分数。一种典型的生物油 GC 图谱如图 9-2 所示。

Maulidiyah 等人利用单个化合物随保留时间的特性变化,分析了烷基酯的组成单元。烷基酯的质谱电离碎片谱图由特定暴露能量水平下分子离子的符号 m/z 值来测量和记录。Montpetit 和 Tremblay 利用 GC 鉴定未转运的甾体化合物,对生物柴油转化最终产品成分的选择性进行了鉴定;在另一项研究中,他们使用了气相色谱结合火焰电离检测器(GC-FID)的方法对已识别的非交叉甾体化合物(甾体糖苷类)中所选离子进行了监测。利用色谱技术在色谱峰范围内的保留时间和所选化合物的 Kovats(科瓦茨)指数特征,也可以鉴定色谱中未解析的峰。它说明了减少分析时间、完全分离、同时鉴定化合物和可靠测定化合物的重要性。因此,它成为测定含柴油等混合燃料成分的重要分析方法。气相色谱结合同位素稀释质谱(GC-IDMS)方法与 GC-FID 方法相似,可用于微量元素的鉴定。研究者们通过线性度、运行范围和相应的响应因子,验证了 GC-IDMS 方法的运行特性。研究人员对过程的

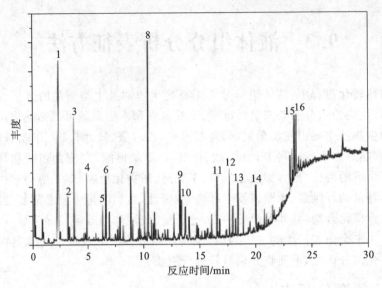

图 9-2　典型的生物油 GC 图谱

检测极限、过程的量化极限、量化的精度、数据的可靠性、数据的不确定性和过程的鲁棒性进行了检验,这些特性使得 GC-IDMS 方法成为测定生物油中化合物的良好方法。

　　一维气相色谱与质谱联用(GC-MS)是鉴别挥发性高、沸点低和分子量小的化合物的常用方法。根据质谱鉴定结果,可以采用内标法和外标法对部分化合物进行定量分析。外标法通过绘制不同标准品的浓度曲线,能够较好地鉴别样品,但由于标准样品的缺乏,外标法往往受到限制。内标法是指以纯物质为内标计算每种化合物的含量,适用于没有标准样品的化合物检测。复杂生物油气相色谱分析还存在一系列难题,如色谱分辨率不足、色谱峰共洗脱、质谱分析中某些生物油组分的质谱不可用、分析标准缺乏等。研究表明,气相色谱法只能检测到生物油中约 40％ 的组分和不到 25％ 的高分子量化合物。

2. 液相色谱法

　　液相色谱法是用液体作为流动相的色谱法。1906 年,俄国植物学家茨维特(M. S. Tswett)将植物色素提取液加到装有碳酸钙微粒的玻璃柱子上部,继而以石油醚淋洗柱子,结果使不同的色素在柱中分离,从而形成不同颜色的谱带,每个色带代表不同的色素。液相色谱法不能由色谱图直接给出未知物的定性结果,而必须由已知标准作对照定性。当无纯物质对照时,定性鉴定就很困难,这时需要借助质谱法、红外法和化学法等的配合。另外,大多数金属盐类和热稳定性差的物质还不能用液相色谱法分析,而要使用高效液相色谱法。根据固定相的不同,液相色谱法分为液固色谱法、液液色谱法和键合相色谱法。应用最广的是以硅胶为填料的液固色谱法和以微硅胶为基质的键合相色谱法。根据固定相的形式,液相色谱法可分为柱色谱法、纸色谱法及薄层色谱法。根据吸附力,液相色谱法可分为吸附色谱法、分配色谱法、离子交换色谱法和凝胶渗透色谱法。近年来,在液相柱色谱系统中加上高压液流系统,使流动相在高压下快速流动,以提高分离效果,因此出现了高效(又称高压)液相色谱法。

　　高效液相色谱-紫外检测器(HPLC-UV)还可用于生物柴油酯交换过程的在线监测,可以时间为函数变量来监测。HPLC-UV 在核壳柱上快速洗脱,节省了时间和试剂。由于HPLC 分析不需要衍生化,因此使用高效液相色谱在线监测生物柴油生产比气相色谱过程有效。油转化为相应的烷基酯,也可用 HPLC-UV 进行测定。HPLC-UV 可测定生物柴油中单甘油酯、双甘油酯、甘油三酯、甲酯和游离脂肪酸的含量。高效液相色谱法可用于估算生物柴油中未加工的游离脂肪酸、脂肪酸烷基酯(生物柴油)、甘油、甘油磷酸和溶血磷酸酯的含量。带紫外检测器的反相高效液相色谱法可用于分析生物柴油中的污染物生育酚的含量。生物柴油中残留的油菜素类固醇也可用高效液相色谱法进行量化。定量是通过对化合物的选择性标记进行的。这种估算方法对衍生品具有选择性和敏感性。采用高效液相色谱结合质谱(HPLC-MS)分析超微颗粒的代谢情况,可研究颗粒的基本分子活动,也可监测所选择的反应,是分析化学反应过程的有效分析方法。部分研究者还采用高效液相色谱-蒸发光散射检测器(HPLC-ELSD)和 HPLC-UV 对混合燃料进行测定。HPLC-UV 无法分析与生物柴油混合的汽油柴油。而 HPLC-ELSD 可以对共混物中甘油三酯、脂肪酸烷基酯和石油柴油的含量进行鉴别和分析。因此,HPLC-ELSD 被证明比 HPLC-UV 更好。高效液相色谱-折射率检测器(HPLC-RID)可用于对酯交换反应过程中的脂肪酸烷基酯进行分离和测定。该产品性能可靠,噪声小,系统运行稳定。

　　一种典型的生物油液相色谱图如图 9-3 所示。

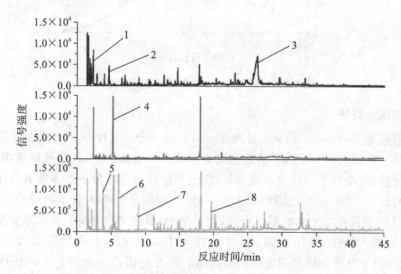

图 9-3　典型的生物油液相色谱图(图中 1～8 等不同信号代表不同组分)

3. 凝胶渗透色谱法

　　凝胶渗透色谱(gel permeation chromatography,GPC)是液相色谱中较新的分离技术之一。GPC 利用多孔性物质按分子体积大小对检测样品进行分离。Mc Bain 用人造沸石成功分离了气体和低分子量的有机化合物。1953 年,Wheaton 和 Bauman 用离子交换树脂按分子量大小分离了苷、多元醇和其他非离子物质。1959 年,Porath 和 Flodin 用交联的缩聚葡糖制成凝胶,分离水溶液中不同分子量的样品。而对于有机溶剂体系的凝胶渗透色谱来说,首先需要解决的问题是制备适用于有机溶剂的凝胶。20 世纪 60 年代,J. C. Moore 在总结前人经验的基础上,结合大网状结构离子交换树脂制备的经验,将高交联度聚苯乙烯凝胶用作柱填料,同时配以连续式高灵敏度的示差折光仪,制成了快速且自动化的高聚物分子量及分子量分布的测定仪,从而创立了液相色谱中的凝胶渗透色谱技术。

　　由于生物油是复杂的大分子混合物,单一的分子量数据难以全面给出生物油的组分信息。当前,在生物油中组分的分子量分布(多分散性指数)成为研究者关注的热点后,传统的色谱法不能同时测定生物油的分子量及其分布,难以满足研究者的需要。凝胶渗透色谱的应用改善了测试条件,并提供了可以同时测定聚合物的分子量及其分布的方法,使其成为测定高分子分子量及其分布的最常用、快速和有效技术。一种典型的生物油凝胶渗透色谱图如图 9-4 所示,可以看出,凝胶渗透色谱技术可以获得不同生物油中不同分子量组分含量的差异化分布特性。

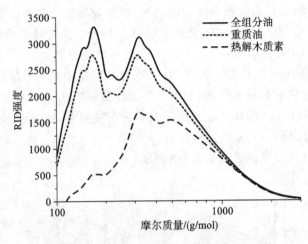

图 9-4　一种典型的生物油凝胶渗透色谱图

4. 尺寸排阻色谱法

尺寸排阻色谱法(size exclusion chromatography,SEC)是按分子大小顺序进行分离的一种色谱方法。体积大的分子因不能渗透到凝胶孔穴中而被排阻,较早地淋洗出来;中等体积的分子部分渗透;小分子可完全渗透,最后洗出色谱柱。样品分子基本按其分子大小先后排阻,从柱中流出。SEC 被广泛应用于大分子分级,即用来分析大分子物质分子量的分布。SEC 可用于从酯交换反应产生的最终产品(生物柴油)混合物中分离甘油和脂肪酸。它可分离脂肪酸烷基酯、甘油、单甘油酯、双甘油酯和甘油三酯,并估计其含量。高压 SEC(HPSEC)也被用于分析生物柴油的脂肪酸含量。尺寸排阻高压液相色谱(SE-HPLC)也用于测定生物柴油的脂肪酸含量。它以聚苯乙烯为标准,测定生物柴油中聚合物的含量。SE-HPLC 与 RID 联合,可用于鉴定烷基酯中的甘油含量。SEC 结合 ELSD(SEC-ELSD)可用于估算酯交换反应中最终产品(生物柴油)的游离脂肪酸、单甘油酯、双甘油酯和甘油三酯含量。SEC 的主要缺点是缺乏对生物柴油混合物中单个甘油的量化。

5. 超临界流体色谱法

超临界流体色谱法(supercritical fluid chromatography,SFC)是一种使用超临界流体作为流动相的色谱方法,其分离能力超过高效液相色谱的,同时使用的流动相也更加绿色环保,常用于分离和检测手性化合物和大分子聚合物。超临界流体色谱兼有气相色谱和液相色谱的特点。它既可分析气相色谱不适用的高沸点、低挥发性样品,又比高效液相色谱具有更快的分析速度和更好的分析条件。其操作温度主要决定于所选用的流体,常用的流体有二氧化碳及氧化亚氮。超临界流体容易控制和调节,在进入检测器前可以转化为气体、液体或保持其超临界状态,因此可与现有任何液相或气相检测器相连接,能与多种类型检测器相匹配,扩大了它的应用范围和分类能力,在定性、定量方面有较大的选择范围。其色谱条件可以用多种梯度技术来优化。超临界流体色谱法比高效液相色谱法更易达到较高的柱效率。

我们知道,物质可以在液态和气态之间相互转换,即可以通过改变物质所受的压力和温度来使物质形态发生改变。某些纯物质在高于其临界压力和临界温度时会呈现出一种特殊的状态,处于这种状态下的物质称为超临界流体,它具有气体的低黏度、液体的高密度以及介于气、液之间较高的扩散系数等特征。超临界流体色谱法正是利用物质在超临界状态的特性而进行分离和检测的,主要具有以下特点:

(1)采用低黏度的超临界流体作为流动相,可以设置高于液相色谱法的流速,使分离速度更快,效率更高;

(2)由于超临界流体的扩散系数介于气体和液体之间,所以峰展宽相比气体流动相更小;

(3)不同压力下对样品的溶解能力不同,样品溶解度随超临界流体的密度增加而增加;

(4)超临界流体色谱法最常用的流动相是超临界二氧化碳流体,相比于常见的液相流动相,其具有安全性好、成本低、在 190 nm 以上无紫外吸收和更加绿色环保等优点。

6. 薄层色谱法

薄层色谱法(thin layer chromatography,TLC)是将固定相涂布于玻璃板、塑料或铝基片,形成一均匀薄层,待点样、展开后,根据比移值(Rf)与由适宜的对照物按同法所得的色谱图的比移值(Rf)的对比,也就是薄层色谱法中原点到斑点中心的距离与原点到溶剂前沿的距离的比值,用以进行药品的鉴别、杂质检查或含量测定的方法。薄层色谱法是快速分离和定性分析少量物质的一种很重要的实验方法,用途广泛。

薄层色谱法是一种吸附薄层色谱分离法,它利用各成分对同一吸附剂吸附能力的差异,使在流动相(溶剂)流过固定相(吸附剂)的过程中,连续发生吸附、解吸附、再吸附、再解吸附,从而达到各成分互相分离的目的。

薄层层析可根据作为固定相的支持物的不同,分为薄层吸附层析(吸附剂)、薄层分配层析(纤维素)、薄层离子交换层析(离子交换剂)、薄层凝胶层析(分子筛凝胶)等。一般实验中应用较多的是以吸附剂为固定相的薄层吸附层析。

物质分子之所以能在固体表面停留,是因为固体表面的分子(离子或原子)和固体内部分子所受的吸引力不相等。在固体内部,分子之间的相互作用力是对称的,其力场互相抵消。而处于固体表面的分子所受的力是不对称的,向内的一面受到固体内部分子的作用力大,而表面层所受的作用力小,因而气体或溶质分子在运动中遇到固体表面时受到这种剩余力的影响,就会被吸引而停留下来。吸附过程是可逆的,被吸附物在一定条件下可以解吸附。在单位时间内吸附于吸附剂的某一表面上的分子和同一单位时间内离开此表面的分子之间可以建立动态平衡,称为吸附平衡。吸附层析过程就是不断地产生吸附与解吸附的动态平衡过程。

9.3.2　光谱分析法

光谱分析法是当前用于物质检测的重要方法,其不仅可检测液体,在气体、固体成分及结构检测方面也起到重要作用。光谱分析法是以分子和原子的光谱学为基础而建立起的分析方法,主要根据物质的光谱来鉴别物质及确定其化学组成和相对含量。光谱分析法主要包含三个过程:①光源提供能量;②光与被测物质相互作用;③产生被检测信号。光谱分析法根据光的作用过程可以分为很多种类：①根据物质粒子对光的吸收现象而建立的分析方法，称为吸收光谱法，如紫外-可见吸收光谱法、红外吸收光谱法和原子吸收光谱法等；②利用发射现象建立的分析方法，称为发射光谱法，如原子发射光谱法和荧光发射光谱法等；③利用散射现象建立的分析方法，称为散射光谱法，如非弹性散射法(拉曼光谱法)。由于不同物质的原子、离子和分子的能级分布是特定的，因此相应物质吸收光子和发射光子的能量也是特定的。以光的波长或波数为横坐标，以物质对不同波长光的吸收或发射的强度为纵坐标，所描绘的图像称为吸收光谱或发射光谱。利用物质在不同光谱分析法中的特征光谱可对其进行定性分析，根据光谱强度可对其进行定量分析。

1. 傅里叶变换红外光谱法

傅里叶变换红外光谱法(Fourier transform infrared spectroscopy,FTIR)是一种将傅里叶变换的数学处理技术与红外吸收光谱相结合的分析表征方法。其检测装置主要由光学探测部分和计算机部分组成。当样品放在干涉仪光路中，由于样品吸收了某些频率的能量，因此所得的干涉图强度曲线相应地产生一些变化，通过傅里叶变换计算，可将干涉图上的每个频率转变为相应的光强，从而得到整个红外光谱图。根据光谱图的不同特征，可检定未知物的官能团，从而测定物质的化学结构，观察化学反应历程，区别同分异构体，分析物质的纯度等。

红外光谱是分子基本振动引起的光的吸收的结果，其本质是能量与物质相互作用。当红外辐射与分子振动偶极矩相互作用时，红外辐射的吸收与分子振动偶极矩的变化相对应。其基本工作原理是将一束不同波长的红外射线照射到物质的分子上，某些特定波长的红外射线被吸收，形成这一分子的红外吸收光谱，通过解析该吸收光谱，即可知道该物质中的相应分子结构。一般来说，不同的官能团对应不同的红外光谱成分，因此，光谱特征可以用于结构分析。红外区域按波长范围分为三个区域：近红外($780\sim2500$ nm 或 $4000\sim12800$ cm^{-1})、中红外($2500\sim25000$ nm 或 $400\sim4000$ cm^{-1})和远红外($25000\sim1000000$ nm 或 $10\sim400$ cm^{-1})。中红外分析用于研究基本振动和相关结构，而近红外分析提供分子倍频和振动组合的信息。近红外光谱中一个有趣的特征是倍频，它由许多振动波段的组合组成。即使是一些基本振动模式很少的简单分子，根据不同的组合，在近红外光谱中也可以显示许多倍频或和频峰。例如，氯仿有 6 个基本模态，但有 34 个倍频或和频模态。虽然近红外光谱看起来很复杂，但它们不是随机混合的，这使得用化学计量技术分析结构信息成为可能。近红外光谱一般用于快速检测，中红外光谱一般用于分子结构研究。目前，在基础理论研究中，中红外光谱应用范围更为广泛。FTIR 是探测生物油中官能团的有力工具。作为一种无损分析工具，它可以识别由吸收红外辐射而引起的分子振动(包括拉伸和弯曲)。拉伸振动的能量一般对应于波数在 $1200\sim4000$ cm^{-1} 的红外辐射，而弯曲振动的能量一般对应于波数在 $500\sim1200$ cm^{-1} 的红外辐射。基团在这些波长下具有特征性和不变的吸收峰，使得红外光谱的这一部分对于检测官能团的存在特别有用。

红外光谱检测系统的组成部分通常包括透镜、辐射源、滤光片、探测器和数据处理单元。滤光片用于确定波长范围，是该系统的重要组成部分。过滤器则通常可分为固定过滤器、可变过滤器和倾斜过滤器。红外光谱检测系统通常测量光吸收。而衰减全反射率(ATR)与傅里叶变换红外光谱由于简化了样品的制备，也广泛应用于生物质的结构测量。光的漫反射模式一般用于固体生物质及其焦的检测。

傅里叶变换红外光谱法是检测生物油"全"组分的常用表征方法，但主要用于宏观官能团的定性和半定量分析。由于生物油中同一类官能团在同一红外光谱范围内,因此,可以利用高斯峰分峰拟合算法对光谱进行解析,并根据红外光谱中的峰计算相应官能团的相对含量,实现半定量分析。生物油为液相,可采用液膜法将生物油与异丙醇混合稀释,从而得到生物油浓度与峰面积的线性关系。半定量结果可用于比较分析不同生物油中的官能团,特别是同一范围内的羰基官能团。羰基的类型包括醛羰基、酮羰基、羧基、酯基和与苯环相连的羰基,它们主要来自醛、酮、酸、酯和内酯。羟基振动的波数较高,证明了醇、酚类化合物和水的存在。

　　傅里叶变换红外光谱法广泛用于生物油分析,目前已找到与其峰位相对应的官能团分配。Lu 等人利用傅里叶变换红外光谱法对稻壳热解生物油进行了分析,发现了由 C—C、C=C,C—O 及 N—H 组成的不同官能团。傅里叶变换红外光谱法也可用于预测生物油的含水量,含水生物油的光谱图会在 $3000\sim3700~\mathrm{cm^{-1}}$ 的吸收波长范围内出现一个明显的峰,该峰产生的原因是水分,因此,当标定校准该峰强度与生物油含水量的定量关系后,可通过傅里叶变换红外光谱测定样品含水量。傅里叶变换红外光谱法也可用于监测生物油转换过程。Reyman 等人对生物柴油中三烯烃和甲基烯烃含量的预测能帮助监测酯交换过程,并用红外光谱分析验证了甲酯中的甾基糖苷。酯交换的中间体如单酰基甘油酯、二酰基甘油酯和三酰基甘油酯也可通过傅里叶变换红外光谱进行监测。油或脂肪与生物柴油、柴油再生剂和氢化植物油相结合,可用于分析生物柴油的老化。通过傅里叶变换红外光谱分析可以发现,生物柴油的老化与酸的形成有关。一种典型的生物油傅里叶变换红外光谱图如图 9-5 所示。

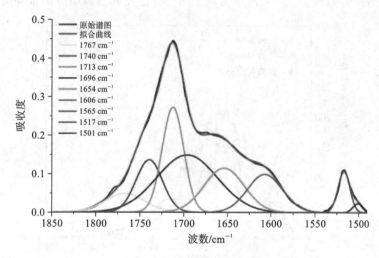

图 9-5　一种典型的生物油傅里叶变换红外光谱图

2. 近红外光谱法

　　吸收波数超过 $4000~\mathrm{cm^{-1}}$ 的区域被称为近红外区域。近红外分析的吸光范围一般为 $4000\sim12820~\mathrm{cm^{-1}}$。Knothe 等人采用近红外和光纤相结合的方法,测定了生物柴油和石油柴油混合物中的柴油混合物。近红外光谱法也可用于分析乙酯和柴油燃料的混合物。Pinzi 等人使用近红外光谱对未经预处理的生物柴油样品进行分析,预测生物柴油的甲酯、游离甘油、总甘油、单甘油酯、双甘油酯和甘油三酯含量。近红外光谱和光纤探针结合,可对甲酯含量进行监测,分析酯交换反应过程。利用近红外光谱可以观察到油和生物柴油组成的差异。

近红外光谱法是一种较好的生物柴油分析方法。其检测系统操作方便，数据测量速度快，具有较高的准确性和可靠性，也可进一步扩展，用于生物油的组分检测及预测或在线监测。

3. 荧光光谱法

物体经过较短波长的光照，把能量储存起来，然后缓慢放出较长波长的光，这种放出的光就称为荧光。如果建立荧光的能量与波长的关系图，那么这个关系图就称为荧光光谱。荧光光谱要通过光谱检测才能获得。荧光光谱包括激发光谱和发射光谱两种。激发光谱是在不同波长的激发光作用下某一波长处的荧光强度的变化情况，也就是不同波长的激发光的相对效率；发射光谱则是在某一固定波长的激发光作用下荧光强度在不同波长处的分布情况，也就是荧光中不同波长的光成分的相对强度。

荧光光谱的主要特点有：①灵敏度高，通常情况下比分光光度计的灵敏度高出 2～3 个数量级；②选择性强，在鉴定物质时，通过选择波长可使分子荧光分析有多种选择；③试样量少，方法简便；④能提供较多的物理参数，如激发光谱、发射光谱、荧光强度、量子产率、荧光寿命、荧光偏振等，这些参数反映了分子的各种特性，可以给出被检测分子的更多信息。

Kumar 和 Mishra 用荧光光谱法定量了生物柴油的乙醇和脂肪酸烷基酯的浓度。他们还在未进行任何化合物分离的情况下，利用荧光光谱法估算了乙醇浓度。荧光光谱法还可在加油站对样品进行光谱分析，荧光光谱可以记录油和脂肪酸烷基酯黏度的变化。激发波长在 350 nm 左右时，可以观察到油和脂肪酸烷基酯在 370～800 nm 波长范围内的荧光。甘油的荧光在 400～600 nm 范围内可见。采集油、生物柴油及甘油的发射光谱和激发光谱的样品不需要任何稀释处理。图 9-6 所示为典型的生物油及其分离组分的紫外荧光光谱。

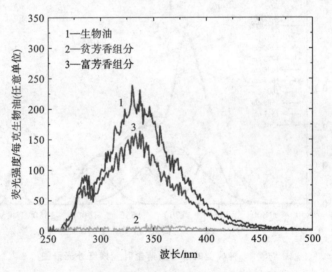

图 9-6　典型的生物油及其分离组分的紫外荧光光谱

4. 电感耦合等离子体质谱法

电感耦合等离子体质谱（inductively coupled plasma mass spectrometry，ICP-MS）技术是 20 世纪 80 年代发展起来的无机元素和同位素分析测试技术，它以独特的接口技术将电感耦合等离子体的高温电离特性与质谱计灵敏、快速扫描的优点相结合，从而形成一种高灵敏度的分析技术。

ICP-MS 可用于检测污染环境和影响燃烧设备正常运行的污染物，包括钠、钾、钙、镁、磷和硫等潜在毒性元素及其化合物的分析。生物油及生物柴油中的这些元素可以通过 ICP-MS 进行分析。此外,还可以利用 ICP-MS 与八极反应体系(ICP-ORS)进行直接无机元素分析。ICP-ORS 与光学发射光谱(ICP-OES)结合,可去除基体和等离子体分离干扰,以实现分析物如硫和磷的更高效测量。ICP-MS 比原子吸收光谱(AAS)和 ICP-AES 表现出更强的性能和更广泛的元素覆盖范围。值得指出的是,ICP-ORS 在分析干扰以及背景膜中存在氧时,其分析检测存在一定的局限性。

5. 紫外-可见分光光度法

紫外-可见分光光度法是在 $190 \sim 800$ nm 波长范围内测定物质的吸光度,用于物质鉴别、杂质检查和定量测定的方法。当光穿过被测物质溶液时,物质对光的吸收程度随光的波长不同而变化。因此,通过测定物质在不同波长处的吸光度,并绘制其吸光度与波长的关系图,即得被测物质的吸收光谱。从吸收光谱中,可以确定最大吸收波长 λ_{max} 和最小吸收波长 λ_{min}。物质的吸收光谱具有与其结构相关的特征性。因此,可以通过特定波长范围内样品的光谱与对照光谱或对照品光谱的比较,或通过确定最大吸收波长,或通过测量两个特定波长处的吸收比值,从而鉴别物质。用于定量时,在最大吸收波长处测量一定浓度样品溶液的吸光度,并与一定浓度的对照溶液的吸光度进行比较,或采用吸收系数法求出样品溶液的浓度。

紫外-可见分光光度法可表征生物油的氧化稳定性和抗氧化性,可通过紫外光谱的吸收特性来确定化合物的氧化稳定性。此外,生物油的浓度与特定波长下化合物的吸光度成反比,因此,还可用紫外-可见分光光度法估计生物油的浓度。也可采用紫外-可见分光光度法对9,9-二甲氧基芴试剂和 PTSA(对甲苯磺酰胺)催化剂反应后的甘油含量进行分析,对生物柴油中甘油的估值限为 0.05 w/w%。

6. 傅里叶变换离子回旋共振质谱

傅里叶变换离子回旋共振质谱法(Fourier transform ion cyclotron resonance-mass spectrometry,FT-ICR-MS),也称作傅里叶变换质谱分析,是一种根据给定磁场中的离子回旋频率来测量离子质荷比(m/z)的质谱分析方法。此方法具有非常高的析像能力,可以十分精确地测定物质。因此,FT-ICR-MS 主要利用其高分辨率检测分子组成。这一检测的理论前提是元素在这一过程中会发生质量损失。此外,FT-ICR-MS 通常也被用来研究复杂的混合物。这是由于它所产生的分析图像具有较窄的峰宽,能够将两个质量相近的离子返回的信号(质荷比 m/z)区分开来。FT-ICR-MS 分析器(或称质谱仪)与其他质谱分析仪器最大的不同点在于,它不是用离子去撞击一个类似电子倍增器的感应装置,只是让离子从感应板附近经过。而且它对物质的测定也不像其他技术手段那样利用时空法,而是根据频率来进行测量。利用象限仪(sector instruments)检测时,不同的离子会在不同的地方被检测出来;利用飞行时间(time-of-flight)法检测时,不同的离子会在不同的时间被检测出来;而利用 FT-ICR-MS 检测时,离子会在给定的时空条件下被同时检测出来。

FT-ICR-MS 是近年来发展起来的一种新的质谱分析方法,它不仅能提供化合物的分子量和元素组成信息,而且能根据杂原子数、碳数和双键等等效参数对被测化合物进行分类。它还能够识别高分子量化合物,对微量的含氮和含硫化合物有更好的分辨率。Smith 等人采用 FT-ICR-MS 对生物油进行分析,共检测出生物油成分 800 余种,其中 GC-MS 可鉴定的只有 40 种,这说明 FT-ICR-MS 较常规 GC-MS 具有更好的检出效果。Liu 等人使用负离子电喷雾电离（ESI）FT-ICR-MS 分析生物油及其溶剂组分，检测分子量范围为 150～700 g/mol，其中碳原子数范围为 4～39 个，氧原子数范围为 2～17 个。但由于缺乏分析标准，因此该方法还无法准确识别生物油组分的详细化学结构。一种典型的生物油 FT-ICR-MS 分析图谱如图 9-7 所示。

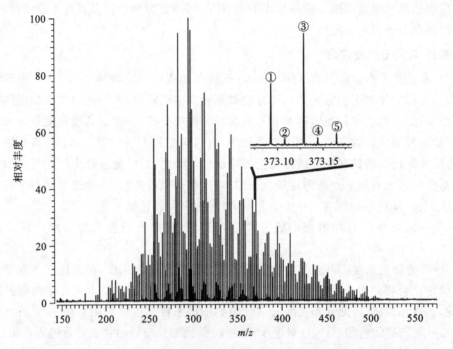

图 9-7　一种典型的生物油 FT-ICR-MS 分析图谱

9.4　固体性质及结构分析表征方法

生物质作为一种固体燃料，其本身的结构异常复杂，不仅存在着多种元素，元素与元素之间还存在着不同的结合形式，此外不同的结合形式之间还存在复杂的组合方式，形成多种不同分子结构的聚合物或分子结构单元，聚合物与分子结构单元间还存在着复杂的空间堆叠方式，最终形成生物质大分子混合物。在分子层面，分子键多样，大分子结构差异显著，大分子的空间构效关系复杂，大分子堆叠过程中还形成复杂的孔隙结构，这些物理化学结构又会对生物质的热转化特性产生显著影响。因此，研究生物质的热转化特性绕不开对生物质进行有效的化学结构表征。此外，生物质在热转化过程中，化学结构与物理孔隙还会进行复杂的演化，与生物质的宏观热转化特性密切相关，不仅可反映化学反应的进行方式，还会决定后续的热转化过程。因此，对生物质原料及其热转化过程中的结构进行深入具体的分析表征，是理解、控制、预测生物质热转化过程的基础。众多研究者对此开展了研究，本节将对生物质及其热解所得生物质炭的宏观特性、物理结构、微观化学结构等的分析表征方法进行具体介绍。

9.4.1　工业分析和元素分析方法

生物质及生物质炭的工业分析和元素分析提供了样品总体特征的重要信息。工业分析包括根据标准方法估算生物质及生物质炭中的水分、灰分、挥发分和固定碳含量。需要指出的是,生物质及生物质炭中本质上不含灰分,而是无机物,我们只是以灰分的形式表示无机物的含量。工业分析可以近似地预测生物质及生物质炭在转化过程中的行为。例如,燃料比(固定碳/挥发分)与生物质及生物质炭的反应性和氮氧化物的形成具有明显关联关系。同样,传统的灰分分析也可用于评估生物质及生物质炭的腐蚀和结渣倾向。

美国材料与试验学会发布的标准测试方法 ASTM D 1762-84 通常可用于生物质及生物质炭的工业分析。在确定生物质炭的含水量之前,ASTM D 1762-84 建议将空的坩埚在加热的马弗炉中以 750 ℃加热 10 min,以使坩埚中的所有残留物燃尽,然后将坩埚在干燥器中冷却 1 h。最后,在每个坩埚中放入 1 g 生物质样品,并在 105 ℃加热 2 h,然后测定含水量。可按照 ASTM D 1762-84 中提供的分步程序,确定样品中挥发分的含量。简而言之,将有盖的坩埚在 300 ℃的炉子外壁上放置 2 min,在 500 ℃的炉子边缘上保持 3 min,在 950 ℃的密闭炉子中放置 6 min。ASTM D 1762-84 建议在每个步骤中使用镍铬合金网篮来盛装含样品的坩埚。在完成加热步骤之后,在干燥器中冷却 1 h,然后确定含有剩余物的坩埚重量。生物质炭中灰分含量的检测方法在 ASTM D 1762-84 中也有说明,在确定坩埚中的挥发分含量后,立即打开坩埚并在马弗炉中以 750 ℃加热燃烧 6 h,并在干燥器中将坩埚冷却 1 h后,测量其质量。然后,在相同温度下将样品重复加热燃烧 1 h,直到质量损失小于0.0005 g。

根据 ASTM D 1762-84,水分、挥发分和灰分含量的计算方法分别如下:

$$水分含量 = [(w_1 - w_2)/w_1] \times 100\% \tag{9-1}$$

$$挥发分含量 = [(w_2 - w_3)/w_2] \times 100\% \tag{9-2}$$

$$灰分含量 = [w_4/w_2] \times 100\% \tag{9-3}$$

式中:w_1是空干样品的质量;w_2是在 105 ℃下烘干后样品的质量;w_3是在 950 ℃下加热后样品的质量;w_4是在 750 ℃下加热后残留物的质量。

有些研究者还使用 ASTM D 5142-04 来测量生物质炭的含水量。ASTM D 1762-84 和 ASTM D 5142-04 指定的两种方法比较相似。ASTM D 5142-04 所描述的方法规定了在 104～110 ℃的温度范围内确定含水量。确定挥发分含量的最高温度为(950±20) ℃,保持时间为 7 min,加热速度为 50 ℃/min 时达到峰值温度。炉中需要通入惰性气体,建议使用 N_2(2～4 L/min)。与 ASTM D 1762-84 类似,ASTM D 5142-04 也没有提供确定挥发分含量的分步过程。

ASTM D 5142-04 提供了逐步加热程序以确定灰分含量。如果在灰化过程前已确定了挥发分含量,则将温度升至 700～750 ℃,然后加热至 900～950 ℃,直到质量恒定,并建议不要在 700～750 ℃停留。如果在灰化过程前未确定样品中的挥发分含量,则将样品在 450～500 ℃加热 1 h,在 700～750 ℃加热 2 h,然后在 900～950 ℃加热直至质量恒定。

值得指出的是,上述 ASTM 方法均不是为生物质炭的直接分析而开发的,而是为其他类似于生物质炭的材料如煤等开发的。因此,部分研究人员也对这些方法进行了改进,或提出了新方法。Rutherford 等人使用基于 ASTM 的方法测定了生物质炭中的水分和灰分含量,将生物质炭在 105 ℃下加热过夜以确定其含水量,并在 750 ℃下确定灰分含量;但是,他们没有指定用于确定灰分含量的加热时间。

Enders 等改进了 ASTM D 1762-84 方法,以确定挥发分含量,但同时他们省略了在外壁和炉膛边缘预热样品的过程。将装有样品的坩埚直接置于加热炉内,并在 950 ℃下保温 8 min。然后将样品放入耐火砖炉中,直到冷却至 200 ℃左右,转移至干燥器中。Enders 等分析了 350 ℃下的低温挥发分:将装有样品的有盖坩埚放入已预热至 105 ℃的炉中,以 5 ℃/min 的速率将炉子加热至 350 ℃,并在 350 ℃下保持 2 h;然后将坩埚快速转移到干燥器中,并在冷却的坩埚中测量样品质量。Ronsse 等对 ASTM D 1762-84 方法进行了一些修改,他们在没有任何预热的情况下,将生物质炭在 950 ℃下加热 11 min,以测定挥发分含量,这样做可以降低原始 ASTM D 1762-84 方法的复杂性。但是,他们没有将原始方法与修改后的方法进行比较。他们确定灰分的方法也与 ASTM D 1762-84 给出的原始方法不同;除此之外,他们还选择将生物质炭在 750 ℃下加热 2 h,而不是 6 h,以测定灰分含量。

值得指出的是,长时间高温暴露(确定灰分含量时)会导致生物质及生物质炭中碳酸盐和某些元素(例如 P、K 和 S)的挥发。因此,灰分含量高的生物质炭中的灰分含量可能会被低估,例如粪便的生物质炭。在 950 ℃下确定的挥发分含量可能会高于实际值。因此,研究人员对 ASTM D 1762-84 方法进行了修改,以克服工业分析的这些限制。在改进的工业分析中,在 450 ℃的温度条件下确定挥发分含量,灰化温度也降低到 500~550 ℃,以避免元素和碳酸盐挥发。

我国目前也有关于固体生物质燃料的工业分析标准,即 GB/T 28731—2012。该标准中水分测量是在 105 ℃下进行的,灰分测量方法是以 5 ℃/min 的升温速率升至 250 ℃并保持 60 min,并继续升温至 550 ℃进行灼烧,直至失重恒定。挥发分含量则在隔绝空气条件下,在 900 ℃下保持恒温 7 min 以确定。目前,该标准主要用于生物质,尚未统一扩展用于生物质炭等热转化产物。此外,不同的研究者所选用的方法仍未统一,研究者们仍需进一步努力,以建立一套公认的标准体系,大家一起遵守使用。

元素分析,顾名思义,是对生物质及生物质炭中元素含量的检测,其可用于评估生物质及生物质炭的燃烧特性和硫氧化物、氮氧化物的最大排放量。碳、氢、氮和氧的元素分析通常由经典的总氧化法(燃烧分析)或对生物质样品进行热化学处理前后的原子光谱测定。美国材料与试验学会标准 ASTM D 5291 规定了用仪器测定 C、H 和 N 元素含量的标准方法。

生物质及生物质炭的元素分析主要集中在单个元素和化学化合物上。其中,主要关注的是生物质及生物质炭有机部分中的 C、H、N、O 和 S 的含量。在大多数情况下,生物质炭中的 S 含量可以忽略不计,N 的含量也很低(除了具有较高 N 含量生物质原料的生物质炭)。此外,高的热敏感性降低了生物质炭中的氮含量。因此,许多研究中,元素分析考虑的主要成分是有机部分中的 C、H 和 O 含量。元素分析通常使用元素分析仪与工业分析同时进行。元素分析仪的燃烧温度(> 900 ℃)足以使包括灰分在内的所有成分燃烧。因此,减去通过初步生物质炭质量的工业分析获得的灰分和水分含量,对于确定 C、H、O、N 和 S 的含量非常重要。而且,可以根据研究目标来计算 C、H、O、N 和 S 的释放百分数和残留百分数。目前,研究者们主要分析了总有机部分中 C、H、O、N 和 S 元素的组成,未确定这些元素是挥发性的还是非挥发性的。

生物质及生物质炭中的灰分是由矿物质组成的,因此,灰分组成分析也包括在元素分析中。从根本上讲,生物质及生物质炭的灰分可分为两类:酸溶性的和酸不溶性的。通常,源自植物原料的生物质炭含有的酸溶性灰分(占生物质炭组成的 0.5%~25%)比酸不溶性灰分(占生物质炭组成的 0%~8%)更多。由于某些元素(例如 P 和 K)会挥发,因此在计算 C、H、O、N 和 S 含量过程中可能会出现较小的误差。此外,在高含碳生物质炭中,这些元素的测定比较困难。元素分析是预测不同样品性质的有力工具,其可提供生物质炭炭化和潜在稳定性的信息。生物质炭中的 H 和 O 含量随热解温度的升高而降低。因此,氢碳比值和氧碳比值会随热解温度升高而减小,也表明生物质炭的芳香性和炭化能力增强,表面极性降低。图 9-8 所示是生物质炭中元素含量随热解温度的变化规律。

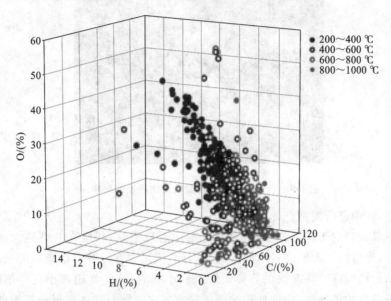

图 9-8　生物质炭中碳(C)、氢(H)和氧(O)含量(质量分数)随热解温度的变化规律

9.4.2　生物质及生物质炭形貌分析方法

1. 光学显微镜观测法

光学显微镜的成像原理是以光为介质,可见光照射在物体表面,通过局部散射或反射来形成不同对比,然后对被物体调制后的信息进行解调便可获得物体空间信息。光学显微镜可分为传统光学显微镜和近场光学显微镜。

传统光学显微镜主要包含物镜、目镜、聚光器和光源,通过物镜和目镜实现放大观察。由于传统光学显微镜分辨率受光的波长 λ 及数值孔径 $n\sin\theta$ 等参数的限制,一般只能达到 $0.1~\mu m$,因此传统光学显微镜主要用于分析生物质及其热转化所得生物质炭的整体形貌,包括孔隙、微米尺度组织及结构交联和分布特性。此外,在岩相学中应用较为广泛的岩相分析仪也逐渐用于对生物质炭的形貌和结构进行分析。岩相分析仪除可观察样品的组织形貌外,还可检测样品的反射率。由于生物质炭的反射率会随热解程度的增加而增加,因此反射率也可作为评判生物质炭热解程度及反应性的一个重要指标,受到了越来越多研究者的关注。图 9-9 所示是岩相分析仪下典型的生物质炭的形貌图。

近场光学显微镜是对远场光学显微镜的革命性发展,其主要由局域光源、激光器、光纤探针样品台、光学放大系统组成。近场光学显微镜的工作方式是从近场区的电磁场(隐失场)获取小于波长的超分辨极限的精细结构和起伏的信息,然后再将含该信息的隐失场变换为可进行能量输送的传播场,使放在远处的探测场和成像器件可以接收到隐含在隐失场中

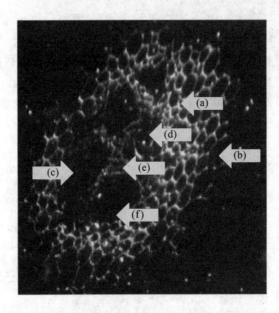

图 9-9　岩相分析仪下典型的生物质炭的形貌图

的超分辨信息,从而进行测量。

近场光学显微镜的工作原理是,当发生光的衍射现象时,利用光的可逆性,即在光的传播方向反转时,光将沿入射的路径逆向传播。因此,当用含有超分辨信息的隐失波照射具有小于波长的精细结构或空间起伏的物体,如光栅、小孔时,这些光栅或小孔可把隐失波转换成含有超分辨信息的传导波,为远处探测器所接收。它的核心部件是近场探测的小孔装置,常用的探针有小孔探针、无孔探针、等离子激元探针。近场光学显微镜的特点是样品照明和样品收集这两者必须至少有一个工作在近场,而传统光学显微镜的这两者都工作在远场;近场光学显微镜采取的是网络状扫描成像方法。常用的近场光学显微镜有扫描隧道显微镜和原子力显微镜(AFM)。

目前,原子力显微镜由于仪器价格相对适中,分辨率可达纳米级,比光学衍射极限高1000 倍以上,因此在纳米材料的结构检测中应用广泛。其与传统光学显微镜和电子显微镜等的主要区别在于,原子力显微镜不使用透镜或光束照射,因此,它不会因衍射和像差而受到空间分辨率的限制,并且不需要准备用于引导光束和对样品染色的空间,使用上较为灵活。原子力显微镜也引起了学者们的注意,并逐渐应用在生物质研究中。图 9-10 所示是原子力显微镜下观察到的典型生物质的二维及三维形貌图。

2.电子显微镜观测法

电子显微镜的成像原理是电子光学原理,以电子束为介质,用电子束和电子透镜代替传统的光束和光学透镜。电子显微镜是利用电磁场偏折、聚焦电子及电子与物质作用所产生散射之原理来研究物质构造及细微结构的精密仪器。由德布罗意的波动理论 $\lambda e = h/mv = h/(2qmv)^{1/2}$,可以看出电子束的波长仅与加速的电压有关(电子束的电量及质量为固定值)。根据瑞利准则(当不相干光照明时,$s = 0.61\lambda/(n\sin\theta) = 0.61\lambda/NA$;当相干光照明时,$s = 0.77\lambda/(n\sin\theta) = 0.77\lambda/NA$),可以得出电子束的波长变化直接影响显微镜的分辨能力。德布罗意的波动理论使人们发现,光的波长是可变的,电子显微镜也由此而产生,使得显微镜的解析度和放大倍数实现了数量级的飞跃。电子显微镜的构造与光学显微镜的相似,由

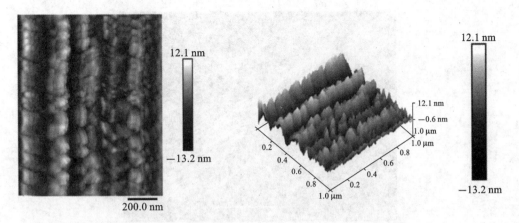

图 9-10　原子力显微镜下典型生物质的二维及三维形貌图

聚光镜、物镜和投影镜（目镜）三部分组成。电子显微镜按结构和用途可分为透射电子显微镜、扫描电子显微镜、反射电子显微镜和发射电子显微镜等。

　　扫描电子显微镜（scanning electron microscope，SEM）通过聚焦电子束扫描表面来产生样品的图像。SEM 主要工作过程如下：从电子枪发出的电子束经过聚束镜、偏转线圈和物镜后，照射到样品上，将表面产生的信号（二次电子、背向反射电子、吸收电子、X 射线等）收集并放大处理后，输入同步扫描的阴极射线管，从而显示出试样形貌。由于扫描电子显微镜采用电子束在样品上扫描，所以必须先将样品进行固定处理。为了避免电子束在照射到样品表面之前与残留的气体分子相撞，扫描电子显微镜必须保持在一定的高真空环境下工作，因此样品需要进行脱水和临界点干燥等预处理。因为有些样品属于非导电性的，电荷累积在其表面就要产生排斥力，使电子束受到干扰，导致扫描结果不准确，甚至无法进行扫描观察，同时，由于电子束对样品进行扫描时，入射的电子会把入射的部分能量转化为热能，使样品表面及亚表面层的温度升高，因此，为了避免样品在电子束扫描时因高温而遭破坏及增加二次电子的产生，从而得到更加清晰的影像，必须在样品的表面覆盖一层金属或碳薄膜。SEM 的分辨率受到入射电子束所能获得的最小光斑尺寸的限制。目前 SEM 分辨率一般被限制在 5 nm 左右。大量研究者通过 SEM 观察了热反应前后生物质样品的形态变化。图 9-11 所示是 SEM 下典型的生物质形貌图。一般的光学显微镜可用来观察所选区域形态类型组成和大孔隙度，而超细结构及其细节可用扫描电子显微镜进行定性和定量研究。值得指出的是，SEM 定量分析目前仍然非常耗时，需要进一步开发快速定量检测技术，提高其分析效率及准确度。

　　环境扫描电子显微镜（enviromental scanning electron microscope，ESEM）是 SEM 的一种变体，其主要采用气体放大原理，克服了 SEM 需要在高真空条件下工作和需要导电涂层的缺点。此外，ESEM 允许在不进行样品预处理的情况下对湿体系进行成像分析。因此，ESEM 可以对生物质样品和热解产物在自然状态下进行成像分析，扩大了 SEM 的应用领域。图 9-12 所示为 ESEM 下典型的生物质炭形貌图。

　　扫描电子显微镜与能量色散 X 射线光谱仪联用（SEM/EDX），可实现微观结构和化学组分的同时监测。近年来，在 SEM 基础上发展起来的计算机控制扫描电子显微镜（CCSEM），由于可在计算机控制下对多个颗粒进行程序化分析，也逐渐受到研究者的重视。CCSEM 由扫描仪器与计算机控制的数据采集和收集系统组成。CCSEM 主要用于确定样

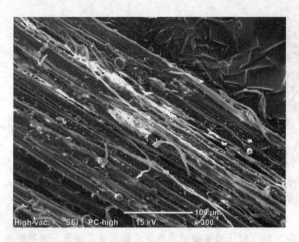

图 9-11　SEM 下典型的生物质形貌图（放大 300 倍）

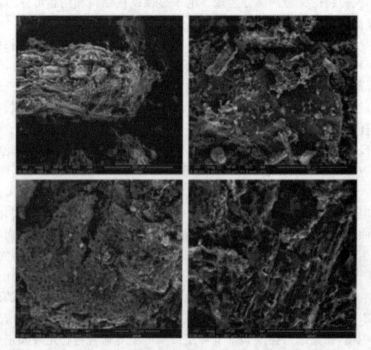

图 9-12　ESEM 下典型的生物质炭形貌图（第二行为第一行的局部放大图）

品中颗粒的大小、数量、分布和半定量组成以及元素间的缔合关系。

　　另一种使用广泛的电子显微镜为透射电子显微镜（TEM），其成像原理为：电子束透过样品后经过电磁透镜的聚焦与放大，所产生的物像投射到荧光屏上或照相底片上，从而得到高倍率的放大图像。它的电子枪在镜筒的顶部，电子束由钨丝热阴极发射，通过第一、第二聚光镜聚焦。电子束通过样品后由物镜成像于中间镜，再通过中间镜和投影镜逐级放大，成像于荧光屏或照相底片。中间镜主要通过对励磁电流的调节，使放大倍数从几十倍连续地变化到几十万倍；改变中间镜的焦距，即可在同一样品的微小部位上得到电子显微像和电子衍射图像。透射电子显微镜的解像能力及仪器的整体性能主要由电子枪决定。电子枪主要由阴极和阳极组成，阴极（灯丝）作为电子源，阳极则用来加速电子束。由于电子束易散射或被物体吸收，其穿透力低，因此必须制备超薄样品切片（通常厚度为 50～100 nm）方可检测。

由于电子束在样品内部的展宽几乎可以忽略,使用带有场发射源的现代 TEM 仪器时,其分辨率可以达到 1 nm。近年来,在 TEM 的基础上发展起来的高分辨率透射电子显微镜(HRTEM)发展迅猛,其分辨率已经达到原子级别(几埃,甚至零点几埃),理论上能够看清一个一个的原子。所以 HRTEM 用来观测晶体内部结构、原子排布以及很多精细结构(比如位错、孪晶等),目前也有部分研究者采用 HRTEM 分析生物质高温下所得生物质炭中的芳香环、石墨微晶等结构。高分辨像是相位衬度像,是所有参加成像的衍射束与透射束之间因相位差而形成的干涉图像。普通 TEM 要么采用透射电子,要么采用散射电子,HRTEM 两者都用。而使用的电子类别越多,对样品的要求就越高,就必须保证样品足够薄。图 9-13 所示为 TEM 下典型的生物质炭形貌图。

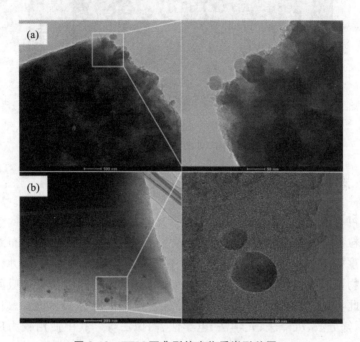

图 9-13　TEM 下典型的生物质炭形貌图

扫描透射电子显微镜(STEM)则使用 SEM 的扫描式检测模式,将电子束聚焦后针对每个点进行扫描透射检测。STEM 兼具 SEM 和 TEM 的功能,故能用来检测样品的表面结构,并可进行微区线扫描。此外,STEM 不仅能看到原子,提供影像,还可以通过对电子显微镜和电子绕射圆形的计算分析,得到理论上的结论。

当前研究者们已利用电子显微镜对生物质及其热转化过程中的生物质炭形貌和截面进行了广泛的研究,提供了生物质及生物质炭的粒度、转化过程中颗粒溶胀行为、孔隙结构、元素组成等重要信息。

3. 电子探针显微分析(EPMA)法

电子探针是一种利用电子束作用于样品后产生的特征 X 射线进行微区成分分析的仪器,可以用来分析样品微区的化学组成。EPMA 法可实现除 H、He、Li、Be 等几个较轻元素和 U 以后的元素外其他元素的定性和定量分析。EPMA 法以经过加速和聚焦的极窄的电子束为探针,激发试样中某一微小区域,使其发出特征 X 射线,测定该 X 射线的波长和强度,即可对该微区的元素进行定性或定量分析。电子探针的电子柱和基本仪器与 SEM 的非常相似。EPMA 法与 SEM 的主要区别在于，SEM 通过表面的视觉放大来描述表面形貌，而 EPMA 法能够分析样品的化学成分。扫描电子显微镜在配备 X 射线光谱仪时（SEM-EDS），可以实现与 EPMA 法相同的功能。EPMA 法在空间上可实现数个立方微米内元素的成分分析，可直接对大块试样中的微小区域进行分析。图 9-14 所示为 EPMA 法对生物质炭颗粒的 ^{31}P 成像分析。

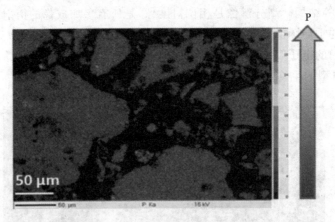

图 9-14　EPMA 法对生物质炭颗粒的 ^{31}P 成像分析

9.4.3　粒径及孔隙分析方法

1. 粒径分析方法

生物质的粒径会显著影响生物质的热转化特性，生物质炭的粒径分布对其后续的进一步应用也起到重要作用。例如，生物质炭的粒径分布是影响土壤结构、持水量、水分运动、土壤肥力和微生物群落的关键因素，生物质炭的粒径分布也是影响污染物吸附和建筑结构的重要因素。因此，对生物质及生物质炭的粒径分布进行检测也相当重要。粒径分析方法包括直接测量法、筛分法、沉降法、光学法、电学法、图像法等。其中使用较为广泛的主要有筛分法和光学法。

筛分法是使用最容易、最普遍的一种粒径分析方法，其所用的套筛分为两类，即由直径相等的带孔金属片制成的粗筛和由金属丝编成方格形筛网的细筛。筛分试验中通常取样品 15～20 g，在震筛机上筛 10～15 min，然后分级称量，称量应精确到 0.01 g；如分级量不足 1 g，则称量应精确到 0.001 g。各级质量分数的总和应是 100%，否则应将误差按比例分配到各级质量中去。筛分法设备简单、操作简便、分析迅速，并可将全部样品分离。筛分法的缺点包括：细筛的孔径过小，易堵塞；生物质炭在筛分过程中易破碎变细；形状不规则的颗粒不能得到真实的反映。

光学法常用的仪器是激光粒度分析仪，其原理如图 9-15 所示。由分析仪产生的光经光路变换为平面波的单色平行光，在通过样品时发生衍射、散射，相同粒径所产生的衍射光、散射光落在相同的位置上，并由布置在不同方向的光电探测器接收；然后探测器将衍射、散射信息传给计算机；通过计算在不同方向所获取的光位置和强度信息可得出样品中不同粒径的体积分数和颗粒体积，根据等效圆球理论（米氏理论）换算出样品颗粒的粒度分布。通常，此类仪器的测量范围为 0.2～2000 μm，部分仪器的测量范围更大。光学法测定范围广，精度高，速度快，适用范围广泛，不仅能测量固体样品粒径，还能测量液体样品粒径。

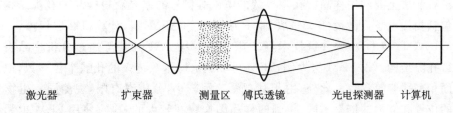

图 9-15　激光粒度分析仪原理

2. 孔隙分析方法

当前主要的孔隙分析方法有流体注入法、电磁观测法。流体注入法技术成熟,在实际研究过程中应用较多,包括压汞法、低温液氮吸附法和 CO_2 吸附法。压汞法利用汞对生物质及生物质炭的非润湿性,从外部施加压力使汞在真空条件下克服表面张力进入生物质及生物质炭的孔隙中,通过测量进退汞压力和体积分析生物质及生物质炭的孔隙类型、孔径大小、孔容和比表面积等信息。压汞法假设生物质及生物质炭的孔隙为圆柱形,则注汞压力与抵抗汞进入的表面张力相等,即

$$p\pi r^2 = -2\pi r\gamma\cos\theta \tag{9-4}$$

式中:p 为注汞压力,Pa;r 为孔隙半径,m;γ 为汞的表面张力,取 0.480 N/m;θ 为汞与样品的接触角,取 140°。由此可推出:

$$r^2 = -2\gamma\cos\theta/p \tag{9-5}$$

可以看出孔隙半径的平方与汞压力成反比,汞液若要进入纳米级的微小孔隙中,过大的注汞压力将会破坏样品本身结构,从而影响测量结果。一般情况下,用压汞法可以测量孔径为 $5\sim3.6\times10^5$ nm 的孔隙,但测量 100 nm 以下的孔隙时存在误差,测量 10 nm 以下的孔隙时误差更大。

压汞法在测量微孔时会造成孔隙破坏,相较而言,低温液氮吸附法更具有优势。在低温(77.35 K)液氮环境中,氮气在生物质及生物质炭中的吸附量由氮气的相对压力(氮气分压与氮气在 77.35 K 下的饱和蒸气压之比)决定。通过测定不同相对压力下生物质及生物质炭的孔隙中液氮的充填量,得到等温吸附曲线,依据该曲线可分析样品孔隙特征。低温液氮吸附法理论上可以测量孔径范围为 $0.35\sim500$ nm 的孔隙,但在实际应用中,往往无法测量 2 nm 以下的孔隙,这是因为低温液氮能量不足,难以进入狭小的微孔中。CO_2 吸附法同样基于气体吸附的基本原理,在 0 ℃条件下,得到 CO_2 吸附量随相对压力变化的曲线,即等温吸附曲线,依据等温吸附曲线分析样品的孔径分布、孔容和比表面积等参数。CO_2 吸附法以 CO_2 为吸附质,CO_2 分子直径为 0.33 nm,比氮气分子直径更小,更容易进入微孔中,可实现对更小尺度样品孔隙的测量。

流体注入法属于间接测量方法,在测试开放型和连通型的孔隙时具有较好的效果,但对微小孔隙进行测试时,压汞法过大的注汞压力会造成样品压缩破坏,而吸附法的吸附质会堆集在孔口处,需要较长的时间才能进入,这是气体吸附法测试时间长的重要原因之一。此外,压汞曲线反映的是控制孔隙的孔喉大小,孔隙体积的大小则是推算出来的,因此分析压汞曲线时,会把由细小喉道连接内外的中孔或者大孔当作微小孔,从而高估了微小孔所占体积,产生误差;运用吸附法分析生物质及生物质炭孔径特征时依赖于吸附模型,如采用 Langmuir(朗缪尔)吸附模型计算出的比表面积会与多分子层吸附模型的不同,两者之间相差较大,这造成了测试结果的不确定性。

　　电磁观测法主要利用样品中孔隙导致的电磁等信号的差异获得样品的孔隙结构。电磁观测法包括扫描电子显微镜（SEM）法、原子力显微镜（AFM）法、计算机断层扫描（computed tomography，CT）技术、核磁共振技术等。其中 SEM 法、AFM 法等通过分析样品表面形貌从而获得孔隙结构。以 SEM 法为例，SEM 可以测量微米数量级的孔喉半径参数，但无法测算比表面积和孔容等参数。此外，由于其观测范围较小，分辨率有限，观测同一生物质样品时扫描的位置和放大的倍率不同，得到的样品图像存在较大的差异；使用 SEM 也无法观察到样品内部的孔隙结构，只能分析某一剖面的孔隙分布特征。实际研究过程中往往采用 SEM 法结合压汞法或低温液氮吸附法等研究方法来分析样品孔隙特征。

　　CT 技术的原理是对样品进行层析扫描，利用样品骨架和孔隙对 X 射线的吸收率不同，可得到反映样品内部孔隙分布特征信息的二维切面图像。对大量的二维图像进行预处理后，将其按空间顺序依次放置在一起，随后进行差值处理、空间堆叠等操作，由此可形成样品三维重建模型。CT 技术结合三维重建在对样品内部结构特征进行无损化检测与模型重建方面具有显著优势，在煤、生物质等固体燃料结构表征中的应用越来越广泛。CT 技术既可以扫描到样品中的开放孔、连通孔，还可以扫描到封闭孔，经过三维重建得到的模型与被测样品的真实情况十分接近，因此依据该模型观测到的孔隙度、孔隙尺寸、孔容和比表面积等参数更加准确，并且可对孔隙数量直接进行统计。CT 三维重建技术的局限性在于要求 CT 图像有较高的质量，而图像噪声普遍存在，会对图像中的有效信息产生干扰，此外不同的建模方式所需的计算时间不同，所得到的测量结果精确度也不尽相同。图 9-16 为采用 CT 技术对生物质炭颗粒的三维成像图。

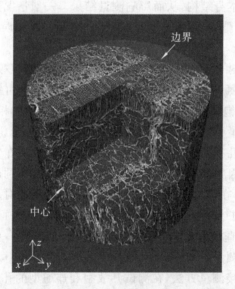

图 9-16　采用 CT 技术对生物质炭颗粒的三维成像图

9.4.4　生物质及生物质炭分子结构表征方法

　　目前，生物质及生物质炭的分子结构的表征方法主要是光谱法，既可对原样直接进行光谱检测，也可对生物质及生物质炭逐级提取后再进行光谱分析，以获得生物质及生物质炭中的移动相及固定相组分结构。光谱法主要包括红外法、X 射线衍射法、拉曼光谱法、核磁共振法等。其中红外法测固体组分结构与测液体组分结构相似，这里不赘述。下面主要介绍

X 射线衍射法、拉曼光谱法和核磁共振法。

1. X 射线衍射法

X 射线衍射法(X-ray diffractometry,XRD)利用 X 射线在晶体中的衍射现象来获得衍射后 X 射线信号特征,经过处理得到衍射谱图,利用谱图信息不仅可以确定物相,而且能观察晶体内部是否存在缺陷(位错)和晶格缺陷等。

X 射线与物质作用时,就其能量转换而言,一般分为三部分,一部分被散射,一部分被吸收,一部分通过物质继续沿原来方向传播。散射的 X 射线与入射 X 射线波长相同时,对晶体将产生衍射现象,即晶面间距产生的光程差为波长的整数倍。将每种晶体物质特有的衍射花样与标准衍射花样对比,利用三强峰原则,即可鉴定出样品中存在的物相。

布拉格方程所反映的是衍射线方向与晶体结构之间的关系。对于某一特定晶体而言,只有满足布拉格方程的入射线角度才能够产生干涉增强,才会表现出衍射条纹,这是 XRD 谱图的根本意义。典型生物质炭的 XRD 谱图如图 9-17 所示。X 射线衍射法主要可用于分析晶体的晶格大小、缺陷情况等。

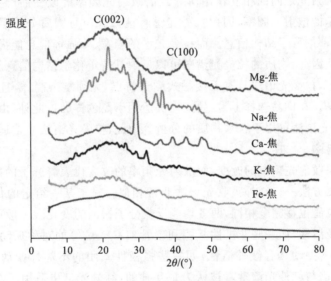

图 9-17　典型生物质炭的 XRD 谱图

2. 拉曼光谱法

拉曼(Raman)光谱是一种散射光谱,由 C. V. Raman 于 1928 年在实验过程中发现。拉曼散射的机制如图 9-18 所示,当激发光照射到物质上时,激发光作用在物质结构内的分子上,导致电子跃迁到高能级的虚态,处于高能级虚态的电子由于不稳定会立即跃迁到低能级而发出光,即为散射光。当散射光频率与入射光频率相等时,散射光为弹性散射光,即瑞利线;而当散射光频率不等于入射光频率时,则散射光为非弹性散射光,即拉曼散射光。当拉曼散射光频率小于入射光频率时,散射光称为斯托克斯线;当拉曼散射光频率大于入射光频率时,散射光称为反斯托克斯线。一般而言,斯托克斯线与反斯托克斯线对称分布,斯托克斯线光强度相对较大,而反斯托克斯线光强相对较小,因此,一般主要采用斯托克斯线进行拉曼光谱分析。

拉曼散射效应是光子撞击分子产生极化而形成的,这种极化是分子内核外电子云的变形,只有能引起分子极化率改变的振动才是拉曼活性振动。拉曼光谱强度与原子在通过平

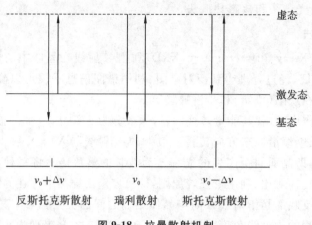

图 9-18　拉曼散射机制

衡位置前后电子云形状的变化大小有关,其强度正比于诱导偶极矩的变化。由于拉曼光谱是物质内分子与入射光之间的相互作用所导致的散射光频率的改变而产生的,且特定的原子结构对应着特定的散射光频率,因此拉曼光谱特征峰峰位是物质分子层面的结构特征参数,能反映物质内部的分子结构信息。而拉曼光谱的峰宽、峰强等信息能揭示具体结构的有序度及相对含量。因此,物质的拉曼光谱图可以反映其特定化学结构信息。

在测试方法上,拉曼光谱法具有无接触式测试特点,无须复杂制样,且测试光谱成像快速、简便,分辨率高。在样品选择上,拉曼光谱法适用于黑色样品。此外,由于水分的拉曼光谱较弱,因此拉曼光谱法可用于含水物质的分析。因此,拉曼光谱法非常适合用于生物质及生物质炭结构的检测。

拉曼光谱反映散射光频率的改变,而散射光频率的改变代表着分子的能级变化,这与另一常用的分析测试方法——红外吸收光谱法非常相似。对于某一给定的化合物,某些峰的红外吸收波数与拉曼位移完全相同,两者均能反映分子振动的变化。一般而言,高度对称的分子振动具有拉曼活性,如一些非极性基团和碳骨架 C = C 等的对称振动均是强的拉曼谱带;而高度非对称的振动具有红外活性,如一些强极性基团的不对称振动具有强的红外谱带。因此,拉曼光谱与红外光谱常常被认为是互补的,红外光谱更适用于基团的测定,而拉曼光谱更适用于分子骨架的测定。在生物质及生物质炭结构的众多研究中,红外光谱由于可揭示生物质及生物质炭中具体基团结构而被广泛运用,但是红外光谱难以检测生物质炭中的碳骨架结构,因此红外光谱对生物质炭的骨架结构信息揭示有限,对基团结构有限而骨架结构更有序的生物质炭的结构表征就更加有局限性。

此外,在生物质炭的研究过程中,X 射线衍射法由于对生物质炭中碳的晶体结构比较敏感,因此也常常用于生物质炭结构的表征。与 X 射线衍射法相比,拉曼光谱法具有如下特点:

(1)拉曼光谱法速度更快,可以实现秒级测试,而 X 射线衍射法的测试速度相对较慢;

(2)拉曼光谱法对样品性质及形貌无特殊要求,而 X 射线衍射法需要样品平整,且需要制样;

(3)拉曼光谱法既能揭示石墨晶体的结构信息,也对无定形碳的结构非常敏感,还能揭示生物质及生物质炭中部分官能团结构信息,而 X 射线衍射法主要是对晶体的结构信息比较敏感,对无定形碳的结构信息揭示有限,对具体官能团不敏感。

因此,相较而言,拉曼光谱法在生物质及生物质炭结构的研究中具有特殊的优势。值得指出的是,对于生物质原样及低温热解生物质炭,激光在激发拉曼光谱的过程中同时还会产生荧光,这会对拉曼光谱的分析产生一定的影响,使得常规的拉曼光谱法对生物质原样及低温热解生物质炭的结构分析受到了一定限制。已有许多研究人员使用拉曼光谱来评价生物质炭的官能团、非晶体结构和石墨结构。生物质炭的拉曼光谱及其解析方法示例如图9-19所示。

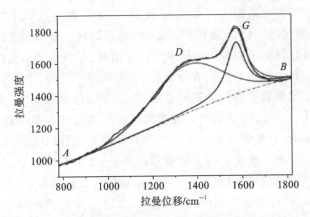

图 9-19　生物质炭的拉曼光谱及其解析方法示例

值得指出的是,目前显微共聚焦拉曼光谱还可实现计算机控制的二维平面程序扫描,这样可实现生物质及生物质炭的二维平面的化学成像分析,图 9-20 为生物质炭的拉曼光谱成像分析示例。目前,拉曼光谱法属于结构表征中较为先进的方法,值得研究者进一步学习使用。

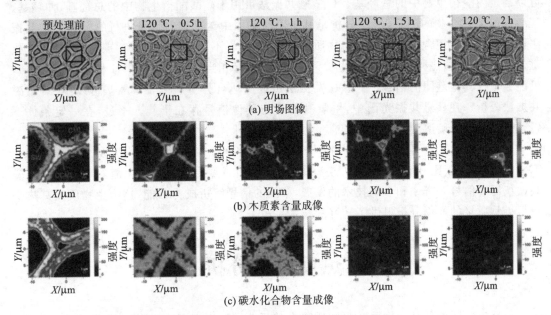

图 9-20　生物质炭的拉曼光谱成像分析示例

3. 核磁共振(NMR)法

核磁共振谱来源于原子核能级间的跃迁。只有置于强磁场中的某些原子核能发生能级分裂,当吸收的辐射能量与核能级差相等时,原子核就发生能级跃迁而产生核磁共振信号。用一定频率的电磁波对样品进行照射,可使特定化学结构环境中的原子核实现共振跃迁,在照射扫描中记录发生共振时的信号位置和强度,就可得到核磁共振谱。核磁共振谱上的共振信号位置反映样品分子的局部结构(如官能团、分子构象等),信号强度则往往与原子核在样品中存在的量有关。核磁共振法具有精密、准确、深入物质内部而不破坏被测样品的特点。此外,核磁共振也是目前唯一能够确定生物分子溶液三维结构的实验手段。

核磁共振光谱按照测定对象不同可分为 ^{1}H 谱(测定对象为氢原子核)、^{13}C 谱、氟谱、磷谱、氮谱等。根据谱图可确定化合物中不同元素的特征结构。有机化合物、高分子材料都主要由碳、氢组成,所以在材料结构与性能研究中,^{1}H 谱和 ^{13}C 谱应用最为广泛。^{13}C 和 ^{1}H 谱是确定生物质及生物质炭中结构参数的有效谱图,它是探测核自旋周围微观环境的一种非破坏性分析工具。^{13}C 谱是由具有磁矩的碳同位素 ^{13}C 的共振推导而来的,其广泛用于煤、焦等碳基材料的结构研究,其中以煤的结构研究最为广泛。煤被认为是由通过脂肪族桥连基团连接的芳香族簇的基质,与芳香族簇相连的脂肪族和羧基侧链以及称为"流动相"的溶剂可萃取成分组成的。^{13}C 核磁共振法已用于定量分析具有 12 个参数的给定煤的平均碳骨架结构,这些参数描述了煤基质的芳族和脂族结构。根据这些结构参数,结合每个簇的桥头碳和芳族碳之间的经验关系,可以描述煤的晶格结构。由这些分析确定的有用结构参数包括每簇的碳原子数、每簇的桥键和环的数目、平均芳族分子团分子量和平均侧链分子量。由于氢原子对磁共振的敏感性,^{1}H 核磁共振检测技术具有光谱易于测量以及仪器便宜等特点,受到广泛关注。

生物质化合物最常用的核磁共振法是 ^{1}H、^{13}C 和 ^{31}P 核磁共振法。例如:核磁共振法可用于分析乙酸衍生物的脂肪族羟基(乙酸信号)、酚羟基和苄醇基。类似地,^{1}H 核磁共振法可以确定丙酸衍生物中的总羟基。^{13}C 核磁共振法可用于醋酸酯衍生物中的总羟基、仲羟基、苄醇和酚类化合物的测定,这些分析是基于乙酸基团中羧基碳的信号进行的。^{31}P 核磁共振法可以选择性地用含磷试剂标记生物质化合物,以分析不同类型的羟基。羧基可以用 ^{13}C 核磁共振法和 ^{1}H 核磁共振法进行分析。不过,由于信号相当宽(特别是在 ^{1}H 核磁共振法中),可能会干扰其他基团的信号。^{31}P 核磁共振法可能更适合分析羧基。甲氧基可以用 ^{13}C 核磁共振法分析。在核磁共振光谱中,甲氧基信号与其他信号存在干扰。不过,在一定条件下(乙酸衍生物、吡啶溶液),甲氧基的含量可以粗略估计。

利用核磁共振法可分别获得生物质原料及其热解产物的化学结构以及总氢碳比 $(H/C)_{tot}$、芳香族氢碳比 $(H/C)_{ar}$ 和脂肪族氢碳比 $(H/C)_{al}$ 等重要分子参数。随着现代高场核磁共振仪器的信号分辨率和多维技术的发展,精准的信号解析成为可能,这为生物质及其热解所得生物质炭的产物分析提供了较好的技术手段。

9.5　热反应性分析方法

热反应性评价是对生物质及生物质炭在热反应过程中的转化能力的重要评价。目前,热反应性通常是根据生物质及生物质炭在模拟真实反应气氛及变温过程作用下的失重特性来评估的,主要采用的分析表征仪器为热分析仪。

热分析仪(TG)由量热计、控制器和计算机耦合的天平组成。样品在热分析仪中通过辐射加热,天平直接测量生物质及其热解产物失重随时间的变化,在该过程中,还可以通过量热计得到热流和样品温度随时间的变化关系。热分析方法包括热重分析法(TGA)、差示扫描量热法(DSC)和差热分析法(DTA)。这些热分析方法被用来测试生物质的热行为,并确定热反应的动力学参数。在热重分析法中,样品在设定的气氛中通过预定的升温程序升温。热重分析法用于揭示热解、氧化或还原反应、蒸发、升华和其他发生在生物质中的与热有关的反应机理。热重分析法可以在等温或程序升温模式下运行,程序升温热重分析法是一种更常见的方法,比等温法获得的实验数据更多。经典热重分析法通常采用 $T = T_0 + at$ 的温度与时间线性关系,其中 T、T_0 和 a 分别为 t 时刻的温度、初始温度和升温速率。差示扫描量热法可测量升高样品温度所需的热量与参考温度之间的差异,广泛用于测量生物质材料的热容(C_p)、相变和玻璃化转变温度。差示热分析法则可测量样品和炉内基准物质之间的温度差。

　　热分析方法可提供有关热解动力学的重要信息,但它们不能提供有关挥发分演化特性的信息。因此,较好的方法是将这些方法与能够识别分析过程中产生的挥发分的工具结合使用。在这些热分析方法中,只有热重分析法有可能与其他分析工具,如气相色谱(GC)、质谱(MS)或傅里叶变换红外(FTIR)光谱仪相结合。图 9-21 所示为典型的热重-质谱联用系统示意图。由于热重分析法/差示扫描量热法或热重分析法/差热分析法组合仪器的可用性,越来越多的研究应用差示扫描量热法和差热分析法来测量生物质分解反应热。纤维素和半纤维素在惰性气氛中的热分解反应是吸热反应。Statheropoulos 等人用差示扫描量热法研究了松针的热分解特性,确定了吸热峰可归因于高挥发性化合物的解吸,水分、松针蜡质成分的软化和(或)熔融以及半纤维素和纤维素的降解,放热峰可归因于木质素的热解和焦的复合。

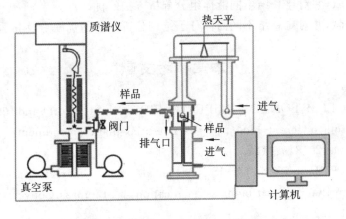

图 9-21　典型的热重-质谱联用系统示意图

　　热重分析法提供了样品质量随反应温度或反应时间的变化曲线,因此,可以监测热分解过程。热重分析法失重曲线(TG 曲线)和导数曲线(DTG 曲线)反映了样品的热稳定性和热分解的整体动力学过程。生物质样品的热分解研究以 F. Shafizadeh 及其同事的开创性工作为起点。他们应用热重分析和炉内热解等各种分析技术离线分析挥发性产物,建立了纤维素材料热分解和燃烧的一级和二级反应机理。

　　图 9-22 给出了惰性气氛中生物质三种主要大分子组分半纤维素、纤维素、木质素的热失重曲线。DTG 曲线表明,在相当小的温度区间内,碳氢化合物以较高的分解速率分解。

纤维素产生一个尖锐的 DTG 峰和少量的残炭。半纤维素在较低的温度下分解,这可以用存在热不稳定官能团(乙酰基)、非晶态结构和较小的分子量来解释。木质素具有交联芳香结构,在较宽的温度范围内分解,分解速率小,产生约 30% 的残炭。

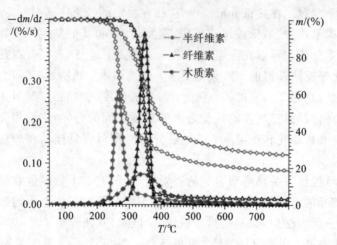

图 9-22　半纤维素、纤维素、木质素在热解过程中的 TG 曲线及 DTG 曲线

思　考　题

　　1.除本章介绍的分析表征技术外,还有哪些可能用于生物质热转化过程研究的分析表征工具? 请查阅文献,并列举几种。

　　2.请查阅文献,并对比总结不同液体组分分析方法的优缺点。

　　3.请查阅文献,并对比总结不同固体分子结构分析方法的优缺点及其适用范围。

本章参考文献

[1]　MARMIROLI M,BONAS U,IMPERIALE D,et al. Structural and functional features of chars from different biomasses as potential plant amendments[J]. Frontiers in Plant Science,2018,9:1119.

[2]　KUBA M,FÜRASTZ K,JANISCH D,et al. Surface characterization of ash-layered olivine from fluidized bed biomass gasification[J]. Biomass Conversion and Biorefinery,2021,11:29-38.

[3]　张良平.典型低阶煤有机分子结构表征和热解机理研究[D].武汉:华中科技大学.

[4]　徐俊.基于拉曼光谱分析的煤和煤焦结构与反应性研究[D] 武汉:华中科技大学.

[5]　XU J,HE Q C,XIONG Z,et al. Raman spectroscopy as a versatile tool for investigating thermochemical processing of coal,biomass,and wastes:recent advances and future perspectives[J]. Energy & Fuels,2021,35(4):2870-2913.

[6]　CHENG H P,LESTER E,WU T. Influence of lignocellulose and plant cell walls on biomass char morphology and combustion reactivity[J]. Biomass and Bioenergy,2018,119:480-491.